建筑结构设计规范疑难热点问题及对策

JIANZHU JIEGOU SHEJI GUIFAN YINAN REDIAN WENTI JI DUICE

魏利金 编著

中国电力出版社
CHINA ELECTRIC POWER PRESS

内 容 提 要

本书基于 2010 版结构规范，通过大量工程实际案例对规范应用过程中遇到的疑难、热点问题进行解读。全书共分 9 章，包括综述、结构设计中重要设计参数的合理选取问题、建筑结构规则性如何合理界定及处理对策、结构设计主要指标合理控制、抗震措施与抗震构造措施合理确定、复杂结构设计方法及设计注意事项、隔震与消能减震设计、性能化设计、超限高层建筑设计等。内容涉及众多新版规范，解读通俗易懂，系统翔实，工程案例具有代表性，阐述观点精辟，有助于相关人员全面理解规范条文的准确内涵，提高设计水平。

本书可供建筑结构设计、审图、咨询、科研人员阅读，也可供高等院校师生及相关工程技术人员参考使用。

图书在版编目（CIP）数据

建筑结构设计规范疑难热点问题及对策/魏利金编著. —北京：中国电力出版社，2015.6（2022.1 重印）
ISBN 978-7-5123-7345-7

Ⅰ. ①建… Ⅱ. ①魏… Ⅲ. ①建筑结构–结构设计–设计规范–研究 Ⅳ. ①TU318–65

中国版本图书馆 CIP 数据核字（2015）第 043148 号

中国电力出版社出版发行
北京市东城区北京站西街 19 号 100005 http://www.cepp.sgcc.com.cn
责任编辑：王晓蕾 联系电话：010-63412610
责任印制：杨晓东 责任校对：王开云
北京天宇星印刷厂印刷·各地新华书店经售
2015 年 6 月第 1 版·2022 年 1 月第 4 次印刷
787mm×1092mm 1/16·26.5 印张·635 千字
定价：68.00 元

前　　言

新版《规范》（2010版）已经实施近5年之久，在应用过程中，想必大家和作者一样都会遇到很多疑难、疑惑及热点问题。结合近几年作者受邀到全国各地进行培训授课中学员经常提到的一些疑惑、热点问题，作者总结出问题主要集中在以下四个方面：① 对某些条款的具体应用尚存在疑惑；② 对待同一问题几本规范规定有差异，有的甚至不同，设计如何执行；③《规范》有些条款较原则化，设计人员根本不知道如何去执行；④ 本次《规范》增加不少新的条款，设计如何正确理解应用等。针对以上几方面的问题，作者根据自己近三十年工作经验，结合大量工程案例对这些问题进行解析。书中观点得到规范编制人员及业内资深专家学者的认可，更重要的是这些观点也在工程实际中得到验证，有助于土木工程相关人员对《规范》的理解、领悟。

这次《规范》修订可以说是历次调整幅度最大、涉及面最广的一次。这些《规范》是从事土木工程相关人员需要经常查阅的。因此关于《规范》，工程技术人员不但要熟悉其中重要的条款，而且对于条文的含义也应当正确理解。而要正确领会《规范》各项规定的含义，就必须首先精读《规范》原文及条文说明，然后结合具体工程设计深刻领悟。《规范》中有相当一部分条文在使用时有一定范围，不是任何情况都适用；有的条文内容不明确，容易产生不正确的理解；个别条文甚至是强制性条文，也可能无法实施；还有个别条文甚至出现概念问题。《规范》中有很多难以定量把握的条款（比如适当加强、适当提高、均匀布置、刚度均匀、采取切实可行的技术措施等），读者需要结合具体工程加以判断和把握，由于对《规范》的理解不同及工程情况差异，可能会做出不同的定量偏差，但总体要在《规范》宏观的控制标准之内，这实际就是《规范》的真正目的。因此，正确理解和应用《规范》条文是非常重要的，但这绝不是要求大家死套条文。规范相对创新而言，始终是滞后的，但突破《规范》要靠智慧、经验、理论创新，更要靠清晰的思路与概念。如果错误地理解和应用了《规范》条文，轻则导致工程浪费，重则出现工程安全问题。

但设计人员切记应避免“两个凡是”：凡是《规范》的条文我们都必须坚决执行；凡是《规范》没有规定的我们坚决不执行。这样既不足以维护《规范》的权威，更不可能使设计师从《规范》的条条框框中解脱出来，会使设计师由一个极端走向另一极端。大家知道：《规范》只原则性地介绍结构设计的共性技术问题，而不是解决所有问题的百科全书。我们应理解《规范》的原则，并能根据具体条件分析应用《规范》条文。切忌死扣《规范》条文，专注于枝节问题，不结合具体工程实际问题分析而机械死板地执行《规范》条文。

正如林同炎大师所说：“工程师应当只把建筑规范作为一种指南，作为参考，而不应当将规范当成‘圣经’盲目照搬。”

基于以上原因，作者通过大量工程实例、紧密结合新版《规范》的应用，对结构设计、审图、审定、咨询中常遇的疑难、热点问题进行剖析、探讨，并提出相应的技术措施，从而帮助从事结构设计、审图、工程咨询的人员加深对新版规范、规程相关条文的正确认识和深入理解。

本书内容不同于其他书籍仅对单一规范进行解读，而是将主要几本规范的相关条款对比集中解读，这样更便于相关人员对《规范》条文理解、领悟。全书涉及面广、内容丰富、通俗易懂、简明实用，可读性和实施性强，可供从事结构设计人员，结构设计审核、审查人员，监理工程师，施工技术人员，大专院校的师生及从事建设项目管理人员参考使用。

本书在撰写过程中得到很多知名专家、资深同仁的指导与帮助，在此表示衷心感谢！同时对书中所摘引和参考的文献作者，一并深表谢意。限于编者水平，有不妥之处，恳请读者批评指正。

编著者

本书涉及的主要规范及简称

序号	规范、规程、技术措施名称	本书简称
1	《混凝土结构设计规范》（GB 50010—2010）	《砼规》
2	《建筑抗震设计规范》（GB 50011—2010）	《抗规》
3	《高层建筑混凝土结构技术规程》（JGJ 3—2010）	《高规》
4	《建筑结构荷载规范》（GB 50009—2012）	《荷载规范》
5	《建筑地基基础设计规范》（GB 50007—2011）	《地规》
6	《高层建筑筏形与箱形基础技术规范》（JGJ 6—2011）	《筏形与箱形基础规范》
7	《砌体结构设计规范》（GB 50003—2011）	《砌体规范》
8	《建筑地基处理技术规范》（JGJ 79—2012）	《地基处理规范》
9	《建筑基桩检测技术规范》（JGJ 106—2014）	《桩检测规范》
10	《建筑桩基技术规范》（JGJ 94—2008）	《桩基规范》
11	《构筑物抗震设计规范》（GB 50191—2012）	《构筑抗规》
12	《北京地区建筑地基基础勘察设计规范》（DBJ 11—501—2009）	《北京地规》
13	上海《建筑抗震设计规程》（DGJ 08—9—2013）	《上海抗规》
14	广东《高层建筑混凝土结构技术规程》（DBJ 15—92—2013）	《广东高规》
15	《工业建筑防腐蚀设计规范》（GB 50046—2008）	《防腐规范》
16	《全国民用建筑工程设计技术措施（结构）》（2009 版）	《技措》2009 版

目　　录

第1章

综　　述

1.1　有关建筑结构安全的工程界讨论

1.1.1　有关建筑结构安全的讨论

20世纪末，正当各结构设计规范、规程修订之际，工程界有院士及专家建议：应该大幅度提高我国结构设计的安全度设置水平。由此引发了学术界和工程界的热烈讨论，全国规模的讨论会先后举行过4次，有的刊物还为此出了专刊。

赞成者认为：我国结构设计水平与国外发达国家差距太大，因此历年来工程事故频发。从处理事故和造成影响的后果的角度，为“节约”反而会造成更大的“浪费”（实际损失）。考虑到我国国力不断提升和可持续发展的需要，不如一步到位，将安全度提升到发达国家的水平，比逐次增加安全度会收到更长远而实际的效益。

反对者认为：工程实践证明，我国目前的安全水平已经基本可以保证结构安全，满足大规模基本建设的需求。遵守规范设计建造的建筑都在正常使用，调查所有工程事故的原因，都是违反规范而设计施工的结果。而这恰恰证明了现行规范、规程的合理性。

这场近年难得的学术争鸣收获巨大，尽管争论没有定论，也不能用倾向性意见的多少来判断对错，但通过这场畅所欲言的讨论，所有关心此事的人都加深了对结构安全的认识，从而大大促进了结构学科的发展。通过多次争鸣和讨论，学术界和工程界在一些重要的原则问题上大体达成了一些共识，基本实现了争鸣各方的“共赢”。

1.1.2　对建筑结构安全的认知

（1）由于国情特殊，我国结构安全水平偏低，虽经历次修订提升，与国际先进国家的差距依然存在，这也是不争的事实。

（2）在正常设计、施工和使用的条件下，现行设计规范基本能够保证建筑的安全。

比如2008年汶川大地震后，经过对按各版规范设计的建筑破坏统计情况分析（表1–1及图1–1）。可以得出以下结论：

凡是严格按照国家规范进行设计、施工和使用的建筑结构，在遭遇比当地设防烈度提高一度的地震作用下，没有出现倒塌破坏，能够有效保护人民的生命安全。

表 1–1　　汶川地震后统计分析表

序号	处理意见	数量（幢）	百分比
1	主体结构基本完好、采取应急措施后可以使用	22	35%
2	结构损坏，经抗震加固后可以使用	34	55%
3	结构破坏，无法加固或无加固价值、建议拆除	6	10%
合计		62	100%

（3）本着“以人为本，安全第一”的宗旨，随着国力提升，宜逐渐提高结构设计的安全水平。

（4）由于各设计规范、规程的具体情况不同，应根据各自的条件确定本规范、规程安全度设置水平调整的范围和做法，有关部门不再作限制和规定。

汶川地震学校的震害经验——略阳嘉陵小学

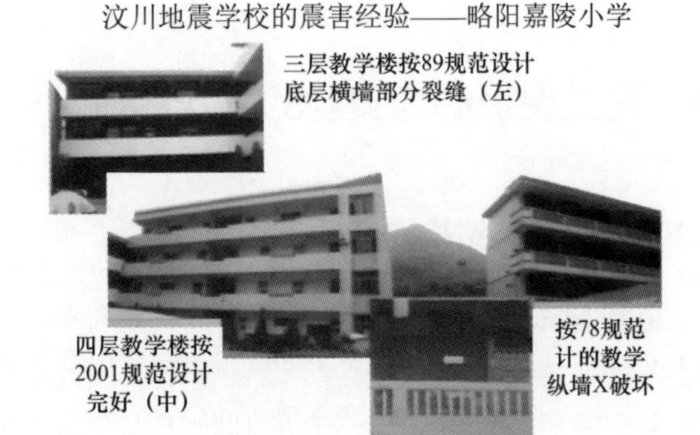

图 1–1　按几版规范设计的学校建筑

1.2　新版《规范》修订的基本原则

1.2.1　《混凝土结构设计规范》（GB 50010—2010）修订的原则

（1）适当增强结构的安全储备以及抗灾能力，注重结构的整体稳固性。

（2）规范从以构件截面计算为主扩展到结构体系的设计，强调概念设计的重要性。

（3）淘汰低强度材料推广高强度新材料，提高资源利用率。

（4）贯彻可持续发展的基本国策，完善耐久性设计，补充既有结构设计的原则。

（5）拓宽了结构分析的内容，系统提出各种分析方法，包括间接作用分析的原则。

（6）补充、完善构件斜截面受剪、冲切、拉弯、剪、扭等复合受力的承载力计算。

（7）修改、完善正常使用状态验算，调整裂缝宽度及挠度计算，增加舒适度要求。

（8）改进钢筋保护层、锚固、连接、最小配筋率及各类构件连接构造措施的有关规定。

（9）补充、完善并集中表达预应力构件设计的有关内容，包括无粘结预应力。

（10）加强与抗震规范的协调、补充，完善结构抗震的有关内容。

（11）进一步与国际接轨，实现与相关标准及土木工程其他专业规范的合理分工、协调。

1.2.2　《建筑抗震设计规范》（GB 50011—2010）修订的原则

（1）2010 版继续保持 2001 版对 1989 版抗规所发展的某些抗震设计的基本规定。

（2）再次强调抗震设计中“抗震计算和抗震措施”是两个不可分割的组成部分，强调通过概念设计，协调各项抗震措施，实现“大震不倒”。

（3）增加了设计基本地震加速度 0.15g、0.30g 的设计要求。

（4）提出不同阻尼比的地震作用和控制结构最小地震作用的强制性要求。

（5）进一步明确概念设计的某些具体要求，从而加强各类结构的抗震构造。

（6）纳入隔震、消能减震、结构性能化设计的一些要求。

（7）对建筑场地基础设计要求进行了改进。

1）将原场地类别Ⅰ类场地（坚硬土或岩石场地）中的硬质岩石场地（V_s＞800）明确为I_0类场地，规范中允许降低一度采取抗震构造的规定只适用于Ⅰ类场地。

2）删除“Ⅳ类场地适应高度适当降低”的规定；Ⅳ类场地的特征周期长，其影响在计算地震作用时已得到考虑，可以不再作为影响最大适应高度的因素。

（8）改进了不同阻尼比的设计反应谱。调整后使钢结构的地震作用有所减少（约18%），消能减震的最大阻尼比可取 0.30，除Ⅰ类场地外，在周期 6s 以前，不同阻尼比基本不交叉。

（9）设计特征周期的调整。对I_0类场地，明确其特征周期比 2001 版Ⅰ类减小 0.05s；对于罕遇地震的特征周期，6、7 度和 8、9 度一样，也要求增加 0.05s。

（10）增加了用于 6 度设防的地震动参数。

（11）为配合大跨结构设计，增加了大跨屋盖结构和地下建筑结构抗震设计内容，相应增加了地震作用的计算要求，补充了多向、多点输入计算地震作用的原则规定；提出竖向地震作用可采用振型反应谱法、竖向地震为主的地震作用基本组合。

（12）配合钢结构构件承载力验算方法的改进，调整了钢结构构件承载力抗震调整系数γ_{RE}的取值，强度破坏取 0.75、屈曲稳定取 0.80。

（13）对不规则建筑抗震概念设计的改进。

1）2010 版规范 3.4.3 条规定，只是主要的不规则类型而不是全部。

2）明确将扭转位移比不规则判断的计算方法，改为“在规定水平力作用下并考虑偶然偏心”，以避免位移按振型分解反应谱组合时，刚性楼盖边缘中部的位移有时大于角点位移的不合理现象。

（14）钢筋混凝土结构抗震等级划分、内力调整和构造措施的改进。

1）抗震等级的高度分界变化。

2）提高框架结构“强柱弱梁、强剪弱弯、强节点弱构件”设计原则的内力调整和构造要求。

3）提高抗震墙的构造要求。明确抗震墙厚度可按无支长度控制，小震时不宜出现小偏心受拉。

4）明确了框架结构设置“少量剪力墙”的一些规定。

（15）补充了框架结构楼梯间的设计要求。

（16）取消了内框架砖房的相关规定；修改了多层砌体房屋层数和高度限值、抗震横墙间距、底部框架—抗震墙房屋的结构布置、墙体抗剪承载力验算、构造柱布置、圈梁设置、楼屋盖预制板的连接要求、楼梯间的构造要求等规定。

（17）补充了底部框架—抗震墙结构的过渡层要求，上部为混凝土小砌块墙体的相关要求，底框部分框架柱的专门要求等规定。

（18）补充了抗震设防烈度 7 度（设计基本地震加速度地区 0.15g）和 8 度（0.30g）钢结构房屋最大适用高度，修改了钢结构阻尼比取值、承载力抗震调整系数、地震作用下内力和变形分析等相关规定，增加了关于钢结构房屋抗震等级的规定，并补充了相应的抗震措施要求。

（19）钢结构阻尼比按高度分别可取 0.02、0.03、0.04。当设置偏心支撑且支撑承担的倾覆力矩大于总倾覆力矩的 50%时，阻尼比可增加 0.005。

（20）修订了单层钢筋混凝土柱厂房可不进行抗震验算的范围，补充完善了柱间支撑节点验算要求，单层钢结构厂房防震缝及阻尼比的相关规定。

（21）隔震设计适应范围和隔震后抗震措施的调整也有新规定。

1）隔震设计，不限于 2001 版《规范》的 8、9 度设防区。

2）隔震设计不再要求隔震前结构的基本周期小于 1.0s。

3）大底盘顶的塔楼结构也可考虑采用隔震设计。

4）对高宽比不大于 4 的结构，大震时严格控制隔震垫的拉应力。

（22）新增若干类结构的抗震设计规定。

1）大跨度屋盖建筑。

2）地下空间建筑。

3）框排架厂房建筑。

4）钢支撑—混凝土框架和钢框架—混凝土筒体结构。

（23）新增加有专门要求的建筑进行抗震性能化设计的原则规定。

1.2.3 《高层建筑混凝土结构技术规程》（JGJ 3—2010）修订的原则

（1）修改了适用范围。

（2）修改了结构平面和立面规则性有关规定。

（3）调整了部分结构最大适用高度，细分了 8 度地震区房屋最大适用高度。

（4）增加了结构抗震性能设计及抗连续倒塌设计的原则规定。

（5）补充完善了房屋舒适度设计规定。

（6）修改了风荷载及地震作用有关内容。

（7）调整了“强柱弱梁、强剪弱弯”设计原则及部分构件内力调整系数。

（8）修改完善了框架、剪力墙（含短肢剪力墙）、框架—剪力墙、筒体结构的有关设计规定。

（9）修改、补充了复杂高层建筑结构的有关规定。

（10）混合结构增加了钢管混凝土、钢板剪力墙设计规定。

（11）补充了地下室设计要求，修改了基础设计规定。

（12）修改了结构施工有关规定，增加了绿色施工等要求。

本次《高规》主要修订了以下内容。

（1）2002 版规程适用于 10 层及 10 层以上或房屋高度超过 28m 的高层民用建筑结构。本次修订为“本规程适用于 10 层及 10 层以上或房屋高度 28m 的住宅建筑结构和房屋高度大于 24m 的其他高层民用建筑结构”。原因是为了与《民用建筑设计通则》（GB 50352）及《高层民用建筑设计防火规范》（GB 50045，2005 版）协调。应用需要说明两点。

1）住宅建筑结构：当住宅建筑层高较大或住宅底部几层布置为层高较大的商场（商住楼），其层数虽不到10层，但房屋总高度已超过28m，这类住宅建筑结构应按本规程设计。

2）高度大于24m的其他高层民用建筑结构是指办公楼、酒店、综合楼、商场、会议中心、博物馆等高层民用建筑。有的建筑结构层数虽不到10层，但层高较高、内部空间较大、变化多，有必要将这类高度大于24m的结构纳入本规程的适用范围。高度大于24m的体育场馆、航站楼、大型火车站等大跨空间结构，其结构设计应符合国家现行有关标准的规定，本规程可供参考。

（2）本次修订增加内容：本规程不适用于建造在发震断裂最小避让距离内的高层建筑结构。震害调查在危险地段及发震断裂最小避让距离内的高层建筑结构，较难避免发生灾害，我国尚缺乏在上述地段建造高层建筑的工程实践经验及研究成果，因此无法提供有关条款。

发震断裂的最小避让距离见表1–2［可参看《抗规》（2010）表4.1.7］。

表1–2　发震断裂的最小避让距离（m）

场地烈度	建筑抗震设防类别			
	甲	乙	丙	丁
8	专门研究	200	100	—
9	专门研究	400	200	—

（3）新增抗震设计的高层建筑结构，当其房屋高度、规则性、结构类型等超过本规程的规定或抗震设防标准等有特殊要求时，可采用结构抗震性能设计方法进行补充分析和论证。目前高层建筑采用抗震性能设计主要是针对以下特殊情况。

1）有特殊要求且难以按本规程规定的常规设计方法进行抗震设计的高层建筑结构。

2）结构类型或有些部位布置复杂，难以直接按常规方法进行设计。

3）位于高烈度区（8、9度）的甲、乙类结构或处于抗震不利地段的工程，难以确定抗震等级或难以直接按常规方法进行设计。

上述情况可采用结构抗震性能设计方法进行设计。

由以上主要《规范》的修订来看，本次修订幅度及广度都很大。但我们知道无论如何修订，相对创新而言，《规范》始终是滞后的。突破《规范》要靠智慧、大量的工程经验、扎实的理论基础、创新思维，更要靠对现行《规范》条款清晰的理解与贯通应用。奥运会的鸟巢、水立方、央视大楼、上海世博会中国馆等建筑，突破了常规的设计方法，融入了更为先进的设计理念。一个好的建筑创作，需要好的结构设计师采取先进的手段去分析完成，其中应以《规范》为基本点。设计中往往有两个难点：结构创新和精确计算。结构创新需要多学习、多总结、多交流、多领悟，特别是要多做各种各样的实际工程；精确计算是结构创新的后续工作，是另一种学问，不仅仅是软件及有限元知识的应用问题，这些只是工具而已。不应该忽略轻视哪一方，两者缺一不可。

基于规范、规程的滞后性和最低要求，近些年建筑设计的多样化、复杂化，新结构体系、新材料的不断涌现，以及由于建筑市场的驱使，使得开发商或投资方要求设计方在保证结构安全的前提下进行限额设计，有的甚至要求将钢筋及混凝土限额写入合同中。这就要求我们设计人员与时俱进，首先必须清楚新版《规范》的哪些条款在哪些方面降低了钢筋用量，哪些方面会使用钢量增加；我们搞结构设计只有一个目的，就是使得我们设计的工程尽可能地做到：技术先进、安全适用、经济合理、确保质量。

设计人员切记应避免“两个凡是”：凡是《规范》的条文我们都必须坚决执行；凡是《规范》没有规定的我们坚决不执行。这样既不足以维护规范的权威，更不可能使设计师从规范的条条框框中解脱出来，会使设计师由一个极端走向另一极端怪圈。

我们知道：《规范》只原则性介绍结构设计的共性技术问题，而不是解决所有问题的百科全书。《规范》不负责解决工程设计问题，只有理解规范的原则并能根据具体条件分析应用，才是正确的方向。切忌死扣《规范》条文，专注于枝节问题，不结合具体工程实际问题分析而机械、死板地执行条文。

1.3 新版《规范》用词如何正确理解

细心的设计师可能已经注意到新版《规范》用词做了适当补充，由原来的三个层次调整为以下四个层次。

第一层次：表示很严格，非这样不可的。正面用词采用“必须”；反面用词采用“严禁”。这个层次的条文都是强制性条文，也是最严厉的要求。

第二层次：表示严格，在正常情况下均应这样做。正面用词采用“应”；反面用词采用“不应”或“不得”。这个层次的条文有的是强制性条文，有的是非强制性条文。

第三层次：表示允许稍有选择，在正条件许可时首先这样做。正面用词采用“宜”；反面用词采用“不宜”。

第四层次：表示有所选择，在一定条件下可以这样做，采用“可”。这一条是新补充的说明。

《建筑工程施工图设计文件技术审查要点》(建质〔2013〕87号)：如设计未执行要点中非强条，是否通过，目前各地处理方式也不一样，本要点的表述是“如设计未严格执行本要点的规定，应有充分依据”。这一表述主要考虑既然不是强制性条文，原则上在审查时也不应作为强制要求执行，可按规范用词的严格程度予以把握，允许设计单位根据工程设计的实际需要，在不降低质量要求的前提下，采取行之有效的变通措施来解决问题，但应有充分依据。

1.4 为什么说《规范》的要求是最低要求

《规范》是设计基本依据，对《规范》的理解和把握程度实际上反映了工程技术人员的水平。正如林同炎大师所说：“工程师应当只把建筑规范作为一种指南，作为参考，而不应当将规范当成‘圣经’盲目照搬。”

“规范是最低要求”对于刚参加工作的工程师讲，一时难以理解，但会随工作经验的积累，才逐渐地认识到这句话真正的内涵。我们知道：满足《规范》要求的结构不一定就是一定安全的，而不满足《规范》要求的结构也不一定是一定不安全的。汶川地震震害就说明了，满足《规范》要求的结构仍然大量出现了我们所不希望看到的“强梁弱柱、强弯弱剪、强构件弱节点”的破坏。之所以满足规范要求的结构不一定是安全的，作者的理解是因为规范还是基于研究工作并简化而来，而实际工程问题的复杂性以及研究的必要简化假定，都可能给研究的结果带来误差，有时甚至是颠覆性的。例如，我们对于楼梯斜撑效应、结构整体刚度分布的影响等问题的看法与实际案例相比，就几乎完全是出现了相悖的情况。

“规范是最低要求”的第二个原因，就是规范的要求程度是一种最低要求，例如规范中“可”、“宜”、“应”、“必须”的字眼要求程度就不同。工作中，对“可”、“宜”的字眼往往就疏忽了，认为它可满足可不满足。再举个例子，现行的《规范》对“强柱弱梁”的验算通过柱端弯矩放大系数实现，一级框架及抗震设防烈度 9 度地区才要求对节点的梁按实配钢筋反算抗弯承载力进行柱端弯矩计算。但由于实际工程中，大城市没有处于 9 度地区的，而高层建筑又很少采用纯框架结构，因此不少设计人员为了回避复杂烦琐的实配钢筋承载力验算，按《规范》的“最低要求”偷懒掉了；而如果将《规范》看作“最低要求”，甚至对于 6 度区的框架结构就可以按实配钢筋反算承载力，这样更有利于实现“强柱弱梁”。这个例子就充分说明了规范最低要求的性质。

一般技术力量强的设计院更注重结构概念设计，超前于现行规范，引入了结构性能设计方法等，这都说明了《规范》是最低要求这个观点。

作者认为，对《规范》不应该只停留在照搬条款、会代数据计算公式的程度上，而应该尽量深入地理解和把握《规范》内涵。当然，某些《规范》条文涉及的理论背景还是很深的，想很深入地理解也不太可能而且没有必要。例如，对于钢结构稳定理论这部分，计算长度系数的得来，就要涉及弹性压杆稳定理论，再深入又要涉及弹性力学微分方程的求解，再深入又要涉及微积分数值求解方法，等等，这些理论对于大多数工程师来说确实太费精力也没有必要理解得那么深入。作者认为，对这个问题只要明确两个概念：① 什么是柱子的计算长度，它反映了什么力学本质问题？② 计算长度与哪些因素有关？有哪些基本假定？达到这个层次就可以了，再深入就是科学研究的工作了。

1.5　如何正确理解《规范》条文和条文说明，如何把握规范用词标准

《规范》的正文条文分为“强制性”和“非强制性”两类，建设主管部门对条文的执行有明确规定。条文说明只是为了理解和实施条文所作的解释性文字、数据、图表和公式等，有些内容甚至保留了 1989 版规范和 2001 版规范的内容，目的是便于设计人员学习规范，了解规范的背景和历史沿革。因此，不能将条文说明等同于条文本身，也不能要求设计都按照条文说明执行。关于规范用词“必须”“应”“宜”“可”等，是对执行规范的严格程度不同而定。在设计和审图过程中，经常由于理解的差异，把握的“宽”“严”尺度不同，特别是对“应”和“宜”的把握尺度不同，产生了一些矛盾。

《规范》用词说明指出，“应”表示严格，在正常情况下均应这样做；“宜”表示允许稍有选择，在条件许可时首先这样做。很明显，两者程度上是有差别的。对“宜”执行的条文允许适度放宽，但不是无限放宽，而应视设防要求、结构和构件的重要性，有所区别。

1.6 《规范》正文与条文说明、各种手册、指南、构造措施图集、标准图集如何正确应用理解

由于原《规范》没有对条文的法律效力作出明确说明，很多设计人员理解为与《规范》正文具有同等的法律效力，同样各种手册、指南、标准图集也没用说明其法律效力，本次新版《规范》、手册、指南、标准图集均作了明确规定：

（1）新版《规范》均说明：条文说明不具备与规范正文同等的法律效力，仅供使用者作为理解和把握条文规定的参考。

（2）《全国民用建筑技术措施》2009 版（以下简称《技术措施》）：供全国各设计单位参照使用，本措施应在满足现行国家及地方标准的前提下，根据工程具体情况参考使用。

（3）《全国民用建筑技术措施》2003 版：本措施凡属《规范》《规程》的细化、引申部分，是必须贯彻执行的；凡属以经验总结为依据的部分，是不得无故变更的，确有特殊情况时，允许采取更合理的措施；凡属建议的，可结合实际工程灵活掌握，使设计更为经济、合理；凡属地方性的技术措施，则应结合有关省、自治区、直辖市的技术法规予以实施。

（4）各种手册、指南、标准图集不是标准、规范，而是其内容的延伸和具体化，因而使用非常方便。但注意尽管它们是根据标准、规范而编制，但其本身并不是标准、规范，因此也只能有编制者解释，由使用者自负其责。

1.7 《规范》对结构设计计算结果正确应用的具体要求

（1）《砼规》5.1.6：结构分析所采用的计算软件应经考核和验证，其技术条件应符合本规范和国家现行有关标准的要求。应对分析结果进行判断和校核，在确认其合理、有效后方可应用于工程设计。

（2）《抗规》3.6.6–4：所有计算机计算结果应经分析判断，确认其合理、有效后方可用于工程设计。

（3）《高规》5.1.16：对结构分析软件的计算结果应进行分析判断，确认其合理、有效后，方可作为工程设计的依据。

作为一名合格的工程师，就需要依靠概念设计结合工程经验综合判断。当发现某个技术问题或数据异常时，可以根据概念来分析其原因，这往往比直接检查数据更快捷、更有效，而且可以找到问题的症结所在。这个方法最适合用于判断程序计算结果。程序计算结果有上亿个数据，要跟踪这些数据是不可能的也是没有必要的，只有用概念设计来判断其合理性或找原因，又用概念去解决这些问题才是出路。

（4）《抗规》3.6.6：利用计算机进行结构抗震分析，应符合下列要求。

1）计算模型的建立、必要的简化计算与处理，应符合结构的实际工作状况，计算中应考虑楼梯构件的影响。

2）计算软件的技术条件应符合本规范及有关标准的规定，并应阐明其特殊处理的内容和依据。

3）复杂结构在进行多遇地震作用下的内力和变形分析时，应采用不少于两个不同的力学模型，并对其计算结果进行分析比较。

4）所有计算机计算结果应经分析判断，确认其合理、有效后，方可用于工程设计。

【知识点拓展】

（1）《规范》的这些要求都是为了防止结构工程师对计算机及软件的滥用威胁公众安全考虑提出来的。

纵观当今工程界，有些结构设计师甚至把计算机作为知识、经验、思考的替代品，而且这种令人非常不安的观点还在结构工程师中逐渐蔓延，人们似乎越来越相信计算机程序使他们能对工程做出正确的判断，而根本不愿意动脑想一想，如果没有计算机，同样的工程设计需要哪些必须的知识和经验。

（2）在工程界有不少设计师迷信：认为计算机就是知识的源泉，计算机是解决工程问题的源泉，计算机具有令人信赖的“智慧”。这些迷信都大大背离了事实，不可以简单地信赖计算机，而把自己对结构工程的安全保障隐藏在计算软件的黑匣子里。

（3）我们可以这样认为，计算机除了具有快捷的计算速度以外，计算机程序只是一些离散知识的组合。真正的工程知识是经验、直觉、灵感、领悟力、创造力、想象力和认知力的巨大综合体。这些远远超越了任何程序和程序员对结构工程的理解。

（4）在计算机和计算软件广泛普及的条件下，除了要选择使用可靠的计算软件外，还应对软件计算的结果从力学概念、工程经验等方面加以判断，确认其计算结果的合理性和可靠性。

（5）由于目前商业和自编软件非常多，我们国家又缺乏对计算软件的鉴定、认证、监管等措施，所以作为设计人员，在采用计算软件计算前，首先应该对所采用的软件适用范围及使用条件、设计参数有一个比较深入的理解。作为一名合格的结构工程师，不能停留在仅仅会用计算机程序上，更应该了解程序的一些编制原理。

（6）提醒大家注意，再好的计算机程序也造就不出称职的结构工程师，而只有称职的工程师才能使用好计算机及计算程序。

（7）对于比较复杂的结构宜采用至少两个不同的力学模型的结构分析软件进行对比分析，更应该进行必要的手算分析比较，以保证结构力学分析的可靠性。

（8）PKPM 系列软件 2010（V2.1）均有“免责申明”。PKPM 系列软件在开发阶段经过严格测试，自 1988 年开发以来，国内外数以万计的工程应用证明了其适用性和正确性。但用户必须清楚，在程序的准确性或可靠性上开发者未做任何直接或暗示性的担保，使用者必须了解程序的假定并必须独立核查结果。

（9）如何正确判断计算结果的合理性。我们知道，目前还没有任何程序能够确保计算结果的可靠性没有问题，这就需要设计人员对计算结果，结合工程情况分析判断，确认其合理、有效后，方可作为工程设计依据。

作者建议设计人员主要从结构的总体和局部构件两个方面考虑；

1）对结构总体的分析判断。

① 所选用的计算软件是否适用本工程。

② 结构的振型、周期、位移形态和量值是否在合理的范围。

③ 结构地震作用沿高度的分布是否合理。

④ 有效质量参与系数与楼层地震剪力的大小是否符合最小值要求。

⑤ 总体和局部的力学平衡条件是否得到满足？（判断力学平衡条件时，应针对重力荷载、风荷载作用下的单工况内力进行）

⑥ 结构楼层单位面积的重量是否在合理范围？

2）对局部构件的分析判断。

① 截面尺寸是否满足剪应力控制要求，配筋是否异常。

② 柱、墙的轴压比是否满足规范要求。

③ 受力复杂的构件（如转换构件、大悬臂构件等），其内力或应力分布是否与力学概念、工程经验相一致。

提醒大家注意：如果发现某些计算结果异常，又无法通过上述方法分析出原因时，建议采用另一不同力学模型的程序对其进行校核，两个程序计算结果的误差范围应在 10%以内。

1.8 新版《规范》未涵盖的结构体系应如何对待

为了加强对建设工程勘察、设计活动的管理，保证建设工程勘察、设计质量，保护人民生命和财产安全，国务院于 2000 年 9 月 25 日发布了《建筑工程勘察设计管理条例》。其中第 29 条规定：建设工程勘察、设计文件中规定采用的新技术、新材料，可能影响建设工程质量和安全，又没有国家技术标准的，应当由国家认可的检测机构进行验证、论证，出具检测报告，并经国务院有关部门或者省、自治区、直辖市人民政府有关部门组织的建设工程技术专家委员会审定后，方可使用。因此，凡是 2001《规范》没有包括的结构体系，均应照此规定执行。

比如，有的工程在现有钢筋混凝土结构或砌体结构房屋上采用钢结构进行加层设计时，应分为两种情况对待。第一种情况：当加层的结构体系为钢结构时，因抗震规范未包括下部为混凝土或砌体结构、上部为钢结构建筑的有关规定，由于两种结构的阻尼比不同，上、下两部分刚度存在突变，属于超规范、规程设计，设计时应按国务院《建筑工程勘察管理条例》第 29 条的要求执行，即需要由省级以上有关部门组织的建设工程技术专家委员会进行审定。第二种情况：当仅屋盖部分采用钢结构时，整个结构抗侧力体系的竖向构件仍为混凝土结构或砌体结构时，则不属于超规范、规程的设计，按照现行规范有关规定设计即可，但此时尚应注意因加层带来结构刚度突变等不利影响，必要时需要对原结构采取加固补强措施。

比如，江苏省超限审查要点规定：下部为砌体结构、上部为钢结构或下部为钢筋混凝土结构、上部为钢结构的多层房屋，应进行抗震超限论证。

基于以上理由，作者建议设计前需要提前与施工图审图单位进行沟通为上策。

1.9 新版《规范》的某些条款与行业标准、地方标准不一致时如何解决

根据《标准化法》，工程建设的标准分为国家标准、行业标准和地方标准。国家标准的代号为 GB 或 GB/T；行业标准按行业划分，如“JGJ”表示建筑工程，“YB”表示冶金行业，

“JB”表示机械行业，“FJJ”表示纺织行业；地方标准按省级划分，如“DBJ01”表示北京，“DBJ08”表示上海，“DBJ15”表示广东省等。

当国家标准与行业标准对同一事物的规定不一致时，分以下几种情况分别处理。

（1）当国家标准规定的严格程度为“应”或“必须”时，考虑到国家标准是最低的要求，至少应按国家标准的要求执行。

（2）当国家标准规定的严格程度为“宜”或“可”时，允许按行业标准略低于国家标准的规定执行。

（3）若行业标准的要求高于国家标准，则应按行业标准执行。

（4）若行业标准的要求高于国家标准但其版本早于国家标准，考虑到国家标准对该行业标准的规定有所调整，仍可按国家标准执行。此时，设计单位可向行业标准的主编单位报备案并征得认可。当不同的国家标准之间的规定不一致时，应向国家主管部门反映，进行协调，一般按新颁布的国家标准执行。

（5）但注意地基基础应以地方标准进行审查，各省级建设主管部门可根据需要确定审查内容，无地方标准的地区应按《建筑工程施工图设计文件技术审查要点》（建质〔2013〕87号）规定，即国标地基基础规范审查。

1.10 新版《抗规》对抗震设计采用的地震动参数有哪些重大变化

（1）按2009年颁布的《防震减灾法》对“地震小区划”的规定，在新规范第1.0.5条中删去2001《规范》关于抗震设防区划的相关规定，保留“一般情况下，建筑的抗震设防烈度应采用根据中国地震动参数区划图确定的地震基本烈度（本规范设计基本地震加速度值所对应的烈度值）”。因此，过去所做的城市抗震设防区划图中的地震动参数，将不再用于单体建筑工程的抗震设计。

（2）设计地震分组和对应Ⅱ类场地特征周期 T_g 值完全按照《中国地震动参数区划图》（GB 18306—2001）定义，不再进行调整。这样，与2001《规范》相比，在新规范附录A中，全国2 500个抗震设防城镇中设防烈度不变而设计地震分组上升的城镇有1000多个（占40%以上）。变化较多的省份和所占城镇的比例如下：河北74%，山西55%，福建54%，山东75%，河南45%，四川76%，云南82%，西藏82%，陕西48%，甘肃92%，青海88%，宁夏81%，新疆82%。其中，设计地震分组上升的省会城市和直辖市有：天津、石家庄、福州、郑州、银川、乌鲁木齐，由设计一组升为设计二组；济南、昆明、兰州、西宁、拉萨、台北由设计二组升为设计三组；成都由设计一组升为设计三组。设计地震分组的上升表明对应的场地特征周期 T_g 有所加大，地震作用相应增大。

（3）新《抗规》共分14 章、59 节、12 附录，计630 条（含56条强制性条文）。

1.11 建筑合理的结构体系需要满足哪些基本要求

抗震结构体系要求受力明确、传力途径合理且传力路线不间断。使结构的抗震分析更符合结构在地震时的实际表现，对提高结构的抗震性能十分有利，是结构选型与布置结构抗侧力体系时首先考虑的因素之一。为此，《规范》要求结构体系应符合下列各项要求。

（1）应具有明确的计算简图和合理的地震作用传递途径。

（2）应避免因部分结构或构件破坏而导致整个结构丧失抗震能力或对重力荷载的承载能力。

（3）应具备必要的抗震承载力、良好的变形能力和消耗地震能量的能力。

（4）对可能出现的薄弱部位，应采取措施提高其抗震能力。

【知识点拓展】

根据地震灾害经验，建筑结构良好的抗震性能主要由以下 5 个方面决定。

1. 合理的传力体系

良好的抗震结构体系要求受力明确、传力合理且传力路线不间断，使结构的抗震分析更符合结构在地震时的实际表现。但在实际设计中，建筑师为了达到建筑功能上对大空间、好景观的要求，常常精简部分结构构件，或在承重墙开大洞，或在房屋四角开门、窗洞，破坏了结构整体性及传力路径，最终导致地震时破坏。这种震害几乎在国内外的许多地震中都能发现，需要引起设计师的注意。

2. 多道抗震防线

一次大地震产生的地面运动，能造成建筑物破坏的强震持续时间，少则几秒，多则几十秒，有时甚至更长（比如 2008 年汶川地震的强震持续时间达到 80s 以上）。如此长时间的震动，一个接一个的强脉冲对建筑物产生往复式的冲击，造成积累式的破坏。如果建筑物采用的是仅有一道防线的结构体系，一旦该防线破坏后，在后续地面运动的作用下，就会导致建筑物的严重倒塌。特别是当建筑物的自振周期与地震动卓越周期相近时，产生共振，更加速其倒塌进程。如果建筑物采用的是多重抗侧力体系，即使第一道防线的抗侧力构件遭到破坏后，后备的第二道乃至第三道防线的抗侧力构件将立即接替，抵挡住后续的地震冲击，进而保证建筑物的最低限度安全，避免严重倒塌。在遇到建筑物基本周期与地震动卓越周期相近的情况时，多道防线就显示出其优越性。当第一道防线因共振破坏后，第二道接替工作。同时，建筑物的自振周期由于塑性较出现将发生变化，与地震动的卓越周期错开，避免出现持续的共振，从而减轻地震的破坏作用。

因此，建筑结构设置合理的多道抗震防线，是提高建筑抗震能力、减轻地震破坏的必要手段。

多道防线的设置，原则上应优先选择不负担或少负担重力荷载的竖向支撑或填充墙，或者选用轴压比较小的抗震墙、筒体等构件作为第一道抗震防线。一般情况下，不宜采用轴压比很大的框架柱兼作第一道防线的抗侧力构件。比如，在框架–剪力墙体系中，延性的抗震墙是第一道防线，使其尽量承担全部或大部分地震作用，延性框架作为第二道防线，要承担墙体开裂后转移到框架的部分地震剪力。对于工业厂房，使柱间支撑作为第一道抗震防线，承担了厂房纵向的大部分地震作用，未设支撑的柱开间则承担因支撑损坏而转移的地震作用。

多道抗震防线是建筑抗震概念设计的重要概念之一。钢筋混凝土结构中的框架–剪力墙、框架–筒体、框架–支撑、剪力墙–连梁（联肢墙）结构，砌体结构中的砌体墙–构造柱、圈梁，钢结构中的框架–支撑（中心、偏心、消能支撑），空旷房屋所采用的排架–支撑（竖向、水平支撑）等，均是具有多道抗震防线的结构形式。大震下，具有多道抗震防线结构的第一道防线承受了主要的地震作用，产生塑性破坏，吸收地震能量；同时，使结构内力发生重分布，地震作用自然转移到第二道抗震防线。因此，设计应考虑第一道防线失效后的内力重分布对第二道防线的内力调整，第二道抗震防线应具备足够的承载力，防止结构倒塌。比如，框架–剪力墙、框架–筒体结构中，任一楼层框架承担的剪力按底部总剪力的20%和框架部分的各楼层剪力最大值的 1.5 倍两者的较小值控制的要求；砌体结构中，墙体破坏后地震作用转由圈梁和构造柱组成的延性构架承担，保证建筑不倒；框架–支撑和排架–支撑结构中，作为第一道防线的支撑体系屈曲耗能，保证框架和排架柱的安全。

3. 足够的侧向刚度

根据结构反应谱分析理论，结构越柔，自振周期越长，结构在地震作用下的加速度反应越小，即地震影响系数越小，结构所受到的地震作用就越小。但是，是否就可以据此把结构设计得柔一些，以减小结构的地震作用呢？

自 1906 年洛杉矶地震以来，国内外的建筑地震震害经验（如前所述）表明，对于一般性的高层建筑，还是刚比柔好。采用刚性结构方案的高层建筑，不仅主体结构破坏轻，而且由于地震时结构变形小，隔墙、围护墙等非结构构件受到保护，破坏也较轻。而采用柔性结构方案的高层建筑，由于地震时产生较大的层间位移，不但主体结构破坏严重，非结构构件也大量破坏，经济损失惨重，甚至危及人身安全。所以，层数较多的高层建筑，不宜采用刚度较小的框架体系，而应采用刚度较大的框架–抗震墙、框架–支撑或筒中筒等抗侧力体系。

正是基于上述原因，目前世界各国的抗震设计规范都对结构的抗侧刚度提出了明确要求。具体的做法是，依据不同结构体系和设计地震水准，给出相应结构变形限值要求。

4. 足够的冗余度

对于建筑抗震设计来说，防止倒塌是我们的最低目标，也是最重要和必须要得到保证的要求。因为只要房屋不倒塌，破坏无论多么严重也不会造成大量的人员伤亡。而建筑的倒塌往往都是结构构件破坏后致使结构变为机动体系的结果，因此，结构的冗余度（即超静定次数）越多，进入倒塌的过程就越长。

从能量耗散角度看，在一定地震强度和场地条件下，输入结构的地震能量大体上是一定的。在地震作用下，结构上每出现一个塑性铰，即可吸收和耗散一定数量的地震能量。在整个结构变成机动体系前，能够出现的塑性铰越多，耗散的地震输入能量就越多，就更能经受住较强地震而不倒塌。从这个意义上来说，结构冗余度越多，抗震安全度就越高。

另外，从结构传力路径上看，超静定结构要明显优于静定结构。对于静定的结构体系，其传递水平地震作用的路径是单一的，一旦其中的某一根杆件或局部节点发生破坏，整个结构就会因为传力路径的中断而失效。而超静定结构的情况就好得多，结构在超负荷状态工作时，破坏首先发生在赘余杆件上，地震作用还可以通过其他途径传至基础，其后果仅仅是降低了结构的超静定次数，但换来的却是一定数量地震能量的耗散，而整个结构体系仍然是稳定、完整的，并且具有一定的抗震能力。

因此，一个好的抗震结构体系，一定要从概念角度去把握，保证其具有足够多的冗余度。

5. 良好的结构屈服机制

一个良好的结构屈服机制，其特征是结构在其杆件出现塑性铰后，竖向承载能力基本保持稳定。同时，可以持续变形而不倒塌，进而最大限度地吸收和耗散地震能量。因此，一个良好的结构屈服机制应满足下列条件。

（1）结构的塑性发展从次要构件开始，或从主要构件的次要杆件（部位）开始，最后才在主要构件上出现塑性铰，从而形成多道防线。

（2）结构中所形成的塑性铰的数量多，塑性变形发展的过程长。

（3）构件中塑性铰的塑性转动量大，结构的塑性变形量大。

因此，要有意识地合理配置结构构件的刚度与强度，确保结构实现总体屈服机制。

结构体系应受力明确、传力路径合理，具备必要的承载力和良好延性。要防止局部的加强导致整个结构刚度和强度不协调；要有意识地控制薄弱层，使之有足够的变形能力又不发生薄弱层（部位）转移，这也是提高结构整体抗震能力的有效手段。结构设计应尽可能在建筑方案的基础上采取措施，避免薄弱部位的地震破坏导致整个结构的倒塌；如果建筑方案严重不规则，存在明显薄弱部位，在现有经济技术条件下无法采取有效措施防止倒塌，则应根据《抗规》3.4.1 条的规定，明确要求对建筑方案进行调整。

结构薄弱层和薄弱部位的判别、验算及加强措施，应针对具体情况正确处理，使其确实有效：① 结构在强烈地震下不存在强度安全储备，构件的实际承载力分析（而不是承载力设计值的分析）是判断薄弱层（部位）的基础；② 要使楼层（部位）的实际承载力和设计计算的弹性受力之比在总体上保持一个相对均匀的变化，一旦楼层（或部位）的这个比例有突变时，会由于塑性内力重分布导致塑性变形的集中；③ 要防止在局部上加强而忽视整个结构各部位刚度、强度的协调；④ 在抗震设计中有意识、有目的地控制薄弱层（部位），使之有足够的变形能力又不使薄弱层发生转移，这是提高结构总体抗震性能的有效手段。

1.12 为什么取消“一级抗震墙的底部加强部位及以上一层各墙肢截面组合的弯矩设计值应按墙肢底部截面组合弯矩设计值采用”的规定

一般认为，抗震墙的塑性铰首先出现在其底部截面，随着地震作用增大，塑性铰向上发展。在达到某一弹塑性层间位移角时，如达到抗震墙结构弹塑性层间位移角限值 1/120，若塑性铰的高度大，则抗震墙的破坏程度轻；反之，若塑性铰的高度小，则抗震墙的破坏程度重，而后者比前者容易引起结构的倒塌。因此，抗震结构构件（特别是竖向构件）的塑性铰范围大比范围小，更有利于抗地震倒塌。如果底部加强部位及以上一层各墙肢的弯矩设计值都取底截面的弯矩设计值，有可能使塑性铰集中在底层，甚至集中在底截面以上不大的范围内，还有可能与底部加强部位以上一层紧邻的上层墙肢屈服而底部加强部位不屈服。为了使墙肢的塑性铰在底部加强部位的高度范围内得到充分发展，同时避免首先在底部加强部位以上形成塑性铰，取消了这一规定。

1.13 为什么明确规定抗震墙应计入端部翼墙来共同工作

由于翼墙除了增大腹板墙的刚度外，对腹板抗震墙的承载力和弹塑性变形能力都有贡献。计算腹板抗震墙的偏心受压承载力时，受压一侧的翼墙应作为腹板墙的受压区，受拉一侧翼墙的竖向钢筋应作为腹板墙端部边缘构件的受力钢筋。规范规定的约束边缘构件沿墙肢的长度，端部有翼墙时小于墙端为暗柱时的长度，就是因为翼墙与腹板墙共同工作，使腹板墙受压区沿墙肢的长度减小，需要约束的长度也随之减小。

为此，《抗规》6.2.13 条、《砼规》9.4.3 条都明确提出：抗震墙应计入腹板和翼墙共同工作、剪力墙计算中可考虑翼缘等内容。说明规范已经要求按照墙肢组成的组合截面进行计算。但是，目前很多软件计算剪力墙的配筋时仍然是按照每个单肢墙的一字墙分别计算，然后把相交各墙肢的配筋结果叠加作为边缘构件的配筋，虽然这种配筋方式编程简单，但是一方面多数情况下配筋结果偏大，另一方面也有安全隐患存在。

所以提醒设计人员，目前很多计算程序并不具有这个功能，建议设计人员进行人工干预，予以考虑。

1.14 为什么要对规范条文所适用的大跨屋盖结构形式及范围进行规定

大跨屋盖结构的形式众多，一般可分为刚性体系和柔性体系两大类，两者理论上的区别在于计算分析时是否必须计入几何非线性效应。对于悬索结构、膜结构、索杆张力结构等柔性屋盖体系（非线性结构），由于其抗震设计理论和方法的研究尚不成熟，故本次修订内容对此类屋盖体系暂不适用。刚性体系的结构形式也有多种，对于拱、平面桁架、立体桁架、网架、网壳、张弦梁和弦支穹顶七类基本形式及其组合而成的结构，由于相关抗震研究开展较多，也积累了一定的抗震设计经验，因此明确为本规范适用的主要结构形式。但是，对于跨度大于 120m、结构单元长度大于 300m 或悬挑长度大于 40m 的屋盖结构，以及缺乏抗震设计经验的新型屋盖结构形式，规范强调了还应进行专门的抗震性能研究和论证。以上两类结构的研究和论证可结合住房和城乡建设部颁布的《超限高层建筑工程抗震设防专项审查》工作进行。

1.15 为什么说合理的结构布置是大跨度结构抗震设计的关键

常规的大跨屋盖结构（如网架、网壳等）一般具有较好的抗震性能。设计经验表明，在中等烈度时大跨屋盖结构的构件设计还基本上受非地震工况的控制，这与多高层结构有明显的不同。但应注意的是，结构布置的合理性是确保结构具备较好抗震性能的前提，因此也是此类结构抗震设计的重点。规范中要求大跨度结构布置需遵循刚度和质量分布合理、屋盖及其支承的布置宜均匀对称、避免出现局部削弱或突变等基本原则，同时应保证结构的整体性和地震作用传递明确。此外，规范也强调了应避免下部结构的不规则布置造成屋盖结构产生过大的地震扭转效应。

1.16 为什么要将大跨度屋盖结构区分为单向传力体系和空间传力体系

单向传力体系是指平面拱、单向平面桁架、单向立体桁架、单向张弦梁等结构形式；空间传力体系是指网架、网壳、双向立体桁架、双向张弦梁和弦支穹顶等结构形式。单向传力体系和空间传力体系是根据屋盖结构是否存在明确的抗侧力系统来区分的，这也导致了两类结构体系在结构布置、地震作用计算和抗震措施等方面的要求均有所区别，因此抗震设计时应区别对待。

1.17 屋盖结构的地震作用计算如何计入上下部结构的协同工作

考虑上下部结构的协同作用，是屋盖结构地震作用计算的基本原则。考虑上下部结构协同工作的最合理方法，是按整体结构模型进行地震作用计算。特别是对于不规则的结构，抗震计算应采用整体结构模型。目前，规模较大的设计单位一般均具备了使用一些结构分析软件（包括通用软件）进行整体模型地震作用计算的能力，且按整体结构进行大跨屋盖结构抗震计算的条件也越来越成熟。同时，本次修订也没有完全强调大跨屋盖结构的地震作用计算一定按整体模型进行分析。当下部结构比较规则时，设计人员也可以采用一些简化方法（譬如等效为支座弹性约束）来计入下部结构的影响。但是，这种简化必须依据可靠且符合动力学原理（即应综合考虑刚度和质量等效后的有效性）。

1.18 哪些大跨屋盖结构形式应当计入几何刚度

几何刚度主要对预张拉体系而言，是指初应力所提供的结构刚度。几何刚度会对结构动力性能造成一定影响。研究表明，对于预应力桁架、预应力网格结构、悬挂（斜拉）结构，几何刚度对结构动力特性的影响非常小，完全可以忽略。但是，对于跨度较大的张弦梁和弦支穹顶结构，预张力引起的几何刚度对结构动力特性有一定的影响，宜进行考虑。此外，对于某些布索方案（譬如肋环形布索）的弦支穹顶结构，撑杆和下弦拉索系统实际上是需要依靠预张力来保证体系稳定性的几何可变体系，如果不计入几何刚度就会导致结构总刚度矩阵奇异。因此，这些形式的张弦结构计算模型就必须计入几何刚度。几何刚度一般可取重力荷载代表值作用下结构平衡态的内力（包括预张力）贡献。

1.19 多层和高层钢筋混凝土房屋各结构类型适用的最大高度有哪些修订

（1）删除“Ⅳ类场地适用的最大高度应适当降低”的规定。Ⅳ类场地的特征周期长，其影响在计算地震作用时已得到考虑，可以不再作为影响最大适用高度的因素。

（2）增加了设防烈度 8 度（设计基本地震加速度 0.30g）的适用最大高度，低于 8 度（设计基本地震加速度 0.20g）的适用最大高度。

（3）除设防烈度 6 度外，框架结构的适用最大高度有所降低。主要原因是框架结构的抗震防线单一、刚度小，大震作用下的变形大。

（4）板柱–抗震墙结构的适用最大高度有比较大地增加。主要原因是板柱－抗震墙结构的抗震墙承担全部地震作用，且沿外围周边设置框架。

（5）对平面和竖向均不规则的结构，适用的最大高度由 2001《规范》的“应适当降低”修订为“宜适当降低”。对部分框支抗震墙结构，《抗规》中表 6.1.1 列出的适用高度已考虑了框支转换引起的竖向不规则的影响，若还存在其他平面或竖向不规则时，则宜适当降低。

（6）各种结构的最大适用高度不区分抗震设防类别，也就是说重点设防类与标准设防类建筑的适用高度是一致的。

1.20 各种结构类型的抗震等级有哪些调整

（1）确定抗震等级的高度分界。将框架结构的30m高度分界改为24m；对于7、8、9度时的框架–抗震墙结构、抗震墙结构以及部分框支抗震墙结构，增加将24m作为一个高度分界，其抗震等级比2001规范降低一级，四级不再降低，框支层框架的抗震等级不降低。

（2）框架—核心筒结构的高度不超过60m、按框架–抗震墙结构的要求设计时，按框架–抗震墙结构确定其抗震等级。

（3）将“大跨度公共建筑”改为“大跨度框架”，并明确其跨度不小于18m。

（4）设置少量抗震墙的框架结构的抗震等级。

由框架和抗震墙组成的结构，在规定的水平力作用下，底层框架部分承担的地震倾覆力矩大于结构总地震倾覆力矩的50%时，为设置少量抗震墙的框架结构，简称少墙框架结构。其框架的抗震等级按框架结构确定，抗震墙的抗震等级与其框架的抗震等级相同。删除了2001规范“最大适用高度可比框架结构适当增加”的规定。

（5）抗震设防类别为甲、乙类建筑的抗震等级。甲、乙类建筑按提高一度查《规范》表确定抗震等级。对任一结构类型，都有可能出现提高一度后其高度超过《规范》表规定的适用最大高度，不能由《规范》表确定其抗震等级。这种情况下，应采取比提高一级更有效的抗震构造措施，即：内力调整不提高，抗震构造措施“再提一级”。

（6）明确主楼与裙房相连接时，裙房的抗震等级除按裙房本身确定外，裙房与主楼的相关范围不应低于主楼的抗震等级，相关范围一般可取从主楼周边向外延3跨且不小于20m。当裙房偏置时应适当扩大相关范围，并采取加强措施。

（7）明确嵌固部位以下地下室抗震构造措施的抗震等级可逐层降低。

1.21 一般工程施工图审查与超限高层结构施工图审查资质要求有哪些异同

2013版《房屋建筑和市政基础设施工程施工图设计文件审查管理办法》自2013年8月1日起实施。

本办法所称施工图审查，是指施工图审查机构按照有关法律、法规，对施工图涉及公共利益、公共安全和工程建设强制性标准的内容进行的审查。施工图审查应当坚持先勘察、后设计的原则。

施工图未经审查合格的，不得使用。从事房屋建筑工程、市政基础设施工程施工、监理等活动，以及实施对房屋建筑和市政基础设施工程质量安全监督管理，应当以审查合格的施工图为依据。

审查机构按承接业务范围分两类：一类机构承接房屋建筑、市政基础设施施工图审查业务，范围不受限制；二类机构可以承接中型及以下房屋建筑、市政基础设施工程的施工图审查。

一类审查机构应当具有下列条件：

（1）有健全的技术管理和质量保证体系。

（2）审查人员应当有良好的职业道德；有15年以上所需专业勘察、设计工作经历；主持过不少于 5 个大型房屋建筑工程、市政基础设施工程相应专业设计或甲级工程勘察项目相应专业的勘察；已实行执业注册制度的专业，审查人员应当具有一级注册建筑师、一级注册结构工程师或勘察设计注册工程师资格，并在本审查机构注册；未实行执业注册制度的专业，审查人员应当具有高级工程师职称。

（3）在本审查机构专职工作的审查人员数量：从事房屋建筑工程施工图审查的，结构专业审查人员不少于 7 人，建筑专业不少于 3 人，机电、勘察等专业人员各专业不少于 2 人；从事市政基础设施工程施工图审查的，所需专业的审查人员不少于 7 人，其他必须专业审查人员各不少于 2 人；专门从事勘察文件审查的，勘察专业审查人员不少于 7 人。特别注意：承担超限高层建筑工程施工图审查的，还应当具有主持过超限高层建筑工程或者 100m 以上建筑工程结构专业设计的审查人员不少于 3 人。

（4）60 岁以上审查人员不超过该专业审查人员规定数量的 1/2。

（5）注册资本金不少于 300 万元。

二类审查机构应当具有下列条件：

（1）有健全的技术管理和质量保证体系。

（2）审查人员应当有良好的职业道德；有 10 年以上所需专业勘察、设计工作经历；主持过不少于 5 个中型房屋建筑工程、市政基础设施工程相应专业设计或甲级工程勘察项目相应专业的勘察；已实行执业注册制度的专业，审查人员应当具有一级注册建筑师、一级注册结构工程师或勘察设计注册工程师资格，并在本审查机构注册；未实行执业注册制度的专业，审查人员应当具有高级工程师职称。

（3）在本审查机构专职工作的审查人员数量：从事房屋建筑工程施工图审查的，结构专业审查人员不少于 3 人，建筑专业不少于 2 人，机电、勘察等专业人员各专业不少于 2 人；从事市政基础设施工程施工图审查的，所需专业的审查人员不少于 4 人，其他必须专业审查人员各不少于 2 人；专门从事勘察文件审查的，勘察专业审查人员不少于 4 人。特别注意：承担超限高层建筑工程施工图审查的，还应当具有主持过超限高层建筑工程或者 100m 以上建筑工程结构专业设计的审查人员不少于 3 人。

（4）60 岁以上审查人员不超过该专业审查人员规定数量的 1/2。

（5）注册资本金不少于 100 万元。

【知识点拓展】

（1）也就是说，今后具有一类审查资格的施工图审查单位，同时满足以下条件，就可以对超限高层建筑进行施工图审查。附加条件是：承担超限高层建筑工程施工图审查的，还应当具有主持过超限高层建筑工程或者 100m 以上建筑工程结构专业设计的审查人员不少于 3 人。

（2）这个规定第 15 条：勘察设计企业应当依法进行建设工程勘察、设计、严格执行工程建设强制性标准，并对建设工程勘察、设计的质量负责。

（3）审查机构对施工图审查工作负责，承担审查责任。施工图经审查合格后，仍有违反法律、法规和工程建设强制性标准的问题，给建设单位造成损失的，审查机构依法承担相应的赔偿责任。

（4）本来设计单位的施工图出图流程为设计、校对、审核、审定。但自从有了施工图审查制度，绝大多数设计单位在出施工图前，已不再进行校对和审核，而是直接签字盖章送交施工图审查机构审查。有些设计单位虽然还有校对、审核机制，但由于校对、审核往往寄希望于施工图审查机构这一关，这从各项目的施工图审查意见告知书就可以看出，质量问题触目惊心。

（5）特别提醒大家，切忌将自己的职责寄托在审图单位上，尽管工程出现问题审图单位有审查失职之责，这并没有减轻设计单位及设计人的责任，设计单位及设计人仍是主体责任人。希望各设计单位、设计人在日常工作中，从源头上严把质量关，这既是保证人民群众生命及财产安全的需要，也是自我保护的最有效措施。应将施工图审查看作是对图纸设计的双重保护而已。

【工程案例】

作者2004年在北京主持设计的北京天鹅湾小区“三错层”超限高层住宅，由于本工程共有几十栋楼，其中仅4栋是“三错层”结构（属超限高层建筑），但由于当时这个施工图审图单位还不具有审查超限建筑施工图的审查资质，违规进行审查，在工程投入使用后的2009年，被相关部门认定“超限违规审查”，结果这个审图单位遭到了处罚。

1.22 关于施工图审查部门和设计单位的设计责任界定问题

施工图审查部门和设计单位的结构设计责任是不相关联的。有人曾认为有了建筑工程项目的施工图设计文件审查这一必经程序，结构设计的责任就由审查部门和设计单位共同承担了，使设计单位的责任有所减轻，这种看法是错误的。实际上，审查部门的审查责任和设计单位的设计责任是无关联的，不管审查的结果如何，设计单位都要对自己所承担的建筑工程项目结构的设计质量承担全部责任，并没有丝毫地减少。如一项建筑工程由于设计质量问题造成了经济损失，设计单位要承担全部责任，业主可依据设计委托合同的相关条款向设计单位进行索赔。审查部门按照有关法律、法规，对施工图涉及公共利益、公众安全和工程建设强制性标准的内容进行审查，仅对上述审查内容承担失察之责。经审查部门审查通过的施工图出现设计质量问题，当设计质量问题中有属于涉及安全和未严格执行国家强制性标准的内容时，审查部门将对这部分问题承担责任。批准审查部门资质的建设主管部门，将根据失察问题的具体情况对发生失察的审查单位进行处罚（如通报批评、停业整顿及取消其审查资质等）。

1.23 为什么结构设计要反复强调“概念设计”的重要性

1.23.1 为什么结构设计要重视概念设计

建筑的抗震设计实际是一门“艺术”，依赖于设计人员的抗震设计概念。抗震计算与抗震措施是不可分割的两个有机组成部分，而且“概念设计”（conceptual design）要比“计算设计”（numerical design）更为重要。所谓“概念设计”，是根据历次地震灾害和工程经验等形成的基本设计原则和设计思路，就是立足于工程抗震基本理论及长期工程抗震经验总结的工程抗震基本概念的抗震设计；正确地解决总体方案、结构布置、材料使用和细部构造等问题，以达到合理抗震设计的目的。因为现有的各种计算理论、计算假定、计算模型、计算方法还不够完善，都是近似的。程序不是万能的，程序有使用条件和适用范围，也都会有缺陷，计算出来的结果不一定完全准确，不一定都与事实相符，程序计算通过了并非就可以高枕无忧了。对程序计算结果，设计师应根据力学概念和工程经验进行判断，确认合理、有效后再实施。不掌握概念设计的精髓，不理解规范的意图，不知道从宏观上控制结构安全，那么很可能出现设计出来的结构在抗震设防 6 度时计算可以通过，烈度增大到 7 度，结构马上就倒塌了。那样是不行的。因为实际地震发生时，它的烈度是不确定的，很有可能大于设防烈度，如果你只能满足设防烈度的要求，说明你的设计不是好的设计。真正好的设计，应该是在设防烈度（弹性形变）下不坏，大于设防烈度（弹塑性形变）情况下也能最大程度地减小震害。

概念设计必须建立在扎实的理论基础、丰富的实践经验以及不断创新的思维上。概念设计应是从点到线、由线到面、由面到空间体的整体性思维，加强局部，更应强调整体。有些设计人员过分依赖计算机分析程序，把计算结果当真理，不可逾越。不可否认，计算机分析程序是人们不断对经验的总结，是解决问题、简化问题的手段之一。工程实例中还有很多问题有待深化，尤其是抗震验算，其结果与实际出入很大。抗震问题很大程度通过构造措施来处理，更多地强调了概念设计的重要性。

概念设计在设计人员中提得比较多，但往往被人们片面地理解，认为其主要是用于一些大的原则，如确定结构方案、结构布置等。其实，在设计中任何地方都离不开科学的概念作指导。计算机技术的迅猛发展，为结构设计提供了快速计算工具，但不能完全盲目地依赖计算机程序，应做程序的主人。而依靠人的设计，就是概念设计。有很多设计存在诸多缺陷，主要原因就是在总体方案和构造措施上未采用正确的构思，即未进行概念设计所致。

概念设计之所以重要，还在于进行方案设计阶段，初步设计过程是不能借助于计算机来实现的。这就需要结构工程师综合运用其掌握的结构概念，选择效果最好、造价经济的结构方案。为此，需要工程师不断地丰富自己的结构概念，深入、深刻了解各类结构的性能，并能有意识、灵活地运用它们。

1.23.2 为什么结构抗震设计要重视结构延性问题

因为延性设计是概念设计中很重要的一部分，是保证结构在超过设防烈度的地震作用下仍旧有良好的变形能力的手段，通过耗能，减小地震作用的破坏，最大程度地保护人们生命及财产安全。延性设计的目的是控制结构的破坏形态，规范中有很多属于概念设计的改善延性措施，比如“强柱弱梁、强剪弱弯、强节点弱构件”。“强柱弱梁”的目的就是希望梁先坏来保证柱不坏，以防止结构发生整体垮塌。如果设计者不理解规范的意图，通过盲目加大材料用量来解决安全问题，以为结构更安全了，实际上起了反作用，使结构变得更不安全了。

延性包括两个层面：构件延性和结构整体延性。构件延性是结构延性的前提，但只满足构件延性是不够的，满足后者更重要。延性设计的本质是通过构造措施提高结构整体变形能力，通过变形耗能，延长抵抗地震的时间，实现大震不倒的目的。延性设计的关键是通过控制构件的破坏顺序（次要构件先坏，弯曲先于剪切破坏）实现控制结构整体破坏形态。因此，构件过分强大不一定有益，延性好才更安全。

大震是不可硬抗的，大震时地震作用可能是设计值的几十倍甚至上百倍。在大震下不需要有安全储备，一切构件都是可能破坏的，但我们仍然可以通过控制构件破坏的顺序和结构整体破坏形态达到减少地震伤害的目的，即以柔克刚。这才是延性设计的精髓。

1.23.3　不同结构材料地震伤亡情况统计分析

先请大家看一个统计资料：有资料统计显示如果发生6～6.5级（相当于北京的8度抗震设防水准）地震，北京地区各类建筑的人员死亡率（FR）见表1–3。

表1–3　同样震级不同结构人员死亡率

结　构　类　型	死亡率FR（%）	与木结构之比
城市老旧民房（土坯房）	0.38	380
砖结构	0.26	260
钢筋混凝土结构	0.03	30
木结构	0.001	1

由上表可以看出：砖房人员死亡率是木结构的260倍；钢筋混凝土房屋人员死亡率是木结构的30倍，说明结构延性是多么地重要!

【知识点拓展】

2014年10月7日云南省普洱市景谷6.6级浅源地震，目前造成1人死亡。与2014年8月3日的鲁甸6.5级地震相比，此次景谷地震的震级比鲁甸地震还大，震源深度也相对较浅，但伤亡人数却差别巨大。一个震级相对较高、震中最大烈度与鲁甸地震相同的景谷地震，为何造成的人员死亡数量比鲁甸地震还少？主要原因是当地的房屋采用木质结构、人口密度较小等。这也再一次验证木结构的抗震性能要优于其他结构。

这也是我们大家经常问“国外特别是美国、日本在同样震级地震后的伤亡为何轻”的原因，作者认为就是他们的住宅基本都是采用钢结构（高层）及木结构（多层）的缘故。图1–2是美国随处可见的一组木结构别墅资料。

图1–2　美国木结构别墅示意

1.23.4　常见建筑结构类型依其抗震性能从优到劣的排列顺序

① 木结构；② 钢结构；③ 型钢混凝土结构；④ 混凝土－钢混合结构；⑤ 现浇钢筋混凝土结构；⑥ 预应力混凝土结构；⑦ 装配式钢筋混凝土结构；⑧ 配筋砌体结构；⑨ 砌体结构等。

1.23.5　工程设计人员由于概念不清楚，盲目加大配筋反而对结构埋下安全隐患

（1）适筋梁超配筋变成超筋梁，使得梁失去了应有的延性，发生脆性破坏。我们希望的破坏是：对于受弯构件来说，随着荷载增加，首先受拉区混凝土出现裂缝，表现出非弹性变形。然后，受拉钢筋屈服，受压区高度减小，受压区混凝土压碎，构件最终破坏。从受拉钢筋屈服到受压区混凝土压碎，是构件的破坏过程。在这个过程中，构件的承载能力没有多大变化，但其变形的大小却决定了破坏的性质。提高延性可以增加结构抗震潜力，增强结构抗倒塌能力。延性结构通过塑性铰区域的变形，能够有效地吸收和耗散地震能量；同时，这种变形降低了结构的刚度，致使结构在地震作用下的反应减小，也就是使地震对结构的作用力减小。

（2）地震区如果设计人员盲目加大框架梁端的纵向配筋，就必然破坏“强柱弱梁”的延性构造，地震时容易造成结构如图 1–3 所示的破坏及倒塌。

图 1–3　未能实现“强柱弱梁”的破坏

（3）连梁超配筋，地震时连梁的耗能能力下降，造成墙肢先坏，可能引起结构倒塌。

（4）柱子超配筋，可能使大偏压构件变成小偏压构件，柱子丧失延性。在中震时可能提前破坏，使结构倒塌。

（5）节点配筋过多过密，使得节点浇筑质量不良，地震时节点先破坏，造成结构倒塌。

（6）剪力墙底部加强区，抗弯钢筋配的比非加强区多很多，造成地震时底部没有按预期希望出现塑性铰，薄弱部位转移到非加强区，或抗剪能力低于抗弯能力，使结构丧失耗能能力，可能提前破坏。

（7）底层柱的实际配筋比嵌固层的还大，造成嵌固端先坏，违背了延性设计的初衷，往往超配筋都是由于概念设计不清，人为原因造成的，后果很严重，须引起设计人员足够重视。

（8）下面再以“强柱弱梁”为例，说明现在设计中普遍容易犯的错误。

“强柱弱梁”的实现一定要保证柱的实际抗弯能力大于梁的实际抗弯能力，实际抗弯能力应用实际配筋计算（梁的实配钢筋包括梁的钢筋和相关范围内楼板的钢筋）。这里特别强调“实际”两字，因为现实设计中，设计人员往往喜欢放大梁端配筋，实配钢筋远远大于计算配筋，很多设计师认为这样更安全，实际情况恰恰相反。由于梁配筋增加幅度远大于柱配筋增大幅度，使得梁的实际抗弯能力大大高于柱的抗弯能力，这样在中震情况下，首先是柱而不是梁出现塑性铰，造成结构垮塌。在 2008 年 5 月 12 日汶川地震后，震害调查时，因“强梁弱柱”而引起结构破坏的情况比比皆是，如图 1–4 和图 1–5 所示，这充分说明目前设计人员对于规范的理解不够透彻，对延性设计的概念不够清晰，迷信程序，盲目放大配筋，造成了严重的后果。这都是血的教训！

只要设计人员通过深入领会概念设计的精髓、规范精神和编制意图，合理判断和修正计算结果，以上这些错误都是可以避免的。

图 1–4　典型的“强梁弱柱”破坏特征

图 1–5　典型的“强柱弱梁”破坏特征

1.23.6　建筑结构设计延性控制的一些基本原则

（1）在结构的竖向部分，应该重点提高建筑中可能出现塑性变形集中的相对柔弱楼层的构件延性，如图 1–6 所示。

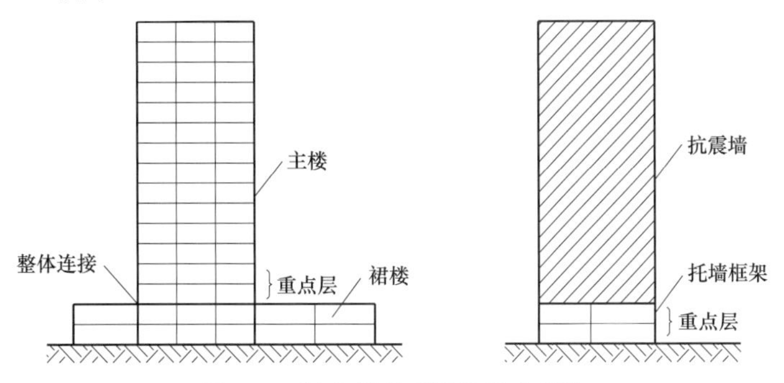

图 1–6　竖向提高延性的重点部位

（2）在平面位置上，应该着重提高房屋周边转角处、平面突变处以及复杂平面各翼相接处的构件延性。

（3）对于具有多道抗震防线的抗侧力体系，应着重提高第一道防线中构件的延性。比如，剪力墙结构中连梁的延性，框架–剪力墙结构中剪力墙的延性。

（4）在同一构件中，应着重提高关键杆件的延性。比如转换柱构件。

（5）在同一杆件中，重点提高延性的部位应该是预期该构件地震时首先屈服的部位。比如，剪力墙底部加强部位、框架柱嵌固端部位等。

1.23.7 建筑结构设计改善构件延性的途径

（1）需要有意识地控制构件的破坏形态。弯曲破坏构件的延性远远大于剪切破坏构件的延性。构件弯曲屈服直至破坏所消耗的地震输入能量，也远远高于构件剪切破坏所消耗的能量。应力争避免构件的剪切破坏，争取更多的构件实现弯曲破坏。即所谓“强剪弱弯”。

（2）减小构件轴压比。试验研究结果表明，柱的侧移延性比随着轴压比的增大而急剧下降；而且，在高轴压比的情况下，增加箍筋用量对提高柱的延性比不再发挥作用。所以，应控制其轴压比值。

（3）高强混凝土的应用。当高层建筑超过 40 层时，为了保证框架柱具有良好延性，降低轴压比，宜采用高强混凝土。不过设计中应注意，采用高强混凝土时，还应适当降低剪压比。

（4）钢纤维混凝土的应用。钢纤维混凝土是在普通混凝土中掺入少量（体积掺率为 1%～2%）乱向短钢纤维形成的一种复合材料。钢纤维混凝土具有较高的抗拉、抗裂和抗剪强度，良好的抗冲击韧性和抗地震延性。

（5）型钢混凝土的应用。型钢钢筋混凝土（SRC）结构是把型钢（S）置入钢筋混凝土（RC）中，使型钢、钢筋（纵筋和箍筋）和混凝土三种材料元件协同工作，以抵抗各种外部作用效应的一种结构。

（6）控制框架梁受压区高度及最大、最小配筋率及箍筋加密等措施。框架梁需要严格控制受压区高度、梁端底面和顶面纵向钢筋的比值及加密梁端箍筋。其目的是增加梁端的塑性转动量，从而提高梁的变形能力。当梁的纵向受拉钢筋配筋率超过 2%时，为使混凝土压溃前受压钢筋不致压屈，箍筋的要求相应提高。

由于梁端区域能通过采取相对简单的抗震构造措施而具有相对较高的延性，故常通过“强柱弱梁”措施引导框架中的塑性铰首先在梁端形成。设计框架梁时，控制梁端截面混凝土受压区高度（主要是控制负弯矩下截面下部的混凝土受压区高度）的目的是控制梁端塑性铰区具有较大的塑性转动能力，以保证框架梁端截面具有足够的曲率延性。根据国内的试验结果和参考国外经验，当相对受压区高度控制在 0.25～0.35 时，梁的位移延性可达到 4.0～3.0 左右。

梁的纵向钢筋最小配筋率要求中，实行双控，增加了与配筋特征值（f_t / f_y）相关的表达形式，即最小配筋率与混凝土抗拉强度设计值和钢筋抗拉强度设计值挂钩，随混凝土强度等级提高而增大，随钢筋强度提高而降低，这与推广应用 400MPa 和 500MPa 级钢筋的要求相一致，也更加合理。最小配筋率是混凝土构件成为钢筋混凝土构件的必要条件，可使构件具有一定延性，避免截面一旦出现裂缝，因受拉钢筋过少而迅速屈服，造成脆性破坏。抗震设计时，梁端具有更高的延性要求，因此，梁截面的纵向钢筋最小配筋率随抗震等级提高而适当增大。

限制梁的纵向受拉钢筋最大配筋率是保证钢筋混凝土梁具有必要的延性，避免发生受压区混凝土压碎而受拉区钢筋尚未屈服的“超筋破坏”，同时也是为了使梁端混凝土的浇筑质量得到保证。

（7）控制框架柱的最大、最小配筋率及箍筋加密等措施。框架柱需要严格控制最小纵向钢筋配筋率、加密区箍筋直径和间距，其目的是适当提高柱正截面承载力并加强柱的约束，从而提高框架柱的变形能力。

框架柱纵向钢筋最小配筋率是抗震设计中的一项较重要的构造措施。其主要作用是：考虑到实际地震作用在大小及作用方式上的随机性，经计算确定的配筋数量仍可能在结构中造成某些估计不到的薄弱构件或薄弱截面出现，通过纵向钢筋最小配筋率规定，可以对这些薄弱部位进行补救，以提高结构整体对地震作用效应的可靠性；此外，与非抗震情况相同，纵向钢筋最小配筋率同样可以保证柱截面开裂后抗弯刚度不致削弱过多；另外，最小配筋率还可以使设防烈度不高的地区内一部分框架柱的抗弯能力在“强柱弱梁”措施的基础上有进一步提高，这也相当于对“强柱弱梁”措施的某种补充。

1.24 工程设计常遇一些模糊概念的剖析

1.24.1 建筑的场地类别是否会因建筑采用桩基础、深基础或多层地下室而改变

在抗震设计中，场地是指具有相似的地震反应谱特征的房屋群体所在地，而不是房屋基础下的地基土。其范围相当于厂区、居民点和自然村，在平坦地区面积一般不小于1km^2。场地类别的划分只与覆盖层厚度和等效剪切波速有关。一般情况下，覆盖层厚度等于地面至剪切波速大于500m/s 且其下卧各岩土的剪切波速均不小于500m/s 的土层顶面的距离。等效剪切波速等于土层计算深度除以剪切波传播的时间，而土层的计算深度则取地面以下20m和覆盖层厚度两者中较小值。可见，新规范所定义的场地是相对地面而言的，与基础形式和地下室深度无关，场地类别并不因建筑物的基础形式和埋深、地下室的层数而改变。

1.24.2 新规范为什么将Ⅰ类场地分为Ⅰ$_0$和Ⅰ$_1$两个亚类，场地分类有何变化

新规范对岩土类型与剪切波速的关系有所调整，将坚硬土和硬岩石分开，新增波速大于800m/s 的岩石类（坚硬和较硬岩石），保留波速为500～800m/s 的软基岩和坚硬土类。这个规定基本上与我国核电站抗震设计规范的700m/s，美国规范的760m/s，欧洲规范的800m/s 相近。中软土与软弱土的剪切波速分界，2001 规范中软土的指标为140m/s，与国际标准相比略偏低，故新规范由140m/s 改为150m/s（中软土中的可塑新黄土指的是Q3 以来的黄土）。新的场地分类标准见表1–4。

表1–4 各类建筑场地的覆盖层厚度（m）

岩石的剪切波速或土的等效剪切波速/（m/s）	场地类别				
	Ⅰ$_0$	Ⅰ$_1$	Ⅱ	Ⅲ	Ⅳ
$v_s>800$	0				
$800\geqslant v_s>500$		0			
$500\geqslant v_{se}>250$		<5	≥5		
$250\geqslant v_{se}>150$		<3	3～50	>50	
$v_{se}\leqslant 150$		<3	3～15	15～80	>80

【知识点拓展】

（1）场地类别是建筑抗震设计的重要参数。《抗规》4.1.6 条依据覆盖土层厚度和代表土层软硬程度的土层等效剪切波速，将建筑的场地类别划分为四类：波速很大或覆盖层很薄的场地划为Ⅰ类；波速很低且覆盖层很厚的场地划为Ⅳ类；处于两者之间的，相应划分为Ⅱ类和Ⅲ类。

（2）关于剪切波速，《抗规》4.1.3 条给出对剪切波速测试孔的最少数量要求：初步勘察阶段，大面积的同一地质单元不少于三个；详细勘察阶段，对密集的高层建筑或大跨空间结构，每幢建筑不少于一个。《抗规》4.1.5 条给出土层等效剪切波速确定方法：取 20m 深度和场地覆盖层厚度较小值范围内各土层中剪切波速以传播时间为加权的平均值。

（3）关于覆盖层厚度，《抗规》4.1.4 条给出场地覆盖层厚度定义和确定方法：从地面至剪切波速大于 500m/s 的基岩或坚硬土层或假想基岩的距离，扣除剪切波速大于 500m/s 的火山岩硬夹层。

（4）场地类别划分，不要误以为“场地土类别”划分，要依据场地覆盖层厚度和场地土层软硬程度（以等效剪切波速表征）这两个因素。考虑到场地是一个较大范围的区域，对于多层砌体结构，场地类别与抗震设计无直接关系，可略放宽场地类别划分的要求：在一个小区域，应有满足最少数量且深度达到 20m 的钻孔；采用深基础和桩基，均不改变其场地类别，必要时可通过考虑地基基础与上部结构共同工作的分析结果，适当减小计算的地震作用。

（5）计算等效剪切波速时，土层的分界处应有波速测试值，波速测试孔的土层剖面应能代表整个场地；覆盖层厚度和等效剪切波速都不是严格的数值，有±15%的误差属正常范围。当上述两个因素距相邻两类场地的分界处属于上述误差范围时，允许勘察报告说明该场地界于两类场地之间，以便设计人员通过插入法确定设计特征周期。

（6）确定“假想基岩”的条件是下列两者之一：其一，该土层以下的剪切波速均大于 500m/s；其二，相邻土层剪切波速比大于 2.5，且同时满足该土层及其下卧土层的剪切波速均不小于 400m/s 和埋深大于 5m 的条件。因此，剪切波速大于 500m/s 的透镜体或孤石应属于覆盖层的范围，而剪切波速大于 500m/s 的火山岩硬夹层应从覆盖层厚度中扣除。

1.24.3 新规范关于场地地段划分为什么要增设“一般地段”

有些建筑的场地所在地段既不属于有利地段，又不属于不利地段，根据一些勘察单位的建议，在有利地段和不利地段之间增设“一般地段”比较合理。在一般地段上建设施工，通常并不需要采取特别的抗震措施，而在有利地段（例如Ⅰ类场地）上，建筑设计可以降低一度采用抗震构造措施。在不利地段划分中，增加了高含水量的可塑黄土、地表存在结构性裂缝等地质条件。对于不利地段中的陡坡和陡坎，不再区分非岩质和岩质，因为任何岩质的陡坡和陡坎对建筑结构的地震响应均具有放大作用。

【知识点拓展】

（1）地震造成建筑的破坏，除地震动直接引起的结构破坏外，还有场地的原因。诸如地震引起的地表错动与地裂，地基土的不均匀沉陷、滑坡和粉土、砂土液化，局部地形地貌的放大作用等。为了减轻场地造成的地震灾害、保证勘察质量能满足抗震设计的需要，提出了场地选择的强制性要求。

（2）抗震设计中，场地指具有相似反应谱特征的房屋群体所在地，不仅仅是房屋基础下的地基土，其范围相当于厂区、居民点和自然村，在平坦地区面积一般不小于 1km^2。

（3）选择有利于抗震的建筑场地，是减轻场地引起的地震灾害的第一道工序。《抗规》第3.3.1条规定，选择建筑场地时，应对建筑场地的有利、不利和危险地段做出综合评价，选择有利地段，避开不利地段；当无法避开不利地段时，应采取适当的抗震措施；对危险地段严禁建造甲、乙类建筑，不应建造丙类建筑。特别注意，《住宅设计规范》（GB 50096）规定：严禁在危险地段建筑住宅。

（4）《抗规》4.1.1条给出了建筑场地划分为有利、一般、不利和危险地段的依据。即有利地段为稳定基岩，坚硬土，开阔、平坦、密实、均匀的中硬土等；不利地段为软弱土，液化土，条状突出的山嘴，高耸孤立的山丘，非岩质和强风化岩石的陡坡、陡坎，河岸和边坡的边缘，平面分布上成因、岩性、状态明显不均匀的土层（含故河道、疏松的断层破碎带、暗埋的塘浜沟谷和半填半挖地基），高含水量的可塑黄土，地表存在结构性裂缝等；危险地段为地震时可能发生滑坡、崩塌、地陷、地裂、泥石流等及发震断裂带上可能发生地表位错的部位；一般地段为不属于有利、不利和危险的地段。

（5）场地地段的划分是在选择建筑场地的勘察阶段进行的，要根据地震活动情况和工程地质资料综合评价。对软弱土、液化土等不利地段，要按抗震规范的相关规定提出相应的措施。

1.24.4　山区建筑的场地和地基基础有什么特别要求

山区建筑选址和地基基础设计应明确抗震要求。2008年汶川地震中，次生地质灾害造成了严重的人员伤亡和财产损失。新规范提出，山区建筑场地的勘察应对边坡的稳定性做出评价，边坡设计应该符合国家标准《建筑边坡工程技术规范》（GB 50330）的要求。边坡附近的建筑也应对地基基础进行稳定性设计。建筑基础与土质、强风化岩质边坡的边缘应留有足够的距离，不宜将建筑的外墙作为挡土墙，或把山坡挡土墙作为建筑基础，在其上建造房屋。如设计不当，就会发生由于挡土墙挤压而导致建筑破坏的情况，如图1–7所示是汶川地震中，在北川的一幢多层底框砖房建筑，由于紧贴挡土墙，地震时山体位移挤压建筑底层，导致建筑结构严重变形破坏。正确的做法应如图1–8所示，在建筑基础与山体边坡之间留出足够的距离。对于可能引发滑坡、崩塌等具有双重危险的地段，严禁在此建造甲、乙类设防的建筑。但是，考虑到山区建设用地的困难，新规范将发震断裂的最小避让距离由200～500m改为100～400m。

图1–7　挡土墙挤压建筑底层导致破坏

图1–8　边坡与建筑之间留有足够距离

1.24.5 如何考虑局部突出地形对地震作用的影响

新《抗规》强制性条文规定：在条状突出的山嘴、高耸孤立的山丘、非岩石的陡坡、河岸和边坡边缘等不利地段建造丙类及丙类以上建筑时，其水平地震影响系数最大值应乘以增大系数1.1～1.6。所规定的增大系数对各种山包、山梁、悬崖、陡坡等局部突出地形都可以应用。一般情况下，增大系数与突出地形高度H、坡降角度H/L以及场址距突出地形边缘的距离L_1等参数有关。经统计分析得出增大系数如下式所示：

$$\lambda=1+\xi\alpha \quad (1\text{–}1)$$

式中 λ——局部突出地形顶部的增大系数；

α——局部突出地形地震动参数的增大幅度，按表1–5采用；

ξ——附加调整系数，当$L_1/H<2.5$时，$\xi=1.0$；当$2.5\leqslant L_1/H<5$时，$\xi=0.6$；当$L_1/H\geqslant 5$时，$\xi=0.3$。L和L_1应按距场址最近点取值。

表1–5 局部突出地形地震影响系数的增大幅度α

突出地形的高度H/m	非岩质地层	$H<5$	$5\leqslant H<15$	$15\leqslant H<25$	$H\geqslant 25$
	岩质地层	$H<20$	$20\leqslant H<40$	$40\leqslant H<60$	$H\geqslant 60$
局部突出台地边缘的侧向平均坡降H/L	$H/L<0.3$	0	0.1	0.2	0.3
	$0.3\leqslant H/L<0.6$	0.1	0.2	0.3	0.4
	$0.6\leqslant H/L<1.0$	0.2	0.3	0.4	0.5
	$H/L\geqslant 1.0$	0.3	0.4	0.5	0.6

注：1. 按上述方法得到的增大系数应满足规范条文的要求，即局部突出地形顶部的地震影响系数的放大系数λ的计算值，小于1.1时，取1.1；大于1.6时，取1.6。

2. 局部突出地形地震影响系数的增大幅度α存在取值为0的情况，但不能据此简单地将此类场地从抗震不利地段中划出，而应根据地形、地貌和地质等各种条件综合判断。

3. 《规范》条文中规定的最大增大幅度0.6是根据分析结果和综合判断给出的，本条的规定对各种地形，包括山包、山梁、悬崖、陡坡都可以应用。

4. 要求放大的仅是水平向的地震影响系数最大值，竖向地震影响系数最大值不要求放大。

【知识点拓展】

国内多次大地震的调查资料表明，局部地形条件是影响建筑物破坏程度的一个重要因素。宁夏海源地震中位于渭河谷地的姚庄，实际影响烈度为7度；而相距仅两公里的牛家山庄，因位于高出百米的突出的黄土梁上，影响烈度高达9度。1966年云南东川地震，位于河谷较平坦地带的新村，影响烈度为8度；而邻近一个孤立山包顶部的矽肺病疗养院，从其严重破坏程度来评定，影响烈度不低于9度。海城地震，在大石桥盘龙山高差58m的两个测点上收到的强余震加速度记录表明，孤突地形上的地面最大加速度，比坡脚平地上的加速度平均大1.84倍。1970年通海地震的宏观调查数据表明，位于孤立的狭长山梁顶部的房屋，其震害程度所反映的影响烈度，比附近平坦地带的房屋约高出一度。2008年汶川地震中，陕西省宁强县高台小学，由于位于近20m高的孤立的土台之上，地震时其破坏程度明显大于附近的平坦地带。

因此，当需要在条状突出的山嘴、高耸孤立的山丘、非岩石和强风化岩石的陡坡、河岸和边坡边缘等不利地段建造丙类及丙类以上建筑时，除保证其在地震作用下的稳定性外，尚应考虑局部突出地形对地震动参数的放大作用，这对山区建筑的抗震计算十分必要。

1.24.6 满足《抗规》4.2.1及4.4.1条规定的建筑，是否可以不进行抗震设计

《抗规》4.2.1条：下列建筑可不进行地基及基础的抗震承载力验算。

（1）本规范规定可不进行上部结构抗震验算的建筑。

（2）地基主要受力层范围内不存在软弱黏性土层的下列建筑。

1）一般的单层厂房和单层空旷房屋。

2）砌体房屋。

3）不超过8层且高度在24m以下的一般民用框架和框架–剪力墙房屋。

4）基础荷载与3）项相当的多层框架厂房和多层混凝土抗震墙房屋。

注：软弱黏土层是指设防烈度为7度、8度和9度时，地基承载力特征值分别小于80、100和120kPa的土层。

《抗规》4.4.1条：承受竖向荷载为主的低承台桩基，当地面下无液化土层，且桩承台四周无淤泥、淤泥质土和地基承载力特征值不大于100kPa的填土时，下列建筑可不进行桩基抗震承载力计算。

（1）设防烈度为7度和8度时的下列建筑。

1）一般的单层厂房和单层空旷房屋。

2）不超过8层且高度在24m以下的一般民用框架和框架–剪力墙房屋。

3）基础荷载与2）项相当的多层框架厂房和多层混凝土抗震墙房屋。

4）本规范规定可不进行上部结构抗震验算的建筑。

…

由《抗规》4.2.1条及4.4.1条可以看出，规范很明确地提出仅是抗震承载力可不考虑地震作用。对于地下结构构件截面强度（冲切验算、局部承压、抗压强度等）及配筋设计依然需要考虑地震作用的影响。

【知识点拓展】

对于经过处理后的地基是否可以按上述原则执行？作者的观点是应该可以，但需要进行沉降观测。

1.25 《抗规》给出城镇中心的地震动参数，那么城镇中心地区以外的乡镇和村镇，抗震动参数如何合理选取

城镇中心地区以外的乡镇和村镇，抗震设防烈度、设计基本地震加速度和设计地震分组应按下列方法确定。

（1）抗震设防烈度：需要根据《中国地震动参数区划图》（GB 18306）的A1图，即“中国地震动峰值加速度区划图”确定本地区的“地震动峰值加速度”，再根据其附录D由地震动峰值加速度确定本地区的地震基本烈度；抗震设防烈度一般按地震基本烈度采用。

（2）设计基本地震加速度：可直接按区划图A1的“地震动峰值加速度”采用。需要注意的是，当设计基本地震加速度为0.15g和0.30g时，设防烈度应加注设计基本地震加速度，即分别写为7度（0.15g）和8度（0.30g）。

（3）设计地震分组，根据《中国地震动参数区划图》（GB 18306）的B1图，即“中国地震动反应谱特征周期（T_g）区划图”确定，即

设计地震第一组：反应谱特征周期 T_g=0.35s；
设计地震第二组：反应谱特征周期 T_g=0.40s；
设计地震第三组：反应谱特征周期 T_g=0.45s。
上述反应谱特征周期 T_g 适用于标准场地、即Ⅱ类场地。
（4）对处于设防烈度分界线各 4km 之内的建议进行地震安全评价，确定合理的地震动参数。

【知识点拓展】

有位学术朋友问作者，黑龙江省有个地方叫“望奎”，由《抗规》附录查得是6度区（0.05*g*），但黑龙江地震分布图中“望奎”给出是 7 度（0.10*g*）；是否《抗规》错误？如何理解？

作者答复：对于这样的问题，最好咨询当地地震部门，当然也可按偏于安全的 7 度进行设计，地方要求可以高于国家标准。但注意，如果地方标准低于国家标准则必须由地方标准出具证明，否则不可降低。

1.26 为什么框架结构抗震设计时，不应采用部分由砌体墙承重之混合形式

框架结构与砌体结构是两种截然不同的结构体系，其侧向刚度、变形能力、承载能力等相差很大，而且有关标准对这两种结构的变形设计要求完全不同，这两种结构在同一建筑物中混合使用，对建筑物的抗震性能将产生很不利的影响，甚至造成严重破坏，这已为试验研究和地震震害所验证。因此，在钢筋混凝土框架结构中不应采用砌体结构作为承重结构的一部分来共同抵抗结构承受的水平地震作用。比如：框架结构中的楼、电梯间及局部出屋顶的电梯机房、楼梯间、水箱间等，应采用框架承重，不应采用砌体墙承重。

1.27 为什么要求框架–剪力墙结构应设计成双向抗侧力体系；抗震设计时，结构两主轴方向是否均应布置剪力墙

框架–剪力墙结构（包括板柱–剪力墙结构）是框架和剪力墙共同承担竖向和水平作用的结构体系，布置适量的剪力墙是其基本特点，且剪力墙是主要的抗侧力构件。如果仅在一个主轴方向布置剪力墙，将会造成两个主轴方向的侧向刚度相差悬殊，无剪力墙的一个方向刚度不足且带有纯框架结构的性质，与有剪力墙的另一方向不协调。尤其对抗震设计有要求的结构，两个方向刚度和承载力相差悬殊，更容易发生扭转问题，而形成抗震薄弱环节，且不符合多道设防的概念设计原则。所以，采用框架–剪力墙结构时应在两个主轴方向均匀布置一定量的剪力墙，形成双向抗侧力体系。

因此，为了发挥框架–剪力墙结构的优势，无论是否为抗震设计，均应设计成双向抗侧力体系，且结构在两个主轴方向的刚度和承载力不宜相差过大。

1.28 为什么要求框架–核心筒结构的周边柱间必须设置框架梁

框架–核心筒结构在高层建筑中应用广泛，是由核心筒和外围的稀柱框架（包括框架柱和框架梁）组成的高层建筑结构，其平面和竖向结构布置比较简单、规则，具有较好的抗侧刚

度和承载力，因此规程规定了其较高的适用高度。有时因为建筑需要，外框架和核心筒之间采用板厚较大的无梁楼盖结构（尤以部分预应力混凝土楼盖为多），以减小结构占用的空间，降低楼层高度。计算分析和实践证明，无周边框架的纯无梁楼盖会影响框架—核心筒结构的整体刚度（尤其是整体抗扭刚度）和空间整体性发挥，从而降低结构的抗震性能。另外，纯板柱节点的抗震性能较差，在地震中屡有破坏实例。

为了保证框架—核心筒结构的空间整体性能和良好的抗震性能，增加结构的整体刚度特别是抗扭刚度，必须在各层楼盖的周边（即框架柱间）设置框架梁形成周边框架，并按照框架梁的有关要求进行设计。工程试验及地震实践证明，纯无梁楼盖会影响框架—核心筒结构的整体刚度和抗震性能，尤其是板柱节点的抗震性能较差。因此，当采用无梁楼盖时，更应在各层楼盖沿周边框架柱设置框架梁。

请大家注意，《高规》在此用的是“必须”，该词是规范用词最严厉的要求，但工程中难免会遇到部分楼层，由于建筑造型等需求，出现局部外框无法设置连续封闭的框架梁的情况，从而形成局部越层柱。此时，需对这些柱采取适当的加强措施。

图 1–9　工程效果图

【工程案例】

作者 2014 年主持设计的北京大兴万科新城金融广场工程，有一栋 120m 的超限高层综合办公楼，首层层高 6m，二层为 4.5m，以上标准层均为 4m。图 1–9 为工程效果图，图 1–10 为二层平面

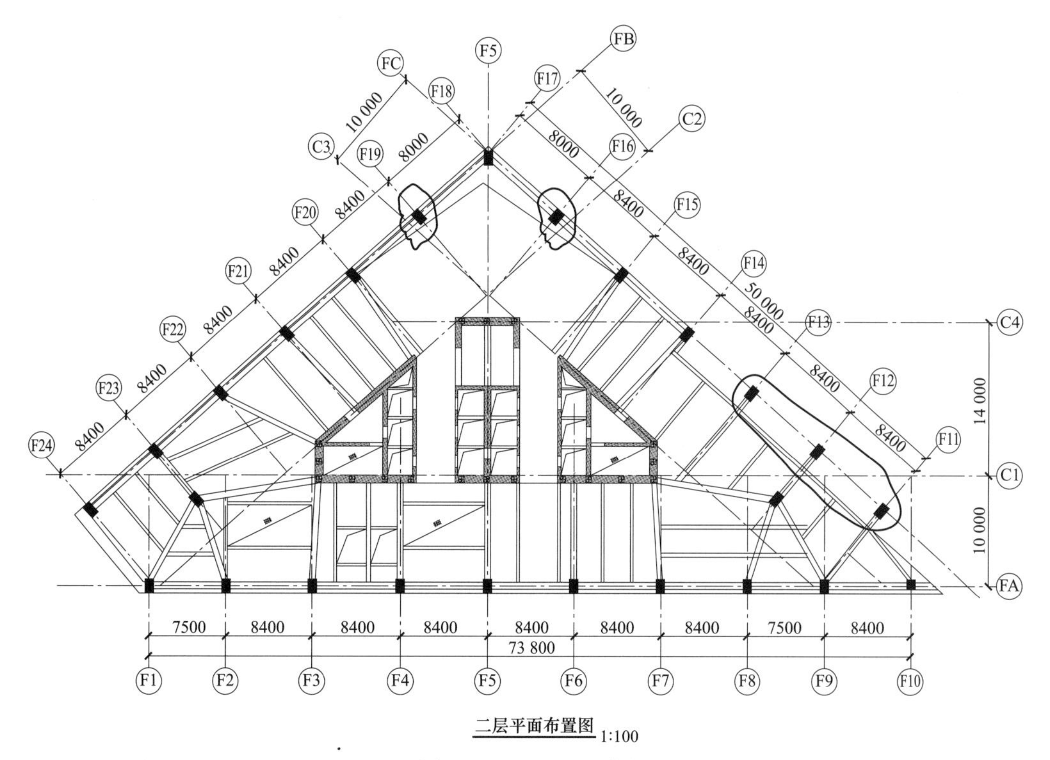

图 1–10　二层平面图

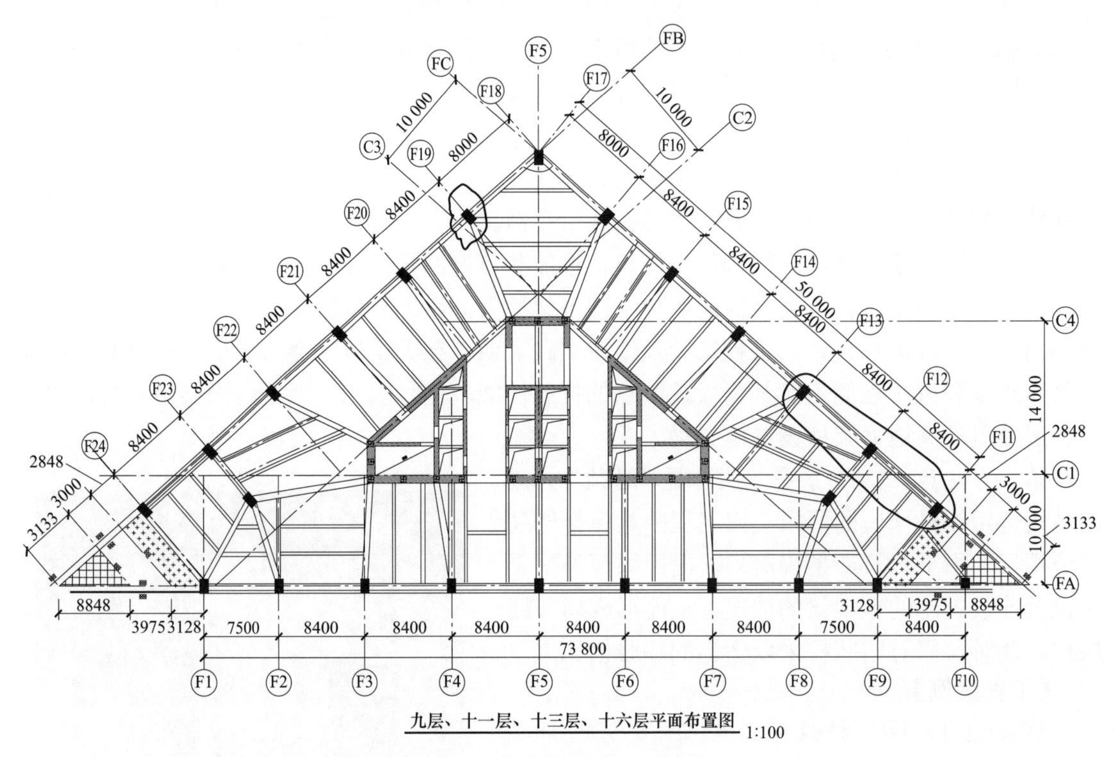

图 1–11 其他标准层平面示意

示意图，图中云线处为外框不连续（跃层柱）。二层以上均为外框封闭。

超限审查意见：穿层柱要按照非穿层柱的剪力考虑计算长度，复核多遇地震下柱端弯矩。

【知识点拓展】

（1）此条要求是外框架之间必须设置框架梁，但对于框架柱与核心筒之间并没有限制一定要设置框架梁。

（2）对于核心筒外有多道框架柱的框架—核心筒结构，如果内圈框架柱在设计上以承受楼面竖向荷载为主，则允许两个方向均不设框架梁。

1.29 关于结构“刚与柔”之争的问题

结构设计时宜将结构设计成刚强一些，还是柔软一些？在建立抗震设计概念的初期，是个争论的问题。因为刚度大的结构的地震作用自然大，显然要求较大的构件尺寸和较多的耗材量，似乎不经济；而较柔的结构地震作用小，但是变形会较大，可以节省材料，而一般认为框架的变形性能好，剪力墙的变形性能差，主张选用较柔的框架结构，因而早期的设计对高层建筑采用剪力墙结构的限制较多。实际上，历次大地震都说明框架结构的震害比较严重，设置剪力墙的结构震害较轻，主要是因为剪力墙刚度较大。事实说明，结构变形小，震害就比较少。当然，也不能由此得出结构刚度越大越好的结论。按照延性框架设计的钢筋混凝土框架结构在地震作用下也有表现很好的实例。

【工程案例】

美国旧金山的太平洋广场公寓(pacific plaza)，1984年建成，结构为地上31层，高94.6m，层高2.9m，平面为三叉形（作者多次往返美国各大城市，看到这种平面布置的公寓楼非常常见），对称而均匀地伸出三个翼，结构沿高度布置规则，如图1–12所示。这是当时建于旧金山湾区—高烈度区的第一栋钢筋混凝土高层建筑，采用了钢筋混凝土延性框架。建成使用后，在1989年10月17日loma peta地震时，经受了强烈地震考验，地震时实测到该建筑的振动，基础处振动峰值为0.22*g*，屋顶振动峰值为0.39*g*，这比我国北京的抗震设防烈度还要高。震后经过专家检查，没有发现肉眼可见裂缝，甚至外装修玻璃也完好。

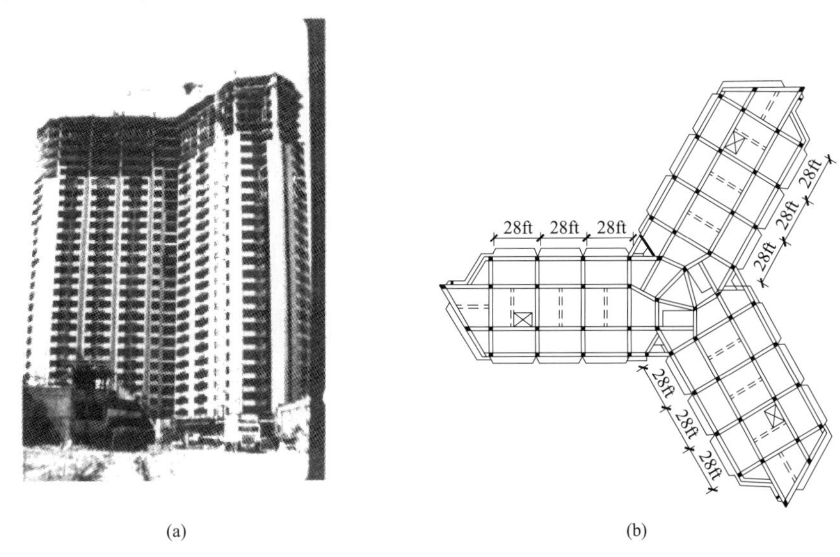

图1–12 太平洋广场公寓

（a）施工时照片；（b）标准层平面

注：1ft=30.48cm

另外，结构振动和变形的大小不仅与结构刚度有关，还与场地土类别有关。当结构自振周期与场地土的卓越周期接近时，建筑物的地震反应会加大，无论变形还是地震作用均会加大。

因此，作者认为对于建筑抗震设计，不能做出“刚一些好”还是“柔一些好”这样的简单结论。应该结合结构的具体情况，如高度、体系和场地条件进行综合分析判断，无论如何，重要的结构设计要进行变形限制，将变形限制在规范容许的范围内，要使结构有一定的刚度。设置部分剪力墙的结构有利于减少结构的变形和提高结构承重力；同时，应根据场地条件来考虑结构设计，比如硬土地基上的结构可适当柔一些，软土地基上的结构可适当刚一些。

作者的建议是：由于抗侧力结构的合理刚度选择是高层建筑结构设计的重要指标之一，因此设计时，结构的抗侧刚度应满足规范规定的水平位移、整体稳定、结构延性的要求，保证高层建筑结构能够正常使用，同时高层建筑抗侧刚度不宜过大，应该合理。这是因为：① 结构刚度过大，结构的基本周期就会较短，地震作用力就会加大，结构需要承受的水平力、倾覆弯矩加大，地基基础的负担加重，且此时结构的截面和相应的配筋就需要加大，结构的经济性变差。② 结构刚度过大，势必造成结构构件尺寸加大，构件所占的面积、空间高度加大，影响建筑使用功能，降低建筑平面、立面利用率系数和建筑的性价比，不合理。③ 合理的建筑结构抗侧力刚度应以满足或略大于规范限值即可。结构的延性和安全储备主要来源于合理的结构刚度、结构构造和精心的设计；单纯依靠加大结构构件截面尺寸来加大结构刚度，有时会适得其反，如果配筋构造措施等没有相应跟上，反而会造成结构的安全隐患，浪费了材料、成本，反而损坏了结构的延性和安全度。

1.30 为何9度抗震设计时不应采用带转换层的结构、带加强层的结构、错层结构和连体结构

带转带换层的结构、带加强层的结构、错层结构、连体结构等均属于复杂结构体系，在强烈地震作用下受力极为复杂，更容易在转换层、加强层、错层、连体等部位形成抗震薄弱部位。地处9度区的建筑抗震设计时，这些结构目前尚缺乏必要的研究和工程实践经验，为了确保安全，规范规定不应采用。如果不得已采用，就必须进行必要的研究分析、论证。

1.31 非结构构件是否需要进行抗震设计及如何进行抗震设计

《抗规》3.7.1条指出：非结构构件，包括建筑非结构构件和建筑附属机电设备，自身及其与结构主体的连接，应进行抗震设计。

【知识点拓展】

（1）非结构构件，一般不属于主体结构的一部分，非承重结构构件在抗震设计时往往容易被设计人员忽略。但从历次震害调查来看，非结构构件处理不好往往在地震时倒塌伤人，砸坏设备财产，破坏主体结构，特别是现代建筑，装修造价占总投资的比例越来越大。因此，非结构构件的抗震问题应该引起设计人员重视。非结构构件一般包括建筑非结构构件和建筑附属机电设备。

（2）非结构构件（包括建筑构件、幕墙支撑构件和建筑附属机电设备）自身及其连接需要进行抗震设计，以避免非结构构件的地震破坏影响人身安全和使用功能。

（3）非结构构件的抗震设计应由相关专业的设计人员完成，而不是由主体结构专业的设计人员完成。比如：仅用于幕墙支撑的骨架等就需要幕墙设计单位对其本身进行抗震设计，主体设计单位仅对其与主体结构的连接和锚固件进行设计。

（4）对非结构构件的抗震对策，可根据不同情况区别对待。

做好细部构造，让非结构构件成为抗震结构的一部分，计算分析时，充分考虑非结构构件的质量、刚度、强度和变形能力。

与上述情况相反，在构造做法上防止非结构构件参与工作，抗震计算时只考虑其质量，不考虑其强度和刚度。防止非结构构件在地震作用下出现平面外倒塌。

对装饰要求高的建筑选用适合的抗震结构形式，主体结构要具有足够的刚度，以减小主体结构的变形量，使之符合规范要求，避免装饰破坏。

（5）加强建筑附属机电设备支架与主体结构的连接与锚固，尽量避免发生次生灾害。

第2章

结构设计中一些重要设计参数的合理选取问题

2.1 工程抗浮水位和设防水位如何合理确定及相关问题

工程结构的抗浮水位是为工程抗浮设计提供依据的一个经济性指标：抗浮水位的确定实际是一个十分复杂的问题，既与场地工程地质、水文地质的背景条件有关，更取决于建筑在整个使用期间地下水位的变化趋势。而后者又受人为作用和政府的水资源政策控制。因此抗浮设防水位实际是一个技术经济指标。

作者建议注意以下两点。

（1）对于场地水文地质复杂或抗浮设防水位取值高低对基础结构设计及建筑投资有较大影响的情况，设计单位应提出进行专门水文地质勘察的建议。

（2）对于新回填场地，注意提醒地质勘察部门由于填平场地的原因地下水位是否有变化。

工程设防水位，主要是为确定地下结构抗渗等级及地下建筑防水措施的一个依据。以前的“相关规范”在这方面说法不一，有的是根据地下结构埋深确定，有的是依据水头高度与外墙的高厚比确定抗渗等级。本次规范修订“相关规范”均统一到依据工程埋深确定地下结构的抗渗等级，见表2–1。

表2–1　地下结构混凝土抗渗等级

工程埋置深度 H/m	抗渗等级	工程埋置深度 H/m	抗渗等级
$H<10$	P6	$20\leqslant H<30$	P10
$10\leqslant H<20$	P8	$H\geqslant 30$	P12

注：“相关规范”是：《地下工程防水技术规范》（GB 50108—2008）（以下简称《防水规范》4.1.3条有关规定；《高规》（JGJ 3—2010）12.1.10条规定；《建筑地基基础设计规范》（GB 50007）（以下简称《地规》）8.4.4条有关规定。

【问题讨论】如果某地下结构埋深超过30m，是所有地下结构的防水等级都需要满足P12？还是可以分段采用（如地下30m以下范围采用P12、30～20m采用P10、20～10m范围采用P8、10～0m采用P6）？

作者认为，可以分段考虑采用不同的抗渗等级，以便节约工程投资。理由是基于水的压力随深度加深而加大，以及以前有的《规范》就是依据水头高度与墙的厚度比来确定抗渗等级。

【知识点拓展】

（1）一般地质勘探部门并没有对抗浮设防水位进行专门的论证分析，如果工程需要专门的分析论证，需要设计部门提请业主单独另行委托进行；比如，北京金融街、国家体育场、国家大剧院等工程就进行过抗浮水位专家论证会，使抗浮水位有所降低，为业主节约建设投资。

（2）在填方、挖方整平场地过程中，往往抗浮水位会随地面变化而变化，需要提醒勘探单位进行明确。

【工程案例1】

作者曾遇到的某工程：勘探单位提供的抗浮设防水位在自然地面以下2.6m，我们设计单位提醒勘探单位，这块场地需要回填3m，勘探单位针对这个情况经过分析论证，建议抗浮水位按原地面以下1.6m（即比原报告上升1m）考虑。

（3）地下工程地下水设防高度已经在《防水规范》中明确规定，不属于工程勘察的内容。《防水规范》3.1.3条：地下工程的防水设计，应考虑地表水、地下水、毛细管水等的作用，以及由于人为因素引起的附近水文地质改变的影响。单建式的地下工程，应采用全封闭、部分封闭防排水设计；附建式的全地下或半地下工程的防水设防高度，应高出室外地坪高程500mm以上。

（4）由本次新规范关于地下结构混凝土抗渗等级确定内容来看，抗渗等级已经与设防水位高度没有直接关系了，仅与结构埋深有关。也就是说，设防水位高低已经不那么重要了；只要建筑有防水要求，地下结构就应采用抗渗混凝土。

（5）由《防水规范》来看，无论地下建筑防水等级是几级，结构自防水都是必须的，然后再依据不同的建筑防水等级确定再做几道建筑防水。

（6）《防水规范》4.1.6条关于防水混凝土结构，应符合下列规定：防水混凝土厚度不应小于250mm；这就是说，只要是防水混凝土厚度就不应小于250mm，否则没有必要采用防水混凝土。

由于这里并没有指明哪些部位的结构厚度，所以全国很多地方在对于地下室顶板厚度是否执行这条上存在分歧；但作者的认为是“只要有防水要求，就应满足防水混凝土最小厚度250mm 的要求”。有的工程中，顶板厚度小于 250mm，但设计人员却要求采用防水混凝土，作者认为既然厚度不满足，采用抗渗混凝土意义不大，是一种浪费。

（7）《防水规范》4.8.3条指出，地下工程种植顶板结构应符合下列规定。

1）种植顶板应为现浇防水混凝土，结构找坡，坡度宜为1%～2%；

2）种植顶板厚度不应小于250mm，最大裂缝宽度不应大于0.20mm，并不得贯通。

3）种植顶板的结构荷载设计应按国家现行标准《种植屋面工程技术规程》（JGJ 155）的有关规定执行。

（8）依据《种植屋面工程技术规程》（JGJ 155）：明确要求地下结构顶板厚度不应小于250mm，可以作为一道防水设防。这是由于地下建筑顶板的土与周界土相连，土中水是互通的，无处排放。

（9）现浇空心楼盖是否可以应用在地下车库顶板（有防水要求时）？全国各地要把握的尺度也不一样。有的地方把控有防水要求的地下车库顶板不应采用空心楼盖；有的地方把控可以采用，但需要折算楼板厚度不小于250mm；有的地方没有限制条件；作者认为，防水混凝土不应采用折算厚度的概念，这与人防顶板采用折算厚度的概念不是一回事。

（10）关于地下车库顶板厚度、抗渗等级问题谈谈作者的看法。

1）首先，应结合工程情况区别对待，合理选择。① 如果地下结构没有防水要求，当然顶板厚度就可以不受 250mm 的限制要求；按实际受力确定即可，当然也可采用现浇空心板；此时，顶板没有必要采用抗渗混凝土；② 如果地下车库有防水要求且防水等级为Ⅰ–Ⅳ级，顶板上又没有设置滤水层时，顶板厚度就应满足 250mm 的要求；同时，应采用抗渗混凝土；③ 尽管地下车库有防水要求且防水等级为Ⅰ–Ⅳ级、但如果顶板上设置滤水层时，顶板厚度就可以不满足 250mm 的要求，同时也可以不采用抗渗混凝土。这就如同种植屋面结构，请问有人将屋面板做 250mm，用抗渗混凝土吗？④ 如果地下车库顶不是绿化用地，而是采用硬铺地面，有良好的排水措施，当然也可以既不满足 250mm 又不采用防水混凝土。

2）《防水规范》中关于裂缝宽度不得大于 0.2mm，并不得贯通的正确理解应用问题。

注意：《北京地规》8.1.13 条指出当地下外墙如有建筑外防水时，外墙的裂缝宽度可以取 0.40mm；《全国措施》（2009 版）也有同样规定。

3）迎水面钢筋保护层厚度不应小于 50mm 的问题。注意《砼规》8.2.2–4 款：当地下结构有可靠建筑外防水或防护措施时，与土接触一侧的保护层可以适当减小，但不应小于 25mm；这点对地下结构裂缝控制钢筋用量的减少均有利。总之，基于以上这几点规范不明确的问题，建议设计者在方案确定阶段及时与当地审图单位进行沟通确认，以避免不必要的返工或造成人力及工程浪费。

（11）是否只要地下室在地下水位以下就需要进行抗浮设计呢？作者回答是“不一定”。需要依据地下水埋藏情况综合分析确定。应结合工程地质勘察报告，查看地下水情况而确定。如图 2–1 所示，当基础埋置在分布稳定且连续的含水层土中时（见图 2–1（a）、（b）），基础底板受水浮力作用，其水头高度为 h。当基础埋置在隔水层土中，若隔水层土质在建筑使用期内可始终保持非饱和状态，且下层承压水不可能冲破隔水层，肥槽回填采用不透水材料时（见图 2–1（c）），基础底板不受上层水的浮力作用；若隔水层为饱和土，基础应考虑浮力作用，但应考虑渗流作用的影响，对水浮力进行折减。

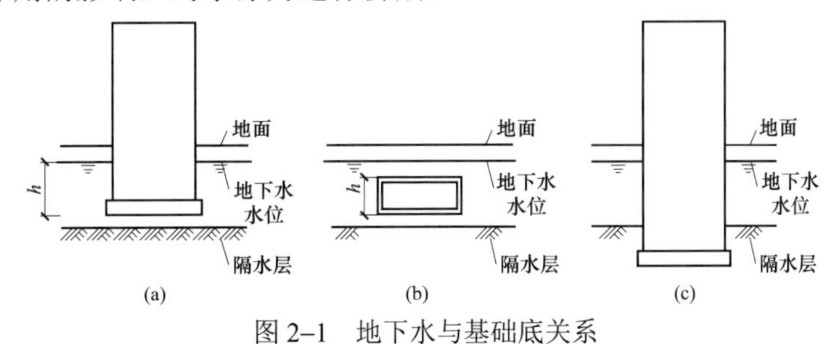

图 2–1　地下水与基础底关系

（a）、（b）基础埋置于含水层土；（c）基础埋置于隔水层土

【工程案例 2】

作者 2012 年主持设计的北京某住宅小区，地处顺义区，工程地质勘察报告指出，本场地有 2 层地下水，均属于上层滞水，第一层上层滞水在距离 0.000 以下 1～3m 范围，第一层滞水层下有一层 3m 左右厚比较密实的黏性土（属于不透水层），其下又有第二层含水量较丰富的透水层。地勘单位提供的本场地抗浮水位为 0.000 以下–1.0m，设计师不加分析的就取这个抗浮水位对整个小区进行抗浮设计，由于这个小区主要是一些 3、4 层的剪力墙住宅结构，地下为一层且一侧带有下沉庭院。经过初步计算，如果按地质勘察提供的抗浮水位进行设计，就需要对整个地下结构进行抗浮设计，特别是必须对下沉庭院采取抗浮措施。既然要对下沉室庭院采取抗浮设计，就需要在下沉室庭院部分做防水底板，这样一来就无法满足建筑绿化

的要求，业主及建筑师强烈反对。于是，我们提出请业主组织相关专家（水利、地勘、结构、建筑）对本工程抗浮设计进行专题论证。

经过论证，与会专家一致认为，本工程可以考虑将一个组团（图 2–2 为平面图，图 2–3 为剖面图）四周基础底适当加深，进入不透水层（隔水层）不小于 1m 即可，这样就不再考虑抗浮水位问题。为业主节约大量抗浮投资，受到业主赞赏。

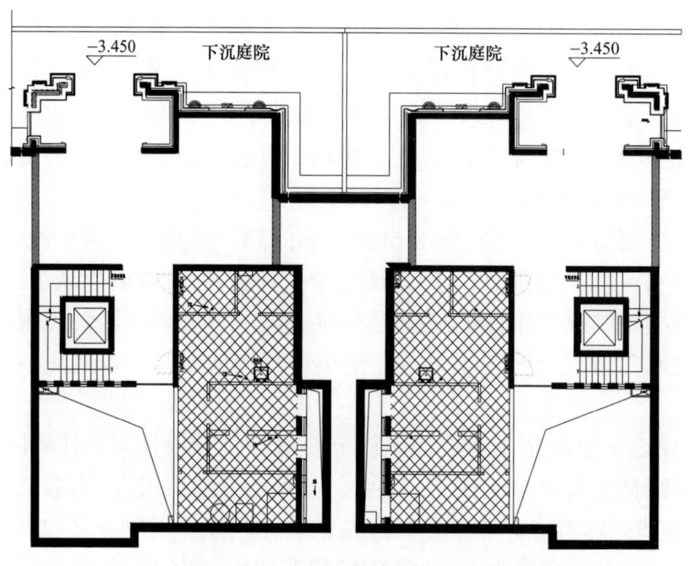

图 2–2 其中一个组团平面布置图

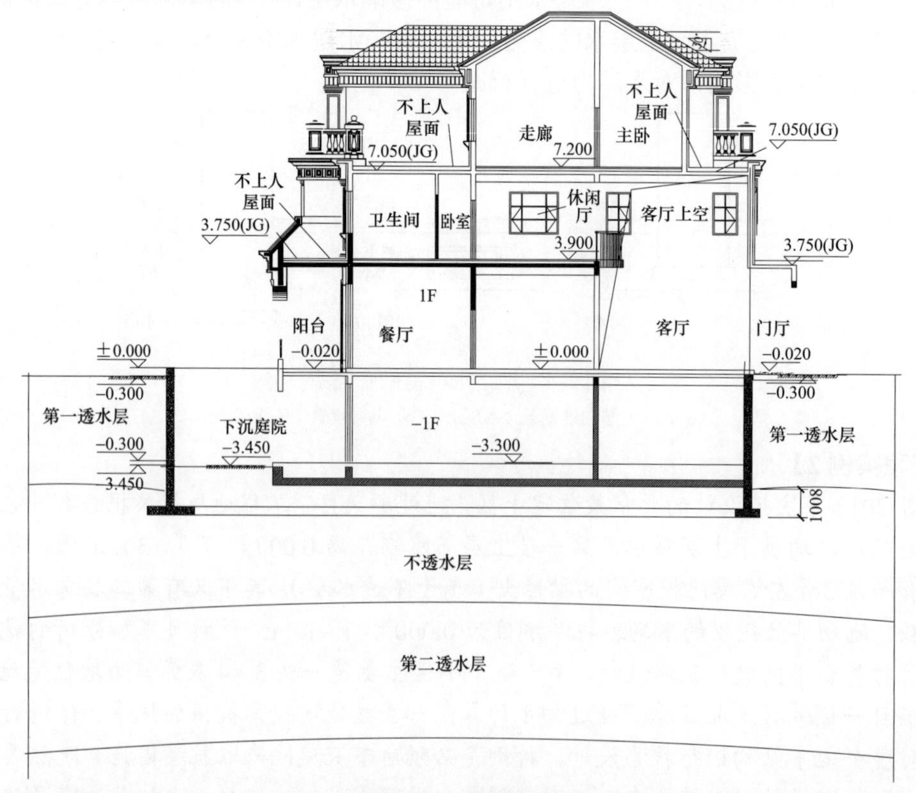

图 2–3 剖面示意图

2.2　地下水腐蚀性等级的合理选取问题

我们国家的地下结构越来越多，深度也越来越深，地下水的腐蚀性问题也越来越常见。为了保证结构的耐久性设计需求，设计人员就需要针对不同的腐蚀性等级采取不同的防护措施。具体措施详见《工业建筑防腐蚀设计规范》（GB 50046—2008）（以下简称《防腐规范》）相关条款。通常水和土对建筑材料的腐蚀性按《岩土工程勘察规范》（GB 50021—2001，2009 年版）[以下简称《勘察规范》划分为强腐蚀、中等腐蚀、弱腐蚀和微腐蚀四个等级。但需要注意，我们往往看到地质勘察单位这样提供：地下水或土对混凝土及钢筋有以下两种情况下的腐蚀性评价；① 地下结构长期浸水下，地下水对混凝土及钢筋的腐蚀性情况；② 地下结构在干湿交替状态对混凝土及钢筋的腐蚀性情况。

【知识点拓展】

（1）《勘察规范》将原规范的“无腐蚀”修改为“微腐蚀”，主要是认为原“无腐蚀”的提法不确切，结构在长期化学、物理作用下，总是有腐蚀的。

（2）往往结构在干湿交替状态的腐蚀程度要比地下结构长期浸水严重得多。干湿交替：是指水位变化和毛细水升降时，建筑材料的干湿变化情况。干湿交替和气候区与腐蚀性的关系十分密切。相同浓度的盐类，在干旱区和润湿区，其腐蚀程度是不同的。前者可能是强腐蚀，而后者可能是弱腐蚀或无腐蚀。冻融交替也是影响腐蚀的重要因素。

（3）全国各地审图机构，对地下结构腐蚀性要求采取的措施是不一致的。比如，《天津地区施工图审查规定》明确指出：只考虑浸水状态下地下水对混凝土及钢筋的腐蚀性问题，不考虑干湿交替状态下地下水对混凝土的腐蚀性。而有些地区则要求按地质勘察单位提供的各种状态下最严重的腐蚀性采取措施。比如，作者遇到山东省的工程审图单位要求按干湿交替考虑其腐蚀性。

（4）氯离子含量腐蚀问题。脱钝以后的钢筋，在有水、氧气的酸性环境中由于电化学作用而生锈，并逐渐发展为腐蚀。试验研究及工程实践均表明：如果存在氯离子，会大大促进电化学反应的速度。最可怕的是，氯离子作为催化剂并不会因反应而被消耗，少量氯离子即可造成长久、持续的锈蚀，直至钢筋完全被腐蚀为止。由于氯离子会严重影响混凝土结构的耐久性，必须严加防范。因此，本次修订严控氯离子含量的限值。《砼规》根据不同的环境类别规定了氯离子占胶凝材料总量的百分比的限量。完全没有氯离子很难做到，例如，自来水中加漂白粉就含有氯。只要严格限制不使用含功能性氯化物的外加剂（例如含氯化钙的促凝剂等）就不会超出规定的限值。

（5）碱骨料的影响问题。一般情况下，碱性环境有利于保护钢筋免遭锈蚀，但如碱性浓度太大，结构又长期受到水作用的影响，则就可能引起碱性骨料与水反应，体积膨胀。碱骨料反应会引起混凝土结构的膨胀裂缝，因此要加以控制。但是对于绝大多数一类环境中的混凝土结构，可以不作碱含量限制。只有对于经常处于水作用环境中的土木土程混凝土结构，才应按《砼规》要求考虑碱含量的控制。碱含量的计算方法，可参考协会标准《混凝土碱含量限值标准》（CECS 53：1993）的规定。

【工程案例】

（1）作者主持设计的山东青岛胶南某工程：地质勘察报告指出，本工程属Ⅱ类环境类型，按最不利组合综合判定场区地下水对混凝土结构有微腐蚀性；对钢筋混凝土结构中的钢筋在干湿交替水位条件下有弱腐蚀性，在长期浸水条件下有微腐蚀性。

经过与山东省当地审图单位沟通，审图要求地下结构的防腐蚀按“干湿交替的环境下具弱腐蚀性”考虑采取防腐腐蚀措施。

为此，设计依据《防腐规范》的相关规定采取以下措施：

1）最低混凝土强度等级C30，最小水泥用量300kg/m^3，最大水灰比0.50，最大氯离子含量0.1%;

2）裂缝宽度小于0.2mm;

3）保护层厚：墙、板30mm，梁、柱35mm、地下外墙及基础50mm;

4）基础及垫层的外防护：垫层采用C20混凝土100mm厚，垫层顶及外墙外侧涂刷沥青冷底子油两遍，沥青胶泥涂层，厚度≥300mm;

5）同时，设计要求：严禁直接用地下水搅拌混凝土，严禁直接用地下水养护混凝土。

（2）2012年作者主持设计的天津东丽区阳光新城购物广场，建筑面积82 000m^2，其中地下建筑面积28 500m^2。《地质勘察报告》提供：无干湿交替作用时，该区域地下水对混凝土及钢筋均为微腐蚀性；在干湿交替水位条件下对混凝土有弱腐蚀性，对钢筋具有弱腐蚀性。经过与当地审图单位沟通，天津地区审图规定，不考虑干湿情况。

通过以上两个工程案例可以看出，同样的腐蚀等级，在不同的地区设计要求采取的措施是有所差异的，当然工程的造价也是不同的。这就需要设计人员遇到地下水有腐蚀性时，首先需要和当地相关部门沟通，了解地方的一些特殊规定，然后采取有针对性的防腐蚀措施。

（6）提醒大家，对于地下水有腐蚀性的工程，结构设计说明应对施工单位提出以下施工要求：

1）施工中严禁用地下水直接搅拌混凝土；

2）施工中严禁用地下水直接养护混凝土；

3）地下水位较高或地下水具有酸性腐蚀介质时，不得用灰土回填承台和地下室侧墙周围，也不得用灰土做超挖部分的垫层回填处理；

4）当地下水或土对水泥类材料的腐蚀等级为强腐蚀、中等腐蚀时，不宜采用水泥粉煤灰碎石桩、夯实水泥土桩、水泥土搅拌法等含有水泥的加固方法，但硫酸根离子介质腐蚀时，可以采用抗硫酸盐硅酸盐水泥。

（7）腐蚀环境下桩基础选择应注意：

1）腐蚀环境下宜采用预制钢筋混凝土桩；

2）腐蚀性等级为中、弱时，可采用预应力混凝土管桩或混凝土灌注桩。

2.3 学校、医院、养老院、福利院的房屋建筑抗震设防分类及设防标准等有关问题

《抗规》3.1.1条明确要求：抗震设防的所有建筑应按现行国家标准《建筑工程抗震设防分类标准》（GB 50223—2008，以下简称《设防标准》）确定其抗震设防类别及其抗震设防标准。

根据上述标准，对学校、医院建筑抗震设防类别和设防标准，要执行现行《规范》和《设防标准》。《设防标准》有关规定如下：

《设防标准》6.0.8 条：教育建筑中、小学、幼儿园的教学用房以及学生宿舍和食堂，抗震设防类别不应低于重点设防类，即“乙”类。

《设防标准》4.0.3 条指出医疗建筑的抗震设防类别应符合下列规定：三级医院中承担特别重要医疗任务的门诊、医技、住院用房，设防类别为“特殊设防类”即简称“甲”类；二、三级医院中的门诊、医技、住院用房、具有外科手术室或急诊科的乡镇卫生院的医疗用房，县级及以上急救中心的指挥、通信、运输系统的重要建筑，设防类别应为“重点设防”类，即简称“乙”类；工矿企业的医院建筑，可比照城市的医疗建筑示例确定其抗震设防类别。

《设防标准》3.0.3–2 条：重点设防类（简称“乙”类）应按高于本地区抗震设防烈度一度的要求加强其抗震措施；但抗震设防烈度为 9 度时，应按比 9 度更高的要求采取抗震措施；地基基础的抗震措施应符合有关规定。同时，应按本地区抗震设防烈度确定其地震作用。解读：这一条已经非常明确了，《设防标准》3.03–2 条重点设防类，应按高于本地区抗震设防烈度一度的要求加强其抗震措施；但抗震设防烈度为 9 度时，应按比 9 度更高的要求采取抗震措施；地基基础的抗震措施，应符合有关规定。同时，应按本地区抗震设防烈度确定其地震作用。因为《高规》4.3.1–2 条：乙、丙类建筑应按本地区抗震设防烈度计算（强制性条文）。

但在 2008 年汶川地震后，中国地震局中震防发〔2009〕49 号文，即“关于学校、医院等人员密集场所工程抗震设防要求确定原则的通知”：学校、医院等人员密集场所建设工程的主要建筑应按以下原则提高地震动峰值加速度取值。其中，学校主要建筑包括幼儿园、小学、中学的教学用房以及学生宿舍和食堂，医院主要建筑包括门诊、医技、住院等用房。

提高地震动峰值加速度取值应按照以下要求：

位于地震动峰值加速度小于 0.05g 分区的，地震动峰值加速度提高至 0.05g；

位于地震动峰值加速度 0.05g 分区的，地震动峰值加速度提高至 0.10g；

位于地震动峰值加速度 0.10g 分区的，地震动峰值加速度提高至 0.15g；

位于地震动峰值加速度 0.15g 分区的，地震动峰值加速度提高至 0.20g；

位于地震动峰值加速度 0.20g 分区的，地震动峰值加速度提高至 0.30g；

位于地震动峰值加速度 0.30g 分区的，地震动峰值加速度提高至 0.40g；

位于地震动峰值加速度大于等于 0.40g 分区的，地震动峰值加速度不作调整。

中国地震局中震防发〔2009〕49 号文件，很多地方解读为：对于“重点设防类”建筑，不仅要提高一度采取抗震措施加强，同时还需要按提高后的地震峰值加速度进行地震作用计算。作者认为，这样的理解是不合适的。

【知识点拓展】

（1）据作者接触的地区来看，目前北京、上海、江苏、广东、辽宁、新疆未执行中国地震局中震防发〔2009〕49 号文；而天津、河北、山东、安徽、贵州等省市在执行中国地震局中震防发〔2009〕49 号文。

（2）实际上，针对地震局中震防发〔2009〕49 号文件，住房和城乡建设部司函建标标函〔2009〕50 号“关于学校、医院等人员密集场所工程抗震设防要求的复函”。

解读：这个复函的意思，“对学校、医院等人员密集的场所”工程抗震仅提高一度采取抗震措施，因为《抗规》规定：乙类建筑需要提高一度采取抗震措施。增加关键部位的投资即可达到提高结构安全性的目的。意思就是说，可不执行地震局〔2009〕49 号文件。

（3）但请各位注意，正在修订的第五代地震区划图（目前用的是第四代），又将学校、医院主要建筑工程基本地震动峰值加速度提高。要求幼儿园、小学、中学的教学用房以及学生宿舍和食堂，医院的门诊、医技、住院等用房的基本地震动峰值加速度，应依据建设场地设防烈度取值，按表 2–2 调整确定。

表 2–2　　学校，医院主要建设工程场地基本地震动峰值加速度调整表

基本地震动峰值加速度	0.05g	0.10g	0.15g	0.20g	0.30g	0.40g
基本地震动峰值加速度调整值	0.10g	0.15g	0.20g	0.30g	0.40g	0.40g

由表 2–2 来看，待第五代地震区划图正式实施后，很可能要求对学校、医院这样的建筑，不仅要提高一度采取抗震措施，同时也需要提高一度或半度进行抗震设计。

（4）另外很多地方也把大学类似工程列入了重点类别，但却没有将老年大学、敬老院、福利院、残疾人等人员密集场所列为重点设防类，作者认为这些都是不合理的。关于敬老院、福利院、残疾人的《房屋建筑的抗震设防分类标准》（GB 50233—2008）未作具体规定，但该规范主编王亚勇、戴国莹在合著的《建筑抗震设计规范疑问解答》一书中的 3.3 题中，作了明确解答，因老年人、残疾人在地震时无自救能力，也应按重点设防类考虑。

总之，由于相关部门缺乏协调，这些下发的文件很不统一，使设计人员在实际工作中，理解混乱、迷惑。有必要对这些文件进行梳理，统一认识。

作者认为：作为结构设计人员应该依据《设防标准》（GB 50223）及《抗规》（GB 50011）的基本思想合理选择。建议如下：

1）对于敬老院、福利院、残疾人、老年大学等人员密集的弱势群体建筑，应按重点设防类考虑。

2）对于大学的相关建筑，考虑到大学生是成年人，具有一定的快速反应及自救能力，抗震设防类别宜按标准设防类考虑。

3）至于重点设防类是否需要按调整后的地震动峰值加速度进行计算，需要与当地有关部门了解确定。

关于第（4）条的补充说明：

1）《设防标准》中，教育建筑中，幼儿园、小学、中学的教学用房包含教室、试验室、图书馆、微机室、语音室、体育馆、礼堂等。

2）大学教学用房以及学生宿舍和食堂等，并不包含在需要提高之列，依然可按设“标准设防”类，即简称“丙”类考虑。

3）《设防标准》并没有提及养老院、老年大学等建筑的设防类别问题。但我们要理解这个标准内涵，针对的是弱势群体、人员密集。养老院、老年大学均属于弱势群体、人员密集场所，所以应提高设防类别为“重点设防类”，即“乙”类。

4）实际上，人力资源和社会保障部在 2011.11.4 发布的《敬老院设施设计指导意见》（试行）中规定：第二十四条敬老院的房屋建筑宜采用钢筋混凝土框架结构；老年人用房抗震强度应不低于《设防标准》(GB 50223) 中的乙类标准。

另外,《养老设施建筑设计规范》(GB 50867—2013) 第 30.10 条:养老设施建筑中老年人用房建筑耐火等级不应低于二级,且建筑抗震设防标准应按重点设防类建筑进行抗震设计。

5) 同样的道理,老年大学的抗震设防类别也应按"重点设防类"考虑。

作者审阅的一篇论文中提到,长春某老年大学教学楼工程施工图审查时,审查提出应按"重点设防类"考虑(原设计是按"标准设防类"考虑)。作者认为,审图单位的要求是非常合理的。

(5) 居住建筑类的设防类别不应低于"标准设防"类,即简称"丙"类。

(6) 居住建筑中,当"结构单元"经常使用人数超过 8000 人时,抗震设防类别宜划分为"重点设防类",即"乙"类。

(7) 第 7 点中提到的"结构单元"是指:应理解为由防震缝分开,同时具有独立疏散通道的结构单元。

(8) 第 7 点中的单元人数超过 8000 人,按人数有时不好界定,可以按建筑面积超过 80 000m^2 判断。

(9) 同一建筑各区段的重要性有显著不同时,可按区段划分抗震设防类别。但注意,下部区段的抗震设防类别不应低于上部。这里的"区段"是指:由防震缝分开的结构单元、平面内使用功能不同的部分,或上下使用功能不同的部分。

(10) 建筑各部分的重要性有显著不同时,可分别划分抗震设防类别;比如,对于商住楼和综合楼,在主楼与裙房相连时,有可能出现主楼为丙类设防而人流密集的多层裙房区段为乙类设防的房屋建筑,但应具备结构分段和独立疏散通道要求。

【工程案例 1】

某 8 度抗震设防的钢筋混凝土高层建筑,主楼为办公用房,采用框架–核心筒结构,高 120m,有独立的消防疏散通道。主楼两侧为裙房,地下 1 层,地上 4 层,用作商场,裙房部分建筑面积约为 20 000m^2,采用框架–抗震墙结构,裙房屋面标高为 20m。图 2–4 为该建筑的剖面简图。试确定其抗震设防类别。

解析:

主楼:一般的办公用房且有独立的消防疏散通道,应为丙类。

裙房:商业用房,且建筑面积达 20 000m^2,按《抗震设防分类标准》规定:商业面积大于 17 000m^2 或营业面积大于 7000m^2,该建筑属于重点设防类,即乙类。

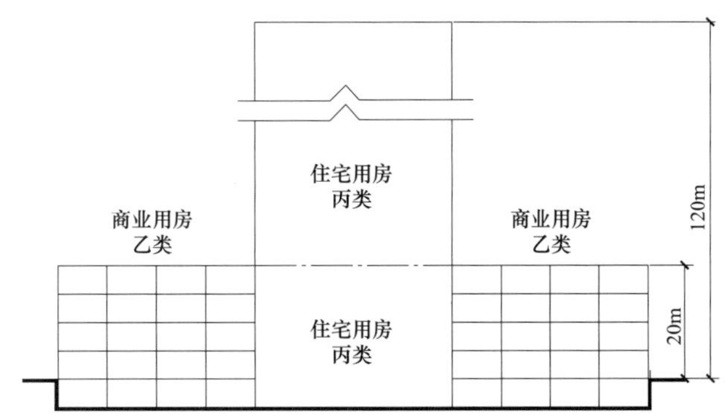

图 2–4　建筑剖面

问题引申:

如果本案例主楼没有独立的消防疏散通道,而是与商场共用消防疏散通道,则主楼在裙房高度范围内的抗震设防类别如何界定？

作者认为：主楼在裙房高度范围内也应按乙类考虑，裙房高度以上部分主楼可按丙类考虑。

【工程案例 2】

某 8 度抗震设防的钢筋混凝土高层建筑，主楼高 120m，采用框架–核心筒结构。主楼两侧为 20m 高的 4 层裙房，采用框架–抗震墙结构。主楼底部 4 层及裙房用作多层商场，商场部分建筑面积约为 20 000m²，主楼 5 层及以上部分用作综合办公用房。图 2–5 为该建筑的剖面简图。试确定其抗震设防类别。

解析：

主楼 5 层及以上：一般的办公用房，丙类。

主楼上部及裙房、商业用房且建筑面积达 20 000m²，按《抗震设防分类标准》规定：商业面积大于 17 000m² 或营业面积大于 7000m²，该建筑属于重点设防类，即乙类。

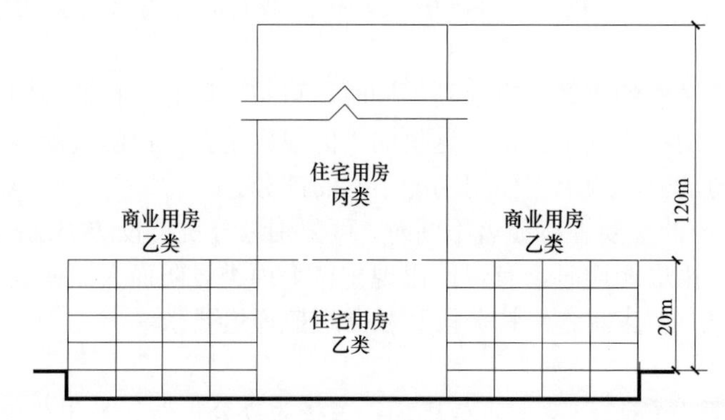

图 2–5 建筑剖面图

问题引申：

如果上面案例条件改为，主楼与裙房设置了防震缝，裙房部分建筑面积为 18 000m²，主楼部分建筑面积为 2000m²，那么主楼与裙房的设防类别如何界定？

作者认为应区分情况按以下原则界定。

1）如果主楼和裙房依然共用一个消防疏散通道，那么主楼和裙房在裙房高度以下均应按重点设防类考虑，主楼在裙房以上应按标准设防类考虑。如图 2–6 所示。

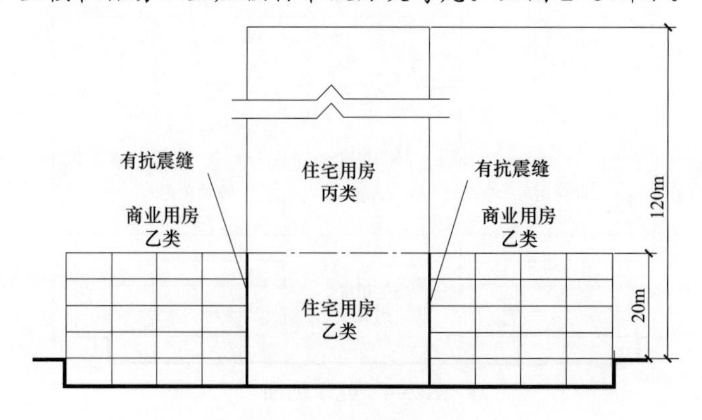

图 2–6 建筑剖面图

因为防震缝同属一个防火分区就不应算独立的两个单元，以人数为准确定设防分类。

2）如果主楼和裙房各自有独立的消防疏散通道，那么主楼在裙房高度范围内可按标准设防类考虑，如图 2–7 所示。

因为防震缝及防火分区都是独立的两个单元，所以可以各自独立单元人数为准，确定设防分类。

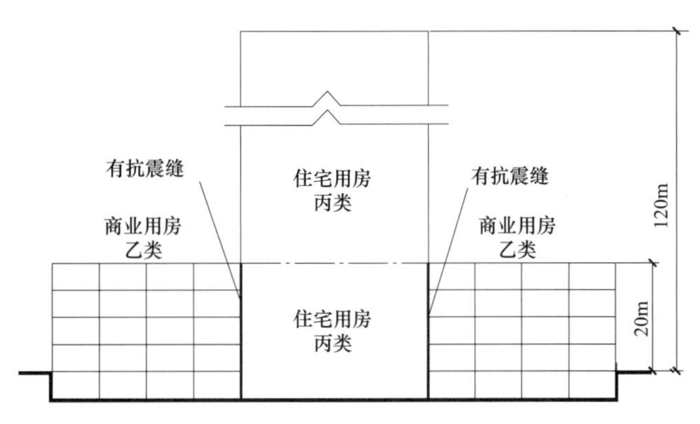

图 2–7　建筑剖面图

（11）在一个较大的建筑综合体中，若不同区段使用功能的重要性有显著差异，应区别对待，可只提高某些重要区段的抗震设防类别。比如，高层建筑中多层的商场裙房区段或者下部区段为重点设防类（乙类），而上部的住宅为标准设防类（丙类）。但此时注意：位于下部区段的，其抗震设防类别不应低于上部的区段。

【工程案例 3】

作者 2011 年主持设计的天津某高层建筑（地上 5 层），底部为商业建筑，第五层为影剧院建筑。由于底部四层建筑面积小于 17 000m^2，营业面积小于 7000m^2，所以理论上可以按标准设防类（丙类）设计。但由于第五层有几个影剧院，合计座位数大于 1200 座，而且其中有一个影院的座位数大于 500 座，应按重点设防类（乙类）考虑，于是这个建筑整体应按重点设防类考虑。该建筑平、立面如图 2–8 所示。

图 2–8　五层局部影院立、剖、平布置示意图（一）

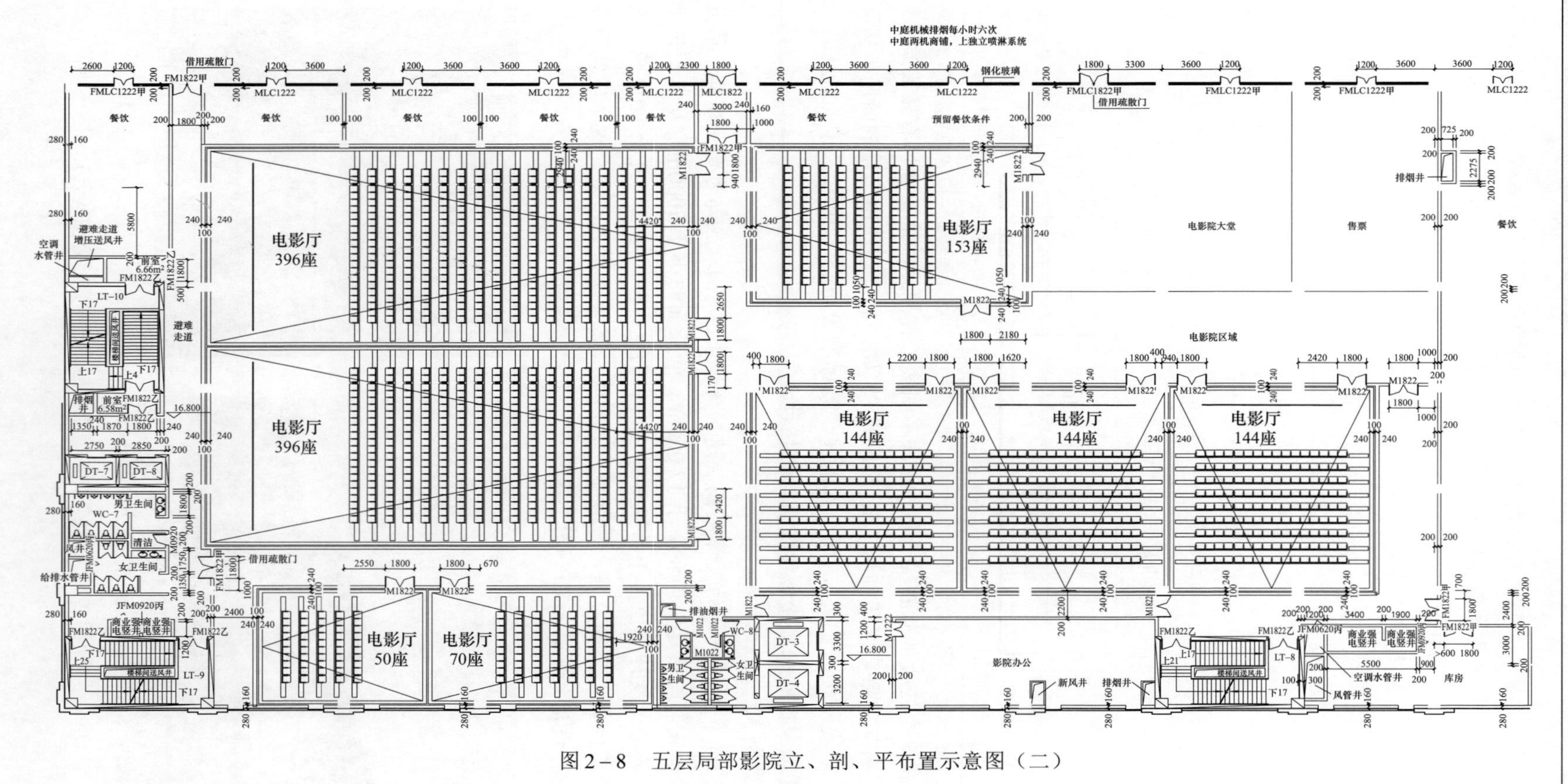

图2-8 五层局部影院立、剖、平布置示意图（二）

（12）有网友曾经问作者，像国家大剧院这样的建筑，抗震设防类别如何划分？作者个人的看法是，大剧院中的几个剧场依据《标准划分》应为重点设防类，但是外面这个大外罩屋盖建筑如何界定？我的看法是也应按重点设防类考虑。理由很简单，如果地震时这个外罩遭到破坏，就会影响剧场中人员的疏散。

（13）抗震建筑的重要性分类和抗震建筑的使用功能分类，是属性不同的两种分类。使用功能分类是根据建筑物的使用功能要求，对建筑物的最低性态要求（或最高破坏限制），但并不要求提高设防烈度或设计地震动水平；而重要性分类，主要是根据社会政治经济影响来调整设防烈度或设计地震动水平。以电视台建筑为例加以说明，由使用功能来说，无论县市级电视台、省、直辖市级电视台或中央电视台，都应属于一类；但是从重要性来说，很明显，中央电视台无论是影响的性质和范围，都要重要得多，必须对它们加以区分。功能分类只是按功能要求的高低采取相应的设计方法保证功能的实现，而建筑重要性的高低是从提高设防力度上保证重要建筑的抗震能力。

（14）为便于设计人员理解不同的设防分类采取不同的抗震设计标准，汇总如下，见表 2–3。

表 2–3　　不同设防标准抗震设计标准取值

设防分类		抗震设防标准	
		地震作用取值标准	抗震措施标准
一般情况	特殊设防类（甲类）	按地震安全性评价的结果确定，但要高于设防烈度的要求	按设防烈度提高一度的要求
	重点设防类（乙类）	按设防烈度确定	按设防烈度提高一度的要求
	标准设防类（丙类）	按设防烈度确定	按设防烈度的要求
	适度设防类（丁类）	按设防烈度确定	允许比设防烈度的要求适当降低，但不得低于一度
例外情况		相关标准（规范）有关条款另有规定的情况，指在满足一定条件下，上述设防标准允许有部分的调整	

抗震设计中，抗震计算和抗震措施是两个不可分割的有机组成部分。由于地震动的不确定性和复杂性，在现有的技术水平和经济条件下，抗震措施不仅是对地震作用计算的重要补充，也是抗震设计中不可缺少和替代的组成部分。我国抗震设防标准与某些发达国家只侧重于提高地震作用（10%～30%）而不提高抗震措施，在设防概念上有所不同；提高抗震措施，着眼于把有限的财力、物力用在提高结构关键部位或薄弱部位的抗震能力上，是经济而有效的方法；只提高地震作用，则结构的所有构件均全面增加材料用量，投资全面增加而效果不如前者。

【网友问题】

某工程为甲级档案馆（乙类建筑），位于非地震区。问：需要提高一度按 6 度采取抗震措施，还是仅按 6 度采取抗震构造措施？

有的专家认为：既然是乙类建筑，就应按提高一度的标准采取抗震措施。

作者的看法是：既然是非地震区，首先就没有抗震设防类别这个问题，那么自然就没有必要按提高一度的标准采取抗震措施，也没有必要按提高一度的标准采取抗震构造措施；也就是说，没有地震就无从谈抗震措施和抗震构造措施。

2.4 哪些建筑设计需要提请业主委托地震“安评”工作

2.4.1 什么是地震安全性评价

《中华人民共和国防震减灾法》第三十五条规定：“重大建设工程和可能发生严重次生灾害的建设工程。应当按照国务院有关规定进行地震安全性评价，并按照经审定的地震安全性评价报告所确定的抗震设防要求进行抗震设防。建筑工程的地震“安评”单位应当按照国家的有关标准进行地震安全性评价，并对地震安全性评价报告的质量负责”。

地震安全性评价是指：在对具体建设工程场址及其周围地区的地震地质条件、地球物理环境、地震活动规律、现代地形应力场等方面进行深入研究的基础上，采取先进的地震危险性概率分析方法，按照工程所需要采用的风险水平，科学地给出相应的工程规划或设计单位所需要的一定概率水准下的地震动参数（加速度、设计反应谱、时程）和相应的资料。

2.4.2 为何要开展地震安全性评价工作

（1）重大建设工程和可能发生次生灾害的建设工程，必须进行地震安全性评价，这是国家和地方法律、法规的要求，《中华人民共和国防震减灾法》第十七条第三款做了明确规定。这是经济建设可持续发展的需要，也是工程建设的百年大计。

（2）进行地震安全性评价，能使建设工程抗震设防既科学、合理又经济、安全。重大建设工程和可能发生严重次生灾害的建设工程，其抗震设防要求不同于一般建设工程，如不进行地震安全性评价，简单地套用烈度区划图进行抗震设计，很难符合工程场址的具体条件和工程允许的风险水平。这种抗震设防显然缺乏科学依据，如果设防偏低，将给工程带来隐患；如果设防偏高，则会增加建设投资，造成不必要的浪费。

注：通常从 7 度提高到 8 度的抗震设防工程，投资需要提高 10%～15%。

（3）根据《第四代区划图》使用说明的规定，对于地震研究程度比较差的地区和烈度区划分界线两侧各 4km 范围内的建设工程，不能直接使用烈度区划图，必须通过地震安全性评价后，才能确定抗震设防要求。

（4）进行地震安全性评价是我国抗震设防技术与国际接轨的需要，也是科技进步的要求。随着抗震技术的发展，单一的烈度已不能满足抗震设计的需要，而需要进一步要求技术人员根据建设工程的具体条件，提供场地地震动参数（加速度，设计反应谱，地震动时程等）。例如对于特大型桥梁、高层建筑等应考虑长周期地震波（远震）的影响。

2.4.3 哪些工程需要进行地震安全性评价

（1）对社会有重大价值或者有重大影响的建设工程。如公路、铁路干线上的特大桥梁；广播电视发射中心；重要的邮电通信枢纽；大型候车楼；国际、国内主要干线航空站楼；大型发电厂、变电站、水厂；大城市医疗中心、公安消防指挥中心；超高层建筑、大型体育场馆和影剧院等。

（2）可能发生严重次生灾害的建设工程。包括水库大坝、堤防和贮油、贮气、贮存易燃易爆、剧毒或者强腐蚀性物质的设施，以及其他可能发生严重次生灾害的建设工程。

（3）核电站和核设施建设工程。

（4）位于地震动峰值加速度分区界限两侧各 4km 区域的建设工程。

（5）某些地震研究程度和资料详细程度较差的边远地区。

（6）位于复杂工程地质条件区域的大城市、大型厂矿企业、长距离生命线工程以及新建开发区等。

（7）地方政府规定需要进行地震安全性评价的工程，详见《工程场地地震安全性评价技术规范》（GB 17741—2005）。

【知识点拓展】

（1）对大多数结构设计师来讲，都可能遇到工程跨烈度区的问题，提醒设计师注意《抗规》附录 A 给出的我国主要城镇抗震设防烈度、设计基本地震加速度和设计地震分组；其中，凡是地域名上表带有“××*”的均是位于本烈度区和较低设防区的分界线。比如福建“金门*”就是处于 8 度（0.2g）与 7 度（0.15g）分界线各 4km 之内的地域。

《北京规范》就给出跨烈度区的范围，如图 2–9 所示，图中阴影线就是跨烈度区各 4km 的范围。意在提醒设计人员及业主，在跨烈度区搞建设需要进行地震“安评”工作；如果遇到业主不愿意对工程进行“安评”，设计单位只能取高烈度区的地震动参数进行抗震设计，这意味着业主需要增加工程投资。

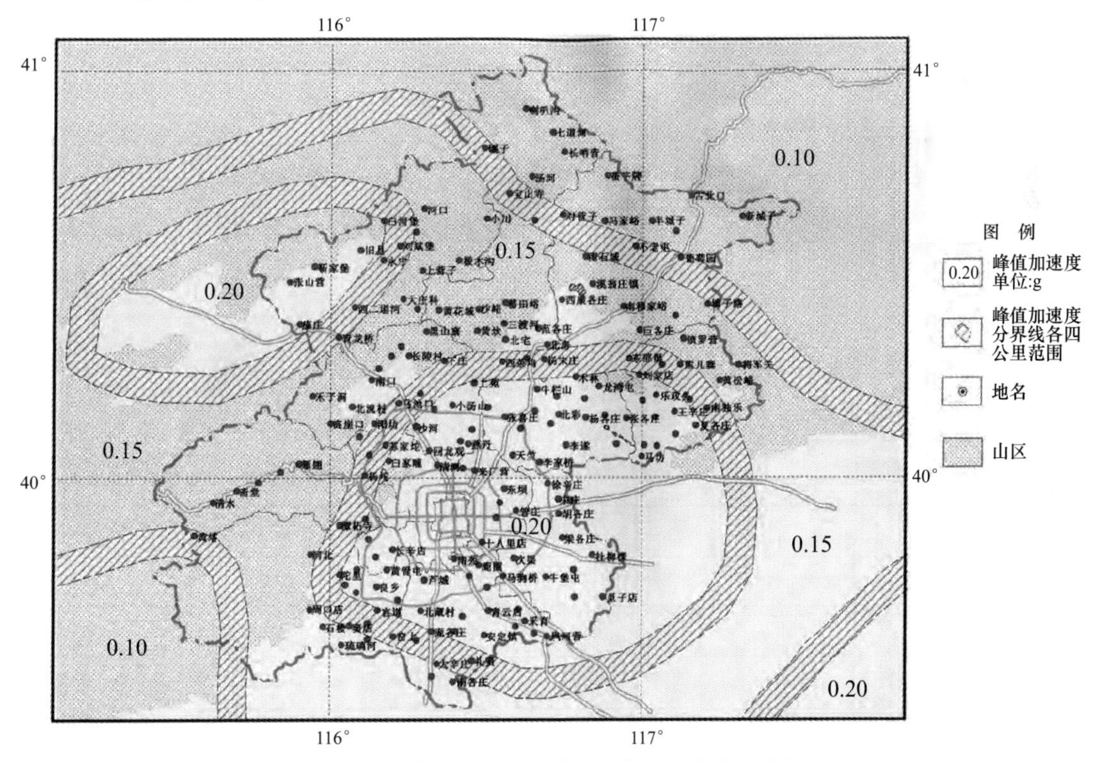

图 2–9　北京地区设计基本地震加速度分布示意图

注：北京地区位于地震动峰值加速度分界线两侧各 4km 区域内的市级和国家级重点建设工程。这些区域内的主要城镇、乡镇包括：门头沟区：东辛房、五里坨、龙泉、城子、军庄、永定、妙峰山、门头沟；海淀区：北安河、聂各庄；昌平区：阳坊、马池口、昌平、十三陵、崔村、下庄；怀柔区：庙城、杨宋、北房、怀柔、桥梓镇、宝山寺；密云区：河南寨、东邵渠、石城；平谷区：刘家店、大华山、山东庄、南独乐河；房山区：城关、窦店、坨里、星城、闫村、新镇、官道、交道、张坊、霞云岭、窑上；延庆县：永宁、香营、刘斌堡；大兴区：庞各庄、礼贤镇。

实际上，北京市行政区处在烈度值Ⅵ度～Ⅷ度之间，其中约有30%的地区处于Ⅷ度区范围内，60%的地区处于Ⅶ度区，10%的地区处于Ⅵ度区。一般来说，每增加1度设防，至少增加10%的建设投资。

根据国家有关规定，位于地震动峰值加速度区划图峰值加速度分区界线两侧各4km区域内的建设工程，抗震设防要求应通过地震动参数复核确定，复核结果由北京市地震安全性评定委员会审定后报市地震局审批。但也可以不进行复核，此情况下的一般建设工程必须以分界线两侧相对高的地震动参数值作为其抗震设防要求。

【工程案例1】

2012年，作者公司承担北京房山窦店某住宅小区设计，由于本场地处于7度（0.15g）与8度（0.20g）的跨烈度区各4km范围内，作者请设计人员书面建议业主对本场地进行地震“安评”，但由于工程进度等原因，业主说已经没有时间进行地震“安评”了。于是，作者要求业主以书面文件的形式，说明不进行“安评”的理由，并注明本工程抗震设防烈度按8度（0.20g）考虑。

（2）某些地震研究程度和资料详细程度较差的边远地区的地震“安评”工作。

【工程案例2】

作者2009年主持设计缅甸的一个工业厂矿工程，这个工程建筑面积近50 000m²，投资额约6亿人民币，工程鸟瞰如图2–10所示。

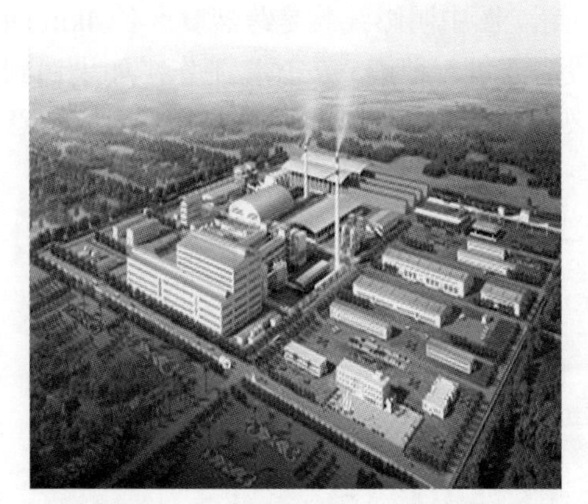

图2–10　缅甸某工程鸟瞰图

由于缅甸无法提供建设场地的抗震设防烈度，于是设计院就委托我们国家云南地震研究所对其进行“安评”工作，“安评”地震动参数见表2–4。

表2–4　　缅甸工程场地“安评”设计地震动参数

设计地震动参数	50年超越概率		
	63%	10%	2%
A_{max}/（m/s²）	1.103 2	3.482 9	5.554 8
β动力放大系数	2.25	2.25	2.25
T_g（s）特征周期	0.45	0.50	0.55
α_{max}水平地震影响系数			

注：相当于我们国家抗震设防烈度8.55度。

（3）超限高层建筑一般都需要进行地震“安评”工作。

【工程案例3】

作者2011年主持设计的宁夏万豪大厦为超限复杂结构，如图2–11所示。工程概况：为高档酒店、办公、商业等综合体建筑，总建筑面积约173 800m²（其中地上127 000m²、地下

46 800m^2)，主楼地上 50 层，高度为 216m；地下 3 层。“安评”的地震动参数见表 2–5。

图 2–11　工程效果图及工程竣工图片

表 2–5　　工程场地设计地震影响系数主要参数值（阻尼比 4%）

地震谱类型	超越概率	PGA/g	α_{max}	T_g/s	γ
50 年水平向地面	63%	0.088	0.19	0.40	1.1
	10%	0.25	0.60	0.60	
	2%	0.43	1.0	0.80	
50 年水平向地下 17.5m	63%	0.039	0.093	0.65	
	10%	0.14	0.34	0.80	
	2%	0.28	0.67	0.90	
100 年水平向地面	63%	0.12	0.29	0.65	
	10%	0.32	0.77	0.80	
	2%	0.61	1.5	0.90	
100 年水平向地下 17.5m	63%	0.064	0.15	0.70	
	10%	0.21	0.50	0.85	
	2%	0.45	1.1	1.00	

注：1. 本地域抗震设防烈度《抗规》给出 8 度地震影响系数最大值：小震 α_{max}=0.16，设防烈度 α_{max}=0.45，大震 α_{max}=0.90，地震分组为第二组。

2. 本工程安评单位还提供了地面以下 17.5m 的地震动参数。地面以下 17.5m 处设防烈度的地震影响系数仅是地面处 0.56 倍。

3. 也提供了 100 年的地震动参数；100 年设防烈度的地震影响系数是 50 年时的 1.28 倍。

【工程案例 4】

作者 2012 年主持设计的青岛胶南世茂国际中心大厦，工程概况：为高档酒店、办公、公寓等综合体建筑，地上由一栋 64 层公寓和一栋 46 层的酒店组成连体结构；地下 3 层；图 2–12 为工程效果图。表 2–6 为地震“安评”地震动参数。

图 2–12 工程效果图

表 2–6 青岛胶南世茂国际中心大厦（阻尼比 5%）

参数	50 年超越概率			100 年超越概率		
	63%	10%	2%	63%	10%	2%
A_{max}/（cm/s^2）	40	105	220	55	130	264
T_g/s	0.35	0.45	0.49	0.40	0.50	0.53
β_m	2.60	2.48	2.27	2.60	2.60	2.27
c	0.77	0.78	0.77	0.81	0.81	0.80
α_{max}	0.104	0.260	0.500	0.143	0.338	0.600
α_{vmax}	0.068	0.169	0.325	0.093	0.220	0.390

注：1. 本地域抗震设防烈度《抗规》给出青岛为 6 度：小震α_{max}=0.040，设防烈度α_{max}=0.12，地震分组为第一组。

2. 注意本“安评”报告中小震、中震、大震的动力放大系数取值不同。

3. 本工程也给出了 100 年的地震动参数，100 年的设防烈度的地震影响系数为 50 年的 1.30 倍。

【工程案例 5】

作者 2014 年主持设计的北京大兴万科新城金融广场工程，总建筑面积近 300 000m^2，其中有一栋 120m 的超限高层综合办公楼。图 2–13 为工程效果图，表 2–7 工程“安评”地震动参数。

图 2–13 工程效果图

表 2–7　大兴首开万科中心新城核心区项目场地地表水平向设计地震动参数（5%阻尼比）

		A_m（gal）	β_m	α_m	T_1	T_g	γ
50 年超越概率	63%	70	2.5	0.18	0.1	0.40	0.9
	10%	210	2.5	0.54	0.1	0.55	0.9
	2%	390	2.5	0.99	0.1	0.75	0.9
70 年超越概率	63%	80	2.5	0.20	0.1	0.40	0.9
	10%	240	2.5	0.61	0.1	0.55	0.9
	2.5%	410	2.5	1.05	0.1	0.75	0.9
100 年超越概率	63%	95	2.5	0.24	0.1	0.45	0.9
	10%	275	2.5	0.70	0.1	0.60	0.9
	3%	430	2.5	1.10	0.1	0.80	0.9

注：1. 本工程同时提供了 50 年、70 年、100 年的安评动参数，50∶70∶100=1∶1.14∶1.36。

2. 本工程《抗规》给出的地震动参数为：8 度（0.20g）时，小震α_{max}=0.16，设防烈度α_{max}=0.45，大震α_{max}=0.90，地震分组为第一组。

3. “安评”动力放大系数β_m=2.5（《规范》的动力放大系数为 2.25）。

（4）按照国家地震“安评”范围，应该说只有少数的建设工程需要进行“安评”工作，大量的工业与民用建筑工程，包括高层建筑只需按照国家给出的地震动参数进行抗震设计即可。但目前很多地方都有自己的地方规定，将需要进行地震“安评”的范围扩大了。比如：北京地区地震“安评”的范围除满足国家规定外，对于下列建筑也要进行地震“安评”工作，摘自《北京市地震局文件 京震发抗〔2003〕1 号》：

1）《建筑抗震设防分类标准》（GB 50233—2008）中规定的甲类建筑。

2）高度 80m 以上（包括 80m）的高层建筑。

3）占地面积较大（指占地面积 500 000m^2 以上或总建筑面积 500 000m^2 以上）或者跨越不同地质条件区域的新建城镇、经济技术开发区（包括区县工业小区、高新技术开发区）。

4）在地震动峰值加速度 0.15g、0.20g 区域内的部分乙类建筑，暂指总投资金额超过 1 亿元以上的生命线工程（在由市规委、市政管委、市计委和市地震局另行规定后，以另行规定为准，原《中国地震烈度区划图〔1990〕》不再使用）。

5）位于地震动峰值加速度区划图峰值加速度分区界线两侧各 4km 区域内的建设工程，抗震设防要求应通过地震动参数复核确定，复核结果由北京市地震安全性评定委员会审定后报市地震局审批。但也可以不进行复核，此情况下的一般建设工程必须以分界线两侧相对高的地震动参数值作为其抗震设防要求。

（5）有的地方（如山东省）除了满足国家规定外，对于下列建筑也要进行地震“安评”工作。

1）地震动峰值加速度 0.10g 以上区域或者国家地震重点监视防御城市内的坚硬、中硬场地且高度超过 80m，或者中软、软弱场地且高度超过 60m 的高层建筑。

2）省、市各类救灾应急指挥设施和救灾物资储备库。

3）建筑面积 100 000m^2 以上的住宅小区。

4）大型影剧院、体育场馆、商业服务设施、8000m^2 以上的教学楼和学生公寓楼以及存放国家一、二级珍贵文物的博物馆等公共建筑。

但特别注意：《抗规》统一培训教材认为，只有满足《中华人民共和国抗震减灾法》规定的工程才需要进行地震“安评”；而一些地方法规将“安评”的范围扩大了。而且，由于目前

“安评”的质量参差不齐，有的结果与国家颁布的地震动参数区划图规定的地震动参数很不一致，造成了工程建设抗震设防，特别是抗震设计工作混乱。因此，首先明确的是，只有少数的建设工程需要进行“安评”工作，大量的工业与民用建筑，包括高层建筑，只需要按国家标准中地震动参数区划图《建筑抗震设计规范附录A》所规定的地震动参数进行抗震设计。

对于以上不同的说法，作者认同《抗规》解读的观点，但为了避免不必要的麻烦，作者建议设计单位，如果遇到这样的问题，请业主方与施工图审查单位提前沟通确定为上策。作者认为特别是一些地方将“安评”范围扩大到按小区建筑面积大小划分，实在不合理，比如作者参与咨询过一个工程，两个小区紧邻，其中一个小区建筑面积超过100 000m^2，按规定进行了“安评”，“安评”的动参数结果比规范大2.6倍之多；而另一个小区99 000m^2，就不需要进行“安评”，按规范取地震动参数。请大家想想这样合理吗？

2.4.4 《抗规》和“安评”所定义的地震动参数的主要差别

（1）对特定的设防烈度，规范反应谱的最大值α_{max}与超越概率有关，而特征周期T_g与超越概率无关，即对于小震、中震、大震，T_g是相同的；而“安评”反应谱，不但最大值α_{max}与超越概率有关，而特征周期T_g也与超越概率相关，中震、大震反应谱的T_g往往大于小震较多。当然关于这点，目前地震学界仍存在争论。

（2）实际强震记录统计结果表明，加速度反应谱的长周期段（$T>5T_g$）为位移控制段，反应谱值变化规律为$1/T^{2.033}$，即为二次曲线下降，衰减指数$\gamma\approx2.0$，“安评”报告完全按照这一规律给出设计反应谱。但正如前述，考虑到如果按此指数规律下降，$T>5T_g$以后的长周期加速度反应谱值变得很小，计算长周期结构的地震反应（内力和位移）太小，往往对结构抗震设计不起控制作用。出于结构安全考虑，在构建规范反应谱时，将位移控制段调整为直线下降，下降斜率为$\eta=0.02$，实际上提高了设计地震作用。由此可见，“安评”所提供的地震动参数对于高层特别是超高层建筑结构抗震设计是不安全的。

【工程案例1】

作者2014年主持设计的北京大兴新城核心区某超限工程地震“安评”与《规范》反应谱如图2–14所示，当结构周期大于2.4s时（大于场地特征周期5倍），实际就是《规范》反应谱在起控制作用，如果按“安评”反应谱，反而更不安全。

【工程案例2】

作者2011年主持设计的宁夏万豪大厦超限工程，“安评”与《规范》反应谱如图2–15所示，当结构自振周期大于0.6s时，实际也是《规范》反应谱在起控制作用。

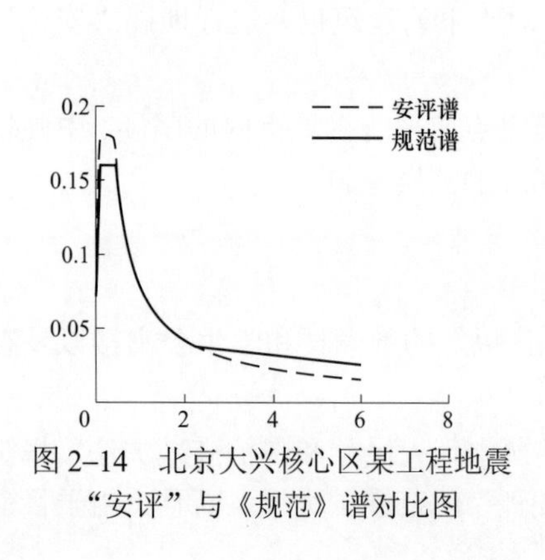

图2–14 北京大兴核心区某工程地震“安评”与《规范》谱对比图

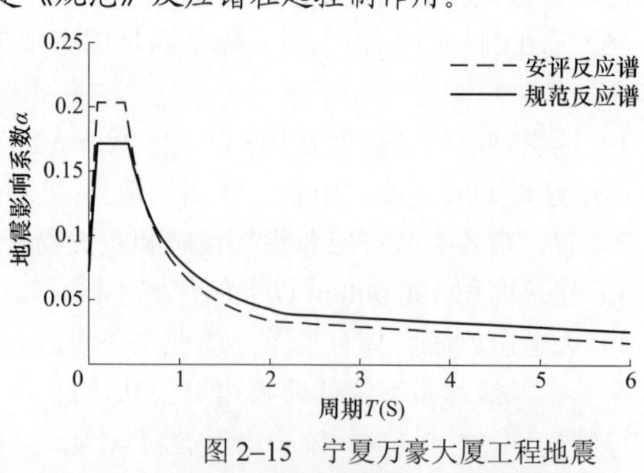

图2–15 宁夏万豪大厦工程地震“安评”与《规范》反应谱对比图

2.4.5　如何正确理解及合理应用《规范》和“安评”地震动参数问题

鉴于 2.4.4 中叙述的理由，从工程使用和抗震安全角度考虑，一般工程应按照《规范》进行抗震设计。做了地震“安评”的重大工程，抗震设计时，在小震（多遇地震）作用下，可分别取《规范》和“安评”的地震动参数计算，取两者计算所得到的结构底部剪力较大者的楼层水平地震作用进行结构抗震验算。

中震（设防烈度），大震（罕遇地震）作用则仍应按《规范》提供的地震动参数取值，包括反应谱和加速度峰值。

对于要求进行“安评”的重要工程，具有实际工程意义的是“安评”报告预估的小震地面加速度峰值 A_{max}，在应用公式$\alpha_{max}=\beta A_{max}$确定设计谱最大值时，$\beta$取 2.25，$T_g$按规范取值，相应的最小剪力系数也应取$\lambda=0.2\alpha_{max}$; 大震作用的 T_g 比小震 T_g 增加 0.05s，中震的 T_g 与小震的相同。

在《抗规》问题解答中，采用场地地震安全性评价报告（以下简称“安评报告”）的地震动参数（反应谱、特征周期和加速度最大峰值）进行计算时，也应遵守本规定。但需注意，由于“安评报告”是由个别人员基于许多假定做出的，所给出的地震动参数在表达形式（反应谱的形状参数）和数值上离散性非常大。为了使结构抗震设计符合最低安全要求，在小震作用下的抗震验算宜采用规范和“安评报告”提出的地震动参数较大值。采用“安评报告”参数时，也宜取加速度最大峰值乘以放大系数β_m=2.25 作为反应谱最大值取用。

特别提醒设计人员注意：当“安评”地震动参数与《规范》给出的动参数差距较大时，设计单位需要提请业主组织相关专家分析这些参数的合理性，以便使设计安全可靠、经济性合理。

【工程案例】

作者 2012 年主持设计的青岛胶南世茂国际中心，“安评”提出的地震动参数见表 2–8。

表 2–8　　青岛胶南世茂国际中心（阻尼比 5%）

参数	50 年超越概率			100 年超越概率		
	63%	10%	2%	63%	10%	2%
A_{max} /（cm/s²）	40	105	220	55	130	264
T_g /s	0.35	0.45	0.49	0.40	0.50	0.53
β_m	2.60	2.48	2.27	2.60	2.60	2.27
C	0.77	0.78	0.77	0.81	0.81	0.80
α_{max}	0.104	0.260	0.500	0.143	0.338	0.600
α_{vmax}	0.068	0.169	0.325	0.093	0.220	0.390

注：本地域抗震设防烈度《抗规》给出青岛 6 度：小震α_{max}=0.040，设防烈度α_{max}=0.12，地震分组为第一组。

由上表可以看出，“安评”提供的多遇地震α_{max}=0.104，是《规范》给出 6 度区α_{max}=0.04 的 2.6 倍之多。作者认为极为不合理。针对“安评”与《规定》差异较大的动参数问题，作者建议业主将这个“安评”报告动参数问题提交超限审查确定；经过超限专家们分析研究，认为这个动参数用于工程设计的确不尽合理。

根据2011年12月甲方提供的《胶南世茂国际中心工程场地地震安全性评价报告》及2012年4月16日《青岛胶南世茂国际中心超限审查咨询会》专家组提供的意见，用于本工程计算的地震动参数如下：

50年一遇超越概率63%时，设计基本地震加速度取“安评”报告40cm/s^2，水平地震影响系数最大值α_{max}=40×2.25（动力放大系数取规范）/980=0.092（没有采纳“安评”的动力放大系数2.60），场地特征周期（取“安评”报告T_g=0.35s），竖向地震影响系数最大值α_{vmax}=0.058 5，衰减指数γ=0.9；

50年一遇超越概率10%时，水平地震影响系数最大值α_{max}=0.180，场地特征周T_g=0.45s，衰减指数γ=0.9；

50年一遇超越概率2%时，水平地震影响系数最大值α_{max}=0.380，场地特征周期T_g=0.50s，衰减指数γ=0.9。竖向地震影响系数最大值α_{vmax}=0.245；衰减指数γ=0.9。

仅这项为业主节约工程投资15%左右，受到业主极大赞扬。

建议大家如果遇到“安评”地震动参数比《规范》给出的大的太多（作者把握尺度≥30%）时，就需要提醒业主进行专题论证。目前工程界基本是这样取α_{max}=A_{max}（“安评”）×2.25（动力放大系数取规范）/980。

2.4.6 设计单位需要对“安评”单位提出哪些“安评”技术要求

通常在业主委托地震安评单位前，设计单位结构专业需要向业主提供相应的地震“安评”技术要求，主要包含以下内容：

（1）地震动参数。应分别依据设计使用年限（50或100年）要求提供3种概率水准（多遇地震63%、设防地震10%、罕遇地震2%～3%）的设计地震动参数，包含地震动峰值加速度A_{max}、地震影响系数最大值α_{max}、特征周期T_g和衰减系数γ。

（2）适合本场地特征的地震波选取原则及数量要求。

1）波形应符合所在场地设计反应谱的特征，持续时间不小于结构基本周期的5倍，同时也不宜小于15s，地震波持续时间间隔可取0.02s；人工波必须具有实际强震记录的幅值变化特性和频率变化特性。

2）一般大量工程都可以取“2+1”，即选用不少于2条天然波和1条拟合目标的人工地震波。

3）对于超高、大跨、体形复杂的建筑结构，需要取“5+2”，即选用不少于5条天然波和2条拟合目标的人工地震波。

4）应请地震“安评”单位提供便于结构分析程序读入的格式文件。

5）如果工程需要进行罕遇地震动力弹塑性时程分析，还需要提供罕遇地震波参数。

同时设计单位应向“安评”单位提供以下资料。

（1）工程概况介绍，包含结构体系、高度、层数等。

（2）设计使用年限。

（3）结构的阻尼比。

（4）结构的基本周期范围（一般只提前三个周期）。

提醒业主工程地震“安评”一般需要 1.5 个月左右时间。

2.5　哪些工程需要做风洞试验，风洞试验需要注意哪些问题

《高规》4.2.7 条：房屋高度大于 200m 或有下列情况之一时，宜进行风洞试验判断确定建筑物的风荷载：

（1）平面形状或立面形状复杂；

（2）立面开洞或连体建筑；

（3）周围地形和环境较复杂。

作者根据以往工程经验，建议还需要补充以下情况：

（4）当多栋建筑间距较近、又没有可供参考的类似试验资料以了解其群体效应的相互影响；

（5）超限高层建筑一般也需要进行风洞试验；

（6）《建筑结构荷载规范》（GB 50009，以下简称《荷载规范》）上无法查到的地域；

（7）《荷载规范》上没有合适平、立面图形的体形系数可查的对风荷载比较敏感的建筑；

（8）建筑被认定为“奇奇怪怪”的也需要进行风洞试验。

【知识点拓展】

（1）风洞试验简介：风洞模拟试验是风工程研究中应用最广泛、技术也相对比较成熟的研究手段。其基本做法是，按一定的缩尺比将建筑结构制作成模型，在风洞中模拟风对建筑的作用，并对感兴趣的物理量进行测量。

用几何缩尺模型进行模拟试验，相似律和量纲分析是其理论基础。相似律的基本出发点是，一个物理系统的行为是由它的控制方程和初始条件、边界条件所决定的。对于这些控制方程以及相应的初始条件、边界条件，可以利用量纲分析的方法将它们无量纲化，这样方程中将出现一系列的无量纲参数。如果这些无量纲参数在试验和原型中是相等的，则它们就都有着相同的控制方程和初始条件、边界条件，从而两者的行为将是完全一样的。从试验得到的数据经过恰当的转换就可以运用到实际条件中去。

根据试验目的不同，建筑结构的风荷载试验可以分为刚性模型试验和气动弹性模型试验两大类。刚性模型试验主要是获取结构的表面风压分布以及受力情况，但试验中不考虑在风的作用下结构物的振动对其荷载造成的影响；弹性模型试验则要求在风洞试验中，模拟出结构物的风致振动等气动弹性效应。这两类试验目的不一样，因此试验中要求满足的相似性参数也有很大区别。气动弹性模型试验在模型制作、测量手段上都比较复杂，难度比较大，在桥梁、高耸细长结构的试验中运用较多。但是对于薄膜、薄壳、柔性大跨结构，它们的气动弹性模拟试验技术还是风工程研究中比较前沿的课题，还有很多问题有待解决。因而在实际的工程研究中运用比较少。

（2）图 2–16 为中国建筑科学研究院大型建筑风洞，该风洞为直流下吹式边界层风洞。风洞为全钢结构，总长 96.5m，包含两个试验段。本试验在高速试验段进行，试验段尺寸为 4m 宽、3m 高、22m 长，风速在 2m/s 到 30m/s 连续可调。

图 2–16　风洞试验模型外观图

（3）以下是作者主持设计的 3 个做过风洞试验的工程。

【工程案例 1】

图 2–17 为 2011 年作者主持设计的宁夏万豪国际中心大厦工程，属超限高层建筑。

工程简介：本工程高度 226m，地上 50 层，地下 3 层，结构体系为混合结构，即矩形钢管混凝土框架柱+钢梁+钢筋混凝土核心筒结构，本地区 50 年一遇基本风压为 0.65kN/m^2，10 年一遇的基本风压为 0.40kN/m^2；抗震设防烈度为 8 度（0.20g），地震分组为第二组。

图 2–17　风洞试验模型图及效果图

【工程案例 2】

图 2–18 为 2012 年作者主持设计的青岛胶南世茂国际中心的风洞试验模型及效果图。

工程概况：本工程由地上 64 层 1 号塔与 46 层 2 号塔组成连体结构，高度分别为 246m 和 159m，结构体系为钢筋混凝土框架–剪力墙结构，工程所在地 50 年一遇基本风压为 0.6kN/m^2，10 年一遇的基本风压为 0.45kN/m^2；抗震设防烈度为 6 度（0.05g），地震分组为第三组。

图 2–18　风洞试验模型图及效果图

【工程案例 3】

图 2–19 为 2014 年作者主持设计的首开万科中心的风洞试验模型及效果图。

工程概况：本工程地处北京大兴区，平面为三角形，地上高度 116.8m，结构体系为钢筋混凝土框架–核心筒结构，工程所在地 50 年一遇基本风压为 0.45kN/m^2，10 年一遇的基本风压为 0.30kN/m^2；抗震设防烈度为 8 度（0.20g），地震分组为第一组。

图 2–19　风洞试验模型图及效果图

业主进行风洞试验招标前，设计单位结构专业应提供风洞试验技术要求，风洞试验一般需要依据工程选择以下 3 个方面内容：① 测压试验可以获得主体结构上的风荷载及围护结构上的风荷载；② 气弹震动试验可获得结构动力响应及风荷载的评估结果（舒适的试验）；③ 风环境试验可预测在建筑物周围地表附近由于生成强风形成的风环境影响，预测建筑物自身的风环境影响。

（4）以下几个方面就作者经历的典型工程案例补充说明。

1）风洞动态测压试验报告。这个报告主要是为今后建筑外围幕墙设计及结构设计提供一些风荷载设计参数。

【工程案例 4】

作者 2012 年主持设计的青岛胶南国际世茂中心工程，这个工程平、立面特殊，为高位大跨弧线连体结构，效果图见图 2–18 所示。风洞试验的正、负风压体型系数如图 2–20，2–21 所示。

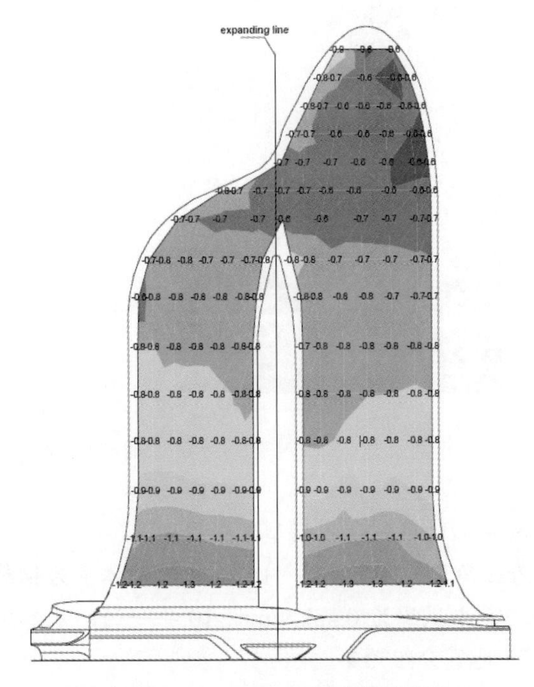

图 2–20　正风压体型系数分布图

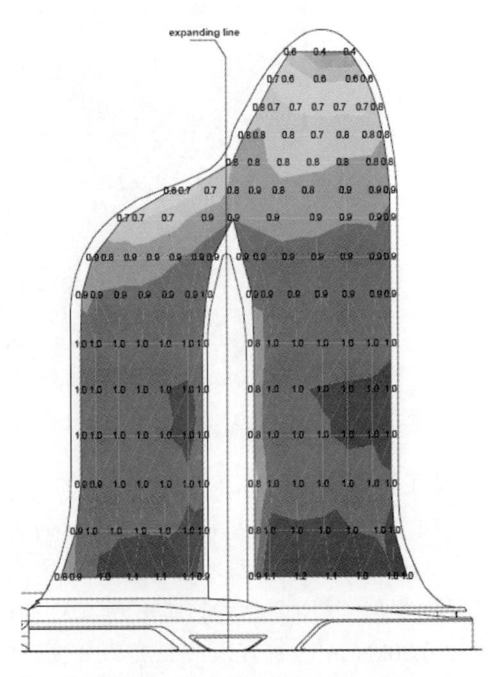

图 2–21　负风压体型系数分布图

由以上正、负风压体型系数分布图来看，显然比《荷载规范》给出的要大很多。所以，对于体型特殊的建筑必须进行风洞试验。

2）风洞风环境试验报告。这个报告主要是为今后做景观设计提供必要的一些风荷载参数。

【工程案例 5】

作者 2012 年主持设计的青岛胶南国际世茂中心，由于这个工程平、立面特殊（图 2–18），风环境试验就显得特别重要，试验结果如图 2–22 所示。

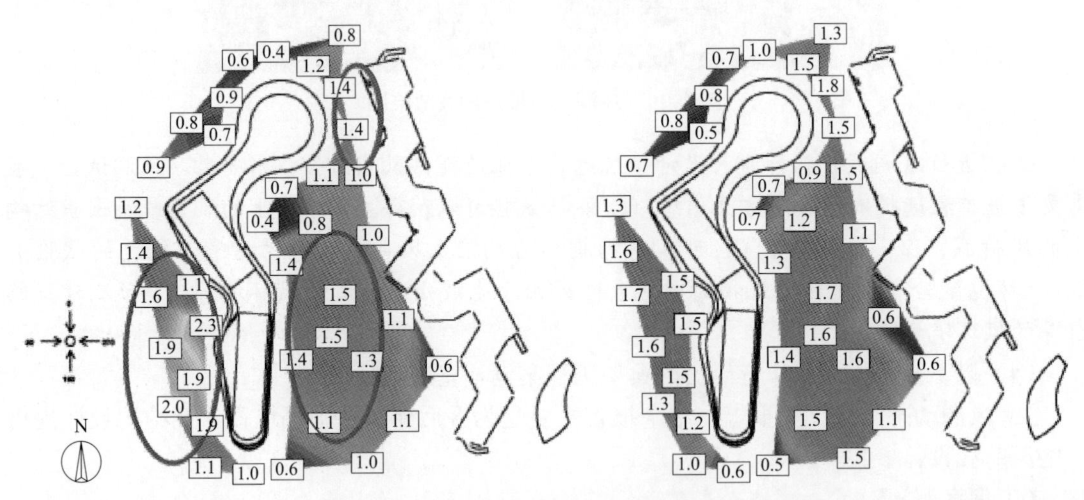

图 2–22　SSE 风向（左）和 NNW（右）风向下的行人高度风速比

试验结论：在 SSE 风向下，国际中心西南侧出现很高风速比，最高达 2.3；在高层–裙楼连接的拐弯处，以及背风的西北侧，风速比都小于 1.0。而在 NNW 风向下，大楼东侧和西侧的风速比都在 1.6 左右，西北侧由于来流基本正吹，受到阻挡，因此风速比低于 1.0。

总的来看，国际中心在青岛市常年主导风向 SSE 风向和最大风速主导风向 NNW 风向下，风环境舒适度不佳。当天气预报 4 级风时，风速比大于 1.5 的区域可能会出现 6 级风。

提醒设计人员重点应关注以下三个区域：国际中心西南侧、东南侧以及通道处（见图 2–22 中椭圆圈范围）。在这 3 个区域应当尽量避免设置行人活动区域，如需设置可通过人工造景观、绿化等方法降低风速，避免造成行人不适。

【工程案例 6】

作者 2011 年主持的宁夏万豪大厦工程，风洞建议：宁夏亘元万豪大厦项目主出入口、周围过道、周边道路及车库出入口等人行区域在各风向下风速比一般不大，在三级气象风下行人将感觉较舒适，在个别部位，尤其是楼体拐角部位，在个别风向下风速会略超过 5m/s，行人略感不适。对于风速较大的区域，可采用设置绿化、栽种树木等方式来降低风速，改善风环境状况，同时还可起到美化环境的作用。

风环境的主要感受对象是人，通过在风洞中的模拟试验，测量近地面（近似人体高度 h=2m 处）人可涉足的一些位置。在不同来流风向影响下的平均风速和气流方向，根据测得的数据计算风速比，确定建筑物与风之间的空气动力效应。

如何评价风环境的优劣，国内外的建筑规范对城市环境的舒适风速和危险风速都没有一个统一的标准，国内外的科研人员为此作了大量的现场测试、调查统计和风洞试验。在同时考虑平均风速和脉动风速的情况下，提出了行人的舒适感与风速之间的关系，见表 2–9。

表 2–9　　行人的舒适感与风速之间的关系

风速 v/（m/s）	人的感受	风速 v/（m/s）	人的感受
$v<5$	舒适	$15<v<20$	不能忍受
$5<v<10$	不舒适，行动受影响	$v>20$	危险
$10<v<15$	很不舒适，行动受严重影响		

从调查统计的资料中可以看到：在建筑物周围行人区域，估计平均风速 $v>5$m/s 的出现频率小于 10%，则行人不会有什么抱怨；如果出现频率在 10%～20%之间，抱怨将增多；如果出现频率大于 20%，则有必要采取补救措施减小风速。另外，行人在气流速度分布非常不均匀的区域活动时，如果在小于 2m 的距离内平均风速变化达 70%——即从较低风速区突然暴露在较高风速中，则人对风的适应能力将大大减弱。

3）风振计算分析试验报告。这个报告主要是为主体结构舒适度验算提供必要的试验数据。目前，《高规》及《荷载规范》均给出了不同的风荷载下建筑舒适度计算公式，这些公式对于建筑体形比较简单、规则的结构是适合的，但对于体形复杂的结构，特别是连体结构是不合适的。

【工程案例 7】

作者 2011 年主持设计的宁夏万豪国际中心工程，建筑体形相对比较简单（见图 2–17），采用《高规》给出的公式计算结构顶点风振加速度最大值（Y 向）a_{max}=0.163m/s^2（PMSAP 计

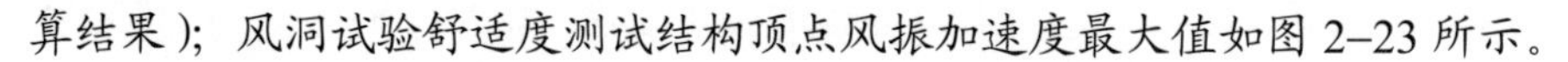
算结果）；风洞试验舒适度测试结构顶点风振加速度最大值如图 2–23 所示。

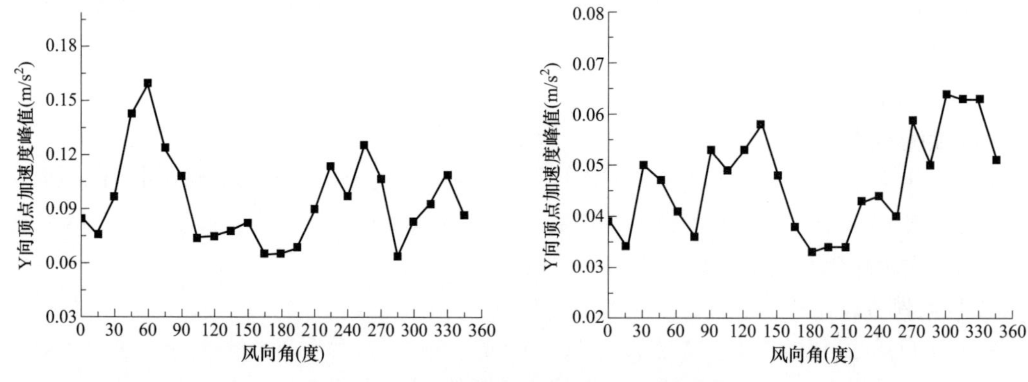

图 2–23 万豪大厦风荷载舒适度试验结果

试验结论：当阻尼比取 1.5%时，10 年重现期风压作用下的 *Y* 方向的最大加速度为 0.16m/s²，符合《高规》对办公楼、旅馆、酒店等超高层建筑舒适度需要的不大于 0.25m/s² 的要求。

工程判断结论：本工程结构舒适度计算结果与试验结果基本吻合，结果可以用于工程设计。

【工程案例 8】

作者 2012 年主持设计的青岛胶南世茂国际中心，属高位连体复杂结构（见图 2–18），采用《高规》给出的公式，计算最大顶点加速度为（*Y* 向）0.074m/s²（PMSAP 计算结果）。

风洞试验舒适度测试横向结果如图 2–24 所示。结果相差很远，计算结果很离谱，不能作为工程设计依据，经过分析认为风洞试验结果更加符合实际情况。

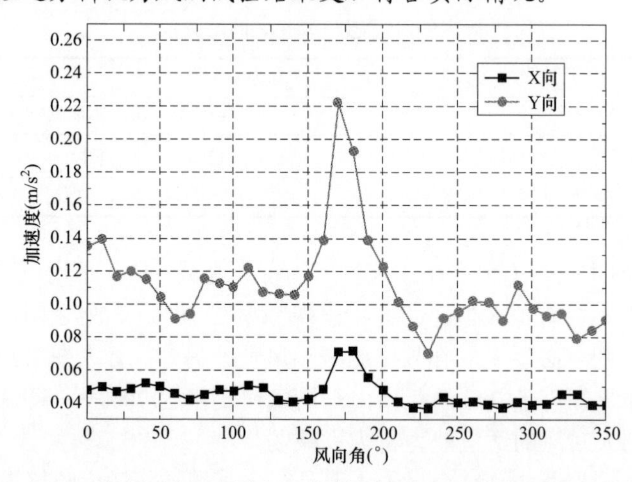

图 2–24 10 年重现期风压作用下结构顶点加速度响应（阻尼 1.5%）

试验结论：当阻尼比取 1.5%时，10 年重现期风压作用下的 *Y* 方向的最大加速度为 0.22m/s²，符合《高规》对办公楼等超高层建筑的舒适度要的不大于 0.25m/s² 的要求。

工程判断结论：这个工程理论计算的结构顶点加速度值仅为 0.074m/s² 远远小于风洞试验的 0.22m/s²。由工程经验及与风洞试验结果分析判断，这个复杂连体结构的舒适度计算结果不靠谱。工程应用应以风洞试验结果为设计依据。

（5）设计人员需要对风洞试验的结果进行适当分析研究，当其与规范建议荷载存在较大差距时，设计人员应与风洞试验单位有关人员进行分析判断，合理确定建筑物的风荷载取值。

（6）《广东高规》明确规定：结构舒适度计算宜以风洞试验确定。这是因为目前的程序采用的舒适度计算公式，对于比较规则的建筑是可以参考的，但对于体型复杂的结构计算结果是不可取的；由作者上面举的 2 个工程案例来看，广东的这个规定是非常合适的。

（7）尽管规范规定高度超过 150m 的建筑，需要进行舒适度控制，但作者建议对于高宽比大于 6 的高层建筑及使用上要求较高的建筑，也宜对风荷载作用下的结构舒适度进行验算及控制。

（8）《高规》规定舒适度验算是采用 10 年一遇风压值，当然设计人员也可按业主需求，采用其他重现期的风压进行验算控制。如图 2–25 所示的台湾 101 大楼、上海环球金融中心、北京银泰中心，均是按 100 年一遇的风压值进行控制。

图 2–25　台湾 101、上海环球、北京银泰

（9）国内早期能够进行风洞试验的一些主要单位是同济大学、北京大学、中国建筑科学研究院、广州建筑科学研究院等科研院校，国外如美国、日本、加拿大、英国等均有能够进行工程风洞试验的单位，但费用相对较高，通常为国内的 3～5 倍。

（10）建议提醒业主：建筑风洞试验的时间需要 2～3 个月。

2.6　哪些建筑需要业主委托做抗震振动台试验

全国《超限高层建筑工程抗震设防专项审查技术要点》（建质〔2010〕109 号）第九条：对超高很多、结构体系特别复杂或结构类型特殊的工程，当没有可借鉴的设计依据时，应选择整体结构模型、结构构件、部件或节点模型进行必要的抗震性能试验研究。

作者建议以下情况宜委托做抗震振动台试验：

（1）对于规范没有列入的新的复杂结构体系；

（2）高度超过规范 A 级高度 100%及以上的结构；

（3）特殊梁柱节点、斜撑节点、伸臂桁架节点、大悬挑节点、铸钢节点、拉索节点等；

（4）作者建议对于“奇奇怪怪”的建筑也需要进行振动台试验。

试验目的：通过模型振动台试验，实测结构的动力特性，了解结构在各种地震波与各级加速度作用下的动力反应。通过试验剖析结构在多遇地震、设防烈度、罕遇地震作用下结构的薄弱部位，扭转影响，结构的阵型、位移，以便在试验的基础上，对本结构设计提出改进意见及应采取的加强措施。

不论是采用拟静力试验还是振动台试验，均要按《建筑抗震试验方法规程》（JGJ 101）的要求处理好模型的相似性，使模型的试验结果能够推演到实际结构上；模型的比例，整体模型不宜小于 1/25，构件模型比例不宜小于 1/10，节点模型比例不宜小于 1/4。

特别要注意：模型设计和试验方案需要经过专题论证，以达到提供超限复杂结构性能设计依据的目的。

【工程案例 1】

公司 2004 年设计的北京 UHN 国际村，为大跨高位连体结构。

工程概况：北京 UHN 国际村位于北京市朝阳区西坝河东里，建筑面积 25 000m^2，工程为高位大跨连体结构，地下 2 层，地上 28 层，结构总长度 86.3m，宽度 14.8m，高宽比为 5.83，高度 81.99m。主体结构为两个钢筋混凝土剪力墙结构（左塔 1，右塔 2），均为 28 层，1 层高 4.5m，其余标准层 2.87m。两结构在标高 64.77～81.99m 处通过连接体连为一体。连接体部分的结构采用钢结构，下部为 5.7m 高的钢桁架转换层，钢桁架上部为 3 层钢框架结构，层高 3.827m。连接体部分跨度为 31.2m。振动台模型如图 2–26 所示，工程实景如图 2–27 所示。

项目名称：UHN 国际村

工作内容：振动台模型抗震性能试验

项目简介：为双塔连体结构，28 层，总高 80.3m，钢筋混凝土剪力墙结构，连体跨度 31.2m，钢结构，最下部为 5.7m 高的三榀钢桁架。8 度区的高位连体结构，连体位置高、跨度大，抗震性能复杂

图 2–26　振动台试验模型

图 2–27　工程实景照片

如果需要详细了解本工程，可见《建筑结构》2013 年 1 月下：作者撰写的《复杂超限高位大跨连体结构设计》一文。

【工程案例 2】

上海环球金融中心工程，工程效果及振动台模型如图 2–28 所示。

图2–28　工程效果图及振动台模型图

试验研究内容如下。

（1）整体模型模拟地震振动台试验。上海环球金融中心模拟地震振动台试验整体模型为强度模型，由微粒混凝土、镀锌钢丝和镀锌丝网模拟钢筋混凝土，由铜材模拟钢结构。动力试验主要相似关系为：S_l=1/50，S_E=0.32，S_a=2.5。整体模型竣工后总高度约为10.184m，模型及配重约14 700kg。沿结构的X和Y方向共布置了40个加速度传感器、9个位移计和25个应变片。试验模拟的地震输入为El Centro波、San Fernando波和上海人工SHW2波。

根据模型结构模拟地震振动台试验结果，结构在7度多遇地震到7度罕遇地震作用下，没发生明显损坏，结构动力反应满足规范要求；在特大地震作用时（8度罕遇），从1～5层的周边剪力墙向巨型柱转换的6层处，巨型柱出现明显的破坏，7层楼面多根钢柱出现较大变形，甚至屈服破坏，但仍满足“大震不倒”的要求。

（2）巨型柱–斜撑–带状桁架弦杆节点的静力反复加载试验。试验选取53层～54层的柱–斜撑–桁架弦杆节点，在一个试件中包含54层和55层两个位置的节点，对所选择的典型节点进行两组不同类型试件的静力反复加载试验：纯钢骨节点试件；钢骨钢筋混凝土节点试件，试件与原型结构的缩尺比例为1:7。每组分别进行2个试件的试验，共制作了4个试件。试验将纯钢骨节点试件加载至破坏；对钢骨钢筋混凝土的节点试件施加相当于罕遇地震水平的荷载。试验结果表明，节点设计满足小震和大震时的抗震要求，并具有较高的安全储备。节点模型图如图2–29所示。

(a)

(b)

图2–29　节点振动台试验模型

（a）钢骨钢筋混凝土节点；（b）纯钢骨节点

2.7 地基基础设计等级如何合理确定

2.7.1 新版《规范》如何确定地基基础设计等级

地基基础设计等级一般需要依据《建筑地基基础设计规范》（GB 50007—2011）（以下简称《地规》），见表2–10。

表2–10 地基基础设计等级

设计等级	建筑和地基类型
甲 级	重要的工业与民用建筑物 30层以上的高层建筑 体型复杂，层数相差超过10层的高低层连成一体建筑物 大面积的多层地下建筑物（如地下车库、商场、运动场等） 对地基变形有特殊要求的建筑物 复杂地质条件下的坡上建筑物（包括高边坡） 对原有工程影响较大的新建建筑物 场地和地基条件复杂的一般建筑物 位于复杂地质条件及软土地区的二层及二层以上地下室的基坑工程 开挖深度大于15m的基坑工程 基坑周边环境条件复杂、环境保护要求高的基坑工程
乙 级	除甲级、丙级以外的工业与民用建筑物 除甲级、丙级以外的基坑工程
丙 级	场地和地基条件简单、荷载分布均匀的七层及七层以下民用建筑及一般工业建筑；次要的轻型建筑物 非软土地区且场地地质条件简单、基坑周边环境条件简单、环境保护要求不高且基坑开挖深度小于5.0m的基坑工程

【知识点拓展】

（1）30层以上的高层建筑，不论其体型复杂与否，均列入甲级。主要是考虑其高度和重量对地基基础承载力和变形均有较高的要求，采用天然地基往往不能满足设计需求，而需要考虑地基处理或桩基础。注：对于高度超过100m的建筑也应按这条采用。

（2）体型复杂、层数相差超过10层的高低层连体建筑物是指在平面和立面高度上变化较大，体型变化复杂，且建于同一整体基础上的高层商业建筑、综合体建筑。此种建筑往往由于上部荷载差异较大，结构刚度和构造复杂，很容易发生地基不均匀沉降，为使地基变形不超过规范规定限值，地基基础设计的复杂程度和技术难度均较大，有时需要采用多种地基和基础类型或采用地基与基础和上部结构共同作用的变形分析方法计算，来解决不均匀沉降对基础和上部结构的影响。

（3）大面积的多层地下建筑物存在深基坑开挖降水问题，支护和对邻近建筑物可能会造成严重不良影响，增加了地基基础设计的复杂性，有些建筑由于没有地上建筑或荷载很小的大面积多层地下建筑物，如地下人防工程，地下车库、商场、运动场等，所以经常会有抗浮设计问题。

经常有人问这个“大面积”到底是指多大面积？

作者建议大家参考《建筑工程分类标准》（GB 50359—2010）综合确定。作者认为，大于 5000m^2 的地下多层建筑就宜按“大面积”考虑。

（4）复杂地质条件下的坡上建筑物是指坡体岩土的种类、性质、产状和地下水条件变化复杂等对坡体稳定性不利的情况，此时首先应请勘探单位作稳定分析，必要时应采取防治措施。

（5）挖深大于 15m 的基坑及基坑周围环境条件复杂、环境保护要求高时，对基坑支护结构位移需要控制严格的结构，也应按甲级考虑。

（6）特别需要注意：各地区的《地基规范》一般都体现了本地区的区域特点，应作为地基基础设计的重要依据；也可以这样理解，如果地方地基基础规范与国家地基基础规范出现不一致或矛盾时，应以地方地基基础规范为准。

2.7.2　地基基础设计等级中甲级与乙级在设计方面有哪些异同

（1）《地规》8.5.13–1–1）条规定：地基基础设计等级为甲级的建筑桩基础需要进行沉降计算（强条）；8.5.13–1–2）条规定：体形复杂、荷载不均匀或桩端以下存在软弱土层的设计等级为乙级的建筑桩基础也应进行沉降计算（强条）。

（2）《地规》8.6.3 条规定：对设计等级为甲级的建筑物，单根锚杆抗拔承载力特征值 R_t 应通过现场试验确定。

（3）《地规》9.1.5–2 条规定：设计等级为甲级、乙级的基坑工程，应进行因土方开挖、降水引起的基坑内外土体的变形验算。

（4）《地规》9.6.9 条规定：对设计等级为甲级的基坑工程，锚杆轴向拉力特征值应按《地规》附录 Y 土层锚杆试验确定；对设计等级为乙级、丙级的基坑工程可按物理参数数据设计，现场试验验证。

（5）《地规》10.3.8–1 条规定：地基基础设计等级为甲级的建筑，要求在施工期间及使用期间进行沉降变形观测（强条）；10.3.8–2 条规定：软弱地基基础设计等级为乙级的建筑物也要求在施工期间及使用期间进行沉降变形观测（强条）。

2.8　关于场地特征周期及场地卓越周期的正确理解问题

场地特征周期：在抗震设计时用的地震影响系数曲线中，反映地震震级、震中距和场地类别等因素的下降段起始点对应的周期值。场地的特征周期与覆盖层厚度、剪切波速、场地地震分组等有关。

场地卓越周期：根据覆盖层厚度和各土层地脉动测试时域曲线及频谱分析曲线进行分析计算的周期，表示场地土的振动特性。地震时地基产生多种周期的振动，其中振动次数（振次）最多的周期即为该地基的卓越周期。地震波是由多种频率不同的波组成的，当这些波从基岩传到建筑物的基础土层时，由于界面的反射作用，有的被消减，有的被放大，其中被放大最多的波的周期，称为卓越周期。

震害经验表明，当结构自震周期与场地卓越周期 T_s 接近，地震时可能发生共振，导致建筑的震害加重。研究表明，在大地震时，由于土发生大变形或液化，土的应力–应变关系为非线性，导致土层剪切波速 v_s 发生变化。因此，在同一地点，地震时场地的卓越周期 T_s 将因震级大小、震源机制、震中距离的变化而变化。如果仅从数值上比较，场地脉动周期最短，卓

越周期 T_s 其次，特征周期 T_g 最长。

因此，对于建筑抗震设计，不能做出“刚一些好”还是“柔一些好”这样的简单结论，应结合结构的具体高度、体系和场地条件综合判断。无论如何，重要的是我们的设计要进行合理的变形限制，将变形限制在规范许可的范围内，要使结构具有足够的刚度，设置部分剪力墙的结构有利于减小结构变形和提高结构承载力；同时，应根据场地条件来合理设计结构，硬土地基上的结构可适当柔一些，软土地基上的结构可适当刚一些。可通过改变建筑结构的刚柔来调整结构的自振周期，使其偏离场地的卓越周期 T_s，较理想的结构是自振周期比场地卓越周期更长，如果不可能，则应使自振周期比场地卓越周期短得较多，这是因为结构出现少量裂缝后周期会加长，要考虑结构进入开裂和弹塑性状态时，结构自振周期加长后与场地卓越周期的关系，如图 2–30 所示。如果可能发生类似共振，则应采取有效措施。因此，进行建筑设计前，应取得场地土动力特性的勘察资料。

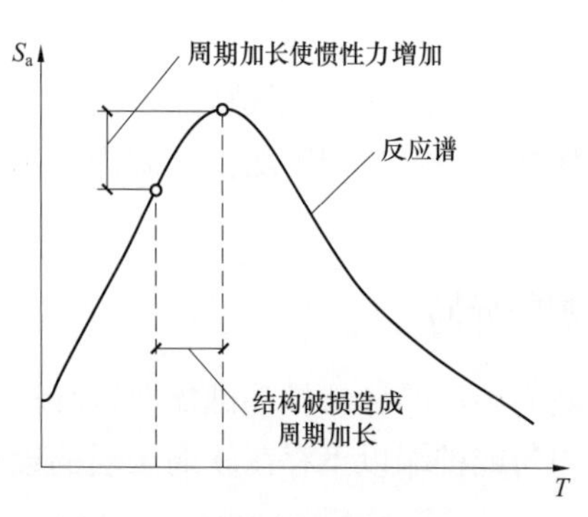

图 2–30 结构自振周期加长后与场地土的卓越周期关系

【知识点拓展】

（1）设计人员切勿将场地的卓越周期误认为是场地的特征周期，给工程埋下安全隐患。作者经历过的一些工程统计，场地卓越周期一般均小于场地的特征周期，见表 2–11。

表 2–11　场地特征周期与卓越周期对比

地震分组 \ 场地类别		I_0	I	II	III	IV
特征周期 T_g	一组	0.20	0.25	0.35	0.45	0.65
	二组	0.25	0.30	0.40	0.55	0.75
	三组	0.30	0.35	0.45	0.65	0.90
卓越周期 T_s			<0.2	0.25～0.35	0.4～0.6	0.6～0.8

（2）工程地质勘察单位理应提供各场地的卓越周期，而不是场地的特征周期。

1）提供场地卓越周期是为了提醒设计人员，设计时应使结构自振周期尽量远离场地卓越周期，以免地震时又发生结构共振问题；依据共振原理，作者依据避免共振原理，建议最好使结构的自振周期远离场地卓越周期 10%以外；如果地勘单位没有提供场地卓越周期，也可按日本金井清教授所提出的经验公式 T_s=4H/V_s 计算周期。式中 H 为覆盖层厚度，v_s 为土层平均剪切波速。由这个公式可以看出：场地覆盖层越厚，土层平均剪切波速越小（场地越软），场地的卓越周期越大。

【工程案例 1】

作者 2011 年主持设计的宁夏万豪大厦（50 层超高层建筑），本工程场地类别为 II 类，抗震设防烈度 8 度（0.20g），地震分组为第二组，特征周期 T_g=0.40s，场地实测的卓越周期见表 2–12。

表 2–12　　本场地地脉动卓越周期

点号	东西向/s		南北向/s		竖直向/s	
	频率/Hz	时间/s	频率/Hz	时间/s	频率/Hz	时间/s
M1	2.70	0.37	2.65	0.38	2.77	0.36
M2	3.15	0.33	3.12	0.33	3.08	0.33
M3	2.64	0.38	2.58	0.39	2.60	0.39
建议值	2.83	0.36	2.78	0.37	2.81	0.36

说明：由表可知，每个方向的卓越周期均小于场地特征周期 0.40s。

【工程案例 2】

太原某工程地勘提供：场地卓越周期东西方向为 0.358s，南北方向为 0.356s，竖直方向为 0.347s。场地类别III类，8 度 0.20g，第一组；场地地震动反应谱特征周期值为 0.45s。说明：由此可知，每个方向的卓越周期均小于场地特征周期 0.45s。

2）对于一般建筑，场地的特征周期往往都是需要设计人员依据场地分类、设计地震分组及《抗规》来确定。

3）按工程地质勘察单位提供的场地分类还应注意，覆盖层厚度及剪切波速都不是严格的数值，往往有±15%的误差属于勘察工作的正常范围（见图 2–31）。当上述两个因素距相邻两类场地分界处处于上述误差范围时，允许设计人员根据覆盖层厚度、剪切波速通过图 2–32 采用插入法确定合理的场地特征周期。

4）超限高层建筑要求对处于场地类别分界线附近时，用内插法计算确定地震作用的特征周期。

5）作者建议，对于规模较大的非超限建筑也应依据场地覆盖层厚度及剪切波速综合考虑确定合理的场地特征周期，以使结构在安全的基础上，经济性更加合理。提醒注意：对于场地覆盖层厚度及剪切波速处于图 2–31 阴影部分的场地均可以按图 2–32 进行插入；由于场地覆盖层厚度和等效剪切波速都不是严格的数值，有±15%的误差都属于勘察结果的正常范围。当上述两个参数处于相邻两类场地分界的上述误差范围时，允许勘察报告说明该场地界于两类场地之间，设计人员可用插入法确定地震影响系数曲线的特征周期 T_g。

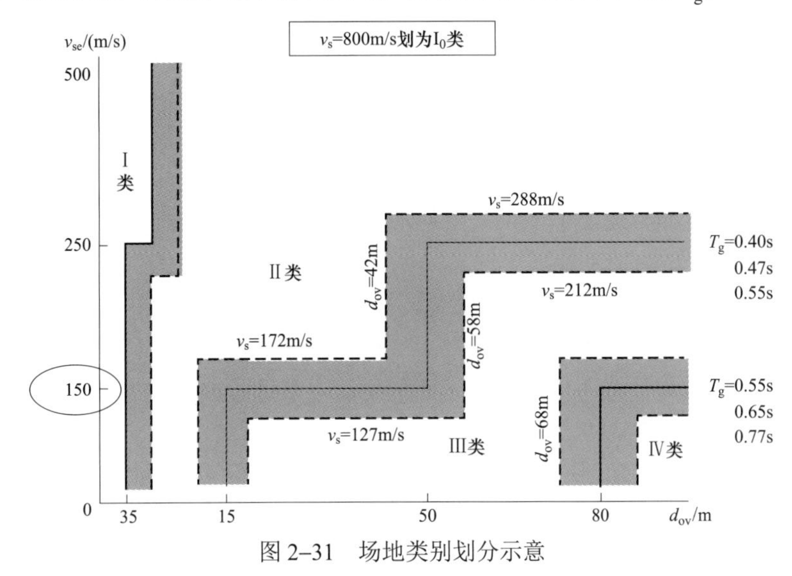

图 2–31　场地类别划分示意

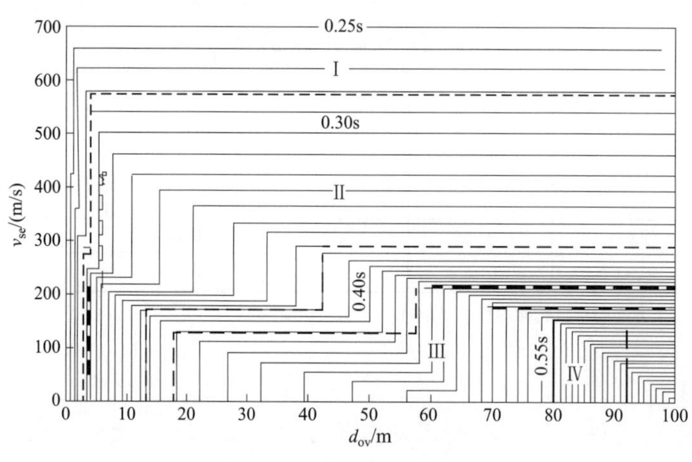

图 2–32 特征周期内插法

但应用时需要特别注意图 2–32 的应用范围。

① 图中插值的方法一般为等间距插入。不等间距的范围：II 类场地中，剪切波速 150～250m/s 之间的间距按线性增大规律确定；剪切波速≤150m/s 以下协调；剪切波速≥250m/s 以上协调。

② 覆盖层在 5～50m 之间的间距，两端小中间大，小端取值分别与覆盖层 5m 以下和 50m 以上协调。

③ 在 d_{0v} 的轴线上，3～65m 之间的间距以 15m 分段按不同比例的线性增大规律确定。

④ 本图用于设计地震分组一组，图中相邻 T_g 等值线的差值均为 0.01s。

⑤ 本图用于设计地震分组二组，图中相邻 T_g 等值线的差值均为 0.012s。

⑥ 本图用于设计地震分组三组，图中相邻 T_g 等值线的差值均为 0.015s。

6)《抗规》4.1.4 条和 4.1.5 条：划分场地类别时，覆盖层厚度和土层等效剪切波速的计算是从自由地面算起还是从基础底面算起？《抗规》的反应谱是基于自由地面台站强震加速度数据的统计结果构建的。对这些强震加速度记录按记录台站的场地类别分组和计算求得反应谱，对每一类场的加速度记录反应谱统计平均，得到的平均反应谱，即为规范的设计反应谱。因此，从构建设计反应谱的角度看，划分场地类别时，覆盖层厚度和土层等效剪切波速的计算也应从自由地面算起，而不从基础底面算起。此外，场地是一个大尺度的概念，如《抗规》2.1.8 条所述，其范围相当于厂区、居民小区和自然村面积不小于 $1km^2$ 的地区。基础的深度和形式不能改变场地的地震地质特性，场地类别与基础深度无关，也与是否采用桩基础无关。对于采用深基础或桩基础的高层建筑，规范不主张采用从基底输入经过折减的加速度或反应谱进行结构抗震验算。原因除上述场地与地基性质不同之外，尚有：① 目前常用的土层地震反应分析多采用简化的一维多质点模型（即所谓“葫芦串”模型），与实际的场地分层土条件相差甚远；② 土层地震反应计算中所采用的岩土动力参数及土层边界条件存在许多不确定因素，计算方法也存在许多争议，用于工程设计尚不成熟。关于高层建筑深基础和桩基础的作用，《抗规》5.2.7 条提供了考虑地基与上部结构相互作用对楼层水平地震剪力加以折减的方法。

7）以下举例说明如何合理确定场地覆盖层厚度及等效剪切波速问题。

【算例 1】

某建筑工程，地质勘察报告提供的波速测试成果如柱状图 2–33 所示，求等效剪切波速，并判别建筑场地类别。

第一步：先确定覆盖层厚度。

根据《抗规》第 4.1.4 条第 1 款的规定，建筑场地覆盖层厚度，“一般情况下，应按地面至剪切波速大于 500m/s 且其下卧各层岩土的剪切波速均不小于 500m/s 的土层顶面的距离确定”。

根据上述规定并依据柱状图中 v_s 值，该场地的覆盖层厚度为 58m，大于 50m，且大于 1.15×50=57.5m。

第二步：计算等效剪切波速。

（1）计算深度 d_0。

根据《抗规》第 4.1.5 条规定，计算土层等效剪切波速时，计算深度 d_0 取覆盖层厚度和 20m 两者的较小值。本例中，覆盖层厚度为 58m，因此，d_0=20m。

（2）等效剪切波速。

根据《抗规》第 4.15 条公式：

$$v_{se} = d_0 / t$$

$$t = \sum_{i=1}^{n}(d_i / v_{si}) = \frac{2.5}{120} + \frac{3.0}{180} + \frac{1.5}{200} + \frac{4.0}{220} + \frac{7.0}{230} + \frac{2}{290}$$

$$=0.099\,8\text{（s）}$$

$$v_{se} = \frac{20}{0.099\,8} = 200.4 > 1.15 \times 150 = 172.5\text{（m/s）}$$

第三步：判定场地类别。根据《抗规》第 4.1.6 条规定，该场地应为Ⅲ类场地。

【算例 2】

某高层建筑工程，地质勘察报告提供波速测试成果柱状图，如图 2–34 所示。求等效剪切波速，并判别建筑场地类别。

地层深度(m)	岩土名称	地层柱状图	剪切波速度 v_s (m/s)
2.5	填土		120
5.5	粉质黏土		180
7.0	黏质粉土		200
11.0	砂质粉土		220
18.0	粉细砂	f_x	230
21.0	粗砂	C	290
48.0	卵石		510
51.0	中砂	Z	380
58.0	粗砂	C	420
60.0	砂岩		800

图 2–33　工程柱状图

地层深度(m)	岩土名称	地层柱状图	剪切波速度 v_s (m/s)
6.0	填土		130
12.0	粉质黏土		150
17.0	粉细砂	f_x	155
22.0	粗砂	C	160
27.0	圆砾		420
51.0	卵石		450
55.0	砂岩		780

图 2–34　工程地勘柱状图

第一步：先确定覆盖层厚度。

根据《抗规》第4.1.4条第2款规定，当地面5m以下存在剪切波速大于其上部各土层剪切波速2.5倍的土层，且该层及其下卧各层岩土的剪切波速均不小于400m/s时，场地覆盖层厚度可按地面至该土层顶面的距离确定。

本例中，粗砂层波速为160m/s，圆砾层波速为420m/s > 2.5×160=400m/s，而且，圆砾层以下各土层波速均大于400m/s，因此，该场地覆盖层厚度为22m。

第二步：计算等效剪切波速。

（1）计算深度 d_0。

根据《抗规》第4.1.5条规定，计算土层等效剪切波速时，计算深度 d_0 取覆盖层厚度和20m两者的较小值。本例中，覆盖层厚度为22m，因此，d_0=20m。

（2）等效剪切波速。

根据《抗规》4.1.5条公式：

$$v_{se} = d_0 / t$$

$$t = \sum_{i=1}^{n}(d_i / v_{si}) = \frac{6}{130} + \frac{6}{150} + \frac{5}{155} + \frac{3}{160} = 0.046+0.04+0.032+0.019 = 0.137\ (\text{s})$$

$$v_{se} = \frac{20}{0.137} = 145.99 < 150\ (\text{m/s})，且 > 0.85 \times 150 = 127.5\ (\text{m/s})$$

第三步：判定场地类别。

根据《抗规》第4.1.6条规定，该工程场地一般勘探单位都会确定为Ⅲ类。但注意：由于该工程场地的等效剪切波速值位于Ⅱ、Ⅲ类场地的分界线附近，因此，工程设计时场地特征周期应按规定插值确定，以使设计的经济性更加合理。

8）特征周期的插入也可参考《建筑工程抗震性态设计通则》（试用）（CECS 160–2004）附录B场地分类和场地特征周期 T_g（单位：s），即按表2–13插入。

【工程案例3】

作者2004年主持设计的北京天鹅湾“三错层”高层住宅（属高度超限建筑）如图2–35所示，当时就是依据地质勘察报告提供的场地覆盖层厚度及剪切波速合理确定场地的特征周期；如果按地质勘察提供的场地分类为“Ⅲ”，按《抗规》查抗震设防烈度8度（0.20g），地震分组为第一组；查得 T_g=0.45s；再由地勘单位提供的场地覆盖层厚80m、剪切波速 v_0=240m/s；由《抗规》给出的内差图，插入得实际本工程的场地特征值为 T_g=0.42s；这个数值经过超审专家确认合理，可以用于工程设计；这样使结构地震作用降低7.8%，为业主节约了投资。

【工程案例4】

作者2011年主持设计的宁夏万豪国际大厦工程，如图2–36所示，高度216m，地上50层，地下3层；地质勘察报告提供的场地类别为第Ⅱ类，查《抗规》知：本场地抗震设防烈度8度（0.20g），地震分组为第二组，查得 T_g=0.40s；再由地质勘察单位提供的场地覆盖层剪切波速220m/s，覆盖层42～50m，均处于分界附近，地震分组为第二组，设计特征周期需内插，即 T_g=0.44s。这个数值经过超审专家确认合理，结构地震作用加大11%。

这个工程如果按8）的查表法则：T_g=0.38×1.17=0.445（s）

表 2-13

附录 B　场地分类和场地特征周期 T_g（单位：s）

v_{se}/(m/s) \ d_{ev}/m	<2.0	2.5	3.0	4.0	5.0	6.0	7.0	8.0	10.0	15.0	20.0	30.0	35.0	40.0	45.0	48.0	50.0	65.0	80.0	90.0	100.0	110.0	≥120.0	场地类别
≥510	0.25	0.25	0.25	0.25	0.25	0.25	0.25	0.25	0.25	0.25	0.25	0.25	0.25	0.25	0.25	0.25	0.25	0.25	0.25	0.25	0.25	0.25	0.25	I
500	0.25	0.25	0.25	0.25	0.25	0.25	0.25	0.25	0.25	0.25	0.25	0.25	0.26	0.26	0.26	0.26	0.26	0.26	0.26	0.26	0.26	0.26	0.26	II
450	0.25	0.25	0.25	0.25	0.25	0.25	0.26	0.26	0.26	0.27	0.27	0.28	0.29	0.29	0.30	0.30	0.30	0.31	0.32	0.33	0.33	0.34	0.34	
400	0.25	0.25	0.25	0.25	0.25	0.26	0.26	0.26	0.26	0.27	0.28	0.31	0.32	0.33	0.34	0.35	0.35	0.37	0.38	0.39	0.40	0.41	0.41	
350	0.25	0.25	0.25	0.25	0.25	0.26	0.26	0.26	0.27	0.28	0.30	0.32	0.33	0.34	0.35	0.36	0.36	0.38	0.39	0.40	0.40	0.41	0.42	
300	0.25	0.25	0.25	0.25	0.26	0.26	0.27	0.27	0.28	0.29	0.31	0.33	0.34	0.35	0.36	0.37	0.37	0.39	0.40	0.41	0.41	0.42	0.42	
275	0.25	0.25	0.25	0.25	0.26	0.26	0.27	0.27	0.28	0.30	0.32	0.34	0.35	0.36	0.37	0.38	0.38	0.40	0.41	0.42	0.42	0.43	0.43	
250	0.25	0.25	0.25	0.26	0.26	0.27	0.27	0.27	0.28	0.31	0.33	0.35	0.36	0.37	0.37	0.38	0.39	0.40	0.42	0.43	0.44	0.45	0.45	III
225	0.25	0.25	0.25	0.26	0.27	0.27	0.28	0.28	0.29	0.32	0.34	0.36	0.37	0.38	0.38	0.39	0.39	0.41	0.43	0.44	0.45	0.46	0.47	
200	0.25	0.25	0.25	0.26	0.27	0.27	0.28	0.28	0.29	0.32	0.34	0.36	0.37	0.38	0.39	0.40	0.40	0.42	0.44	0.45	0.46	0.47	0.49	
180	0.25	0.25	0.25	0.26	0.26	0.27	0.28	0.28	0.29	0.32	0.35	0.37	0.38	0.39	0.40	0.40	0.41	0.43	0.46	0.48	0.49	0.50	0.51	
160	0.25	0.25	0.25	0.26	0.27	0.28	0.29	0.30	0.31	0.33	0.36	0.38	0.39	0.40	0.41	0.42	0.42	0.46	0.49	0.51	0.53	0.55	0.57	
150	0.25	0.25	0.26	0.27	0.28	0.29	0.30	0.30	0.31	0.34	0.36	0.39	0.40	0.41	0.42	0.43	0.43	0.47	0.51	0.53	0.55	0.57	0.59	
140	0.25	0.25	0.26	0.27	0.28	0.29	0.30	0.30	0.31	0.34	0.36	0.39	0.40	0.42	0.43	0.44	0.44	0.48	0.52	0.54	0.56	0.58	0.60	IV
120	0.25	0.25	0.26	0.27	0.29	0.30	0.32	0.32	0.33	0.35	0.37	0.40	0.41	0.43	0.44	0.45	0.46	0.50	0.54	0.57	0.60	0.63	0.66	
100	0.25	0.25	0.26	0.28	0.29	0.31	0.33	0.33	0.34	0.36	0.38	0.41	0.43	0.44	0.46	0.47	0.48	0.52	0.57	0.60	0.63	0.66	0.69	
90	0.25	0.25	0.26	0.28	0.29	0.31	0.33	0.33	0.34	0.36	0.38	0.41	0.43	0.45	0.47	0.48	0.48	0.53	0.58	0.62	0.65	0.68	0.71	
85	0.25	0.25	0.26	0.28	0.30	0.32	0.34	0.34	0.35	0.36	0.38	0.42	0.43	0.45	0.48	0.49	0.49	0.54	0.60	0.64	0.67	0.71	0.74	
80	0.25	0.25	0.26	0.28	0.30	0.32	0.34	0.34	0.35	0.36	0.38	0.42	0.44	0.46	0.48	0.50	0.50	0.56	0.62	0.66	0.70	0.74	0.77	
70	0.25	0.25	0.26	0.28	0.30	0.32	0.34	0.34	0.35	0.37	0.39	0.43	0.44	0.46	0.50	0.51	0.51	0.58	0.65	0.70	0.74	0.81	0.83	
60	0.25	0.25	0.26	0.28	0.31	0.33	0.35	0.35	0.36	0.37	0.39	0.43	0.45	0.47	0.51	0.53	0.53	0.61	0.69	0.74	0.79	0.87	0.88	
50	0.25	0.25	0.26	0.28	0.31	0.33	0.35	0.35	0.36	0.38	0.40	0.44	0.45	0.47	0.52	0.54	0.55	0.64	0.72	0.78	0.84	0.94	0.94	
45	0.25	0.25	0.26	0.28	0.31	0.33	0.35	0.36	0.36	0.38	0.40	0.44	0.46	0.48	0.53	0.55	0.56	0.65	0.74	0.80	0.86	0.97	0.97	
40	0.25	0.25	0.26	0.28	0.31	0.33	0.35	0.35	0.36	0.38	0.40	0.44	0.46	0.48	0.54	0.56	0.56	0.66	0.76	0.82	0.88	1.0	1.0	
30	0.25	0.25	0.26	0.29	0.31	0.34	0.36	0.36	0.37	0.39	0.41	0.46	0.48	0.50	0.55	0.57	0.58	0.69	0.79	0.86	0.93	1.0	1.0	
场地类别	I		II										III											

注：1. 这个表格直接查仅适用于地震分组为第一组。

2. 对于地震分组为第二组的，需要将查得的数值乘以 1.17。

3. 对于地震分组为第三组的，需要将查得的数值乘以 1.34。

图 2–35 工程图片及施工现场图

图 2–36 主体建筑效果图及工程照片

【工程案例 5】

作者 2014 年主持设计的北京大兴万科金融中心工程，建筑面积近 300 000m^2（其中有一栋 120m 高的超限高层建筑），如图 2–37 所示。地质勘察报告：建筑场地类别Ⅲ类，但提供场地覆盖层厚度及剪切波速如下。

本次勘探时于 7 号、9 号、36 号、44 号、68 号、73 号钻孔中采用单孔法进行了土层剪切波速的测试，各层土的波速值详见“钻孔波速测试成果”。结合我公司在拟建场区附近的深层地质资料，可得出如下结论：

图 2–37 工程效果图

（1）拟建场区覆盖层厚度（d_{ov}）大于 50m。

（2）经计算拟建场区自然地面下 20.00m 深度范围内土层的等效剪切波速值（v_{se}）分别为：227.86m/s、227.02m/s、228.49m/s、230.88m/s、235.29m/s、239.12m/s。

由上述两项条件判定拟建场地的场地类别为Ⅲ类。

作者考虑到这个工程建筑面积近 300 000m²，这个覆盖层厚度及剪切波速均处于临界位置，完全可以利用《抗规》给出的内差图，插入得实际本工程的场地特征值为 T_g=0.43s；这个数值经过超审专家确认合理，可以用于工程设计，这样结构地震作用降低约 4.5%，为业主节约了投资。

通过以上 3 个工程案例，作者意在告诉大家，我们通常都会直接依据地质勘察报告给出的场地类别分组（Ⅰ～Ⅳ）及地震分组（一、二、三）来直接查 T_g。实际上这是不合理的，有时甚至是不安全的，当然更多的时候是不经济的。所以对于重要工程，建议大家依据地质勘察提供的覆盖层厚度及各层剪切波速、地震分组，依据规范提供的图或表进行调整校核。

2.9　当大跨钢屋盖支承在混凝土结构上时，如何合理确定阻尼比

对于支承在混凝土结构上的大跨钢屋盖，规范将按整体模型进行结构地震作用计算时的阻尼比取值，规定在 0.025～0.035，这主要是考虑到阻尼比与屋盖钢结构和下部混凝土支承结构的组成比例有关。具体取值可采用条文说明中的振型阻尼比法和统一阻尼比法。但由于理论和试验依据不足，以上两种方法也只是指导性的。在实际应用时，需关注计算结果对阻尼比取值的敏感性。研究表明，如果将阻尼比取 0.035 的计算结果作为对比，阻尼比取小值 0.02 和取大值 0.05，通常会引起计算结果在±15%的范围内变化，总体上并不是非常地敏感。但是，对于复杂的结构，就很有必要进行阻尼比取值对计算结果敏感性的分析。

2.10　关于施工现场钢筋材料代换应注意的问题

《抗规》3.9.4 条规定，在施工中，当需要以强度等级较高的钢筋替代原设计中的纵向受力钢筋时，应按照钢筋受拉承载力设计值相等的原则换算，并应满足最小配筋率，而且以强条出现。

《砼规》4.2.8 条对钢筋代换提出更多的具体要求，但是以一般性条文出现，除应满足承载力和最小配筋率以外，还有满足伸长率、裂缝宽度、钢筋间距、保护层厚度、锚固长度、接头面积百分率及搭接长度构造要求。

《高规》3.2 节中未提及此问题。作者建议：抗震设计时，应执行《抗规》；非抗震设计时，可按《砼规》执行。

【知识点拓展】

（1）混凝土结构施工中，经常会因缺少设计规定的钢筋型号（规格）而采用另外型号（规格）的钢筋代替，此时应注意按等强换算的原则进行代换，即全部受力钢筋的总截面面积乘以钢筋抗拉强度设计值的乘积相等的原则。等强换算的目的是为了避免出现原设计没有预料到的抗震薄弱部位，形成变形集中，以及构件在有影响的部位发生混凝土的脆性破坏（混凝土压碎、剪切破坏等），以免造成薄弱部位的转移，导致结构严重破坏甚至倒塌。

需要特别提醒施工时注意：这里的总承载力保持不变，是指纵向钢筋替换，而不是箍筋替换后的总承载力不变。

（2）除按照上述等承载力原则换算外，还应满足最小配筋率和钢筋间距等构造要求，并应注意由于钢筋的强度和直径改变会影响正常使用阶段的挠度和裂缝宽度。

（3）更应注意由于以强度高的钢筋替代强度低的钢筋时，对抗震概念设计的影响，比如对“强剪弱弯、强柱弱梁、强节点弱构件等”的不利影响；

【算例】

一级注册建筑师考结构知识，有这样一道题问：某地震区框架柱的纵向钢筋原设计是12Φ25（HRB335），由于现场只有12Φ25（HRB400）的钢筋，试问用12Φ25直接替代12Φ25是否可行？

据说，当年100%的建筑师都选择“可行”，作者曾将这个问题放在微博上，几乎有80%的结构设计师回答也是可以的。实际是不可行的，这个违反了“强剪弱弯”的抗震概念设计。为此，作者再次特别提醒各位设计师：“在地震区，梁、柱及剪力墙连梁中的纵向钢筋不要任意放大，作者的观点是宁少勿多”。

（4）《砼规》淘汰了HPB235级，限制并准备淘汰HRB335级钢，那么对于淘汰的钢筋设计如何把控应用？

从国家钢铁产业发展考虑，鼓励采用强度更高的钢筋，不再生产HPB235级钢筋，限制生产HRB335级钢筋。但考虑到已经生产出的大量库存，HPB235级钢仍可采用，而不是取消。只是新设计的工程设计师不能设计就直接采用HPB235级钢筋，但可以结合现场情况进行合理代换。

2.11　新版《规范》对混凝土结构裂缝计算荷载取值、裂缝宽度合理控制问题

2.11.1　混凝土结构计算裂缝时，荷载取值及受力特征系数有何变化

在矩形、T形、L形截面的钢筋混凝土受拉、受弯和偏心受压构件及预应力混凝土受拉和受弯构件中，按荷载标准组合或准永久组合并考虑长期作用影响的最大裂缝宽度可按《砼规》7.1.2条给出的公式计算。

【知识点拓展】

（1）本次规范对于钢筋混凝土构件，将原来的标准组合改为准永久组合，计算纵向受拉钢筋的应力；预应力构件仍然采用标准组合计算预应力混凝土构件纵向受拉钢筋的等效应力。

（2）对钢筋混凝土受弯、偏心受压构件，构件受力特征系数由原来的2.1调整为1.9；对预应力混凝土构件，由原来的1.7调整为1.5。

（3）经（1）和（2）的调整，同样的情况下裂缝宽度大幅度减小，一般会比原规范计算少11%～40%。

【工程案例】

某工程钢筋混凝土梁跨度6m，静荷载13.75kN/m（包含梁自重），活荷载6kN/m（准永久系数0.4），截面尺寸250mm×500mm，混凝土强度C30，钢筋4Φ25（HRB400），新、旧规范计算挠度见表2–14。

表 2–14　　新旧规范裂缝对比

	最大裂缝宽度
2002 版规范（原）	0.084mm
2010 版规范（新）	0.055mm

（4）对 $e_0/h_0 \leqslant 0.55$ 的偏心受压构件，可不验算裂缝宽度。这已通过试验表明，当 $e_0/h_0 \leqslant 0.55$ 时，裂缝宽度均小于 0.2mm，符合要求，故不必验算。

（5）当由于耐久性要求保护层厚度较大时，虽然裂缝宽度计算值也较大，但由于较大的保护层厚度对防止钢筋锈蚀是有利的。因此，对混凝土保护层厚度较大的构件，当外观要求允许时，可以适当放松裂缝宽度要求。建议如下。

1）保护层中加防裂钢丝网时，裂缝计算宽度可以折减 0.7。

2）也可取正常的混凝土保护层厚度计算裂缝；比如，天津、上海地区规定“灌注桩裂缝计算时保护层厚取 30mm 即可。

（6）《北京地规》8.1.15 条：基础结构构件（包括筏形基础的梁、板构件，箱形基础的底板，条形基础的梁等）可不验算其裂缝宽度。

（7）《技措》2009 版：厚度≥1m 的厚板基础，无需验算裂缝宽度。通过对大量的筏形基础构件内的钢筋进行应力实测，发现钢筋的应力一般均在 20～50MPa，远小于计算所得的钢筋应力，此结果表明我们的计算方法与基础的实际工作状态出入较大。在这种情况下，再要求计算控制裂缝是不必要的。但注意：当地下水具有强腐蚀性时，就需要计算控制裂缝。

（8）《北京地规》8.1.13 条规定：当地下外墙如果有建筑外防水时，外墙的裂缝宽度可以取 0.40mm；《全国措施》2009 版也有同样的规定。

2.11.2　混凝土结构裂缝宽度计算公式的适用范围

（1）《砼规》裂缝宽度计算公式的适用范围是受拉、受弯、偏心受压构件及预应力混凝土轴心受拉、受弯构件。这个公式实际是由单向受弯构件的试验研究得出的，对于双向受弯构件，如双向板，是不适用的。因此，某些施工图审查单位要求设计者计算双向板裂缝宽度是没有必要的。目前，世界各国对双向板裂缝计算还没有确切的方法。

大家知道，目前我国土木工程对混凝土构件的受力裂缝宽度计算公式有三本规范：建设部、交通部和水利部的规范，三本规范计算结果相差很大。交通部、水利部的工程所处环境要比我们建筑物构件严酷得多，但是建设部《砼规》计算结果却最大。

《砼规》裂缝计算公式来源于前苏联，公式是按纯受弯构件、假设裂缝沿构件等间距分布，然后根据裂缝处钢筋应力与混凝土内力等因素推导出来的，并结合试验数据得出最后的计算公式。我国东南大学和中国建筑科学研究院也结合我国情况，提出适合我们国家的裂缝宽度计算公式。

（2）《全国措施》2009 版明确了《砼规》裂缝计算公式的适应范围如下。

1）只适用于单向简支受弯构件，不适用于双向受弯构件，如双向板、双向密肋板。目前，规范中有关裂缝控制的验算方法，是沿用早期采用低强度钢筋以简支梁构件形式试验研究的结果，与实际工程中的承载力和裂缝状态相差甚大。由于工程中梁、板的支座约束、楼板的拱效应和双向作用等影响，实际裂缝状态比计算结果要小得多。采用高强材料后，受力钢筋的应力大幅度提高，裂缝状态将取代承载力成为控制设计的主要因素，从而制约了高强材料的应用。

2）对于连续梁计算裂缝宽度也偏大。主要是因为连续梁受荷后，端部外推受阻会产生拱的效应，降低钢筋应力。作者认为，框架梁支座的裂缝可以不考虑，从梁内力的角度考虑，因为一般计算梁端弯矩可以取到柱边，弯矩可折减15%甚至更多，而且梁端的配筋率比较大，受拉钢筋的有效利用应力水平也高，比如可达 0.7 以上。另外，支座负钢筋还没有考虑板中钢筋的贡献，因此在忽略其他因素的条件下，一般强度计算的配筋是可以满足裂缝计算要求的。另一方面，从“强柱弱梁”的角度看，支座钢筋因为错误的裂缝计算假定而导致的用量增加，将加剧“强梁弱柱”破坏的可能性。

3）地下室外墙（挡土墙）是压弯构件，不宜采用此公式计算。但遗憾的是有些地方的审图人，不明白这个道理，依然坚持让设计单位提供双向板裂缝计算。作者认为这是不合理的。

2.11.3 混凝土结构裂缝计算应注意哪些问题

（1）我们知道，计算梁的配筋和裂缝时都是按单筋矩形梁计算的，而实际工程中的梁基本上都是有翼缘的，受压区也是有配筋的。如果计算裂缝时考虑受压区楼板钢筋参与工作及受压区配筋的贡献，那么绝大多数情况下梁按强度计算结果所配钢筋是满足 0.3mm 的抗裂要求的。还有一个事实大家容易忽略，那就是梁的配筋是按弯矩包络图中的最大值计算的，在计算梁的裂缝时理应选用正常使用情况下的竖向荷载梁端弯矩标准值计算，不能用极限工况下的柱中心弯矩设计值计算裂缝，而按正常使用工况计算的梁裂缝都是很小的。如果真的发生地震了，梁端出现裂缝对“强柱弱梁”是有利的，根本没有必要控制裂缝。况且程序的计算结果本身有很大的富裕量。所以，梁配筋只要满足计算结果就行了，不好选筋时，配筋适当降低一点也是可以的，但千万不要随意放大，否则“强柱弱梁”就无法实现了。

（2）一般程序计算梁支座负弯矩往往取在柱中，而且多数是按单筋梁计算求出的配筋，且是按所有工况最不利弯矩来计算。

（3）另外，一般软件在计算时不考虑柱截面尺寸，梁的计算长度以两端节点间长度计。而计算支座裂缝需要的是柱边缘的弯矩，该弯矩通常小于节点处的弯矩。所以，按裂缝要求选梁配筋时，需要对支座处的弯矩进行折减。如果应用程序软件整体分析时选择了“考虑节点刚域的影响”，可以认为计算软件给出的弯矩已考虑了支座截面尺寸的影响，在计算裂缝时就不应该对弯矩做重复地折减了。梁施工图中考虑“支座宽度对裂缝的影响”时，程序大约取距离支座内距边缘 1/6 支座宽度处的弯矩，并且降低的幅值不大于 0.3 倍的支座弯矩峰值。这样可以避免过大的支座负筋配置，以利于实现强剪弱弯、强柱弱梁等设计原则。

注：实际上，这一点只适用于框架主梁，因为只有在主梁与柱之间程序才会生成刚域。次梁与主梁之间并没有刚域。

（4）一般程序梁跨中截面的正钢筋往往按矩形截面单筋梁计算来配筋。

（5）所以当程序计算结果裂缝不满足规范要求时，不要急于增加纵向钢筋来解决，应对其进行分析，必要时应进行人工补充计算；不要因为盲目加大纵筋而影响结构的“强柱弱梁、强剪弱弯”的抗震设计理念。

（6）目前，一些程序给出双向板裂缝计算结果是没有依据的，依然是按照单向受弯裂缝计算公式给出，显然不合理，没有合理的理论依据，不应考虑。

（7）补充一条：重要构件和预应力构件建议手工复核一下裂缝。作者不是反对计算控制裂缝，而是不主张不加分析地直接引用一些没有依据的计算裂缝值作为设计依据。

2.11.4　混凝土结构裂缝计算主要与哪些因素有关系

（1）受拉钢筋的应力水平。受拉钢筋的应力与裂缝宽度线性相关，因此控制受拉钢筋在准永久值或标准组合下的应力水平是控制裂缝宽度的关键因素。国外如 ACI、EC 等多控制受拉钢筋的应力水平在 $0.6f_y$ 左右，由于我国的荷载分项系数较小，因此受拉钢筋的应力水平比国外稍大，对于 HRB400 级钢，适宜的直径，对于正常保护层下的梁而言，应力水平主要在（0.6～0.8）f_y 区间，而这个应力水平将随着钢筋直径、保护层、配筋率、混凝土等级等因素的变化而变化。

（2）受拉钢筋配筋率是决定钢筋应力有效利用水平的关键因素，因此也是裂缝计算的关键因素之一。统计混凝土规范的计算公式表明，配筋率越大，钢筋应力有效利用的水平越高，裂缝也越容易控制。这里好像存在一个悖论，比如在前提条件相同的情况下，一根 400mm×800mm 的梁裂缝计算不满足要求，而换成 350mm×800mm，裂缝计算却满足要求了，就是因为后者配筋率大了一些。因此这是钢筋应力水平要求相应放松了的缘故。从本质上说，这是混凝土规范裂缝宽度验算公式的“特点”；但是，从另一方面来看，“死扣”规范有时候却可以用于优化构件尺寸。

（3）保护层厚度。保护层厚度对于裂缝宽度的计算也很敏感，《砼规》要求保护层厚度的计算区间为 15～50mm，保护层越大，裂缝计算宽度也越大，因此要求钢筋有效利用的应力水平也减小（更严）。

（4）纵向钢筋直径。一般情况下，小直径钢筋对于控制裂缝宽度有利，比如用直径大的钢筋做设计，比用直径小的钢筋做设计，在裂缝宽度控制的情况下，直径大的钢筋的计算面积要大不少。

（5）混凝土强度等级。提高混凝土强度等级对于减小裂缝宽度的贡献很小，一般不推荐。

（6）设计组合之间的关系。即准永久组合或标准组合与基本组合的比值，一般只考虑恒活的情况下，标准组合的内力约为基本组合的 0.75～0.80，处于平均值 0.77 附近的情况较多。根据这个比例，结合钢筋应力的力臂计算值不同以及钢筋应力利用水平，可以估算裂缝宽度设计的钢筋用量和强度设计钢筋用量之间的关系，这对于按照强度计算配筋，用裂缝控制去复核和调整配筋量的设计方式十分有效。掌握这个比例关系，可节约大量的钢筋调整时间。

（7）内力调幅系数。利用内力调幅系数，可以减小梁端的配筋，增加跨中的配筋，建议可以采用调幅后的基本组合内力进行强度设计，但是最好不要采用调幅后的标准组合内力进行裂缝宽度验算，这是因为在标准组合内力下梁端并未达到极限承载力还可以继续加载，因此裂缝还会继续发展。

（8）力臂系数。由于强度设计时的力臂系数是实际计算出来的，而钢筋应力的力臂系数，却是统计后给定的 0.87。显然，对于具体的梁构件而言，并不会总是 0.87，一般变化幅度可达 0.80～0.95，因此对于准永久组合或标准组合下钢筋应力而言，可能计算偏大或偏小。按照规范解读的介绍，力臂系数一般可参考规范取值，但也不限制采用更准确的系数。总之，搞清以上这些，对于机器计算裂缝过大时的人工校核提供了一些具体处理方法。

2.11.5 国外对混凝土结构裂缝宽度是如何限制的

计算裂缝宽度，目的是使裂缝能够控制在一定限度内，以减少钢筋锈蚀。但在一类环境中，裂缝宽度对钢筋锈蚀没有明显影响，这在世界上已有共识。过去的传统观念认为，裂缝的存在会引起钢筋锈蚀加速、缩短结构使用寿命。但近50年国内外所做的多批带裂缝混凝土构件长期暴露试验以及工程实际调查表明，裂缝宽度与钢筋锈蚀程度并无明显关系。许多专家认为，控制裂缝宽度只是为了美观或人们心理的安全感。

对于裂缝限制，国外一些规范是这样规定的。

（1）美国混凝土规范ACI 318已经取消了以前室内、室外要区别对待裂缝宽度允许值的要求，认为在一般大气环境下，裂缝宽度控制并无特别意义。

（2）欧盟规范EN 1992认为“只要裂缝不削弱结构的功能，可以不对其进行任何控制”，“对于干燥或永久潮湿环境，裂缝控制仅保证可接受的外观；若无外观要求，0.40mm的限制可以放宽”。

（3）《建筑结构》2007年第1期刊登的清华大学的研究论文，还将我国《砼规》的裂缝计算结果与美国AC 1318–05，英国BS 110–2（1985）及欧洲EN 19921–1（2004）加以对比，结果表明我国《砼规》给出的裂缝计算值明显高于其他规范，包括我国的交通部规范。当保护层厚度为25～60mm时，建设部规范计算值比欧洲与美国规范大一倍以上，比交通部规范计算限值大25%～100%。

2.12 新版《规范》对混凝土梁挠度计算荷载取值、挠度合理控制有哪些变化

2.12.1 新版《规范》对混凝土梁、板挠度计算荷载取值有何变化

《砼规》3.4.3条：钢筋混凝土受弯构件的最大挠度应按荷载的准永久组合，预应力混凝土受弯构件的最大挠度应按荷载的标准组合，并均考虑荷载长期作用的影响进行计算，其计算值不应超过表2–15规定的挠度限值。

表2–15 钢筋混凝土结构挠度限制

构件类型		挠度限值
吊车梁	手动吊车	$L_0/500$
	电动吊车	$L_0/600$
屋盖、楼盖及楼梯构件	当l_0＜7m时	$l_0/200$（$l_0/250$）
	当7m≤l_0≤9m时	$l_0/250$（$l_0/300$）
	当l_0＞9m时	$l_0/300$（$l_0/400$）

注：1. 表中，l_0为构件的计算跨度；计算悬臂构件的挠度限值时，其计算跨度l_0按实际悬臂长度的2倍取用。

2. 表中，括号内的数值适用于使用上对挠度有较高要求的构件。

3. 如果构件制作时预先起拱且使用上也允许，则在验算挠度时，可将计算所得的挠度值减去起拱值；对预应力混凝土构件，尚可减去预加力所产生的反拱值。

4. 构件制作时的起拱值和预加力所产生的反拱值，不宜超过构件在相应荷载组合作用下的计算挠度值。

【知识点拓展】

（1）钢筋混凝土受弯构件挠度计算由原来按荷载的标准组合修改为荷载的准永久组合。这样相同荷载、截面、配筋条件下，钢筋混凝土受弯构件的挠度减小 15%左右。

【算例】某工程钢筋混凝土梁跨度 6m，静载 13.75kN/m（含梁自重），活荷载 6kN/m（准永久系数 0.4），截面 250mm × 500mm，C30，4Φ25（HRB400），新旧规范计算挠度见表 2–16。

表 2–16　新旧规范计算挠度

	挠度
2002 版规范（原）	12.26mm
2010 版规范（新）	10.4mm

（2）对跨度较大的现浇梁、板，考虑到自重的影响，适度起拱有利于保证构件的形状和尺寸，同时也有利于减小截面高度，节约成本。

（3）设计人员要特别注意，双向板目前没有计算裂缝宽度的合适公式，但是双向板的挠度是有合适的计算公式的，当然也是需要按规范要求进行控制的。计算方法详见《建筑结构静力计算手册》，也就是说程序计算的双向板挠度是可以参考的。

（4）但注意《全国技措》2009 版 2.6.5：“不少审图单位要求设计单位提供双向板的裂缝计算和挠度值”。实际上，规范并没有提供计算方法，所以这种要求和计算是没有意义和依据的。但注意，2009 版《技措》说“挠度值”计算没有依据是不妥当的。

2.12.2　结构设计说明中如何清楚表述梁、板起拱要求

（1）《混凝土结构工程施工质量验收规范》（GB 50204—2002，2011 年版）（以下简称《验收规范》：对跨度不小于 4m 的现浇钢筋混凝土梁、板，其模板应按设计要求起拱；当设计无具体要求时，起拱高度宜为跨的 1/1000～3/1000。应特别注意，这个规定的起拱高度未包括设计要求的高度值，而只考虑模板本身在荷载下的下垂。《验收规范》条文特别说明：“此起拱高度未包括设计要求的起拱值，而只考虑模板本身在荷载作用下的挠度，一般对钢模板可以取小值，木模板取大值”；当施工措施能保证模板下垂符合要求时，也可不起拱或起拱更小值。凡结构设计说明中未提到模板起拱值的，施工单位均可认为设计无要求；而设计说明中有要求的，施工单位必须执行。

（2）如果设计中有大跨梁、板，需要考虑结构起拱时，设计说明必须标明起拱值。同时，设计说明要特别指出：“此值为设计需要的起拱高度”，不包括《验收规范》4.2.5 条规定的施工时应考虑的起拱值。

（3）如果设计要求长悬臂梁、板起拱，应在设计说明中单独说明具体起拱值。

（4）如果设计无要求起拱，也宜提醒施工单位，严格按《验收规范》4.2.5 的要求起拱。

（5）构件制作、施工时的起拱值和预加力所产生的反拱值，不宜超过构件在相应荷载组合作用下的计算挠度值（一般静载+0.5 活载值）。

【工程案例】

作者曾经处理过这样一起事故：某工业建筑带有重级工作制吊车的厂房，内设重级工

作制钢筋混凝土吊车梁，设计要求预制吊车梁构件时按 1/500 起拱。但设计人员忘记规范对重级工作制吊车梁本身要求使用阶段的挠度不得大于 1/600。施工开车中，发现吊车无法正常运行，经常出现卡轨现象，经过现场对卡轨原因的分析，就是由于设计要求起拱过度所致。

【知识点拓展】

如何处理梁、板挠度过大的问题，工程界通常有以下几种方法。

（1）在梁、板挠度过大时，有些施工单位用千斤顶将变形的梁、板复位，然后在梁、板下粘贴钢板或碳纤维进行结构补强。

（2）或者梁、板不进行复位，上表面下陷部分加厚面层找平，下表面粘贴钢板或碳纤维进行结构补强。

以上这两种方法均简单，但不可取。受弯构件挠度过大，说明构件已经出现刚度退化，这两种方法均不能增加构件的抗弯刚度；事实上，很多工程这样处理后，在使用工程中又出现较大的变形。

作者建议，比较可行的处理方法如下：

在梁、板上表面下陷区（一般在跨中附近）铺设双向钢筋网，相当于增加受压区钢筋；在已经变形的梁、板下支座处采用化学植筋的方法植入水平构造钢筋及按梅花形布置的竖向钢筋（拉结勾住水平筋）；经过这样处理，实际上受弯构件的截面高度 h 变为 h'，如图 2–38 所示。

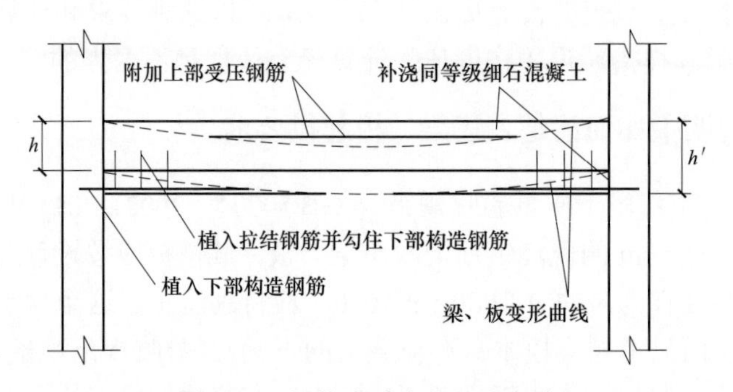

图 2–38　梁挠度过大的处理方法

需要提醒注意：梁、板出现挠度过大的成因和后果不尽相同，应根据具体情况选择不同的处理方法，如过大的变形是由于设计人员设计失误造成的抗弯承载力不足引起（梁、板截面高度过小，不仅挠度不满足，抗弯承载力也不满足），这个时候就需要既加大截面又补强的加固方案。

2.13 如何正确理解混凝土结构温度伸缩缝问题

2.13.1 新版《规范》对混凝土结构温度伸缩缝规定有何变化

《砼规》规定，钢筋混凝土结构的伸缩缝最大间距可（原规范宜）按表 2–17 确定。

表 2–17　　钢筋混凝土结构最大伸缩缝间距（m）

结构类别		室内或土中	露天
排架结构	装配式	100	70
框架结构	装配式	75	50
	现浇式	55	35
剪力墙结构	装配式	65	40
	现浇式	45	30
挡土墙、地下室墙壁等类结构		30	20

注：1. 装配整体式结构的伸缩缝间距，可根据结构的具体情况取表中装配式结构与现浇式结构之间的数值。
2. 框架–剪力墙结构或框架–核心筒结构房屋的伸缩缝间距，可根据结构的具体情况取表中框架与剪力墙结构之间的数值。
3. 当屋面无保温或隔热措施时，框架结构、剪力墙结构的伸缩缝间距宜按表中露天栏的数值取用。
4. 现浇挑檐、女儿墙、雨罩等外露结构的局部伸缩缝间距不宜大于 12m。

《砼规》8.1.3 条：如有充分依据对下列情况，表 2–17 中的伸缩缝最大间距可适当加大。

（1）采取减小混凝土收缩或温度变化的措施。

（2）采取专门的预应力或增配构造钢筋的措施。

（3）采用低收缩混凝土材料，采取跳仓浇筑、后浇带、控制缝等措施，并加强养护。

【知识点拓展】

（1）规范说“充分依据”不应简单地理解为“已经有了未发现裂缝问题的工程”，这是由于工程所处环境条件不同，施工季节、材料配合比等不同，不能盲目照搬，应对具体工程中各种有利和不利因素的影响方式和程度，做出有科学依据的分析判断，并由此确定伸缩缝间距的增减。

（2）本次规范将伸缩缝由“宜”改为“可”，字面意思适当放松，但具体数值并未改变，这只能说在一定的条件下，采取必要的技术措施后伸缩缝间距可以放宽。

2.13.2　对于超过《规范》规定的温度伸缩缝间距要求，应如何把控

1. 对于超过《规范》最大温度伸缩缝限值的结构，大家应慎重对待

（1）特别是对于住宅建筑，一旦出现裂缝就会带来很大的麻烦，更应慎之又慎，因此一般情况下应严格把握，没有十分可靠的措施不能随意放宽限制；即使设计采取了一些“切实可行”的技术措施，一旦开裂，设计师及设计单位仍然有不可推卸的责任。

（2）对于一般立面装修要求不高、使用上无特殊要求的建筑，其伸缩缝最大间距，应按《规范》规定执行。

（3）对于公共建筑，则可以根据工程情况及所采取对策措施，适当加大伸缩缝间距。

2. 对于超过温度伸缩缝间距的结构，可以采取计算分析加构造措施

（1）对于超长结构，宜按《荷载规范》要求进行温度作用计算。

（2）常用的技术措施有以下几个方面。

1）做好建筑外墙、屋面保温、屋面隔热架空；适当增加保温层厚度，这是性价比最合理

的方式，但一定要在方案阶段告知建筑师。

【工程案例 1】

作者 2012 年主持的北京某多栋多层住宅设计，由于种种原因无法按《规范》要求设置温度伸缩缝，于是作者在方案阶段就要求建筑师考虑外墙保温层厚度比保温计算要多加 20～30mm，取得了良好的性价比效果。

2）在温度应力大的部位增设温度筋，这些部位主要集中在超长结构的两端；温度筋一般宜采用细而密的做法；在超长方向屋面梁、板筋均适当加大纵筋，梁主要加大梁侧腰筋，腰筋直径宜不大于 16mm，间距 150mm，板主要设置板顶通长钢筋。

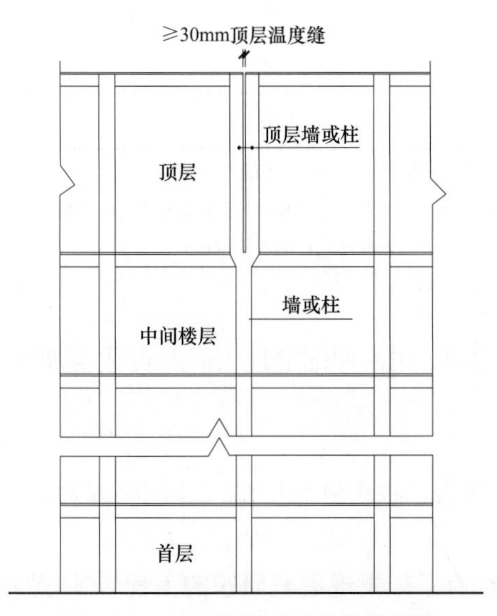

图 2–39 仅建筑顶层设温度伸缩缝

3）也可在屋面梁板中施加预应力筋。

【工程案例 2】

作者 2003 年主持设计的北京中关村大河庄苑工程，有一栋长 × 宽为 33.6m × 84m、高 60m 的框架–剪力墙结构，当时为了解决温度伸缩问题，就在屋面板及纵向框架梁里面加入了适量预应力筋，经过多年考验，取得了不错的效果。详见《试论采用预应力筋解决超长钢筋混凝土结构温度伸缩问题》一文，刊登在恩菲科技论坛上（2004.01）。

4）仅在顶层设置伸缩缝如图 2–39 所示。这也是很不错的技术措施。

【工程案例 3】

2000 年作者设计的北京某框架结构，就是仅在顶层采取了这样的处理手法，取得良好效果，受到业主、建筑师的好评。

5）对矩形平面框架–剪力墙结构，不宜在建筑物两端设置纵向剪力墙。

6）剪力墙结构纵向两端的顶层墙水平筋，采用细直径、密间距的布筋方式。

7）结构的形状曲折、刚度突变、孔洞凹角等部位，容易在温差和收缩作用下开裂。在这些部位增加构造配筋可以控制裂缝。

8）现浇结构每隔 30～40m 设置施工后浇带；通过后浇带中板、梁的钢筋宜断开搭接，以便两侧混凝土自由收缩；设置后浇带并不能替代伸缩缝，但可以适当增大伸缩缝间距。

9）现浇挑檐、女儿墙等外露的局部伸缩缝间距不宜大于 12m，也可以设置引导缝（诱导缝，如图 2–40 所示）。所谓引导缝，就是在预定位置引导裂缝出现，并加以控制而减少其对建筑外立面影响的缝。

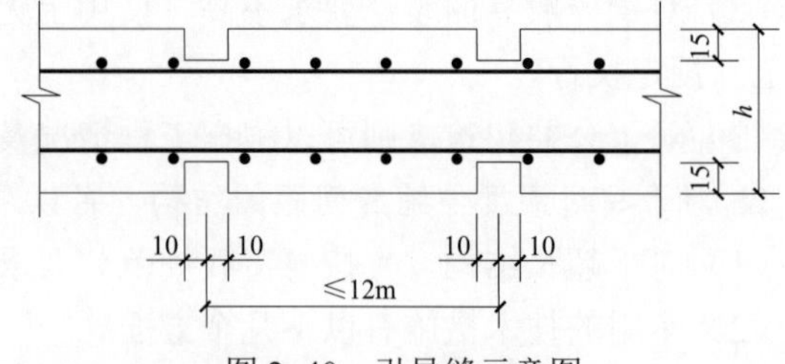

图 2–40 引导缝示意图

总之，控制超长结构温度裂缝主要措施是：① 主要依靠切实可行的构造措施，理论分析计算作为辅助手段；② 避免裂缝问题的关键点在于合理设计、合理选材和精心施工。

2.14　如何合理选择结构周期折减系数问题

2.14.1　周期折减的目的是什么，新版《规范》如何规定折减系数

周期折减的目的：由于目前还不能很好地将一些非结构构件参与结构的整体计算，为了反映非结构构件刚度对主体结构刚度的贡献，只好近似采用周期折减的办法间接地考虑这部分刚度对整体结构刚度的影响。

《高规》4.3.16 条（强规）：计算各振型地震影响系数所采用的结构自振周期应考虑非承重墙体的刚度影响予以折减。

《高规》4.3.17 条：当非承重墙体为砌体墙时，高层建筑结构的计算自振周期折减系数可按下列规定取值：

（1）框架结构可取 0.6～0.7；

（2）框架–剪力墙结构可取 0.7～0.8；

（3）框架–核心筒结构可取 0.8～0.9；

（4）剪力墙结构可取 0.8～1.0。

注：对于其他结构体系或采用其他非烧结普通砖墙体时，可根据工程情况确定周期折减系数。

（5）异形柱框架结构可取 0.55～0.65；

（6）异形柱框–剪结构可取 0.65～0.75；

（7）短肢剪力墙结构可取 0.7～0.8。

【知识点拓展】

（1）《高层建筑钢—混凝土混合结构设计规程》（CECS 230：2008）5.1.4 条：高层建筑混合结构在地震作用下的内力和位移计算所采用的结构自振周期，应考虑非结构构件的影响予以修正，修正计算自振周期要考虑非结构构件的材料、数量及其与主体结构的连接方式，分别乘以下列系数：

1）框架结构、框架–剪力墙结构可取 0.7～1.0；

2）框架–核心筒结构可取 0.8～1.0；

3）筒中筒结构可取 0.9～1.0。

（2）周期折减系数并不改变结构的基本振动特性，即输出表达的结构周期不会因为折减系数大小而改变，仅是按各振型周期折减后的周期计算地震作用罢了，如图 2–41 所示。

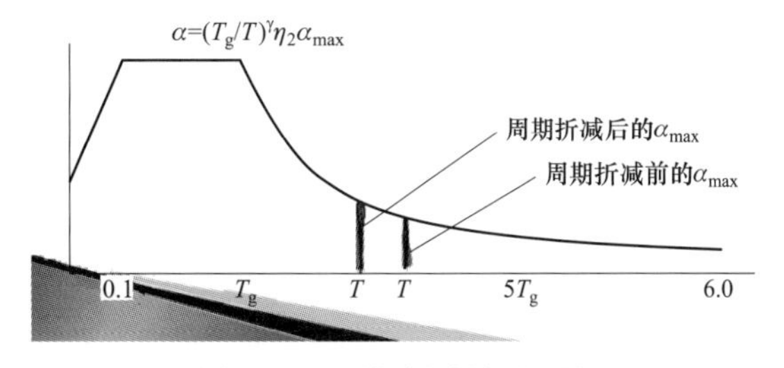

图 2–41　周期折减前后对比

2.14.2 结构设计计算如何合理选择周期折减系数

（1）周期折减是强制性条文，但折减多少则不是强制性条文，这就要求在折减时慎重考虑，既不能折得太多，也不能折得太少，因为折减不仅影响结构的内力，同时还影响结构的水平位移。

（2）折减多少需要设计人员依据工程结构实际情况、填充墙多少、墙体材料、墙体与主体结构的连接方式等，灵活掌握折减系数的合理取值，绝对不能局限于规范给出的折减范围。

（3）比如经常有设计师问“框架结构的填充墙采用加气混凝土砌块，周期折减是否可以超过规范（0.6～0.7）的范围？”作者的回答是一定可以。

例如：某工程是一个框架结构，结构中没有一道填充墙，那么这个时候折减系数就可以取 1.0。

目前，很多剪力墙结构采用部分短肢剪力墙结构或结构开较多的结构洞口，这个时候就需要依据短肢墙的多少采用 0.7～0.8 的折减系数。

（4）规范给出的这些折减系数取值范围是基于原填充墙为“黏土砌体“结构的理论计算与实测值间的差异给出的经验值。

（5）如果填充墙与主体结构采用柔性连接或填充墙采用刚度很弱的材料（石膏板轻钢龙骨、夹心聚苯板等），也可取折减系数为 1.0。

（6）尽管《抗规》没有相应的周期折减条款要求，但多层建筑依然需要根据工程情况考虑周期折减问题。

（7）上海《建筑抗震设计规程》（以下简称《上海抗规》（DBJ 08–9–2013）5.5.1 条文：

在多遇地震时，若在计算地震作用时为了反映隔墙等非结构构件造成结构实际刚度增大采用了周期折减系数，则在计算层间位移角时可以考虑周期折减系数的修正，且填充墙应采用合理的构造措施与主体结构可靠拉结，对于采用柔性连接的填充墙或轻质砌体填充墙，不能考虑此修正。

（8）以上周期折减系数适用多遇地震（小震）地震作用计算。对于设防烈度、罕遇地震计算时是不适用的，应结合工程情况确定合理的折减系数。折减可以参考表 2–18。

表 2–18　　小震、中震、大震周期折减参考指标

结构类型	多遇地震	设防烈度	罕遇地震
框架结构	0.6～0.7	0.7～0.8	0.8～1.0
框架—剪力墙	0.7～0.8	0.8～0.9	0.9～1.0
框架—核心筒	0.8～0.9	0.9～1.0	1.0
剪力墙	0.8～1.0	0.9～1.0	1.0

注：如果是中震弹性设计，作者认为周期折减应与多遇地震计算取值一致。

2.14.3 结构设计输入周期折减系数后地震作用是否一定会加大

一般情况下，设计人员输入了周期折减系数后，结构的地震作用会增大。但注意，对于某些工程（当结构自振周期小于场地特征周期 T_g 时，也就是说结构自振周期处在加速度区段时），输入了周期折减系数，结构的地震作用并没有任何变化，有的设计师认为不正常，结果不正确。其实，结果是没有错误的，这主要是由于结构的自振周期均在振型分解反应谱法的平直段（加速度段区段）的原因，如图 2–42 所示。

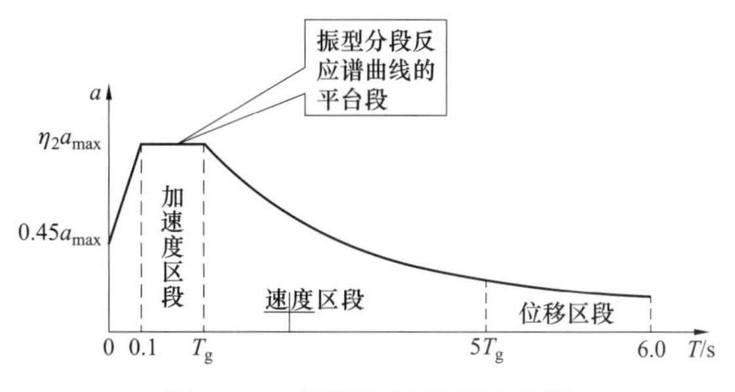

图 2–42　振型分解反应谱曲线

【工程案例】

作者曾有个工程，地上 2 层，框架结构，抗震设防烈度 8 度（0.20g），地震分组为第一组，场地为Ⅲ类，特征周期 T_g=0.40s，其结构计算模型如图 2–43 所示。现分别取周期折减 1.0 及 0.8，将其主要计算结果汇总见表 2–19。

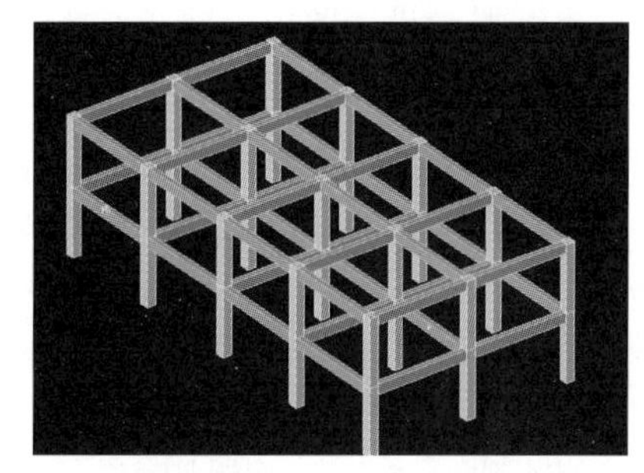

图 2–43　结构计算模型

由计算结果可知：该工程场地特征周期为 T_g=0.40s，经计算，本工程结构的自振周期均小于特征周期，乘以折减系数 0.8 后，自振周期仍然位于加速度段内。所以，对于这种情况，周期折减不折减对结构的基底剪力、层间位移角均无影响，是正常情况。

表 2–19　　周期折减按 1.0 及 0.8 折减，其计算结果汇总

	结构自振周期/s		基底剪力/kN		层间位移角	
	X 方向	Y 方向	X 方向	Y 方向	X 方向	Y 方向
周期折减 1.0	0.362 9	0.372 4	994.63	993.93	1/1190	1/1149
周期折减 0.8	0.362 9	0.372 4	992.54	992.49	1/1190	1/1149

2.15　抗震设计时，抗震墙如何合理考虑连梁刚度折减问题

2.15.1　抗震设计时，剪力墙连梁为什么要考虑折减？新《规范》如何规定

建筑结构构件均采用弹性刚度参与结构整体计算分析，但抗震设计的框架–剪力墙结构、剪力墙结构中的连梁刚度相对墙体较小，而承受的弯矩和剪力很大，往往使配筋设计困难。因此，可以考虑在不影响承受竖向荷载能力的前提下，允许其适当开裂（目的降低刚度）而

把内力转移到墙体上。

（1）《抗规》6.2.13–2 条：抗震墙地震内力计算时，连梁刚度可折减，折减系数不宜小于0.5。条文说明：计算位移时连梁刚度可以不折减。

（2）《高规》5.2.1 条：高层建筑结构地震作用效应计算时，可对剪力墙连梁刚度予以折减，折减系数不宜小于 0.5。条文解释：通常情况下，设防烈度低可以少折减一些（如 6、7 度时可以取 0.7），设防烈度高时可以多折减一些（如 8、9 度可以取 0.5）；地震作用下计算位移时，连梁刚度可以不折减。

（3）《广东高规》5.2.1 条：高层建筑结构计算时，框架–剪力墙、剪力墙结构中的连梁刚度可以予以折减，抗风设计控制时，折减系数不小于 0.8；抗震设计控制时，折减系数不宜小于 0.5；作设防烈度（中震）构件承载力校核时，不宜小于 0.3。

2.15.2 如何理解新版《规范》规定：计算位移时，剪力墙连梁刚度可不折减

（1）《抗规》6.2.13 条第 2 款条文说明："计算地震内力时，抗震墙连梁刚度可折减；计算位移时，连梁刚度可不折减。"实际工程中，如何理解与把握这一规定？

根据抗震概念设计要求，建筑结构必须具有足够的抗侧刚度和强度。计算构件地震内力的目的是为了截面抗震验算，属于构件强度要求；计算位移是为了控制结构整体刚度，属于刚度要求。一个良好的结构设计，应使结构构件的承载力（强度）与结构的整体刚度相匹配，以减轻局部构件的破坏程度，但构件强度与结构整体刚度也并不完全是一一对应的关系。具体到抗震墙来说，墙肢是主要构件，连梁为次要构件，从抗震概念角度，希望连梁先于墙肢进入屈服状态，因此，进行内力计算时，连梁刚度应适当折减。而位移计算控制的是结构整体弹性刚度，按《抗规》第 5.5.1 条规定，混凝土构件可采用弹性刚度，即刚度不折减。因此，从严格意义上讲，属于对结构刚度进行控制的相关规定，比如弹性变形验算、平面扭转规则性判断、竖向刚度规则性判断等，均可采用连梁刚度不折减的计算结果执行；属于构件承载力（强度）要求的相关规定，比如内力计算、楼层承载力突变评价等，可采用连梁刚度折减的计算结果执行。

（2）实施时注意以下事项。

1）地震作用取值的差异：采用连梁刚度不折减计算位移时，地震作用亦应按不折减的刚度计算；内力计算时，地震作用应按折减的刚度计算。

2）关于建筑结构规则性判断：严格意义上讲，平面扭转规则性和竖向刚度规则性应采用连梁刚度不折减的计算结果进行判断，但鉴于工程结构安全性和便于设计人员的实施操作考虑，实际工程亦可采用连梁刚度折减的结果进行判断。

2.15.3 抗震设计时，如遇剪力墙连梁剪压比超限，一般应如何处理

关于连梁剪压比超限的设计对策：当连梁刚度折减后，仍存在剪压比超限时，应根据超限的数量和程度采取如下措施。

（1）多数（30%以上）连梁剪压比超限且超限程度较大，说明连梁刚度相对偏大，应调整结构布局，增加墙肢的相对刚度，比如减小连梁截面高度、变单连梁为双连梁或多连梁、增加墙肢数量等。

（2）仅部分（5%～30%以内）连梁剪压比超限且超限程度不大，可采用双连梁或多连梁

作局部调整，也可按剪压比限值对应的剪力和弯矩进行连梁设计，但抗震墙的墙肢及其他连梁的内力应相应调整。

（3）仅个别（5%以内）连梁剪压比超限且超限程度不大，可采用将这些连梁两端定于为铰接的方式进行整体计算。

【知识点拓展】

（1）以上折减均是指在多遇地震（小震）作用下的折减（除《广东高规》特别说明）。对于设防烈度、罕遇地震作用下，可以采取更大的折减。

（2）对框架–剪力墙中一端与墙平行连接、一端与柱连接、一端与墙平行连接另一端与墙垂直连接或跨高比大于 5 的连梁，由于这些梁的重力荷载效应比水平风荷载及水平地震作用效应更加明显，此时应慎重考虑连梁刚度折减问题，必要时可以不考虑这些梁的刚度折减，以控制正常使用阶段梁裂缝的发生和发展。但注意，目前一般程序无法区分，需要设计人员人工干预。但需要注意各程序对连梁默认标准不一样：

比如 SATWE 程序默认连梁是：“连梁”是指与剪力墙相连、允许开裂，可做刚度折减的梁。程序对连梁进行缺省判断，原则是：两端均与剪力墙相连且至少有一端与剪力墙轴线（平面内）的夹角不大于 30° 且跨高比小于 5 的隐含定义为连梁。

（3）特别注意“剪力墙连梁”的真正定义：《高规》7.1.3 条指两端与剪力墙在平面内相连的梁为“连梁”。但目前很多程序都将一端与柱连接、一端与墙平行连接另一端与墙垂直连接的梁，也默认为连梁。作者认为是不恰当的，需要设计人员人工干预处理。

【案例】

2005 年一级注册建筑师考结构知识时，曾经考这样一道题：请标注以下图中哪些属于剪力墙连梁 LL？哪些不属于剪力墙连梁 KL 或 L？

正确答案如图 2–44 所示。

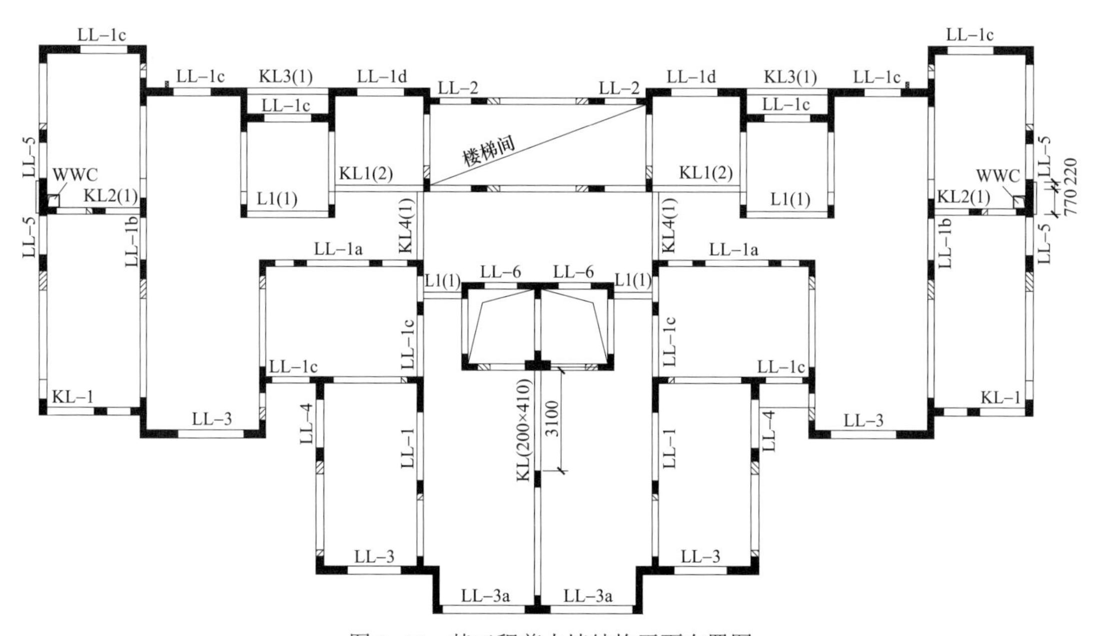

图 2–44　某工程剪力墙结构平面布置图

（4）请大家注意：无论是按开洞输入的连梁，还是按框架梁输入的连梁，程序都进行刚度折减。但注意，这两种输入程序的计算模型是不同的，按框架梁输入是杆单元计算，按墙开洞输入是壳单元计算，有的程序具有按高跨比是否大于5自动区别，有的程序不具备这个功能，所以建议设计人员还是区别对待。但注意，各程序规定未必完全一样，设计人应仔细阅读程序使用说明，合理选择计算工况。

（5）多遇地震、设防烈度、罕遇地震计算时的连梁刚度可以参考：多遇地震连梁刚度折减系数不应小于0.5；设防烈度连梁刚度折减不宜小于0.30；罕遇地震连梁刚度折减系数不宜小于0.10。

2.16 地下人防结构设计应注意的问题

人防地下室的设计类别分为防常规武器抗力级别和防核武器抗力级别。

设计依据为《人民防空地下室设计规范》（GB 50038—2005）及《防空地下室》（全国结构技术措施2009版）

【知识点拓展】

（1）人防顶板可以采用现浇空心楼盖、无梁楼盖、双向密肋楼盖。

（2）人防顶板不得采用无粘结预应力结构；这主要是考虑无粘结预应力结构中预应力筋伸长率小，塑性变形性能差，且易由于锚固端、张拉端的开裂破坏导致整个结构构件丧失承载能力。

（3）为了防止核辐射，当采用现浇空心板、密肋板时，顶板厚度不宜小于100mm，折算厚度不小于200mm。

（4）人防结构底板可以采用筏板、桩筏基础，也可采用独立柱基+抗水板。

（5）人防荷载下双向板应采用塑性设计。

（6）由于人防荷载属于偶然荷载，所以人防荷载仅需要对结构强度进行验算；可以不进行地基承载力、变形、裂缝、挠度等的验算。

（7）人防设计分为“甲级”和“乙级”人防工程，“甲级”人防设计需要考虑核武器爆炸荷载和常规武器爆炸荷载作用；“乙级”人防工程仅需要考虑常规武器爆炸荷载。也就是说，“甲级”人防工程需要分别按核武器爆炸荷载和常规武器爆炸荷载进行包络设计。

（8）目前，全国各地对人防的设计规定也不一样，有的地方需要人防设计专业院完成人防设计；有的地方则没有特殊要求，均由主体设计单位完成人防设计；另外，各地对能够进行人防计算的软件认知度也不一样，这就需要设计单位在初步设计阶段与当地有关部门进行沟通确认。

2.17 新《规范》对混凝土结构耐久性划分有哪些新变化？如何合理应用

依据《砼规》3.5.2条，混凝土结构的耐久性应根据环境类别和设计使用年限进行设计，环境类别的划分应符合表2–20的要求。

表 2–20　　混凝土结构耐久性设计的环境类别

环境类别	条　　件
一	室内干燥环境； 永久的无侵蚀性静水浸没环境
二 a	室内潮湿环境； 非严寒和非寒冷地区的露天环境； 非严寒和非寒冷地区与无侵蚀性的水或土直接接触的环境； 严寒和寒冷地区的冰冻线以下与无侵蚀性的水或土直接接触的环境
二 b	干湿交替环境； 水位频繁变动区环境； 严寒和寒冷地区的露天环境； 严寒和寒冷地区冰冻线以上与无侵蚀性的水或土直接接触的环境
三 a	严寒和寒冷地区冬季水位变动区环境； 受除冰盐影响环境； 海风环境
三 b	盐渍土环境； 受除冰盐作用环境； 海岸环境
四	海洋环境
五	受人为或自然的侵蚀性物质影响的环境

【知识点拓展】

（1）干湿交替主要指室内潮湿、室外露天、地下水浸润、水位变动的环境。由于水和氧的反复作用，容易引起钢筋锈蚀和混凝土材料劣化。

（2）非严寒和非寒冷地区与严寒和寒冷地区的区别主要在于无冰冻。关于严寒和寒冷地区的定义，《民用建筑热工设计规范》（GB 50176—1993）规定如下：严寒地区为最冷月平均温度低于或等于–10℃，日平均温度低于或等于 5℃的天数不少于 145 天的地区；寒冷地区为最且冷月平均温度高于–10℃且低于或等于 0℃，日平均温度低于或等于 5℃的天数不少于 90 天且少于 145 天的地区。也可参考该规范附录 8 采用。各地可根据当地气象台站的气象参数确定所属气候区域，也可根据《建筑气象参数标准》提供的参数确定所属气候区域。

（3）三类环境主要是指近海、盐渍土及使用除冰盐的环境。滨海室外环境、盐渍土地区的地下结构、北方城市冬季依靠喷洒盐水消除冰雪的立交桥、周边结构及停车楼，都可能造成钢筋腐蚀的影响。

（4）四类环境可参考现行国家行业标准《港口工程混凝土结构设计规范》（JTJ 267）。

（5）五类环境可参考现行国家标准《工业建筑防腐蚀设计规范》（GB 50046）。

（6）交叉、叠加的情况不累积追加，由较不利情况决定，设计人应根据具体情况作出判断，进行选择。

（7）受除冰盐影响的环境是指受到除冰盐盐雾影响的环境。

（8）受除冰盐作用环境是指被除冰盐溶液溅射的环境以及使用除冰盐地区的洗车房、停车楼等建筑。

（9）严寒及寒冷地区的潮湿环境中，结构混凝土应满足抗冻要求，混凝土抗冻等级应符合有关标准的要求。

（10）处于二、三类环境中的悬臂构件宜采用悬臂梁–板的结构形式，或在其上表面增设防护层。

（11）处于二、三类环境中的结构构件，其表面的预埋件、吊钩、连接件等金属部件应采取可靠的防锈措施。

（12）处在三类环境中的混凝土结构构件，可采用阻锈剂、环氧树脂涂层钢筋或其他具有耐腐蚀性能的钢筋、采取阴极保护或采用可更换的构件等措施。

（13）调查分析表明，国内超过 100 年的混凝土结构不多，但室内正常环境条件下实际使用 70～80 年的房屋建筑混凝土结构大多基本完好。因此，在适当加严混凝土材料的控制、提高混凝土强度等级和保护层厚度并补充规定建立定期检查、维修制度的条件下，一类环境中混凝土结构的实际使用年限达到 100 年是可以得到保证的。

据资料 2010 年统计，我国的建筑平均寿命仅 25～30 年，而英国的建筑平均寿命为 132 年，美国的建筑平均寿命为 70～80 年，瑞士 70～90 年，挪威 70～90 年，日本 50 年。有人误认为，是我们国家的结构安全设计问题所致。作者分析，我国建筑平均寿命短是基于以下原因：规划滞后、使用维护不及时，结构耐久性、材料选择、施工不当，与结构安全度高低没有直接关系。

（14）但非常遗憾，以前我们很少关注在使用期间对结构的定期检测、维护，因此建议设计人员将以下两条必须写在结构设计说明中。

1）《砼规》3.1.7 条（强规）：设计应明确结构的用途，在设计使用年限内未经技术鉴定或设计许可，不得改变结构的用途和使用环境。

2）《砼规》3.5.8 条：混凝土结构在设计使用年限内尚应遵守下列规定：

① 建立定期检测、维修；

② 设计中可更换的混凝土构件应按规定更换；

③ 构件表面的防护层，应按规定维护或更换；

④ 结构出现可见的耐久性缺陷时，应及时处理。

注：尽管这条是《砼规》规定，当然这条同样适用于砌体结构、木结构、钢结构工程。

【工程案例】

2014 年 4 月 4 日 9 时，浙江宁波奉化市一幢 5 层居民房局部“粉碎性”倒塌，如图 2–45 所示，造成多人伤亡。该楼仅建成 20 年，此前已确定为 C 级危房，检测机构在事故发生前一天称该楼还可住几年。作者想，如果这栋楼在设计使用年限内定期检查、维护，就可以避免这个事故的发生。

图 2–45　浙江宁波奉化市一幢 5 层楼倒塌

（15）通常，结构倒塌的主要原因有以下四个方面。

1）结构体系不合理。如采用单独大跨、刚度不匀、头重脚轻、体型曲折、端角软弱、倒塌范围失控、结构类型匹配不良等。

2）传力途径和连接构造缺陷。如传力途径单一、缺乏冗余约束、关键部位细弱、传力途径不畅、间接传力、内力分配不明确、构件连接薄弱、装配连接不良、缺乏围箍约束、钢筋连接不良、传力中断、箍筋薄弱、预埋件拉脱。

3）材料性能和施工质量失控。钢筋延性（均匀伸长率、强屈比）差、混凝土脆性、构件变形能力弱、施工质量失控。

4）结构耐久性问题。如结构由于使用期未及时检查、维护导致耐久性出现问题。

当然，很多工程事故都是基于以上几个原因共同所致。

2.18　新版《规范》对混凝土结构保护层厚度说法有哪些新变化？结构设计应注意哪些问题

各类混凝土构件的保护层厚度需要结合构件所处的环境类别及构件种类，依据《砼规》（GB 50010—2010）的有关规定确定（非强条），见表 2–21。

表 2–21　　混凝土保护层最小厚度 c（mm）

环境等级	板、墙、壳	梁、柱
一	15	20
二 a	20	25
二 b	25	35
三 a	30	40
三 b	40	50

注：1. 混凝土强度等级不大于 C25 时，表中保护层厚度数值应增加 5mm。

2. 钢筋混凝土基础宜设置混凝土垫层，其受力钢筋的混凝土保护层厚度应从防水层顶面算起，且不应小于 40mm。

3. 构件中受力钢筋的保护层厚度不应小于钢筋的直径 d。

4. 原规范是“强条”，这次调整为非强条。

【知识点拓展】

（1）保护层的作用主要有：

1）保证钢筋与混凝土共同工作；

2）增加钢筋在火灾作用下的耐火能力和冻融环境下的抗冻性；

3）对钢筋与外部环境进行物理隔离，同时提供高碱度的内部化学环境，防止钢筋锈蚀或延缓钢筋锈蚀进程，保证结构有足够的耐久性。

（2）新版《规范》混凝土保护层是指最外层钢筋的保护层（原规范是指纵向受力钢筋的保护层），这主要是从混凝土碳化、脱钝和钢筋锈蚀的耐久性角度考虑，不再以纵向受力钢筋的外缘，而以最外层钢筋（包括箍筋、分布筋、构造钢筋，但不含防裂钢筋网片）的外缘计算混凝土保护层厚度；国际上很多专家认为，“因为从锈蚀机理出发，箍筋锈蚀不仅会导致构件抗剪能力下降，而且箍筋的锈蚀会诱导纵向受力钢筋锈蚀及失去约束，从而导致构件丧失承载力”。

（3）对于墙、柱、梁的纵向钢筋保护层厚度大于 50mm 时，宜对保护层采取有效的构造措施，防止混凝土开裂、剥落，通常都是在保护层中配置钢筋网片，钢筋网片的保护层厚度应不小于 25mm。注意：原规范是指柱、梁（不含墙）的保护层厚度大于 40mm；过去，很多工程对于地下外墙，由于混凝土保护层取 50mm，要求在保护层中采取钢筋网抗裂，应该说是没有必要的。

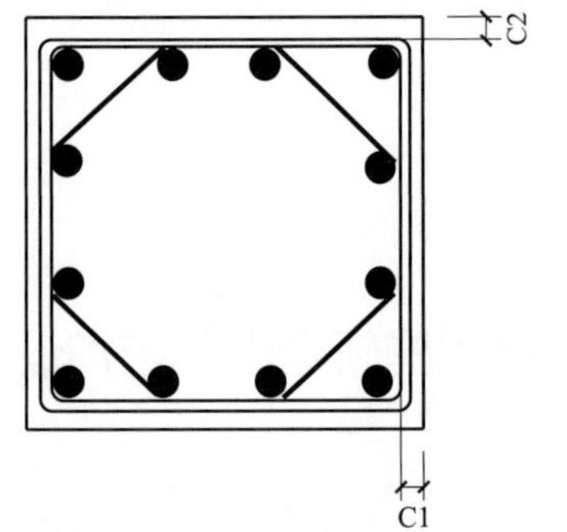

图 2–46　新、旧规范保护层示意图

（4）由表面看，新《砼规》似乎在同等使用环境下保护层厚度比原《砼规》有所减小，实际上是有所加大。如图 2–46 所示。

图 2–46 中：C1（纵向钢筋以外）为原《砼规》规定的混凝土保护层，C2（箍筋以外）为新《砼规》的保护层厚度要求。

特别提醒设计人员，这个新的变化，往往由于设计交代不清，已经有一些工程施工单位依然按原规范理解施工，这样就会造成实际的保护层小于新规范要求，影响结构的耐久性问题，应引起重视。作者建议在结构设计说明中参考书中图 2–46，表示出新规范保护层厚度的真正含义。

（5）表 2–21 数值仅适用于设计使用年限为 50 年的钢筋混凝土结构，当设计使用年限为 100 年时保护层需要按上表数值再乘以 1.4；对于设计使用年限在 50～100 年的结构可按线性内插入。

（6）对于设计使用年限小于等于 5 年的临时建筑，可以不考虑耐久性的规定，也就是说，均可按一类环境采用保护层厚度。

（7）基础无垫层时保护层厚度不应小于 70mm。

（8）采用并筋时，并筋的保护层厚度还不应小于并筋等效直径；即 2 根并筋时，C2=1.41d；3 根并筋时，C2=1.73d。

（9）原《砼规》保护层厚度是强制性条文，而新《砼规》不再是强制性条文。

（10）原《砼规》保护层与混凝土强度等级有关，而新《砼规》不再与混凝土强度等级有关。

（11）当地下外墙采取可靠的建筑外防水时，与土接触一侧钢筋的保护层厚度可以适当减小，但不应小于 25mm。

（12）预制装配混凝土构件的保护层厚度可以比表中数值减小 5mm，这主要是由于预制构件保护层厚度容易得到保证。

（13）当采用钢筋阻锈剂或采用环氧树脂涂层钢筋、镀锌钢筋等时，保护层厚度也可适当放松要求。

（14）当地下水具有腐蚀性时，与土或水直接接触的混凝土构件的保护层还应满足以下要求（强条），见表 2–22。

表 2–22　　　　腐蚀环境混凝土构件保护层最小厚度（mm）

构件类别	强腐蚀环境	中、弱腐蚀环境
板、墙等面形构件	35	30
梁、柱等条形构件	40	35
基础	50	50
地下外墙外侧及底板外侧	50	50

（15）《清水混凝土应用技术规程》（JGJ 169—2009）4.2.3：对于处于露天环境的清水混凝土结构，其纵向受力钢筋的混凝土保护层最小厚度应符合表 2–23 的规定（强条）。

表 2–23　纵向受力钢筋的混凝土保护层最小厚度（mm）

部　位	保护层最小厚度
板、墙、壳	25
梁	35
柱	35

注：1. 钢筋的混凝土保护层厚度为钢筋外边缘至混凝土表面的距离。
2. 作为强制性条文的理由：清水混凝土作为直接利用混凝土成型后的自然质感作为饰面效果的混凝土，因为缺少混凝土表面覆盖层及装饰面层的保护，为避免钢筋受环境腐蚀，保证混凝土结构耐久性，以及防止因钢筋返锈而影响饰面效果，有必要适当加大钢筋的混凝土保护层厚度。

2.19　新版《规范》有关钢筋材料性能要求有哪些新变化？工程如何合理选择

（1）对钢筋的质量都有哪些要求？

《砼规》4.2.2 条要求，钢筋的强度标准值应具有不小于 95%的保证率。在《砼规》里列为强条，而在《抗规》3.9.2 条结构材料指标章节中就未列出此要求。《高规》3.2 节中未具体列出此条，但在 3.2.3 条中笼统地要求其性能应符合《砼规》的有关规定。因为强度标准值保证率的要求不是抗震对钢筋性能的要求，但这是所有对钢筋质量的基本要求。应在结构总说明中把此条写入，否则可能存在违反强条的情况。

（2）箍筋优先选用何种钢筋？

《抗规》《砼规》《高规》对箍筋钢筋的选用原则的提法也不尽相同。《砼规》4.2.1–3 条规定，钢筋宜采用 HRB400、HRBF400、HRB335、HRBF335、HPB300、HRB500 钢筋。该条把 HRB400 级钢筋摆在优选的第一位，把 HRB335 级钢筋放在第二位。《抗规》3.9.3–1 条规定，箍筋宜选用符合抗震性能指标不低于 HRB335 级的热轧钢筋，也可以选用 HPB300 级热轧钢筋。该条把 HRB335 钢筋放在选用首位。《高规》3.2 节中对箍筋的选用未作任何规定。

根据国家主管单位提出的“四节一环保”的要求，提倡应用高强、高性能钢筋，限制并准备逐步淘汰 HRB335 级热轧带肋钢筋的应用，所以在选用箍筋时，应按《砼规》4.2.1–3 条执行是很合理的。

目前，市场上直径 8～12mm 的 HRB400 钢筋容易采购到，且 HRB400 级钢筋价格每吨只比 HRB335 级钢筋贵 100 多元。当有的业主对含钢量经济性提出要求时，或对那些受力不大，主要由构造配筋控制的构件采用 HRB335 钢筋是允许的，也没有违反规范。

（3）钢筋的强度比要求有哪些？

《抗规》3.9.2–2–2 条要求：.

1）抗震等级为一、二、三级的框架和斜撑构件（含梯段），其纵向受力钢筋采用普通钢筋时，钢筋的抗拉强度实测值的比值不应小于 1.25。

2）钢筋的屈服强度实测值与屈服强度标准值的比值不应大于 1.3；且钢筋在最大拉力下的总伸长率实测值不应小于 9%。

注：此条在《抗规》里列为强条。《砼规》11.2.3 条与《抗规》完全相同；但《高规》3.2.3 条内容虽同《抗规》，但不是作为强制条文出现，而是一般性条文，这点至今作者也不能理解。作者建议，结构总说明中应把此条作为强制条文列入，从严处置，因为施工图审查抽检时，各人把握尺度不一，还是写上为好。

2.20 新版《荷载规范》补充和调整的主要内容有哪些？如何正确理解应用这些参数

2.20.1 扩充了的《荷载规范》涵盖哪些新范围和内容

本次补充了间接作用。间接作用主要有温度变化、地基不均匀沉降、地震、焊接残余应力、混凝土收缩与徐变等，但本次仅对温度作用做出具体规定。地基不均匀沉降、焊接残余应力、混凝土收缩与徐变目前还没有具体规定，地震已经在《抗规》中作出了相关规定。

注：风荷载不属于间接作用，而属于直接作用。

2.20.2 提高了哪些楼面的活荷载标准值

（1）教室、浴室、卫生间、盥洗间由 2.0kN/m^2 提高到 2.5kN/m^2。

（2）教室走廊门厅及除多层住宅以外的楼梯活荷载均取 3.5kN/m^2。也就是说，今后除多层住宅外的楼前活荷载取值为 2.5kN/m^2；其他建筑均一律取 3.5kN/m^2，不再按消防楼梯、人员密集情况确定。

（3）增加楼层运动场活荷载取值 4.0kN/m^2。

（4）增加屋顶运动场活荷载取值 3.0kN/m^2。但需要注意：这条在条文说明中依然是 4.0kN/m^2，条文说明是错误的，应以正文为准。

（5）取消了原规范中屋面均布活荷载、雪荷载不应同时组合这条强制性规规定。修改为：不上人的屋面均布活荷载，可不与雪荷载和风荷载同时组合。也就是说，在某些情况下，可以考虑同时组合。

（6）设计墙、柱时，消防车荷载可按实际情况考虑；设计墙、柱时应允许设计人员对消防车荷载进行较大的折减，由设计人员依据经验确定折减系数。

（7）设计基础时可不考虑消防车荷载作用，包含承载力验算、基础强度及变形计算。

（8）防护栏杆活荷载进一步加大：栏杆顶部水平活荷载由 0.5kN/m 提高到 1.0kN/m；对公共场所的栏杆，还增加栏杆竖向荷载 1.2kN/m，但水平和竖向分别考虑，不进行组合。

（9）补充工业楼面操作活荷载及参观走廊活荷载取值；补充规定，工业楼面在设备所占区域内可以不考虑操作荷载和堆料荷载。补充生产车间的参观走廊活荷载可采用 3.5kN/m^2（比如，目前垃圾焚烧发电工程，设计方案都必须有参观走廊）。

（10）在进行地下顶板设计时，施工活荷载一般不宜小于 4kN/m^2。但可以根据情况扣除尚未施工的建筑地面做法与隔墙的自重，并在设计文件中给出相应的详细规定。

【知识点拓展】

目前，关于地下顶板考虑施工堆载取值比较混乱。如 2009 版《技措》规定取 5kN/m²；《广东规范》规定取 10kN/m²；作者建议设计人员按以下原则把握。

（1）对于广东地区，工程按《广东规范》规定采用 10.0kN/m²。

（2）对于其他地区如果没有地方规定，多层建筑可以取 4.0kN/m²；高层建筑可以考虑取 5.0kN/m²。

（3）不管荷载取值大小，对承载力计算时活荷载分项系数均可取 1.0；也可以根据情况扣除尚未施工的建筑地面做法与隔墙自重。

（4）这个施工堆载仅用于施工阶段验算，对直接接触的板梁构件需要考虑，但对柱、墙及基础设计可以不考虑；结构整体计算时，0.000 楼层的活荷载应按今后使用功能合理选取，而不应按施工堆载取值。

（5）当然，对于类似别墅等低层建筑，也可以不考虑这个施工堆载，但必须在结构设计说明及施工图中注明。

（6）商业综合体使用荷载补充。

1）家乐福超市：装卸货区 20kN/m²，生鲜区、杂货区、粮油区 10kN/m²，仓库 15kN/m²，卖场的其他区域 7kN/m²，外租区 4kN/m²，办公区 4kN/m²。

2）百货、商铺、零售：4kN/m²。

3）健身、夜总会、舞厅、剧场、电影院：4kN/m²。

4）数码卖场：4kN/m²。

5）电玩：4kN/m²。

6）主题餐厅、卡丁车场、溜冰场：4kN/m²，厨房 5kN/m²。

7）步行街：商铺 4kN/m²，餐饮 4kN/m²，小餐饮厨房 4.5kN/m²，采光天棚 1kN/m²，中庭考虑 30kN 的集中吊挂荷载，考虑两点吊挂。

8）书城：书库 5kN/m²，其他区域 4kN/m²。

9）地下机械双层停车库：5kN/m²。

10）地下单层停车库：4kN/m²。

2.20.3　对电梯、汽车等偶然荷载作用如何考虑

偶然荷载包括炸药、煤气、粉尘、压力容器等引起的爆炸，机动车、飞行器、电梯等运动物体的撞击，其他还包括火灾、飓风、地震等。

对民用建筑设计，今后需要特别注意以下两种情况。

（1）对于电梯，不落地的地坑需要考虑由于偶然事故电梯坠落引起的事故荷载。电梯竖向撞击荷载标准值可在电梯总重力荷载（包含自重和载重）的 4～6 倍范围内选择。

【工程案例】

作者 2013 年主持设计的太原万国城 MOMA 改造工程，在主体结构施工完成后，由于业主改变了原结构的使用功能，需要在原建筑的 1～2 层增加一部电梯。由于地下为车库，业主不希望新加这部电梯再下到地下去。原结构为地上 5 层，地下 2 层。于是，我们设计时就将电梯的地坑挂在 0.00 楼层梁下，如图 2–47 所示。设计时就对这个电梯的地坑底板及悬挂柱进行了考虑偶然电梯坠落事故荷载的设计验算。

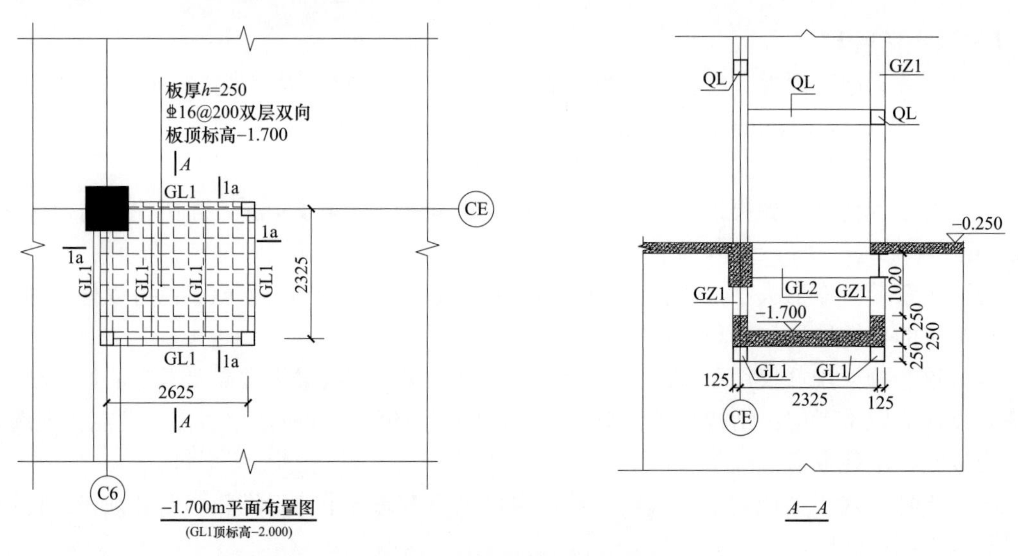

图 2–47 电梯局部平剖面图

（2）对于停车库，需要考虑汽车偶然撞击的作用的影响。

1）顺行方向的汽车撞击标准值 p_k（kN）可按下式计算：

$$p_k = mv/t$$

式中 m——汽车质量，包括实际车重加载重，t；

v——车速，m/s；

t——撞击时间，s。

2）撞击力计算参数 m、v、t 和荷载作用点位置宜按照实际情况采用；当无数据时，汽车质量可取 15t，车速可取 22.2m/s，撞击时间可取 1.0s；小型车和大型车的撞击力荷载作用点位置可分别取位于路面以上 0.5m 和 1.5m 处，这条是指直接撞击方向。

3）垂直行车方向的撞击力标准值可取顺行放心撞击力标准值的 0.5 倍，两者不考虑同时作用。这条是指侧面剐蹭时。

提醒设计人员注意：今后在进行车库设计时，对于容易被汽车撞击到的柱、墙等竖向构件进行必要的验算，以免发生由于偶然荷载作用引起结构整体垮塌事故；

由于汽车撞击应属偶然荷载，作者建议：对于以上偶然事故荷载的强度验算，也可以考虑材料强度的动力提高要素。即材料强度为：

$$f_d = \gamma_d f \tag{2-1}$$

式中 f_d——动荷载作用下材料强度设计值，N/mm²；

f——静荷载作用下材料强度设计值，N/mm²；

γ_d——动荷载作用下材料强度综合调整系数，可按表 2–24 的规定选用。

表 2–24　　材料强度综合调整系数

材料种类		综合调整系数 γ_d
热轧钢筋	HPB300	1.50
	HRB335、HRBF335	1.35
	HRB400、HRBF400、RRB400	1.20

续表

材料种类		综合调整系数γ_d
热轧钢筋	HRB500、HRBF500	1.10
钢材	Q235	1.50
	Q345	1.35
	Q390	1.25
	Q420	1.20
混凝土	C55 及以下	1.50
	C60～C80	1.40
砌体	料石	1.20
	混凝土砌块	1.30
	烧结普通砖	1.20

注：1. 表中同一材料的强度综合调整系数，可用于受拉、受压、受剪和受扭等不同受力状态。
2. 对于采用蒸汽养护或掺入早强剂的混凝土，其综合调整系数应折减 0.90。
3. 在动荷载和静荷载同时作用下或动荷载单独作用下，混凝土和砌体的弹性模量可以取静荷载作用时的 1.20 倍；钢筋及钢材的弹性模量可以取静荷载作用下的 1.00 倍。
4. 在动荷载和静荷载同时作用下或动荷载单独作用下，各种材料的泊松比均可取静荷载作用时的数值。

【知识点拓展】

（1）对于具有可能发生偶然事故荷载的构件，不得采用冷轧带肋钢筋、冷拉钢筋等经过冷处理的钢筋。这是因为，对于这些经历偶然事故荷载后的构件，处于屈服后开裂状态仍属于正常的工作状态，这点与静力作用下结构构件所处的状态有很大不同。而冷轧带肋钢筋、冷拉钢筋等经过冷加工处理的钢筋延伸率低，塑性变形能力差，故不得采用。

（2）动荷载下的材料综合调整系数是考虑了普通工业与民用建筑规范中材料分项系数、材料在快速加载作用下的动力强度提高系数和对结构构件进行可靠度分析后综合确定的。

（3）同一材料在不同受力状态下可取同一材料强度提高系数。这是因为，通过试验表明：在快速变形下，受压钢筋强度提高系数与受拉钢筋相一致。混凝土受拉强度系数虽然比受压时大，但考虑龄期影响，混凝土后期受拉强度比受压强度提高得少，两者综合考虑后，混凝土受压、受拉可取同一综合材料提高系数。钢筋混凝土受弯时材料强度的提高，可以理解成混凝土受压和钢筋受拉强度的提高；受剪时材料强度的提高，可以理解成混凝土受拉或受压强度的提高。

2.20.4　本次《规范》对哪些地方的基本雪压进行了调整

《荷载规范》修订在原规范数据的基础上，补充了全国各台站自 1995 年至 2008 年的年极值雪压数据，进行了基本雪压的重新统计。新疆和东北部分地区的基本雪压变化较大，全国共有 52 个城市的基本雪压作了提高，具体城市见表 2–25。

表 2–25　　部分城市新、旧规范雪压变化

省份	城市	新规范雪压值（2012 版）			原规范雪压值（2006 版）		
		R=10	R=50	R=100	R=10	R=50	R=100
天津	塘沽	0.40	0.55	0.65	0.40	0.55	0.60
辽宁	开原	0.35	0.45	0.55	0.30	0.40	0.45
	清原	0.45	0.70	0.80	0.35	0.50	0.60
	鞍山	0.30	0.45	0.55	0.30	0.40	0.45
吉林	长春市	0.30	0.45	0.50	0.25	0.35	0.40
	通榆	0.15	0.25	0.30	0.15	0.20	0.25
	扶余市三岔河	0.25	0.35	0.40	0.20	0.30	0.35
	蛟河	0.50	0.75	0.85	0.40	0.65	0.75
	扶松县东岗	0.80	1.15	1.30	0.60	0.90	1.05
黑龙江	漠河	0.60	0.75	0.85	0.50	0.65	0.70
	塔河	0.50	0.65	0.75	0.45	0.60	0.65
	新林	0.50	0.65	0.75	0.40	0.50	0.55
	呼玛	0.45	0.60	0.70	0.35	0.45	0.50
	加格达奇	0.45	0.65	0.70	0.40	0.55	0.60
	黑河	0.60	0.75	0.85	0.45	0.60	0.65
	孙吴	0.45	0.60	0.70	0.40	0.55	0.60
	伊春	0.50	0.65	0.75	0.45	0.60	0.65
	富锦	0.40	0.55	0.60	0.35	0.45	0.50
	佳木斯	0.60	0.85	0.95	0.45	0.65	0.70
	宝清	0.55	0.85	1.00	0.35	0.50	0.55
山东	威海	0.30	0.50	0.60	0.30	0.45	0.50
浙江	临海市括苍山	0.45	0.65	0.75	0.40	0.60	0.70
安徽	滁县	0.30	0.50	0.60	0.25	0.40	0.45
	霍山	0.45	0.65	0.75	0.40	0.60	0.65
江西	庐山	0.60	0.95	1.05	0.55	0.75	0.85
青海	门源	0.20	0.30	0.30	0.15	0.25	0.30
	共和县恰卜恰	0.10	0.15	0.20	0.10	0.15	0.15
	称多县清水河	0.25	0.30	0.35	0.20	0.25	0.30
	玛沁县仁峡姆	0.20	0.30	0.35	0.15	0.25	0.30
新疆	乌鲁木齐	0.65	0.90	1.00	0.60	0.80	0.90
	阿勒泰	1.20	1.65	1.85	0.85	1.25	1.40
	伊宁	1.00	1.40	1.55	0.70	1.00	1.15
	昭苏	0.65	0.85	0.95	0.55	0.75	0.85
	巴音布鲁克	0.55	0.75	0.85	0.45	0.65	0.75

续表

省份	城市	新规范雪压值（2012 版）			原规范雪压值（2006 版）		
		R=10	R=50	R=100	R=10	R=50	R=100
新疆	哈密	0.15	0.25	0.30	0.15	0.20	0.25
	哈巴河	0.70	1.00	1.15	0.55	0.75	0.95
	吉木乃	0.85	1.15	1.35	0.70	1.00	1.15
	富蕴	0.95	1.35	1.50	0.65	0.95	1.05
	塔城	1.10	1.55	1.75	0.95	1.35	1.55
	青河	0.90	1.30	1.45	0.55	0.80	0.90
	库米什	0.10	0.15	0.15	0.05	0.10	0.10
	吐尔格特	0.40	0.55	0.65	0.35	0.50	0.55
河南	固始	0.35	0.55	0.65	0.35	0.50	0.60
湖北	巴东县绿葱坡	0.65	0.95	1.10	0.55	0.75	0.85
湖南	南岳	0.50	0.75	0.85	0.45	0.65	0.75
四川	石渠	0.35	0.50	0.60	0.30	0.45	0.50
	甘孜	0.30	0.50	0.55	0.25	0.40	0.45
	峨眉山	0.40	0.55	0.60	0.40	0.50	0.55
云南	贡山	0.45	0.75	0.90	0.50	0.85	1.00
	维西	0.45	0.65	0.75	0.40	0.55	0.65
西藏	安多	0.25	0.40	0.45	0.20	0.30	0.35
	当雄	0.30	0.45	0.50	0.25	0.35	0.40
	错那	0.60	0.90	1.00	0.50	0.70	0.80
	帕里	0.95	1.50	1.75	0.60	0.90	1.05

注：《荷载规范》7.1.2 条关于对雪荷载敏感的结构，应采取 100 年一遇的雪压，相应条文解释“对雪荷载敏感的结构是指大跨度、轻质屋盖结构”。有设计人员问这里的大跨度，到底是指多大跨度？ 作者认为，很难给出一个具体数值界定，需要设计人员结合工程实际情况通过一定的计算分析判断。

2.20.5　本次《规范》对哪些地方的基本风压进行了调整

（1）《荷载规范》修订在原规范数据的基础上，补充了全国各台站 1995～2008 年的年极值风速数据，进行了基本风压的重新统计。虽然部分城市在采用新的极值风速数据统计后，得到的基本风压比原规范小，但考虑到近年来气象台站地形地貌的变化等因素，在没有可靠依据情况下一般保持原值不变。少量城市在补充新的气象资料重新统计后，基本风压有所提高。新、旧规范风压有变化的城市及数据见表 2–26。

表 2–26　　新、旧规范风压变化的城市

省（自治区、直辖市）	城市	新规范风压值（2012 版）			原规范风压值（2006 版）		
		R=10	R=50	R=100	R=10	R=50	R=100
天津	塘沽	0.40	0.55	0.65	0.40	0.55	0.60

续表

省（自治区、直辖市）	城市	新规范风压值（2012 版）			原规范风压值（2006 版）		
		R=10	R=50	R=100	R=10	R=50	R=100
山西	运城	0.30	0.45	0.50	0.30	0.40	0.45
辽宁	营口	0.40	0.65	0.75	0.40	0.60	0.70
吉林	扶余市三岔河	0.40	0.60	0.70	0.35	0.55	0.65
	抚松县东岗	0.30	0.45	0.55	0.30	0.40	0.45
黑龙江	哈尔滨	0.35	0.55	0.70	0.35	0.55	0.65
浙江	临安县天目山	0.55	0.75	0.85	0.55	0.70	0.80
	嵊泗县嵊山	1.00	1.65	1.95	0.95	1.50	1.75
	象山石浦	0.75	1.20	1.45	0.75	1.20	1.40
	椒江市下大陈	0.95	1.45	1.75	0.90	1.40	1.65
	瑞安市北麂	1.00	1.80	2.20	0.95	1.60	1.90
福建	福鼎县台山	0.75	1.00	1.10	0.75	1.00	1.00
	崇武	0.55	0.85	1.05	0.55	0.80	0.90
陕西	佛坪	0.25	0.35	0.45	0.25	0.30	0.35
	镇安	0.20	0.35	0.40	0.20	0.30	0.35
宁夏	海源	0.25	0.35	0.40	0.25	0.30	0.35
青海	同德	0.25	0.35	0.40	0.25	0.30	0.35
广东	阳江	0.45	0.75	0.90	0.45	0.70	0.80
广西	涠州岛	0.70	1.10	1.30	0.70	1.00	1.15
四川	雷波	0.20	0.30	0.40	0.20	0.30	0.35
重庆	奉节	0.25	0.35	0.45	0.25	0.35	0.40
	万县	0.20	0.35	0.45	0.15	0.30	0.35
云南	华坪	0.30	0.45	0.55	0.25	0.35	0.40
	宜良	0.25	0.45	0.55	0.25	0.40	0.50
	蒙自	0.25	0.35	0.45	0.25	0.30	0.35
西藏	索县	0.30	0.40	0.50	0.25	0.40	0.45
	林芝	0.25	0.35	0.45	0.25	0.35	0.40

（2）《荷载规范》修订调整了标准地貌的风剖面指数，并考虑到国内城市的不断扩张使地貌影响的范围更广，适当提高了 C 类、D 类地貌（城市和大城市中心）的梯度风高度。调整前后的平均风剖面参数见表 2–27。

表 2–27　　　　修订前后荷载规范平均风速剖面参数

地面粗糙度类别		A	B	C	D
原规范 2006 版	梯度高度 z_G（m）	300	350	400	450
	地面粗糙度指数 α	0.12	0.16	0.22	0.30
新规范 2012 版	梯度高度 z_G（m）	300	350	450	550
	地面粗糙度指数 α	0.12	0.15	0.22	0.30

（3）风压高度变化系数调整补充。提高了 C、D 两类粗糙度的梯度风高度，并修改了 B 类地貌的指数值，修改后的系数见表 2–28。

表 2–28　风压高度变化系数 μ_z

离地面或海平面高度（m）	地面粗糙度类别							
	A		B		C		D	
	原	新	原	新	原	新	原	新
5	1.17	1.09	1.00	1.00	0.74	0.65	0.62	0.51
10	1.38	1.28	1.00	1.00	0.74	0.65	0.62	0.51
15	1.52	1.42	1.14	1.13	0.74	0.65	0.62	0.51
20	1.63	1.52	1.25	1.23	0.84	0.74	0.62	0.51
30	1.80	1.67	1.42	1.39	1.00	0.88	0.62	0.51
40	1.92	1.79	1.56	1.52	1.13	1.00	0.73	0.60
50	2.03	1.89	1.67	1.62	1.25	1.10	0.84	0.69
60	2.12	1.97	1.77	1.71	1.35	1.20	0.93	0.77
70	2.20	2.05	1.86	1.79	1.45	1.28	1.02	0.84
80	2.27	2.12	1.95	1.87	1.54	1.36	1.11	0.91
90	2.34	2.18	2.02	1.93	1.62	1.43	1.19	0.98
100	2.40	2.23	2.09	2.00	1.70	1.50	1.27	1.04
150	2.64	2.46	2.38	2.25	2.03	1.79	1.61	1.33
200	2.83	2.64	2.61	2.46	2.30	2.03	1.92	1.58
250	2.99	2.78	2.80	2.63	2.51	2.24	2.19	1.81
300	3.12	2.91	2.97	2.77	2.75	2.43	2.45	2.02
350	3.12	2.91	3.12	2.91	2.94	2.60	2.68	2.22
400	3.12	2.91	3.12	2.91	3.12	2.76	2.91	2.40
450	3.12	2.91	3.12	2.91	3.12	2.91	3.12	2.58
≥500	3.12	2.91	3.12	2.91	3.12	2.91	3.12	2.74

（4）增加了部分高层建筑侧向体形系数（图 2–48）。

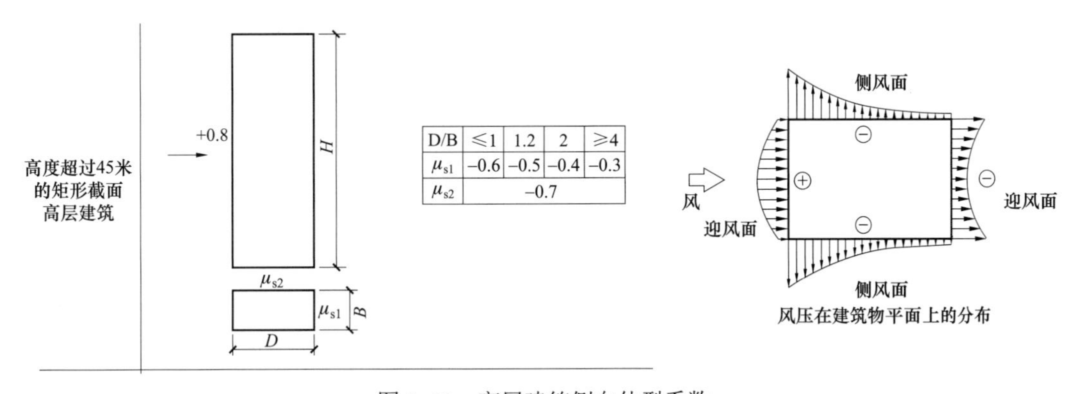

图 2–48　高层建筑侧向体型系数

注：建筑侧向风吸力对整体结构计算影响不大，但对于幕墙等柔性构件设计影响不可忽视，应给予重视。

2.20.6 不同设计使用年限活荷载如何考虑

本次《荷载规范》增加了可变荷载考虑使用年限的调整系数表 2–29。

表 2–29　　可变荷载考虑设计使用年限的调整系数

设计年限（年）	5	50	100
活荷载调整系数γ_L	0.9	1.0	1.1

注：1. 当设计使用年限不为表中数值时，调整系数γ_L可线性内插。

2. 当采用 100 年重现期的风压和雪压为荷载标准值时，设计使用年限大于 50 年时的风雪荷载γ_L取 1.0。

【知识点拓展】

（1）《荷载规范》条文给出不同设计使用年限可变荷载调整系数表 2–30。

表 2–30　　不同设计使用年限可变荷载调整系数

设计使用年（年）	5	10	20	30	50	75	100
办公楼活荷载	0.839	0.858	0.919	0.955	1.0	1.036	1.061
住宅活荷载	0.798	0.859	0.920	0.955	1.0	1.036	1.061
风荷载	0.651	0.756	0.861	0.923	1.0	1.061	1.105
雪荷载	0.713	0.799	0.886	0.936	1.0	1.051	1.087

（2）广东《钢结构设计技术规程》给出的不同设计年限活荷载取值表 2–31。

表 2–31　　不同设计使用年限屋面、楼面活荷载标准值调整系数γ_L

设计使用年限（年）	50	60	70	80	90	100
屋面活荷载调整系数	1.0	1.03	1.05	1.06	1.08	1.09
楼面活荷载调整系数	1.0	1.02	1.03	1.05	1.06	1.07

（3）不同设计使用年限与地震影响系数的关系表 2–32。

表 2–32　　不同设计使用年限与地震影响系数的关系

使用年限	10	20	30	40	50	60	70	80	90	100
换算系数	0.37	0.59	0.75	0.88	1.0	1.1	1.2	1.28	1.36	1.43

（4）不同设计使用年限的抗震设防烈度参考表 2–33。

表 2–33　　不同设计使用年限的抗震设防烈度参考

使用年限		1	5	10	15	20	50	100
烈度	7	4.33	5.42	5.88	6.10	6.37	7.00	7.49
	8	5.33	6.42	6.88	7.10	7.37	8.00	8.49
	9	5.72	7.41	7.95	8.29	8.48	9.00	9.29

总之有了以上这些基本数据，今后我们就可以依据工程需要、业主需求，任何设计使用年限的建筑都可以进行设计了。

2.20.7　消防车荷载如何考虑覆土厚度影响问题

本次《荷载规范》增加了“消防车荷载考虑覆土厚度的折减系数”，见《荷载规范》附录 B。摘录如下：

B.0.1　当考虑覆土对楼面消防车活荷载的影响时，可对楼面消防车活荷载标准值进行折减，折减系数可按表 2–34、表 2–35 采用。

表 2–34　　单向板楼盖楼面消防车活荷载折减系数

折算覆土厚度 $\hat{s}$/m	楼板跨度/m		
	2	3	4
0	1.00	1.00	1.00
0.5	0.94	0.94	0.94
1.0	0.88	0.88	0.88
1.5	0.82	0.80	0.81
2.0	0.70	0.70	0.81
2.5	0.56	0.60	0.62
3.0	0.46	0.51	0.54

表 2–35　　双向板楼盖楼面消防车活荷载折减系数

折算覆土厚度 $\hat{s}$/m	楼板跨度/m			
	3×3	4×4	5×5	6×6
0	1.00	1.00	1.00	1.00
0.5	0.95	0.96	0.99	1.00
1.0	0.88	0.93	0.98	1.00
1.5	0.79	0.83	0.93	1.00
2.0	0.67	0.72	0.81	0.92
2.5	0.57	0.62	0.70	0.81
3.0	0.48	0.54	0.61	0.71

附录 2–35　板顶折算覆土厚度 $\hat{s}$

$$\hat{s}=1.43S\tan\theta$$

式中　S——覆土厚度，m；

θ——覆土应力扩散角，不大于 45°。

应用附录 B.0.1 及 B.0.2 需要特别注意：S 并不是覆土厚度，而是指建筑面层厚度+（结构板厚−100mm）；$\hat{s}$ 是建筑面层折算覆土厚度。

作者推导过程如图 2–49 所示。

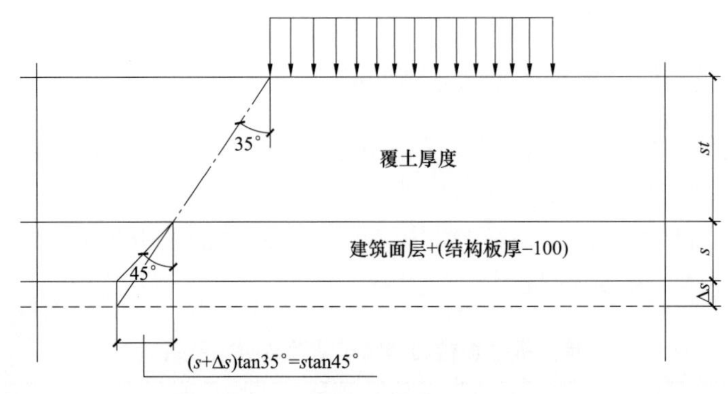

图 2–49 消防车轮压传递示意

也就是说附录 B.0.1 及 B.0.2 中的 $\hat{s}$ 应为覆土厚 st+（建筑面层+结构板厚–100mm）的折算厚度 $\hat{s}$，而不是覆土折算厚度。

【知识点拓展】

（1）当单向板跨度在 2～4m 时，消防车荷载可按跨度在 35～25kN/m^2 插入，即表 2–36。

表 2–36 单向板不同跨度荷载标准值取值参考

板跨度（m）	2	3	4
荷载标准值（kN/m^2）	35	30	25

（2）当双向板楼盖板跨度介于（3m × 3m）～（6m × 6m）时，应按跨度线性插入，即表 2–37。

表 2–37 双向板不同跨度荷载标准值取值参考

双向板跨度（m × m）	3 × 3	4 × 4	5 × 5	6 × 6
荷载标准值（kN/m^2）	35	30	25	20

（3）特别注意本《规范》所说的单向板是指长宽比大于等于 3 的板。

（4）如果双向板不是矩形板（3m × 3m～6m × 6m），而是长方形双向板{3mx（4～9m）}，这个时候可偏于安全按短跨确定其消防车荷载。

（5）如果单向板跨度小于 2m 或双向板跨小于 3m × 3m 时，消防车荷载标准值如何取值？作者认为此时应不小于 35.0kN/m^2。建议设计人员依据荷载等效的原则对其进行等效，不宜直接采用 35.0kN/m^2；当然也可改变结构布置以适应规范规定。

（6）双向板楼盖（板跨度不小于 6m × 6m）和无梁楼盖（柱距不小于 6m × 6m）消防车荷载标准值取 20.0kN/m^2；

（7）双向板或无梁楼盖（柱距小于 6m × 6m）时，消防车荷载标准值如何取值？

作者认为此时应该大于 20.0kN/m^2；建议设计人员依据荷载等效的原则对其进行等效，不宜直接采用 20.0kN/m^2；当然也可改变结构布置以适应规范要求。

（8）对于密肋楼盖消防车荷载如何取值？ 作者认为此时应不小于 35.0kN/m^2。

（9）消防车荷载下不计算结构的裂缝及挠度、不需要验算地基承载力；设计基础时也可不考虑消防车荷载作用。注意：消防车荷载理论上应属偶然荷载，但考虑其偶然出现，但荷载还不够大，所以规范没有将其归在偶然荷载中。

（10）《荷载规范》给出的消防车库荷载是基于：全车总重 300kN，前轴重力 60kN，后轴 2×120kN，共有 2 个前轮，4 个后轮，轮压作用尺寸 0.2m×0.6m。选择的楼板跨度为 2～4m 的单向板和 3～6m 的双向板。计算中综合考虑消费车台数，楼板跨度，板长宽比以及覆土厚度等因素的影响，按照荷载最不利的布置原则确定消防车位置，采用有限元软件进行分析统计的结果。

（11）如果消防车荷载及其他条件不满足上述条件就不能直接引用《规范》给出的荷载值，需要依据消防车荷载及相关参数利用有限元方法进行具体分析确定。

（12）《技措》2003 版有汽车荷载 550kN 的轮距轮压资料；《技措》2009 版附录 F 给出汽车荷载 700kN 的轮距轮压资料。可以供大家参考。

（13）提醒设计人员，如果在计算消防均布等效荷载时，顶板覆土厚度小于 0.5m，建议按《荷载规范》附录 C 中“楼板等效均布活荷载的确定方法”计算等效活荷载及局部荷载冲对板的冲切验算。

（14）对于计算梁、柱、墙、基础时都需要考虑消防车荷载的折减问题。这点实际是考虑活荷载同时出现的概率问题，作用在楼面上的活荷载，不可能以标准值的大小同时布满在所有的楼面上，即活荷载的折减系数与楼面构件“从属的面积”密切相关，一般来讲楼面构件从属面越大，活荷载折减系数应越大。

这里的“从属面积”是这样规定的：对单向板的梁，其从属面积为梁两侧各延伸二分之一梁间距范围的面积；对于支撑双向板的梁，其从属面积由板面的剪力零线围成；对于支撑梁的柱、墙，其从属面积为所支撑梁的从属面积之和；对于多层房屋，墙、柱的从属面积为其上所有柱、墙从属面积之和。

《荷载规范》5.1.2–3 条规定如下：

1）对于单向板楼盖次梁和槽形板的肋梁应取 0.8，对于单向板楼盖主梁应取 0.6（强条）；

2）对于双向板楼盖的梁（注意没有区分主次梁）应取 0.8（强条）；

3）设计墙、柱时可按实际情况考虑；这是由于消防车荷载大，但出现的概率又很小，作用时间又短。在设计墙、柱时允许设计人员进行较大的折减，具体折减系数由设计人员依据工程情况根据经验确定。作者建议可以按柱（墙）的跨度采用消防车荷载，然后再乘以 0.8 的折扣系数。

基于以上规范规定折减系数的选取比较含糊，目前工程界主要有以下两种选择。

【工程案例】

某工程柱距为 9m×9m，井字梁分割的板是 3m×3m，双向板布置，如图 2–50 所示。

计算板、梁、柱时消防车荷载及折减系数取值如下：

第一种选取方法：

1）计算板时应取 $35kN/m^2$；

2）计算梁时（主梁及次梁）取值 $35\times0.8=28kN/m^2$；

3）计算墙、柱时取值 $20\times0.8=16kN/m^2$；

注：考虑柱形成的板区格 9m×9m 已经不小于规范规定 6m×6m，消防车荷载可取 $20kN/m^2$。

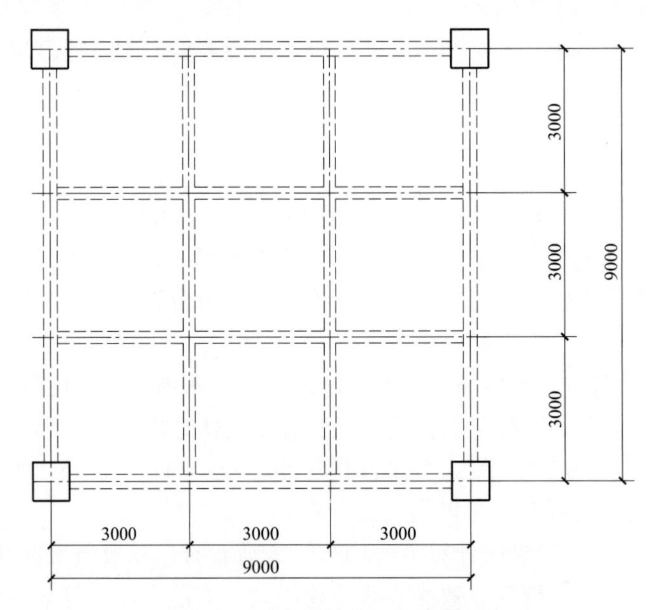

图 2–50　车库楼板局部布置图

第二种选取方法：

1）计算板时应取 35kN/m²;

2）计算梁时（井字次梁）取值 35 × 0.8=28kN/m²;

3）计算梁时（框架主梁）取值 20 × 0.8=16kN/m²;

注：考虑主梁形成的板区格 9m × 9m 已经不小于规范规定 6m × 6m，消防车荷载可取 20kN/m²。

4）计算墙、柱时折减系数取 0。

作者认为：第一种方法比较符合规范意思，第二种方法比较符合工程实际情况。对于消防车荷载（实属一种偶然荷载），完全可以按第二种方式依据不同构件的支撑情况选择不同消防车荷载；至于计算墙、柱时不考虑消防车荷载是否合适？作者认为是可以的。设计基础时可以不考虑消防车荷载作用。

当然以上做法都是不同地方的设计人员、审图人员对规范的不同理解，作者建议大家遇到此类问题，提前与当地审图单位沟通确定为上策。

2.20.8　如何正确理解《荷载规范》表 5.1.1 条：注 6

注 6：本表各项荷载不包括隔墙自重和二次装修荷载；对固定隔墙的自重应按永久荷载考虑，当隔墙位置可灵活自由布置时，非固定隔墙的自重应取不小于 1/3 的每延米长墙重（kN/m）作为楼面活荷载的附加值（kN/m²）计入，且附件值不应小于 1.0kN/m²。

对于这条要求工程界有以下几种处理方式。

（1）对于有固定位置的隔墙，在墙下设置次梁，按墙的实际位置及材料情况直接输入荷载进行计算；这个方法与工程实际一致，计算对整体及构件均没有任何问题。

（2）对于有固定位置，但由于采取轻质隔墙时，往往工程设计不在墙下设置次梁，而是将墙直接放在楼板上，这个时候有的设计人员不管这个隔墙荷载，仅在隔墙位置楼板中设置几根附加加强筋；这种处理方法肯定是不合适的，遗漏了墙体荷载，对结构整体及构件计算都是不合适的，可能会有安全隐患存在。也有设计人员为了考虑这个轻质隔墙荷载，在隔墙位置设置所谓虚梁（100×100），然后将隔墙荷载加到这个虚梁之上；这个方法也是不妥当的，采用这种处理对结构的整体计算是可行的，但对于直接支承的梁与板来说是不合适的，由于设置虚梁改变了板荷载传递分布规律；作者建议对于这情况应按《荷载规范》附录 C 的等效方法进行等效荷载计算；这样的计算对结构整体及构件均是合理可靠的。

（3）对于非固定位置的隔墙可按《荷载规范》：非固定隔墙的自重应取不小于 1/3 的每延米长墙重（kN/m）作为楼面活荷载的附加值（kN/m^2）计入，且附件值不应小于 $1.0kN/m^2$。请注意这样的简化计算对直接支承的构件是可以的，但作者认为可能会对结构整体计算存在安全隐患，理由如下：① 1/3 的每延米墙重按均布活荷载考虑，其总重量不一定会与整个墙重相等；② 在结构整体计算中，地震力计算时活荷载还考虑 0.5 的系数。为此作者建议如果工程设计中，这种非隔墙数量比较多，计算时需要按实际墙的数量及实际重量对结构进行校核（此时需要按静荷载考虑）。

2.20.9　计算大型雨篷等轻型屋面结构构件时，除按《荷载规范》给出，需要考虑风吸力之外是否需要考虑风压力的作用？如何考虑

通常情况下，作用于建筑物表面的风荷载分布并不均匀，在角隅、檐口、边棱处和在附属结构的部位（如阳台、雨篷等外挑构件）、局部风压会超过一般部位的风压。所以规范对这些部位的体型系数进行了调整放大，但遗憾规范仅给出这些部位的风吸力（向上作用），并未给出这些附属在主体建筑外（如阳台、雨篷等外挑构件）压力（向下作用）。实际上有时这种向下作用的力还是不可忽视的，这已经通过很多工程风洞试验得到验证。比如作者主持设计的宁夏万豪大厦工程（图 2–51 风洞试验模型），表 2–38 为试验得出的裙房屋面及雨篷正负风压体型系数。

图 2–51　风洞模型图

表 2–38　裙房屋面及雨篷正负风压体型系数

作用部位	正风压体型系数（压力）	负分压体型系数（吸力）
裙房顶部	1.23	–2.92
雨篷下表面	0.86	–1.95

由表 2–38 可以看出：对于大底盘建筑，在裙房屋面设计时，还需要考虑正风压的影响，对于雨篷构件就更加应该重视这个问题。

然而《荷载规范》8.3.3–2 条：檐口、雨篷、遮阳板、边棱处的装饰条等突出构件，取体系系数 u_s=–2.0（注意是向上的吸力）；仅给出了这些构件的吸力，没有给出风的压力作用。

作者建议大家可以参考《钢雨篷》（07SG528–1）图集，这个图集中给出了在计算雨篷时风荷载体型系数：负风压–2.0，正风压 1.0。

2.21 关于框架梁在进行抗弯承载力计算时，如何合理考虑梁两侧板有效翼缘问题

2.21.1 新《规范》为何强调这个问题，新《规范》是如何规定的

大家知道，框架结构的抗倒塌能力与其破坏机制密切相关。试验研究及地震破坏都表明，梁端屈服型框架有较大的内力重分布和能量消耗能力，极限层间位移大，抗震性能就较好；柱端屈服型框架容易形成倒塌机制。在强震作用下结构构件不存在承载力储备，梁端受弯承载力即为实际可能达到的最大弯矩，柱端实际可能达到的最大弯矩也与其偏压下的受弯承载力相等。这是地震作用效应的一个特点，因此，所谓“强柱弱梁”是指：节点处梁端实际受弯承载力 M_{by}^{a} 和柱端实际受弯承载力 M_{cy}^{a} 之间满足下列不等式：

$$\sum M_{cy}^{a} > \sum M_{by}^{a}$$

这个概念设计，但由于地震复杂性，计算假定的简化、楼板的影响和钢筋屈服强度的超强，往往难以通过精确的承载力计算真正实现。

我们国家规范由 1989 版到 2010 版已经引入柱弯矩增大系数。同时要真正实现“强柱弱梁”，除了按实际配筋计算外，还应计入梁两侧有效翼缘范围楼板钢筋的影响。只是基于各个时期认识水平及计算手段，并没有明确如何在计算时考虑有效翼缘板中钢筋影响。经过 2008 年汶川地震中框架结构的破坏依然是多数在柱端出现破坏，如图 2–52 所示。

本次规范修订，各规范都再次强调：在框架梁实际抗弯承载计算时应考虑梁两侧有效翼缘板中的钢筋影响。只是各规范对所谓“有效翼缘板”宽度取值认识不一致。

图 2–52 地震后框架结构破坏图片

《抗规》6.2.2 条文：计算梁实配抗弯承载力时，还应计入梁两侧有效翼缘范围的楼板，所计入的梁两侧有效翼缘范围应相互协调。这也意味着框架梁端的计算配筋量，可配置在梁宽度和两侧楼板有效翼缘内。但注意《抗规》并没有具体给出有效翼缘的宽度取多少。

《高规》6.2.1 条文：当楼板与梁整体现浇时，板内配筋对梁的受弯承载力有相当大的影响，因此本次修订增加了在计算梁端实际配筋面积时，应计入梁有效翼缘宽度范围内楼板钢筋的要求。梁的有效翼缘宽度取值，各国规范也不尽相同，建议一般情况可以考虑梁两侧各 6 倍板厚的范围。

《砼规》11.3.2 条文：建议取梁两侧各 6 倍板厚的范围，且认为是偏于安全的。这里的有

效翼缘板筋是指平行框架梁方向的板内钢筋。注意这里并没有讲是板中正钢筋还是负钢筋问题。

《广东高规》6.2.10 条（强条）：当楼板与框架梁整浇时，框架梁端抗弯承载力可考虑梁翼缘宽度范围内楼板钢筋的作用，梁翼缘宽度宜取两侧各 4 倍板厚与梁高的较大值，边梁外侧翼缘宽度不应超出楼板边线。

2.21.2　国外其他国家规范对这个问题是如何规定的

（1）欧洲规范 EN1998 建议采用柱边以外 2 倍板厚作为有效翼缘宽度，这大致相当于梁端屈服后不久的受力状态。注意这里的 2 倍是指柱边（大致和梁边 4 倍接近）。

（2）美国规范 ACI318 规定取梁两侧各 6 倍板作为有效翼缘宽度；这一规定是根据进入接近罕遇地震水准侧向变形状态的缩尺框架试验中对参与抵抗梁端负弯矩的板筋应力的实测结果确定的。

2.21.3　设计如何合理选择这个参数，设计时还应注意哪些问题

（1）尽管新修订的规范都在强调要考虑有效翼缘板范围内配筋对梁配筋的影响，但目前大部分程序不具有这个功能。所以建议设计者可以人工干预考虑这些有利影响。如果没有考虑这些有利因素，那么梁的支座负筋也不应比计算值配的更多。作者的观点是如果没有考虑有效翼缘板宽度板中钢筋对梁支座负筋的影响，梁的支座负筋实际配筋应小于等于理论计算值方为上策。

（2）如果考虑梁有效翼缘宽度板中负筋对梁负筋的贡献作用，那么此时应注意板的钢筋长度需要满足梁负筋的弯矩包络图的需要。

（3）另外作者个人认为对于边支座框架梁板的有效翼缘宽度最多只能考虑柱宽度范围。这主要是考虑以下两个方面的问题：一来边跨板支座一般负筋均按构造配筋，配筋量很小；二来边支座负筋的锚固很难满足梁负筋的锚固要求。

（4）如果框架梁的负筋计算量很大时，特别是梁的配筋率大于 2.5%时，可以将一部分钢筋放在梁的有效翼缘宽度板中。当然这个仅限于中间支座框架梁；对边框架梁可以仅考虑柱宽度范围内布置部分负筋（柱宽度以外的有效梁翼缘宽度不应考虑布置，主要是负筋锚固问题）；如图 2–53 所示为某工程钢筋密集的梁柱节点，无法保证节点混凝土浇灌密实。建议按图 2–54 的方法进行调整这样布置钢筋，避免了把框架梁负筋局限在梁宽范围内而造成多层钢筋重叠，从而降低了钢筋受力有效高度减少的不利影响，在梁柱节点也不会因钢筋密集而造成混凝土浇捣质量不能保证。

图 2–53　梁柱节点钢筋密集

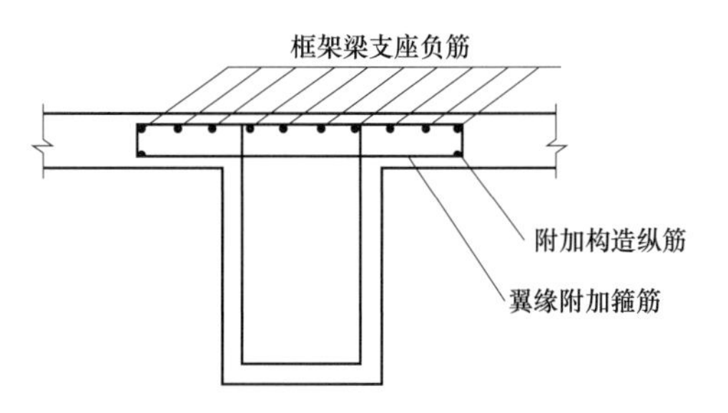

图 2–54　建议的框架梁钢筋布置区域

（5）目前尽管《规范》为了实现“强柱弱梁”一再加大柱端弯矩，仅是由强度上保证强弱。很多工程界专家对此提出质疑，建议首先应在保证柱与梁在一定的线刚度比的情况下，再来保证强度的强弱。作者本人一直也是这么认为。

2.22 6度区的建筑结构是否不需要进行地震作用计算和截面抗震验算

《抗规》明确规定：部分建筑结构在6度时可以不进行地震作用计算和构件截面抗震验算，但应符合有关抗震措施要求。

对于位于Ⅳ类场地上的高层建筑，例如高度40m的钢筋混凝土框架结构，高于60m的其他钢筋混凝土民用房屋和类似的工业厂房，以及高层钢结构房屋等，由于Ⅳ类场地的地震反应谱的特征周期T_g较长，结构自振周期也较长，则6度Ⅳ类场地地震作用值可能会与7度Ⅱ类场地的地震作用相当，此时仍需要进行抗震验算。所以并非所有6度区的建筑都不进行抗震计算及截面验算。

当地震作用在结构设计中基本上不起控制作用时，如6度区的大多数建筑，以及被地震经验所证明者（如生土房屋和木结构房屋），可不做抗震验算，只需满足有关抗震构造要求。

6度地区高度不超过50m的钢结构房屋，其“作用效应调整系数”和“抗震构造措施”可按非抗震设计执行。但当高度超过50m时，就需要进行抗震设计。

另外，对于钢筋混凝土房屋的抗震等级为四级以上的结构，截面抗震验算涉及内力调整，6度区的丙类钢筋混凝土房屋的抗震等级，部分框支抗震墙结构的框支层框架为二级、抗震墙为三级（建筑高度小于等于80m）或二级（建筑高度大于80m）；其他结构中也有框架为三级，筒体或抗震墙为三级甚至二级。因此，抗震措施中有许多需要进行内力调整计算的内容。

对一些不规则的结构，当按规范进行地震作用效应调整并对薄弱部位采取有效的构造措施时，如果薄弱层的地震剪力乘以《抗规》1.15、《高规》1.25的增大系数，对转换构件的地震内力乘以1.25～2.0的增大系数等。此时，为了更好执行，也需要适当计算。

但请注意《高规》3.3.1条规定：要求所有6度抗震设计的高层建筑也进行地震作用和效应计算，而不仅限于Ⅳ类场地上的较高房屋。这是鉴于高层建筑的重要性且结构分析软件应用已经十分普遍，通过计算，可与无地震作用效应组合工况进行比较，并可采用有地震作用组合的柱轴压力设计值计算柱的轴压比等，方便抗震设计。

注意：有人认为这与《抗规》矛盾，其实不然，按照标准化法，行业标准的要求可以比国家标准提高，二者并不矛盾。

6度区的建筑当需要进行抗震设计时，注意抗震设计内容包含：抗震计算及抗震措施两个方面的要求。只是6度区的大部分建筑仅需要采取抗震措施，而不需要进行抗震计算而已。

2.23 《抗规》1.0.2 条抗震设防烈度为 6 度以下的非地震设防区内的建筑如何进行抗震设计

按现行的国家标准《中国地震动参数区划图》和《抗规》，位于 6 度以下非地震设防区的一般建筑，可不进行抗震设计。但是，如果是属于特殊设防类（甲类）的建筑，应按提高 1 度即 6 度进行抗震设计，如果是属于重点设防类（乙类），应按 6 度采取抗震措施进行抗震设计。但注意，即将颁布的第五代《中国地震动参数区划图》将取消 6 度以下非地震设防区，即我国将全部成为地震设防区。因此，按本条规定，抗震设防烈度为 6 度及以上地区的建筑，必须进行抗震设计。

2.24 关于框架柱箍筋加密区的体积配箍率是否扣除箍筋重叠部分问题

2.24.1 新版各规范对这个问题规定的差异有哪些

《抗规》6.3.9–3–1 条的条文说明提到：本次修改，删除 89《规范》和 2001《规范》关于复合箍应扣除重叠部分箍筋体积的规定，因重叠部分对混凝土的约束情况比较复杂，如何换算有待进一步研究。

《高规》6.4.7–4 条：计算复合箍筋的体积配筋率时，可不扣除重叠部分的箍筋体积，计算复合螺旋箍筋的体积配箍率时，其非螺旋箍筋的体积应乘以系数 0.8。但请大家特别注意：这是《高规》2011 年 6 月第一次印刷说法，在 2011 年 8 月第二次印刷时将 6.4.7–4 改为“计算复合螺旋箍筋的体积配箍率时，其非螺旋箍筋的体积应乘以系数 0.8”，即取消了“计算复合箍筋的体积配筋率时，可不扣除重叠部分的箍筋体积”这段话。

《砼规》11.4.17–1 条规定，计算中应扣除重叠部分的箍筋体积。

【知识点拓展】

（1）《技措》2009 版 4.1.2 条注 8：柱体积配箍率计算时，重叠部分可以计入。

（2）《广东高规》2013 年版 6.4.7–4 条：计算复合箍筋的体积配筋率时，可不扣除重叠部分的箍筋体积，计算复合螺旋箍筋的体积配箍率时，其非螺旋箍筋的体积应乘以系数 0.8。

（3）《上海抗规》2013 年版 6.3.8–3 条：计算柱体积配箍率时应扣除重叠部分的箍筋体积。

（4）由《高规》2011 年 8 月第二次印刷时的调整情况来看，似乎《高规》《砼规》《抗规》又趋向需要扣除重叠部分的箍筋计算方法（回到原规范的说法）。

2.24.2 工程设计应用时应注意哪些问题

（1）既然各规范说法这么混乱，实际工程中如何执行？作者观点认为可以不扣除；但由于各地审图人员对规范的理解不一致，所以作者建议，最好先与当地审图单位提前进行沟通，确定如何执行为上策。

（2）剪力墙约束边缘构件的箍筋体积配筋率，规范并没有明确是否计入重叠部分，作者认为可以采用不扣除重叠部分箍筋的计算方法。理由如下：

1）主要是考虑墙的边缘构件的延性要好于柱的延性；

2）规范这次统一规定可以计入伸入边缘构件且符合构造要求的墙体水平钢筋(但计入量最大不能超过 0.3 倍总体积配箍。

2.25　关于薄弱层楼层剪力增大系数取值各规范有何异同，设计如何执行

《抗规》3.4.4–2 条：平面规则而竖向不规则的建筑，应采用空间结构计算模型，刚度小的楼层地震剪力应乘以不小于 1.15 的增大系数。

《高规》3.5.8 条：侧向刚度变化、承载力变化、竖向抗侧力构件连续性不符合规程第 3.5.2、3.5.3、3.5.4 条要求的楼层，对应于地震作用标准值的剪力应乘以 1.25 的增大系数。

注：增大系数由 2002 版《高规》的 1.15 调整到 1.25，目的是适当提高安全度要求；《砼规》没有对这部分作出规定；除增大系数不一样外，《抗规》对地震剪力采用什么值没有明确；而《高规》明确是地震作用标准值。

作者建议实际工程可这样考虑：高层建筑依据《高规》执行；多层建筑可依据《抗规》执行。

2.26　新版《规范》对独立柱基础设计有哪些调整补充？如何正确理解这些调整

（1）新版《地规》8.2.1–3 条：括展基础受力钢筋最小配筋率不应小于 0.15%，底板受力钢筋最小直径不应小于 10mm，间距不应大于 200mm，也不应小于 100mm。说明：新版《地规》增加了最小配筋率 0.15%的要求，且将原规范中“不宜”均改为“不应”，可见新规范的要求更加严了。

（2）为了避免由于基础板较厚而使其按照最小配筋率计算的基础用钢量过大，新版《地规》8.2.11 条规定了对于阶梯形和锥形基础，可将其截面折算成矩形，其折算截面的宽度 b_0 及有效高度 h_0 按《地规》附录 U 确定。

说明：这一条同时也解决了原规范对在计算最小配筋率时，取哪个截面进行计算的困惑。

（3）《地规》8.2.9 条规定：当基础底面短边尺寸小于或等于柱宽加两倍基础有效高度时，应按下列公式验算柱与基础交接处截面受剪承载力：

$$V_s \leqslant 0.7\beta_{hs} f_t A_0 \tag{2–2}$$

$$\beta_{hs} = (800/h_0)^{1/4} \tag{2–3}$$

式中 V_s——相应于作用的基本组合时，柱与基础交接处的剪力设计值（kN），图 2–55 中的阴影面积乘以基底平均净反力；

β_{hs}——受剪切承载力截面高度影响系数，当 h_0＜800mm 时，取 h_0=800mm；当 h_0＞2000mm 时，取 h_0=2000mm；

A_0——验算截面处基础的有效截面面积（m^2），当验算截面为阶梯形或锥形时，可将其截面折算成矩形截面，截面的折算宽度和截面的有效高度按本规范附录 U 计算。

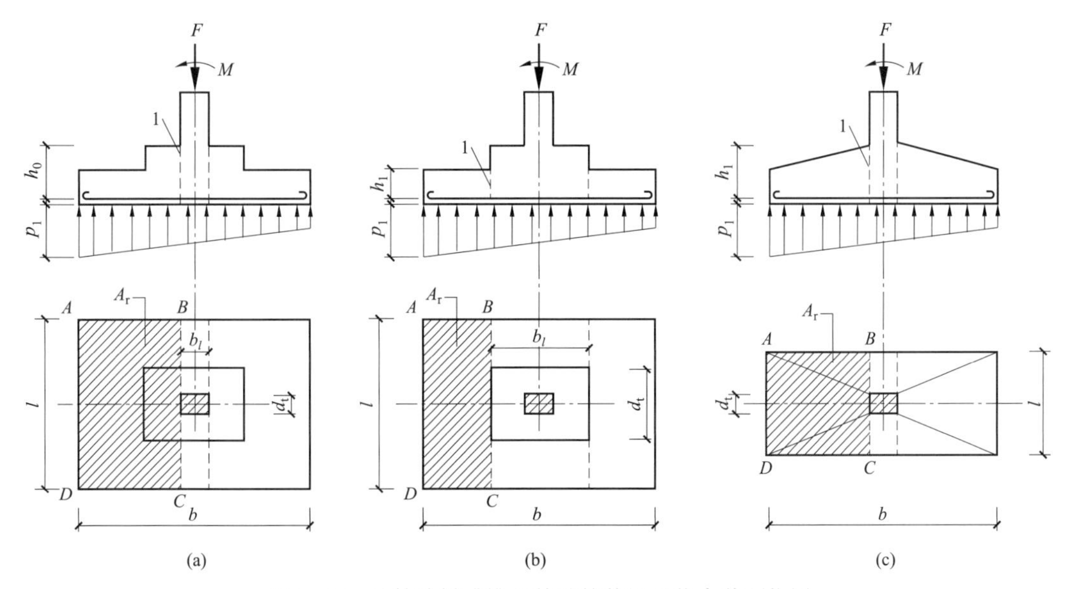

(a)　(b)　(c)

图 2-55　计算阶梯或锥形基础的剪切承载力截面位置

（a）柱与基础交接处；（b）基础变阶处；（c）锥形基础

【知识点拓展】

（1）这条也是新版《规范》增加的内容，原《规范》没有要求独立柱基础需要验算受剪承载力。一般情况下，当基础底面短边尺寸大小或等于柱宽度两倍基础有效高度时，属于双向受力独基，其剪切面积是能够满足要求的，无需进行受剪承载力计算。但是当基础的长宽比大于 2 时，受力状态接近于单向受力构件，则柱与基础交接处不存在冲切问题，仅需要进行受剪承载力计算。

（2）为保证柱下独立基础双向受力状态，基础底面两个方向的边长一般都保持在相同或相近的范围内，试验结果和大量工程实践表明，当冲切破坏锥体落在基础底面以内时，此类基础的截面高度由受冲切承载力控制。本规范编制时所作的计算分析和比较也表明，符合本《规范》要求的双向受力独立基础，其剪切所需的截面有效面积一般都能满足要求，无需进行受剪承载力验算。考虑到实际工作中柱下独立基础底面两个方向的边长比值有可能大于 2，此时基础的受力状态接近于单向受力，柱与基础交接处不存在受冲切的问题，仅需对基础进行斜截面受剪承载力验算。因此，本次规范修订时，补充了基础底面短边尺寸小于柱宽加两倍基础有效高度时，验算柱与基础交接处基础受剪承载力的条款。验算截面取柱边缘，当受剪验算截面为阶梯形及锥形时，可将其截面折算成矩形，折算截面的宽度及截面有效高度，可按照本规范附录 U 确定。需要说明的是：计算斜截面受剪承载力时，验算截面的位置，各国规范的规定不尽相同。对于非预应力构件，美国规范 ACI318，根据构件端部斜截面脱离体的受力条件规定了当满足：① 支座反力（沿剪力作用方向）在构件端部产生压力时；② 距支座边缘 h_0 范围内无集中荷载时；取距支座边缘 h_0 处作为验算受剪承载力的截面，并取距支座边缘 h_0 处的剪力作为验算的剪力设计值。当不符合上述条件时，取支座边缘处作为验算受剪承载力的截面，剪力设计值取支座边缘处的剪力。我国《混凝土结构设计规范》对均布荷载作用下的板类受弯构件，其斜截面受剪承载力的验算位置一律取支座边缘处，剪力设计值一律取支座边缘处的剪力。在验算单向受剪承载力时，ACI318 规范的混凝土抗剪强度取

$\varphi\sqrt{f_c}/6$，抗剪强度为冲切承载力（双向受剪）时混凝土抗剪强度$\varphi\sqrt{f_c}/3$，而我国的混凝土单向抗剪强度与双向受剪强度之间，一般条件下只是在截面高度影响系数中略有差别。对于单向受力的基础底板，按照我国《混凝土设计规范》的受剪承载力公式验算，计算截面从板边退出 h_0 算得的板厚小于美国 ACI318 规范，而验算断面取梁边或墙边时算得的板厚则大于美国规范。

2.27 新版《规范》对带裙房的高层建筑筏板基础设计有何新规定？如何正确理解应用

2.27.1 带裙房的高层建筑筏板基础变形的新规定有哪些，如何合理把控

（1）《地规》8.4.22 条：带裙房的高层建筑下的整体筏板形基础，其主楼下筏板的整体挠度值不宜大于 0.05%，主楼与相邻的裙房柱的差异沉降不应大于其跨度的 0.1%。

（2）《地规》8.4.23 条：采用大面积整体筏形基础时，与主楼连接的外扩地下室其角隅处楼板板角，除配置两个垂直方向的上部钢筋外，尚应布置斜向上部构造钢筋，钢筋直径不应小于 10mm，间距不应大于 200mm，该钢筋伸入板内的长度不宜小于 1/4 的短边跨度，与基础整体弯曲方向一致的垂直于外墙的楼板上部钢筋以及主裙楼交界处的楼板上部钢筋，钢筋直径不应小于 10mm，间距不应大于 200mm，且钢筋的面积不应小于《砼规》中对受弯构件的最小配筋率要求，钢筋的锚固长度不应小于 30d。

2.27.2 新《规范》为何强调要加强边角部楼板配筋

（1）当筏板发生纵向挠曲时，在上部结构共同作用下，外扩裙房边，角柱抑制了筏板纵向挠曲的发展，柱下筏板存在局部负弯矩，同时也顺着基础整体挠曲方向的裙房底层边、角柱下端的内、外侧出现裂缝。

（2）裙房的角柱内侧楼板出现弧形裂缝，顺着挠曲方向裙房的外侧楼板以及主裙楼交界处楼板均发生了裂缝。

通过裂缝分布图可知，对于框筒结构，在主体结构框架柱内侧和裙房框架内侧，最易引起应力集中，设计中应多加注意。图 2–56 为某工程地上一、二层楼板面裂缝位置分布图。

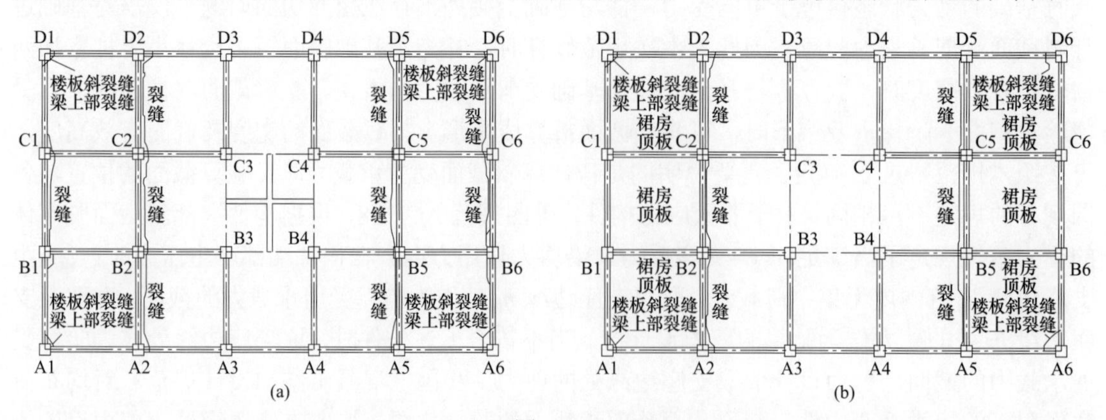

图 2–56

（a）一层楼板裂缝位置分布图示意；（b）二层楼板裂缝位置分布图示意

（3）高层建筑基础不但应满足强度要求，而且应有足够的刚度，方可保证上部结构的安全。本规范基础挠曲度Δ/L 的定义为：基础两端沉降的平均值和基础中间最大沉降的差值与基础两端之间距离的比值。本条款给出的基础挠曲Δ/L=0.5‰限值，是基于中国建筑科学研究院地基所室内模型系列试验和大量工程实测分析得到的。试验结果表明，模型的整体挠曲变形曲线呈盆形状，当Δ/L＞0.7‰时，筏板角部开始出现裂缝，随后底层边、角柱的根部内侧顺着基础整体挠曲方向出现裂缝。英国 Burland 曾对四幢直径为 20m 平板式筏基的地下仓库进行沉降观测，筏板厚度 1.2m，基础持力层为白垩层土。四幢地下仓库的整体挠曲变形曲线均呈反盆状。当基础挠曲度Δ/L=0.45‰时，混凝土柱子出现发丝裂缝；当Δ/L=0.6‰时，柱子开裂严重，不得不设置临时支撑。因此，控制基础挠曲度是完全必要的。

2.28　对四周与土层紧密接触带地下室外墙的整体式筏基和箱基，计算水平地震力、倾覆力矩时，地震力是否可以折减

《地规》8.4.3 条：对四周与土层紧密接触带地下室外墙的整体式筏基和箱基，当地基持力层为非密实的土和岩石，场地类别为Ⅲ类和Ⅳ类，抗震设防烈度为 8 度和 9 度，结构基本自振周期处于特征周期的 1.2 倍至 5 倍范围时，按刚性地基假定计算的基底水平地震剪力、倾覆力矩可按设防烈度分别乘以 0.90 和 0.85 的折减系数。

注：本条为新增条文。

【知识点拓展】

国内建筑物脉动实测试验结果表明，当地基为非密实土和岩石持力层时，由于地基的柔性改变了上部结构的动力特性，延长了上部结构的基本周期以及增大了结构体系的阻尼，同时土与结构的相互作用也改变了地基运动的特性。结构按刚性地基假定分析的水平地震作用比其实际承受的地震作用大，因此可以根据场地条件、基础埋深、基础和上部结构的刚度等因素确定是否对水平地震作用进行适当折减。实测地震记录及理论分析表明，土中的水平地震加速度一般随深度而渐减，较大的基础埋深，可以减少来自基底的地震输入。例如，日本取地表下 20m 深处的地震系数为地表的 0.5 倍；法国规定筏基或带地下室的建筑的地震荷载比一般的建筑少 20%。同时，较大的基础埋深，可以增加基础侧面的摩擦阻力和土的被动土压力，增强土对基础的嵌固作用。美国 NEMA386 及 IBC 规范采用加长结构物自振周期作为考虑地基土的柔性影响，同时采用增加结构有效阻尼来考虑地震过程中结构的能量耗散，并规定了结构的基底剪力最大可降低 30%。

本次修订，对不同土层剪切波速、不同场地类别以及不同基础埋深的钢筋混凝土剪力墙结构，框架剪力墙结构和框架核心筒结构进行分析，结合我国现阶段的地震作用条件并与美国 UBC 和 NEMA386 规范进行了比较，提出了对四周与土层紧密接触带地下室外墙的整体式筏基和箱基，结构基本自振周期处于特征周期的 1.2 倍至 5 倍范围时，场地类别为Ⅲ类和Ⅳ类，抗震设防烈度为 8 度和 9 度，按刚性地基假定分析的基底水平地震剪力和倾覆力矩可乘以 0.90 和 0.85 折减系数，该折减系数是一个综合性的包络值，它不能与现行国家标准《建筑抗震设计规范》（GB 50011）5.2 节中提出的折减系数同时使用。

2.29 结构设计处理主楼与裙房之间沉降差异的常见方法

结构设计时几乎人人都会遇到这个问题。简单地说，降低主楼与裙房之间沉降差异的主要原则就是尽量减少主楼的沉降量，而相应增加裙房的沉降量。围绕着这一原则，我们可以采取以下措施。

（1）主体结构中尽量使用轻质材料，比如轻骨料砼、钢结构等。

（2）主体结构基础尽可能地坐落在低压缩性地基土层上，而裙房尽可能地坐落在高压缩性地基土层上。如果预估的沉降量不能够满足要求，则或者可以将裙房下的地基土进行疏松处理，或者在主体结构下做 CFG 桩等复合地基。

（3）主楼采用箱形基础，以取得补偿，可大大减少沉降；而裙房采用弹性地基梁基础，以增加沉降。

（4）如果上述方法（3）仍无法降低沉降差异，设计人员还可以将裙房下弹性地基梁基础改为独立基础，以进一步增加裙房的沉降量。上部结构在主、裙房连接处设置后浇施工缝。

（5）若主体结构层数较多，或建筑物所在地区土质比较差，也可以在主体结构下采用桩基，裙房根据具体情况可采用独立基础、弹性地基梁或者筏板基础等。

（6）若主楼与裙房下都有地下室，则可以采用二者之间均设置筏板基础的设计方法。

（7）禁止采用增大裙楼地基刚度的方案，比如裙楼采用桩基或复合地基，主楼采用天然地基。

（8）施工时尽量先施工主楼，后施工裙房。《地基规范》7.1.4 条规定：荷载差异大的建筑，宜先建重、高部分，后建轻、低部分。

（9）主裙楼基底标高可以不一致，主体结构沉降大，基底标高可以高一点，裙楼部分沉降小，基底标高可以低一点。当产生沉降后二者之间差异很小时再整体现浇。

【工程案例】

作者 2011 年主持设计的宁夏第一超限高层建筑万豪大厦，基础就采用“主楼采用桩基础，裙楼采用天然地基独立柱基+抗水板方案”，如图 2–57 所示。

这个方案在初期遭到当地有关专家及业主严厉质疑，他们认为裙房也应做桩基础，同时桩也可兼抗浮桩使用。理由是当地一般建筑也没有敢这么做，没有工程经验。

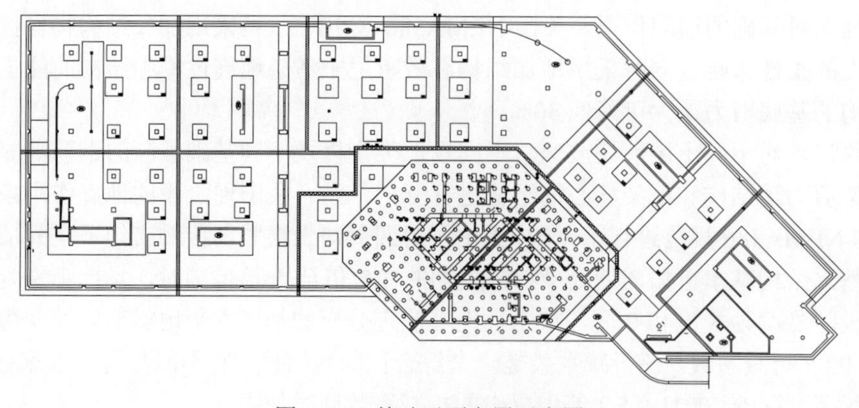

图 2–57 基础平面布置示意图

经过公司仔细解释我们的设计思想，再加上反复分析计算，使这个方案得到实现。

经过分析计算本工程主楼的平均最大沉降为 35mm（主楼核心位置），主楼外框架柱附近仅 25mm；裙楼柱基础的最大沉降为 20mm，如果裙楼采用桩筏或筏板基础均不会出现沉降，这样主裙之间的沉降差会更大，对结构协调不均匀沉降并没有好处。

经过施工阶段沉降观测最后基本稳定的沉降主楼为 25mm，裙楼独立柱基础仅 5mm。

本工程采取以下技术措施减小主裙楼间的差异沉降。

1）裙房的柱基础尽可能地减少基底面积，采用独立柱基+防水板方案，在防水板下铺设一定厚度的易压缩材料，本工程采用 150mm 厚的聚苯板（密度要求大于 20kg/m^3）。

2）适当加密核心筒区域桩的间距或适当加大桩长，相对加大核心筒外的桩间距或适当减小这部分桩长。

3）计算控制主楼与裙房之间沉降差不超过 0.1%。

4）尽量提高裙房柱基础的承载力。

5）在主楼与裙房之间留设沉降后浇带，待主楼沉降基本稳定后再浇灌。

2.30　新《规范》对抗浮验算时有哪些新规定，水浮力的分项系数如何合理确定

《地规》5.4.3 条指出建筑基础存在浮力作用时应进行抗浮稳定验算，并应符合下列规定：

（1）对于简单的浮力作用情况，基础抗浮稳定性应符合下式要求：

$$\frac{G_k}{N_{w,k}} \geqslant K_w$$

式中　G_k——建筑物自重及压重之和，kN；

$N_{w,k}$——浮力作用值，kN；

K_w——抗浮安全系数，一般情况取 1.05。

（2）抗浮稳定性不满足设计要求时，可采用增加配重或设置抗浮构件等措施。在整体满足抗浮稳定性要求而局部不满足时，可采用增加结构刚度的措施。

注意：规范这里没有明确，结构自重及压重是取设计值还是标准值？浮力同样也没有明确是设计值换算标准值？

【知识点拓展】

（1）《高层建筑筏形与箱形基础技术规范》（JGJ 6—2011）5.5.4 条文说明中指出水浮力、结构自重及配重均取荷载分项系数 1.0，即均为标准值。

（2）《北京地规》8.8.2 条指出：水浮力是标准值，永久荷载的影响系数可取 0.9～1.0，但安全系数取 1.0。

（3）《荷载规范》3.1.1 条文说明：对水位不变的水压力按永久荷载考虑，对水位变化的水压力应按可变荷载考虑。

第3章

建筑结构规则性如何合理界定及处理对策

3.1 关于建筑结构规则性相关问题概述

3.1.1 建筑规则性概述及规范界定问题

据宏观震害经验总结，在同一次地震中，体型复杂的房屋比体型规则的房屋倒塌率及破坏程度均要大，有的甚至倒塌。建筑方案的规则性对建筑结构的抗震安全性来说十分重要。这里的“规则”包含了对建筑的平、立面外形尺寸，抗侧力构件布置，质量分布，乃至承载力分布等诸多因素的综合要求。

图3–1　迪拜塔

平面有较长悬挑外伸时，外伸段容易产生局部振动而引起凹角处应力集中和破坏；角部重叠和细腰的平面，在中央部位形成狭窄部分，在地震中容易产生震害，尤其在凹角部位，由于应力集中容易使楼板拉裂、甚至拉坏。

结构刚度沿竖向突变，外形外挑或内收等，都会产生某些楼层的变形过分集中，出现严重震害甚至倒塌。所以设计中应力求使结构刚度自下而上逐渐均匀减小，体形均匀变化。比如目前世界第一高的迪拜塔（哈利法塔，图3–1），总高828m，160层，就是很好的代表。

1995年日本阪神地震中，大阪与神户市不少建筑产生中部楼层严重破坏的现象。其震后调研发现一个主要原因就是结构的侧向刚度在中部楼层突然减小，有些是由于建筑使用功能需要在中部取消部分剪力墙引起。柔弱底层建筑物的严重破坏在国内外的大地震中更是普遍存在，如图3–2所示。

一般来说竖向不规则比平面不规则破坏更加严重。“规则”的具体界限随结构类型的不同而异，需要建筑师和结构工程师在方案阶段互相配合，才能设计出抗震性能良好的建筑。建筑平、立面规则性的合理与否，不仅仅影响结构的安全性，更重要的是影响结构经济合理性问题。但如何把控合理界定平、立面的规则性问题又是一个十分复杂的问题，有些很难给出具体数值量化。为此《规范》给出一些定性、定量的要求。

图 3–2　底部柔弱建筑破坏

《抗规》3.4.1（强条）指出：建筑设计应根据抗震概念设计的要求明确建筑形体的规则性；不规则的建筑应按规定采取加强措施；特别不规则的建筑应进行专门研究和论证，采取特别的加强措施；不应采用严重不规则的建筑。

注：形体指建筑平面形状和立面、竖向剖面的变化。

《高规》3.4.1 条指出：在高层建筑的一个独立结构单元内，结构平面形状宜简单、规则，质量和承载力分布均匀。不应采用严重不规则的平面布置。

3.1.2　建筑结构产生扭转反应的原因及如何判定问题

（1）结构本身不规则。结构本身的不规则包括三个方面：第一，楼层质心的偏移，这是由于质量分布的随机性造成的，主要表现在结构自重和荷载的实际分布变化，质量中心与结构的几何中心不重合，存在一定程度的偏离；第二，由于施工工艺和条件的限制、构件尺寸控制的误差、结构材料性质的变异性、构件受荷历程的不同、构件实际的边界条件与设想的差别等因素，使刚度存在不确定性，造成的刚度中心偏移；第三，结构刚度退化的不均匀，当结构进入弹塑性阶段时，本来是规则对称的结构，也会出现随变形而形态变化的扭转效应。例如，结构某一角柱进入弹塑性状态，它的刚度较弹性阶段时小，而其他的柱可能仍处于弹性阶段，这时，刚度分布在结构平面内发生了变化，导致刚度不对称，使结构产生扭转反应。

（2）扭转不规则的判定。建筑结构的平面不规则性大致可以分为三种：一是平面形状不规则，也称为凹凸不规则；二是楼板局部不连续，连接较弱；三是抗侧力体系布置引起的扭转不规则。国内外的建筑规范都是从不规则结构的震害实际调研入手，考虑地震作用的不确定性和地震效应计算的不完整性，对结构的不规则性给出了判别的准则。在这三种不规则性中，平面形状不规则和楼板局部不连续的判别比较直观。而扭转不规则，是结构平面不规则最重要的控制指标，一般不容易直观判断，需要进行分析计算来判别。

（3）判定指标——扭转位移比值。由不规则结构的地震反应特征入手，通过分析质量和刚度平面分布，确定结构反应，计算扭转变形与侧向变形的相对大小，通过扭转位移比值来判别结构的不规则性。如果结构扭转变形太大，会造成边缘构件变形过大，进而过早地进入破坏状态，造成局部倒塌继而可能引起整体结构倒塌。这样的破坏机制难以实现整体结构的延性，对结构抗震十分不利。因此，控制扭转位移比值是需要我们高度重视的工作之一。

3.1.3 我国目前对不规则结构的抗震设计方法

针对不规则结构进行抗震设计主要有地震反应分析方法和构造措施两个方面。我国现行规范采用扭转耦联振型分解反应谱法时，考虑了结构的实际偏心，但没有考虑结构的偶然偏心；只有在计算地震扭转作用时考虑结构的偶然偏心。我国通常采用的抗震设计方法如下。

（1）静力法：以地震震动最大水平加速度与重力加速度的比值作为地震烈度系数，以工程结构的重力和地震烈度系数的乘积作为静荷载进行工程结构设计。

（2）底部剪力法：根据地震反应谱理论，按地震引起的工程结构底部总剪力与等效单质点体系的水平地震作用相等以及地震作用沿高度分布接近于倒三角形来确定地震作用分布，并求出相应地震内力和变形的方法。

（3）振型分解反应谱法：将结构各阶振型作为广义坐标系，求出对应于各阶振型的结构内力和位移，按平方和方根或完全二次型方根的组合确定结构地震反应的方法。采用反应谱时程振型分解反应谱法，用时程分析法时称振型分解时程分析法。

1）振型参与系数：施加在结构上的地震作用中，反映某一振型影响大小的计算系数。

2）平方和方根法（SRSS）：取各振型反应的平方和的方根作为总反应的振型组合方法，又叫均方根法。

3）完全二次型方根法（CQC）：取各振型反应的平方与不同振型耦联项的总和的方根作为总反应的振型组合方法。

（4）时程分析法：由结构基本运动方程输入地面加速度记录进行积分求解，以求得整个时间历程的地震反应的方法，也称为直接动力法。

1）时域分析：当结构受到以时间为变量的函数表示的任意振动激励作用时，按时间过程进行的振动分析。将激励时间过程划分为许多小时段，使每个时段的激励相当于一个冲量作用于结构，则可求在每个时段结束时的结构反应。又称步步积分法。

2）频域分析：当结构受到以频率为自变量的函数表示的任意振动激励作用时，按频率进行的振动分析。对于线性结构，将任意激励按频率从零到无限大展开为各简谐分量项，求出结构对每个分量的反应并叠加，则可得到结构的总反应。

3.1.4 对于不规则结构的地震反应如何分析与评估

（1）振型分解反应谱法分析是利用单自由度体系反应谱和振型分解原理，解决多自由度体系地震反应的计算方法，它考虑了结构动力特性与地震动力特性之间的关系，通过反应谱来计算由结构动力特性所产生的动力反应。反应谱曲线是以周期为横轴，反应为纵轴的反应周期关系曲线。

（2）振型分解反应谱法优点是考虑了地震强度和结构物的动力特性，以及建筑场地和震中距的影响。早在20世纪50年代反应谱法就广泛地为各国建筑规范所采用，而且至今仍然是我国和世界上许多国家结构抗震设计规范中地震作用计算的理论基础。此外，由于反应谱是根据国内外大量地震记录计算出的单质点系最大地震反应而绘制出的，从统计理论角度能较确切地给出结构在其使用期内遭遇地震的最大反应，相对在定量上较为可靠，这正是反应谱法的突出优点。

（3）振型分解反应谱法评估。虽然反应谱法有着理论成熟、计算简单的优点。然而，由于其实质上的局限性，反应谱法有如下不足之处。

1）反应谱虽然考虑了结构动力特性所产生的共振效应，但在设计中仍然把地震惯性力按照静力来对待，所以反应谱理论只是一种准动力理论。

2）地震动的三要素是振幅、频谱和持续时间，在制作反应谱过程中只考虑了地震动的前两个要素——振幅和频谱，未能反映地震动持续时间对结构破坏程度的重要影响。

3）反应谱是根据弹性结构地震反应绘制的，只能笼统地给出结构进入弹塑性状态的结构整体最大地震反应，不能给出结构地震反应的全过程，更不能给出地震过程中各构件进入弹塑性变形阶段的内力和变形状态，因而也就无法找出结构的薄弱环节。因此，如何弥补振型分解反应谱法的不足，是我们在未来工作中需要研究、探讨和解决的关键问题。

4）目前由于结构的体量巨大、体型复杂，采用传统的振型分解反应谱法无法解决结构的地震反应计算，人们转向时程分析寻找出路，包含我们国家在内的许多国家的抗震规范都引入了条文。但我国将时程分析法作为振型分解反应谱法的补充计算手段。

3.2　如何合理界定建筑结构平面规则性问题

3.2.1　《抗规》对平面规则性的界定

《抗规》3.4.3 条：建筑形体及其构件布置的平面，应按下列要求划分：混凝土房屋、钢结构房屋和钢–混凝土混合结构房屋存在于表 3–1 所列举的某项平面不规则类型及类似的不规则类型，应属于不规则的建筑。一些不规则平面图形如图 3–3 所示。

表 3–1　　平面不规则的主要类型

不规则类型	定义和参考指标
扭转不规则	在规定的水平力作用下，楼层的最大弹性水平位移或层间位移，大于该楼层两端弹性水平位移（或层间位移）平均值的 1.2 倍
凹凸不规则	平面凹进的尺寸，大于相应投影方向总尺寸的 30%
楼板局部不连续	楼板的尺寸和平面刚度急剧变化，例如，有效楼板宽度小于该层楼板典型宽度的 50%，或开洞面积大于该层楼面面积的 30%，或有较大的楼层错层

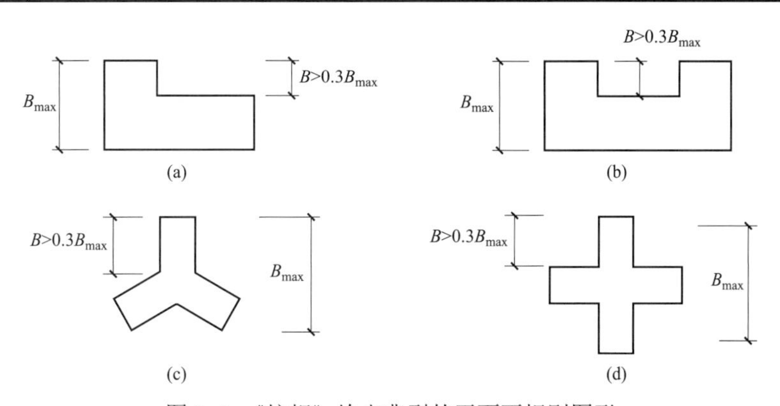

图 3–3　《抗规》给出典型的平面不规则图形

补充说明：

（1）新规范对扭转不规则判定，要求在考虑偶然偏心规定的水平力作用下的计算。

（2）考虑偶然偏心要求在正文中未提及，但在条文说明中有说明。

（3）《抗规》凹凸不规则限值不区分设防烈度，这点与《高规》不同。

（4）楼板局部不连续中“或有较大的楼层错层”没有具体量化。

【知识点拓展】

对于图 3–4（a）所示情况，经常有人问到底是按凹凸不规则判断还是按开洞来判断更加合理，有些地方设计人员及审图单位不区分情况，既按凹凸不规则又按开洞两项不规则来判定。作者认为这样做是不妥当的，首先需要看洞边连接部分的强弱。

（1）如果洞边部分连接很强，能够协调两侧结构的水平变位，那么就可以按开洞来判定；比如层层用刚度较大的空间桁架连接。

（2）如果洞边部连接较弱，不能够协调两侧结构的水平变位，那么就可以按凹凸来判定；比如仅仅在楼层处有弱梁连接。

（3）对于电梯间、楼梯间四周有钢筋混凝土墙及管道井的开洞可以不计入楼板开洞面积。

（4）对于图 3–4 如果是回字形平面，且四周楼板是连续的，则楼板开洞后，有效楼板宽度小于开洞处楼面宽度的 65%，或开洞面积大于该层楼面面积的 40%（这是江苏超限审查要点规定）。

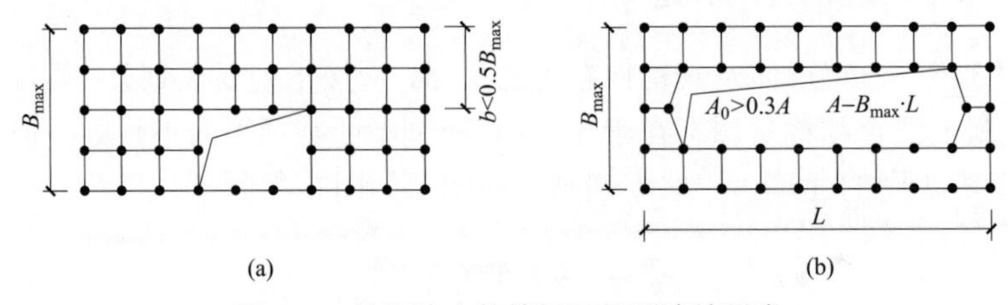

图 3–4　抗规给出的楼板局部不连续示意

（a）楼板有较大开洞；（b）有效楼板宽度较小

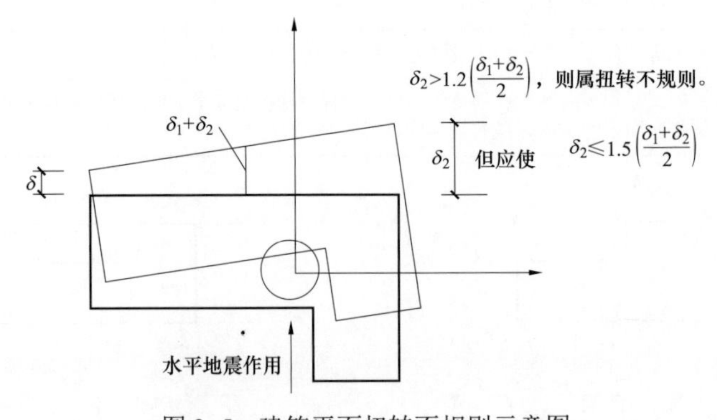

图 3–5　建筑平面扭转不规则示意图

3.2.2 《高规》对平面规则性的界定

《高规》3.4.3 条：抗震设计的混凝土高层建筑，其平面布置宜符合下列要求。

（1）平面宜简单、规则、对称，减少偏心。

（2）平面长度不宜过长（图 3–6），L/B 宜符合表 3–2 的要求。

（3）建筑平面不宜采用角部重叠或细腰形平面布置（图 3–7）。

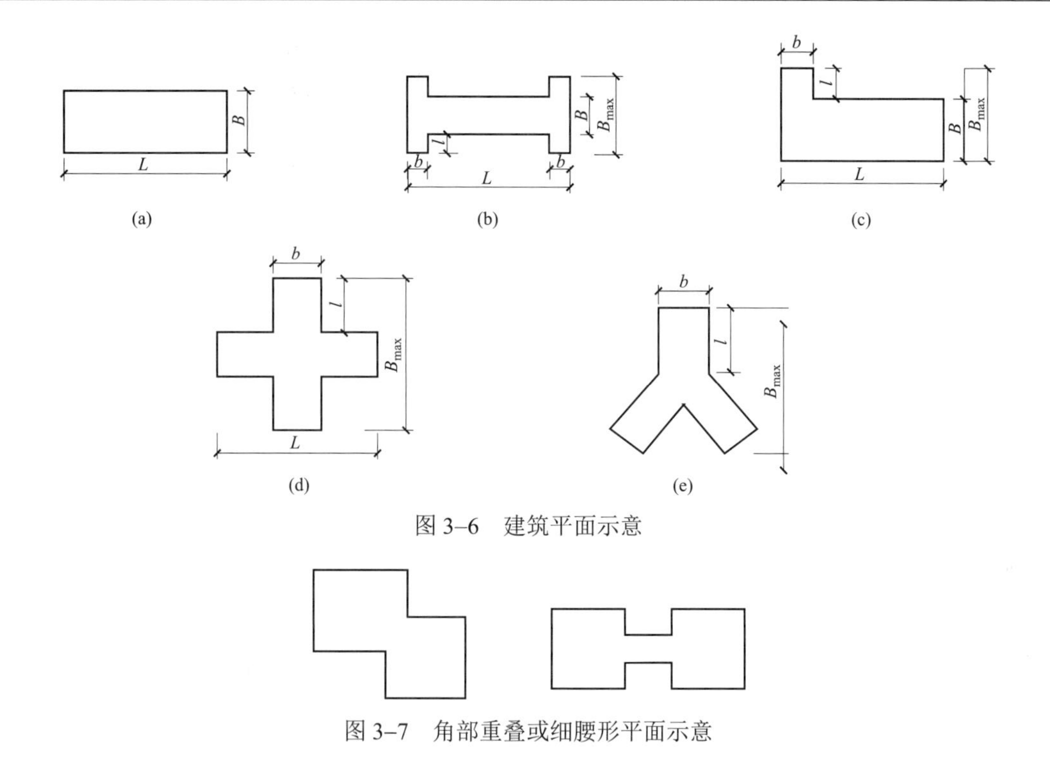

图 3–6　建筑平面示意

图 3–7　角部重叠或细腰形平面示意

表 3–2　　**平面尺寸及突出部位尺寸的比值限值**

设防烈度	L/B	l/B_{max}	l/b
6、7 度	≤6.0	≤0.35	≤2.0
8、9 度	≤5.0	≤0.30	≤1.5

补充说明：《高规》对凹凸不规则划分区分设防烈度，作者认为这样界定更加合理。全国超限审查技术要点也提到："对不规则建筑的抗震设计要求，可依据抗震设防烈度和高度的不同有所区别"。

（4）建筑平面不宜采用角部重叠或细腰形平面布置。

《高规》对角部重叠或细腰形平面没有提出具体限值规定。设计时可以参考一些地方（如上海、四川、内蒙古等）规定。

《高规》3.4.5 条：结构平面布置应减少扭转的影响。在考虑偶然偏心影响的规定水平地震力作用下，楼层竖向构件最大的水平位移和层间位移，A 级高度高层建筑不宜大于该楼层平均值的 1.2 倍，不应大于该楼层平均值的 1.5 倍；B 级高度高层建筑、超过 A 级高度的混合结构及《高规》第 10 章所指的复杂高层建筑不宜大于该楼层平均值的 1.2 倍，不应大于该楼层平均值的 1.4 倍。结构扭转周期为主的第一自振周期 T_t 与平动为主的第一自振周期 T_1 之比，A 级高度高层建筑不应大于 0.9，B 级高度高层建筑、超过 A 级高度的混合结构及《高规》第 10 章所指的复杂高层建筑不应大于 0.85；请注意：当楼层的最大层间位移角不大于本规程规定的位移角限值的 40%时，该楼层竖向构件的最大位移和层间位移与该楼层平均值的比值可适当放松，但不应大于 1.6。例如：剪力墙结构最大层间位移角为 1/1000，当计算最大层间位移角为 1/2500 时，楼层竖向构件的最大水平位移和层间位移与该楼层平均值的比值可适当放松，最大可放松至 1.6。

《高规》3.4.6 条规定：当楼板平面比较狭长、有较大的凹入和开洞而使楼板有削弱时，应在设计中考虑楼板削弱产生的不利影响。有效楼板宽度不宜小于该层楼面宽度的 50%；楼板开洞总面积不宜超过楼面面积的 30%；在扣除凹入或开洞后，楼板在任一方向的最小净宽度不宜小于 5m，且开洞后每一边的楼板净宽度不应小于 2m。

【知识点拓展】

（1）对于较大错层，如果错层高于梁高的错层，需要按楼板开洞对待；当错层面积大于该层总面积 30%时，则属于楼板局部不连续。楼板典型宽度按楼板外形的基本宽度计算。

（2）《高规》3.4.6 条："当楼板平面比较狭长、有较大的凹入和开洞时，应在设计中考虑其对结构产生的不利影响。有效楼板宽度不宜小于该层楼面宽度的 50%；楼板开洞总面积不宜超过楼面面积的 30%；在扣除凹入或开洞后，楼板在任一方向的最小净宽度不宜小于 5m，且开洞后每一边的楼板净宽度不应小于 2m。"

图 3–8　口字形建筑物

（3）这条要求常因不同的理解而困扰设计、审图等人员。有些施工图审查单位，甚至对图 3–8 中口字形建筑物中间的绿化面积，也视作"楼板开洞"，认为面积不能超过 30%。

（4）国外一些规范对这个问题有明确规定。如美国和新西兰规范都没有楼板开洞面积百分比的限值。两本规范都规定：应该对楼板传递水平力进行分析计算；当存在大开洞时，应注意楼板在其平面内刚度无穷大的假设可能不成立。新西兰规范提出一个判断方法：当横隔板（楼板）的最大横向变形大于各楼板的平均变形的 2 倍时，即应考虑其柔性。

在建筑工程中，横隔板属于结构构件，如楼板或屋面板，它起着下列部分或全部功能：

1）提供建筑物某些构件的支点，如墙、隔断与幕墙，并传递水平力，但不属于竖向抗震体系的一部分；

2）传递横向力至竖向抗震体系；

3）将不同的抗震体系中的各组成部分连成一体，并提供适当的强度、刚度，以使整个建筑能整体变形与转动。

（5）再来看我国《高规》3.4.6 条，明确写明是楼板，当然就是指建筑物的室内的板，而不是指建筑物以外的部分。因此，图 3–8 中所示的绿化面积并不是建筑物的一部分，当然不能算作"楼板开洞"。

（6）因此作者理解《高规》3.4.6 条的用意是：对于需要传递水平力的楼板（包括屋面板），不宜在不恰当的部位开过大的洞。因此，不宜仅看开洞率的多少，而应根据开洞的部位、开洞尺寸是否影响了水平力的传递等方面，去衡量该洞口是否可以设置。

再举个工程例子：图 3–9 所示为早期常见的高层塔式住宅平面示意图。为了满足建筑的使用要求，建筑的四面都有较大凹凸。设计时往往在楼层四面的突出部位之间布置拉梁（或拉板），以增加其整体性，但是有的设计人或审图人却把拉梁（或拉板）与外墙之间的空间（图 3–9 中斜线填充部位）作为楼板开洞面积，作者认为这样理解也是不合适的。《高规》中的用词很明确，是"楼板开洞"，现在如果把建筑室外部分由拉梁（或拉板）与外墙围成的空间也作为"楼板开洞"，这显然是任意扩大规范条文的限制范围，是不合适的。

作者认为规范制定这条的目的是：如果楼板开洞面积过大，将会影响水平力的传递。如图 3–10 所示，为某工程的部分平面示意图，当结构受到地震作用时，水平力将通过楼板传递到两侧的剪力墙。如果在图中楼板开洞 2 时，基本不影响水平力的传递，因此洞口大小可以基本不受限制，只要不影响竖向荷载的安全即可。但假如在楼板位置开洞 1 时，将影响水平力传递至剪力墙，因此洞口不宜太大，且需要对其进行局部加强处理。

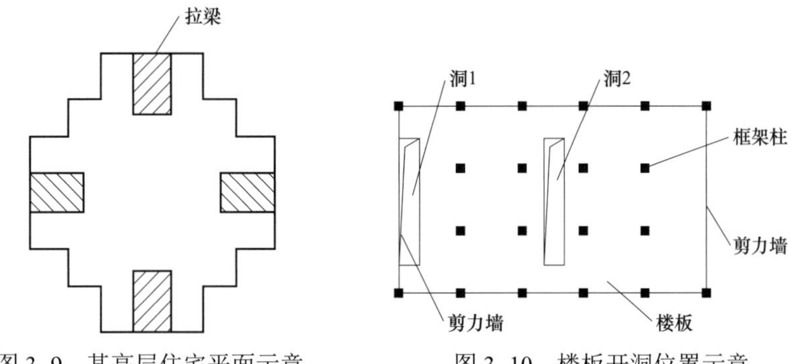

图 3–9　某高层住宅平面示意　　图 3–10　楼板开洞位置示意

因此，作者认为楼板是否可以开大洞，应视具体情况而定，不能一概而论。开大洞是否对传递水平力有影响，要结合工程情况，看开洞的位置是否合适，而不应不加区分情况的按是否超过 30%这个限值来简单判定。

（7）工程中也经常遇到设计人员或有的审图人员将电梯井筒内的楼板开洞，认为是不利因素，将其开洞面积也计入。事实上，电梯井洞四周的混凝土墙，是能传递水平力的，所以电梯楼板洞口算不利因素可以。但楼梯间周围如果有封闭的混凝土墙，就不应将其开洞计入楼板开洞面积。

（8）《高规》3.4.7 条文说明：“高层住宅建筑常采用艹字形、井字形平面以利于通风采光，而将楼电梯间集中配置于中央部位。楼电梯间无楼板而使楼面产生较大削弱，此时应将楼电梯间周边的剩余楼板加厚，并加强配筋。外伸部分形成的凹槽可加拉梁或拉板，拉梁宜宽扁放置并加强配筋，拉梁和拉板宜每层均匀设置。”

3.2.3　其他地方标准对不规则性界定的规定

1.《北京市建筑设计细则　结构专业》

《北京市建筑设计细则　结构专业》对平面规则性的认定标准如图 3–11 及表 3–3 所示。

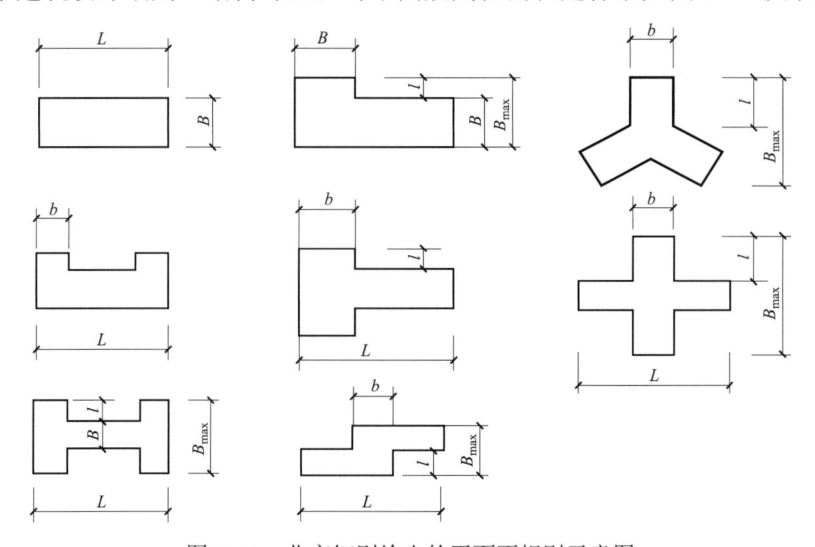

图 3–11　北京细则给出的平面不规则示意图

表 3-3　　　　平面尺寸及突出部位尺寸的比值限值

设防烈度	L/B	l/B_{max}	l/b
6、7 度	≤6.0	≤0.35	≤2.0
8、9 度	≤5.0	≤0.30	≤1.5

注：这个判定标准同《高规》、限定标准与设防烈度有关。

2. 上海《建筑抗震设计规程》

上海《建筑抗震设计规程》（DGJ 08–9–2013，以下简称《上海抗规》）给出的平面不规则类型如图 3–12 所示。

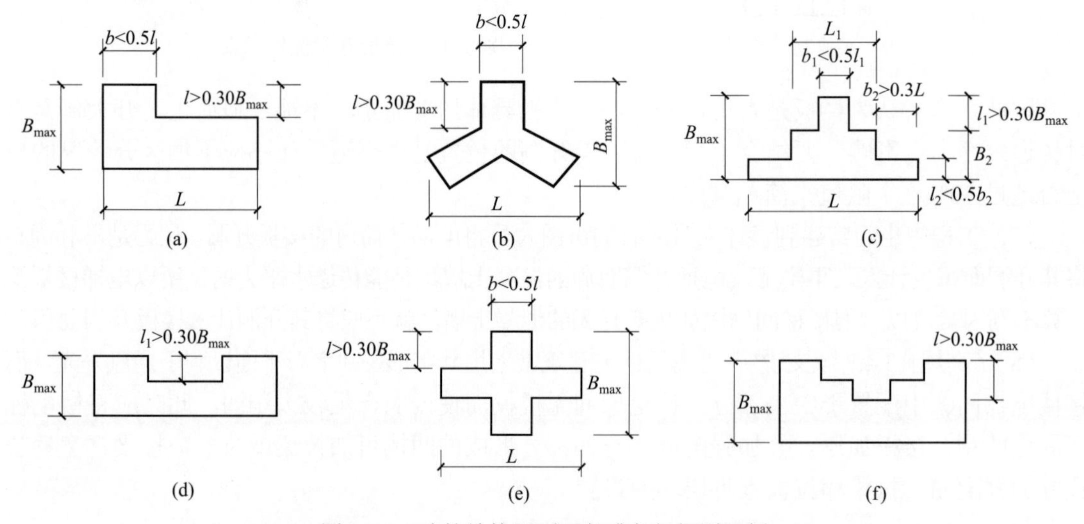

图 3–12　建筑结构平面凹角或角部规则示例

（1）《上海抗规》规定只有图 3–12（a）中 $b<0.5L$ 时（四川省也有这个规定），才进行凹凸不规则判断；而国家《抗规》、《高规》及北京细则均没有这点规定。

（2）《上海超限界定》补充的特殊平面规则界定。

1）平面布置中凹口深度超限的情况如图 3–13 所示，b_c/B_{max} 的比值不宜大于 50%，超过此值时宜改变建筑和结构平面布置。

2）各标准层平面中楼板间连接较弱（洞口周围无剪力墙）的情况如图 3–14 所示，$(S_1+S_2)/B$ 的比值不宜小于 50%，或 S_1+S_2 的尺寸不宜小于 5m，S_1 或 S_2 的最小尺寸不宜小于 2m，不满足上述要求时宜改变建筑和结构布置。

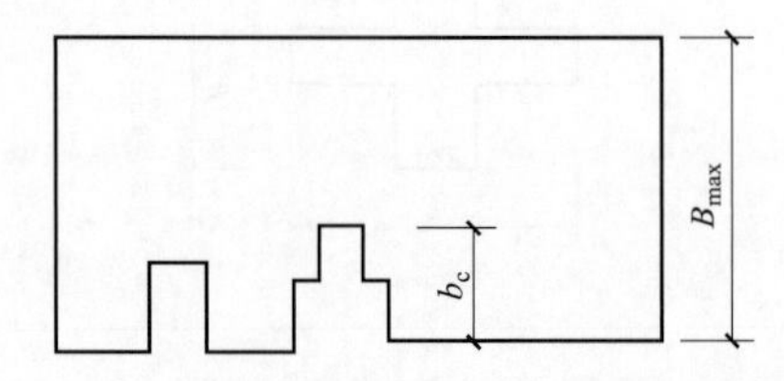

图 3–13　凹口深度超限的平面布置示意图

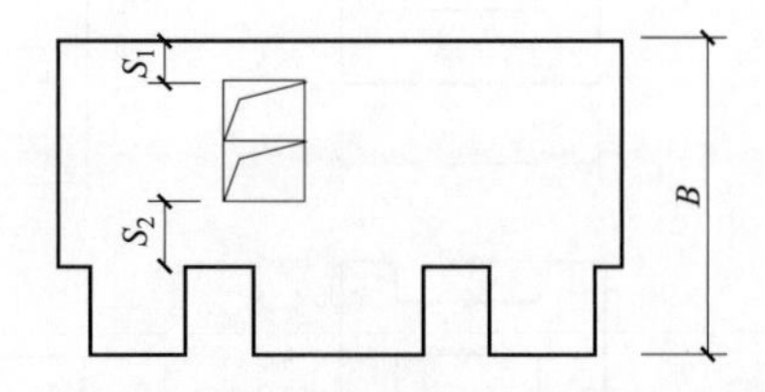

图 3–14　楼板间连接较弱的平面示意图

3）平面布置中局部突出超限的情况如图 3–15 所示，高宽比 $H/b>5$ 时，l/b_j 不应大于 2，超过时宜调整建筑和结构布置。

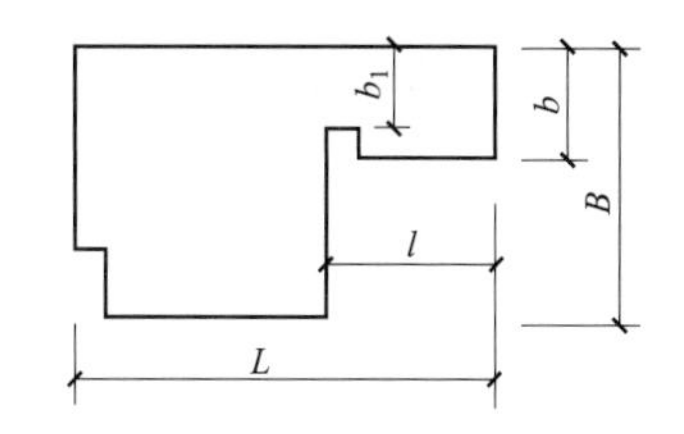

图 3–15　局部突出超限平面示意图

（3）《上海超限界定》补充了结构平面为角部重叠或细腰的平面（图 3–16 和图 3–17）规定：角部重叠面积小于较小边面积的 40%时，属于不规则平面；细腰的尺寸 $l_1+l_2>0.3B_{max}$ 时属于不规则类型。

注意：山西省超限认定“6 度、7 度（0.10g）时重叠面积小于较小面积的 25%及 7 度（0.15g）、8 度时重叠面积小于较小面积的 35%时均属于严重不规则”。

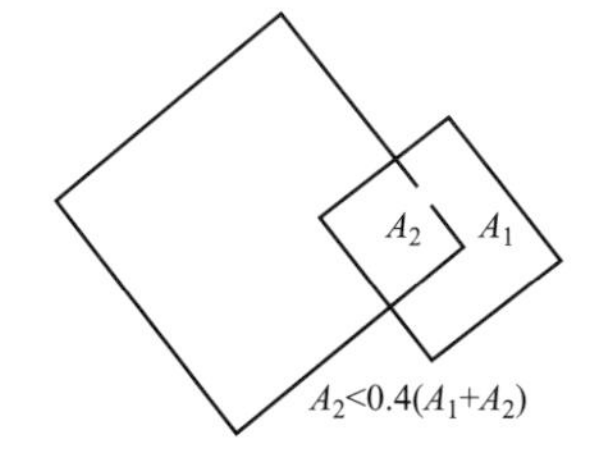

图 3–16　角部重叠的平面示意图

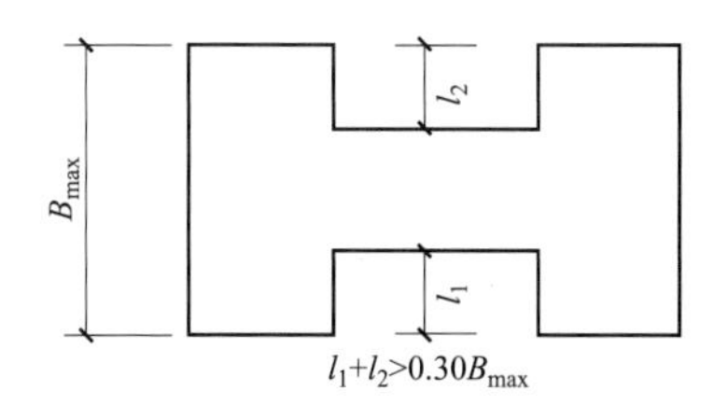

图 3–17　结构平面细腰形示意图

（4）对于带有较大裙房的高层建筑，则可以适当放松扭转位移比要求。

对于带有较大裙房的高层建筑（裙房与主楼结构相连），当裙房高度不大于建筑总高度的 20%、裙房楼层的最大层间位移角不大于《上海规程》第 5.5.1 条规定的限值的 40%时，判别扭转不规则的位移比限值可以适当放松到 1.3。

3. 广东《高层建筑结构设计技术规程》

广东《高层建筑结构设计技术规程》（DBJ 15—92—2013，以下简称《广东高规》）3.4.3 条：抗震设计的高层建筑平面布置宜符合下列要求：

（1）平面长度不宜过长，突出部分长度不宜过大（图 3–18）；平面尺寸 L、l、B、B_{max}、b 等值宜满足表 3–4 的要求。

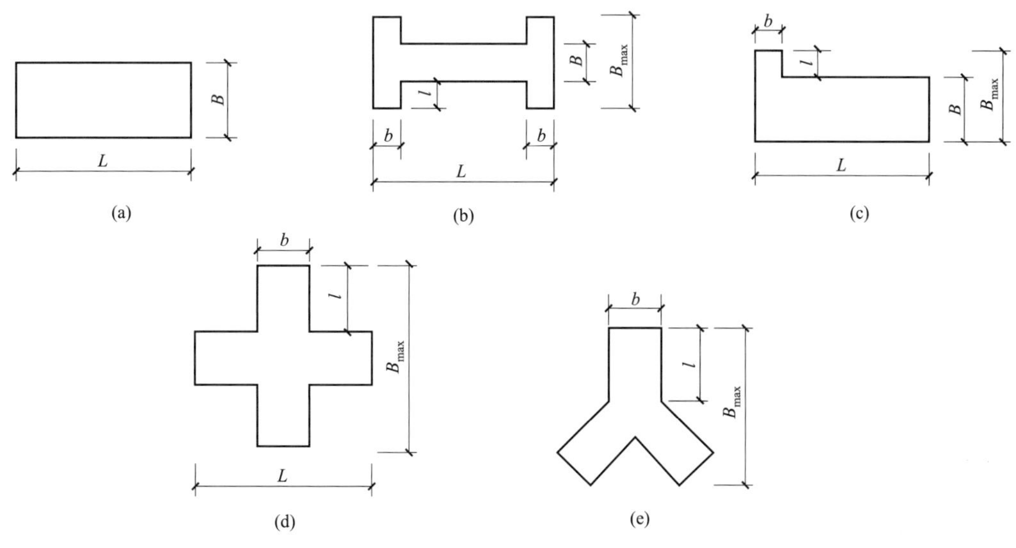

图 3–18　建筑平面示意

表 3–4　　平面尺寸及突出部位尺寸的比值限值

设防烈度	L/B	l/B_{max}	l/b
6、7 度	≤6.0	≤0.35	≤2.0
8 度	≤5.0	≤0.30	≤1.5

注：由于广东没有 9 度区，所以表中没有涉及 9 度问题，其他规定同国家《高规》。

（2）对细腰或角部重叠给出具体量化规定：不宜采用角部重叠或细腰形等对楼盖整体刚度削弱较大的平面（图 3–19）。细腰形平面的 b/B 不宜小于 0.4；角部重叠部分尺寸与相应边长较小值的比值 b/B_{min} 不宜小于 1/3。

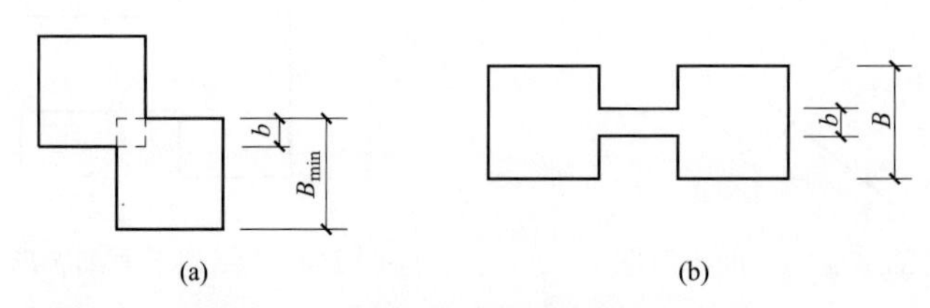

图 3–19　角部重叠和细腰形平面示意

（3）当楼层位移角较小时，扭转位移比限值可适当放松的条件。

《广东高规》3.4.4 条：抗震设计的建筑结构平面布置应避免或减少结构整体扭转效应。A 级高度高层建筑的扭转位移比不宜大于 1.2，不应大于 1.5；B 级高度高层建筑、混合结构高层建筑及本规程第 11 章所指的复杂高层建筑不宜大于 1.2，不应大于 1.4。当楼层的层间位移角较小时，扭转位移比限值可适当放松。高层建筑的扭转不规则程度分类按表 3–5 和表 3–6 规定。

表 3–5　　A 级高度建筑的扭转不规则程度分类及限值

结构类型	地震作用下的最大层间位移角 θ_E 范围	μ≤1.2	1.2<μ≤1.35	1.35<μ≤1.5	1.5<μ≤1.8
框架	$\theta_E \leq \frac{1}{1000}$	规则	Ⅰ类	Ⅰ类	Ⅱ类
	$\frac{1}{1000} < \theta_E \leq \frac{1}{500}$	规则	Ⅰ类	Ⅱ类	Ⅱ类
框架–剪力墙 框架–核心筒 板柱–核心筒 巨型框架–核心筒	$\theta_E \leq \frac{1}{1300}$	规则	Ⅰ类	Ⅰ类	Ⅱ类
	$\frac{1}{1300} < \theta_E \leq \frac{1}{650}$	规则	Ⅰ类	Ⅱ类	Ⅱ类
框支层，筒中筒，剪力墙	$\theta_E \leq \frac{1}{1600}$	规则	Ⅰ类	Ⅰ类	Ⅱ类
	$\frac{1}{1600} < \theta_E \leq \frac{1}{800}$	规则	Ⅰ类	Ⅱ类	Ⅱ类

表 3–6　　**B 级高度建筑的扭转不规则程度分类及限值**

结构类型	地震作用下的最大层间位移角 θ_E 范围	$\mu\leqslant1.2$	$1.2<\mu\leqslant1.3$	$1.3<\mu\leqslant1.4$	$1.4<\mu\leqslant1.6$
框架–剪力墙 框架–核心筒 板柱–核心筒 巨型框架–核心筒	$\theta_E\leqslant\frac{1}{1300}$	规则	Ⅰ类	Ⅰ类	Ⅱ类
	$\frac{1}{1300}<\theta_E\leqslant\frac{1}{650}$	规则	Ⅰ类	Ⅱ类	Ⅱ类
框支层，筒中筒，剪力墙	$\theta_E\leqslant\frac{1}{1600}$	规则	Ⅰ类	Ⅰ类	Ⅱ类
	$\frac{1}{1600}<\theta_E\leqslant\frac{1}{800}$	规则	Ⅰ类	Ⅱ类	Ⅱ类

注：1. 扭转位移比μ指楼层竖向构件的大水平位移与平均位移之比，计算时采用刚性楼板假定，并考虑偶然偏心的影响。

2. 当楼层的大层间位移角不大于本规程第 3.7.3 条规定的限值的 0.5 倍时，该楼层扭转位移比限值可适当放松，但 A 级高度建筑不大于 1.8，B 级高度不大于 1.6。计算楼层的大层间位移角时不考虑偶然偏心的影响。注意这点比国标《高规》又进一步有条件的放松。

【知识点拓展】

（1）本规程不再控制结构的周期比（扭转周期与平动周期比）。理由：结构扭转效应的大小体现于扭转引起的扭转角和扭矩。研究表明，限制偶然偏心地震作用下的结构扭转位移比不要过大，就可控制结构的扭转刚度不致过弱。

（2）有条件地略微放松扭转位移比限值。限制楼层间大弹性水平位移与平均位移之比是为了控制结构平面布置的不规则，避免结构产生过大的扭转效应。考虑到这一指标是一个宏观的相对指标，当结构的水平刚度很大（楼层平动位移很小）时，即使楼层扭转角不大（扭转刚度足够），扭转位移比也往往难以满足要求，因此，在计算楼层大弹性水平位移或层间位移角很小时，略微放松了这一限制。由于考虑扭转效应的三维动力分析（必要时考虑耦联影响）的计算已把扭转效应的不利影响计及在内，有条件地适当放松这一限制是合理并且安全的。

4.《四川省抗震设防超限高层建筑工程界定标准》

《四川省抗震设防超限高层建筑工程界定标准》（DB 51/T 5058—2008，以下简称《四川标准》）规定如下：

（1）平面形状示意如图 3–20 所示（仅列出与国标不一致的平面）。

特别注意：四川规定只有图 3–20（a）中 $b<0.5L$ 时，才进行凹凸不规则判断；这点同《上海规程》规定，但国家《抗规》及《高规》没有这点规定。

说明如下：

1）平面凹进或凸出一侧的尺寸 l 大于相应投影方向总尺寸 B_{max} 的 35%（6、7 度）或 30%（8、9 度）时，如图 3–20（a）～（f）所示。

2）细腰平面的凹进或凸出一侧的尺寸 l 虽不大于相应投影方向总尺寸 B_{max} 的 35%（6、7 度）或 30%（8、9 度）时，但细腰部分的宽度 B_1 小于 B_{max} 的 50%（6、7 度）或 60%（8、9 度）时，如图 3–20（c）、（d）所示。

3）平面突出部分的长度 l 与连接宽度 b 之比超过 2.0（6、7 度）或 1.5（8、9 度）时，如图 3–20（a）～（f）所示；

4）矩形平面的长度 L 与宽度 B 之比大于 6.0（6、7 度）或 5.0（8、9 度）时，如图 3–20（g）所示；

5）角部重叠形平面的角部重叠面积小于较小一个平面面积的 35%，如图 3–20（h）所示。

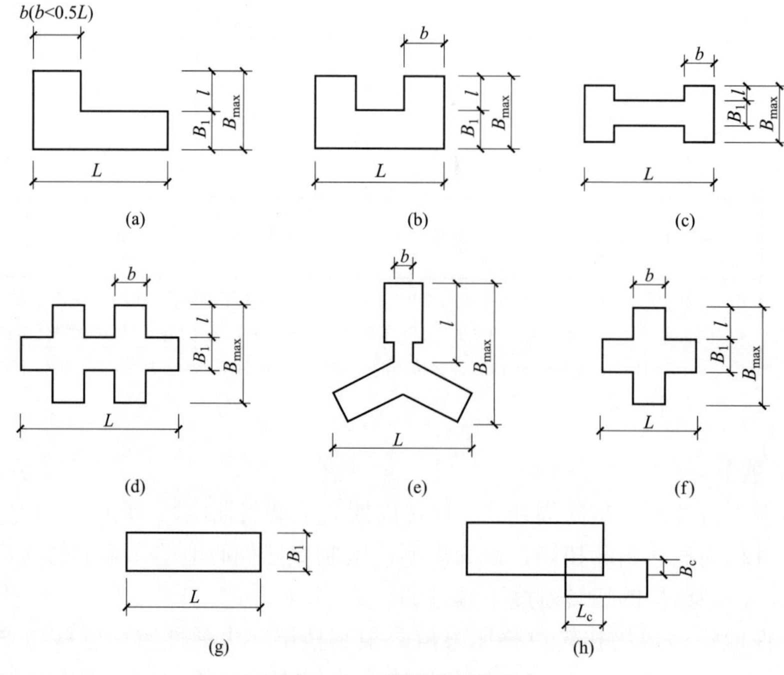

图 3–20　建筑平面示意

（2）对于角部重叠特殊情况的界定。角部重叠形平面如图 3–21 所示，重叠部分平面长边的长度为 L_c，短边的长度为 B_c。当 L_c 或 B_c 大于两个平面中任一个平面相应方向的边长的 2/3 时，不作为角部重叠形平面，如图 3–22 所示。当平面由两个以上矩形或基本为矩形的平面组成，其中有类似角部重叠的情况，亦不作为角部重叠平面，如图 3–23 所示，而按其他不规则情况考虑。

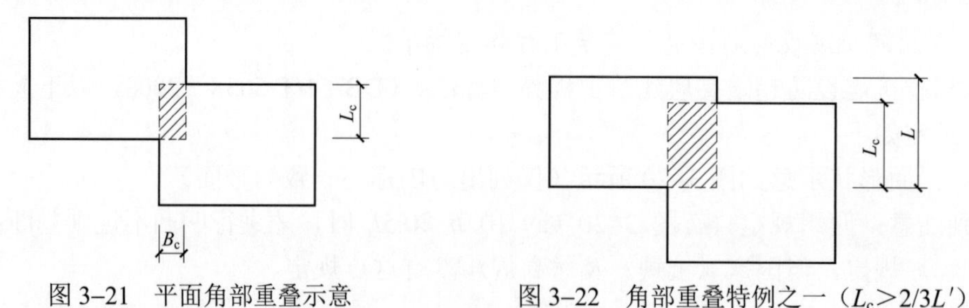

图 3–21　平面角部重叠示意　　　图 3–22　角部重叠特例之一（$L_c > 2/3L'$）

（3）当结构平面为 Y 形、十字形等多肢形状，其某一肢与其他部分的连接部位的宽度有颈缩时，不作为细腰平面，按局部突出的平面考虑，如图 3–24 所示。

（4）楼板局部不连续的界定。结构中有下列一种以上情况时，为楼板局部不连续；

1）有效楼板宽度小于该层楼板典型宽度的 50%；

2）在任一方向的有效楼板宽度小于 5m；

3）楼板开洞面积大于该楼层面积的 30%；

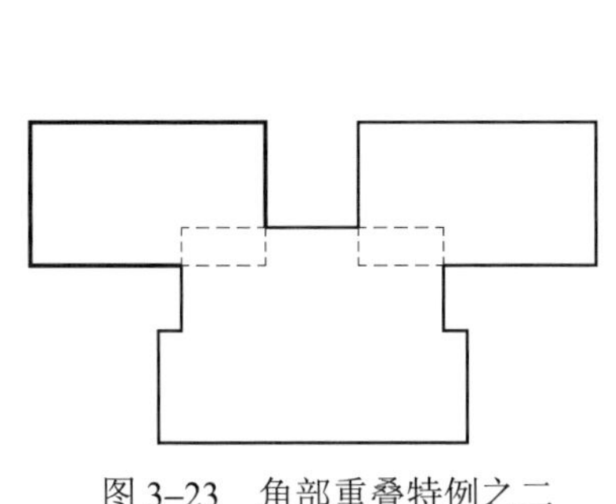

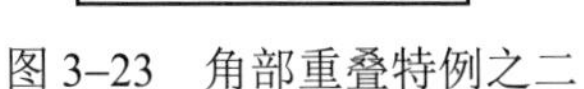

图 3–23　角部重叠特例之二

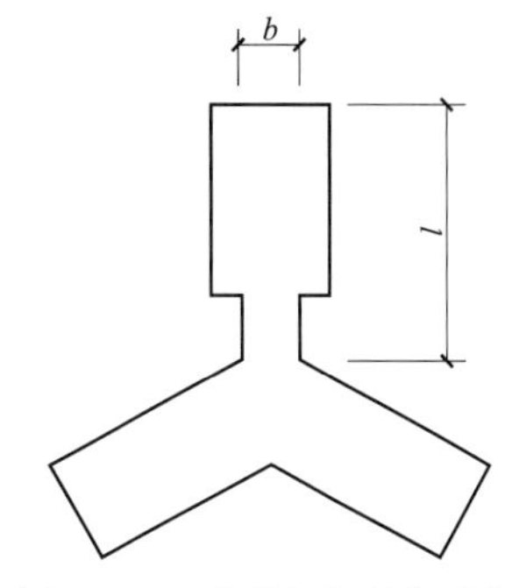

图 3–24　平面多肢形状示意

4）除错层结构外，楼板相错高度大于梁高或大于 600mm 且错层面积大于该层楼板总面积的 30%；

5）楼板有效宽度 b_j 的计算方法示意如图 3–25 所示。

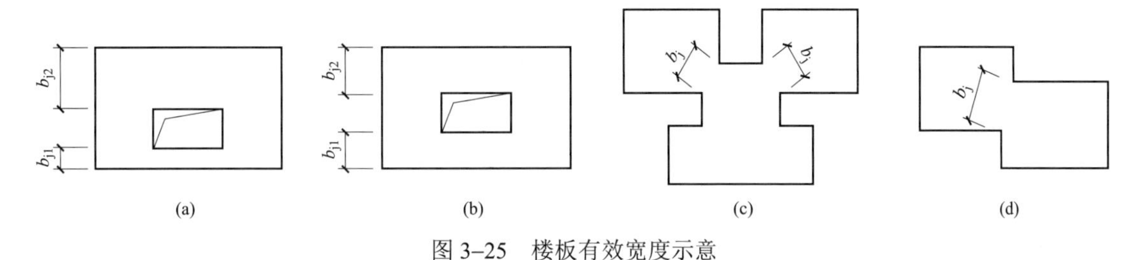

图 3–25　楼板有效宽度示意

（a）$b_{j1}<2m$　$b_{j2}\geqslant 2m$　$b_j=b_{j2}$；（b）$b_{j1}\geqslant 2m$　$b_{j2}\geqslant 2m$　$b_j=b_{j1}+b_{j2}$

（5）对于凹进平面的特殊情况界定。对凹进平面，当在凹进根部已采取了加板的措施后，凹进深度可从板的外边缘算起。当在凹槽端口采取了拉板或拉梁的措施时，是否考虑拉板和拉梁的作用要根据凹槽的宽度、深度和拉板、拉梁的刚度情况确定。

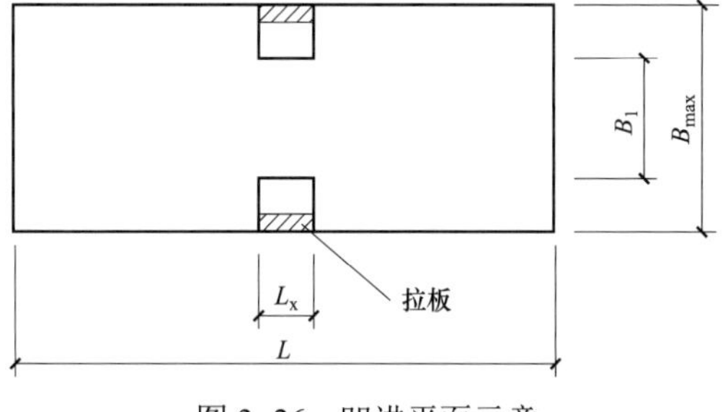

图 3–26　凹进平面示意

一般情况下，当槽口的宽度 L_x 小于 3m，同时在槽口端部每层设置了刚度较大的拉板，拉板两端与竖向构件连接，并且拉板的宽度不小于 2m 时，可以不作为细腰形平面判断凹凸不规则，但应进行本条第 3 项的控制，如图 3–26 所示。

5.《天津市超限高层建筑工程设计要点》

《天津市超限高层建筑工程设计要点》中对平面规则性的认定如下：

（1）平面凹凸不规则界定如图 3–27 所示。

（2）细腰或重叠部分的界定如图 3–28（a）、（b）所示。

界定标准：角部重叠的结构平面，其中角部重叠面积为较小一侧的 25%；细腰形平面中部两侧收进超过平面宽度 50%。

《江苏省房层建筑工程抗震设防审查细则》规定：如果凹口宽度大于平面长度的 $l > 1/3L_{max}$，可以不算凹凸不规则，如图 3–29 所示。

【工程案例】

台湾嘉义县某小学U形2层建筑如图3–30所示，外走廊加外柱、筏板基础，经历1998年瑞里地震(PGA = 0.67g)、1998年集集地震(PGA = 0.63g)、1999年嘉义地震(PGA = 0.60g)，均保持完好。

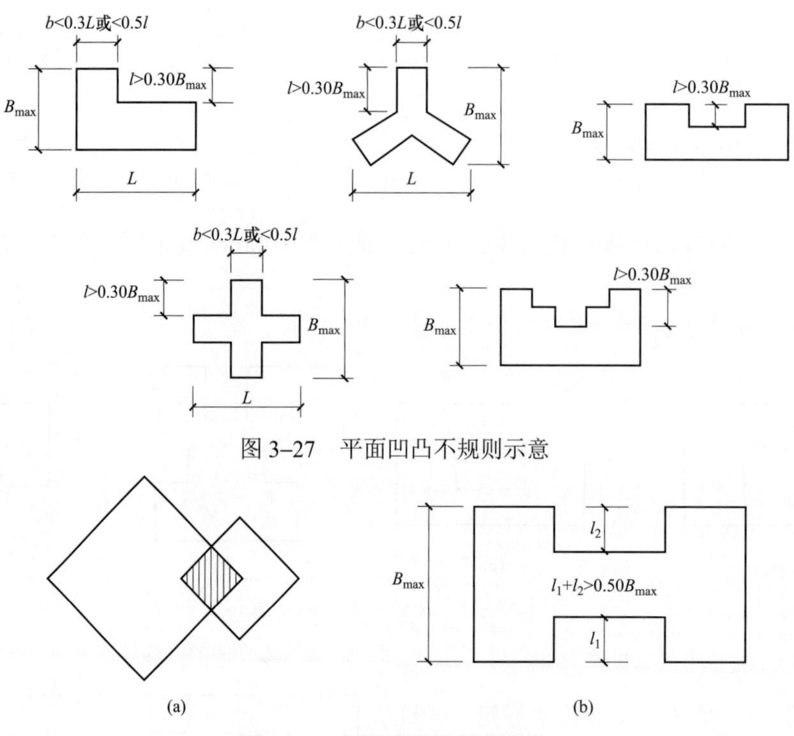

图3–27 平面凹凸不规则示意

图3–28 细腰或重叠部分界定

（a）平面角部重叠示意；（b）平面细腰形示意

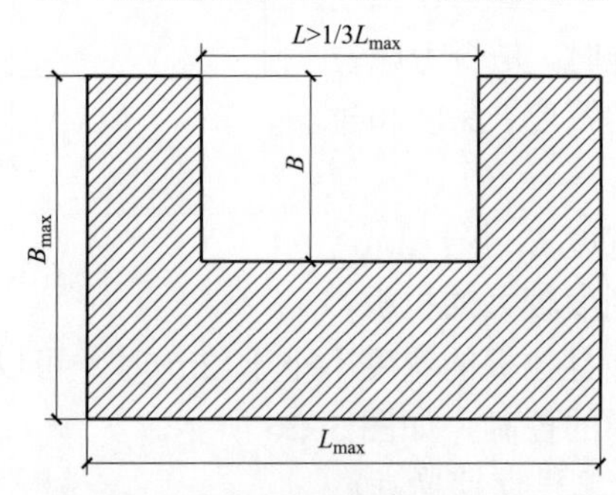

图3–29 凹凸规则建筑平面

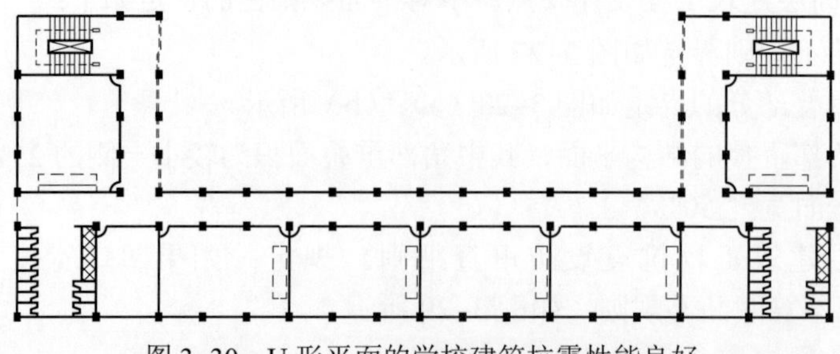

图3–30 U形平面的学校建筑抗震性能良好

总之，以上国家规范及部分地方标准针对不同的平面形状给出不规则性的界定，作者认为均可以供设计人员结合实际工程参考应用。

3.2.4 扭转不规则含义及如何计算问题

扭转不规则的位移比计算如图 3–31 所示。

（1）这里的最大位移最小位移均是指楼层整体位移，而不是个别构件的位移。

（2）计算整体位移是在刚性楼板假定的基础之上进行，这主要是为了防止因弹性节点的局部振动而产生的计算误差。因此对于工程中楼板有大洞口的结构，或楼板错层、越层等复杂结构，均应采用刚性楼板的假定计算位移比。

（3）对于结构扭转不规则，按刚性楼盖计算时，当最大层间位移与其平均位移的比值为 1.2 时，此时相当于一端为 1.0，而另一端为 3.0。美国 FEMA 的 NEHRP 规定，限值 1.4。

（4）对于平面弱连接结构，由于不能保证整层楼板为刚性楼板，宜采用分块计算扭转位移比，同时加强弱连接处楼层的受力分析和抗震构造。含跃层柱、空梁的楼层，跃层柱的节点位移不应计入本层位移比（见图 3–32)。对于楼板局部不连续的结构，宜验算楼板薄弱部位的混凝土应力。当楼板开洞面积大于楼面面积的 60%时，宜不考虑开洞楼板的水平分隔作用，按扩层补充计算；扩层后侧移刚度宜采用等效剪切刚度的方法计算。这是《上海抗规》给出的规定。

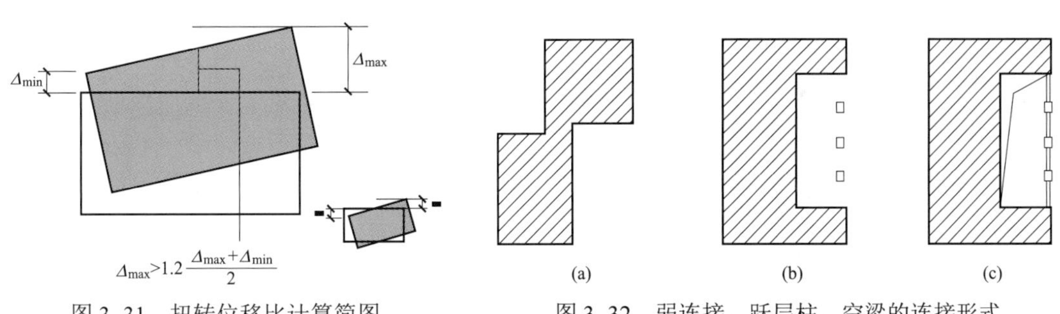

图 3–31 扭转位移比计算简图

图 3–32 弱连接、跃层柱、空梁的连接形式

（a）弱连接；（b）跃层柱；（c）空梁

3.2.5 如何正确理解规定水平力问题

（1）本次规范参考 IBC 的规定，明确将扭转位移比不规则判断的计算方法，改为“规定的水平力作用下并考虑偶然偏心”。以避免位移按振型分解反应谱组合的结果，即有时刚性楼板边缘中部的位移大于角点位移的不合理现象。

（2）《抗规》3.4.4 条文说明：“规定水平力”一般采用振型组合后的楼层地震剪力换算的水平作用力，并考虑偶然偏心。由这条依然不明白规定水平力如何计算。

（3）《高规》3.4.5 条文说明：“规定水平力”一般采用振型组合后的楼层地震剪力换算的水平作用力，并考虑偶然偏心。水平力的换算原则：每一楼面处的水平作用力取该楼面上下两个楼层的地震剪力差的绝对值。

注意：这个所谓的“每一楼面处的水平作用力取该楼面上下两个楼层的地震剪力差的绝对值”中的“上、下”楼层该如何正确理解？

【算例】

2012 年全国一级注册结构工程师考题［题 9］

假设，用 CQC 法计算，作用在各楼层的最大水平地震作用标准值 F_i（kN）和水平地震作用的各楼层剪力标准值 V_i（kN）见表 3–7。试问，计算结构扭转位移比对其平面规则性进行判断时，采用的二层顶楼面的“给定水平力 F_2（kN)”与下列何项数值最为接近？

表 3–7　各楼层剪力标准值及地震作用标准值

楼层	一	二	三	四	五
F_i（kN）	702	1140	1440	1824	2385
V_i（kN）	6552	6150	5370	4140	2385

（A）300;（B）780;（C）1140;（D）1220

［解答］根据《高规》条文说明知：F_2（kN）= 6150–5370 = 780（kN）

答案：（B）

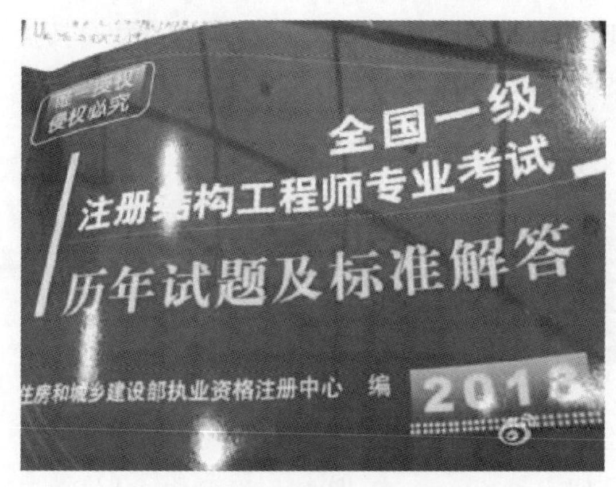

图 3–33　某教材封面示意

提醒准备参加注册结构工程师考试的考生注意：很多注册培训教材都将上述内容理解为“计算楼层的下一层与上一层地震剪力差的绝对值”，如图 3–33 所示的教材将上题解读为 F_{J2} = 6552– 5370 = 1182（kN），显然是错误的理解。也就是说这里的“上、下”楼层，实际就是计算楼层与其上一层的地震剪力差的绝对值。

作者建议《规范》如果修改为：这个所谓的“每一楼面处的水平作用力取该楼层与其上一楼层的地震剪力差的绝对值”，恐怕大家就不会理解有误了。

3.3　竖向不规则如何合理界定问题

3.3.1　何为竖向不规则结构

竖向不规则一般主要涵盖以下几个方面：上下建筑平面布置相同而层高差异悬殊；上下楼层的剪力墙或砌体填充墙数量突变；上下楼层的层间位移角突变；上下楼层的几何尺寸和相关联的抗侧力构件数量突变；立面收尽或伸出等。这些最终反映到《规范》中就是结构抗侧刚度沿竖向变化问题。具体到《规范》规定如下。

3.3.2　国家《规范》《规程》对竖向规则性的界定

（1）《高规》3.5.2 条：抗震设计时，高层建筑相邻楼层的侧向刚度变化应符合下列要求：

1）对框架结构，楼层与上部相邻楼层的侧向刚度比 γ_1 不宜小于 0.7，与上部相邻三层侧向刚度比的平均值不宜小于 0.8。

2）对框架–剪力墙和板柱–剪力墙结构、剪力墙结构、框架–核心筒结构、筒中筒结构，楼层与上部相邻楼层侧向刚度比 γ_2 不宜小于 0.9，当本层层高大于相邻上部楼层层高 1.5 倍时，不宜小于 1.1，对底部嵌固楼层不宜小于 1.5。

【补充说明】

① 对框架结构按原《规范》要求执行是合理的。

② 对框架–剪力墙结构、板柱–剪力墙结构、剪力墙结构、框架–核心筒结构、筒中筒结构，楼面体系对侧向刚度贡献较小，当层高变化时刚度变化不明显，按《高规》公式（3.5.2–2）定义的楼层侧向刚度比作为判定侧向刚度变化的依据，但控制指标也应做相应的改变，按刚度比不小于 0.9 控制；层高变化较大时，对刚度变化提出了更高的要求，由 0.9 变为 1.1；底部嵌固楼层采用了嵌固的假设，层间位移角结果较小，因此对底部嵌固楼层侧向刚度比做了更严格的规定，由 0.9 改为 1.5。

③ 此处的嵌固层实际是指被嵌固层与其上一层的比值，比如某工程的嵌固端在地下室顶 0.00 平面，则这时要求控制地上一层与地上二层的比值不小于 1.5；对于嵌固端在基础顶时，是指基础上这层与其上一层的比值。

④ 注意此时在计算这个刚度比时是采用《抗规》的地震剪力与地震层间位移比值法。

⑤《广东高规》3.5.2 条：抗震设计时，当地下室顶板作为计算嵌固端时，首层侧向刚度不宜小于相邻上一层的 1.5 倍（《广东高规》这么说就很容易理解）。结构楼层侧向刚度不宜小于相邻上层楼层侧向刚度的 90%。注：此处侧向刚度是指楼层剪力与层间位移角之比。

（2）《高规》3.5.3 条：A 级高度高层建筑的楼层抗侧力结构的层间受剪承载力不宜小于其相邻上一层受剪承载力的 80%，不应小于其相邻上一层受剪承载力的 65%；B 级高度高层建筑的楼层抗侧力结构的层间受剪承载力不应小于其相邻上一层受剪承载力的 75%。

注：楼层抗侧力结构的层间受剪承载力是指在所考虑的水平地震作用方向上，该层全部柱、剪力墙、斜撑的受剪承载力之和。

柱的受剪承载力可以根据柱两端实配的受弯承载力按两端同时屈服的假定失效模式反算（确保强剪弱弯）；剪力墙可根据实配钢筋按抗剪设计公式反算；斜撑的受剪承载力计及轴力的贡献，应考虑受压屈服的影响。

1）《高规》3.5.4 条：抗震设计时，结构竖向抗侧力构件宜上、下连续贯通。

2）《高规》3.5.5 条：抗震设计时，当结构上部楼层收进部位到地面的高度 H_1 与房屋高度 H 之比大于 0.2 时，上部楼层收进后的水平尺寸 B_1 不宜小于下部楼层水平尺寸 B 的 0.75 倍（图 3–34）；当上部结构楼层相对于下部楼层外挑时，下部楼层的水平尺寸 B 不宜小于上部楼层水平尺寸 B_1 的 0.9 倍，且水平外挑尺寸 a 不宜大于 4m（图 3–34）。

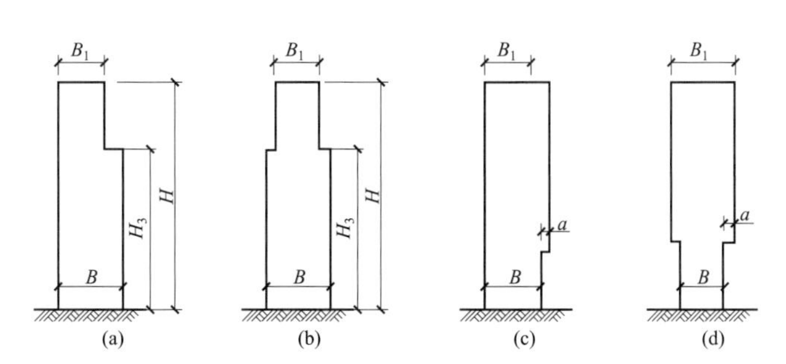

图 3–34　结构竖向收进及外挑示意图

3）上条所说的悬挑结构，一般是指悬挑结构中有竖向结构构件的情况［图 3–35（a）]，对于悬挑结构中没有竖向结构构件的情况［图 3–35（b）］可不受这条限制。

4）上层缩进尺寸超过相邻下层对应尺寸的 1/4，属于用尺寸衡量的刚度不规则的范畴。

5）《高规》3.5.6 条：楼层质量沿高度宜均匀分布，楼层质量不宜大于相邻下部楼层质量的 1.5 倍。说明：本条为新增条文，规定了质量沿竖向不规则的限制条件，与美国规范规定一致，不希望出现如图 3–36 所示头重脚轻的抗震破坏。

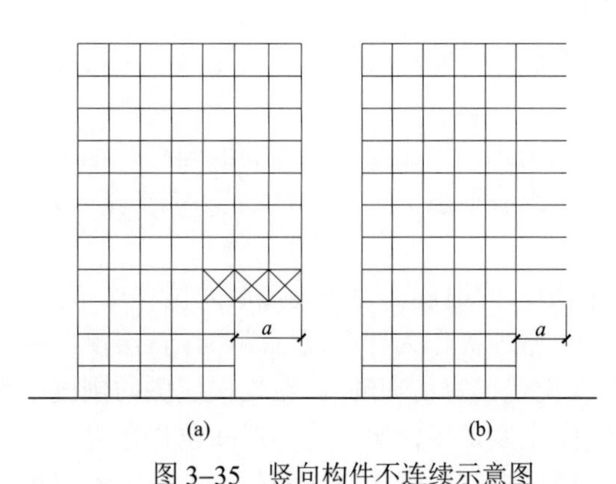

图 3–35　竖向构件不连续示意图

（a）有竖向构件的悬挑；（b）无竖向构件的悬挑

图 3–36　头重脚轻的地震破坏工程

6）《高规》3.5.7 条：不应采用同一部位楼层刚度和承载力变化同时不满足本规程第 3.5.2 条和 3.5.3 条规定的高层建筑结构。说明：本条为新增条文，限制采用同一部位（楼层）刚度和受剪承载力变化均不规则的高层建筑结构。其中 3.5.2 为刚度限制，3.5.3 为受剪承载力限制。

7）《高规》3.5.8 条：楼层侧向刚度变化、承载力变化及竖向抗侧力构件连续性不符合本规程 3.5.2、3.5.3、3.5.4 条要求的，该楼层应视为薄弱层，其对应于地震作用标准值的剪力应乘以 1.25 的增大系数，并应符合本规程第 4.3.12 条规定的最小地震剪力系数 λ 要求。

注：薄弱层地震剪力增大系数由 1.15 调整为 1.25。

8）《高规》3.5.9 条：结构顶层取消部分墙、柱形成空旷房间时，应进行弹性动力时程分析计算并采取有效的构造措施。

实际工程中经常会遇到：顶层由于使用功能需要，往往需要结构取消部分墙、柱而形成空旷房间时，其楼层侧向刚度及承载力可能比其下部楼层差较多，是不利于抗震的结构，应进行更详细的计算分析，并采取有效的构造措施。如需要采用弹性或弹塑性时程分析方法进行补充计算，柱子箍筋全长加密配置，大跨结构需要考虑竖向地震的不利影响，对于局部形成的单跨框架还需要进行必要的性能化设计要求。

（3）《抗规》3.4.3–1 条：竖向不规则要求见表 3–8。

表 3–8　　竖向不规则的主要类型

不规则类型	定义和参考指标	备　注
侧向刚度不规则	该层的侧向刚度小于相邻上一层的 70%，或小于其上相邻三层侧向刚度平均值的 80%，除顶层或出屋面小建筑外，局部收进的水平向尺寸大于相邻下一层的 25%	与《高规》有差异
竖向抗侧力构件不连续	竖向抗侧力构件（柱、抗震墙、抗震支撑）的内力由水平转换构件（梁、桁架等）向下传递	与《高规》有差异
楼层承载力突变	抗侧力结构的层间受剪力小于相邻上一层的 80%	与《高规》有差异

（4）《广东高规》在界定竖向不规则时与《国标》的不同之处。

1）将竖向构件不连续区分为Ⅰ、Ⅱ类；竖向构件（柱、剪力墙、支撑）不连续的类型分为：Ⅰ类：柱不连续；Ⅱ类：墙、支撑不连续。

2）楼层承载力突变：A 级高度高层建筑的抗侧力结构的层间受剪承载力小于相邻上一楼层的 70%；B 级高度高层建筑的抗侧力结构的层间受剪承载力小于相邻上一楼层的 80%。

3）突出屋面的建筑或顶层取消部分墙柱形成的空旷房间，抗震设计时应考虑高振型的影响并采取有效措施。实际可按以下简化方法考虑高振型的影响：突出屋面的建筑或顶层取消部分墙柱形成的空旷房间建模参与整体计算时，该部分质量参与系数不宜小于 85%，突出部分的层剪力放大 3 倍（放大部分不向下传递）；如不参加整体计算，此部分的水平地震影响系数可取大值，并将剪力放大 3 倍，仅以其质量参与整体计算。

3.4　结构设计应如何区别对待不规则建筑，应进行哪些合理有效的抗震设计

3.4.1　对不规则结构抗震设计需要注意哪些概念问题

建筑形体规则性的判别《抗规》给出了与抗震设防烈度无关的判断标准。但是，不规则建筑结构的抗震设计却与烈度相关，烈度越高，地震作用和抗震措施要求越高。在判别建筑规则性时应遵循区别对待的原则。新《抗规》表 3.4.3–1、2 主要从概念上提供了平面和竖向不规则的参考界限，并非严格的数值界限。设计时应根据实际情况，区别对待。

（1）关于平面不规则问题。

1）判别扭转不规则时应按刚性楼盖假定建模计算分析。所谓刚性楼盖，是指楼盖两端的位移不超过平均位移的 2 倍。而楼盖两端的位移应该是边、角处抗侧力构件的位移，而不是悬挑楼板的位移。

2）计算扭转位移比时，楼层的位移不能用各振型位移的 CQC 组合得到，而应该采用各振型力的 CQC 组合得到楼层剪力、经换算后得到的水平力作用下产生的位移（考虑偶然偏心）。当计算的楼层位移（角）小于规范规定限值的 40% 时，对扭转位移比的控制可以适当放松。

3）偶然偏心的取值，除采用垂直于所考虑方向最大尺寸的 5% 外，也可根据建筑平面不规则形状和楼盖重力荷载不均匀分布情况取值。

4）也可根据楼层质心和刚心的距离（偏心率）来判别扭转不规则。

（2）关于平面凹口问题。当建筑平面有凹口，应视凹口尺寸大小区别对待。当凹口很深，即使在凹口处设置楼面连梁、而该连梁又不足以使凹口两侧的楼板协同位移而满足刚性楼板假定时，应仍属凹凸不规则，不能按楼板开洞对待。此时深凹口两侧墙体很容易产生拉弯破坏。相反地，当凹口宽度大于深度时，建筑变为U形平面，抗震性能并不差，此时，不能判定为凹凸不规则。但此时需要注意，不宜在转角处挑空、楼板开大洞或设楼梯间，应加强转角处的柱、梁、墙。

（3）关于楼板开大洞问题。楼、电梯间和设备管井当四周有剪力墙时，由于墙体存在，具有较强的空间约束作用，一般不计入楼板开洞面积。

（4）关于竖向不规则问题。除了新《抗规》中表3.4.3–2所定义的软弱层（侧向刚度不规则）、转换层（竖向构件不连续）和薄弱层（楼层承载力突变）之外，还可根据结构层间位移角的变化来判断。楼层刚度等于楼层剪力和层间位移角之比。高层建筑带底盘裙房，计算裙房与上部塔楼的楼层刚度比时，可取主楼周边外延3跨且不大于20m相关范围内的竖向构件。地上结构（主楼加裙房）与地下室部分也可照此处理，相关范围取地上结构周边外延不大于20m，而不能取相关范围外所有竖向构件，特别是相关范围之外的地下室外墙参与计算。

（5）少数楼层不规则的处理问题。当少数楼层由于开洞、凹凸、偏心、错层、挑高等造成不规则时，应视其所占楼层比例和不规则性程度综合判定整体结构的规则性，而不能简单得出结论。但无论如何，对这些楼层构件均应加强其抗震措施。

（6）体型复杂、平立面不规则的建筑结构，应根据不规则程度、地基基础条件和技术经济等因素的比较分析，确定合理设置防震缝将其划分为相对规则的结构单元。

3.4.2 对于不规则的建筑结构，结构抗震设计应进行哪些计算及内力调整

不规则的建筑结构应按下列要求进行水平地震作用计算和内力调整，并应对薄弱部位采取有效的抗震构造措施。

（1）平面不规则而竖向规则的建筑结构，应采用空间结构计算模型，并应符合下列要求：

1）扭转不规则时，应计入扭转影响，且楼层竖向构件最大的弹性水平位移和层间位移分别不宜大于楼层两端弹性水平位移和层间位移平均值的1.5倍，当最大层间位移远小于规范限值时，可适当放宽。

2）凹凸不规则或楼板局部不连续时，应采用符合楼板平面内实际刚度变化的计算模型；高烈度或不规则程度较大时，宜计入楼板局部变形的影响；一般情况需要控制薄弱部位楼板在大震作用下的楼板截面抗剪验算；具体可参考按《抗规》附录E计算方法。

【工程案例】

2013年，作者作为咨询顾问对“德州万达广场超限工程”进行咨询工作。

工程概况：商业综合体项目主要由两部分构成，分别是1号建筑（购物中心、公寓）、2号建筑（甲级写字楼、商铺）。1号建筑（购物中心、公寓）是由地下2层、地上3层（局部5层）的商业建筑（购物中心），以及在±0.000以上与商业断开的A、B、C 3座公寓式塔楼组成，3座塔楼形成3个独立的主体结构，每个塔楼地上均为地上27层。2号建筑（甲级写字楼、商铺）为地下1层、地上25层的甲级写字楼。

购物中心地下两层，层高分别为：地下一层5.7m，地下二层5.1m。地上总高为26.1m，一层为5.7m，二、三、四层均为5.1m，其中四、五层相对大屋面在立面内收，仅局部有，主

要为影厅功能，如图 3–37（a）、（b）所示。

本工程主要是裙房部分（购物中心），属三项不规则超限高层建筑，所以进行了省级高层建筑抗震超限审查工作。

(a)

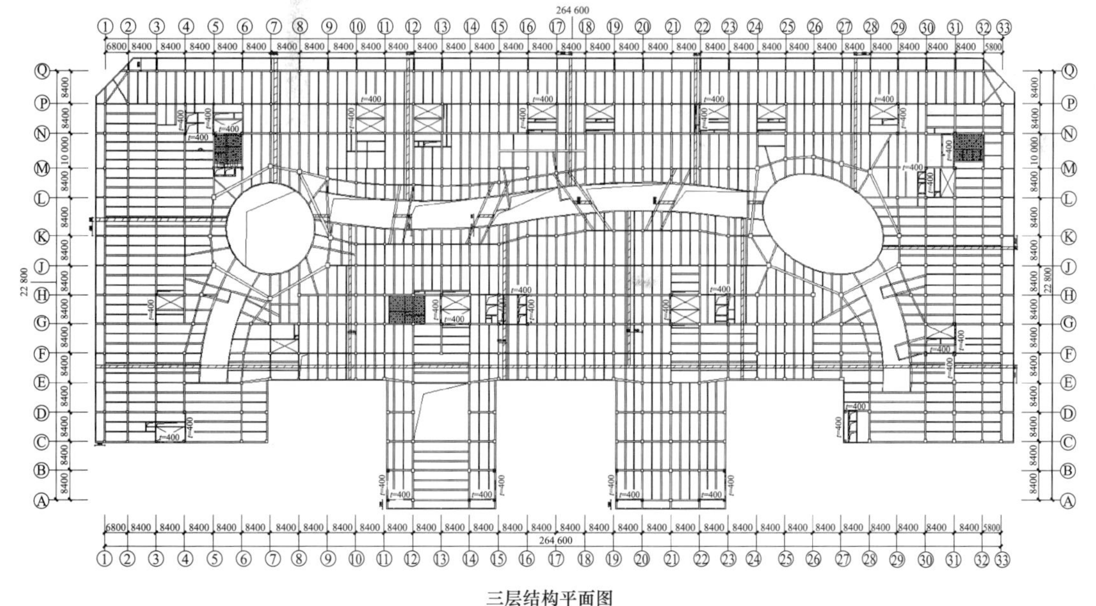

(b)

图 3–37

（a）建筑效果图；（b）结构平面布置图

超限审查要求：中庭楼板连接薄弱部位需进行大震截面验算。

设计计算分析结论：在水平大震作用下，楼板峰值剪应力基本小于 2.01MPa（楼板混凝土为 C30），局部区域由于应力集中等因素略超限值，楼板单位宽度内平均剪应力均小于限值，满足《抗规》附录 E.1.2 条要求，楼板在大震作用下满足水平力传递要求。

平面不对称且凹凸不规则或局部不连续，可根据实际情况分块计算扭转位移比，扭转较大的部位应考虑局部的内力增大系数。

（2）平面规则而竖向不规则的建筑结构，应采用空间结构计算模型，刚度小的楼层的地震剪力应乘以不小于 1.25 的增大系数，其薄弱层应按本规范有关规定进行弹塑性变形分析，并应符合下列要求。

1）竖向抗侧力构件不连续时，该构件传递给水平转换构件的地震内力应根据烈度高低和水平转换构件的类型、受力情况、几何尺寸等，乘以 1.25～2.0 的增大系数［美国 IBC 规定取 2.5 倍（分项系数为 1.0）］。

2）相邻层的侧向刚度比，应依据其结构类型分别不超过《规范》有关章节的规定；注：多层建筑以《抗规》要求，高层建筑以《高规》要求控制。

3）楼层承载力突变时，薄弱层抗侧力结构的受剪承载力不应小于相邻上一楼层的 65%。

（3）对于平面不规则且竖向也不规则的建筑结构，应根据不规则类型的数量和程度，有针对性地采取不低于本条 1、2 款要求的各项抗震措施。

（4）对于界定为特别不规则的建筑，应经专门研究，采取更有效的加强措施或对薄弱部位采用相应的抗震性能设计方法。

（5）不规则且具有明显薄弱部位可能导致地震时严重破坏的建筑结构，应按本规范有关规定进行罕遇地震作用下的弹塑性变形分析。此时，可根据结构特点采用静力弹塑性分析或弹塑性时程分析方法。

（6）多项和某项不规则划为特别不规则建筑结构的界定及相应的加强措施，可参考建设部《超限高层建筑工程抗震设防专项审查技术要点》（建质〔2010〕109 号）。

3.4.3 对平面规则性超限的建筑有哪些抗震计算特殊要求

（1）由于平面规则性超限对楼板（横向隔板）的整体性有较大的影响，一般情况下楼板在自身平面内刚度无限大的假定可能已经不再适用。因此，在结构计算模型中就应考虑楼板平面内的弹性变形（通常情况可采用弹性板元）。

（2）在考虑楼板弹性变形影响时，通常可以采用以下两种处理方法。

1）采用分块刚性模型加弹性楼板连续的计算模型，即将凹口周围各一开间或局部突出部分的跟部开间的楼板考虑为弹性楼板，而其余部分楼板考虑为刚性楼板假定（图 3–38）。采用这样的处理可以求得凹口周围或局部突出部位根部的楼板内力，还可以减少部分计算工作量。

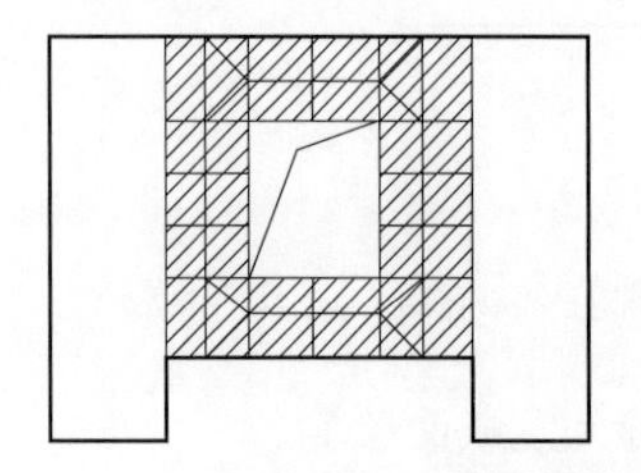
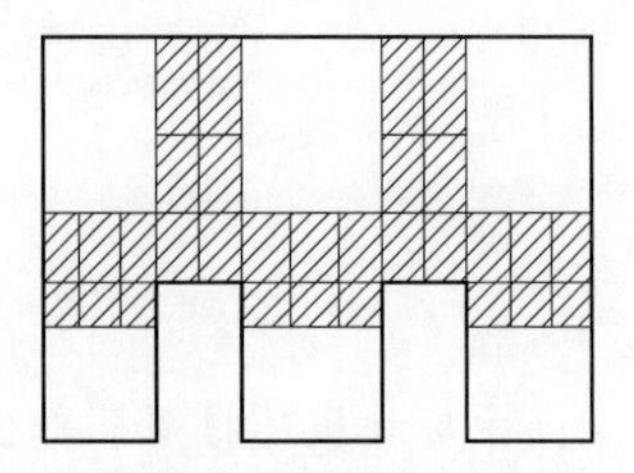

图 3–38　分块刚性模型加弹性楼板连续的计算模型

（斜线部分为弹性模型）

2）对于点式建筑或平面尺寸较小的建筑，也可以将整个楼面都定义为弹性楼板。这样处理，建模和计算过程比较简单、直观、计算结果也较精确，但计算工作量较大。

（3）计算结果中应能反映出楼板在凹口部位，突出部位的根本以及楼板较弱部位的内力情况，以作为楼板截面设计的参考。计算结果反映出凹口内侧墙体上连梁有无超筋现象，以作为是否需要在凹口端部设置拉梁或拉板时参考。

（4）应加强楼板的整体性，保证地震力的有效传递，避免楼板削弱部位在大震下的受剪破坏，应根据楼板的开洞和受力状况及所设计的弹性的性能目标进行楼板的受剪承载力验算。

1）以下是一些需要定义弹性楼板的工程平面，可以分块定义也可以全楼定义，见图 3–39 中圆圈标注。

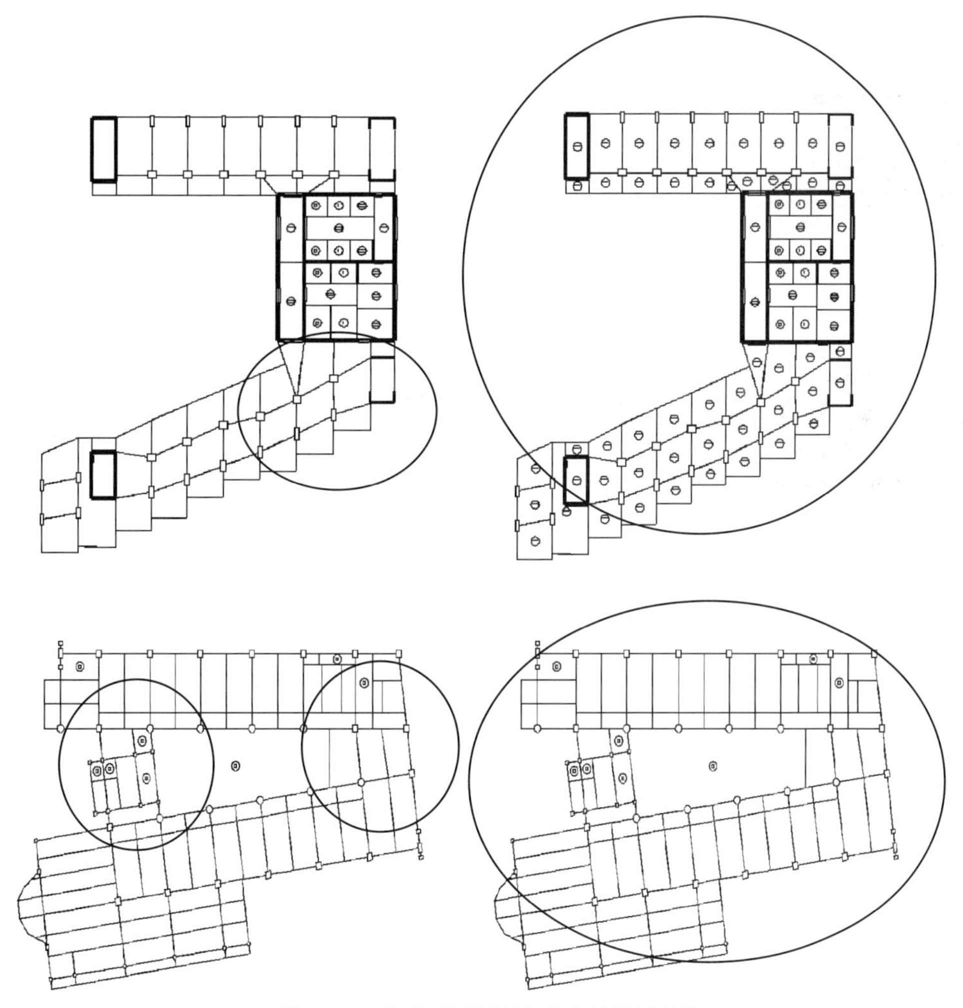

图 3–39　典型平面需要定义弹性楼板部位

2）类似图 3–40 的建筑平面布置，可以仅采用局部定义弹性楼板进行计算。

3）类似图 3–41 的建筑平面布置，应采用全楼定义弹性楼板计算。

4）特别注意对于平面狭长宽的结构，由如图 3–42 所示的变形情况分析，也需要全楼定义弹性楼板计算。

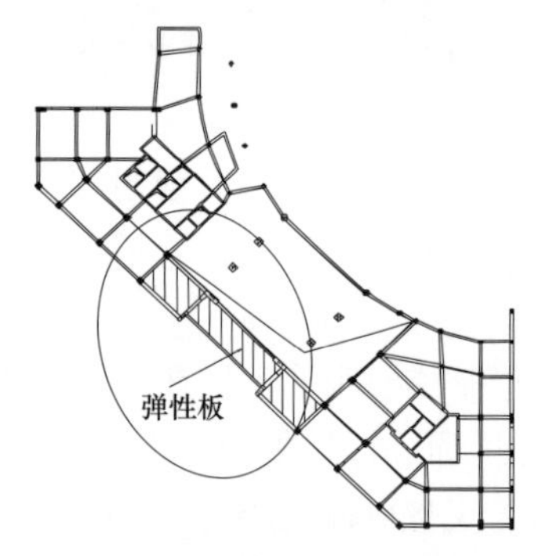

图 3–40 可以局部分块定义弹性楼板平面示意

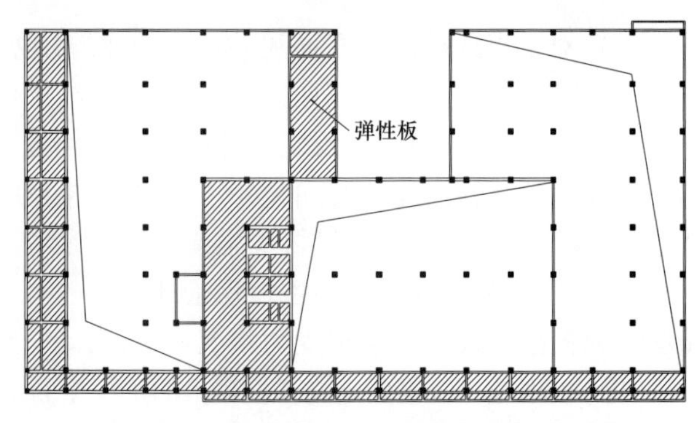

图 3–41 需要全楼定义弹性楼板的平面布置

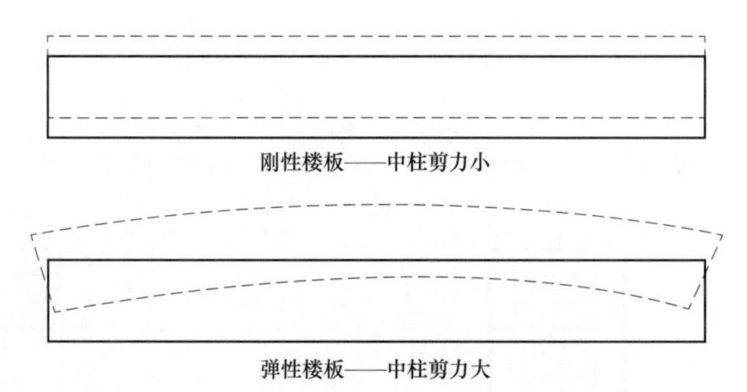

图 3–42 平面狭长的结构需要定义弹性楼板

注意不要在刚性楼板以内定义局部弹性楼板，如图 3–43 所示，按左侧局部定义毫无意义，应按右侧图全楼定义。

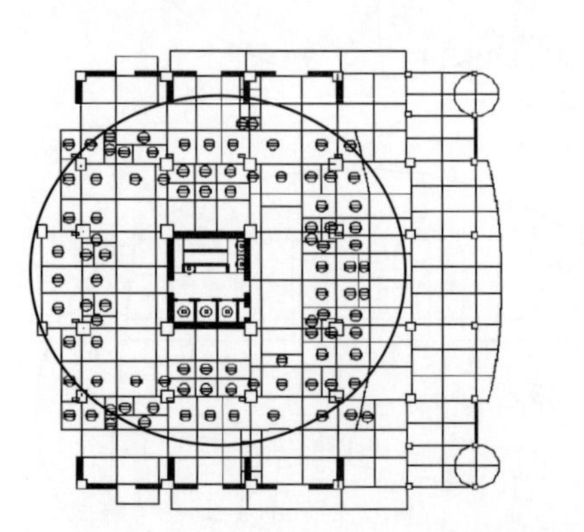

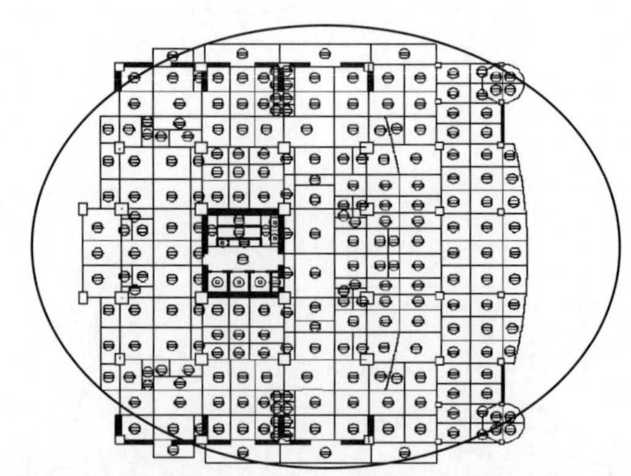

图 3–43 弹性楼板定义示意

（5）必须要注意的是，实际工程中无论采用哪一种弹性楼板模型，在定义弹性板时应注意定义成弹性板带［见图 3–44（b）的阴影部分］，将各刚性板彻底分开，这样才能保证所定义的弹性楼板模型真正发挥作用。而如果按图 3–44（a）的方法定义，尽管图中阴影部分定义了弹性楼板，但由于四周边外侧仍为刚性楼板，故此时的定义将是无效的定义。

（6）弹性楼板依据实际工程不同需要按以下三种假定合理选择。

1）弹性楼板 6：假定楼板平面内和平面外的刚度均为有限值。一般仅用于板柱结构及板柱剪力墙结构。

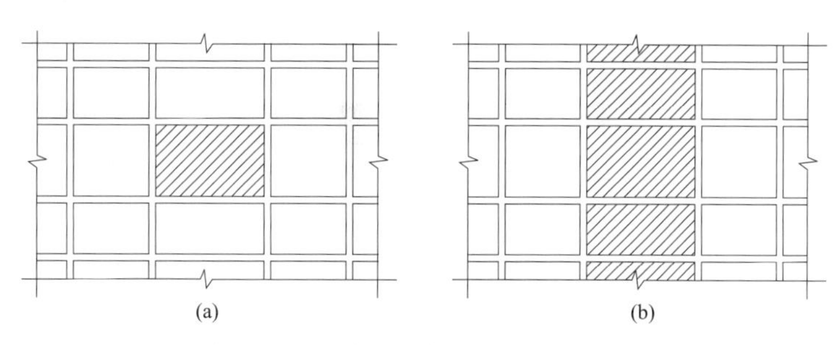

图 3–44　无效与有效定义弹性楼板示意

2）弹性楼板 3：假定楼板平面内刚度无限大，平面外的刚度均为有限值。主要应用在厚板转换结构。

3）弹性模：假定楼板平面内刚度无限大，平面外的刚度为零；主要用在空旷的工业厂房和体育馆建筑、楼板开大洞、楼板平面狭长或有较大凹入以及平面弱连接结构。

（7）定义弹性楼板的目的是需要计算出这些薄弱部位的楼板拉应力，计算可参考《高规》第 10.2.24 条，对楼板进行受剪截面和承载力的验算。

3.4.4　对立面不规则超限建筑有哪些抗震计算特殊要求

（1）对于立面收进幅度过大引起超限时，当楼板无开大洞且平面比较规则时，在计算分析模型中可以采用刚性楼板，通常情况下可以采用振型分解反应谱法进行计算。结构分析的重点应是检查结构的层间位移有无突变，结构刚度沿高度的分布有无突变，结构的扭转效应是否能控制在合理范围内。

（2）对于连体建筑，由于连体部分的结构受力更为复杂、连体以下结构在同一平面上完全脱开，因此，在结构分析中应采用局部弹性楼板，多个质量块弹性连续的计算模型，即连体部分应采用弹性楼板模型，连接体以下的各个塔楼板可以依据情况采取刚性楼板模型（规则平面）或局部采用弹性楼板（局部平面不规则）。结构分析的重点除了与上述 1 款相同外，还应特别注意分析连体部分楼板及梁的应力及变形，在多遇地震（小震）作用计算时应控制连体部分的梁、板上的拉应力不超过混凝土轴心抗拉强度标准值。还应检查连体部分以下各层塔楼的局部变形及对结构抗震性能的影响。如图 3–45 和图 3–46 所示就是作者公司先后完成的超限连体建筑设计。

图 3–45　2004 年完成的北京 UHN 国际村

图 3–46　2012 年完成的青岛胶南世茂中心

其他一些典型连体结构图 3–47 所示。

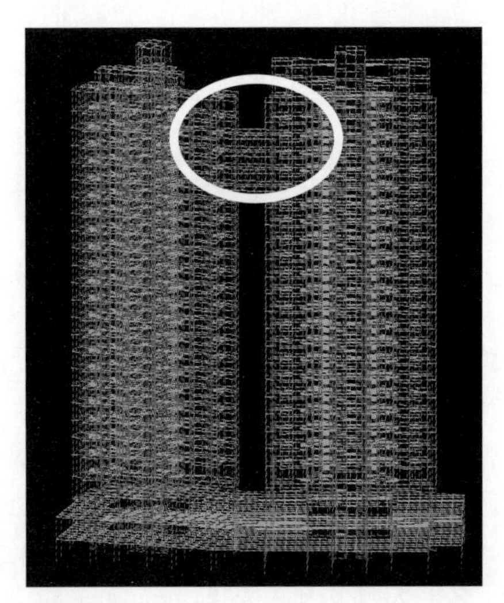

图 3–47 连体结构立面

（3）对于立面开大洞的建筑的计算模型和计算要求与连体建筑类似，洞口以上部分宜全部采用弹性楼板模型，应重点关注洞口角部构件的内力，避免在多遇（小震）地震时出现裂缝。对于开大洞口而在洞口以上的转换构件还应关注其在竖向荷载下的变形，并分析这种变形对洞口上部构件影响，采取必要的加强措施，如图 3–48 所示。

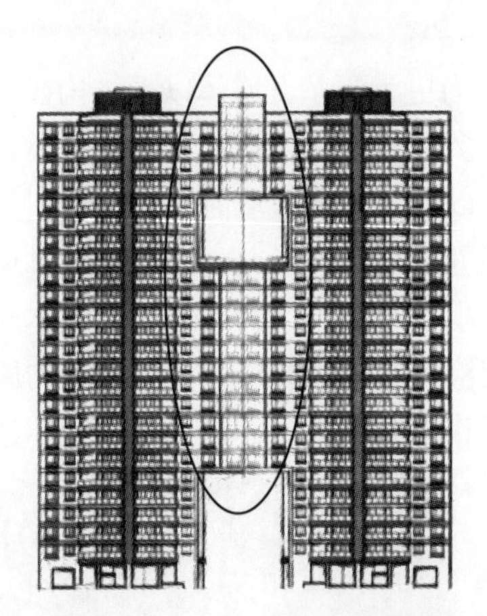
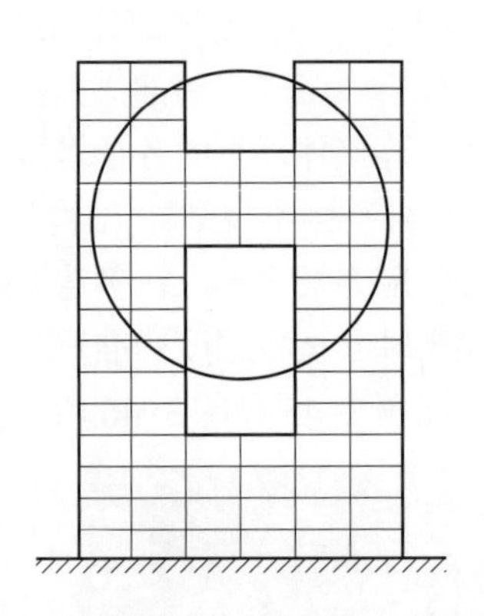

图 3–48 立面开大洞口建筑示意

（4）多塔楼建筑计算分析的重点是大底盘的整体性以及大底盘协调上部多塔楼的变形能力。通常情况下大底盘的屋面板在计算模型中也应按弹性楼板处理（一般情况下宜按壳元），每个塔楼的楼层可以考虑为一个刚性楼板（规则平面），整体计算时振型数不应少于 18 个，且不应少于塔数的 9 倍。当只有一层大底盘，大底盘的等效剪切刚度大于上部塔楼综合等效剪切刚度的 2 倍以上且大底盘屋面板的厚度不小于 200mm 时，大底盘的屋面板可以取为刚性楼板简化计算。

当大底盘楼板削弱较多（如逐层开大洞形成空旷中庭等），以至于不能协调多塔共同工作时，在罕遇（大震）地震作用下可以按单塔楼的数量进行平均分配或根据建筑布置取各塔相关范围进行分割，大底盘的层数要计算到整个建筑中去，计算示意图如图 3–49 所示。

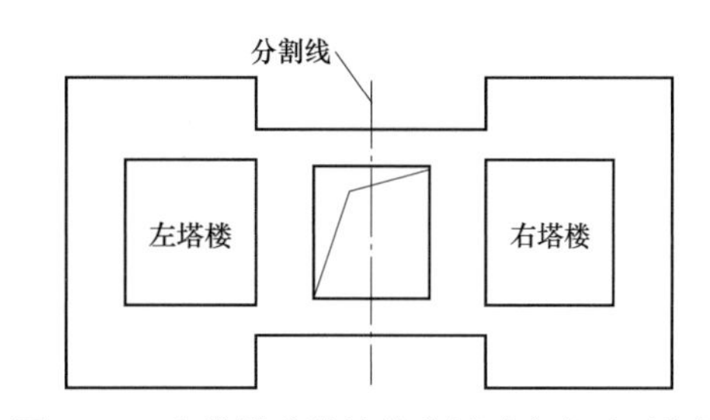

图 3–49　多塔楼建筑计算分析时底盘平面分割

（5）对于高层建筑带大地盘裙房时，计算裙房与上部塔楼的层刚度比时，可取主楼周边外延 3 跨且不大于 20m 相关范围的竖向构件，如图 3–50（a）所示。地上结构（主楼加裙房）与地下部分也可参照此法处理，但此时相关范围可取地上结构周边外延不大于 20m，而不能取相关范围外所有的竖向构件，特别是相关范围之外的地下室外墙参与计算来判定，如图 3–50（b）所示。

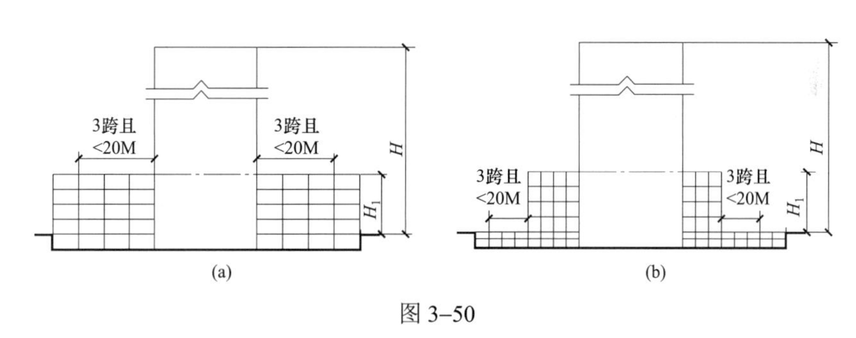

图 3–50

（a）裙房与主楼侧向刚度计算；（b）上部结构与地下结构侧向刚度计算

（6）对于带转换层的结构，计算模型中应考虑转换层以下的各层楼板的弹性变形问题，转换层应按弹性楼板考虑，其他楼层宜按弹性楼板考虑计算。结构分析的重点除与立面收进建筑的要点相同之外，还应重点关注框支柱所承受的地震剪力的大小，框支柱的轴压比以及转换构件的应力和变形问题。当转换梁上部墙体开设边门洞时，应进行重力荷载作用下不考虑墙体共同工作的复核。

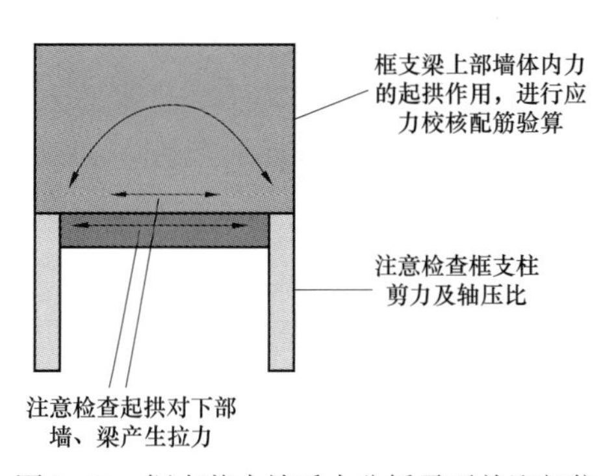

图 3–51　框支剪力墙受力分析需要关注部位

（7）结构软弱层地震剪力和不落地构件传给水平构件的地震内力调整系数取值，应依据超限的具体情况取大于规范对一般建筑的规定值；楼层刚度比值的控制值需要满足规范规定，如图 3–51 所示。

（8）对于错层结构，在整体分析计算时，应将每一层楼板作为一个计算单元，按楼板的结构布置分别采用刚性楼板或弹性楼板模型进行计算分析。同时还应重点对错层处墙、柱进行局部应力分析，并作为校核配筋设计的依据。

【工程案例】

2004 年作者主持设计的北京某三错层高层超限建筑，就是按这个原则进行的设计分析，如图 3–52 所示。

注：本工程的详细设计说明可见作者撰写出版的《建筑结构设计常遇问题及对策》及《建筑结构施工图设计与审图常遇问题及对策》，封面如图 3–53 所示。

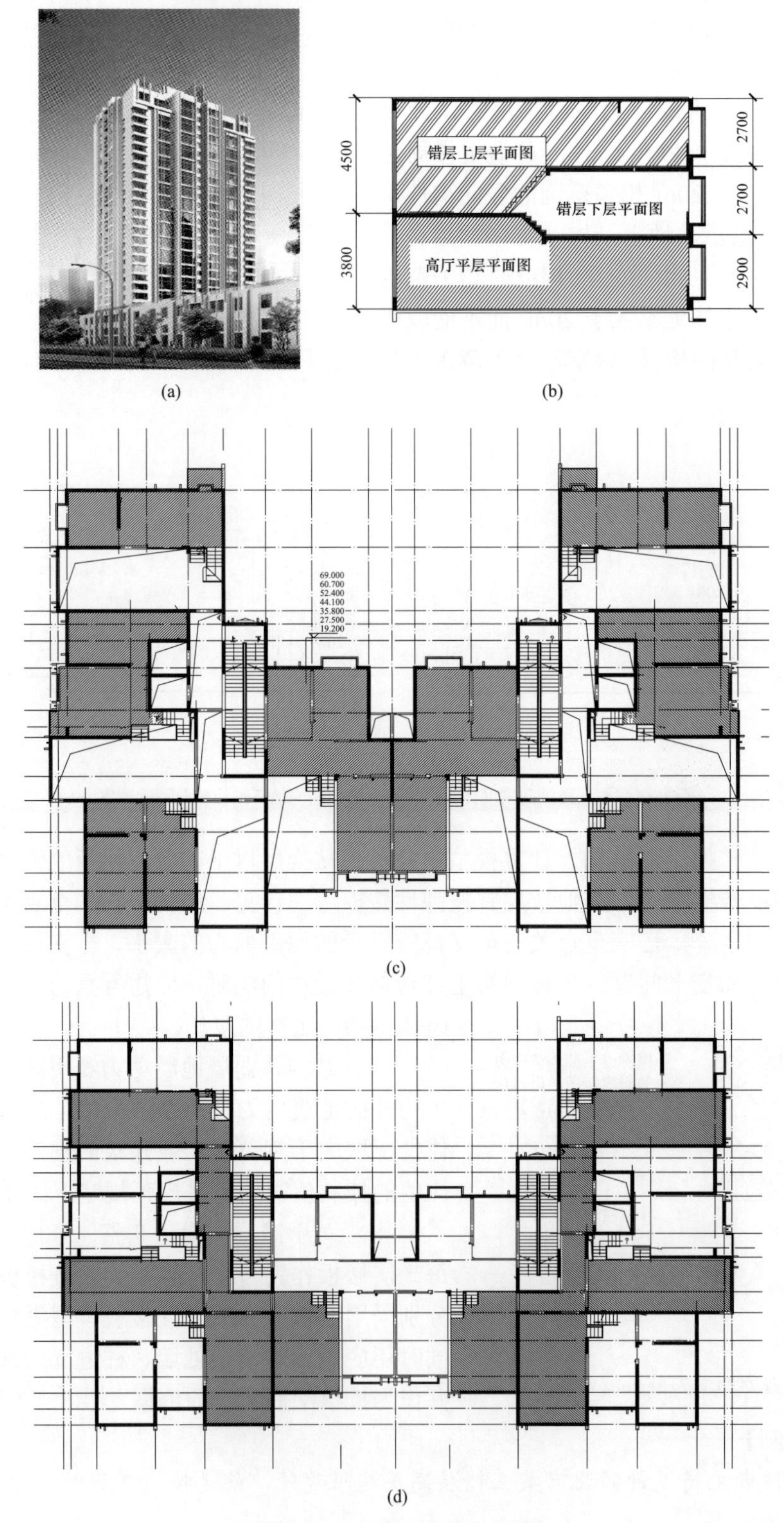

图 3-52　三错层建筑部分图

（a）三错层效果图；（b）三错层局部放大图；（c）错层上平面布置图；（d）错层下平面布置图

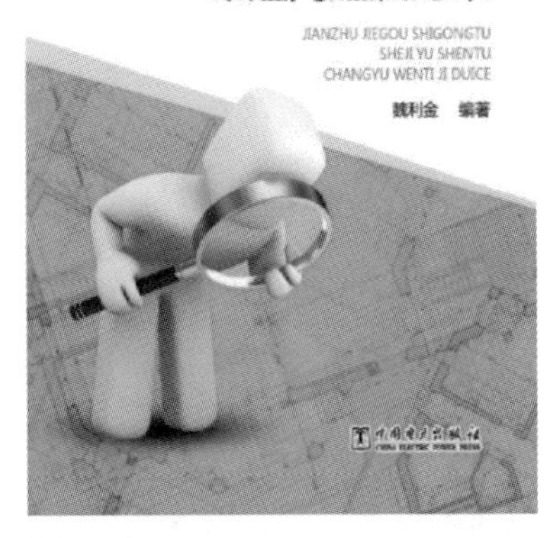

图 3–53　作者独著的图书

（9）竖向不规则结构的地震剪力及构件的抗震内力应做如下调整。

1）刚度突变的薄弱层，地震剪力应至少乘以 1.25 的增大系数。

2）转换构件传递给水平转换构件的地震内力应乘以 1.9（特一级）、1.6（一级）、1.30（二级）的增大系数。

3）一、二级转换柱由地震作用产生的轴力应分别乘以增大系数 1.5、1.2，但计算柱轴压比时可不考虑该增大系数。

4）当每层框支柱的数目不多于 10 根且当底部框支层位于 1～2 层时，每根柱所受的剪力应至少取结构基底剪力的 2%；当底部框支层位于 3 层及 3 层以上时，每根柱所受的剪力应至少取结构基底剪力的 3%。

5）当每层框支柱的数目多于 10 根且当底部框支层位于 1～2 层时，每层框支柱承受剪力之和应取不小于结构基底剪力的 20%；当框支层位于 3 层及 3 层以上时，每层框支柱承受剪力之和应取不小于结构基底剪力的 30%。框支柱剪力调整后，应相应调整框支柱的弯矩，但框支梁的剪力、弯矩可不调整。

6）部分框支剪力墙结构中，特一、一、二、三级落地剪力墙底部加强部位的弯矩设计值按有地震作用组合的弯矩值分别乘以增大系数 1.8、1.5、1.3、1.1；底部加强部位的剪力设计值一级、二级、三级分别乘以 1.6、1.4、1.2 的系数。

7）超限高层中对于跨度大于 24m 的楼盖结构、跨度大于 12m 的转换结构和连体结构、悬挑长度大于 5m 的悬挑结构，竖向地震作用效应应采用时程分析法或振型分解反应谱计算。

跨度大于 24m 的连体结构计算竖向地震作用时，应参照竖向时程分析结果确定。时程分析计算时输入的地震加速度最大值可按规定的水平输入最大值的 66%采用，反应谱分析时结构竖向地震影响系数可取水平地震影响系数的 65%，但注意地震分组均可以取第一组。

3.4.5　结构扭转效应如何合理控制及调整

（1）结构的扭转效应可以通过以下两种途径给予控制：

1）《高规》要求结构扭转周期与第一平动周期比（简称周期比）要控制在 0.90（混合结

构及 B 级高度的建筑 0.85）以下。在目前的结构分析程序中（如 SATWE、PMSAP、SAP2000、ETABS、YJK 等），都具有扭转周期与平动周期的判断功能结果输出功能，检查这些周期比是很方便的。如果其他程序不具有这个功能，就需要设计人员根据振型图来初步判断。

但注意：《广东高规》已经不再要求控制结构的周期比。

2）楼层的最大弹性水平位移（或层间位移）与该楼层两端弹性水平位移（或层间位移）之比（简称位移比）应小于 1.4。在确定位移比时，可以不考虑地下室部分。对高度较高的建筑和超限项较多的工程，应采用较严格的限值。

图 3–54　建筑鸟瞰图

（2）　高层建筑周期比不满足规范要求如何调整？

下面结合作者处理过的几个工程实例讲一下如何用“加或减法”处理扭转不规则问题。

【工程案例 1】

2003 年作者主持设计的天津海河大道有一幢 35 层住宅，地下一层，地上为 32 层，局部 35 层，建筑物室外地坪至主体结构檐口的高度为 94.9m，平面尺寸为 25 基础深是高度的 1/20，在中部大堂入口上空三层楼面采用梁式转换，形成局部框支转换层。本工程 2003 年 10 月完成设计，2005 年 12 月 12 月结构封顶。有关平面及立面图如下，高宽比为 7；主要建筑平面如图 3–54～图 3–56 所示。

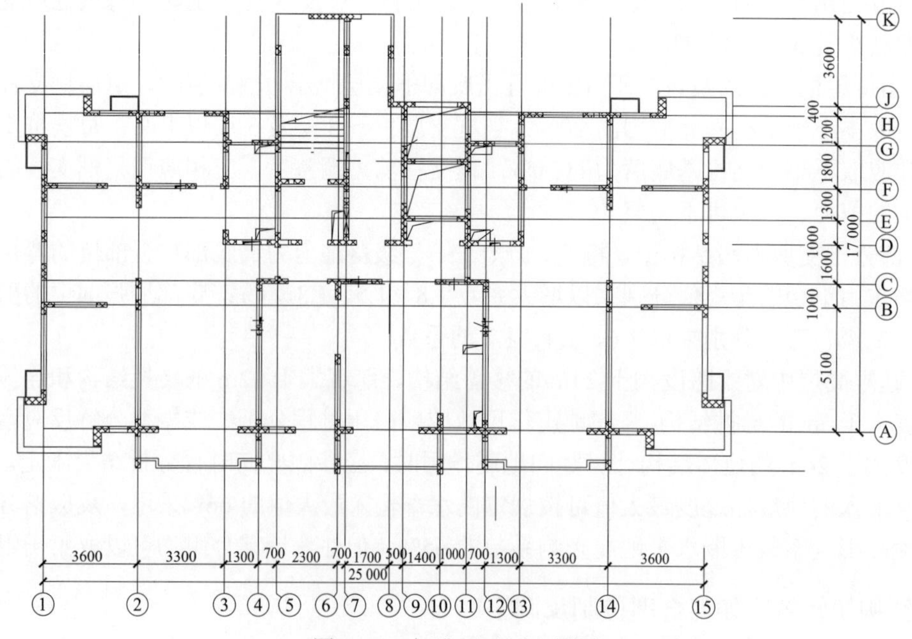

图 3–55　标准层平面布置图

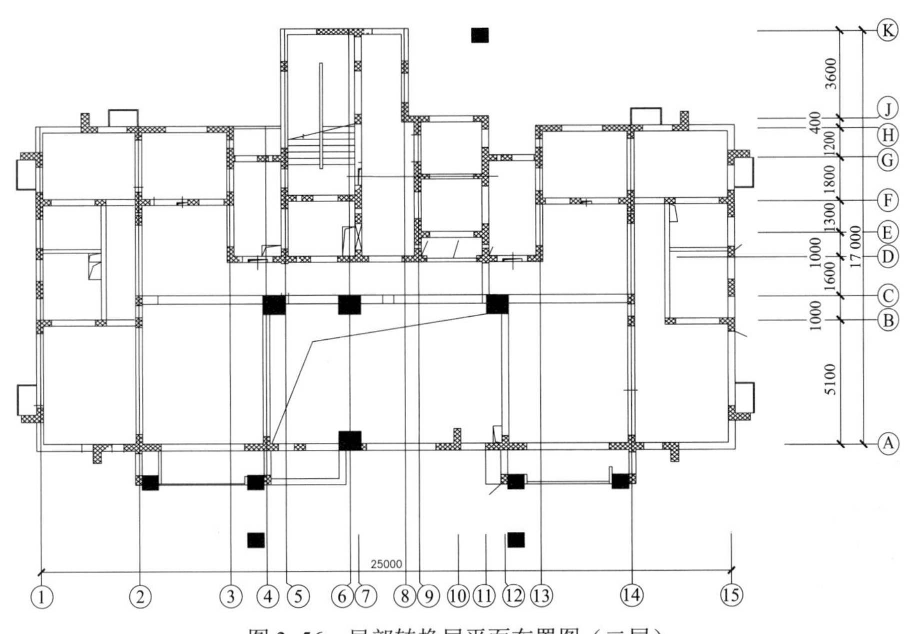

图 3–56　局部转换层平面布置图（二层）

设计人员在第一次计算时，转换层以下的墙均取为 250mm，以上均取为 200mm，结果扭转周期出现在第 2 周期，且扭转为主的第 1 周期与平动为主的第 2 周期之比大于 0.90。

为了减少由于楼电梯间过偏带来扭转过大的不利影响，改善其扭转效应，作者请设计者将远离楼电梯间（质心）的外纵墙（A）轴线从下至上均加厚到 300mm，其他墙体转换层以下为 250mm，以上均为 200mm。这样处理后，就使结构的扭转周期出现在第 3 周期。并使扭转为主的第 1 周期与平动为主的第 2 周期之比小于 0.90；控制楼层的最大弹性水平位移与弹性水平平均位移比小于 1.40。这就是应用了”加法”原理解决了扭转不规则问题。由于本工程结构设计控制的层间位移角在 1/1200 左右，所以此时，最好办法就是采用加法来处理结构的扭转问题。

【工程案例 2】

作者协助某设计院处理的青岛皇冠国际公寓住宅 2 号楼，地上 18 层，地下二层，抗震设防烈度为 6 度，基本风压 0.60kN/m^2，加强层以下墙厚均为 180mm，加强层以上墙厚均为 160mm，标准层平面如图 3–57 和图 3–58 所示。

设计人员按图 3–58 建模上机计算，结果第 1 周期为扭转周期，这显然是不合适的，必须调整。于是设计人员就一味地加墙厚，其结果是越调整越糟。于是他们将计算结果传给作者，请作者帮他们分析处理。作者看到平面配置图后，第一感觉是平面配置比较规则，为何会出现第 1 周期为扭转周期？经过对标准层仔细研究，发现问题是楼电梯间处配置了太多的剪力墙，建议取消部分剪力墙或开大的结构洞，经与建筑协商建筑专业人员同意开大的结构洞方案。开洞后的方案如图 3–57 所示。经计算结果是扭转周期出现在第三周期，且扭转周期与第一平动周期比也满足规范要求。这就是采用“减法”原理解决扭转不规则问题的典型事例。

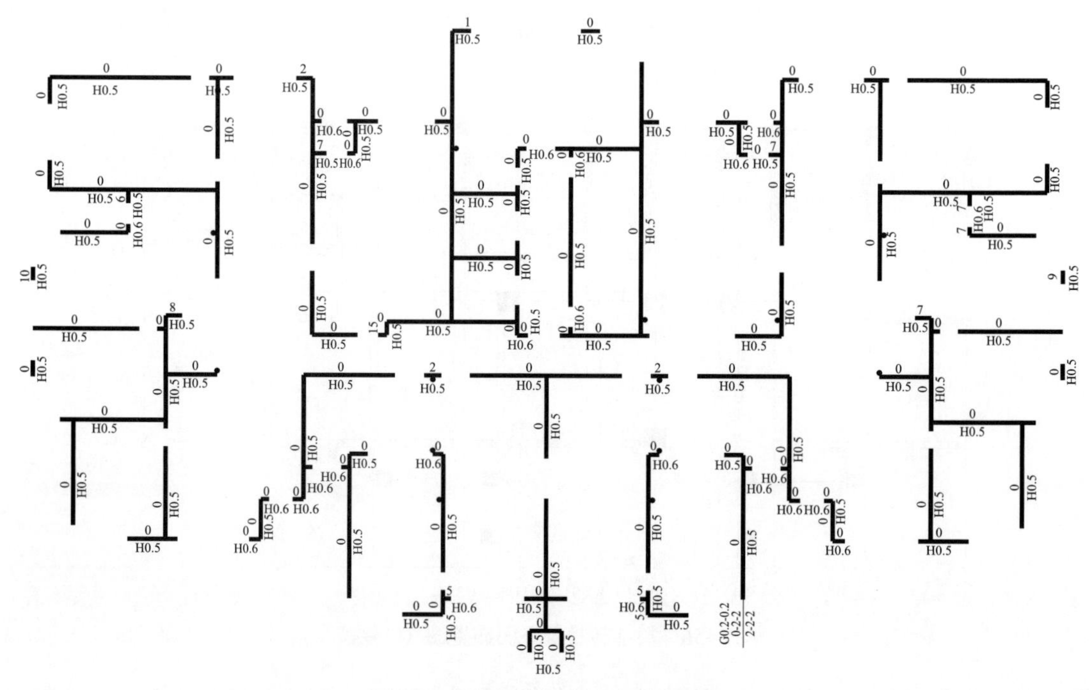

图 3–57 调整前标准层平面布置图

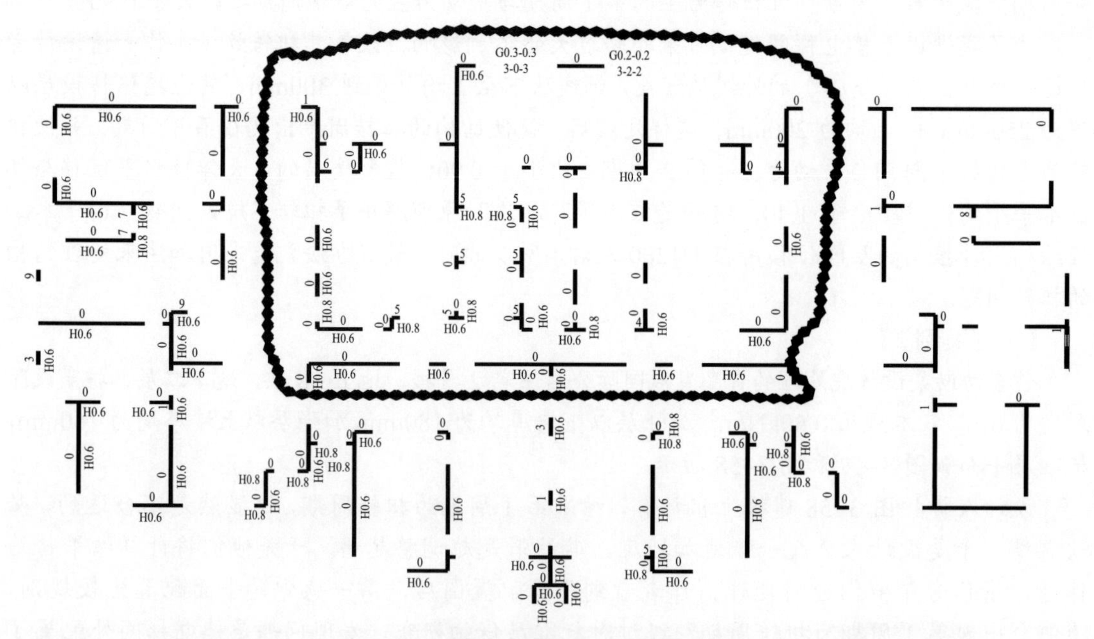

图 3–58 调整后的标准层平面布置图

1）解决扭转问题，要走出周期比控制的认识误区；抗侧力刚度大，就意味着抗扭特性好，几何上、视觉上很规则，就意味着有抗扭特性好的错觉。

2）改善周期比需要灵活运用“加减法”，抗侧力刚度均匀布置，相对加强外圈的刚度。

3）当然也有根本无法调整的工程范例，如上海世博园国家馆工程，如图 3–59 所示。

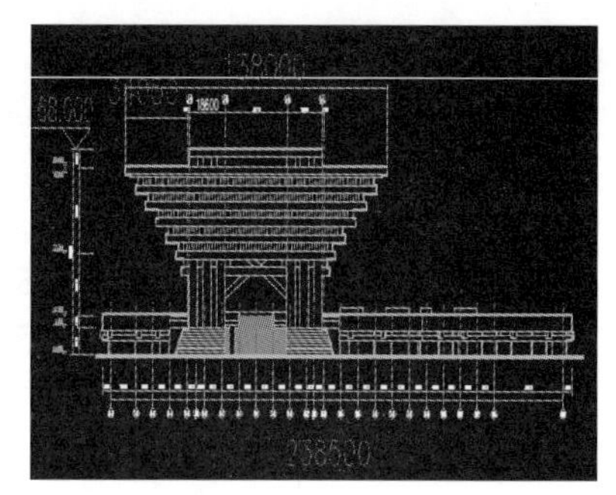

图 3–59　国家馆照片及剖面示意图

① 国家馆结构体系：采用钢筋混凝土筒体＋组合楼盖结构体系。利用落地的楼电梯间设置四个 18.6m × 18.6m 的钢筋混凝土筒体作为抗侧力结构。四个落地筒体除承担竖向荷载外，还承担风荷载及水平地震作用。依建筑的倒梯形造型，设置了 20 根 800 × 1500 的矩形钢管混凝土斜柱，为楼盖大跨度钢梁提供竖向支承，满足了室内没有柱子的大空间建筑使用功能要求。楼盖一般采用密肋钢梁－混凝土板组合楼盖。

② 国家馆结构设计特点：展区部分层出挑，屋面需要由混凝土筒体出挑 34.75m，不但使竖向质量分布不均匀，还使楼盖的转动惯量大，导致结构的扭转周期成为第 1 周期。为此设计中采用了通过增大结构平动刚度来控制结构扭转反应而不控制结构周期比的思想，由于扭转周期出现在第一周期，所以本工程进行了超限审查。超限审查提出如下主要加强措施：

a. 在各混凝土筒体的转角部位设置方钢管，除方便与钢管混凝土斜柱的连接外，更主要的是可提高混凝土筒体的极限变形能力，提高结构的抗震性能；

b. 剪力墙的抗震等级提高至特一级，适当提高底部加强区剪力墙的水平分布筋配筋率至 0.6%，控制筒体剪力墙在大震弹性作用下的剪应力水平不大于 $0.1f_{ck}$，控制筒体剪力墙的轴压比不大于 0.4，连梁内增设型钢；

c. 加强建筑外围作为建筑造型骨架的桁架与斜柱的连接。计算分析和振动台试验结果均表明结构具有较好的承载力和延性，最大位移比约为 1.20，扭转反应较小，可达到预定的抗震性能目标。

d. 为让 33.3m 标高楼盖自相平衡地受压来承担更多的斜柱根部的水平分力，尽可能减少剪力墙承受的剪力，除增大该标高楼板厚度外，还将该标高筒体内连梁的尺寸加大至 700mm × 3500mm，以增强其轴向刚度。

4）作者主持设计的工程曾经也遇到过两个结构第 1 周期为扭转周期的工程，但由于均不属高层建筑，并没有进行超限审查。其中 2011 年的一个工程如图 3–60 所示。

图 3–60　工程效果图及计算模型图

【工程案例 3】

本工程是浙江水月禅殿堂项目，结构高度 22.5m，采用框架–剪力墙结构，结构周期及振型主要结果见表 3–9。

表 3–9　　结构周期及振型主要结果

序号	周期/s	方向角/（°）	扭转成分	X 侧振成分	Y 侧振成分
1	0.8515	90.7	0.99	0.01	0.01
2	0.7779	90.9	0.01	0.99	0.99
3	0.7621	0.9	0.00	0.00	1.00
4	0.3553	3.1	0.99	0.01	0.01
5	0.3011	90.1	0.02	0.97	0.98
6	0.2914	89.9	0.02	0.97	0.98

由表 3–9 可以看出，结构第 1 周期为扭转周期，且扭转成分高达 0.99，说明结构存在严重扭转不规则（尽管规范并没有要求多层建筑需要控制结构扭转周期），第 1 周期出现扭转总是对结构抗震不利的，有条件时也应优先调整结构布置，当然此时首先需要查看这个扭转周期是否为结构的主振型周期。

通常查看结构是否为结构的主振型周期，SATWE 程序建议如下：

（1）对于刚度均匀的结构，在考虑扭转耦联计算时，一般来说前两个或几个振型为其主振型。

（2）但对于刚度不均匀的复杂结构，上述规律不一定存在，此时应注意查看 SATWE 文本文件“周期、振型、地震力”。WZQ OUT.程序输出结果中给出了输出各振型的基底剪力值，据此信息可以判断出哪个振型是 X 向或 Y 向的主振型，同时可以了解每个阵型对基底剪力的贡献大小。

由表 3–10 可以看出，在第一周期为扭转时，结构产生的基底地震力为 0，说明这个扭转周期并不是结构的主振型，所以可以不对本结构的配置进行再调整。此工程的施工图审查单位是清华设计院审图中心。

表 3–10　　（ITEM013）各振型的基底地震力（按《抗规》5.2.5 调整前）

	振型号	F_x/kN	F_y/kN	F_z/kN	M_x/（kN·m）	M_y/（kN·m）	M_z/（kN·m）
地震工况 E_x（0 度）	1	0.00	0.00	0.00	0.00	0.00	3.655
	2	0.023	–14.823	0.00	236.552	0.395	–249.389
	3	8338.031	13.942	0.000	–237.693	142 646.352	–133 160.931
地震工况 E_y（90 度）	1	0.000	0.000	0.000	0.000	0.000	–4.090
	2	8264.221	13.834	0.000	–235.992	141 314.3	148 983.4
	3	0.023	–13.942	0.000	238.520	0.397	–222.65

3.4.6　不规则建筑结构应采取哪些抗震措施与抗震构造措施

1. 对于平面不规则建筑的处理方式

对于平面不规则的建筑通常按以下几种方式处理：尽量合并、彻底分离、基于性能的抗震设计。

对于平面不规则建筑，首先考虑是否可以通过楼面调整消除凹凸不规则或楼板不连续，基本方法有以下三种。

（1）尽量合并：增设楼板如图 3–61 所示，并采取以下构造措施加强。

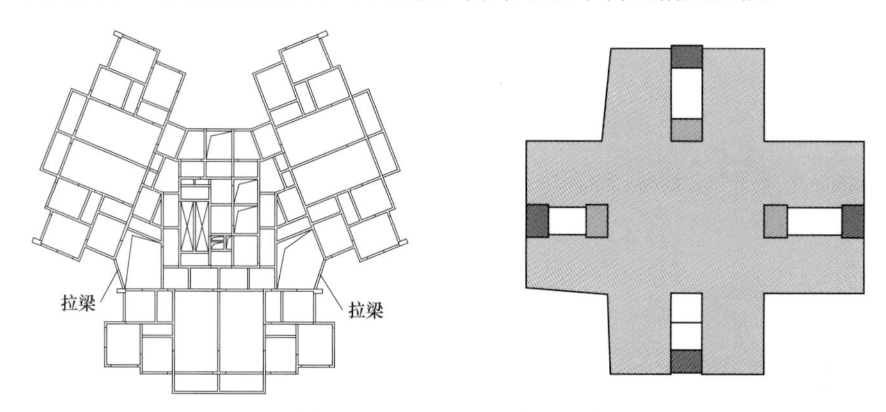

图 3–61　凹凸不规则合并示意

1）对凹口深度超过的建筑，通常应取以下抗震构造措施：

① 屋面层的凹口位置应设置拉梁或拉板，屋面板厚度宜加厚 20mm 以上，并采取双层双向配筋。

② 对于建筑高度大于 100m 的建筑，或凹口深度大于相应投影方向总尺寸的（6、7 度 40%，8、9 度 35%）时，还宜每层设置拉梁或拉板。

③ 当凹口深度大于相应投影放心总尺寸的（6、7 度 40%，8、9 度 35%）时，且建筑高度不大于 60m 时，屋面板厚度和配筋要求应满足上述①的要求，其他楼层宜沿高度均匀设置拉梁或拉板。

④ 当凹口部位楼板有效宽度大于 6m，且凹口深度小于投影方向总尺寸的（6、7 度 40%，8、9 度 35%）时，如果抗震设计有关指标能满足规范要求，则除顶层外，其他楼层在凹口处可不加拉梁或拉板。

2）对于平面中楼板间连接较弱的情况，连接部分的楼板也宜适当加厚 20mm 以上，并采取双层双向配筋，总配筋率宜大于 1.0%。

3）对于平面中楼板开大洞的情况，应重点加强洞口周边楼板的厚度和配筋，开洞尺寸接近最大开洞限值时，应在洞口周边设置梁或暗梁，暗梁宽度不宜小于板厚 2 倍，暗梁总配筋率不宜小于 1%暗梁宽度与高度乘积。

4）拉梁、拉板构造要求：

① 设置拉梁或拉板，且宜竖向均匀布置，拉板厚宜取 250～300mm，按暗梁的配筋方式配筋；拉梁拉板内纵向筋的配筋率不宜小于 1.0%；纵向钢筋不得搭接，并锚入支座内不小于 Lae；

② 设置阳台板或不上人的外挑板，板厚不宜小于 180mm，双层双向配筋，每层配筋率不宜少于 0.25%；并按受拉钢筋锚固在支座中。

5）特别提醒注意：即使设置了拉梁（板）但该拉梁不足以使两侧板的位移符合刚度无限大的假定，也只能作为局部弹性楼板计算，则仍然属于凹凸不规则，该连梁只能作为凹凸不规则的加强措施，不能作为楼板开洞处理。

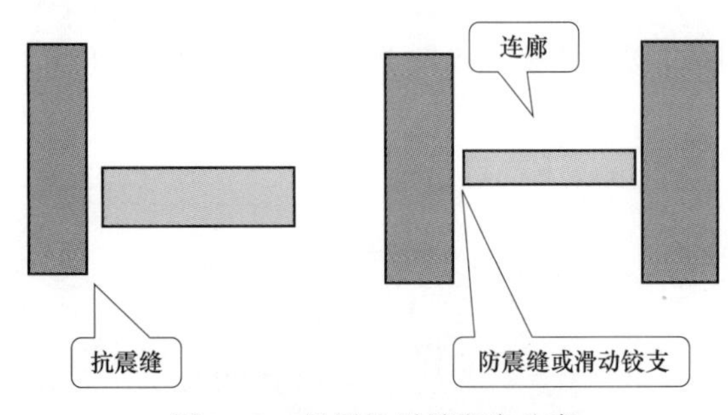

图 3–62 设置抗震缝彻底分离

（2）彻底分离：设缝分割为若干规则子结构，设置抗震缝、滑动支座等，如图 3–62 所示。

但请注意：如果设滑动支座，为防止大震作用下滑动支承的架空连廊撞击或滑落的震害，其最小支座宽度应满足架空连廊两侧主体结构大震作用下该高度处弹塑性水平变形要求。这个宽度要比《规范》防震缝宽度要求严得多。如图 3–63 所示，由于连接体预留的滑移量不足，引起连接体严重挤压破坏或滑动量不足滑落被破坏。

图 3–63 连接体设置不合理造成地震破坏

（3）如果通过分离、合并仍然不能解决实际问题，或受到客观条件限制不能作此类调整，则须对此类不规则结构采用更为严格的方法进行基于性能的抗震设计，设计要点如下：考虑弹性楼板，性能设计。

2. 建筑结构存在角部重叠与细腰形的结构平面时，应采取哪些加强措施

对于角部重叠与细腰形的结构平面，位于中央凹面部位地震时容易产生应力、应变集中现象，此时应采用如下加强措施：在凹角部位应采取加大板厚度、增加板内配筋、设置集中配筋的边梁或配置 45° 斜向钢筋等。

3. 对立面不规则建筑的处理

除满足《规范》《规程》给出的抗震要求外，作者建议还宜满足以下要求。

（1）对于立面收进层，该层楼板的厚度宜加厚 20mm 以上，配筋率宜增加 10%以上，并采用双层双向配筋，收进部分的竖向构件的配筋也宜适当加强，加强的范围至少需要向上、下各延伸一层。当收进层仅在顶层时，整层的竖向构件宜适当加强，对主屋面的小塔楼、楼、电梯间等各竖向构件的根部也宜适当加强。

（2）对于连体建筑，要尽量减少连接体的重量，如可优先采用钢结构、采用轻质墙体、组合楼板等，加强连接体水平构件的强度及延性，抗震等级宜提高一级，保证连接处与两侧塔楼的有效连接，一般情况需要依据连接体及两侧塔楼情况，分别采用刚性或柔性连接，当采用柔性连接时，应能保证连接构件有足够大的变形适应能力；当采用滑动支座连接时，应保证在大震（罕遇）地震作用下滑动支座仍安全有效。要加强连接体以下塔楼内侧和外围构

件的强度和延性，抗震等级宜提高一级。

（3）对于立面开大洞的建筑，抗震构造措施与连体建筑类似，应重点加强洞口周边构件的强度及延性，抗震等级宜提高一级，洞口周边的梁柱的箍筋宜全长加密设置，洞口上下楼板宜加厚 20mm 以上，配筋也宜增加 10%以上，并采取双层双向配筋。

（4）对于多塔楼建筑，底盘屋面板厚度不宜小于 180mm，并应加强配筋（增加 10%以上），并采用双层双向配筋。底盘屋面下一层结构的楼板也宜加强构造配筋措施（配筋增加 10%以上，但板的厚度可不增加）。多塔楼之间裙房连接体的屋面梁以及塔楼中与裙房连接体相连的外围柱、剪力墙，从地下室顶板起至裙房屋面上一层的高度范围内，柱的纵向钢筋的最小配筋率宜提高 10%以上。柱箍筋宜在裙房楼屋面上下层的范围内全高加密。裙房中的剪力墙宜设置约束边缘构件。

（5）对于带转换层的结构，应采取有效措施以减少转换层上下结构等效剪切刚度和承载力的突变。当转换层位置设置在三层及以上时，其框支柱、剪力墙（含筒体）的抗震等级宜提高一级，结构布置应符合以下要求：

1）对于框架—剪力墙及框架—核心筒结构体系，底部落地剪力墙和筒体墙应适当加厚，所承担的地震倾覆力矩应不小于 50%。

2）转换层下层与上层的等效刚度之比不宜小于 0.7，不应小于 0.6。

3）落地剪力墙和筒体墙的洞口宜布置在墙的中部。

4）框支转换梁上一层墙体内不宜开靠近柱边的门洞，当无法避免时，洞口边墙体宜设置翼缘墙、端柱或加厚墙体（见图 3–64），并应设置约束边缘构件。

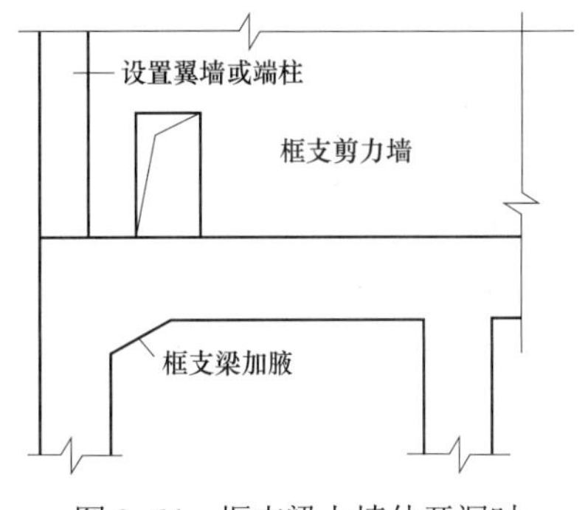

图 3–64 框支梁上墙体开洞时需要加强部位示意

另外，对于上部墙体开设边门洞等的水平转换构件，宜进行施工阶段重力荷载下不考虑墙体刚度的承载力复核。

5）对于矩形建筑平面中落地剪力墙的间距 L 宜小于 6、7 度 2 倍的楼盖宽度 B，且不宜大于 24m；8 度 1.5 倍的楼盖宽度 B，且不宜大于 20m。

6）落地剪力墙与相邻框支柱的距离不宜大于 6、7 度 12m；8 度 10m。

（6）对错层结构，有错层楼板的墙体不宜为单肢墙，也不应为短肢剪力墙；错层墙厚度不应小于 250mm，并应设置与之垂直的墙肢或扶壁柱；抗震等级应提高一级采用，配筋率宜提高 10%以上。

【知识点拓展】

结构布置宜沿竖向刚度均匀、避免软弱层、减少鞭梢效应。结构宜做成由下向上均匀逐渐减小或上下等宽的体型，更重要的是结构的抗侧刚度应当沿高度均匀变化。框支剪力墙是最为典型的沿高度刚度突变的结构，它的主要危险在于框支层的变形大，框支层总是表现为薄弱层，如图 3–65（a）所示，全部由框支剪力墙组成的结构几乎不可避免地遭受严重震害。

通常引起竖向刚度不均匀的情况有：在某个中间楼层抽去剪力墙，或在某个层设置刚度很大的加强层或转换层等，如图 3–65（b）所示，楼层的刚度突然减小或突然加大都会使该层及其附近楼层的地震反应（内力和变形）发生突变而产生危害。

由于建筑物立面有较大的收进或顶部有小面积的突出建筑造成建筑立面体型沿高度变

化，或者为了加大建筑空间而顶部减少剪力墙等，都可能使结构顶部少数楼层刚度突然变小，这可能加剧地震作用下的鞭梢效应加剧，顶部的侧向摆动变形过大也会使结构遭受破坏，如图 3–65（c）所示。

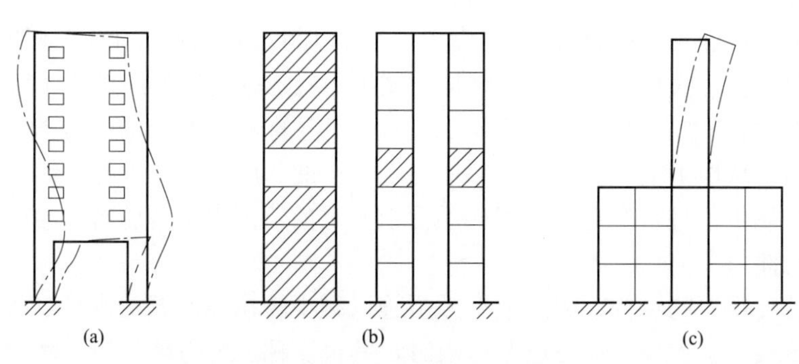

图 3–65　沿高度刚度不均匀

（a）框支剪力墙的变形；（b）中间楼层软弱或刚强；（c）顶部鞭梢效应

通常在结构上部为柔软的塔楼下面设置大底盘（独立塔楼或多塔建筑）也可能由于鞭梢效应而加大上部塔楼的地震反应。在方案设计阶段要采取措施，当大底盘高度占总高度的比例较大（楼层多）时，容易加大鞭梢效应，宜尽量减少下部大底盘和上部塔楼的刚度差；在整体计算分析时多取振型数可使计算结果反映出鞭梢效应的不利影响；一方面采取措施减少鞭梢效应（如加 TMD 质量调频阻尼等），另一方面构件设计也要有相应措施，如在鞭梢效应大的部分楼层加大地震设计内力，加大它们的承载能力等。

目前流行的巨型框架结构是在不规则的建筑中使结构上下刚度一致的较好的结构体系，它在建筑体型和建筑平面布置变化较多的情况下，结构不受影响，设计规则结构，但是，这种结构体系，也必须在建筑师的积极配合下才能实现。

3.4.7　减少结构地震扭转效应的措施

对于扭转位移比超限时的处理措施：

（1）扭转位移比主要与荷载有关，要是过大，可能是刚度中心与质量中心有较大的偏离，此时要先检查质量中心与刚度中心的位置，然后定性地把刚度中心往质量中心方心调整，要不是上述问题，那就可能是抗扭刚度不足，要设法增加整体抗扭刚度。比较有效的方法是加大周边构件的尺寸（包括竖向和水平构件），也可以减小中心部位构件的尺寸。

（2）减少结构平面布置的长宽比不宜过大，避免较窄长的板式平面。

（3）抗侧力构件在平面中宜均匀、对称，避免刚度中心与质量中心之间存在过大的偏心。

（4）加强外围构件的刚度，避免过大的转角窗和不必要的结构开洞。

（5）控制立面单侧过大内收。

（6）避免结构外围过大的悬挑。

【知识点拓展】

抗震结构平面布置宜简单、规则、均匀减少突出、凹进等复杂平面，但是，更为重要的是结构平面布置时要尽量使平面的刚度均匀，所谓平面刚度均匀就是“刚心”与“质心”靠近，减少地震作用下的扭转。

扭转对抗震结构的危害很大，减少结构扭转引起的破坏一般应由以下两个方面入手：一是减少地震引起的扭转，二是增加结构抵抗扭转的能力。

平面刚度是否均匀是地震是否造成扭转破坏的重要原由，而影响刚度是否均匀的主要因素是抗侧力构件的布置（特别是大抗侧刚度的剪力墙），抗侧力构件布置在平面的一端是很不合适的，大刚度的抗侧构件单元偏置的结构在地震作用下的扭转大，而对称布置剪力墙、井筒有利于减少扭转、周边均匀布置抗侧力构件，或布置刚度很大的框筒，都是增加结构抗扭刚度的重要措施，有利于抵抗地震时结构的扭转。

为了减少地震作用下的扭转，还需要注意平面上质量分布，质量偏心也会引起结构扭转，质量集中在周边也会加大扭转（如上海世博的中国馆就是典型的工程案例）。风车形的结构平面也不利于抗震，因为它的转动惯量大而抗扭刚度小。

对于有些平面上有突出部分的建筑，如 L 形、T 形、Y 形、H 形等平面，即使总体平面对称，还会表现出局部扭转。如图 3–66（a）所示 L 形平面具有高振型，它会使突出部分出现侧向振动的地震反应；由图 3–66（b）可见平面中突出部分的侧向位移（两端位移不等）即会形成局部扭转问题。因此，一般不宜设计突出部分过长的 L 形、T 形、Y 形、H 形等平面。为了解决此问题通常在突出部分设置长度较大的剪力墙或井筒，以减少突出部分端部的侧向位移，可减少局部扭转，如图 3–66（c）所示。

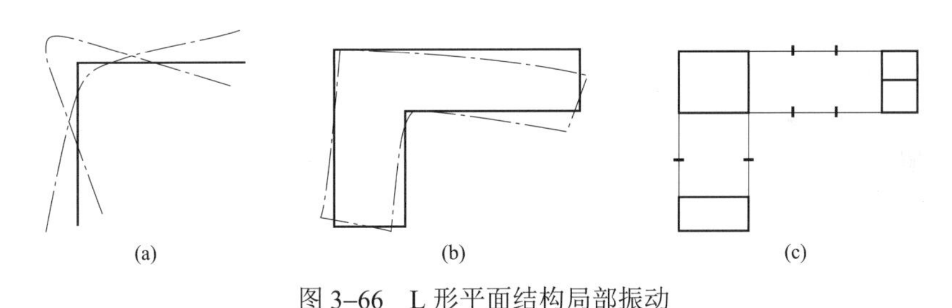

图 3–66　L 形平面结构局部振动

（a）高振型影响；（b）扭转变形；（c）端部加强措施

较高的高层建筑不宜做成长宽比很大的长条形平面，因为它不符合楼板平面内无限刚性的假定。楼板具有的高阶振型在柔而细长的平面中影响大（图 3–67），由于基础的嵌固作用，高度较矮的建筑可减少这种影响，而高度较高的高层建筑，采取楼板在自身平面内无限刚性假定进行计算的结果就会不符合地震反应的结果。一般可以将长条形平面的结构作成折板形或圆弧形，如图 3–68 所示。

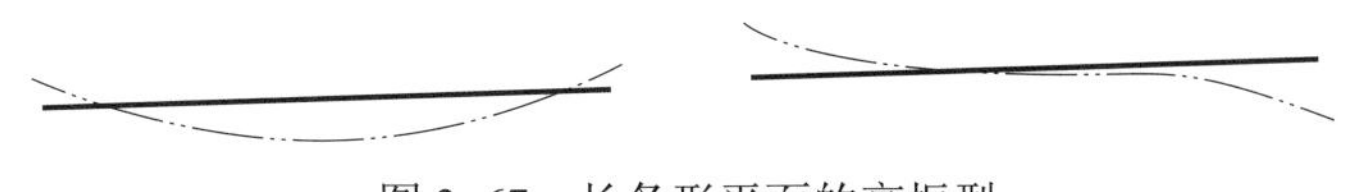

图 3–67　长条形平面的高振型

图 3–69 为北京国际饭店及北京京广中心大厦，均为弧形平面超高层建筑。作者 1984 年就在刚开始建设的国际饭店工地实习过。

作者先后多次往返美国旅行，到过几乎美国各大城市，到处可见 20 世纪五六十年代建造的弧形及折线建筑。图 3–70 这两个弧形建筑是作者 2014 年 8 月的旅行中随手拍照的。

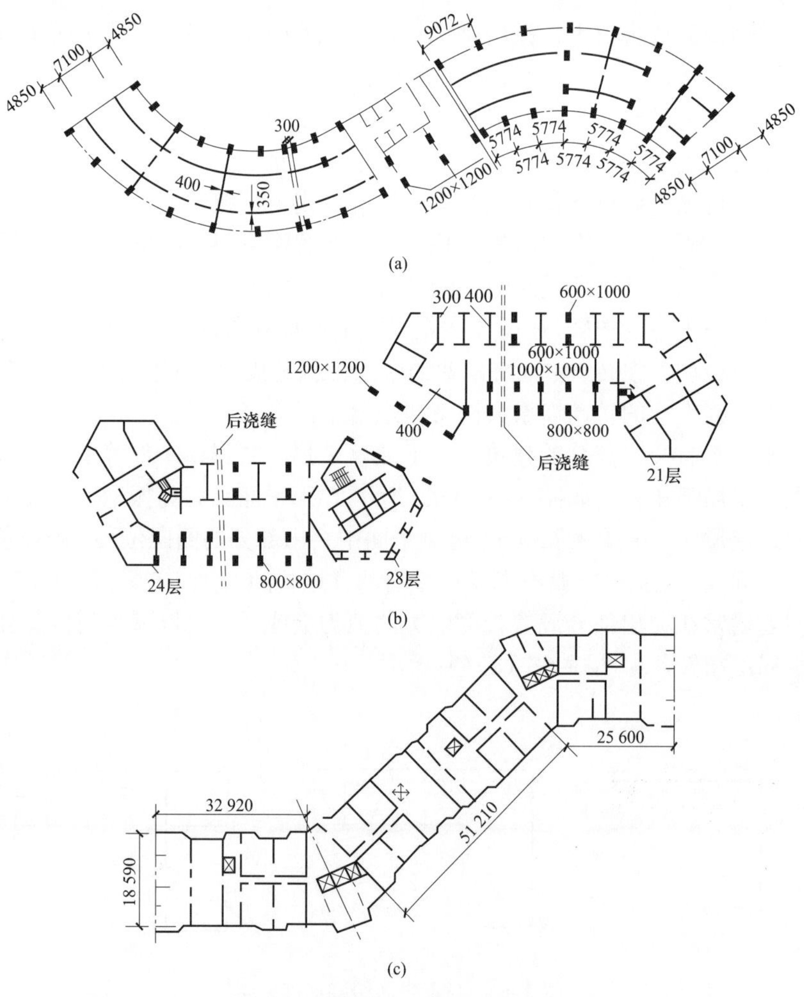

图 3-68　折板或圆弧形结构平面

（a）为上海华亭宾馆（29 层，总高 90m）；（b）北京昆仑饭店（28 层，总高 102m）；（c）加拿大多伦多海港广场公寓大楼

（a）

（b）

图 3-69　弧形超高层建筑

（a）北京国际饭店；（b）北京京广中心

图 3–70　美国 60 年代的弧形建筑

《广东高规》进一步有条件放松对扭转位移比的限值要求：当楼层的最大层间位移角不大于规定的限值的 0.5 倍时，该楼层扭转位移比限值可适当放松。但 A 级高度建筑不大于 1.8，B 级高度建筑不大于 1.6。

【算例】

剪力墙结构最大层间位移角为 1/800，当最大层间位移角为 1/1600 时，楼层竖向构件的最大水平位移和层间位移与该楼层平均值的比值可适当放松，A 级最大可放松至 1.8、B 级最大可放松至 1.6。

3.4.8　也可以通过改变结构材料避免严重不规则

（1）对砌体结构而言属于严重不规则的建筑方案，改用混凝土结构则可能采取有效的抗震措施使之转化为非严重不规则。例如，较大错层的多层砌体房屋，其总层数比没有错层时多一倍，则房屋的总层数可能超过砌体房屋层数的强制性限值，不能采用砌体结构；改为混凝土结构，只对房屋总高度有最大适用高度的控制。又比如砌体结构规范不允许开转角窗，如果改为钢筋混凝土结构采取必要的加强措施就可以等。

（2）对属于严重不规则的普通钢筋混凝土结构，改为钢结构，也可能采取措施将严重不规则转化为一般不规则或特别不规则。

3.4.9　对于不规则结构设计人员需要掌握哪些基本设计原则

一个体型不规则的房屋，要达到国家标准规定的抗震设防目标，在设计、施工、监理方面都需要投入较多的力量，需要较高的投资，有时可能是不切实际的。因此，严重不规则的建筑方案应予以修改、调整。一般的不规则建筑方案，可按《抗规》第 3.4.4 条的规定进行抗震设计；同时有多项明显不规则或仅某项不规则接近上限的建筑方案，只要不属于严重不规则，结构设计人员应采取比《抗规》3.4.4 条要求更加有效的措施。其中，对于高层建筑，应按建设部第 111 号令的要求，在初步设计阶段，由建设单位向工程所在地的省级建设行政主管部门提出超限建造的申请，经专家委员会审查通过后方可进行施工图设计。

【知识点拓展】

对于少数楼层不规则的处理建议：当工程中出现少数楼层由于开洞、凹凸、偏心、错层、挑高等造成局部不规则时，应视其所占楼层比例和不规则程度、工程情况、抗震设防烈度、结构材料等综合判定整体结构的规则性，而不能简单得出结论。但无论如何，对这些楼层构件均需要加强其抗震措施。当然有时作为设计人员很难判断，此时需要组织有关专家进行分析论证，提出合适的加强措施。

3.5 如何理解《高规》与《抗规》对扭转位移比限值的差异问题

《抗规》3.4.4–1 条：判断建筑平面不规则性时，规定位移比“不宜”大于 1.2 的限值，而《高规》对扭转位移比和结构周期比有更严格的规定。对于多层框架结构，应如何执行？

分析解读：《抗规》适用于多、高层建筑。对于高度不大于 24m 的框架结构可以按 1.5 限值判断其平面不规则性；而对于高度大于 24m 的框架结构，则应按《高规》的有关规定执行，这也符合行业标准要求高于国家规范的要求。

【知识点拓展】

本次修订《抗规》与《高规》明确规定不规则类型是主要的而不是全部不规则，所列的指标是概念设计的参考性数值而不是严格的数值，使用时需要综合判断。补充说明如下。

（1）按国外的有关规定，楼盖周边两端位移不超过平均位移 2 倍的情况称为刚性楼盖，超过 2 倍则属于柔性楼盖。因此，2001 版《说明》中提到的刚性楼盖，并不是刚度无限大。计算扭转位移比时，楼盖刚度可按实际情况确定而不限于刚度无限大假定。

（2）扭转位移比计算时，楼层的位移不采用各振型位移的 CQC 组合计算，按国外的规定明确改为取“给定水平力”计算，可避免有时 CQC 计算的最大位移出现在楼盖边缘的中部而不在角部，而且对无限刚楼盖、分块无限刚楼盖和弹性楼盖均可采用相同的计算方法处理；该水平力一般采用振型组合后的楼层地震剪力换算的水平作用力，并考虑偶然偏心；结构楼层位移和层间位移控制值验算时，仍采用 CQC 的效应组合。

（3）偶然偏心大小的取值，除采用该方向最大尺寸的 5%外，也可考虑具体的平面形状和抗侧力构件的布置调整。

（4）扭转不规则的判断，还可依据楼层质量中心和刚度中心的距离用偏心率的大小作为参考方法。

3.6 对于突出屋面的楼、电梯间或屋面构架，如何合理进行抗震设计

对突出屋面的楼、电梯间或屋面构架，若作为一层一并计入体系。进行整体计算时，往往会出现位移比异常的结果，该部分结构，可否采用人为的措施按放大 3 倍的静荷载输入，这样能否满足抗震设计要求?

突出屋面的屋顶房间属于结构体系中刚度突变的部位，是否作为一个结构层建模参与整体计算，应区别对待。

《抗规》3.4 节明确规定，刚度和承载力突变的结构体系属于不利于抗震的不规则结构。3.5.3 条要求结构体系应防止刚度和承载力突变。突出屋面的小型结构明显存在刚度突变，其抗震设计尤应注意采取可靠措施。例如，5.2.4 条规定，当采用底部剪力法时，突出屋面的屋顶间（包括楼、电梯和小型构架等）、女儿墙、烟囱等的地震作用效应，宜乘以增大系数 3，

此增大部分不应往下传递，但与突出部位相连构件的地震效应亦宜乘以增大系数 3；采用振型分解法时，突出屋面部分可作为一个质点进行计算，同时还要根据计算结果加强构造措施。

突出屋面的屋顶房间的大小如何掌握?一般认为，突出屋面的屋顶房间面积不应超过标准层面积的 30%。当突出屋面的屋顶房间面积小于楼层面积的 30% 时，可按突出屋面的屋顶间计算而不算做一个楼层。

3.7　为什么质心与刚心重合的结构还有扭转效应

很多朋友在概念设计中遇到这样疑惑：假如一个完全对称的方形结构，从程序的计算来看，刚心和质量也吻合良好，可是为什么还是会有扭转效应？当然这种情况下正常设计的结构扭转效应不会太大，除非结构的抗扭刚度很小。实际上一个即使完全对称的结构它的刚心和质心也不一定完全吻合，程序给出的结果是基于一种简化的计算，即每个楼层平面分析得到的结果，程序将楼层刚心定义为在结构的某一楼层该点施加水平荷载时，整个楼层只产生平动而无扭转的坐标位置，该概念类似于构件截面的剪切中心概念。实际中程序计算各层刚心的时候，为了简化计算量，是把搂层放到地面上加单位力计算得到的。正是这种简化的假定决定了只要是完全对称的结构每个楼层的刚心和质心也是对称的，而实际上结构是空间的，并不是平面的，因此从空间的概念上，一个楼层的刚心应该是在一个空间的模型上将单位力施加于计算楼层而得到，显然此时的计算刚度中心坐标是与楼层的空间位置有关系的，即使是完全对称的结构，其每个楼层真实的刚心也是随着楼层的不同而不同，因为一个结构随着层数的增加，平动刚度和扭转刚度的减小并不线性相关。正是在这个概念上，一个空间完全对称的结构，刚心和质量也不一定完全吻合，除非特别设计，并且基于空间楼层刚心的概念的理解，可以回答另一个让人“困惑”的问题：只有一个标准层的结构，基本振型的形态会随着楼层数的不同而不同，比如一个 40 多层的剪力墙结构，层数少的时候（总数 10 层），可能第一振型为平动，而层数多的时候（总数 40 层），第一振型则变成扭转。

3.8　建筑结构产生扭转反应的原因到底是什么

（1）结构本身不规则。结构本身的不规则包括三个方面。第一，楼层质心的偏移。这是由于质量分布的随机性造成的，主要表现在结构自重和荷载的实际分布变化，质量中心与结构的几何中心不重合，存在一定程度的偏离。第二，由于施工工艺和条件的限制、构件尺寸控制的误差、结构材料性质的变异性、构件受荷历程的不同、构件实际的边界条件与设想的差别等因素，使刚度存在不确定性，造成的刚度中心偏移。第三，结构刚度退化的不均匀，当结构进入弹塑性阶段时，本来是规则对称的结构，也会出现随变形形态而变化的扭转效应。例如，结构某一角柱进入弹塑性状态，它的刚度较弹性阶段时小，而其他的角柱可能仍处于弹性阶段，这时，刚度分布在结构平面内发生了变化，导致刚度不对称，使结构产生扭转反应。

（2）扭转不规则的判定。建筑结构的平面不规则性大致可以分为三种：一是平面形状不规则，也称为凹凸不规则；二是楼板局部不连续，连接较弱；三是抗侧力体系布置引起的扭转不规则。国内外的建筑规范都是从不规则结构的震害实际调查着手，考虑地震作用的不确定性和地震效应计算的不完整性，对结构的不规则性给出了判别的准则。在这三种不规则性中，平面形状不规则和楼板局部不连续的判别比较直观。而扭转不规则，是结构平面不规则最重要的控制指标，需要进行分析计算来判别。

（3）判定指标——位移比值由不规则结构的地震反应特征入手，通过分析质量和刚度平面分布，确定结构反应，计算扭转变形与侧向变形的相对大小，通过扭转位移比值来判别结构的不规则性。如果结构扭转变形太大，会造成边缘构件变形过大，进而过早的进入破坏状态，造成局部倒塌继而可能引起整体结构倒塌，这样的破坏机制难以实现整体结构的延性，对结构抗震十分不利。因此，控制扭转位移比值是需要我们高度重视的工作之一。

3.9 对于不规则建筑到底是优先设置抗震缝，还是能不设就不设

3.9.1 新版《规范》是如何规定的？设与不设的前提条件是什么

（1）《高规》3.4.5 条：体型复杂、平立面不规则的建筑，应根据不规则程度、地基基础条件和技术经济等因素的比较分析，确定是否设置防震缝，并分别符合下列要求。

1）当不设置防震缝时，应采用符合实际的计算模型，分析判明其应力集中、变形集中或地震扭转效应等导致的易损部位，采取相应的加强措施。

2）当在适当部位设置防震缝时，宜形成多个较规则的抗侧力结构单元。防震缝应根据抗震设防烈度、结构材料种类、结构类型、结构单元的高度和高差以及可能的地震扭转效应的情况，留有足够的宽度，其两侧的上部结构应完全分开。

3）当设置伸缩缝和沉降缝时，其宽度应符合防震缝的要求。

（2）《抗规》6.1.4 条：钢筋混凝土房屋需要设置防震缝时，防震缝的宽度应分别符合下列要求。

1）框架结构（包括设置少量抗震墙的框架结构）房屋的防震缝宽度，当高度不超过 15m 时不应小于 100mm，高度超过 15m 时，6 度、7 度、8 度和 9 度分别每增高 5m、4m、3m 和 2m，宜加宽 20mm。

2）框架–剪力墙结构房屋的防震缝宽度不应小于本款 1）项规定数值的 70%，抗震墙结构房屋的防震缝宽度不应小于本款 1）项数值的 50%；且均不应小于 100mm。

3）防震缝两侧结构类型不同时，宜按需要较宽防震缝的结构类型和较低房屋的高度确定缝宽。

4）8、9 度框架结构房屋防震缝两侧结构层高相差较大时，防震缝两侧框架柱的箍筋应沿房屋全高加密，并可根据需要在缝两侧沿房屋全高各设置不少于两道垂直于防震缝的抗撞墙。抗撞墙的布置宜避免加大扭转效应，其长度可不大于 1/2 层高，抗震等级可同框架结构；框架构件的内力应按设置和不设置抗撞墙两种计算模型的不利情况取值。本次修订，抗撞墙的长度由 2001《规范》的可不大于一个柱距，修改为“可不大于层高的 1/2”。结构单元较长时，抗撞墙可能引起较大温度内力，也可能有较大扭转效应，故设置时应综合分析（见图 3–71）。

（3）《高规》3.4.10 条：1～4 款同《抗规》要求，并补充以下 3 条要求：

1）当相邻结构的基础存在较大沉降差时，应将防震缝延伸到基础底，且宜增大防震缝的宽度。

2）防震缝宜沿房屋全高设置，地下室，基础可不设防震缝，但在与上部防震缝对应处应加强构造和连接。

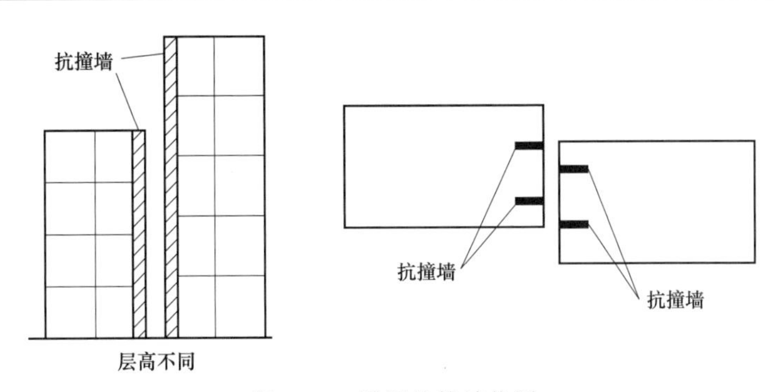

图 3–71　设置抗撞墙位置

3）结构单元之间或主楼与裙房之间不宜采用牛腿托梁的做法设置防震缝，否则应采取可靠措施。

【工程案例 1】

天津某工程为 8 层框架与单层餐厅采用了餐厅层屋面梁支承在主框架柱牛腿上加以钢筋焊接的方法，在唐山地震中由于两侧建筑振动不同步，牛腿被拉断，产生严重震害。证明这种连接方式对抗震是不利的；不可避免必须采用时，应针对具体情况，采取有效措施避免地震时破坏。作者建议可以采取空中连廊滑动支座的处理手法。

【知识点拓展】

体型复杂的建筑《规范》并不一概提倡设置防震缝。由于是否设置防震缝各有利弊，历来有不同的观点，目前总体倾向如下。

（1）可设缝、可不设缝时，不设缝。设置防震缝可使结构抗震分析模型较为简单，容易估计其地震作用和采取抗震措施，但需考虑扭转地震效应，并按《抗规》规定确定缝宽，使防震缝两侧在预期的地震（如中震）下不发生碰撞或减轻碰撞引起的局部损坏，如图 3–72 所示。

图 3–72　抗震缝宽度不足引起二次破坏

【工程案例 2】

图 3–73 是 2008 年 5 • 12 汶川大地震后，北川公安局办公楼两侧商住楼碰撞倒塌情况，由于办公楼站立支撑着右侧倾斜的建筑，使右侧成排建筑不倒，而左侧建筑由于失去支撑而发生连续倒塌。

（2）当不设置防震缝时，应采用符合实际的计算模型，分析判明其应力集中、变形集中或地震扭转效应等导致的易损部位，采取相应的加强措施。当不设置防震缝时，结构分析模型复杂，连接处局部应力集中需要加强，而且需仔细估计地震扭转效应等可能导致的不利影响。

图 3–73　由于碰撞导致建筑连续倒塌的震害

【工程案例 3】

图 3–74 是 2008 年“5・12”汶川大地震后，东方汽轮机厂框架结构办公楼，为 L 形平面的，在拐角处不设防震缝，地震时没有发生碰撞破坏，也就是说 L 形平面建筑不设缝的震害较轻，对这样的建筑平面作者建议能不设就不设。

图 3–74　L 形平面建筑立面

（3）当在适当部位设置防震缝时，宜形成多个较规则的抗侧力结构单元。防震缝应根据抗震设防烈度、结构材料种类、结构类型、结构单元的高度和高差以及可能的地震扭转效应的情况，留有足够的宽度，其两侧的上部结构应完全分开。新《规范》将钢筋混凝土框架结构防震缝的最小宽度加大到 100mm，规定大跨屋盖结构防震缝最小宽度为 150mm，并要求计算中震作用下防震缝两侧结构的相对位移，使之不发生碰撞；如果缝宽不够，则要求设置长度不大于层高 1/2 的防撞墙。

（4）抗震设计时，建筑物各部分之间的关系应明确：要分开就彻底分开、留够足够的空间；如果连接，则应可靠连接。不宜采用似分不分，似连不连的结构方案。

（5）为防止各建筑在地震中相碰，防震缝必须留有足够宽度。防震缝净宽度原则上应大于两侧建筑允许的地震水平位移之和。这里的地震指的是设防烈度地震。

（6）抗震缝宜沿结构平面直线通过，不宜采用折线方式，当不可避免时，注意应适当加大抗震缝宽度，特别是转折处的缝宽。

3.9.2　抗震缝属于"抗震措施"范畴还是"抗震构造措施"范畴

不规则结构是否设置抗震缝问题的确属"抗震措施"的范畴。但是否对于抗震设防类别为"甲类"或"乙类"的建筑，就应按本地区设防烈度提高一度确定抗震缝宽度？《规范》没有明确；关于"甲、乙类"建筑，抗震缝是否需要按提高一度确定问题？作者先后电话咨询过两位《抗规》的编委。一位认为既然属抗震措施，就应该按提高一度后考虑，另一位则认为可以按提高前的设防烈度确定。

作者观点：由于"甲类"建筑需要按提高一度进行地震计算，所以应按提高一度确定抗震缝宽度；但对于"乙类"建筑仅提高抗震措施，并没有提高地震作用计算，所以可以按提高前的抗震设防烈度确定抗震缝宽度。

3.9.3　如何合理确定不同结构体系的抗震缝宽度

（1）计算表明：同样一个 15m 框架结构在多遇地震、设防烈度、罕遇地震下的顶点位移大致是 50mm、120mm、600mm；也就是说明目前《规范》给出的抗震缝宽度基本能满足设防烈度下不发生碰撞；基于这点，我认为对于重要建筑还是建议采用设防烈度地震作用下的计算位移确定更加合理。

（2）对于钢结构房屋的抗震缝宽度，《抗规》8.1.4 条规定：钢结构房屋需要设置防震缝时，缝宽应不小于相应钢筋混凝土结构房屋的 1.5 倍；但请注意以下问题。

1）钢结构房屋在满足建筑结构的规则性要求时一般先考虑不设防震缝。结构体型复杂、平立面"特别不规则"的建筑宜通过设置防震缝将其分割成几个较规则的结构单元。这里的"特别不规则"是指：建筑具有较明显的抗震薄弱部位，可能引起不良后果者。其界定可以参见《超限高层建筑工程抗震设防专项审查技术要点》（建质〔2010〕109 号）。

2）这里的"相应钢筋混凝土结构房屋"作者理解应为"钢筋混凝土框架结构"的 1.5 倍。

防震缝两侧结构类型不同时，宜按需要较宽防震缝的结构类型和较低房屋的高度确定缝宽；为便于理解，如图 3–75 所示常遇的几种情况汇总见表 3–11。

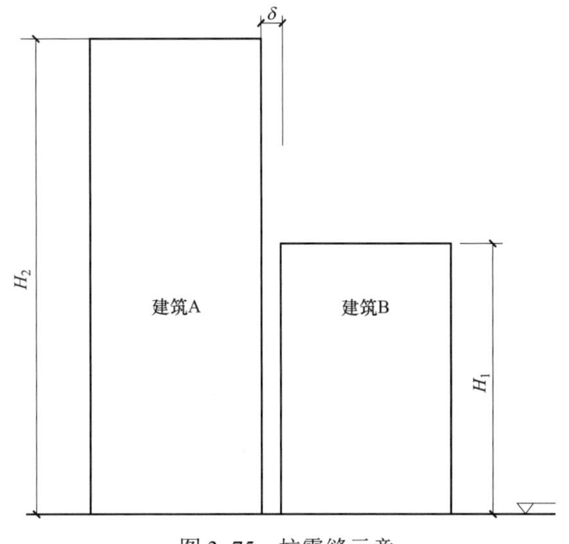

图 3–75　抗震缝示意

表 3–11　　　　　　　　不同情况抗震缝宽度计算

结构类型		确定缝宽的建筑	
建筑 A	建筑 B	高度计算	结构形式
剪力墙	剪力墙	H_1	建筑 B
框一剪	框一剪	H_1	建筑 B
框架	框架	H_1	建筑 B
剪力墙	框架	H_1	建筑 B
框架	剪力墙	H_1	建筑 A
钢结构	砼结构	H_1	建筑 A
砼结构	钢结构	H_1	建筑 B

（3）各类房屋的防震缝宽度：当高度不超过 15m 时，混凝土结构最小缝宽为 100mm；钢结构房屋为 150mm（含一侧是钢结构房屋）；超过 15m 时应在 100mm（150mm）的基础上按表 3–12 的规定增加缝宽。

表 3–12　　　　房屋高度超过 15m 时防震缝宽度增加值（mm）

<table>
<tr><td colspan="2">抗震设防烈度</td><td>6</td><td>7</td><td>8</td><td>9</td></tr>
<tr><td colspan="2">高度每增加/m</td><td>5</td><td>4</td><td>3</td><td>2</td></tr>
<tr><td rowspan="4">结构类型</td><td>框架结构</td><td>20</td><td>20</td><td>20</td><td>20</td></tr>
<tr><td>框架—剪力墙、框架—筒体结构板柱剪力墙</td><td>14</td><td>14</td><td>14</td><td>14</td></tr>
<tr><td>剪力墙结构、筒体结构</td><td>10</td><td>10</td><td>10</td><td>10</td></tr>
<tr><td>各类钢结构</td><td>30</td><td>30</td><td>30</td><td>30</td></tr>
</table>

（4）有设计人员问“对于框支剪力墙结构的抗震缝宽度问题”，作者建议可在按框架—剪力墙与剪力墙之间取值，即可取按框架结构规定值的 60%为宜，且不小于 100mm。

（5）对于建筑要求较高的建筑防震缝宽度可以按设防烈度计算校核缝宽。由于实际工程情况复杂，为避免其两侧结构在强烈地震中碰撞，最小防震缝宽度可能不足。因此，也建议最好按设防烈度下两侧独立结构在交界线上的相对位移最大值来复核。对于规则结构，为了方便计算，设防烈度下的相对位移最大值也可将多遇地震下的最大相对变形值乘以不小于 3 的放大系数近似估计。

（6）对于非抗震设防地区的建筑缝的宽度除满足温度缝、沉降缝之外，还应满足在风荷载作用下两侧结构允许的水平位移之和。

（7）请大家特别注意，尽管《规范》本次修订对设置抗震缝的观点是体型特别复杂的结构，可设可不设的可以不设缝，但并不意味着对于一个结构来说就优先考虑不设缝，而应该结合工程情况综合考虑确定是设缝还是不设缝更合理。

【工程案例】

某剪力墙结构，如图 3–76 所示，是否需要设抗震缝？这是一个在网络上讨论很久的问题，很多人认为目前《规范》的原则是能不设就不设，所以就主张不设，但作者认为就此工程还是优先设为佳。优先考虑在图示位置留抗震缝，这样既可以解决抗震平面不规则及扭转问题，同时还解决了混凝土结构超长温度问题，何乐而不为？

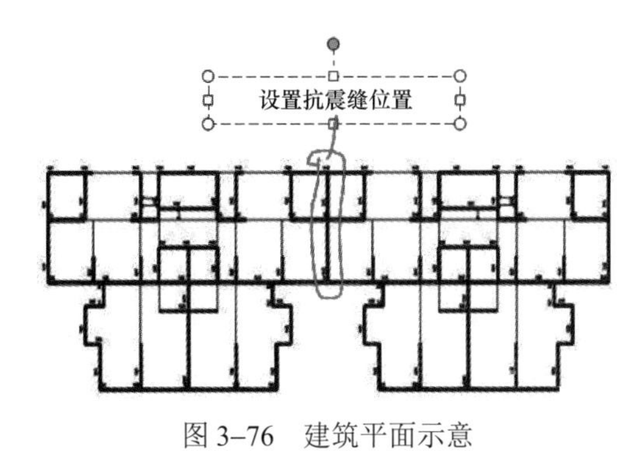

图 3–76　建筑平面示意

3.10　建筑结构高宽比合理确定问题

3.10.1 《规范》是如何规定建筑结构高宽比的？为何要限值高宽比

（1）《高规》3.3.3 条：钢筋混凝土高层建筑结构的高宽比不宜超过表 3–13 的规定。

表 3–13　钢筋混凝土高层建筑结构适用的高宽比

结构体系	非抗震设计	抗震设防烈度		
		6、7 度	8 度	9 度
框架结构	5	4	3	2
板柱—剪力墙	6	5	4	–
框架—剪力墙 剪力墙	7	6	5	4
框架—核心筒	8	7	6	4
筒中筒	8	8	7	5

注：关于结构适用的高宽比，本次修订有以下几点：

1. 《规范》不再区分 A 级高度与 B 级高度的建筑。
2. 将筒中筒结构和框架—核心筒结构的高宽比限值分开规定，适当提高了筒中筒结构适用的高宽比。

（2）建筑结构的“高宽比”实质是对结构刚度、整体稳定、承载能力和经济性的宏观控制，结构安全与否，并不与高宽比大小有直接关系，高宽比大小主要影响工程的经济合理性问题，同一建筑高宽比越大结构的经济性就会越差。所以《抗规》没有提及建筑高宽比的限值要求，这绝不是疏漏，而是认为其他国家规范也从未对建筑高宽比提出限值要求。

3.10.2　复杂建筑高度和复杂建筑平面宽度如何合理确定

（1）对于带裙房的高层建筑，当裙房的面积和刚度相对于上部塔楼的面积和刚度较大时，可按裙房以上的塔楼计算房屋的高宽比。这里的“较大”作者建议裙房面积大于等于塔楼 3 倍，计算方向惯性拒 EI 大于等于塔楼 10 倍。

（2）《江苏省房屋建筑工程抗震设防审查细则》（2007 年）：房屋高宽比计算时，高度计算同前一条。宽度计算时，一般不计入平面上局部突出、凹进，如楼梯间墙的变化等。单边走廊房屋。分两种情况：一种是悬挑外廊或由截面较小的外柱承重的走廊房屋，此时不应计入外廊的宽度作为房屋的总宽度。另一种是封闭外墙的单边走廊，只要横墙在走廊部分通过现浇楼板或梁有联系，对房屋抗总体弯曲有作用，则可将走廊部分的宽度计入房屋总宽度内。当房屋平面为 L 形或其他形状时，应根据具体情况另行考虑，也可按整体抗弯曲标准进行验算。复杂平面可以取宽度 $B=3.5r$，$r=\sqrt{I/F}$，I、F 为建筑结构平面的二次惯性矩和面积。

（3）房屋高度是指室外地面至主要屋面顶板的高度，不包括局部突出屋面的电梯机房、水箱、构架等高度。对于这个突出屋面“局部”的定量条件基本规范、标准定义不一致。

1）《民用建筑设计通则》（GB 50352—2005）4.3.2 条将建筑高度的计算规定为平屋面应按建筑物室外地面至其屋面面层或女儿墙顶点的高度计算，坡屋面应按建筑物室外地面至屋檐和屋脊的平均高度计算，不计算建筑高度的局部突出屋面的楼电梯间、水箱间等用房占屋顶平面面积比例不超过 1/4。注意这个规范应属于建筑规范，主要是为确定建筑属于高层建筑还是多层建筑而规定，目的是合理确定消防设计问题。

2）《全国技措》（2003 版）2.3.2 条指出：建筑高度是平屋面按室外地坪至建筑女儿墙高度计算。坡屋面按室外地坪至建筑屋檐和屋脊的平均高度计算。屋顶上的附属物如电梯间、楼梯间、水箱、烟囱等，其总面积不超过屋顶面积的 25%、高度不超过 4m 的不计入高度之内。注意这个规范应属于建筑规范，主要是为确定建筑属于高层建筑还是多层建筑而规定，目的是合理确定消防设计问题。

3）《抗规》5.2.4 条条文说明：突出屋顶的小建筑，一般按其重力荷载小于标准层 1/3 控制；《抗规》7.1.2 条文说明：突出屋顶的小建筑，通常按实际有效使用面积或重力荷载小于标准层 1/3 控制。注意结构设计完全可以依据这个来确定结构高度。

4）《江苏省房屋建筑工程抗震设防审查细则》（2007 年）指出住宅的坡屋面如不利用时，檐口标高处不设水平楼板时，总高度可以算至檐口。当檐口标高附近有水平楼板，且坡屋顶不是轻型装饰屋面时，上面三角形部分为阁楼。计算时此阁楼应作为一个质点考虑，高度可取至山尖墙的一半处。当阁楼层高度不高，不住人，不设置固定楼梯，只是作为屋架内的一个空间，在房屋高度和层数控制时，此阁楼层可不作为一层考虑。当阁楼层空间较高，设计作为居室的一部分，或作为储藏室，这样的阁楼层应作为一层考虑，高度算到山尖墙的一半。当阁楼层在顶层屋面上，只占一部分面积，即只有部分阁楼作为居住或活动场所。此时阁楼层占总的顶层面积的 30%以上时，阁楼才作为一层考虑。

（4）对于复杂的建筑平面布置中，如何计算高宽比是比较难以确定的问题。一般情况下，可以按所考虑方向的最小投影宽度计算高宽比，但对于突出建筑平面很小的局部结构（如楼梯间、电梯间及不落地的悬挑构件等）一般不应包含在计算宽度内。

（5）工程界对于复杂结构的高宽比计算通常有以下四种处理方式。

1）采用最小宽度法：一般理解为建筑平面的最小进深，常有设计人员将《高规》条文解释中的“最小投影宽度”理解为计算方向的最小宽度。由于采用最小宽度忽视平面计算方向的突出建筑，使得计算方向平面整体刚度并未得到真正体现。因此作者认为这样理解显然不够合理。

2）采用加权平均宽度法：加权平均宽度即建筑平面各凹凸部分分段加权后的平均宽度。

$$B = \frac{\sum L_i B_i}{\sum L_i}$$

式中　L_i——各部分的长度，m；

B_i——各部分的宽度，m。

加权平均值虽然在一定程度上考虑了建筑平面凹凸部分的综合宽度，但其仅仅平面加权的数学概念，依然没有与结构的抗侧刚度发生关联，显然也不尽合理。

3）最小投影宽度法：这是《高规》条文解释给出的说法。“在复杂体型的高层建筑中，如何计算高宽比是比较难以确定的问题。一般情况，可按所考虑方向的最小投影宽度计算高宽比”。“对于不宜采用最小投影宽度的情况，应由设计人员根据工程实际情况确定合理的计算方法”。条文解释明确了以“最小投影宽度”作为高宽比计算指标，但并未明确复杂情况下“合理的计算方法”的具体内容。由于结构平面短向突出部分占建筑结构纵向长度的比例有大有小，若采取投影宽度将得到同一结果，显然不能够完全体现与刚度关联的原则。另外，“最小投影宽度”也未说明悬挑构件是否列入高宽比计算范围等问题，容易造成理解偏差，作者理解应不含外挑部分。《抗规》主编王亚勇、戴国莹在《抗规》疑问解答书中阐述了对最小宽度的理解。“一般情况下，结构平面宽度可按该平面各水平方向的最小投影宽度计算，如 L 形平面的水平方向最小投影宽度指相应直角三角形斜边的高度”。

4）等效宽度法：这是《广东高规》给出的计算方法。“当建筑平面为非矩形时，可取平面的等效宽度 $B = 3.5r$，r 为建筑平面（不计外挑部分）最小回转半径”。这一取值原则与《砌体规范》中用于计算砌体构件高厚比的折算宽度 $hr = 3.5i$（i 为截面回转半径）一致。作者认为，这一计算方法既体现了等效宽度与结构侧向刚度的关联性，也比较方便计算，作者认为是目前计算复杂结构平面结构等效宽度比较合理的方法。

3.10.3　结构设计高宽比的执行标准如何把握

（1）关于高宽比能否突破的问题。2006 年以后《规范》不再将高宽比作为超限高层建筑的一个判定指标，在《高规》中的相应规范用词“不宜超过”规定值，允许有所松动，而且可以按有效数字取整数控制，不计入小数点后的数字。2009 版《技措》也提到，“高宽比不宜作为结构设计中的一项限制指标”。况且尚未见到国外抗震规范对于房屋高宽比的限制。我国《抗规》中也从未提到高宽比限制要求，这绝非是一个疏漏。

（2）高宽比虽然是一个很粗略的指标，但是往往可以通过它显示设计难度，高宽比越大设计难度越大，这里的难度包含安全性和经济合理性方面。作者认为比较正常的高宽比是 6～7，如果高宽比在 6 以下设计的经济性比较合理，如果高宽比超过 7 经济性就不容易合理，如果高宽比超过 9 不仅经济性会很差，结构设计就非常困难（特别是在高烈度或风压较大的地区）。

（3）从工程设计的实际经验来看，高宽比接近或超过限值的工程已经非常常见。比如高层板楼建筑（住宅或公寓），从使用角度而言，其合理最大进深一般为 15～18m，当结构高度接近或超过 100m，必然带来高宽比接近或超过限值的问题。在各种空间程序日渐成熟的今天，层间位移角、剪重比、刚重比、舒适度等指标比高宽比更能准确地反映结构刚度及稳定性能。因此，高宽比可以作为一个在方案设计阶段宏观控制结构安全性及经济合理性的指标。

【工程案例】

作者2012年主持设计的青岛胶南世茂中心，左侧A塔为64层241.45m的公寓楼，高宽比达11.84；右侧B塔为46层高189.65m的酒店，高宽比为8.47左右，如图3–77所示。

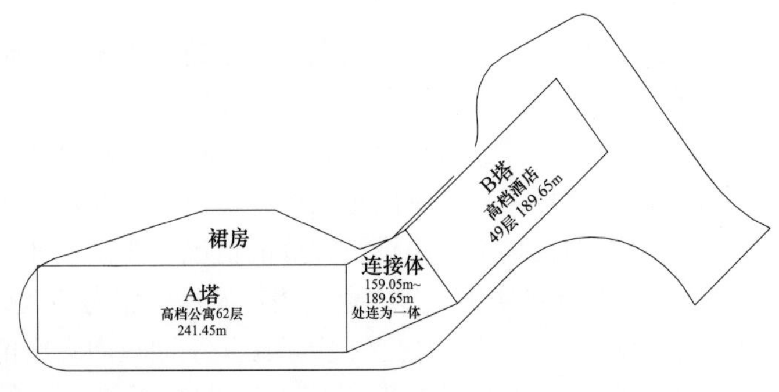

图3–77 建筑立面及平面布置示意

这个建筑左侧A塔的公寓楼高宽比在方案设计阶段，按建筑师功能布置，高宽比达13.40之多，经过结构计算分析，为了控制结构的层间位移角及结构舒适度，业主需要付出巨大的代价（即经济性与使用性均很不合理），经过与建筑师共同探讨，决定在不过多影响使用功能的基础上，将公寓楼适当加宽，再加上利用两个建筑平面为弧形的有利因素，在上部利用其连体部分将其刚性连接为一整体，尽管这样处理对结构设计带来很大挑战性，但通过这样处理不仅能保证结构的安全性及使用功能，更重要的是也使结构经济合理性及使用合理性得到业主认可。

（4）关于高宽比小结。作者认为既然高宽比大小与结构的安全性并没有直接关系，主要就是影响结构的经济合理性问题，那么作者建议大家就不需要对一些特复杂的建筑再去纠结计算宽度及高度取值问题了。只要通过合理的计算能够满足结构整体稳定、抗倾覆、抗滑移、水平位移限值等要求，结构的安全及使用功能就可以得到保证，只是将经济性尽量控制在业主能够接受的范围即可。

3.11 判断竖向规则性时楼层侧向刚度比计算方法合理选择与控制问题

抗震设计时，《抗规》与《高规》对多、高层建筑相邻楼层的侧向刚度比的提法也不完全相同。

《高规》3.5.2条提出两种侧向刚度比，即γ_1和γ_2。γ_1是仅针对框架结构而言，本层与上层的γ_1不宜小于0.7，与相邻上部三层刚度平均值γ_1不宜小于0.8。γ_2是对框架—剪力墙、板柱—剪力墙、剪力墙、框架—核心筒、筒中筒等结构而言，本层与相邻上层的比值γ_2不宜小于0.9；当本层层高大于相邻层高的1.5倍时，该比值γ_2不宜小于1.1；对结构底部嵌固层，γ_2不宜小于1.5；以上都是2010版《高规》提出的新要求。

《抗规》未提出γ_2的要求，而γ_1对《抗规》来说是用来判定所有结构（不区分结构类型）竖向不规则的指标，提法上是不同的。

故作者建议按以下原则执行：高层建筑应按《高规》执行，多层可按《抗规》执行。在审查电算资料时，不要忘记查看γ_2的要求（注意γ_2用的是层间剪力与层间位移比刚度）。

【知识点拓展】

中国建筑研究院的振动台试验研究表明，规定框架结构楼层与上部相邻楼层的侧向刚度比γ_1不宜小于 0.7，与上部相邻三层侧向刚度平均值的比值不宜小于 0.8 是合理的。

对于框架—剪力墙结构、剪力墙结构、板柱—剪力墙结构、框架—核心筒结构、筒中筒结构，楼面体系对侧向刚度贡献较小，当层高变化时刚度变化不明显，可按《高规》(3.5.2.–2）定义的楼层侧向刚度比作为判定侧向刚度变化的依据，但控制指标也应做相应的改变，一般情况按不小于 0.9 控制；层高变化较大时，对刚度变化提出更高要求，按 1.1 控制；底部嵌固楼层层间位移角结果较小，因此对底部嵌固楼层与上一层侧向刚度变化作出更严格的规定，按 1.5 控制。

第4章

结构设计主要控制指标的合理选择问题

4.1 结构计算如何合理选择质量偶然偏心和双向地震作用的问题

4.1.1 新版《规范》是如何规定的

《抗规》5.1.1–3 条（强条）：质量和刚度分布明显不对称的结构，应计入双向水平地震作用下的扭转效应；其他情况，应允许采用调整地震作用效应方法计入扭转影响。

《高规》4.3.2–2 条（强条）：质量与刚度分布明显不对称的结构，应计入双向水平地震作用下的扭转效应；其他情况，应计算单向水平地震作用下的扭转影响。

由以上两本规范看，结构计算是否需要考虑双向水平地震作用工况，首先要确定结构是否属“质量和刚度分布明显不对称的结构”问题。

4.1.2 工程结构设计如何合理选择

（1）对于质量和刚度分布明显不对称的结构，应分别按不考虑偶然偏心双向水平地震作用下的扭转耦联计算；考虑偶然偏心单向偏心计算结果进行包络设计。

需要说明：质量偶然偏心和双向地震作用都是客观存在的事实，是两个完全不同的概念。在地震作用计算时，无论考虑单向地震作用还是双向地震作用，都有结构质量偶然偏心的问题；反之，不论是否考虑质量偶然偏心的影响，地震作用的多维性本来都应考虑。显然，同时考虑二者的影响计算地震作用原则上是合理的。但是，鉴于目前考虑二者影响的计算方法并不能完全反映实际地震作用情况，而是近似的计算方法，因此，二者何时分别考虑以及是否同时考虑，取决于现行《规范》的要求。

（2）“质量和刚度分布明显不对称的结构”即属于扭转特别不规则的结构。但是，对于质量和刚度分布，《规范》未给予具体的量化，一般应根据工程具体情况和工程经验确定；当无可靠经验时，可依据单向偏心地震作用下楼层扭转位移比的数值确定。

1）对于一般建筑结构，最大扭转位移比大于等于 1.4。

2）对 B 级高度高层建筑、混合结构高层建筑及复杂高层建筑结构（包括带转换层的结构、带加强层的结构、错层结构、连体结构、多塔楼结构等），楼层扭转位移比不小于 1.3。

3）《技措》2009 版建议：在不考虑偶然偏心影响时位移比大于等于 1.3 时应考虑双向地

震作用计算。

4）《广东高规》：结构的前三个振型中，当某一振型的扭转方向因子在 0.35～0.65，且扭转不规则程度为Ⅱ类时，表明结构的质量与刚度分布明显不对称、不均匀，应计算双向地震作用下的扭转影响。

5）注意：对于是否需要考虑双向地震计算问题，很多地方规范或标准均按考虑偶然偏心时，扭转位移比是否大于 1.20m 判断，大于就应考虑双向地震作用。作者认为这个要求过于严厉。

（3）但验算最大弹性位移角时可不考虑双向水平地震作用下的扭转影响。

（4）对于其他相对规则的结构，当属于高层建筑（高度大于 24m）时，应按《高规》的规定进行单向水平地震作用下并考虑偶然偏心影响的计算分析；当属于多层建筑（高度不大于 24m）时，可按抗震规范 5.2.3 条第 1 款的规定，采用边榀构件地震作用效应乘以增大系数的简化方法。

4.2　如何正确理解合理把控最小剪重比控制指标

4.2.1　新版《规范》是如何要求的

建筑结构的“剪重比”是抗震设计需要控制的非常重要的指标之一，因此《抗规》5.2.5 条及《高规》4.3.12 条均要求控制结构各楼层的最小剪重比，均需要满足表 4–1 的要求，且均为（强条）要求。

表 4–1　　楼层最小地震剪力系数值

类型 \ 设防烈度	6 度（0.05g）	7 度（0.10g）	7 度（0.15g）	8 度（0.20g）	8 度（0.30g）	9 度（0.40g）
扭转效应明显或基本周期小于 3.5s 的结构	0.008	0.016	0.024	0.032	0.048	0.064
基本周期大于 5s 的结构	0.006	0.012	0.018	0.024	0.036	0.048

注意：（1）表 4–1 中所说的扭转效应明显的结构，是指较多楼层的最大水平位移（或层间位移）大于楼层平均水平位移（或层间位移）1.2 倍的结构。

（2）对于超高层建筑，由于结构的周期可能会超过 5s，按设计反应谱采用振型分解反应谱法计算的楼层剪力非常小，很难达到一般结构的最小地震剪力系数的要求，所以规范进行了适当减小，具体见《规范》给出的结构基本周期大于 5s 结构的剪力系数；对于基本周期为 3.5～5.0s 的结构，楼层剪力系数可插入取值。

（3）特别注意，曾经有网友问“表中的周期是指结构的基本周期？还是考虑周期折减后的周期？”对于这个问题有的专家认为是折减后的周期。作者认为这样回答不妥，作者认为应该是指结构的基本周期，折减只是为了考虑非结构构件刚度对结构刚度的影响。

4.2.2　抗震设计控制结构剪重比的目的是什么

所谓的“剪重比”，指的是结构某楼层地震剪力标准值与该层以上（含本层）重力荷载代表值总和的比值，即《抗规》5.2.5 条或《高规》4.3.12 条的楼层剪力系数，也有人称之为“剪

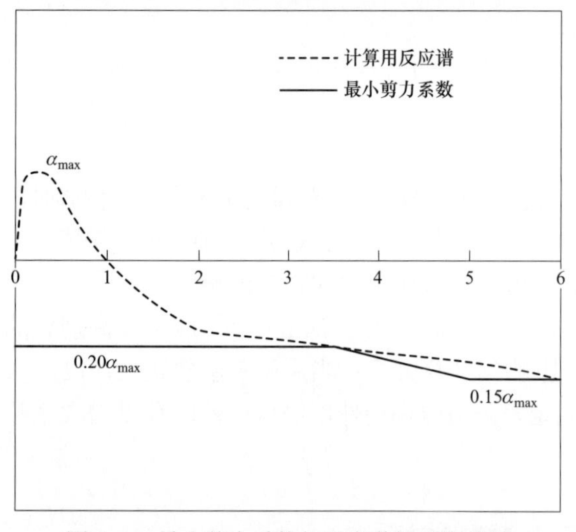

图 4–1　最小剪力系数与反应谱的对应关系

重比、剪质比”。由于加速度反应谱（地震影响系数）在长周期段下降较快，对于基本周期大于 3.5s 的长周期结构，由此计算所得的结构楼层地震剪力可能太小，致使结构抗侧力构件截面设计承载力偏小。对于长周期结构，地震地面运动的速度和位移可能对结构的破坏具有更大影响，但是规范所采用的振型分解反应谱法无法对此作出估计。出于结构抗震安全考虑，提出了对结构总水平地震剪力及各楼层水平地震剪力最小值的要求，规定了不同烈度下的剪力系数最小值。如图 4–1 所示为最小剪力系数与《规范》反应谱的对应关系曲线。

4.2.3　当结构计算的剪重比不满足要求时，应如何合理调整

（1）《抗规》规定了结构基本周期在加速度段、速度段、位移段时的三种不同调整方法（原规范不区分，统一采用直接放大的放大系数）。如图 4–2 所示，需要按以下三个方法调整。

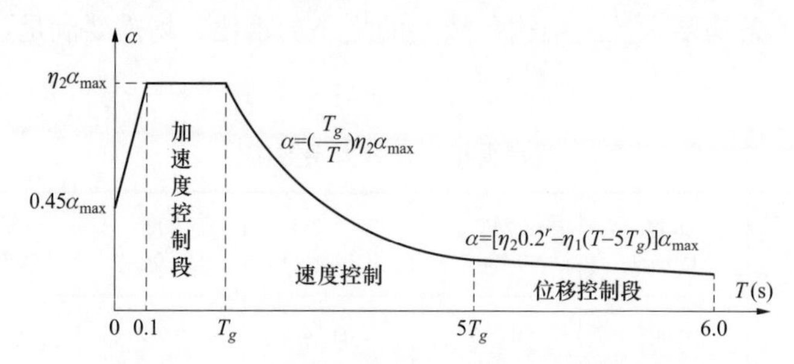

图 4–2　加速度段、速度段、位移段反应谱曲线

1）当结构基本周期位于设计反应谱的加速度控制段，即 $T_1 < T_g$ 时

$$\eta > [\lambda]/\lambda_1$$

$$V_{Eki}^* = \eta V_{Eki} = \eta\lambda_i \sum_{j=i}^{n} G_j \quad (i=1, \cdots, n) \tag{4-1}$$

式中　η——楼层水平地震剪力放大系数；

$[\lambda]$——规范规定的楼层最小地震剪力系数值；

λ_1——结构底层的地震剪力系数计算值；

V_{Eki}^*——调整后的第 i 楼层水平地震作用标准值。

2）当结构基本周期位于设计反应谱的位移控制段，即 $T_1 > 5T_g$ 时

$$\Delta\lambda > [\lambda] - \lambda_1$$

$$V_{Eki}^* = V_{Eki} + \Delta V_{Eki} = (\lambda_i + \Delta\lambda) \sum_{j=i}^{n} G_j \quad (i=1, \cdots, n) \tag{4-2}$$

3）当结构基本周期位于设计反应谱的速度控制段，即 $T_g \leqslant T_1 \leqslant 5T_g$ 时

$$\eta > [\lambda]/\lambda_1$$

$$\Delta\lambda > [\lambda] - \lambda_1$$

$$V_{Eki}^1 = \eta V_{Eki} = \eta\lambda_i \sum_{j=i}^{n} G_j \quad (i = 1, \cdots, n) \tag{4-3}$$

$$V_{Eki}^2 = V_{Eki} + \Delta V_{Eki} = (\lambda_i + \Delta\lambda) \sum_{j=i}^{n} G_j \quad (i = 1, \cdots, n) \tag{4-4}$$

$$V_{Eki}^* = \left(V_{Eki}^1 + V_{Eki}^2\right)/2 \tag{4-5}$$

（2）SATWE 软件对以上三种情况是如何调整的？

SATWE 依据《抗规》5.2.5 条的说明，在剪重比不满足时，根据结构的基本周期采用相应的调整，即加速度段调整、速度段调整、位移段调整，而且可以对两个方向分别依据基本周期所处区段进行分别调整，如图 4–3 所示。

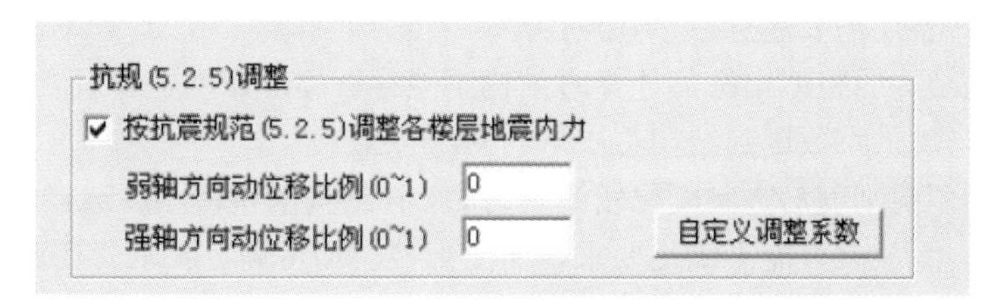

图 4–3　剪力系数调整参数设定

SATWE 软件可以实现楼层剪重比的自动调整，如图 4–3 所示，设计人员勾选“按《抗规》5.2.5 调整各楼层地震内力”这个选项后，当底部总剪力不满足设计要求时，除地下室不做调整外，其他楼层的剪力均需要调整，程序根据规范给出的最小剪力系数对不满足的楼层及其以上所有楼层进行剪重比调整，对于基本周期在 3.5～5.0s 的结构，程序会自动按照线性插值取最小剪力系数，此外，如果设计人员根据工程情况实际填写了地震影响系数最大值 α_{max}，则程序取最小剪力系数为 $0.2\alpha_{max}$（注意这点适合做了地震“安评”的地震动参数）。

（3）对于一般建筑，按上述原则通常都是可以满足《规范》规定的最小剪重比要求的，但对于超高层建筑，特别是高度超过 500m（结构基本周期超过 5.0s），即使是 85% λ_{min} 的要求，实际也是很难满足的。而此时结构的承载力及罕遇地震的性能有可能已经满足规范要求，如果此时为了满足最小剪重比进一步提高结构刚度，造价增加或结构设计将会变得不合理。此时往往需要通过专家论证将剪重比适当放松处理，表 4–2 为国内部分 500m 以上工程的地震剪力系数。

表 4–2　　部分 500m 以上工程剪重比情况

建筑名称	结构高度/m	场地类别	抗震设防烈度	特征周期/s	基本周期/s	规范规定剪力系数	计算地震剪力系数	计算/限值
天津 117	596	III	7（0.15g）	0.55	9.20	1.80%	1.52%	84%
上海中心	575	IV	7	0.90	9.10	1.20%	1.29%	107%
武汉绿地	540	II～III	6	0.40	8.72	0.60%	0.51%	85%

续表

建筑名称	结构高度/m	场地类别	抗震设防烈度	特征周期/s	基本周期/s	规范规定剪力系数	计算地震剪力系数	计算/限值
深圳平安大厦	540	III	7	0.45	8.50	1.20%	1.04%	87%
中国尊	528	II～III	8	0.40	7.52	2.40%	2.03%	85%

注：上表限制还没有考虑《超限审查要点》建议：对场地为III，IV类场地时，最小剪重比宜比《规范》规定提高10%。

基于此种情况，目前工程界专家建议按以下原则修正最小剪重比的限制要求：

对于基本周期 $T_1 \geqslant 6s$ 的结构可比《规范》降低20%以内；

对于基本周期 $T_1 = 3.5 \sim 5s$ 的可以比《规范》降低15%以内；

对于基本周期 $T_1 = 5 \sim 6s$ 的可以比《规范》降低幅度，在（15%～20%）线性插入；

对于6度区，当按底部剪力系数0.008换算的层间位移满足要求时，即可采用规范最小剪力系数进行抗震承载力验算。

（4）剪重比调整还需要注意以下几点：

1）剪重比是结构的整体指标，计算时结构不能存在局部振动，并且要取足够的振型数，保证结构振型参与质量系数达到结构总质量的90%以上。

2）当结构的侧向刚度沿竖向变化较为均匀时，且结构的整体刚度选择比较合理时，仅底部几层的地震剪力系数有可能不满足要求，而上部楼层均可满足要求。在此条件下可以采用程序中全楼地震力放大系数来调整地震剪力。

3）如果有15%以上楼层的剪力系数不满足最小剪力系数要求；或底部楼层剪力系数小于最小剪力系数的85%以上时，说明结构整体刚度偏弱或结构太重，此时应调整结构体系，增强结构刚度或减小结构重量，而不能简单采取放大系数的办法。

4）如果部分楼层的地震剪力系数比《规范》要求的值差得较多时，说明结构中存在明显的软弱层，对抗震不利，也应对结构方案进行调整。如采取措施增加软弱层的侧向刚度等；而不应采用全楼地震放大系数处理。

5）满足最小地震剪力是结构后续抗震计算的前提，只有调整到符合最小剪力要求才能进行相应的地震倾覆力矩、构件内力、位移等等的计算分析；即意味着，当各层的地震剪力需要调整时，原先计算的倾覆力矩、内力和位移均需要相应调整。

6）采用时程分析法时，其计算的总剪力也需符合最小地震剪力的要求。

7）本条规定不考虑阻尼比的不同，是最低要求，各类结构，包括钢结构、隔震和消能减震结构均需一律遵守。

8）地下结构可不考虑，因地下室的地震作用明显衰减，故一般不需要核算地下室部分的剪力系数。

9）对于超限高层建筑，对于地处III、IV类场地时尚应适当增加表4–1的限值（10%左右）。

10）对于存在竖向不规则的结构，突变部位的薄弱楼层，尚应按本《抗规》3.4.4条的规定，再乘以不小于1.15的系数。

11）《抗规》只要底部总剪力不满足就需要对全楼各楼层进行调整。

12）2002版《抗规》及新旧《高规》均没有说明底部总剪力不满足及其他楼层不满足如

何调整问题。

新版《广东高规》明确：如果底部总剪力不满足就需要对全楼进行调整；如果底部总剪力满足要求，仅其他楼层不满足仅需要调整这些不满足的楼层。

13）采用场地地震安全性评价报告（以下简称“安评报告”）的地震动参数（反应谱、特征周期和加速度最大峰值）进行计算时，也应遵守本规定。但需注意，由于“安评报告”是由个别人员基于许多假定作出的，所给出的地震动参数在表达形式（反应谱的形状参数）和数值上离散性非常大。为了使结构抗震设计符合最低安全要求，在小震作用下的抗震验算宜采用《规范》和“安评报告”提出的地震动参数较大值。采用“安评报告”参数时，宜取加速度最大峰值乘以放大系数 2.25 作为反应谱最大值α_{max}，“安评”计算的最小地震剪力系数亦由此确定，即

$$[\lambda]=\begin{cases}0.20\alpha_{\max,安评} & T\leqslant 3.5\\ (0.15+(T-3.5)/1.5)\alpha_{\max,安评} & 3.5<T<5.0\\ 0.15\alpha_{\max,安评} & T\geqslant 5.0\end{cases} \tag{4-6}$$

14）对于超高层建筑提高剪重比的方法，建议在刚度满足位移需求时，应优先采用减小结构自重的方法。比如核心筒截面沿刚度均匀变化，内隔墙采用轻质采用、活荷载取值严格控制，避免业主过于保守造成结构设计困难。

【工程案例】

作者 2014 年主持设计的北京大兴万科新城金融广场工程，如图 4–4 所示，总建筑面积近 300 000m²，其中有一栋 120m 的超限高层综合办公楼。

业主要求设计楼层活荷载取值按 3.0kN/m² 考虑。《荷载规范》规定：办公楼的楼层活荷载取值按 2.0kN/m² 考虑。经过与超限审查专家协商，一致认为抗震计算楼层活荷载仍然按 2.0kN/m² 考虑，而非地震工况可以按业主需求的楼层活荷载取值按 3.0kN/m² 考虑。

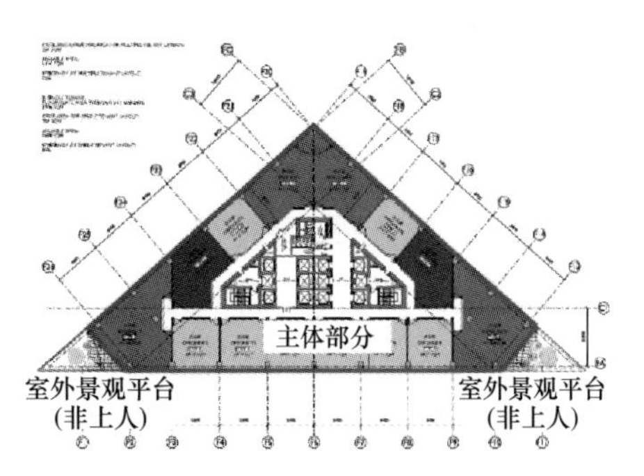

图 4–4　工程效果图及平面布置图

（5）目前工程界许多专家都在提出建议，对《规范》规定剪重比在以下情况参数可适当调整。

1）剪重比限值与工程场地特征周期应相关联。目前《规范》中地震剪力系数（剪重比）仅与抗震设防烈度有关，与场地类型无关，从而造成位于较好场地上的结构反而需要比位于

场地比较差的结构更多的地震力的问题，建议《规范》适当考虑场地类别对地震剪力系数的影响。

2）地震剪力系数限值按结构周期分类进一步细分关联。在现有 3.5～5.0s 基础上进一步增加 7.0～8.0s，及大于 8.0s 的分界点地震剪力系数限值。

3）地震剪力系数宜考虑不同阻尼比的影响进行适当调整。

4.3 如何合理正确控制结构的变形验算问题

4.3.1 结构设计为何要控制结构的水平变形

（1）规范给出限制高层建筑结构层间位移角的目的主要有以下两点：

1）保证主体结构基本处于弹性受力状态，对混凝土结构来讲，要避免混凝土墙及柱出现裂缝；同时，将混凝土梁等楼面构件的裂缝数量、高度和宽度限制在规范允许的范围内。

2）保证填充墙、隔墙和幕墙等非受力构件的完好，避免产生明显损坏。

（2）作者认为还有就是限制结构不宜做的太柔，因为抗侧力结构的合理刚度选择是高层建筑结构设计的重要指标之一。

4.3.2 新版国家标准对结构的变形是如何规定的

（1）《抗规》5.5.1 条规定：在多遇地震作用下结构弹性层间位移角限值，见表 4–3。

表 4–3　弹性层间位移角限值

结　构　类　型	$\Delta u/h$ 限值
钢筋混凝土框架结构	1/550
钢筋混凝土框架—抗震墙、板柱—抗震墙、框架—核心筒	1/800
钢筋混凝土剪力墙、筒中筒	1/1000
钢筋混凝土框支层	1/1000
多、高层钢结构	1/250

关于《抗规》层间位移限值要求几点说明：

1）仅指在多遇地震下，没有讲风荷载作用下的问题。作者认为也应包括风荷载作用之下。

2）计算时，一般不扣除由于结构重力 $P\text{–}\Delta$效应所产生的水平相对位移；高度超过 150m 或 H/B＞6 的高层建筑，可以扣除结构整体弯曲所产生的楼层水平绝对位移值，因为以弯曲变形为主的高层建筑结构，这部分位移在计算的层间位移中占有相当的比例，加以扣除比较合理。如未扣除，位移角限值可有所放宽。

3）计算最大弹性位移角限制时不计入偶然偏心，且计算模型应采用刚性楼板假定。

4）验算最大弹性位移角限值时可不考虑双向水平地震作用下的扭转影响。

5）《抗规》6.2.13 条文说明：计算位移时，连梁刚度可以不折减。

6）表中框支层说法不够明确，作者理解仅指转换层这一层。

（2）《高规》3.7.3 条规定：结构在多遇地震或风荷载作用下，楼层层间最大位移与层高之比不宜超过表 4–4 规定限值。

表 4–4　　楼层层间最大位移与层高之比值

结构体系	$\Delta u/h$ 限值
框架结构	1/550
框架—剪力墙，框架—核心筒，板柱—剪力墙	1/800
剪力墙，筒中筒	1/1000
除框架结构外的转换层	1/1000

注：楼层层间最大位移Δu 以楼层最大的水平位移差计算，不扣除整体弯曲变形。抗震设计时，本条规定的楼层位移计算可不考虑偶然偏心的影响。

关于《高规》层间位移计算补充说明：

1）明确是在多遇地震下或风荷载作用下，但作者认为在风荷载与多遇地震作用下限值标准一样，不够合理，理应地震作用下的要求应该比风荷载作用下要求松一些方显合理。

2）计算时，不扣除由于结构整体弯曲变形，由于高度小于 150m，高层建筑整体弯曲变形较小。但当高度大于 150m 时整体弯曲变形产生的变形增加较快，所以规定高度大于 250m 的高层建筑均 1/500；150～250m 可线性插入。

3）对于平面特别狭长的结构，可将《高规》规定的偶然偏心距适当减小。

4）非常明确除框架结构外的转换层。作者理解：对于框架结构托柱转换不属于这个范畴。

5）未提及在计算位移时，剪力墙连梁刚度可不折减问题。

4.3.3 《上海抗规》《广东高规》是如何规定的

（1）《上海抗规》对层间位移的补充规定见表 4–5。

表 4–5　　楼层层间最大位移与层高之比值

结构类型	$\Delta u/h$ 限值
单层钢筋混凝土排架结构	1/300
钢筋混凝土框架结构	1/550
钢筋混凝土框架—剪力墙，框架—核心筒，板柱—剪力墙	1/800
以下结构嵌固端的上一层：钢筋混凝土框架—剪力墙，框架—核心筒，板柱—剪力墙	1/2000
钢筋混凝土剪力墙、筒中筒、钢筋混凝土框支层	1/1000
以下结构嵌固端的上一层：钢筋混凝土剪力墙、筒中筒、钢筋混凝土框支层	1/2500
多、高层钢结构	1/250

关于《上海抗规》层间位移规定补充说明：

1）与国标《抗规》相比，本规程增加了单层钢筋混凝土柱排架的弹性层间位移角限值。对于钢筋混凝土框排架结构，可根据其具体的组成采用相应的弹性层间位移限值。

2）对于由钢筋混凝土框架与排架侧向连接组成的侧向框排架结构，弹性层间位移角限值可取与钢筋混凝土框架相同，即 1/550。

3）对于下部为钢筋混凝土框架，上部为排架的竖向框排架结构，下部的钢筋混凝土部分的弹性层间位移角限值可取为1/550，上部的排架部分可取为与单层钢筋混凝土柱排架相同的1/300。

4）在多遇地震时，若在计算地震作用时为了反映隔墙等非结构构件造成结构实际刚度增大而采用了周期折减系数，则在计算层间位移角时可以考虑周期折减系数的修正，且填充墙应采用合理 的构造措施与主体结构可靠拉结，对于采用柔性连接的填充墙或轻质砌体填充墙，不能考虑此修正。

（2）《广东高规》对高层建筑层间位移角限值又进行适当放松，见表4–6。

表4–6　　楼层层间最大位移与层高之比值

结 构 体 系	$\Delta u/h$ 限值
框架结构	1/500
框架—剪力墙，框架—核心筒，板柱—剪力墙	1/650
剪力墙，筒中筒	1/800
除框架结构外的转换层	1/800

关于《广东高规》层间位移补充说明：

1）《广东高规》认为目前国家《高规》对层间位移要求过于严格，理由如下。

① 概念偏于严格：规范把钢筋混凝土构件开裂时的层间位移角作为多遇地震作用下结构的弹性位移角限值，而混凝土开裂时钢筋的应力还很小，即使混凝土部分开裂，整体结构还处于弹性状态。

② 计算位移偏大：规范通过周期折减考虑了填充墙刚度对地震作用的影响，但未考虑填充墙刚度对位移的影响（有了填充墙的刚度后实际位移应比当前计算的小，用偏大的计算位移作为设计控制使设计过于保守），实际工程中如果按周期折减0.8计算，位移会偏大1.1～1.3倍。

③ 无害位移占主要部分：实际工程中上部楼层层间位移角较大，常起控制作用，而这部分位移角由下部楼层的转角所引起的无害位移角占主要部分。

④ 大震位移角可证明：从等位移原理出发，如果大震作用是小震的6倍左右，大震作用下框架结构、框—剪结构、剪力墙结构的层间弹塑性极限位移角分别为1/50、1/100、1/120，则小震作用下框架结构、框—剪结构、剪力墙结构的层间位移角分别控制不大于1/300、1/600、1/720，就可保证结构的安全。如图4–5所示某框剪结构计算，大震控制1/100，当1/600时，实际的承载能力远大于小震的承载力，1/600控制还是有富余的。

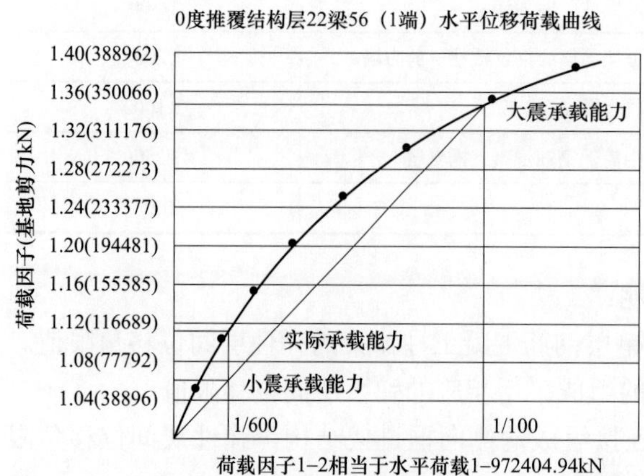

图4–5　某框剪结构小震、大震位移角与承载力关系

基于以上理由，《广东高规》这次将水平力作用下最大层间位移角的控制放松了10%～20%。

2）高度不小于250m的高层建筑，其楼层层间最大位移与层高之比$\Delta u/h$不宜大于1/500。高度在150～250m的高层建筑，其楼层层间最大位移与层高之比$\Delta u/h$ 的限值可线性插入取用。

3）楼层层间最大位移Δu 以楼层大的水平位移差计算，不扣除整体弯曲变形。

4）明确计算地震作用下的层间位移时不考虑偶然偏心的影响。

5）《广东高规》还规定：对于具有较多斜看台、音乐厅、剧院、电影院、以及大型火车站房、航站楼等大跨度空间结构的计算分析一般采用三维有限元法，并考虑扭转耦联振动的影响，一般可不控制结构的层间位移角、扭转位移比、楼板的开洞及凹凸等。此类结构的侧向刚度可控制竖向抗侧力构件的最大顶点位于与结构高度之比，竖向结构构件位移角等，其限值可按相关设计规范执行或参考本《规程》的结构层间位移角限值。

4.3.4 国外一些规范对建筑结构水平位移是如何规定的

表 4–7 提供一些其他国家对层间位移限值供参考。

表 4–7　一些国外规范对水平层间位移的限值

资料来源	专门的极限状态验算	多遇地震作用下的侧移验算	偶遇地震作用下侧移验算	罕遇地震作用下侧移验算
美国 UBC1997	无	无	1/50	无
美　国 SEAOC1996	无	1/200	无	无
美　国 FEMA450	无	无	1/100～1/50	无
欧洲 EC8	1995 年一遇 h/200 弹性计算位移	无	无	无
日本建筑中心 （建筑法令）	无	1/200	无	无

注：以上数据可能不够全面，仅供概念参考。

4.3.5 结构设计如何合理把控层间位移角限值

通过以上资料可以看出，目前国家《抗规》《高规》给出的在多遇地震作用下的层间角的规定还是比较严厉的，本次《规范》也已经认识到这个问题，所以也在逐渐放松对位移的限值要求，比如这次明确提出计算层间位移时，可以不考虑剪力墙连梁刚度的折减等。《广东高规》已经率先由控制限值上给予放松，《上海抗规》也已给出放松的条件。作者相信再次修改规范应该会放松要求。

4.4 如何合理控制结构扭转周期比问题

4.4.1 新版《规范》是如何控制的？多层建筑是否也需要控制

《高规》4.3.5 条对结构扭转为主的第一自振周期 T_t 与平动为主的第一自振周期 T_1 之比值进行了限制，其目的就是控制结构扭转刚度不能过弱，以减小扭转效应。

说明：

（1）《高规》对高层建筑提出扭转周期与平动周期比的限值要求，《规程》讲得很明确：

仅指高层建筑，且仅是第一扭转与第一平动的比值。

（2）有些地方设计及审图单位也要求：多层建筑也要控制扭转周期与平动周期比，同时也要控制第一扭转与第二平动周期的比值。这绝不是《规范》本意。作者认为这样实在过于严厉，实属对《抗规》《高规》的误解。

【知识点拓展】

（1）《广东高规》本次已经明确取消高层建筑周期比的要求，认为用扭转周期与平动周期比控制扭转不规则过于严格。原因有以下两条：

1）即使周期比大于 1，扭转振型引起的扭矩和转角远小于偶然偏向引起的扭矩和扭转角。

2）位移比等于最大位移/平均位移，当分母平均位移很小时，很小的位移差也会算出较大的位移比。此时结构的水平刚度很大，楼层扭转角不大，位移比确难以满足要求。

（2）《高规》对扭转为主的第一自振周期 T_t 与平动为主的第二自振周期 T_2 之比值没有进行限制，主要考虑到实际工程中，单纯的一阶扭转或平动振型的工程较少，多数工程的振型是扭转和平动相伴随的，即使是平动振型，往往在两个坐标轴方向都有分量。针对上述情况，限制 T_t 与 T_1 的比值是必要的，也是合理的，具有广泛适用性；如对 T_t 与 T_2 的比值也加以同样的限制，对一般工程是偏严的要求。对特殊工程，如比较规则、扭转中心与质心相重合的结构，当两个主轴方向的侧向刚度相差过大时，可对 T_t 与 T_2 的比值加以限制，一般不宜大于 1.0。实际上，按照《抗规》2010 版 3.5.3 条的规定，结构在两个主轴方向的侧向刚度不宜相差过大，以使结构在两个主轴方向上具有比较相近的抗震性能。

（3）还有一些地方的超限高层建筑审查要点不仅要求控制结构第一扭转周期与第一平动周期比满足《规范》要求，同时还要求结构在两个主轴方向的第一平动周期之比不宜小于 0.8（作者 2011 年主持设计的宁夏万豪大厦超限高层建筑，在超限审查时其中一位专家提出这个要求，为了满足这个要求，结构设计与建筑反复调整方案，建筑不得不牺牲建筑功能的合理性来满足结构的这个要求）。作者认为这当然也不是《规范》的本意，《抗规》建议两个主轴方向的振动特性宜相近。就这个问题作者先后咨询过很多超限审查专家，绝大多数专家认为没有这个必要，过于苛刻。

4.4.2 对于复杂连体、多塔楼等结构周期比验算应注意哪些问题

（1）对于上部无刚性连接的大底盘多塔结构或单塔大底盘结构的周期比验算需要注意以下问题。

1）若存在较明显的不对称，则通过整体模型计算，难以正确验算结构周期比，此时宜将结构从底盘顶板处拆分成各个单塔楼及底盘，先逐个验算单塔楼的周期比；然后将单塔楼的质量附加到底盘顶板，单独计算底盘振动特性。宜保证以这种方式计算出的底盘第一振型，不为扭转。

2）如果结构基本对称，则通过整体模型计算，可以基本正确地验算结构周期比，但此时宜注意扭转周期与侧振周期的对应性（各塔对应各塔），否则容易发生判断错误。为清楚起见，此类结构仍宜按照 1）方法验算周期比。

（2）多塔楼周期比验算是基于“拆分”意义的，目前而言，唯有基于“拆分”的单塔楼周期比验算，才与扭转效应有明确的、已知的因果关系。

（3）《高规》5.1.14 条文说明：对多塔结构提出了分塔模型计算要求，多塔楼结构振动形

态复杂，整体模型计算有时不容易判断结果的合理性；辅以分塔模型计算分析，取二者的不利结果进行设计为妥当。

（4）《广东高规》5.1.17 条文说明：分塔楼计算主要考查结构的扭转位移比等控制指标（暗含周期比，由于新版《广东高规》不在要求控制周期比），整体模型计算主要考查多塔楼对裙房的影响。

4.5　高层建筑稳定性控制问题有哪些

4.5.1　如何正确控制结构整体稳定性验算问题

《高规》5.4.4 条对高层建筑提出了整体稳定性的强制性要求。应用时需要注意以下几点。

（1）高层建筑结构的稳定性验算主要是控制在风荷载或水平地震作用下，重力荷载产生的二阶效应不致过大，以免引起结构的整体失稳，倒塌。结构的刚度和重量之比（简称刚重比）是影响重量 $P\text{–}\Delta$效应的主要参数。

（2）如控制结构刚重比，使 $P\text{–}\Delta$效应增幅小于 10%～15%，则 $P\text{–}\Delta$效应随结构刚重比降低而引起的增加比较缓慢；如果刚重比继续降低，则会使 $P\text{–}\Delta$效应增幅加快，当 $P\text{–}\Delta$效应增幅大于 20%后，结构刚重比稍有降低，会导致 $P\text{–}\Delta$效应急剧增加，甚至引起结构失稳。因此，控制结构刚重比是结构稳定设计的关键。

（3）如果结构的刚重比满足《高规》给出公式的规定，则在考虑结构弹性刚度折减 50%的情况下，重力 $P\text{–}\Delta$效应仍可控制在 20%之内，结构的稳定具有适宜的安全储备。如果结构的刚重比进一步减小，则重力 $P\text{–}\Delta$效应将会呈非线性关系急剧增加，直至引起结构的整体失稳。所以在水平力作用下，高层建筑结构的稳定性应满足本条规定，不应再放松要求。

（4）《规范》对结构水平位移的限制要求，是用来控制结构刚度。但是，结构满足位移要求并不一定都能满足稳定设计要求，特别是当结构设计水平荷载较小时，结构刚度虽然较低，但结构的计算位移仍然能满足，然而请注意：稳定设计中对刚度的要求与水平荷载的大小并无直接关系。

【知识点拓展】

关于刚重比计算应注意的问题。

（1）如果刚重比不满足上述要求，就应增加结构侧向刚度；也可降低结构重量。

（2）刚重比计算可在不含地下结构的情况下进行。

（3）如果结构顶部存在附属结构，也应去掉，只保留附属结构自重到主体结构屋顶。

（4）特别注意有的程序仅计算地震下的稳定性，不计算风荷载工况的稳定。

（5）当结构的设计水平力较小，如果计算的楼层剪重比（楼层剪力与其上各层重力荷载代表值之和的比值）小于 0.02 时（6、7 度时），尽管结构的刚度能满足水平位移的限制要求，但很有可能不满足稳定性要求，需要特别注意查看此时结构的整体稳定验算是否满足规范要求。

（6）《抗规》没有对建筑整体稳定验算提出规定，有人认为多层建筑可以不考虑结构的整体稳定问题。这样的理解是不正确的，任何建筑都应满足整体稳定验算的要求。

（7）《高规》给出的结构整体稳定性计算方法一般适用于刚度和质量分布沿竖向均匀的结构。对于刚度和质量分布沿竖向不均匀的结构可采用有限元分析方法。

（8）刚重比验算建议仅取主楼计算，不含裙房或相关范围。如广东省院《技术措施》5.6.7规定：对于大底盘单塔结构，刚重比验算难以满足规范要求，原因是裙房重量太大，可按塔楼投影范围结构进行计算，判断刚重比是否满足规范要求。

【工程案例】

作者曾经审过这样一篇论文：某7度区带有裙房的单塔结构，单塔结构采用框架—核心筒结构，结构整体计算分别取不同部分，计算结果见表4–8。

表4–8　带有裙房的单塔结构投影范围计算

嵌固端所在位置	结构投影范围		
	仅主楼	主楼+相关范围	主楼+全部裙房
–4层	1.47	1.42	1.31
–2层	1.56	1.45	1.37
0.00地下室顶板	1.81	1.71	1.56

注：本工程实际就是采用0.00嵌固，仅取主楼计算的整体稳定。

（9）由《高规》给出的计算整体稳定计算公式及所谓的“刚重比”字面理解，似乎刚重比计算与水平荷载没有关系，其实不然，如图4–6所示，在计算结构的弹性等效侧向刚度 EJ_d，可以近似按倒三角形分布荷载作用下结构顶点位移相等的原则，将结构的侧向刚度折算为竖向悬臂受弯构件的等效刚度。即

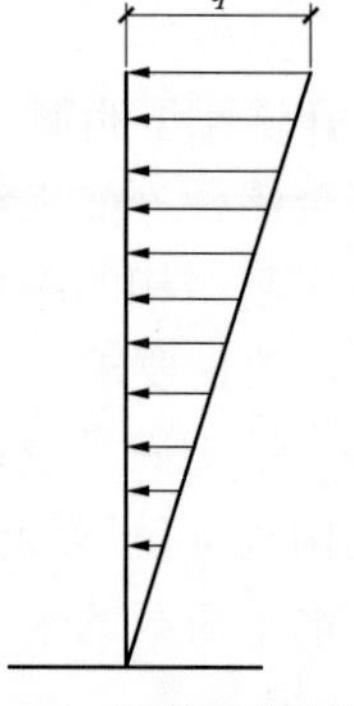

图4–6　计算弹性等效侧向刚度的荷载简图

$$EJ_d = \frac{11qH^4}{120u} \tag{4–7}$$

式中　q——水平作用的倒三角形等效荷载的最大值，

$$q = 2V_0/H$$

H——建筑结构高度，m；

V_0——标准水平荷载作用下结构的基底剪力，kN；

u——在最大值为 q 的倒三角形荷载作用下结构顶点质心产生的位移，m。

4.5.2　如何合理控制高层建筑抗倾覆问题

关于结构整体抗倾覆，我国有关规范、规程如下：

《钢筋混凝土高层建筑结构设计与施工规定》（JZ 102—1979）规定：

$$M_{抗（永久荷载+0.5活荷载）}/M_{倾（水平荷载）} \geqslant 1.5$$

《钢筋混凝土高层建筑结构设计与施工规定》（JGJ 3—1991）规定：

$$M_{抗（0.9永久荷载+0.5活荷载）}/M_{倾（水平设计荷载）} \geqslant 1.0$$

《高层建筑混凝土结构技术规程》（JGJ 3—2002）及2010版已经修改为控制基础底零应力区来控制倾覆问题。

2010版《高规》12.1.7条：在重力荷载与水平荷载标准值或重力荷载代表值与多遇水平地震标准值共同作用下，高宽比大于4的高层建筑，基础底面不宜出现零应力区；高宽比不

大于 4 的高层建筑，基础底面与地基之间零应力区面积不应超过基础底面面积的 15%。质量偏心较大的裙楼与主楼可分别计算基础应力。

《抗规》2001 版及 2010 版也有类似规定；满足上述条件要求时，高层建筑结构的抗倾覆能力具有足够的安全储备，不需要再验算。

【知识点拓展】

（1）倾覆力矩与抗倾覆力矩的计算（图 4–7）。

假定倾覆力矩计算作用面为基础底面，倾覆力矩计算的作用力标准为水平地震或水平风荷载标准值，则倾覆力矩为：

$$M_{0V} = V_0(2H/3+C) \tag{4–8}$$

式中　M_{0V}——倾覆力矩标准值；

H——建筑物地面以上高度，即房屋高度，m；

C——建筑物地下埋深，m；

V_0——总水平力标准值。

抗倾覆力矩计算点假设为基础外边缘点，抗倾覆力矩计算作用力为总重力荷载代表值，则抗倾覆力矩可表示为：

$$M_R = GB/2 \tag{4–9}$$

式中　M_R——抗倾覆力矩标准值；

G——上部及地下结构总重力荷载代表值（永久荷载标准值+0.5 活荷载标准值）；

B——基础计算方向基础宽度。

（2）整体抗倾覆的控制——基础底面积零应力区控制（图 4–8）。

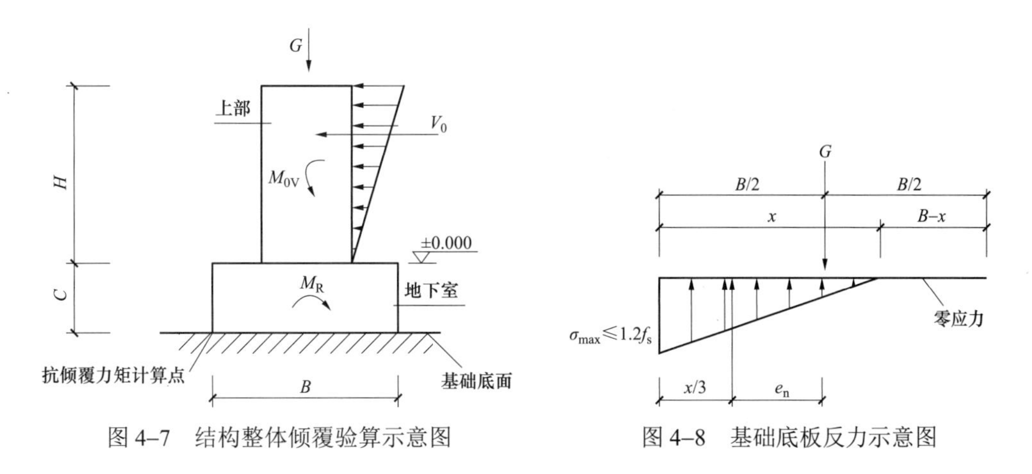

图 4–7　结构整体倾覆验算示意图　　　　图 4–8　基础底板反力示意图

假设总重力荷载合力中心与基础底面形心重合，基础底面反力呈线性分布，水平地震或风荷载与竖向荷载共同作用下基底反力的合力点到基础中心的距离为 e_0，零应力区长度则为 $B–X$，零应力区所占基底面积比例为（$B–X$）/B，则

$$e_0 = M_{0V}/G$$

$$e_0 = B/2–X/3$$

$$M_R/M_{0V} = (GB/2)/Ge_0 = (B/2)/(B/2–X/3) = 1/(1–2X/3B)$$

由此得

$$X=3B\,(1-M_{0V}/M_R)/2 \tag{4-10}$$

$$(B-X)/B=(3M_{0V}/M_R-1)/2 \tag{4-11}$$

再根据式（4–10）、式（4–11），可以近似得出基础零应力比例与抗倾覆安全度的关系，见表4–9。

表4–9　　基础零应力区与结构整体倾覆安全系数

抗倾覆安全系数	3.0	2.3	1.5	1.3
基础零应力区	0（全截面受压）	15%	50%	65.4%
对应规范	JGJ3—2002 JGJ3—2010	JGJ3—2002 JGJ3—2010	JZ102—79	JGJ3—91

由上表可以看出，满足规范给出建筑地基零应力区的控制要求，整体结构的抗倾覆是完全可以得到保证的。

（3）对于重力式挡土墙的稳定性验算，主要由抗滑稳定性控制，但实际工程中倾覆稳定破坏的可能性又大于滑动破坏。说明原《地规》2002版给出的抗倾覆稳定系数偏低，所以2011版《地规》将其由1.5提高到1.6。

（4）对于高耸结构（广播电视塔、通信塔、导航塔、输电高塔、石油化工塔、大气监测塔、烟囱、排气塔、水塔、风力发电塔等构筑物）倾覆验算，可以通过控制基础零应力区不大于基础全截面的25%，就能够保证抗倾覆稳定要求。

4.6　哪些建筑需要进行施工及使用阶段沉降观测

首先明确，不是所有建筑都要进行沉降观测。对于是否需要进行沉降观测，设计人员应详见《地基规范》（GB 50007—2011）10.3.8条的规定。

下列建筑物应在施工期间及使用期间进行沉降变形观测。

（1）地基基础设计等级为甲级的建筑物。

（2）软弱地基上的地基基础设计等级为乙级的建筑物。

（3）处理地基上的建筑物。

（4）加层、扩建建筑物。

（5）受邻近深基坑开挖施工影响或受场地地下水等环境因素变化影响的建筑物。

（6）采用新型基础或新型结构的建筑物。

【知识点拓展】

（1）这里的软弱地基是指当压缩层主要由淤泥、淤泥质土、冲填土、杂填土或高压缩性土层（即 $a_{1-2}\geqslant 0.5\mathrm{MPa}^{-1}$）构成的地基。

（2）这里的处理地基是指除天然地基及桩基础之外的所有经过人工处理的地基。

（3）受邻近深基坑开挖施工影响（包含地下降水），这个时候主要是要对临近周围的建筑进行观测。

（4）所谓新型基础或新型结构是指现行规范没有的基础及结构形式。

（5）这个要求为强制性条文。本条所指的建筑物沉降观测包括从施工开始，整个施工期间和使用期间对建筑进行的沉降观测，并以实测资料作为建筑物地基基础工程质量的检查的依据之一。建筑施工期间的观测日期和次数，应结合施工进度确定。建筑物竣工后的第一年内，每隔 2～3 月观测一次，以后适当延长至 4～6 月，直至达到沉降变形稳定标准为止。

（6）对于地基基础设计等级为甲级的建筑物，如果地基持力层为基岩是否仍然需要沉降观测？曾经有个地方审图单位要求设计单位对建在基岩上的建筑进行沉降观测，理由是“规范没有说持力层为基岩”不做沉降观测。

重庆《建筑地基基础设计规范》（DBJ 50—047—2006）9.1.6 条：土质地基上对沉降敏感的建筑物及填土地基上的建筑物都应进行地基变形观测。岩石地基上的建筑物可不进行沉降观测。

作者观点：对于基岩地基，应区分基岩的风化情况区别对待，如果是完整的未风化或微风化岩石，完全没有必要再进行沉降观测；但对于全风化或强风化的岩石地基需要结合上部建筑情况，可以要求进行沉降观测。

4.7　如何正确理解框架柱和抗震墙的剪跨比计算及相关问题

剪跨比是判断框架柱、抗震墙等抗侧力构件抗震性能的重要指标之一。剪跨比用于区分变形特征和变形能力，剪压比用于保证结构延性。《抗规》6.2.9 条文说明：框架柱和抗震墙的剪跨比可按图 4–9 及公式进行计算。

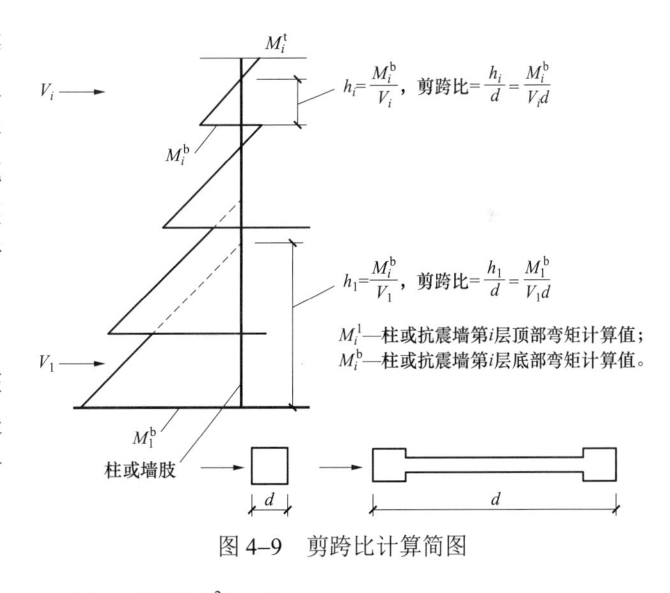

图 4–9　剪跨比计算简图

【知识点拓展】

（1）当采用剪跨比和柱净高与柱截面高度之比两种方法判断柱子是否属于短柱不一致时，如何把握这个问题？根据《抗规》6.2.9 条文说明，框架柱剪跨比应按下式计算：

$$\lambda=\frac{h}{d}=\frac{h\bullet V}{V\bullet d}=\frac{M}{Vd}=\frac{M/(bd^2)}{V/(bd)}=\frac{1}{6}\frac{\sigma_{\max}}{\tau} \tag{4–12}$$

剪跨比λ实质上反映的是截面最大正应力$\sigma_{\max}$与平均剪应力τ的比值关系。由于正应力和剪应力决定了主应力的大小和方向，直接影响着剪压区混凝土的实际抗剪强度，因而，也直接影响构件斜截面的抗剪承载能力和破坏状态。对于钢筋混凝土柱，$\lambda>2$ 称为长柱；$1.5<\lambda\leqslant 2$ 称为短柱；$\lambda\leqslant 1.5$ 称为极短柱。试验研究表明：长柱一般发生弯曲破坏；短柱多数发生剪切破坏；极短柱发生剪切斜拉破坏。柱的剪切受拉和剪切斜拉破坏属于脆性破坏，在设计中应特别注意避免发生这类破坏。

因此，判断柱子是否属于短柱应以剪跨比的计算结果为准。仅当由于填充墙砌筑不到顶、楼梯平台梁设置等原因导致的短柱，才按柱净高与柱截面高度的比值是否小于 4 进行判断，并采用相应箍筋实施加密措施。

（2）柱的剪跨比是保证柱延性的重要指标。《规范》将柱剪跨比小于 2 和小于 1.5 的柱分别判断为短柱和极短柱；对短柱的要求比一般柱要严很多，对于极短柱还需要特殊研究。

（3）《规范》对柱的剪跨比计算规定的通用计算方法是 $M/(Vh_0)$，简化计算方法为 $H_n/2h_0$。但注意规定简化计算方法的适用范围。

（4）市场上很多软件只提供了柱剪跨比的简化计算方法，首先这种应用超出“简化计算”范畴，再说实际工程中柱反弯点在柱层高中的情况很少，因此大量按照简化法计算的柱剪跨比小于 2 的定为短柱，并不是真实情况。需要设计人员依据实际情况给予补充计算或采用具有通用计算方法的 $M/(Vh_0)$ 进行校核。

4.8 抗震设计时，地震倾覆力矩的计算相关问题如何正确理解

我们先看看哪些情况下需要计算倾覆力矩。

（1）《高规》7.1.8–1 条：在规定的水平地震作用下，短肢剪力墙承担的“底部”倾覆力矩不宜大于结构底部总地震倾覆力矩的 50%。《高规》7.1.8–2（2）条：具有较多短肢剪力墙结构是指，在规定水平地震力作用下，短肢剪力墙承担的“底部”倾覆力矩不小于结构底部总地震倾覆力矩的 30%。

（2）《高规》10.2.16–7 条：框支框架承担的地震倾覆力矩应小于结构总倾覆力矩的 50%。

（3）《高规》8.1.3 条：抗震设计的框架—剪力墙结构，应根据在规定的水平力作用下结构底层框架部分承受的地震倾覆力矩与结构总地震倾覆力矩的比值，确定相应的设计方法，并应符合下列要求。

1）当框架部分承受的地震倾覆力矩不大于结构总地震倾覆力矩的 10%时，按剪力墙结构设计，其中的框架部分应按框剪结构的框架进行设计。

2）当框架部分承受的地震倾覆力矩大于结构总地震倾覆力矩的 10%但不大于 50%时，按本章框剪结构的规定设计。

3）当框架部分承受的地震倾覆力矩大于结构总地震倾覆力矩的 50%但不大于 80%时，按框剪结构进行设计，框架部分的抗震等级和轴压比限值宜按框架结构的规定采用。

4）当框架部分承受的地震倾覆力矩大于结构总地震倾覆力矩的 80%时，按框剪结构进行设计，框架部分的抗震等级和轴压比限值应按框架结构的规定采用。

（4）《抗规》6.1.3–1 条：设置少量抗震墙的框架结构，在规定水平力作用下，“底层”框架 部分承担的地震倾覆力矩大于结构总倾覆力矩的 50%时，其框架的抗震等级应按框架结构确定，抗震墙的抗震等级可与其框架的抗震等级相同。

注：这里的“底层”明确是指计算嵌固端所在的层。

【知识点拓展】

（1）《高规》是说的“底部或底层”，没有明确是否是计算嵌固层；而《抗规》非常明确：这里的底层是指“计算嵌固层”。

（2）目前的 SATWE 程序是以嵌固端作为“底层”给出倾覆力矩；但 YJK 是以结构“首层”给出倾覆力矩。

（3）本次规范修订均要求采用在“规定水平地震力”下的计算结果；新规范 2010 版

SATWE 和 PMSAP 软件均按照《抗规》和《高规》的要求增加了“规定水平力”的计算。其中 SATWE 软件在“规定水平力”的选项中提供了两种方法，一种是“楼层剪力差方法（规范方法）”，《砼规》9.4.3 在承载力计算中，剪力墙的翼缘计算宽度可取剪力墙的间距、门窗洞间翼墙的宽度、剪力墙厚度加两侧各 6 倍翼墙厚度，剪力墙墙肢总高度的 1/10 四者中的最小值。但以前的一些程序在计算时是取所有翼墙计算。两种算法对计算结果的影响比较明显：考虑腹板和有效翼缘的算法会使框架承担倾覆力矩百分比增加，剪力墙承担的倾覆力矩减少。对于由于方案等诸多原因造成单向剪力墙过少或存在大量短肢剪力墙的情况，考虑腹板和有效翼缘的算法会使计算结果更加合理。

（4）《抗规》6.1.3 条文说明，依据框架柱的计算剪力给出了框架—抗震墙结构框架部分承担地震倾覆力矩的计算公式；而有些计算软件则根据底层框架柱的轴力来计算框架部分的倾覆力矩，即所谓的轴力方法。

1）规定水平力《抗规》方法（$V*H$ 求和方式）。

《抗规》6.1.3 条文说明中规定框架部分地震倾覆力矩的计算公式为：

$$M_{\mathrm{c}}=\sum_{i=1}^{n}\sum_{j=1}^{m}V_{ij}h_{i} \tag{4-13}$$

式中　M_{c}——框架—抗震墙结构在规定的侧向力（即规定水平力）作用下框架部分分配的地震倾覆力矩，kN • m；

V_{ij}——第 i 层第 j 根框架柱的计算地震剪力，kN；

h_i——第 i 层层高，m；

n——结构层数；

m——框架 i 层的柱数。

2）规定水平力轴力方式（力学标准方式）。

力学标准方式：

$$M_{\mathrm{ck}}^{*}=\sum_{j=1}^{nc}[N_{kj}(x_{ki}-x_{k0})+M_{kj}] \tag{4-14}$$

第 k 层取矩参考点位置确定

$$x_{k0}=\frac{\sum|N_{kj}|x_{ki}}{\sum|N_{ki}|} \tag{4-15}$$

所谓的轴力算法，是以外力作用下结构嵌固端的内力响应为依据，统计嵌固端所有框架柱实际产生的总体弯矩并以此作为框架部分分担的倾覆力矩进行框架—抗震墙（或筒体）结构的适用条件判断。从理论上讲，轴力算法和规范算法，对结构嵌固端的整体倾覆力矩是等效的；但对框架部分分担的倾覆力矩来说，却是完全不同的两个概念。这是因为，轴力算法以外力作用下结构嵌固端的内力响应为依据，其计算的结果除了包含框架部分按侧向刚度分配的倾覆力矩外，还包括由于结构整体的变形协调而额外负担的一部分抗震墙。

【工程案例】

某框架—剪力墙结构，依据墙体对称与非对称时，两种计算方法有差异。

墙体按对称布置如图 4–10（a）所示，按非对称布置如图 4–10（b）所示。

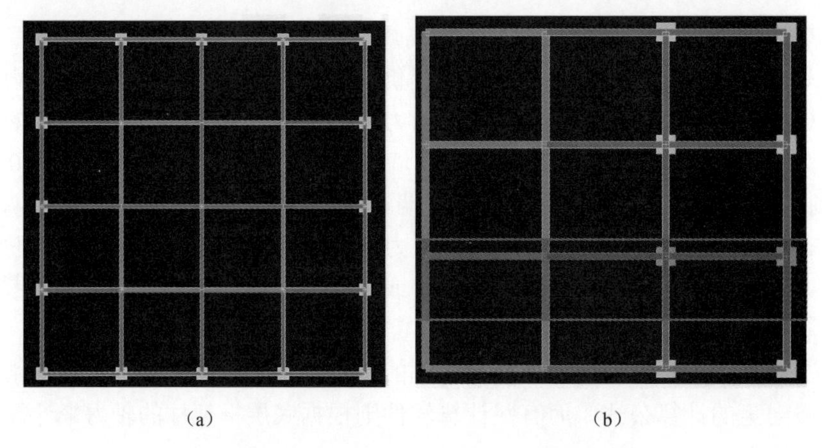

图 4–10　对称与非对称平面布置图

（a）某对称框架—剪力墙结构；（b）某非对称框架—剪力墙结构

（仅考察 X 向）

对于图 4–10（a）的墙体对称布置结构计算结果如下：

（ITEM031）各层框架剪力及倾覆弯矩百分比（力学方式）

层号	塔号	框架弯矩	短肢墙弯矩	墙及支撑弯矩	总弯矩
1	1	144345.（ 19.3%）	0.（0.0%）	602391.（ 80.7%）	746737.
2	1	106282.（ 18.2%）	0.（0.0%）	476494.（ 81.8%）	582776.
3	1	76780.（ 18.3%）	0.（0.0%）	342018.（ 81.7%）	418798.
4	1	51716.（ 19.3%）	0.（0.0%）	216836.（ 80.7%）	268552.
5	1	29651.（ 20.8%）	0.（0.0%）	113227.（ 79.2%）	142878.
6	1	11917.（ 22.7%）	0.（0.0%）	40639.（ 77.3%）	52557.

2倍!

（ITEM034）框架承担的倾覆力矩百分比（用 V*H 求和方法计算）

层号	塔号	框架弯矩	短肢墙弯矩	墙及支撑弯矩	总弯矩
1	1	89 126.（ 11.2%）	0.（0.0%）	703 955.（ 88.8%）	793 081.
2	1	59 466.（ 9.6%）	0.（0.0%）	563 188.（ 90.4%）	622 654.
3	1	40 584.（ 9.0%）	0.（0.0%）	408 999.（ 91.0%）	449 583.
4	1	26 342.（ 9.1%）	0.（0.0%）	263 871.（ 90.9%）	290 213.
5	1	14 284.（ 9.1%）	0.（0.0%）	141 547.（ 90.9%）	155 781.
6	1	4942.（ 8.8%）	0.（0.0%）	51 138.（ 91.2%）	56 080.

结论：对称布置时，轴力方法计算的框架倾覆力矩是《抗规》方法的 2 倍之多。

对于图 4–10（b）的墙体对非对称布置结构计算结果如下：

（ITEM031）各层框架剪力及倾覆弯矩百分比（力学方式）

层号	塔号	框架弯矩	短肢墙弯矩	墙及支撑弯矩	总弯矩
1	1	10153.（ 21.3%）	0.（0.0%）	37423.（ 78.7%）	47576.
2	1	9537.（ 23.1%）	0.（0.0%）	31678.（ 76.9%）	41215.
3	1	8870.（ 25.5%）	0.（0.0%）	25869.（ 74.5%）	34738.
4	1	7931.（ 28.0%）	0.（0.0%）	20477.（ 72.0%）	28458.
5	1	6957.（ 30.9%）	0.（0.0%）	15542.（ 69.1%）	22499.
6	1	5844.（ 34.4%）	0.（0.0%）	11125.（ 65.6%）	16969.
7	1	4685.（ 39.1%）	0.（0.0%）	7287.（ 60.9%）	11972.
8	1	5518.（ 46.1%）	0.（0.0%）	4108.（ 53.9%）	7626.
9	1	2366.（ 58.3%）	0.（0.0%）	1694.（ 41.7%）	4060.
10	1	1290.（ 83.8%）	0.（0.0%）	249.（ 16.2%）	1539.

（ITEM034）框架承担的倾覆力矩百分比（用V*H求和）

层号	塔号	框架弯矩	短肢墙弯矩	墙及支撑弯矩	总弯矩
1	1	8857.（ 18.8%）	0.（0.0%）	38217.（ 81.2%）	47074.
2	1	8301.（ 20.3%）	0.（0.0%）	32689.（ 79.7%）	40990.
3	1	7730.（ 22.3%）	0.（0.0%）	26945.（ 77.7%）	34675.
4	1	6962.（ 24.4%）	0.（0.0%）	21533.（ 75.6%）	28495.
5	1	6076.（ 26.9%）	0.（0.0%）	16527.（ 73.1%）	22604.
6	1	5111.（ 29.9%）	0.（0.0%）	12003.（ 70.1%）	17114.
7	1	4106.（ 33.8%）	0.（0.0%）	8027.（ 66.2%）	12134.
8	1	3093.（ 39.8%）	0.（0.0%）	4684.（ 60.2%）	7777.
9	1	2092.（ 50.0%）	0.（0.0%）	2095.（ 50.0%）	4187.
10	1	1168.（ 76.0%）	0.（0.0%）	368.（ 24.0%）	1537.

结论：对非对称布置时，轴力方法计算的框架倾覆力矩是《抗规》方法基本一致。

通过多项工程比较分析可以得知：

（1）一般而言，对于对称布置的框架—剪力墙、框架核心筒结构，力学（轴力）方式的框架倾覆力矩要远大于 $V*H$ 方式的倾覆力矩。

（2）而对于偏置布置的框剪、框筒结构，力学（轴力）方式的框架倾覆力矩与 $V*H$ 方式的倾覆力矩比较接近。

（3）总之，总框架与总剪力墙配合得越紧密，二者之间的传力越显著，两种方法统计的框架倾覆力矩差异越大。

（4）反过来，对于独立工作的框架和剪力墙，两种方法是一致的。

（5）对于框架—核心筒结构，力学（轴力）方式的框架倾覆力矩一方面可以反映框架的数量；另一方面可以反映框架的空间布置；是更为合理地衡量框架在整个抗侧力体系中作用的指标。

（6）对于非框筒结构，可以考虑采用《抗规》相关内容条文。

4.9　如何合理理解高层建筑基础底平面形心与结构竖向永久荷载偏心距问题

4.9.1　新版《规范》是如何规定的

高层建筑由于质心高、荷载重，对基础底面难免会产生偏心。建筑物在沉降的过程中，其重量对基础底面形心将产生新的倾覆力矩增量，而此时倾覆力矩增量又将产生新的倾覆增量，倾斜可能随之增大，直到地基变形稳定为止。因此，为了减小基础产生的倾斜，《规范》提出了如下限制条件。

《高规》12.1.6 条：高层建筑主体结构基础底面形心宜与永久作用重力荷载重心重合；当采用桩基础时，桩基的竖向刚度中心宜与高层建筑主体结构永久重力荷载重心重合。

注意：新《规范》取消了原《规范》“当不能重合时偏心距 e 宜符合下式要求 $e \leqslant 0.1W/A$”。

《地规》8.4.2 条：对单栋建筑物，在地基土比较均匀的条件下，基底平面形心宜与结构竖向永久荷载重心重合。当不能重合时，在结构竖向荷载作用的准永久值组合下，偏心距 e 宜符合 $e \leqslant 0.1W/A$ 的规定。

式中 W——与偏心距方向一致的基础底面边缘抵抗矩，m^3；

A——基础底面积，m^2。

【知识点拓展】

（1）《高规》取消“当不能重合时，在作用的准永久值组合下，偏心距 e 宜符合 $e \leqslant 0.1W/A$ 的规定”。这样绝不是放松要求，而是当实际工程平面形状复杂时，偏心距及其限值难以准确计算。

（2）当基底平面为矩形筏基，在偏心荷载作用下，基础抗倾覆稳定系数 KF 可用下列公式表示：

$$KF = y/e = \gamma B/e = \frac{\gamma}{e/B}$$

式中 B——与组合荷载竖向合力偏心方向平行的基础边长；

e——作用在基础平面的组合荷载全部竖向合力对基础底面积形心的偏心距；

y——基底平面形心至最大受压边缘的距离；

γ——y 与 B 的比值。

由上式可以得出 e/B 直接影响着抗倾覆稳定系数 KF，KF 随着 e/B 的增大而降低，因此容易引起较大的倾覆。

（3）《规范》给出的 $e \leqslant 0.1W/A$ 是根据实测资料及参考交通部《公路桥涵设计规范》对桥墩合力偏心距的限制要求。但由实测资料来看，这个限制对于硬土地区稍严格，当有可靠依据时可适当放松。

（4）对于低压缩性地基或端承桩基础由于绝对沉降量小，倾斜梁也相对较小，可以适当放松要求。

（5）《广东高规》已经取消这个规定。

4.9.2 当有多塔楼或带裙房时，如何合理选择荷载及基础区域

对于多塔楼或带裙房的高层建筑，为了防止各塔楼发生基础倾斜，应对各塔楼及裙房分开校核。

当设置后浇带（含沉降后浇带）时，基础重心校核还应根据后浇带所围成的区域进行校核，以保证施工阶段基础不发生倾斜。

图 4–11 建筑效果图

【工程案例】

2014 年作者所在公司设计的通州区某商业综合体，其中 1 号楼地上 18 层，地下 1 层，地面以上高度 79.69m，地下基础底标高为–5.90m，结构采用钢筋混凝土框架—核心筒体系，此塔楼线⑤以外为局部地上 2 层裙房。抗震设防烈度为 8 度（0.20g），地震分组为一组，场地类别为 II 类。图 4–11 为建筑效果图，图 4–12 为基础平面图。

结构设计人员在验算偏心距 e 时，按整个基础外轮廓计算 A 值，无法满足 $e \leqslant 0.1W/A$，于是设计人员就在图 4–12 的左上方加大基础底板伸出宽度，来满足 $e \leqslant 0.1W/A$ 要求。当作者看到此

图时，建议设计人员在不考虑裙房荷载及基础面的情况下（取图 4–12 中阴影线范围）重心校核，其结果也是能够满足 $e \leqslant 0.1W/A$ 要求的。

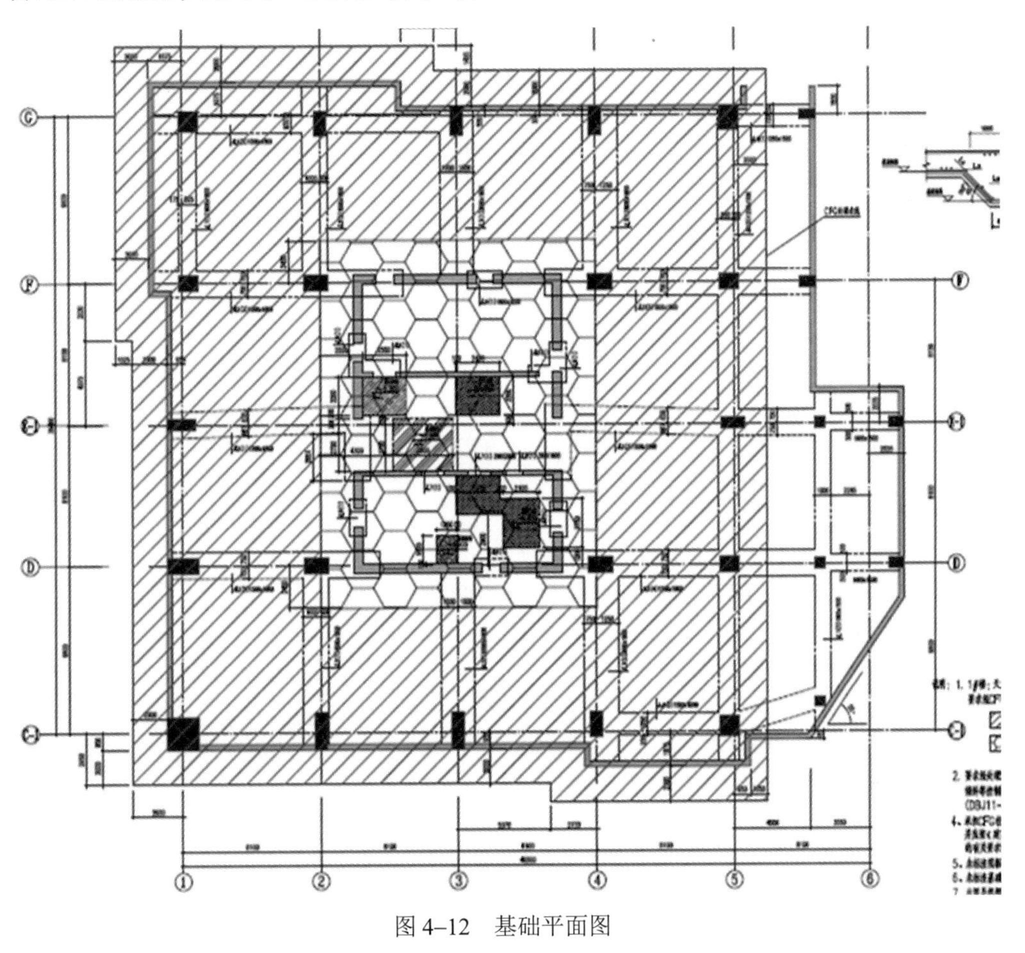

图 4–12　基础平面图

4.10　新《规范》对抗震等级为一级的剪力墙，需要进行水平施工缝抗滑移验算的相关问题

4.10.1　新《高规》与《抗规》的异同点

（1）《高规》7.2.12 条：抗震等级为一级的剪力墙结构，水平施工缝的抗滑移应符合下式要求：

$$V_{\mathrm{wj}} \leqslant \frac{1}{\gamma_{\mathrm{RE}}}(0.6 f_{\mathrm{y}} A_{\mathrm{s}} + 0.8N) \tag{4–16}$$

式中　V_{wj}——剪力墙水平施工缝处剪力设计值，kN；

A_{s}——水平施工缝处剪力墙腹板内竖向分布钢筋和边缘构件中竖向钢筋面积总和（不包括两侧翼缘墙），以及墙体中有足够锚固长度的附加竖向插筋面积，mm^2；

f_{y}——竖向钢筋抗拉强度设计值，$\mathrm{kN/mm}^2$；

N——水平施工缝处考虑地震组合的轴向力设计值，kN，压力取正值，拉力取负值。

（2）《抗规》3.9.7 条：混凝土墙体，框架柱的水平施工缝，应采取措施加强混凝土的结合性能。对于抗震等级为一级的墙体和转换层楼板与落地混凝土的交接处，宜验算水平施工缝截面的受剪承载力。

（3）《高规》仅指抗震等级为一级的剪力墙，且是“应满足”，有计算公式；而《抗规》不仅有抗震等级为一级的剪力墙还包括转换层楼板下墙，但是“宜”，这是本次《抗规》新加条文。

【知识点拓展】

（1）剪力墙的水平施工缝处，由于混凝土结合不良，可能形成抗震薄弱部位，故《规范》规定一级抗震墙要进行水平施工缝处的受剪承载力验算。验算依据试验资料，认为穿过施工缝处的钢筋处于复合受力状态，其抗拉强度采用 0.6 的折减系数，并考虑轴向压力的摩擦作用和轴向拉力的不利影响，给出计算公式。

（2）曾有设计人员问“对特一级结构水平施工缝是否需要验算？在框架—剪力墙结构中当剪力抗震等级为一级时是否需要验算？”作者的答复是需要验算，理由不言而喻。

4.10.2　当验算不满足《规范》规定要求时应采取哪些技术措施解决

设计师经常会遇到某个施工抗滑移验算结果不满足要求，那么此时可以采用在施工缝处附加插筋、在施工缝处留设抗剪键等措施。附加钢筋优先采用斜向布置如图 4–13 所示。

设置插筋注意：此处附加斜筋应布置在墙体竖向钢筋内侧，为防止钢筋过密，可以优先采用直径较大的钢筋（可以大于墙体钢筋直径）。

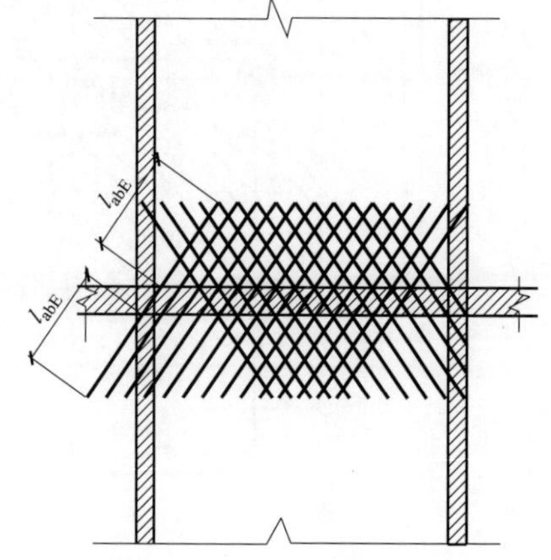

图 4–13　附加插筋布置示意图

第5章

与抗震措施和抗震构造措施相关的设计问题

5.1 抗震措施和抗震构造措施有哪些异同

我们知道抗震设计包含抗震计算和抗震措施两个方面的内容。新版《规范》比较强调“抗震措施”及“抗震构造措施”，这是为了更有针对性地对某些部位或构件采取抗震措施或抗震构造措施。例如，抗震设防类别为乙类的建筑需要提高一度采取抗震措施；结构建在7度(0.15*g*)或8度（0.30*g*）区，场地类别为Ⅲ或Ⅳ类时，需要分别提高到抗震设防为8度（0.20*g*）及9度的标准采取抗震构造措施。这就需要设计人员首先能够清晰地区分“抗震措施”与“抗震构造措施”的涵盖内容。

（1）抗震措施和抗震构造措施是两个既有联系又有区别的概念。

1)“抗震措施”是指除地震作用计算和抗力计算以外的抗震设计内容，包括建筑总体布置，结构选型，地基抗液化措施，考虑概念设计要求对地震作用效应（内力及变形）的 调整(抗震等级)，以及各种构造措施。

2)“抗震构造措施”只是抗震措施的一个组成部分，它是指根据抗震概念的设计原则，一般不需计算而对结构和非结构各部分所采取的细部构造进行要求，如构件最小尺寸、高厚比、轴压比、长细比、板件宽厚比、构造柱和圈梁的布置和配筋，钢筋锚固长度、最小直径、间距、钢筋搭接长度，混凝土保护层厚度，最小配筋率等。“抗震措施”涵盖了“抗震构造措施”。

3)《抗规》：一般规定中除“适用范围”外的内容均属于抗震措施，如房屋高度、抗震等级、抗震缝宽等；“计算要点”中地震作用效应（内力和变形）调整的规定也属于抗震措施；“设计要求”中可能包含有抗震措施和抗震构造措施，需要按规范术语的有关定义加以区分。

（2）抗震设计中，地震作用和抗震措施是两个不可分割的有机组成部分。由于地震动的不确定性和复杂性，在现有的技术水平和经济条件下，抗震措施不仅是对地震作用计算的重要补充，也是抗震设计中不可缺少和替代的组成部分。我国抗震设防标准与某些发达国家侧重于只提高结构抗地震作用（10%～30%）而不提高抗震措施在设防概念上有所不同：提高抗震措施，着眼于把有限的财力、物力用在提高结构关键部位或薄弱部位的抗震能力上，是经济而有效的方法；只提高地震作用，则结构的所有构件均增加材料用量，投资明显增加而效果不如前者。

（3）《高规》3.9.1条：各抗震设防类别的高层建筑结构，其抗震措施应符合下列要求（强条）。

1）甲类、乙类建筑：应按本地区抗震设防烈度提高一度的要求加强其抗震措施，但抗震设防烈度为9度时应按比9 度更高的要求采取抗震措施。当建筑场地为Ⅰ类时，应允许仍按本地区抗震设防烈度的要求采取抗震构造措施。

2）丙类建筑：应按本地区抗震设防烈度确定其抗震措施。当建筑场地为Ⅰ类时，除6度外，应允许按本地区抗震设防烈度降低一度的要求采取抗震构造措施。

（4）《高规》4.3.1条：各抗震设防类别的高层建筑地震作用的计算，应符合下列规定（强条）。

1）甲类建筑：应按批准的地震安全性评价的结果且高于本地区抗震设防烈度的标准计算。

2）乙、丙类建筑：应按本地区抗震设防烈度计算。

【知识点拓展】

作为抗震设防标准的例外，有下列几种情况需要特别注意：

（1）9度设防的特殊、重点设防建筑，其抗震措施取9度，不再提高一度。

（2）重点设防的小型工业建筑，如工矿企业的变电站、空压站、水泵房，城市供水水源的泵房，通常采用砌体结构，局部修订明确：当改用抗震性能较好的材料且结构体系符合抗震设计规范的有关规定时，其抗震措施允许按标准设防类的要求采用。

（3）《抗规》3.3.2 条和 3.3.3 条给出某些场地条件下抗震设防标准的局部调整。根据震害经验，对Ⅰ类场地，除6度设防外均允许按降低一度的要求采取抗震措施中的抗震构造措施；对Ⅲ、Ⅳ类场地，当设计基本地震加速度为7度（0.15g）和8度（0.30g）时，宜提高0.5度[分别按8度（0.20g）和9度] 采取抗震措施中的抗震构造措施。

（4）《抗规》4.3.6 条给出地基抗液化措施方面的专门规定：确定是否液化及液化等级与设防烈度有关而与设防分类无关；但对同样的液化等级，抗液化措施与设防分类有关，其具体规定不按提高一度或降低一度的方法处理。

（5）《抗规》6.1.1条给出混凝土结构抗震措施之一（最大适用高度）的局部调整：重点设防建筑的最大适用高度与标准设防建筑相同，不按提高一度的规定采用。

（6）《抗规》7.1.2条给出多层砌体结构抗震措施之一（最大总高度、层数）的局部调整：重点设防建筑的总高度比标准设防建筑降低3m、层数减少一层。

【案例】

2008年一级注册建筑师结构知识考题如下，问：多层砌体房屋，其主要的抗震措施是以下哪条？

A. 限制高度和层数　　　　B. 限制房屋高宽比

C. 设置构造柱和圈梁　　　　D. 限制墙段最小尺寸，并规定最大横墙间距

据说当年98%的考生都选择了“C”，你认为应该选择哪项？

5.2 关于钢筋混凝土结构抗震等级合理选取相关问题

5.2.1 新版《规范》关于抗震等级是如何调整的

《抗规》6.1.2条：钢筋混凝土房屋应根据设防类别、烈度、结构类型和房屋高度采用不同的抗震等级，并应符合相应的计算和构造措施要求。丙类建筑的抗震等级应按表5–1确定。

表 5–1　　现浇钢筋混凝土房屋的抗震等级

结构类型		设防烈度									
		6		7			8			9	
框架结构	高度/m	≤24	>24	≤24	>24		≤24	>24		≤24	
	框架	四	三	三	二		二	一		一	
	大跨度框架	三		二			一			一	
框架–抗震墙结构	高度/m	≤60	>60	<24	25～60	>60	<24	25～60	>60	≤24	24～50
	框架	四	三	四	三	二	三	二	一	二	一
	抗震墙	三		三	二		二	一		一	
抗震墙结构	高度/m	≤80	>80	≤24	25～80	>80	<24	25～80	>80	≤24	24～60
	抗震墙	四	三	四	三	二	三	二	一	二	一
部分框支抗震墙结构	高度/m	≤80	>80	≤24	25～80	>80	≤24	25～80	—	—	
	抗震墙　一般部位	四	三	四	三	二	三	二			
	抗震墙　加强部位	三	二	三	二	一	二	一			
	框支层框架	二		二		一	一				
框架–核心筒	框架	三		二			一			一	
	核心筒	二		二			一			一	
筒中筒	外筒	三		二			一			一	
	内筒	三		二			一			一	
板柱–抗震墙结构	高度/m	≤35	>35	≤35	>35		≤35	>35		—	
	框架、板柱的柱	三	二	二	二		一				
	抗震墙	二	二	二	一		二	一			

注：1. 建筑场地为Ⅰ类时，除 6 度外应允许按表内降低一度所对应的抗震等级采取抗震构造措施，但相应的计算要求不应降低。
2. 接近或等于高度分界时，应允许结合房屋不规则程度及场地、地基条件确定抗震等级。
3. 大跨度框架指跨度不小于 18m 的框架。
4. 高度不超过 60m 的框架—核心筒结构按框架—抗震墙的要求设计时，应按表中框架—抗震墙结构的规定确定其抗震等级。
5. 《砼规》11.1.3 条及《高规》3.9.3 条与本条等效。

【知识点拓展】

钢筋混凝土房屋的抗震等级是重要的设计参数，抗震等级不同，不仅计算时相应的内力调整系数不同，对配筋、配箍、轴压比、剪压比的构造要求也有所不同，体现了不同延性要求和区别对待的设计原则。影响抗震等级的因素共有设防烈度、设防类别、结构类型和房屋高度四个，此外，某些场地类别还要适当调整构造措施的抗震等级。这些因素的影响程度有所不同。

5.2.2　如何理解关于高度分界数值的不连贯问题

根据《工程建设标准编写规定》(住房和城乡建设部，建标〔2008〕182 号)，“标准中标明量的数值，应反映出所需的精确度”，因此，《规范》(规程) 中关于房屋高度界限的数值规定，均应按有效数字控制，《规范》中给定的高度数值均为某一有效区间的代表值，例如，24m 代表的有效区间为［23.5～24.4］m。正因如此，《抗规》中的“25～60”与《砼规》中的“＞24 且≤60”表述的内容是一致的。

实际工程设计时，房屋总高度按有效数字取整数控制，小数位四舍五入。因此对于框架—抗震墙结构、抗震墙结构等类型的房屋，高度在 24～25m 时应采用四舍五入方法来确定其抗震等级。例如，7 度区的某抗震墙房屋，高度为 24.4m，取整时为 24m，抗震墙抗震等级为四级，如果其高度为 24.5m，取整时为 25m，落在 25～60m，抗震墙的抗震等级为三级。

5.2.3 如何正确理解关于高度“接近”的问题？举例说明

《抗规》《砼规》以及《高规》关于抗震等级的规定中均有这样的表述：“接近或等于高度分界时，应允许结合房屋不规则程度及场地、地基条件确定抗震等级”，其中关于“接近高度分界”并没有进一步的补充说明，实际工程如何把握，往往是困扰工程设计人员的一个问题。

《规范》《规程》作此规定的原因是，房屋高度的分界是人为划定的一个界限，是一个便于工程管理与操作的相对界限，并不是绝对的。从工程安全角度来说，对于场地、地基条件较好的刚度均匀、形状规则的房屋，尽管其总高度稍微超出界限值，但其结构安全性仍然是有保证的；相反，对于场地、地基条件较差且形状不规则的房屋，尽管总高度低于界限值，但仍可能存在安全隐患。因此，《高规》明确规定，当房屋的总高度“接近或等于高度分界时，应结合房屋不规则程度及场地、地基条件适当确定抗震等级”。

这一规定的宗旨是，对于不规则的、且场地地基条件较差的房屋，尽管其高度稍低于（接近）高度分界，抗震设计时应从严把握，按高度提高一档确定抗震等级；对于均匀、规则、且场地地基条件较好的房屋，尽管其高度稍高于（接近）高度分界，但抗震设计时亦允许适当放松要求，可按高度降低一档确定抗震等级。

实际工程设计时，“接近”一词的含义可按以下原则进行把握：如果在现有楼层的基础上再加上（或减去）一个标准层，则房屋的总高度就会超出（或低于）高度分界，那么现有房屋的总高度就可判定为“接近于高度分界”。

【案例 1】

位于 7 度区的某 7 层钢筋混凝土框架结构，平面为规则的矩形，长宽尺寸为 36m×18m，柱距 6m，总高度 25.6m，其中首层层高 4.6m，其他各层层高均为 3.5m。该建筑位于 I 类场地，基础采用柱下独立基础，双向设有基础拉梁。试确定该房屋中框架的抗震等级。

【解析】

（1）该建筑的总高为 25.6m，去掉一个标准层后高度为 25.6−3.5 = 22.1m＜24m，接近 24m 分界。

（2）该建筑平面为规则的矩形，长宽尺寸为 36m×18m，柱距 6m，结构布置均匀，规则。

（3）I 类场地，基础采用柱下独立基础，双向设有基础拉梁，场地、基础条件较好。

综上分析，该建筑中框架的抗震等级可按 7 度，高度≤24m 的设防标准设计，抗震等级为三级。

【案例 2】

某 6 层钢筋混凝土框架结构位于 7 度区Ⅳ类场地，地下有不小于 30m 厚的淤泥冲积层。结构计算分析时楼层最大扭转位移比为 1.45。该建筑总高度为 22.8m，其中首层层高 4.8m，其他各层层高均为 3.6m。试确定该房屋中框架的抗震等级。

【解析】

（1）该建筑的总高为 22.8m，加上一个标准层后高度为 22.8+3.6 = 26.4m＞24m，接近 24m 分界。

（2）楼层最大扭转位移比为 1.45，属于扭转特别不规则结构。

（3）Ⅳ类场地，且地下有不小于 30m 厚的淤泥冲积层，场地条件较差。

综上分析，该建筑中框架的抗震等级应按 7 度，高度大于 24m 的标准设防，抗震等级应为二级。

5.2.4　确定抗震等级应考虑哪些主要因素

（1）设防烈度是基本因素，同样高度和设防类别的房屋，其抗震等级随烈度的高低而不同。

（2）不同结构类型，其主要抗侧力部件不同，该部件的抗震等级也不同。框架—抗震墙结构中的框架，与框架结构中的框架，抗震等级可能不同；框架—抗震墙结构中的抗震墙，其抗震等级也可能与抗震墙结构中的抗震墙不同。在板柱—抗震墙结构中的框架，其抗震等级与表 5–1 中“板柱的柱”相同。

（3）对于设防类别为“乙类”的建筑，除了建筑规模较小的房屋外，要按提高一度确定其抗震等级（抗震措施的抗震等级）。

（4）对于Ⅰ类场地，除 6 度设防外，“丙类”建筑要按设防烈度确定的抗震等级进行内力调整，并按降低一度确定的抗震等级采取抗震构造措施；“乙类”建筑要按提高一度确定的抗震等级进行内力调整，并按设防烈度确定的抗震等级采取抗震构造措施。对于Ⅳ类场地，同样的抗震等级，构造要求有部分提高，如框架柱轴压比和纵向钢筋总配筋量的要求有所提高。

（5）划分抗震等级的高度分界比较粗略，在高度分界值附近，抗震等级允许酌情调整。《规范》未明确规定各类结构的高度下限，因此，对层数很少的抗震墙结构，其变形特征接近剪切型，与高度较高的抗震墙结构的设计方法和构造要求有所不同，其抗震等级也允许有所调整。

（6）处于Ⅰ类场地的情况，要注意区分内力调整的抗震等级和构造措施的抗震等级。对设计基本地震加速度为 0.15g 和 0.30g 且处于Ⅲ、Ⅳ类场地的混凝土结构，按《规范》规定提高“半度”确定其抗震构造措施时，只需要提高构造措施的抗震等级。

（7）主楼与裙房无抗震缝时，主楼在裙房顶板对应的相邻上下楼层（共 2 个楼层）的构造措施应适当加强，但并不要求各项措施均提高一个抗震等级。

（8）“甲、乙类”建筑按提高一度查表 5–1 确定抗震等级时，当房屋高度大于表中规定的高度时，应采取比一级更有效的抗震构造措施。

（9）　裙房与主楼相连，除应按裙房本身确定抗震等级外，还不应低于主楼的抗震等级。当主楼为部分框支抗震墙结构体系时，其框支层框架应按部分框支抗震墙结构确定抗震等级，裙楼仍可按框架—抗震墙体系确定抗震等级，若低于主楼框支框架的抗震等级，则与框支框架直接相连的非框支框架应适当加强抗震构造措施。当主楼为抗震墙结构、裙房为纯框架结构且楼盖面积不超过同层主楼面积时，裙楼的抗震等级不应低于整个结构且按框架—抗震墙结构体系和主楼高度确定的框架部分的抗震等级来确定；主楼抗震墙的抗震等级，按加强部位以上和加强部位区别对待的原则，主楼上部的墙体按总高度的抗震墙结构确定抗震等级，而主楼下部（高度范围至裙房顶以上一层）的抗震墙，抗震等级可按裙房高度的框架—抗震墙结构和主楼高度的抗震墙结构中二者的较高等级确定。裙房为框架—抗震墙结构，面积较大，属乙类建筑，主楼为丙类建筑，裙房的抗震等级，按裙房高度的乙类建筑和主楼高度的丙类建筑中二者的较高等级确定。

（10）场地条件对抗震等级的影响。一般来讲，混凝土结构构件的抗震等级属于结构抗震措施的范畴，是抗震设防标准的内容。而抗震设防标准通常是与建筑的场地条件无关的。但地震的宏观震害表明，相同的地震强度下，不同的场地条件建筑物震害的程度却大不一样。正因如此，《抗规》在 3.3.2 条和 3.3.3 条分别作出规定，对Ⅰ类场地及 0.15g 和 0.30g 的Ⅲ、Ⅳ类场地条件下的设防标准进行了局部调整，而且调整的内容仅限于结构构件的抗震构造措施。因此，从严格意义上讲，钢筋混凝土结构构件应有两个抗震等级，即抗震措施的抗震等级和抗震构造措施的抗震等级。

5.2.5 考虑不同设防烈度、设防类别、场地类别等抗震等级汇总表

为了大家应用方便，作者依据《抗规》3.3.2、3.3.3、6.1.2 条以及《设防标准》3.0.3 条等规定，给出了不同设防类别、不同场地条件下现浇钢筋混凝土结构抗震等级的选用，见表 5–2～表 5–7。

表 5–2　　丙类现浇钢筋混凝土房屋的抗震等级选用表（1）：Ⅰ类场地

<table>
<tr><td colspan="3" rowspan="2">结构类型</td><td colspan="20">设防烈度</td></tr>
<tr><td colspan="2">6 度</td><td colspan="4">7 度（0.10g）</td><td colspan="4">7 度（0.15g）</td><td colspan="4">8 度（0.20g）</td><td colspan="4">8 度（0.30g）</td><td colspan="2">9 度（0.40g）</td></tr>
<tr><td rowspan="3">框架结构</td><td colspan="2">高度/m</td><td>≤24</td><td>>24</td><td colspan="2">≤24</td><td colspan="2">>24</td><td colspan="2">≤24</td><td colspan="2">>24</td><td colspan="2">≤24</td><td colspan="2">>24</td><td colspan="2">≤24</td><td colspan="2">>24</td><td colspan="2">≤24</td></tr>
<tr><td colspan="2">框架</td><td>四（四）</td><td>三（三）</td><td colspan="2">三（四）</td><td colspan="2">二（三）</td><td colspan="2">三（四）</td><td colspan="2">二（三）</td><td colspan="2">二（三）</td><td colspan="2">一（二）</td><td colspan="2">二（三）</td><td colspan="2">一（二）</td><td colspan="2">一（二）</td></tr>
<tr><td colspan="2">大跨度框架</td><td colspan="2">三（三）</td><td colspan="4">二（三）</td><td colspan="4">二（三）</td><td colspan="4">一（二）</td><td colspan="4">一（二）</td><td colspan="2">一（二）</td></tr>
<tr><td rowspan="3">框架—抗震墙结构</td><td colspan="2">高度/m</td><td>≤60</td><td>>60</td><td>≤24</td><td colspan="2">25～60</td><td>>60</td><td>≤24</td><td colspan="2">25～60</td><td>>60</td><td>≤24</td><td colspan="2">25～60</td><td>>60</td><td>≤24</td><td colspan="2">25～60</td><td>>60</td><td>≤24</td><td>25～50</td></tr>
<tr><td colspan="2">框架</td><td>四（四）</td><td>三（三）</td><td>四（四）</td><td colspan="2">三（四）</td><td>二（三）</td><td>四（四）</td><td colspan="2">三（四）</td><td>二（三）</td><td>三（四）</td><td colspan="2">二（三）</td><td>一（二）</td><td>三（四）</td><td colspan="2">二（三）</td><td>一（二）</td><td>二（三）</td><td>一（二）</td></tr>
<tr><td colspan="2">抗震墙</td><td colspan="2">三（三）</td><td>三（三）</td><td colspan="3">二（三）</td><td>三（三）</td><td colspan="3">二（三）</td><td>二（三）</td><td colspan="3">一（二）</td><td>二（三）</td><td colspan="3">一（二）</td><td colspan="2">一（二）</td></tr>
<tr><td rowspan="2">抗震墙结构</td><td colspan="2">高度/m</td><td>≤80</td><td>>80</td><td>≤24</td><td colspan="2">25～80</td><td>>80</td><td>≤24</td><td colspan="2">25～80</td><td>>80</td><td>≤24</td><td colspan="2">25～80</td><td>>80</td><td>≤24</td><td colspan="2">25～80</td><td>>80</td><td>≤24</td><td>25～60</td></tr>
<tr><td colspan="2">抗震墙</td><td>四（四）</td><td>三（三）</td><td>四（四）</td><td colspan="2">三（四）</td><td>二（三）</td><td>四（四）</td><td colspan="2">三（四）</td><td>二（三）</td><td>三（四）</td><td colspan="2">二（三）</td><td>一（二）</td><td>三（四）</td><td colspan="2">二（三）</td><td>一（二）</td><td>二（三）</td><td>一（二）</td></tr>
<tr><td rowspan="3">部分框支抗震墙结构</td><td colspan="2">高度/m</td><td>≤80</td><td>>80</td><td>≤24</td><td colspan="2">25～80</td><td>>80</td><td>≤24</td><td colspan="2">25～80</td><td>>80</td><td>≤24</td><td colspan="2">25～80</td><td rowspan="3"></td><td>≤24</td><td colspan="2">25～80</td><td colspan="3" rowspan="3"></td></tr>
<tr><td rowspan="2">抗震墙</td><td>一般部位</td><td>四（四）</td><td>三（三）</td><td>四（四）</td><td colspan="2">三（四）</td><td>二（三）</td><td>四（四）</td><td colspan="2">三（四）</td><td>二（三）</td><td>三（四）</td><td colspan="2">二（三）</td><td>三（四）</td><td colspan="2">二（三）</td></tr>
<tr><td>加强部位</td><td>三（三）</td><td>二（二）</td><td>三（三）</td><td colspan="2">二（三）</td><td>一（二）</td><td>三（三）</td><td colspan="2">二（三）</td><td>一（二）</td><td>二（三）</td><td colspan="2">一（二）</td><td>二（三）</td><td colspan="2">一（二）</td></tr>
</table>

续表

<table>
<tr><th colspan="2" rowspan="2">结构类型</th><th colspan="11">设　防　烈　度</th></tr>
<tr><th colspan="2">6 度</th><th colspan="2">7 度（0.10g）</th><th colspan="2">7 度（0.15g）</th><th colspan="2">8 度（0.20g）</th><th colspan="2">8 度（0.30g）</th><th>9 度（0.40g）</th></tr>
<tr><td>部分框支抗震墙结构</td><td>框支层框架</td><td colspan="2">二（二）</td><td>二（二）</td><td>一（二）</td><td>二（二）</td><td>一（二）</td><td>一（二）</td><td></td><td>一（二）</td><td></td><td></td></tr>
<tr><td rowspan="2">框架—核心筒结构</td><td>框架</td><td colspan="2">三（三）</td><td colspan="2">二（三）</td><td colspan="2">二（三）</td><td colspan="2">一（二）</td><td colspan="2">一（二）</td><td>一（一）</td></tr>
<tr><td>核心筒</td><td colspan="2">二（二）</td><td colspan="2">二（三）</td><td colspan="2">二（三）</td><td colspan="2">一（二）</td><td colspan="2">一（二）</td><td>一（一）</td></tr>
<tr><td>筒中筒结构</td><td>外筒内筒</td><td colspan="2">三（三）</td><td colspan="2">二（三）</td><td colspan="2">二（三）</td><td colspan="2">一（二）</td><td colspan="2">一（二）</td><td>一（一）</td></tr>
<tr><td rowspan="3">板柱抗震墙结构</td><td>高度/m</td><td>≤35</td><td>>35</td><td>≤35</td><td>>35</td><td>≤35</td><td>>35</td><td>≤35</td><td>>35</td><td>≤35</td><td>>35</td><td rowspan="3"></td></tr>
<tr><td>框架、板柱的柱</td><td>三（三）</td><td>二（二）</td><td>二（三）</td><td>二（二）</td><td>二（三）</td><td>二（二）</td><td colspan="2">一（二）</td><td colspan="2">一（二）</td></tr>
<tr><td>抗震墙</td><td>二（二）</td><td>二（二）</td><td>二（二）</td><td>一（二）</td><td>二（二）</td><td>一（二）</td><td>二（二）</td><td>一（一）</td><td>二（二）</td><td>一（一）</td></tr>
</table>

注：1.（）内数值为抗震构造措施的抗震等级。

2. 编制依据：《抗规》6.1.2 条，丙类现浇钢筋混凝土房屋的抗震等级；

《抗规》3.3.2 条，I 类场地的丙类建筑，除 6 度外可按本地区抗震设防烈度降低一度采取抗震构造措施。

表 5–3　　丙类现浇钢筋混凝土房屋的抗震等级选用表（2）：Ⅱ类场地

<table>
<tr><th colspan="2" rowspan="2">结构类型</th><th colspan="11">设　防　烈　度</th></tr>
<tr><th colspan="2">6 度</th><th colspan="2">7 度（0.10g）</th><th colspan="2">7 度（0.15g）</th><th colspan="2">8 度（0.20g）</th><th colspan="2">8 度（0.30g）</th><th>9 度（0.40g）</th></tr>
<tr><td rowspan="3">框架结构</td><td>高度/m</td><td>≤24</td><td>>24</td><td>≤24</td><td>>24</td><td>≤24</td><td>>24</td><td>≤24</td><td>>24</td><td>≤24</td><td>>24</td><td>≤24</td></tr>
<tr><td>框架</td><td>四（四）</td><td>三（三）</td><td>三（三）</td><td>二（二）</td><td>三（三）</td><td>二（二）</td><td>二（二）</td><td>一（一）</td><td>二（二）</td><td>一（一）</td><td>一（一）</td></tr>
<tr><td>大跨度框架</td><td colspan="2">三（三）</td><td colspan="2">二（二）</td><td colspan="2">二（二）</td><td colspan="2">一（一）</td><td colspan="2">一（一）</td><td>一（一）</td></tr>
</table>

续表

结构类型		设防烈度															
		6度		7度（0.10*g*）			7度（0.15*g*）			8度（0.20*g*）			8度（0.30*g*）			9度（0.40*g*）	
框架—抗震墙结构	高度/m	≤60	＞60	≤24	25～60	＞60	≤24	25～60	＞60	≤24	25～60	＞60	≤24	25～60	＞60	≤24	25～50
	框架	四（四）	三（三）	四（四）	三（三）	二（二）	四（四）	三（三）	二（二）	三（三）	二（二）	一（一）	三（三）	二（二）	一（一）	二（二）	一（一）
	抗震墙	三（三）		三（三）	二（二）		三（三）	二（二）		二（二）	一（一）		二（二）	一（一）		一（一）	
抗震墙结构	高度/m	≤80	＞80	≤24	25～80	＞80	≤24	25～80	＞80	≤24	25～80	＞80	≤24	25～80	＞80	≤24	25～60
	抗震墙	四（四）	三（三）	四（四）	三（三）	二（二）	四（四）	三（三）	二（二）	三（三）	二（二）	一（一）	三（三）	二（二）	一（一）	二（二）	一（一）
部分框支—抗震墙结构	高度/m	≤80	＞80	≤24	25～80	＞80	≤24	25～80	＞80	≤24	25～80		≤24	25～80			
	抗震墙 一般部位	四（四）	三（三）	四（四）	三（三）	二（二）	四（四）	三（三）	二（二）	三（三）	二（二）		三（三）	二（二）			
	抗震墙 加强部位	三（三）	二（二）	三（三）	二（二）	一（一）	三（三）	二（二）	一（一）	二（二）	一（一）		二（二）	一（一）			
	框支层框架			二（二）		一（一）	二（二）		一（一）	一（一）			一（一）				
框架—核心筒结构	框架	三（三）		二（二）			二（二）			一（一）			一（一）			一（一）	
	核心筒	二（二）		二（二）			二（二）			一（一）			一（一）			一（一）	
筒中筒结构	外筒 内筒	三（三）		二（二）			二（二）			一（一）			一（一）			一（一）	
板柱—抗震墙结构	高度/m	≤35	＞35	≤35	＞35		≤35	＞35		≤35	＞35		≤35	＞35			
	框架、板柱的柱	三（三）	二（二）	二（二）	二（二）		二（二）	二（二）		一（一）			一（一）				
	抗震墙	二（二）	二（二）	二（二）	一（一）		二（二）	一（一）		二（二）	一（一）		二（二）	一（一）			

注：1.（）内数值为抗震构造措施的抗震等级。

2. 编制依据：《抗规》6.1.2 条，丙类现浇钢筋混凝土房屋的抗震等级。

表 5–4　　丙类现浇钢筋混凝土房屋的抗震等级选用表（3）：Ⅲ、Ⅳ类场地

结构类型		设防烈度										
		6 度		7 度（0.10g）		7 度（0.15g）		8 度（0.20g）		8 度（0.30g）		9 度（0.40g）
框架结构	高度/m	≤24	>24	≤24	>24	≤24	>24	≤24	>24	≤24	>24	≤24
	框架	四（四）	三（三）	三（三）	二（二）	三（二）	二（一）	二（二）	一（一）	二（一）	一（一）	一（一）
	大跨度框架	三（三）		二（二）		二（一）		一（一）		二（一）		一（一）

结构类型		6 度		7 度（0.10g）			7 度（0.15g）			8 度（0.20g）			8 度（0.30g）			9 度（0.40g）	
框架—抗震墙结构	高度/m	≤60	>60	≤24	25～60	>60	≤24	25～60	>60	≤24	25～60	>60	≤24	25～60	>60	≤24	25～50
	框架	四（四）	三（三）	四（四）	三（三）	二（二）	四（三）	三（二）	二（一）	三（三）	二（二）	一（一）	三（二）	二（一）	一（一$^{+}$）	二（二）	一（一）
	抗震墙	三（三）		三（三）	二（二）		三（二）	二（一）		二（二）	一（一）		二（一）	一（一）	一（一$^{+}$）	一（一）	
抗震墙结构	高度/m	≤80	>80	≤24	25～80	>80	≤24	25～80	>80	≤24	25～80	>80	≤24	25～80	>80	≤24	25～60
	抗震墙	四（四）	三（三）	四（四）	三（三）	二（二）	四（三）	三（二）	二（一）	三（三）	二（二）	一（一）	三（二）	二（一）	一（一$^{+}$）	二（二）	一（一）
部分框支—抗震墙结构	高度/m	≤80	>80	≤24	25～80	>80	≤24	25～80	>80	≤24	25～80		≤24	25～80			
	抗震墙 一般部位	四（四）	三（三）	四（四）	三（三）	二（二）	四（三）	三（二）	二（一）	三（三）	二（二）		三（二）	二（一）			
	抗震墙 加强部位	三（三）	二（二）	三（三）	二（二）	一（一）	三（二）	二（一）	一（一$^{+}$）	二（二）	一（一）		二（一）	一（一$^{+}$）			
	框支层框架			二（二）		一（一）	二（一）		一（一$^{+}$）	一（一）			一（一$^{+}$）				

结构类型		6 度	7 度（0.10g）	7 度（0.15g）	8 度（0.20g）	8 度（0.30g）	9 度（0.40g）
框架—核心筒结构	框架	三（三）	二（二）	二（一）	一（一）	一（一）	一（一）
	核心筒	二（二）	二（二）	二（一）	一（一）	一（一）	一（一）
筒中筒结构	外筒 内筒	三（三）	二（二）	二（一）	一（一）	一（一）	一（一）

结构类型		6 度		7 度（0.10g）		7 度（0.15g）		8 度（0.20g）		8 度（0.30g）		9 度（0.40g）
板柱—抗震墙结构	高度/m	≤35	>35	≤35	>35	≤35	>35	≤35	>35	≤35	>35	
	框架、板柱的柱	三（三）	二（二）	二（二）	二（二）	二（一）	二（一）	一（一）		一（一$^{+}$）		
	抗震墙	二（二）	二（二）	二（二）	一（一）	二（二）	一（一）	二（二）	一（一）	二（一）	一（一$^{+}$）	

注：1.（）内数值为抗震构造措施的抗震等级；

2. 编制依据：《抗规》6.1.2 条，丙类现浇钢筋混凝土房屋的抗震等级。

《抗规》3.3.3 条，7 度（0.15g）和 8 度（0.30g）Ⅲ、Ⅳ类场地时，应分别按 8 度和 9 度采取抗震构造措施。

3.（一$^{+}$）表示采取的抗震构造措施为一级偏强，即在《规范》规定的一级构造措施的基础上适当加强配筋（配箍）构造。

表 5–5　　甲、乙类现浇钢筋混凝土房屋的抗震等级选用表（1）：Ⅰ类场地

<table>
<tr><th colspan="3" rowspan="2">结构类型</th><th colspan="32">设防烈度</th></tr>
<tr><th colspan="6">6度</th><th colspan="6">7度（0.10g）</th><th colspan="6">7度（0.15g）</th><th colspan="6">8度（0.20g）</th><th colspan="6">8度（0.30g）</th><th colspan="2">9度（0.40g）</th></tr>
<tr><td rowspan="3">框架结构</td><td colspan="2">高度/m</td><td colspan="3">≤24</td><td colspan="3">>24</td><td colspan="3">≤24</td><td colspan="3">>24</td><td colspan="3">≤24</td><td colspan="3">>24</td><td colspan="3">≤24</td><td colspan="3">>24</td><td colspan="3">≤24</td><td colspan="3">>24</td><td colspan="2">≤24</td></tr>
<tr><td colspan="2">框架</td><td colspan="3">三（四）</td><td colspan="3">二（三）</td><td colspan="3">二（三）</td><td colspan="3">一（二）</td><td colspan="3">二（三）</td><td colspan="3">一（二）</td><td colspan="3">一（二）</td><td colspan="3">一（一）</td><td colspan="3">一（二）</td><td colspan="3">一（一）</td><td colspan="2">特一（一）</td></tr>
<tr><td colspan="2">大跨度框架</td><td colspan="6">二（三）</td><td colspan="6">一（二）</td><td colspan="6">一（二）</td><td colspan="3">一（一）</td><td colspan="3">一（一）</td><td colspan="3">一（一）</td><td colspan="3">一（一）</td><td colspan="2">特一（一）</td></tr>
<tr><td rowspan="3">框架—抗震墙结构</td><td colspan="2">高度/m</td><td colspan="2">≤24</td><td colspan="2">25～60</td><td colspan="2">>60</td><td colspan="2">≤24</td><td colspan="2">25～60</td><td colspan="2">>60</td><td colspan="2">≤24</td><td colspan="2">25～60</td><td colspan="2">>60</td><td colspan="2">≤24</td><td colspan="2">25～50</td><td colspan="2">>50</td><td colspan="2">≤24</td><td colspan="2">25～50</td><td colspan="2">>50</td><td>≤24</td><td>25～50</td></tr>
<tr><td colspan="2">框架</td><td colspan="2">四（四）</td><td colspan="2">三（四）</td><td colspan="2">二（三）</td><td colspan="2">三（四）</td><td colspan="2">二（三）</td><td colspan="2">一（二）</td><td colspan="2">三（四）</td><td colspan="2">二（三）</td><td colspan="2">一（二）</td><td colspan="2">二（三）</td><td colspan="2">一（二）</td><td colspan="2">一（一）</td><td colspan="2">二（三）</td><td colspan="2">一（二）</td><td colspan="2">一（一）</td><td>特一（一）</td><td>特一（一）</td></tr>
<tr><td colspan="2">抗震墙</td><td colspan="2">三（三）</td><td colspan="4">二（三）</td><td colspan="2">二（三）</td><td colspan="4">一（二）</td><td colspan="2">二（三）</td><td colspan="4">一（二）</td><td colspan="2">一（二）</td><td colspan="2">一（一）</td><td colspan="2">一（一）</td><td colspan="2">一（二）</td><td colspan="2">一（一）</td><td colspan="2">一（一）</td><td colspan="2">特一（一）</td></tr>
<tr><td rowspan="2">抗震墙结构</td><td colspan="2">高度/m</td><td colspan="2">≤24</td><td colspan="2">25～80</td><td colspan="2">>80</td><td colspan="2">≤24</td><td colspan="2">25～80</td><td colspan="2">>80</td><td colspan="2">≤24</td><td colspan="2">25～80</td><td colspan="2">>80</td><td colspan="2">≤24</td><td colspan="2">25～60</td><td colspan="2">>60</td><td colspan="2">≤24</td><td colspan="2">25～60</td><td colspan="2">>60</td><td>≤24</td><td>25～60</td></tr>
<tr><td colspan="2">抗震墙</td><td colspan="2">四（四）</td><td colspan="2">三（四）</td><td colspan="2">二（三）</td><td colspan="2">三（四）</td><td colspan="2">二（三）</td><td colspan="2">一（二）</td><td colspan="2">三（四）</td><td colspan="2">二（三）</td><td colspan="2">一（二）</td><td colspan="2">二（三）</td><td colspan="2">一（二）</td><td colspan="2">一（一）</td><td colspan="2">二（三）</td><td colspan="2">一（二）</td><td colspan="2">一（一）</td><td>一（二）</td><td>特一（一）</td></tr>
<tr><td rowspan="4">部分框支—抗震墙结构</td><td colspan="2">高度/m</td><td colspan="2">≤24</td><td colspan="2">25～80</td><td colspan="2">>80</td><td colspan="2">≤24</td><td colspan="2">25～80</td><td colspan="2">>80</td><td colspan="2">≤24</td><td colspan="2">25～80</td><td colspan="2">>80</td><td colspan="2">≤24</td><td colspan="2">25～80</td><td colspan="2"></td><td colspan="2">≤24</td><td colspan="2">25～80</td><td colspan="2"></td><td colspan="2"></td></tr>
<tr><td rowspan="2">抗震墙</td><td>一般部位</td><td colspan="2">四（四）</td><td colspan="2">三（四）</td><td colspan="2">二（三）</td><td colspan="2">三（四）</td><td colspan="2">二（三）</td><td colspan="2">一（二）</td><td colspan="2">三（四）</td><td colspan="2">二（三）</td><td colspan="2">一（二）</td><td colspan="2">二（三）</td><td colspan="2">一（二）</td><td colspan="2"></td><td colspan="2">二（三）</td><td colspan="2">一（二）</td><td colspan="2"></td><td colspan="2"></td></tr>
<tr><td>加强部位</td><td colspan="2">三（三）</td><td colspan="2">二（三）</td><td colspan="2">一（二）</td><td colspan="2">二（三）</td><td colspan="2">一（二）</td><td colspan="2">一（一）</td><td colspan="2">二（三）</td><td colspan="2">一（二）</td><td colspan="2">一（一）</td><td colspan="2">一（二）</td><td colspan="2">一（一）</td><td colspan="2"></td><td colspan="2">一（二）</td><td colspan="2">一（一）</td><td colspan="2"></td><td colspan="2"></td></tr>
<tr><td colspan="2">框支层框架</td><td colspan="4">二（二）</td><td colspan="2">一（二）</td><td colspan="4">一（二）</td><td colspan="2">一（一）</td><td colspan="4">一（二）</td><td colspan="2">一（二）</td><td colspan="4">一（一）</td><td colspan="2"></td><td colspan="4">一（一）</td><td colspan="2"></td><td colspan="2"></td></tr>
<tr><td rowspan="2">框架—核心筒结构</td><td colspan="2">框架</td><td colspan="6">二（三）</td><td colspan="6">一（二）</td><td colspan="6">一（二）</td><td colspan="6">一（一）</td><td colspan="6">一（一）</td><td colspan="2">特一（一）</td></tr>
<tr><td colspan="2">核心筒</td><td colspan="6">二（二）</td><td colspan="6">一（二）</td><td colspan="6">一（二）</td><td colspan="6">一（一）</td><td colspan="6">一（一）</td><td colspan="2">特一（一）</td></tr>
<tr><td>筒中筒结构</td><td colspan="2">外筒内筒</td><td colspan="6">二（三）</td><td colspan="6">一（二）</td><td colspan="6">一（二）</td><td colspan="6">一（一）</td><td colspan="6">一（一）</td><td colspan="2">特一（一）</td></tr>
<tr><td rowspan="3">板柱—抗震墙结构</td><td colspan="2">高度/m</td><td colspan="3">≤35</td><td colspan="3">>35</td><td colspan="3">≤35</td><td colspan="3">>35</td><td colspan="3">≤35</td><td colspan="3">>35</td><td colspan="3">≤35</td><td colspan="3">>35</td><td colspan="3">≤35</td><td colspan="3">>35</td><td colspan="2" rowspan="3"></td></tr>
<tr><td colspan="2">框架、板柱的柱</td><td colspan="3">二（三）</td><td colspan="3">二（二）</td><td colspan="3">一（二）</td><td colspan="3">一（二）</td><td colspan="3">一（二）</td><td colspan="3">一（二）</td><td colspan="6">一（一）</td><td colspan="6">一（一）</td></tr>
<tr><td colspan="2">抗震墙</td><td colspan="3">二（二）</td><td colspan="3">一（二）</td><td colspan="3">二（二）</td><td colspan="3">一（一）</td><td colspan="3">二（二）</td><td colspan="3">一（一）</td><td colspan="3">一（二）</td><td colspan="3">一（一）</td><td colspan="3">一（二）</td><td colspan="3">一（一）</td></tr>
</table>

注：1.（）内数值为抗震构造措施的抗震等级；

2. 编制依据：《抗规》6.1.2 条，丙类现浇钢筋混凝土房屋的抗震等级；

《设防分类标准》3.0.3 条，甲、乙类建筑提高一度采取抗震措施，9 度时应采取比 9 度更高要求的抗震措施；

《抗规》3.3.2 条，Ⅰ类场地，甲、乙类建筑可按本地区抗震设防烈度采取抗震构造措施；

《抗规》6.1.3 条第 4 款，当甲乙类建筑按规定提高一度确定其抗震等级而房屋的高度超过本规范中表 6.1.2 相应规定的上界时，应采取比一级更有效的抗震构造措施。

表 5–6　　甲、乙类现浇钢筋混凝土房屋的抗震等级选用表（2）：Ⅱ类场地

<table>
<tr><th colspan="3" rowspan="2">结构类型</th><th colspan="32">设防烈度</th></tr>
<tr><th colspan="6">6 度</th><th colspan="6">7 度（0.10g）</th><th colspan="6">7 度（0.15g）</th><th colspan="6">8 度（0.20g）</th><th colspan="6">8 度（0.30g）</th><th colspan="2">9 度（0.40g）</th></tr>
<tr><td rowspan="3">框架结构</td><td colspan="2">高度/m</td><td colspan="3">≤24</td><td colspan="3">>24</td><td colspan="3">≤24</td><td colspan="3">>24</td><td colspan="3">≤24</td><td colspan="3">>24</td><td colspan="3">≤24</td><td colspan="3">>24</td><td colspan="3">≤24</td><td colspan="3">>24</td><td colspan="2">≤24</td></tr>
<tr><td colspan="2">框架</td><td colspan="3">三（三）</td><td colspan="3">二（二）</td><td colspan="3">二（二）</td><td colspan="3">一（一）</td><td colspan="3">二（二）</td><td colspan="3">一（一）</td><td colspan="3">一（一）</td><td colspan="3">一（特一）</td><td colspan="3">一（一）</td><td colspan="3">一（特一）</td><td colspan="2">特一（一）</td></tr>
<tr><td colspan="2">大跨度框架</td><td colspan="6">二（二）</td><td colspan="6">一（一）</td><td colspan="6">一（一）</td><td colspan="3">一（一）</td><td colspan="3">一（特一）</td><td colspan="3">一（一）</td><td colspan="3">一（特一）</td><td colspan="2">特一（一）</td></tr>
<tr><td rowspan="3">框架—抗震墙结构</td><td colspan="2">高度/m</td><td colspan="2">≤24</td><td colspan="2">25～60</td><td colspan="2">>60</td><td colspan="2">≤24</td><td colspan="2">25～60</td><td colspan="2">>60</td><td colspan="2">≤24</td><td colspan="2">25～60</td><td colspan="2">>60</td><td colspan="2">≤24</td><td colspan="2">25～50</td><td colspan="2">>50</td><td colspan="2">≤24</td><td colspan="2">25～50</td><td colspan="2">>50</td><td>≤24</td><td>25～50</td></tr>
<tr><td colspan="2">框架</td><td colspan="2">四（四）</td><td colspan="2">三（三）</td><td colspan="2">二（二）</td><td colspan="2">三（三）</td><td colspan="2">二（二）</td><td colspan="2">一（一）</td><td colspan="2">三（三）</td><td colspan="2">二（二）</td><td colspan="2">一（一）</td><td colspan="2">二（二）</td><td colspan="2">一（一）</td><td colspan="2">一（一）</td><td colspan="2">二（二）</td><td colspan="2">一（一）</td><td colspan="2">一（一）</td><td>一（一）</td><td>一（一）</td></tr>
<tr><td colspan="2">抗震墙</td><td colspan="2">三（三）</td><td colspan="4">二（二）</td><td colspan="2">二（二）</td><td colspan="4">一（一）</td><td colspan="2">二（二）</td><td colspan="4">一（一）</td><td colspan="2">一（一）</td><td colspan="2">一（一）</td><td colspan="2">一（一）</td><td colspan="2">一（一）</td><td colspan="2">一（一）</td><td colspan="2">一（一）</td><td colspan="2">一（一）</td></tr>
<tr><td rowspan="2">抗震墙结构</td><td colspan="2">高度/m</td><td colspan="2">≤24</td><td colspan="2">25～80</td><td colspan="2">>80</td><td colspan="2">≤24</td><td colspan="2">25～80</td><td colspan="2">>80</td><td colspan="2">≤24</td><td colspan="2">25～80</td><td colspan="2">>80</td><td colspan="2">≤24</td><td colspan="2">25～60</td><td colspan="2">>60</td><td colspan="2">≤24</td><td colspan="2">25～60</td><td colspan="2">>60</td><td>≤24</td><td>25～60</td></tr>
<tr><td colspan="2">抗震墙</td><td colspan="2">四（四）</td><td colspan="2">三（三）</td><td colspan="2">二（二）</td><td colspan="2">三（三）</td><td colspan="2">二（二）</td><td colspan="2">一（一）</td><td colspan="2">三（三）</td><td colspan="2">二（二）</td><td colspan="2">一（一）</td><td colspan="2">二（二）</td><td colspan="2">一（一）</td><td colspan="2">一（一）</td><td colspan="2">二（二）</td><td colspan="2">一（一）</td><td colspan="2">一（一）</td><td>一（一）</td><td>一（一）</td></tr>
<tr><td rowspan="4">部分框支—抗震墙结构</td><td colspan="2">高度/m</td><td colspan="2">≤24</td><td colspan="2">25～80</td><td colspan="2">>80</td><td colspan="2">≤24</td><td colspan="2">25～80</td><td colspan="2">>80</td><td colspan="2">≤24</td><td colspan="2">25～80</td><td colspan="2">>80</td><td colspan="2">≤24</td><td colspan="2">25～80</td><td colspan="2" rowspan="4"></td><td colspan="2">≤24</td><td colspan="2">25～80</td><td colspan="2" rowspan="4"></td><td colspan="2" rowspan="4"></td></tr>
<tr><td rowspan="2">抗震墙</td><td>一般部位</td><td colspan="2">四（四）</td><td colspan="2">三（三）</td><td colspan="2">二（二）</td><td colspan="2">三（三）</td><td colspan="2">二（二）</td><td colspan="2">一（一）</td><td colspan="2">三（三）</td><td colspan="2">二（二）</td><td colspan="2">一（一）</td><td colspan="2">二（二）</td><td colspan="2">一（一）</td><td colspan="2">二（二）</td><td colspan="2">一（一）</td></tr>
<tr><td>加强部位</td><td colspan="2">三（三）</td><td colspan="2">二（二）</td><td colspan="2">一（一）</td><td colspan="2">二（二）</td><td colspan="2">一（一）</td><td colspan="2">一（一）</td><td colspan="2">二（二）</td><td colspan="2">一（一）</td><td colspan="2">一（一）</td><td colspan="2">一（一）</td><td colspan="2">一（一）</td><td colspan="2">一（一）</td><td colspan="2">一（一）</td></tr>
<tr><td colspan="2">框支层框架</td><td colspan="4">二（二）</td><td colspan="2">一（一）</td><td colspan="4">一（一）</td><td colspan="2">一（一）</td><td colspan="4">一（一）</td><td colspan="2">一（一）</td><td colspan="4">一（一）</td><td colspan="4">一（一）</td></tr>
<tr><td rowspan="2">框架—核心筒结构</td><td colspan="2">框架</td><td colspan="6">二（二）</td><td colspan="6">一（一）</td><td colspan="6">一（一）</td><td colspan="6">一（一）</td><td colspan="6">一（一）</td><td colspan="2">一（一）</td></tr>
<tr><td colspan="2">核心筒</td><td colspan="6">二（二）</td><td colspan="6">一（一）</td><td colspan="6">一（一）</td><td colspan="6">一（一）</td><td colspan="6">一（一）</td><td colspan="2">一（一）</td></tr>
<tr><td>筒中筒结构</td><td colspan="2">外筒
内筒</td><td colspan="6">二（二）</td><td colspan="6">一（一）</td><td colspan="6">一（一）</td><td colspan="6">一（一）</td><td colspan="6">一（一）</td><td colspan="2">一（一）</td></tr>
<tr><td rowspan="3">板柱—抗震墙结构</td><td colspan="2">高度/m</td><td colspan="3">≤35</td><td colspan="3">>35</td><td colspan="3">≤35</td><td colspan="3">>35</td><td colspan="3">≤35</td><td colspan="3">>35</td><td colspan="3">≤35</td><td colspan="3">>35</td><td colspan="3">≤35</td><td colspan="3">>35</td><td colspan="2" rowspan="3"></td></tr>
<tr><td colspan="2">框架、板柱的柱</td><td colspan="3">二（二）</td><td colspan="3">二（二）</td><td colspan="3">一（一）</td><td colspan="3">一（一）</td><td colspan="3">一（一）</td><td colspan="3">一（一）</td><td colspan="6">一（一）</td><td colspan="6">一（一）</td></tr>
<tr><td colspan="2">抗震墙</td><td colspan="3">二（二）</td><td colspan="3">一（一）</td><td colspan="3">二（二）</td><td colspan="3">一（一）</td><td colspan="3">二（二）</td><td colspan="3">一（一）</td><td colspan="3">一（一）</td><td colspan="3">一（一）</td><td colspan="3">一（一）</td><td colspan="3">一（一）</td></tr>
</table>

注：1.（）内数值为抗震构造措施的抗震等级；

2. 编制依据：《抗规》6.1.2 条，丙类现浇钢筋混凝土房屋的抗震等级；

《设防分类标准》3.0.3 条，甲、乙类建筑提高一度采取抗震措施，9 度时应采取比 9 度更高要求的抗震措施；

《抗规》6.1.3 条第 4 款，当甲乙类建筑按规定提高一度确定其抗震等级而房屋的高度超过本规范中表 6.1.2 相应规定的上界时，应采取比一级更有效的抗震构造措施。

表 5–7　　甲、乙类现浇钢筋混凝土房屋的抗震等级选用表（3）：Ⅲ、Ⅳ类场地

结构类型		6度		7度（0.10g）		7度（0.15g）		8度（0.20g）		8度（0.30g）		9度（0.40g）
框架结构	高度/m	≤24	>24	≤24	>24	≤24	>24	≤24	>24	≤24	>24	≤24
	框架	三（三）	二（二）	二（二）	一（一）	二（一）	一（一）	一（一）	一（一）	一（一）	一（一）	一（一）
	大跨度框架	二（二）		一（一）		一（一）		一（一）		一（一）		一（一）

结构类型		6度			7度（0.10g）			7度（0.15g）			8度（0.20g）			8度（0.30g）			9度（0.40g）	
框架—抗震墙结构	高度/m	≤24	25～60	>60	≤24	25～60	>60	≤24	25～60	>60	≤24	25～50	>50	≤24	25～50	>50	≤24	25～50
	框架	四（四）	三（三）	二（二）	三（三）	二（二）	一（一）	三（二）	二（一）	一（一）	二（二）	一（一）	一（一）	二（一）	一（一）	一（一）	一（一）	一（一）
	抗震墙	三（三）	二（二）		二（二）	一（一）		二（一）	一（一）		二（二）	一（一）	一（一）	一（一）	一（一）	一（一）	一（一）	
抗震墙结构	高度/m	≤24	25～80	>80	≤24	25～80	>80	≤24	25～80	>80	≤24	25～60	>60	≤24	25～60	>60	≤24	25～60
	抗震墙	四（四）	三（三）	二（二）	三（三）	二（二）	一（一）	三（二）	二（一）	一（一）	二（二）	一（一）	一（一）	二（一）	一（一）	一（一）	一（一）	一（一）
部分框支—抗震墙结构	高度/m	≤24	25～80	>80	≤24	25～80	>80	≤24	25～80	>80	≤24	25～80		≤24	25～80			
	抗震墙 一般部位	四（四）	三（三）	二（二）	三（三）	二（二）	一（一）	三（二）	二（一）	一（一）	二（二）	一（一）		二（一）	一（一）			
	抗震墙 加强部位	三（三）	二（二）	一（一）	二（二）	一（一）	一（一）	二（一）	一（一）	一（一）	一（一）	一（一）		一（一）	一（一）			
	框支层框架	二（二）		一（一）	一（一）		一（一）	一（一）		一（一）	一（一）			一（一）				

结构类型		6度	7度（0.10g）	7度（0.15g）	8度（0.20g）	8度（0.30g）	9度（0.40g）
框架—核心筒结构	框架	二（二）	一（一）	一（一）	一（一）	一（一）	一（一）
	核心筒	二（二）	一（一）	一（一）	一（一）	一（一）	一（一）
筒中筒结构	外筒 内筒	二（二）	一（一）	一（一）	一（一）	一（一）	一（一）

结构类型		6度		7度（0.10g）		7度（0.15g）		8度（0.20g）		8度（0.30g）		9度（0.40g）
板柱—抗震墙结构	高度/m	≤35	>35	≤35	>35	≤35	>35	≤35	>35	≤35	>35	
	框架、板柱的柱	二（二）	二（二）	一（一）	一（一）	一（一）	一（一）	一（一）		一（一）		
	抗震墙	二（二）	一（一）	二（二）	一（一）	二（一）	一（一）	一（一）	一（一）	一（一）	一（一）	

注：1.（）内数值为抗震构造措施的抗震等级；

2. 编制依据：《抗规》6.1.2 条，丙类现浇钢筋混凝土房屋的抗震等级；

《设防分类标准》3.0.3 条，甲、乙类建筑提高一度采取抗震措施；

《抗规》3.3.3 条，7 度（0.15g）和 8 度（0.30g）Ⅲ、Ⅳ类场地时，应分别按 8 度和 9 度采取抗震构造措施。

5.3　剪力墙结构中含有“少量柱”时，此时的结构体系与抗震等级如何合理确定

对于这样的问题，作者认为应该分以下两种情况讨论：

（1）当“少量柱”不影响剪力墙结构的动力变形特性时，仍按剪力墙结构体系确定柱的抗震等级。

（2）当“少量柱”实际并不少，从而改变了剪力墙变形特性时，就应按框架—剪力墙结构体系分别确定剪力墙及框架柱的抗震等级。

5.4　带转换层高层建筑结构的抗震等级如何合理确定

在高层建筑结构的底部，当上部楼层部分竖向构件（剪力墙、框架柱）不能直接连续贯通落地时，应设置结构转换层，形成带转换层的高层建筑结构。《规范》对带托墙转换层的剪力墙结构（部分框支剪力墙结构）及带托柱转换层的筒体结构的设计作出规定。对于带转换层的高层建筑结构的抗震等级，应按表 5–8 采用。

表 5–8　　带转换层高层建筑结构的抗震等级

<table>
<tr><td colspan="2" rowspan="2">结构类型</td><td colspan="8">抗震设防烈度</td></tr>
<tr><td colspan="3">6</td><td colspan="3">7</td><td colspan="2">8</td></tr>
<tr><td colspan="2">高度/m</td><td>≤80</td><td>80～120</td><td>120～140</td><td>≤80</td><td>80～100</td><td>100～120</td><td>≤80</td><td>80～100</td></tr>
<tr><td rowspan="4">抗震墙部分框支</td><td>框支框架</td><td>二</td><td>二</td><td>一</td><td>二</td><td>一</td><td>特一</td><td>一</td><td>特一</td></tr>
<tr><td>非框支框架</td><td>三</td><td>三</td><td>二</td><td>二</td><td>二</td><td>一</td><td>二</td><td>一</td></tr>
<tr><td>底部加强部位抗震墙</td><td>三</td><td>二</td><td>一</td><td>二</td><td>二</td><td>一</td><td>一</td><td>特一</td></tr>
<tr><td>非底部加强部位抗震墙</td><td>四</td><td>三</td><td>二</td><td>三</td><td>二</td><td>一</td><td>二</td><td>一</td></tr>
</table>

注：1. 框支框架是指框支梁及相连框支柱；其他不含框支梁的框架（框架梁）为非框支框架。

2. 框支柱高度为框支层至基础顶面（无地下室）或至嵌固端（有地下室）。

3. 部分框支抗震墙结构中，当转换层位置在 3 层及 3 层以上时，框支柱、落地抗震墙底部加强部位的抗震等级宜按上表规定提高一级采用，已经为特一级时可以不再提高。

4. 本表适合于不落地剪力墙面积超过同层剪力墙面积 10%的部分框支转换结构，对于不落地剪力墙面积少于总面积 10%以下的转换结构，由于不属于部分框支转换结构，所以整体抗震等级仍然可按剪力墙结构确定，但对于转换梁及框支柱均需要按转换构件进行加强处理。

【知识点拓展】

关于部分框支抗震墙的补充说明。

（1）何为部分框支转换结构？《抗规》6.1.1 条：注 3，部分框支抗震墙是指首层或底部两层为框支层的结构；不包括仅个别墙不落地的情况。也不包括地下结构转换，注意：《规范》并没有说明地下顶板是否能作为嵌固部位的问题。

仅有个别墙体不落地，例如不落地墙的面积不大于总墙截面面积的10%，只要框支部分设计合理且不致加大扭转不规则，仍可视为抗震墙结构。

《广东高规》：托柱转换时，转换20%以上时称为转换结构，《国标规范》对于托柱转换没有明确。

（2）《高规》3.3.1条：部分框支剪力墙指地面以上有部分框支剪力墙的剪力墙结构；仅有个别墙体不落地，只要框支部分的设计安全合理，其适应的最大高度可按一般剪力墙结构确定。

（3）《高规》10.2.5条：部分框支剪力墙结构在地面以上设置转换层的位置，8度不宜超过3层；7度不宜超过5层；6度可适当提高；广东省6度不宜超7层，内蒙古自治区6度不宜超过6层。

注意：托柱转换层结构的转换位置不受限制。

（4）不管是《抗规》的“框支层”还是《高规》的“框支框架”，均是指“从嵌固端到框支梁顶面范围内的各层框架梁柱”。

《高规》术语：转换层是指设置转换构件的楼层，包括水平结构构件及其以下的竖向结构构件。

（5）另外《高规》10.2.6条同时规定，当转换层在3层或3层以上时，其框支柱、剪力墙底部加强部位的抗震等级还宜提高一级对待（抗震构造措施的抗震等级）。注意：没有讲框支梁、框架梁提高抗震等级的问题。

（6）《广东高规》高位托柱转换层结构的转换梁及转换层以下二层的转换柱的抗震等级按相应上部结构提高一级采用。

（7）《广东高规》转换层设于地下室顶板或地下层时，该层楼板构造应满足一般转换层楼板的要求，但结构可按一般框架—剪力墙、剪力墙或筒体结构控制最大适用高度及采取相应的抗震措施。

5.5 带加强层高层建筑结构的抗震等级合理选取问题

当框架—核心筒、筒中筒结构的侧向刚度不能满足要求时，通常利用建筑避难层、设备层空间，设置适宜刚度的水平伸臂构件，形成带加强层的高层建筑结构。必要时，加强层也可同时设置周边水平环带构件。水平伸臂构件、周边环带构件可采用斜腹杆桁架、实体梁、箱形梁、空腹桁架等形式。带加强层高层建筑结构的抗震等级应按表5–9确定。

表5–9　带加强层高层建筑结构的抗震等级

结构类型		抗震设防烈度								
		6			7			8		
非加强层区间	高度/m	≤80	80～150	150～210	≤80	80～130	130～180	≤80	80～100	100～140
	核心筒	二	二	二	二	二	一	一	一	特一
	框架	三	三	二	二	二	一	一	一	一
加强层区间	核心筒	一	一	一	一	一	特一	特一	特一	特一
	框架	二	二	一	一	一	一	一	一	一
	水平外伸构件	二	二	一	一	一	一	一	一	一
	水平环带构件	二	二	一	一	一	一	一	一	一

注：加强区间指加强层及其相邻各一层的竖向范围。

5.6　多层剪力墙结构抗震等级如何确定

目前工程界采用多层剪力墙结构的情况越来越多，但《抗规》给出的抗震等级并没有很清楚地区分多层与高层建筑，这就给设计人员带来不便，为此作者参考相关资料及工程经验汇总出多层剪力墙结构的抗震等级（见表 5–10）供设计人员参考使用。

表 5–10　　多层剪力墙结构抗震等级

设防烈度			6 度	7 度		8 度		9 度
建筑类型	建筑高度	场地类别	0.05g	0.10g	0.15g	0.20g	0.30g	0.40g
丙类建筑	非住宅 ≤24m	I	四	四	四	三（四）	三（四）	二（三）
		II	四	四	四	三	三	二
		III\IV	四	四	四（三）	三	三（二）	二
	住宅类 25m≤H≤80m	I	四	三（四）	三（四）	二（三）	二（三）	一（二）
		II	四	三	三	二	二	一
		III\IV	四	三	三（二）	二	二（一）	一
乙类建筑	≤24m	I	四	三（四）	三（四）	二（三）	二（三）	一（二）
		II	四	三	三	二	二	一
		III\IV	四	三	三（二）	二	二（一）	一

注：表中括号内抗震等级仅用于按其采用抗震构造措施的抗震等级；表栏中无括号的抗震等级表示抗震措施与抗震构造措施的抗震等级一致。

5.7　如何界定大跨度框架结构及其抗震等级？如何加强抗震设计

所谓大跨度框架，按《规范》规定指的就是跨度不小于 18m 的框架。与普通框架（跨度小于 18m）相比，大跨度框架的特点是：跨度大、荷载重、横梁刚度大（截面高度大），地震破坏时多以柱端出现塑性铰模式为主。因此，《规范》规定大跨度框架的抗震等级较普通框架稍高。

大家需要注意的是，此处的框架指的是结构构件，不是结构体系。当框架结构中存在跨度≥18m 的框架（构件）时，就应注意采取加强措施。实际操作时，可结合具体工程情况，提高一级采取抗震措施或抗震构造措施。

比如框架结构顶层，由于建筑功能需求，采取单跨框架以获得较大的空间，这种情况经常遇到，首先说明“该结构不属于单跨框架结构”。但与单跨框架相关的柱（大跨柱相邻下一层）和屋面梁均需采取加强措施，同时，若顶层框架跨度大于 18m，则相关框架尚应按《抗规》6.1.2 条的大跨度框架确定抗震等级（图 5–1）。

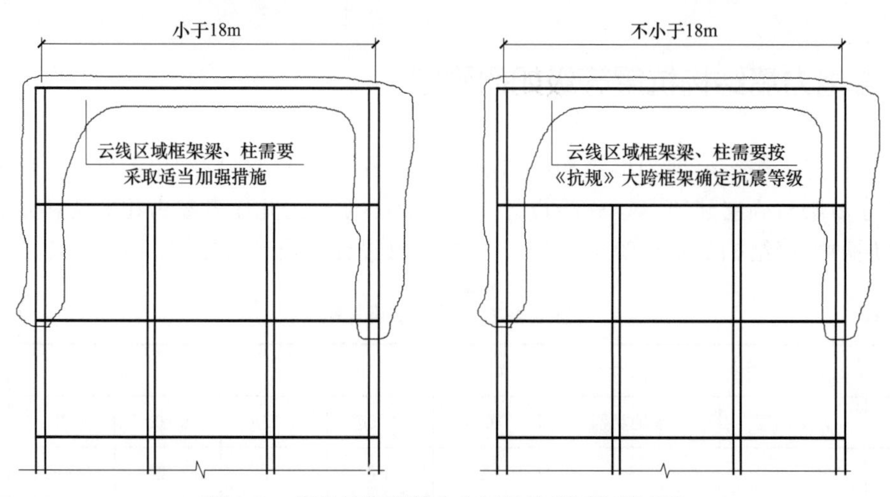

图 5–1　框架结构顶层大空间结构需要加强部位

【知识点拓展】

有设计师问，《抗规》6.1.2 条中大跨度框架是指“跨度不小于 18m 的框架”，如果屋面采用刚架梁、网架等结构形式，跨度大于 18m，而周边跨度均为小跨度，是否属于大跨度结构?

作者认为：仅屋面采用刚架梁、网架等，跨度大于 18m，而周边跨度均为小跨度（小于 18m）的情况，则属于大跨屋盖建筑范畴，应按《抗规》10.2 节的相关要求进行设计，不应界定为大跨框架。

5.8　高度不超过 60m 的框架—核心筒结构为何可以适当放松抗震等级

与普通的框架—抗震墙结构相比，框架—核心筒结构具有如下优点：在建筑布局上，可以将所有服务性用房和公用设施集中布置于楼层平面的中心部位，办公用房布置在外围，可充分有效地利用建筑面积；在力学性能上，由于核心筒是一个空间立体构件，具有很大的抗推刚度和强度，可以作为高层建筑的主要抗侧力构件，承担绝大部分水平地震作用。因此，框架—核心筒结构一般用于较高（大于 60m）的高层甚至超高层建筑，《抗规》及相关的规范规程也未按高度进行抗震等级的划分;但考虑高层建筑的安全性，与框架—抗震墙结构相比，相应构件的设计要求有所提高。

但对于高度不超过 60m 的一般高层建筑，当采用空间力学性能相对较好的框架—核心筒结构时，可以按照框架—抗震墙体系来确定相应构件的抗震等级。

5.9　如何正确理解和掌握裙房抗震等级不低于主楼的抗震等级问题? 用工程案例说明遇有特殊情况如何确定

高层建筑往往带有裙房，有时裙房的平面面积较大，设计时，裙房与主楼在结构上可以完全设缝分开，也可以不设缝连为整体。《规范》规定：裙房与主楼相连，除应按裙房本身确定抗震等级外，设计时不应低于主楼的抗震等级；主楼结构在裙房顶层及相邻上下各一层应适当加强抗震构造措施。裙房与主楼分离时，应按裙房本身确定其抗震等级。

当主楼与裙房相连时，可能会遇到以下几种情况。

主楼为部分框支—抗震墙（剪力墙）结构体系时，其框支层框架应按部分抗震墙结构确定抗震等级，裙房仍可按框架—抗震墙体系确定抗震等级。此时，裙房中与主楼框支层框架直接相连的非框支框架，当其抗震等级低于主楼框支层框架的抗震等级时，则应适当加强抗震构造措施。

【工程案例 1】

部分框支—抗震墙结构的裙房抗震等级合理选取。

某 7 度区（0.10g），钢筋混凝土高层房屋，标准设防“丙类”建筑，主楼为部分框支抗震墙结构，沿主楼周边外扩 2 跨为裙房，裙房采用框架体系，主楼高度为 100m，裙房屋面标高为 24m（图 5–2）。依据上述信息，确定裙房部分的抗震等级。注：经对转换墙体面积判断该结构属于部分框支抗震墙结构。

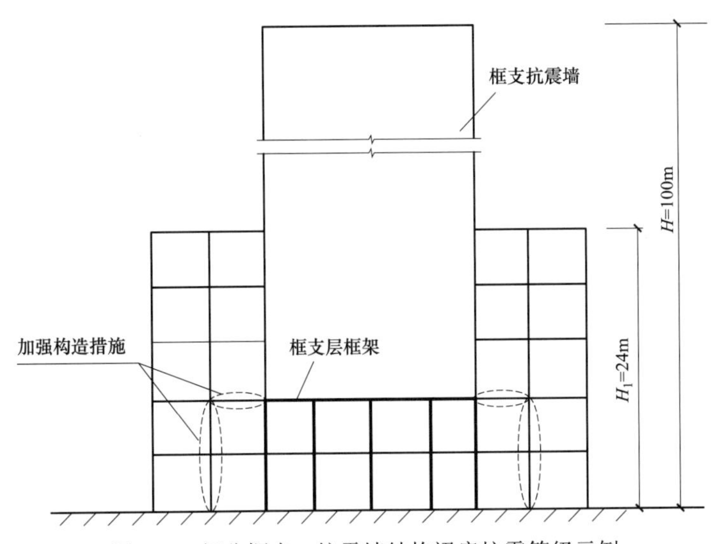

图 5–2　部分框支—抗震墙结构裙房抗震等级示例

【解析过程】

按《抗规》的规定，当主楼为部分框支—抗震墙结构体系时，其框支层框架应按部分框支抗震墙结构确定抗震等级，裙楼可按框架—抗震墙体系确定抗震等级。此时，裙楼中与主楼框支层框架直接相连的非框支框架，当其抗震等级低于主楼框支层框架的抗震等级时，则应适当加强抗震构造措施。

（1）相关范围认定：本工程裙房为主楼周边外扩 2 跨，小于 3 跨而设计建造的，应按相关范围内的相关规定确定抗震等级。

（2）框支层框架的抗震等级：按 7 度 100m 高的部分框支抗震墙结构确定，经查《抗规》中表 6.1.2，抗震等级应为一级。

（3）裙房抗震等级：按裙房本身确定，按 7 度 24m 高的框架—抗震墙的框架确定，查《抗规》中 6.1.2 表，抗震等级为四级；按主楼确定，按 7 度 100m 高的框架—抗震墙结构的框架确定，查《抗规》中表 6.1.2，抗震等级为二级。

【认定结论】综上所述，裙房的抗震等级应为二级，低于主楼框支层框架的抗震等级，因此，与主楼框支层框架直接相连的裙房框架，应适当加强抗震构造措施（见图 5–2）。

【工程案例 2】

剪力墙结构的裙房抗震等级如何合理确定？

某 7 度区（0.10g），钢筋混凝土高层房屋，抗震设防标准为“丙类”建筑，主楼为抗震墙结构，沿主楼周边外扩 2 跨为裙房，裙房采用框架体系，主楼高度为 74m，裙房屋面标高为 24.4m。依据上述信息，确定房屋各部分的抗震等级（图 5–3）。

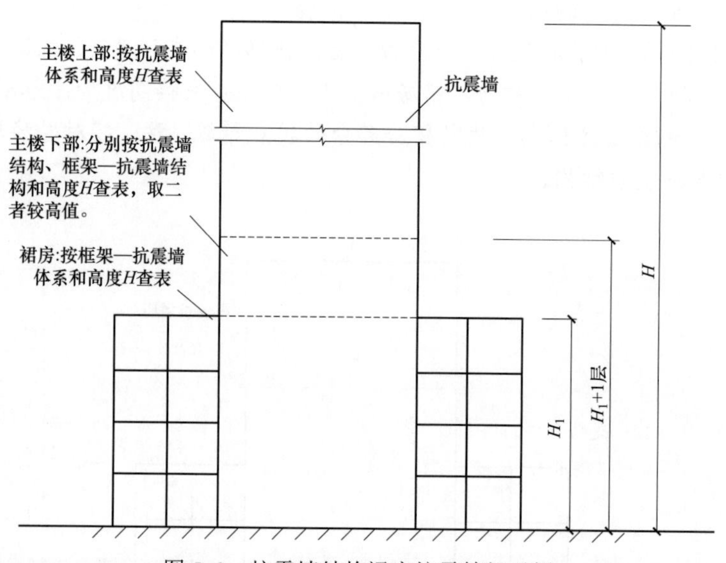

图 5–3　抗震墙结构裙房抗震等级示例

【解析过程】

裙房为纯框架结构且楼层面积不超过同层主楼面积，主楼为抗震墙结构。此时裙楼框架的地震作用可能大部分由主楼的抗震墙承担，其抗震等级不应低于整个结构按框架—抗震墙结构体系和主楼高度确定的框架部分的抗震等级；主楼抗震墙的抗震等级，上部的墙体按总高度的抗震墙结构确定抗震等级；而主楼下部（高度范围至裙房顶以上一层）的抗震墙，抗震等级可按主楼高度的框架—抗震墙结构和主楼高度的抗震墙结构二者的较高等级确定（图 5–3）。

（1）相关范围认定：本工程裙房为主楼周边外扩 2 跨，小于 3 跨设计而建的，应按相关范围内的相关规定确定抗震等级。

（2）裙房抗震等级：按裙房本身确定，按 7 度 24.4m 高的框架—抗震墙的框架确定，查《抗规》表 6.1.2，抗震等级为四级；按主楼确定，按 7 度 74m 高的框架—抗震墙的框架确定，查《抗规》表 6.1.2，抗震等级为二级；综上所述，裙房的抗震等级应为二级。

（3）主楼墙体的抗震等级。上部：裙房顶一层以上，按 7 度 74m 高的抗震墙结构确定，查《抗规》表 6.1.2，抗震等级为三级。

下部：裙房顶一层以下，

按 7 度 74m 高的抗震墙结构确定，查《抗规》表 6.1.2，抗震等级为三级；

按 7 度 74m 高框架—抗震墙结构中的抗震墙确定，查《抗规》表 6.1.2，抗震等级为二级；

综上所述，主楼下部墙体的抗震等级应为二级。

【工程案例 3】

抗震设防类别为乙类裙房的抗震等级。

某 7 度区（0.10g）钢筋混凝土高层建筑，主楼为办公用房，采用框架—核心筒结构，高 120m。主楼两侧为裙房，地下一层，地上四层，功能为购物中心，裙房部分建筑面积约为 18 000m^2，采用框架—抗震墙结构，裙房屋面标高为 20m，裙房部分柱距为 8m。如图 5–4 所示为该建筑的剖面简图，依据上述信息，确定房屋各部分的抗震等级。

【解析过程】

裙房为框架—抗震墙结构，人流密集，且面积较大，属于乙类建筑，设计时地震作用主要由裙房自身承担，主楼为丙类建筑。裙房的抗震等级，相关范围以外，按框架—抗震墙结构、裙房高度和乙类建筑查表；相关范围以内，按框架—抗震墙结构、裙房高度、乙类建筑查表，或按框架—抗震墙结构、主楼高度、丙类建筑查表，取二者的较高等级。

（1）相关范围认定：本工程裙房面积较大，取主楼周边 3 跨（计 24m）作为裙房的相关范围。

（2）抗震设防类别认定：主楼，一般的办公用房，应为标准设防类，即丙类；

裙房，商业用房，且建筑面积达 18 000m^2，按《设防分类标准》规定，属于重点设防类，即乙类。

（3）主楼抗震等级认定：7 度、钢筋混凝土框架—核心筒结构、120m，丙类查《抗规》中表 6.1.2，框架抗震等级二级，核心筒抗震等级为二级。

（4）裙房抗震等级认定：相关范围以外按 7 度、框架—抗震墙结构、20m，乙类查表得，框架抗震等级为三级，抗震墙抗震等级为二级。相关范围以内，按裙房本身确定，7 度、20m 乙类框架—抗震墙结构经查表，框架抗震等级为三级，抗震墙抗震等级为二级；按主楼确定，按 7 度、120m 丙类框架—抗震墙的框架查表得，框架为二级，抗震墙为二级。

综上所述，裙房相关范围以内的抗震等级，框架为二级，抗震墙为二级。

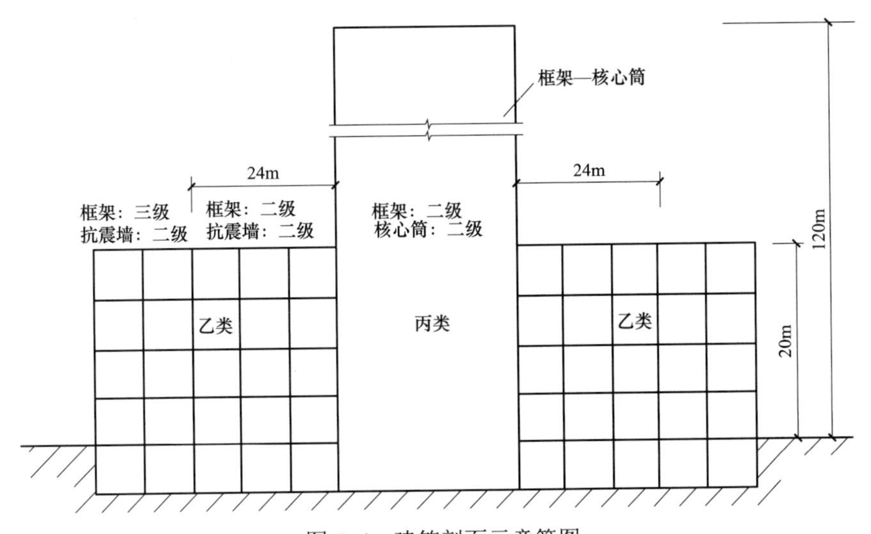

图 5–4　建筑剖面示意简图

【工程案例 4】

抗震设防类别为乙类裙房的抗震等级。

某 7 度区钢筋混凝土高层建筑，主楼高 120m，采用框架—核心筒结构。主楼两侧为 20m 高的四层裙房，采用框架—抗震墙结构。主楼底部四层及裙房（包括一层地下室）用作多层商场，商场部分建筑面积约为 18 000m^2，裙房柱距为 8m，主楼 5 层及以上部分用作综合办公。如图 5–5 所示为该建筑的剖面简图，依据上述信息，确定房屋各部分的抗震等级。

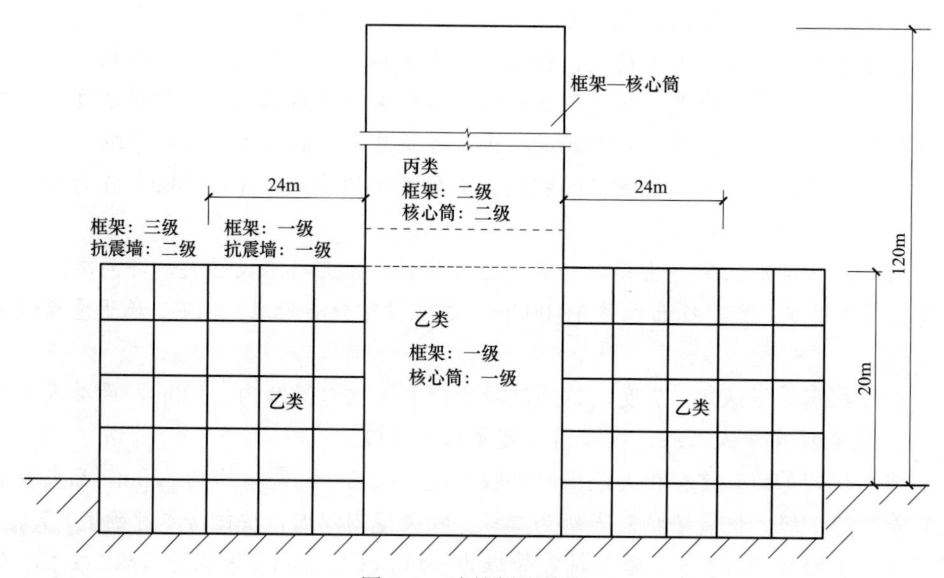

图 5–5　建筑剖面简图

【解析过程】

裙房及主楼下部为人流密集区域，且面积较大，属于乙类设防，主楼上部主要作为办公用房，属于丙类设防。裙房的抗震等级，相关范围以外，按框架—抗震墙结构、裙房高度和乙类建筑查表可得；相关范围以内，按框架—抗震墙结构、主楼高度、乙类建筑查表可得。主楼的抗震等级，下部区域（裙房顶上一层以下）按框架—核心筒抗震墙结构、主楼高度、乙类建筑查表得；上部区域，按框架—核心筒抗震墙结构、主楼高度、丙类建筑查表得。

（1）相关范围认定：本工程裙房面积较大，取主楼周边 3 跨（计 24m）作为裙房的相关范围。

（2）抗震设防类别认定：主楼上部一般的办公用房，应按标准设防即丙类考虑；主楼上部及裙房，商业用房，且建筑面积达 18 000m^2，按《建筑工程抗震设防分类标准》（GB 50223—2008）规定，属于重点设防类，即乙类。

（3）主楼抗震等级认定。上部区域（5 层以上）：按 7 度、框架—核心筒结构、120m，丙类查表得，框架为二级，核心筒为二级；下部区域（5 层及以下）：按 7 度、框架—核心筒结构、120m，乙类查表可得，框架为一级，核心筒为一级。

（4）裙房抗震等级认定。相关范围以外：按 7 度、框架—抗震墙结构、20m，乙类查表可得，框架为三级，抗震墙为二级；相关范围以内：按裙房本身确定，7 度、20m 乙类框架—抗震墙结构查表可得，框架为三级，抗震墙为二级；按主楼确定，按 7 度、120m 乙类框架—抗震墙的框架查表可得，框架为一级，抗震墙为一级。

综上所述，裙房相关范围以内的抗震等级，框架为一级，抗震墙为一级。

5.10　几本新《规范》对地下一层的抗震等级认定差异有哪些？设计如何执行

当主楼地下一层与其以外建筑部分地下室一层为整体时地下室中无上部结构的地下室的抗震等级，《抗规》和《高规》的提法是不一样的。

（1）《高规》3.9.5 条：抗震设计的高层建筑，当地下室顶板作为上部结构的嵌固端时，地下一层“相关范围”的抗震等级应按上部结构采用，地下一层以下抗震构造措施的抗震等级可逐层降低一级，但不应低于四级（图 5–6）；地下室中超出上部主楼“相关范围”且无上部结构的部分，其抗震等级可根据具体情况采用三级或四级。

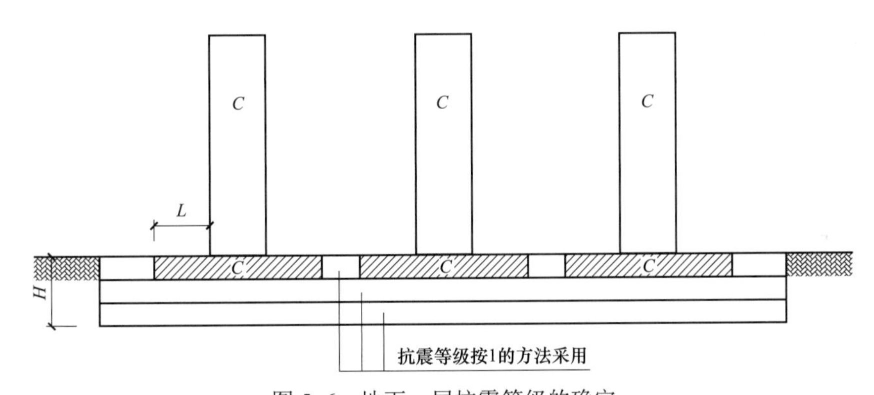

图 5–6　地下一层抗震等级的确定

C—表示抗震等级；*L*—表示相关范围（一般取 1～2 跨）；*H*—地下结构埋深

1）带地下室的高层建筑，当地下室顶板作为上部结构的嵌固端时，地震作用下结构的屈服部位将发生在地上楼层，同时将影响到地下一层；地面以下楼层的地震影响逐渐减小。因此规定地下一层的抗震等级不能降低，而地下一层以下不要求计算地震作用，其抗震构造措施的抗震等级可逐层降低，一层相关范围的抗震等级应按上部结构采用，地下一层“相关范围”一般取主楼周边外延 1～2 跨地下室范围。

2）工程实际中“相关范围”到底是取 1 跨还是取 2 跨的问题，作者建议可以依据地下结构的抗侧刚度大小来区分，地下结构抗侧刚度大就取 2 跨，抗侧刚度小就可取 1 跨。

（2）《抗规》6.1.3–3 条：当地下室顶板作为上部结构嵌固部位时，地下一层的抗震等级应与上部结构相同，地下一层以下抗震构造措施的抗震等级可逐层降低一级，但不应低于四级。地下室中无上部结构的部分，其抗震等级可根据具体情况采用三级或四级。

1）由《抗规》正文，地下一层没有提及“相关范围”，那么有人就认为，地下一层（全部）的抗震等级就应与上部结构相同。其实不然，大家可以看《抗规》条文说明图 11 即下图 5–7 示意。由图 5–7 可以看出《抗规》仅要求主楼范围的地下一层抗震等级同主楼。

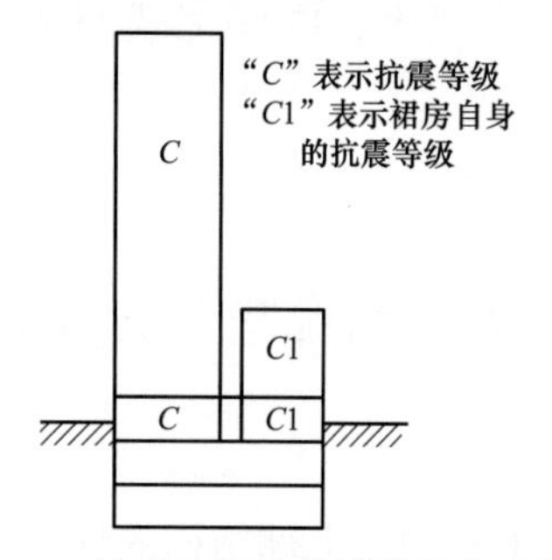

图 5-7 地下结构及带缝结构抗震等级

2）作者认为《抗规》的这个做法只有在地下顶板能够完全嵌固地上结构（嵌固端既无水平位移又无转角）的情况下是可以的；但我们知道地下结构的顶板很难做到这点，所以作者认为还是应该考虑"相关范围"的影响问题。

（3）《砼规》11.1.4–3 条的提法和《抗规》是一致的。但条文说明中并没有附图，这就更容易使设计人员理解为全部地下一层。

（4）《广东高规》3.9.5 条：抗震设计的高层建筑，地下一层"相关范围"的抗震等级应按上部结构采用，地下一层以下抗震构造措施的抗震等级可逐层降低一级，但不应低于四级；地下室中超出上部主楼"相关范围"且无上部结构的部分，其抗震等级可根据具体情况采用三级或四级。

1）高层建筑设置地下室对结构抗震有利，部分或大部分的地震水平剪力由地下室外墙的土压力平衡，地下结构中的竖向构件（柱、剪力墙）承担的水平剪力大为减少，这一事实与结构计算嵌固端设于地下室顶板或基础底无关。因此，地下二层及以下的结构抗震等级可适当放松。

2）注意《广东高规》与国标《高规》是有差异的，《广东高规》认为无论地下一层顶板能否嵌固地上结构，都应将地下一层"相关范围"的抗震等级取与主体一致。

3）作者认为《广东高规》的说法也有不妥之处。作者结合国标《高规》与《广东高规》认为应该这样理解：如果地下一层顶板能够嵌固上部结构，那么仅地下一层"相关范围"的抗震等级不应低于上部主楼的抗震等级；如果地下一层顶板不能嵌固地上结构，而地下二层顶板可以作为主楼的嵌固部位，那么这个时候就应该是地下一层的"相关范围"及地下二层的"相关范围"的抗震等级应与上部主楼一致；以此类推，直到当结构只能取基础顶作为嵌固端时，那么此时地下结构的各层"相关范围"的抗震等级均应与主楼一致，如图 5–8 所示。

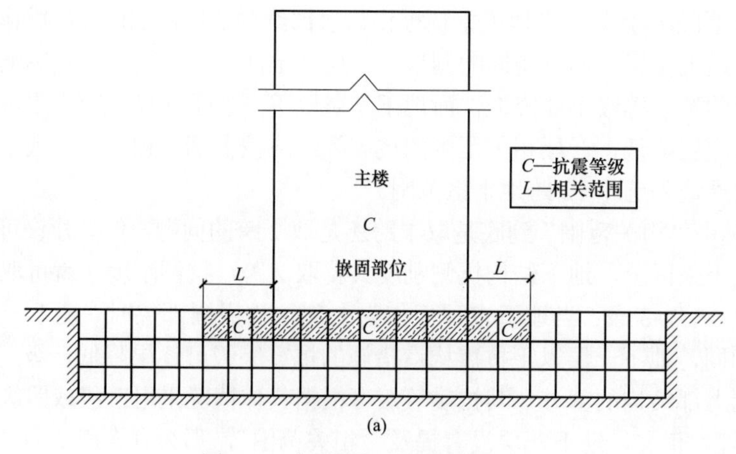

图 5–8 嵌固端的不同位置（一）

（a）嵌固端在地下一层顶板时

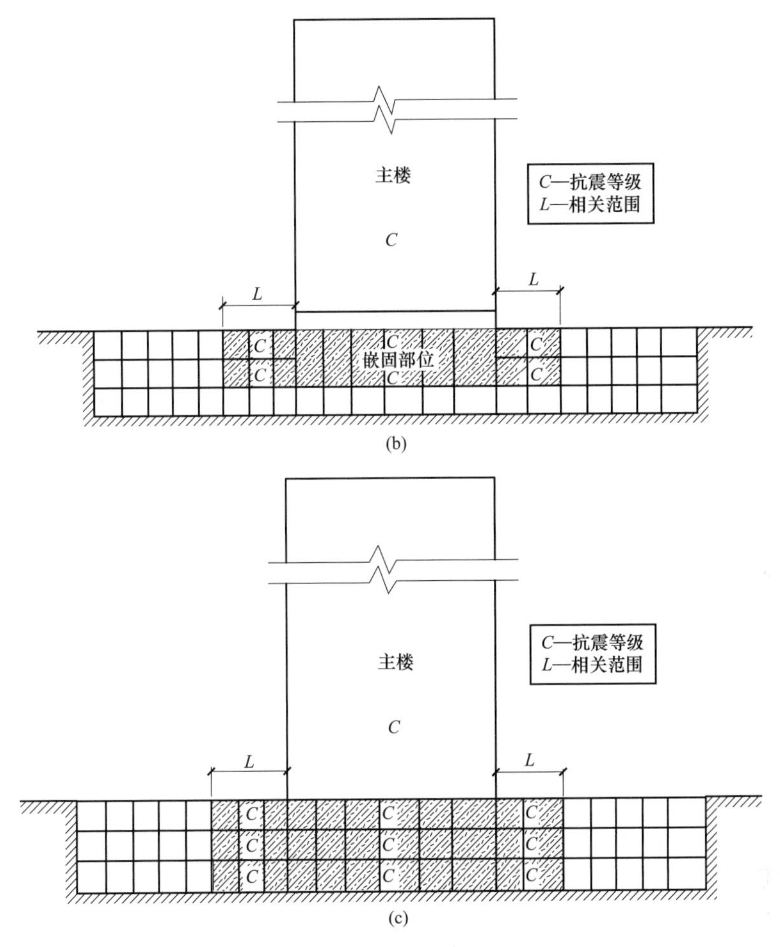

图 5–8　嵌固端的不同位置（二）

（b）嵌固端在地下二层顶板时；（c）嵌固端在基础顶板时

（5）针对以上几本规范不一致的问题，作者建议：高层建筑应执行《高规》，这样做是偏于安全的；多层建筑可以按《抗规》执行。

5.11　几本新《规范》对带有裙房结构抗震等级认定差异有哪些？设计如何把握

（1）《高规》3.9.6 条：抗震设计时，与主楼连为整体的裙房的抗震等级，除应按裙房本身确定外，“相关范围”不应低于主楼的抗震等级；主楼结构在裙房顶板上、下各一层应适当加强抗震构造措施。裙房与主楼分离时，应按裙房本身确定抗震等级，如图 5–9 所示。

注意：这里的“相关范围”是指不少于裙房 3 跨范围。

（2）《抗规》6.1.3–2 条：裙房与主楼相连，除应按裙房本身确定抗震等级外，“相关范围”不应低于主楼的抗震等级；主楼结构在裙房顶板对应的相临上、下各一层应适当加强抗震构造措施。裙房与主楼分离时，应按裙房本身确定抗震等级，如图 5–10 所示。

（3）《砼规》11.1.4–2 条与《高规》说法完全一致。

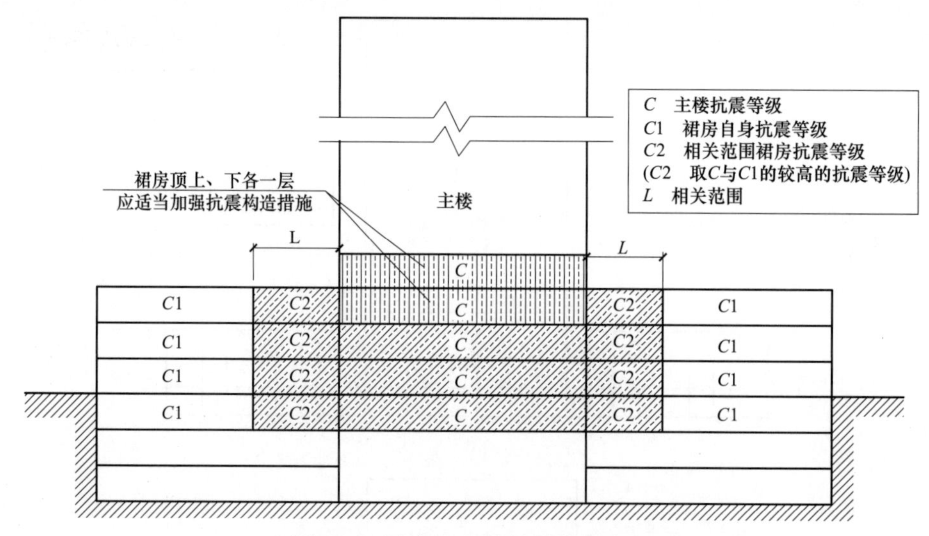

图 5-9 《高规》裙房抗震等级确定

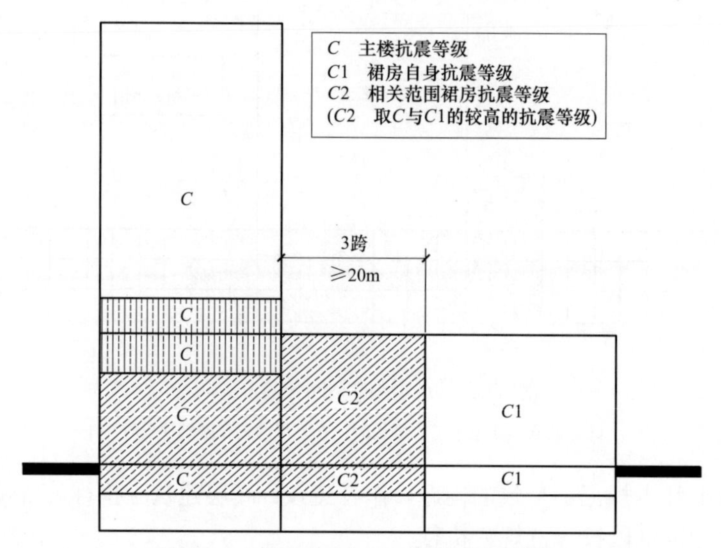

图 5-10 《抗规》裙房相关范围抗震等级

【知识点拓展】

（1）注意《高规》《抗规》《砼规》在“相关范围”界定上不一致：《高规》及《砼规》是指不少于 3 跨；《抗规》是指取 3 跨，且大于等于 20m。

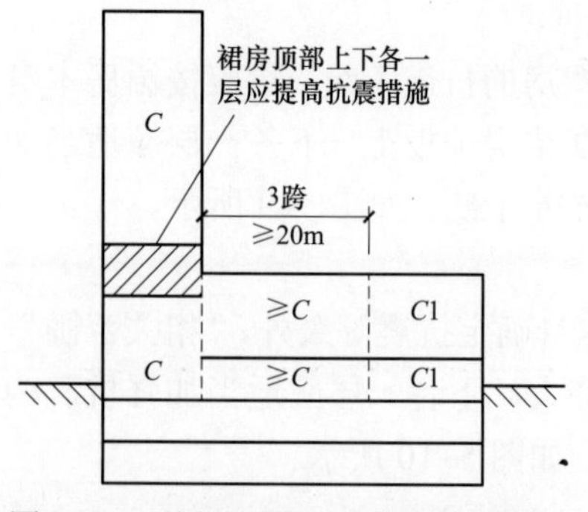

图 5-11 《抗规》图 11 及培训教材图 8.1

（2）《抗规》6.1.3-2 条文说明中图 11 及《建筑抗震设计规范》（GB 50011—2010）统一培训教材中图 8.1 即均采用如图 5-11 的示意图，是错误的。这个图中要求裙房顶部上下各一层应提高“抗震措施”是不对的，应提高“抗震构造措施”。

（3）裙房与主楼相连时，主楼在裙楼屋顶上下各一层受刚度和承载力突变影响较大，为此《规范》要求抗震构造措施应适当加强。裙房即使与主楼设置抗震缝，由于在大震作用下也可能发生碰撞，该部位也需要采取加强措施。裙房偏置时，其端部有较大的扭转效应，也需要加强抗震措施。

5.12　几本新《规范》对主楼带有裙房时加强区高度的认定有哪些异同？设计如何把握

（1）《抗规》6.1.10 条文说明提到，主楼与裙房顶对应的相邻上下层需要加强。此时，加强部位的高度也可以延伸至裙房以上一层。

（2）《高规》7.1.4–2 条指定底部加强部位高度可取底部两层和墙体总高度的 1/10 中二者的较大值。

（3）高度不超过 24m 的多层建筑，其底部加强部位可取底部一层。

（4）《砼规》对此没有做任何规定。

（5）《抗规》与《高规》都明确说明主楼结构在裙房顶板对应的相邻上下各一层应适当加强抗震构造措施。

注意：这点原《规范》是要求适当加强“抗震措施”，这次适当放松改为“适当加强抗震构造措施”。另外注意新《规范》在条文说明中的附图仍然用的是原《规范》的附图，是不正确的，如图 5–12 所示。

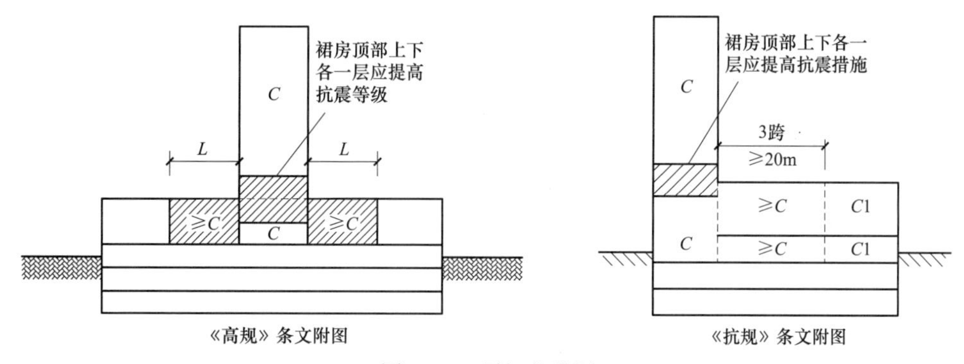

图 5–12　原规范附图

注：以上附图中“抗震措施或抗震等级”均是不合适的，应改为“适当提高抗震构造措施”。

【知识点拓展】

（1）《抗规》（2008 版）6.1.10 条文说明中提到，裙房与主楼相连时，抗震加强范围宜高出裙房至少一层，《抗规》（2010 版）删除此条，改为也可以延伸至裙房以上一层，其修订背景在条文说明中没有阐述。有专家提到，有裙房时，主楼加强部位的高度应至少延伸至裙房以上一层，以上规定不是很一致，执行起来不好把握，加强部位要不要高出裙房顶一层，各地区可能会有不同的理解，这就会与审图者产生争议。作者认为应该结合工程情况综合考虑，当主楼层数较多，而裙房层数较少时，按《抗规》执行比较合理，“较多”和“较少”由设计人员根据具体工程情况而定。

（2）SATWE 在确定剪力墙底部加强部位高度时，总是将裙房以上一层作为加强区高度判定的一个条件，如果不需要，直接将裙房层数填为零即可。裙房层数在 SATWE 软件中仅用作底部加强区高度的判断，《规范》针对裙房的其他相关规定（比如主楼结构在裙房顶板对应的相临上下各一层应适当加强抗震构造措施），程序并未考虑，需要设计人员干预。

5.13 8 度区抗震等级已经是一级的丙类建筑，当为乙类建筑时，抗震措施按 9 度查表可知仍然为一级，在此时两个一级是否完全相当

《规范》直接给出的抗震等级表为丙类建筑，乙类建筑应按提高一度查表确定抗震等级，8 度时为二级，提高后则为一级；8 度时已经为一级者，按 9 度查对应的抗震等级时仍为一级，但注意对应的最大适用高度是不同的，而且地震作用不同，构件的组合内力也不同。

当 8 度乙类建筑的高度在《规范》给出的适用范围超过 9 度的适用范围时，如高度大于 25m 的框架结构，高度大于 50m 的框架—剪力墙结构，高度大于 60m 的剪力墙结构，高度大于 70m 的框架—核心筒结构和高度大于 80m 的筒中筒结构，此时应采取比一级更有效的抗震措施，主要是抗震构造措施应比一级适当加强。加强的幅度应结合房屋高度确定，可参考《高规》特一级的抗震构造措施进行建筑设计，而有关抗震设计的内力调整系数一般可不必提高。

如果 8 度乙类建筑的房屋高度超过《抗规》6.1.1 条中最大适用高度的要求，如高度大于 45m 的框架结构，高度大于 100m 的框架—剪力墙结构、剪力墙结构、框架—核心筒结构，以及高度大于 120m 的筒中筒结构体系，则属于超限高层建筑，其抗震措施应进行专门研究和论证，即需要经过超限设计的专项审查确定。

5.14 为何高度小于 60m 的框架—核心筒结构抗震等级可以按框架—剪力墙结构确定

框架—核心筒结构是钢筋混凝土结构布置相对固定的一种结构形式，是框架—剪力墙结构的一种特例，其核心筒具有很强的空间工作性能，一般适用于房屋高度比较高的情况（大于 60m）；而一般框架—剪力墙结构，墙体布置比较分散灵活，房屋高度适用范围比较广（可小于 60m）。因此，在《规范》抗震等级界线分区中，就将 60m 作为框架—剪力墙等级的分界点，框架—核心筒结构的抗震等级没有按房屋高度区分。实际上，当房屋高度大于 60m 时，除 6 度及以下地区外，《规范》中框架—核心筒结构和框架—剪力墙结构的抗震等级是相同的。

对于房屋高度小于 60m 的框架—核心筒结构体系，若按框架—剪力墙结构确定其抗震等级，则除应满足核心筒的有关设计外，同时应满足对框架—剪力墙结构的其他要求，如剪力墙所承担的结构底部地震倾覆力矩的规定等。

5.15 抗震设计时，框架梁顶面钢筋配置有哪些要求？如何应用理解

《抗规》规定：沿梁全长顶面和底面的配筋，一、二级不应小于 2ϕ14 且分别不应少于梁两端顶面和底面纵向配筋中较大截面面积的 1/4，三、四级不应少于 2ϕ12。

【知识点拓展】

《规范》关于框架梁的纵向钢筋配置规定中，沿梁全长顶面的配筋是否一定要求为通长钢筋？

《规范》条文中沿梁全长顶面的最小配筋没有明确要求一定为通长钢筋，只是有些资料上解读为通长钢筋。作者认为这是一种误读。作者认为只要满足以下条件就可以。

（1）在梁全长范围内，顶面、底面的纵向钢筋数量各不少于 2 根。

（2）沿梁全长顶面、底面的配筋，一、二级不应少于 2 ϕ14，且分别不应少于梁顶面、底面两端纵向配筋中较大截面面积的 1/4；三、四级不应少于 2 ϕ12。

（3）梁端纵向受拉钢筋的配筋率不宜大于 2.5%。

（4）一、二级框架梁内贯通中柱的每根纵向钢筋直径，对矩形截面柱，不宜大于柱在该方向截面尺寸的 1/20；对圆形截面柱，不宜大于纵向钢筋所在位置柱截面弦长的 1/20。

这就是说：梁跨中部分顶面的纵向钢筋直径可以小于支座处梁顶面的钢筋，不同直径的钢筋可以通过可靠措施进行连接（机械连接、搭接、焊接）。

5.16　设计如何正确理解新《规范》对连梁剪压比的要求？新《规范》对连梁最大配筋及最小配筋提出哪些要求

（1）在我国的规范和规程中，为防止连梁过早剪坏，要求限制连梁的剪压比，对于跨高比较小的连梁限制更加严格。我国规范和规程的要求，剪压比限制表达式为下列要求：

对跨高比大于 2.5 时，$V_b \leqslant 1/\gamma_{RE}(0.2\beta_a f_c b_b h_{bo})$

对跨高比不大于 2.5 时，$V_b \leqslant 1/\gamma_{RE}(0.15\beta_a f_c b_b h_{bo})$

连梁截面的抗剪承载力验算中，箍筋要求也比一般梁要求严一些，跨高比不大于 2.5 的连梁箍筋要求更加严格。抗震设计的连梁箍筋应沿梁全长加密；同时在连梁高度大于 700mm 时要设置腰筋，腰筋的作用也是为了限制连梁裂缝开展、延迟混凝土的破坏。

（2）连梁最大、最小抗弯配筋与剪压比有很大关系：在跨高比小的连梁中，由于竖向荷载产生的剪力占的比例很小，当连梁按照“强剪弱弯”设计时，受弯承载力就基本决定了连梁承受的最大剪力；为了控制剪压比，剪力就不能超过一定值，因此，连梁的受弯承载力也应受到限制。剪压比的大小与受弯配筋的多少密切相关，也可以说，在连梁中控制剪压比就是控制受弯配筋。

（3）本次《高规》提出了连梁的最大及最小纵向配筋率的限制要求。《高规》要求：对跨高比（l/h_b）不大于 1.5 的连梁，非抗震设计时，其纵向钢筋的配筋率可取为 0.2%；抗震设计时，其纵向钢筋的最小配筋率宜符合表 5–11 的要求；同时也给出连梁最大纵向钢筋的配筋率限制要求（见表 5–12）。

表 5–11　　跨高比不大于 1.5 的连梁纵向钢筋的最小配筋率（%）

跨　高　比	最小配筋率（采用较大值）
$l/h_b \leqslant 0.5$	0.20，$45f_t/f_y$
$0.5 < l/h_b \leqslant 1.5$	0.25，$55f_t/f_y$

注：1. 跨高比大于 1.5 的连梁最小配筋率同框架梁要求。

2. 此处最小配筋率是指单侧配筋（连梁顶或底面单侧）。

表 5–12　　连梁纵向钢筋的最大配筋率（%）

跨高比	最大配筋率
$l/h_b \leq 1.0$	0.6
$1.0 < l/h_b \leq 2.0$	1.2
$2.0 < l/h_b \leq 2.5$	1.5

注：1. 钢筋的单侧（顶面或底面）的最大配筋率不宜大于 2.5%。
2. 如果不满足，则应按实配钢筋进行连梁“强剪弱弯”的验算。
3. 跨高比大于 2.5 的梁同框架梁要求。
4. 此处最大配筋率是指单侧配筋（连梁顶或底面单侧）。

5.17 新《规范》对剪力墙遇有平面外大梁时，提出了哪些设计要求，如何理解

《高规》7.1.6 条：当剪力墙或核心筒墙肢与其平面外相交的楼面梁刚接时，可沿楼面梁轴线方向设置与梁相连的剪力墙、扶壁柱或在墙内设置暗柱，并应符合下列规定。

（1）设置沿楼面梁轴线方向与梁相连的剪力墙时，墙的厚度不宜小于梁的宽度。

《广东高规》：当墙厚小于梁宽时，宜设扶壁柱或暗柱。

（2）设置扶壁柱时，其宽度不应小于梁宽，墙厚可计入扶壁柱的截面高度。

（3）墙内设置暗柱时，暗柱的截面高度可取墙的厚度，暗柱的截面宽度不应小于梁宽加 2 倍墙厚。

注：《广东高规》指出暗柱宽可取梁宽加 400mm。

（4）应通过计算确定暗柱或扶壁柱的竖向钢筋（或型钢），竖向钢筋的总配筋率不宜小于表 5–13 的规定。

表 5–13　　暗柱或扶壁柱最小总配筋率（%）

设计状况		抗震设计				非抗震设计
		一级	二级	三级	四级	
配筋率	500MPa	0.90	0.70	0.60	0.50	0.50
	400MPa	0.95	0.75	0.65	0.55	0.55
	335MPa	1.00	0.80	0.70	0.60	0.60

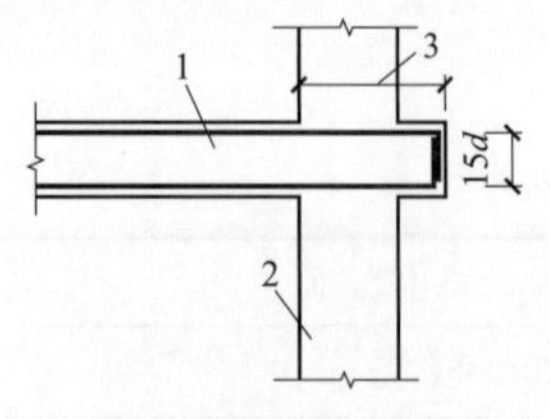

图 5–13 楼面梁伸出墙面形成梁
1—楼面梁；2—剪力墙；
3—楼面梁钢筋锚固水平投影长度

（5）楼面梁的水平钢筋应伸入剪力墙或扶壁柱，伸入长度应符合钢筋锚固要求。钢筋锚固段的水平投影长度，非抗震设计时不宜小于 $0.4l_{ab}$，抗震设计时不宜小于 $0.4l_{abE}$；当锚固段的水平投影长度不满足要求时，可将楼面梁伸出墙面形成梁头，梁的纵筋伸入梁头后弯折锚固（图 5–13），也可采取其他可靠的锚固措施。

（6）暗柱或扶壁柱应设置箍筋，箍筋直径，抗震等级一、二、三级时不应小于 8mm，四级及非抗震时不应小于 6mm，

且均不应小于纵向钢筋直径的 1/4；箍筋间距，抗震等级一、二、三级时不应大于 150mm，四级及非抗震时不应大于 200mm。

【知识点拓展】

（1）当剪力墙或核心筒墙肢与其平面外的楼面梁采用刚性连接时，如设置扶壁柱，扶壁柱宽度不应小于梁框，宜比梁每边宽 50mm，扶壁柱的截面高度应计入墙厚，如图 5–14 所示。

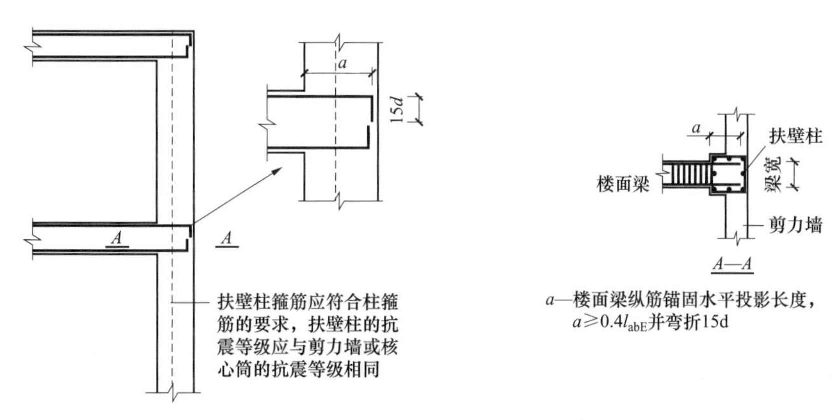

图 5–14　楼面梁与剪力墙扶壁柱连接示意

（2）当剪力墙或核心筒墙肢与其平面外的楼面梁连接时，可采用在墙中设置暗柱给予加强处理，钢筋构造如图 5–15 所示。

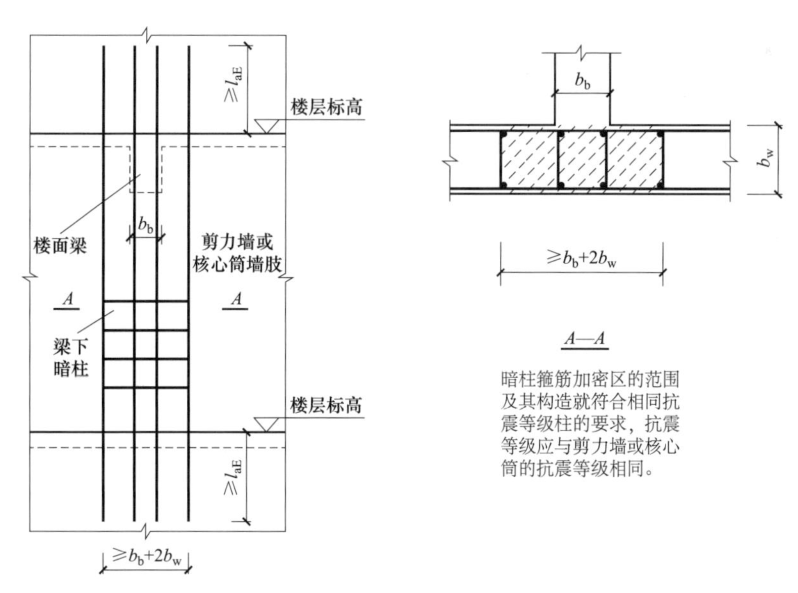

图 5–15　楼面梁与剪力墙平面外连接暗柱做法

（3）当楼面梁与其剪力墙铰接或半刚接连接，这时钢筋的锚固长度可以参考如图 5–16 所示要求。

注意：图中 l_{as}：对于带肋钢筋≥12d，对于光面钢筋≥15d，图 5–16（a）节点的锚固长度 0.4l_{ab}，还可考虑《砼规》8.3.2–5 条：当钢筋保护层厚度为 5d（被锚固钢筋直径）时，锚固长度可以折减 0.7。

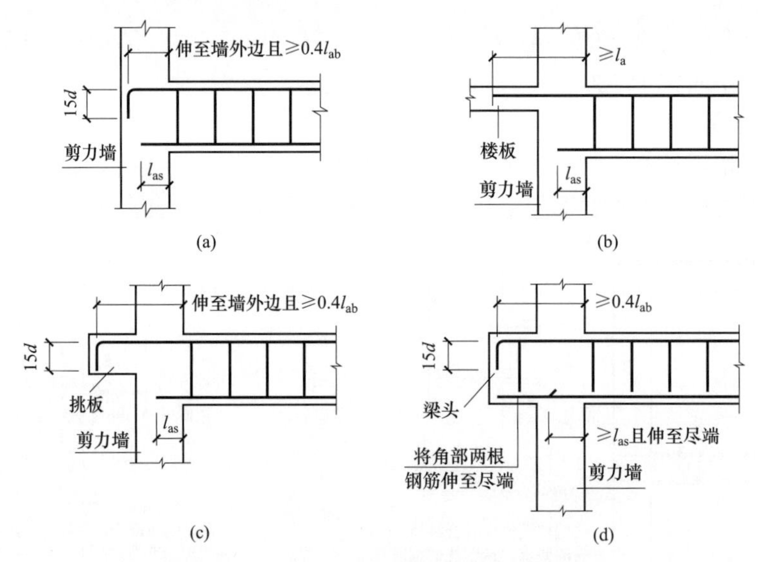

图 5–16　梁与剪力墙铰接或半刚接节点示意

（4）跨度大于 5m 或梁端高度大于 2 倍墙厚度的大梁，宜设置扶壁柱或暗柱。扶壁柱应能承受梁端刚接时的弯矩，如果采用暗柱，此梁按端部铰接处理。

（5）SATWE（V2.1）程序已经具有自动或人工定义暗柱的功能，程序默认的暗柱是按构造配筋处理，人工定义的暗柱则按柱受力计算设计暗柱。

（6）当单面有大跨梁（大于 5m）与剪力墙中暗柱连接时，为了避免梁端弯矩过大造成暗柱破坏，在尽量减少梁顶部和底部裂缝对正常使用影响的前提下，可以对梁端弯矩进行较大幅度的调幅，但梁端顶部和底部纵筋配筋率不应少于最小配筋率；宜按假定梁端与暗柱铰接计算的梁弯矩图核算梁其他部位截面受弯承载力；考虑对梁端弯矩进行调幅设计时，暗柱受弯承载力尚不宜小于梁端截面受弯承载力的 1.1 倍。

（7）在剪力墙支座处大梁纵向钢筋宜采用直径较小的钢筋以便满足钢筋锚固长度要求。

（8）当现浇剪力墙或窗间墙作为跨度大于 5m 的梁的支座时，在地震作用下剪力墙上可能出现竖向裂缝，如果弯矩较大，而剪力墙平面外刚度和承载力不足，也会出现平面外的破坏，而且目前有些计算软件未给出剪力墙平面外的内力和配筋，容易产生安全隐患，设计人员应注意此问题。

5.18　新《高规》对框架抗震设计还有哪些主要修订?设计如何正确理解这些修订

（1）提高了框架结构柱端弯矩增大系数，即抗震等级二、三级时分别由 1.2 和 1.1 提高到 1.5 和 1.3，新增了四级框架结构柱端弯矩增大系数，取 1.2。其他结构的框架在抗震等级一、二、三级时不变，四级可取 1.1；抗震等级一、二、三、四级框架结构柱脚弯矩增大系数修订为 1.7，1.5，1.3 和 1.2。

（2）提高了框架结构的柱剪力放大系数，一、二、三级分别由 1.4，1.2，1.1 提高到 1.5，1.3，1.2，增加四级 1.1 的要求。

（3）将梁端纵向受拉钢筋的配筋率不大于 2.5%的规定，由强制性改为非强制性。《高规》

规定：不宜大于 2.5%，不应大于 2.75%。

（4）抗震等级为一、二级且框架梁端箍筋满足一定条件时，其最大间距可大于 100mm，但不得大于 150mm。

（5）增加了抗震等级三级框架梁贯通中柱纵向钢筋直径的限值，将框架结构梁贯通中柱纵向钢筋直径的限值由“宜”修订为“应”。

（6）增大抗震等级一、二、三级 2 层以上框架柱截面最小尺寸，矩形截面柱的尺寸由 300mm 增大至 400mm，圆形截面柱直径由 350mm 增大至 450mm，有利于实现“强柱弱梁”。

（7）框架结构柱轴压比限值减小了 0.05，框架—抗震墙、板柱—抗震墙及筒体结构中三级框架柱的轴压比限值减小了 0.05，新增了四级框架柱的轴压比限值。

（8）修订了柱纵向钢筋的最小总配筋率。钢筋强度标准值小于 400MPa 时，框架结构的中柱和边柱增大 0.1%，其他结构中的框架中柱和边柱不变，角柱和框支柱不变；钢筋强度标准值为 400MPa 时，框架结构的中柱和边柱增大 0.15%，其他结构中的框架中柱和边柱增大 0.05%，角柱和框支柱增大 0.05%。

（9）增加了四级框架柱箍筋加密区的最小体积配箍特征值的规定，与三级框架柱相同。

（10）取消了箍筋强度标准值不大于 400MPa 的规定。

（11）增加了三级框架节点核心区抗震验算的规定。

（12）“框支柱承受的最小地震剪力之和不应小于本层地震剪力的 20%”修订为“不应小于底层地震剪力即基底剪力的 20%”。

5.19　新《高规》对抗震墙抗震设计还有哪些主要修订?设计如何正确理解应用

（1）对于双肢墙，其中一个墙肢无论是小偏心受拉还是大偏心受拉，另一墙肢的剪力和弯矩设计值均应乘以增大系数 1.25。

（2）将抗震墙的最小厚度与层高之比的要求，由“应”修订为“宜”，并且增加了与无支长度关系的规定。

（3）满足一定条件的四级抗震墙，其竖向分布钢筋的最小配筋率允许按 0.15%采用。

（4）抗震墙的竖向和横向分布钢筋的最大间距和最小直径的规定由强制性条文修订为非强制性条文。竖向分布钢筋的最小直径由 8mm 修订为 10mm，目的是增大钢筋网的刚度，以方便施工。

（5）降低了小墙肢的箍筋全高加密的要求。

（6）计算地震内力时，抗震墙连梁刚度可折减。

（7）跨高比较小的高连梁，可设置水平缝，使一根连梁成为跨高比大的两根或多根连梁。目的是使其破坏形态从剪切破坏变为弯曲破坏。

5.20　新《高规》对框架—抗震墙结构抗震设计有哪些主要修订?设计如何正确理解应用

（1）对墙的最小厚度与层高之比的要求，由“应”改为“宜”。

（2）对于有端柱的情况，不要求设置边框梁。有边框梁柱的抗震墙，很有可能成为高宽比不大于 1.0 的矮墙，地震作用下发生剪切破坏；斜裂缝向抗震墙两对角发展，有可能引起柱端破坏。这种破坏形态对结构抗地震倒塌不利。对于设置暗梁，由“应”改为“宜”，可视具体工程情况确定是否设置暗梁。

（3）增加了抗震墙竖向和横向分布钢筋的最小直径和最大间距的规定。

（4）增加了楼面梁与抗震墙平面外连接的抗震设计原则。

5.21 新《高规》对板柱—抗震墙结构抗震设计有哪些主要修订?设计如何正确理解应用

（1）规定了抗震墙的最小厚度。

（2）增加了板柱节点应进行冲切承载力抗震验算的要求。验算时，应计入不平衡弯矩引起的冲切力，规定了不平衡弯矩引起的冲切力设计值的增大系数。

（3）楼、电梯洞口周边设置边框梁的要求由“应”修订为“宜”。

（4）取消了屋盖宜采用梁板结构的规定。

（5）高度不超过 12m 的板柱—抗震墙结构，抗震墙承担全部地震作用的要求由“应”修订为“宜”。

（6）规定了无柱帽平板在柱上板带设置的构造暗梁的箍筋要求。

5.22 新《高规》对筒体结构抗震设计有哪些主要修订?设计如何正确理解应用

（1）增加了框架—核心筒结构除加强层及其相邻上下层外，按框架—核心筒计算分析得到的框架部分各层地震剪力最大值不宜小于结构底部总地震剪力的 10%的要求，该值是指全部楼层地震剪力中的最大值。同时规定了小于 10%时的设计要求。

（2）增加了加强层设置的设计要求。

（3）将连梁设置交叉暗柱、交叉构造钢筋的要求，由“宜”修订为“可”。

5.23 对存在液化土层的地基结构设计新《规范》给出哪些抗液化措施？如何正确理解

当地面下存在饱和砂土和饱和粉土时，除抗震设防 6 度地区外，应进行液化判别；存在液化土层的地基，应根据建筑的抗震设防类别、地基的液化等级，结合具体情况采取相应的措施。采取抗液化工程措施的基本原则是根据液化的可能危害程度区别对待，尽量减少工程量。对基础和上部结构的综合治理，可同时采用多项措施。对较平坦均匀场地的土层，液化的危害主要是不均匀沉陷和开裂；对倾斜场地，土层液化的后果往往是大面积土体滑动导致建筑破坏，二者危害的性质不同，抗液化措施也不同。《规范》仅对故河道等倾斜场地的液化侧向扩展和液化流滑提出处理措施。

《抗规》4.3.6 条给出平坦场地的抗液化措施分类，共有全部消除液化沉陷、部分消除液化沉陷、地基和上部结构处理三种方法，有时也可不采取措施。三种抗液化措施的具体要求，分别在《抗规》4.3.7、4.3.8 和 4.3.9 条给出。

液化面倾斜的地基，处于故河道、现代河滨或海滨时，《抗规》4.3.10 条给出了抗液化措施。

《抗规》4.4.5 条指出液化土和震陷软土中桩的配筋范围，应自桩顶至液化深度以下，符合全部消除液化沉陷所要求的深度，其纵向钢筋应与桩顶部相同，箍筋应加粗和加密。液化土中桩基超过液化深度的配筋范围，按《抗规》4.3.7 条给出的全部消除液化沉陷时对桩端伸入稳定土层的最小长度采用。

【知识点拓展】

（1）地震时由于砂性土（包括饱和砂土和饱和粉土）液化而导致震害的事例不少，需要引起重视。工程案例如图 5–17 所示。

（a）

（b）

图 5–17　因地基液化造成工程严重倾斜案例

（a）委内瑞拉；（b）日本

图 a 是发生在委内瑞拉的地震液化，上部结构完好，但严重倾斜的工程案例。

图 b 是 1964 年发生在日本新泻地震中，某公寓楼由于砂土液化发生不均匀沉降引起建筑严重倾斜。

（2）地基和场地是相互联系又有明显差别的两个概念。“地基”是指直接承受基础和上部结构重力的地表下一定深度范围内的岩土，只是场地的一个组成部分。

（3）液化判别分两步：初步判别和标准贯入判别，若初步判别为可不考虑液化影响，则不必进行标准贯入判别。初步判别依据是地质年代、上覆非液化土层厚度和地下水位。当然具体如何判别是岩土工程师的任务。

（4）液化判别、液化等级不按抗震设防类别区分，但同样的液化等级、不同设防类别的建筑有不同的抗液化措施。因此，乙类建筑仍按本地区设防烈度的要求进行液化判别并确定液化等级，再相应采取抗液化措施。

（5）震害资料表明，6 度时地基液化对房屋建筑的震害比较轻微。因此，6 度设防的一般建筑不考虑液化影响，仅对不均匀沉陷敏感的乙类建筑考虑液化影响，对甲类建筑则需要专门研究确定抗液化措施。

（6）桩基础理论分析已经证明，地震作用下的桩基础在软、硬土层交界面处最易受到剪、弯损害。日本 1995 年阪神地震后，科研人员对许多桩基的实际考察也证实了这一点，但在采用 m 法的桩身内力计算方法中却无法反映，目前除考虑桩土相互作用的地震反应分析可以较好地反映桩身受力情况外，还没有简便实用的计算方法保证桩在地震作用下的安全，因此必须采取有效的构造措施。本条的要点在于保证软土或液化土层附近桩身的抗弯和抗剪能力，因为这是保证液化土和震陷软土中桩基安全的关键。

5.24 何为“矮墙效应”？什么情况下应考虑“矮墙效应”？如何避免“矮墙效应”

（1）一般有以下两种情况可能形成矮墙：

1）一般高宽比的钢筋混凝土剪力墙结构的受力状态为弯曲型，而高宽比小于 3 的剪力墙容易形成矮墙。

2）剪跨比 $M/Vh_w \leq 1$ 的剪力墙容易形成矮墙；由于这两种情况下的墙在地震作用下的破坏形态为剪切破坏，类似短柱，属于脆性破坏，称为“矮墙效应”。

（2）以下三种情况应考虑“矮墙效应”。

1）高宽比小于 3 的墙。

2）底部为框架砖房的混凝土剪力墙，上部为砌体，混凝土部分的高宽比很容易小于 3，形成抗震很不利的“矮墙”。

3）框支结构中，落地墙在框支层剪力较大，按剪跨比计算也可能出现剪切破坏的矮墙效应，为了保证抗震墙在大震时的受剪承载力，只考虑有拉筋约束部分（边缘构件）的混凝土受剪承载力。当然如果在墙肢边缘构件以外部位的两排钢筋间设置直径不小于 8mm，间距不大于 400mm 的拉接筋，则抗震墙受剪验算可计入混凝土的受剪作用。

（3）如何避免设计出矮墙？

通常避免设计出矮墙的技术措施主要是：可在剪力墙中开竖向缝或开结构洞，宜采用跨高比大于 6 的弱连梁，使每个墙肢成为高宽比不大于 3 的墙，以提高其延性。

【知识点拓展】

（1）注意这里的高是指墙的总高度，即可以认为是嵌固端以上的墙总高。由于《规范》不明确，有人误解为层高，这是错误的理解。

（2）新《抗规》《高规》指出剪力墙总高度/总宽度＜3 的墙称为“矮墙”。

（3）原《抗规》《高规》指出剪力墙总高度/总宽度＜2 的墙称为“矮墙”。

5.25 几本新《规范》对框架柱体积配箍率规定的差异如何正确理解？如何在工程中合理应用

在柱端箍筋加密区内配置一定量的箍筋（用体积配箍率衡量）是使柱具有必要的延性和塑性耗能能力的一种重要抗震构造措施。为此各《规范》都对此作出规定，但说法各有差异。

（1）《抗规》6.3.9–3 条：柱箍筋加密区的体积配箍率应符合下式要求：

$$\rho_v \geqslant \lambda_v f_c / f_{yv} \tag{5-1}$$

抗震等级为一、二、三、四级时，体积配箍率分别不应小于 0.8%、0.6%、0.4%和 0.4%；

式中　ρ_v——柱箍筋的体积配箍率，计算复合箍的体积配箍率时，其非螺旋箍的箍筋体积应乘以折减系数 0.80；

λ_v——柱最小配箍特征值；

f_c——混凝土轴心抗压强度设计值，当柱混凝土强度低于 C35 时，应按 C35 计算；

f_{yv}——柱箍筋或拉筋的抗拉强度设计值。

说明：

1）本次修订，删除 1989 版、2001 版《规范》关于复合箍扣除重叠部分箍筋体积的规定，因重叠部分对混凝土的约束情况比较复杂，如何换算有待进一步研究。

2）箍筋的强度也不限制在标准强度 400MPa 之内。

（2）《高规》6.4.7–1 条：柱箍筋加密区箍筋的体积配箍率，应符合下式要求：

$$\rho_v \geqslant \lambda_v f_c / f_{yv} \tag{5-2}$$

式中　ρ_v——柱箍筋的体积配箍率；

λ_v——柱最小配箍特征值；

f_c——混凝土轴心抗压强度设计值，当柱混凝土强度低于 C35 时，应按 C35 计算；

f_{yv}——柱箍筋或拉筋的抗拉强度设计值。

说明：

1）对抗震等级为一、二、三、四级框架柱，其箍筋加密区范围内，箍筋的体积配箍率尚且分别不应小于 0.8%、0.6%、0.4%和 0.4%。

2）剪跨比不大于 2 的柱宜采用复合螺旋箍或井字复合箍，其体积配箍率不应小于 1.2%；设防烈度为 9 度时，不应小于 1.5%；

3）计算复合螺旋箍筋的体积配箍率时，其非螺旋箍筋的体积应乘以换算系数 0.8；

4）非抗震设防时，转换柱宜采用复合螺旋箍或井字复合箍，其体积配箍率不宜小于 0.8%，箍筋直径不宜小于 8mm，间距不宜大于 150mm。

5）第一次印刷（2011 年 6 月）时，《高规》6.4.7–4 条指出计算复合箍筋的体积配箍率时，可不扣除重叠部分的箍筋体积；但在第二次印刷（2011 年 8 月）时，《高规》6.4.7–4 已取消“计算复合箍筋的体积配箍率时，可不扣除重叠部分的箍筋体积”这句话。

（3）《砼规》11.4.17–1 条：柱箍筋加密区箍筋的体积配筋率，应符合下列规定：

$$\rho_v \geqslant \lambda_v f_c / f_{yv} \tag{5-3}$$

式中　ρ_v——柱箍筋加密区的体积配筋率，按本《砼规》第 6.6.3 条的规定计算，计算中应扣除重叠部分的箍筋体积；其非螺旋箍的箍筋体积应乘以折减系数 0.80；

f_{yv}——箍筋抗拉强度设计值；

λ_v——最小配箍特征值。

说明：

1）对抗震等级为一、二、三、四级框架柱，其箍筋加密区范围内箍筋的体积配箍率尚且分别不应小于 0.8%、0.6%、0.4%和 0.4%。

2）剪跨比不大于 2 的柱宜采用复合螺旋箍或井字复合箍，其体积配箍率不应小于 1.2%；设防烈度为 9 度时，不应小于 1.5%。

3）框支柱宜采用复合螺旋箍或井字复合箍，其体积配箍率不应按《砼规》中表 11.4.17 的数值增加 0.02 采用，且体积配箍率不应小于 1.5%。

【知识点拓展】

几本规范计算配箍率公式完全一致，但对公式中的计算参数理解有如下差异。

（1）《抗规》讲："计算复合箍的体积配箍率时，可不扣除重叠部分，但如何扣除，还需要进一步研究"。

（2）《高规》第一次（2011 年 6 月）印刷讲"计算复合箍筋的体积配箍率时，可不扣除重叠部分的箍筋体积"，但第二次（2011 年 8 月）印刷时又删除了"计算复合箍筋的体积配箍率时，可不扣除重叠部分的箍筋体积"这句话。没有明确指出可以重复计算还是不可以考虑。

（3）《砼规》依然维持原规范的说法："计算箍筋体积配箍率时应扣除重叠部分的箍筋体积"。

（4）《上海抗规》明确指出计算体积配箍率时应扣除重叠部分的箍筋体积；其非螺旋箍的箍筋体积应乘以折减系数 0.80。

（5）《技措》2009 版：柱箍筋体积配筋率计算时，重叠部分可以计入。

（6）《广东规范》：计算复合箍筋的体积配箍率时，可不扣除重叠部分的箍筋体积；计算复合螺旋箍筋的体积配箍率时，其非螺旋箍筋的体积应乘以换算系数 0.8。

（7）《规范》给出的配箍率特征值是根据日本及我国完成的钢筋混凝土柱抗震延性系列试验按位移系数不低于 3.0 的标准给出的。虽然 2008 年汶川地震中柱端破坏情况多有发生，但本次《规范》修订组经过研究，拟主要通过适度的柱抗弯能力增强措施（"强柱弱梁"措施）和适度降低框架结构柱轴压比上限条件进一步改善框架结构柱的抗震性能。所以对原规范（2002 版）柱体积配箍率的规定不作调整。

（8）因《抗规》指出对于 6 度设防的一般建筑可不进行考虑地震作用的结构分析和截面验算，在按《砼规》11.4.6 条和确定其轴压比时，轴压力可取为无地震作用组合的轴力设计值，对于 6 度设防，建造在Ⅳ类场地上较高的高层建筑，因已需要进行考虑地震作用的结构分析，故应采用考虑地震作用组合的轴向力设计值。

（9）作者的观点：鉴于各规范说法差异，但目前总的趋势是"计算体积配箍率时应扣除重叠部分的箍筋体积"，所以建议大家在目前工程设计中宜按这个原则执行。

【算例 1】

某工程为框架结构，柱截面为 500mm × 500mm，一类环境，混凝土强度等级 C35，箍筋强度等级为 HRB500，箍筋直径 10mm，箍筋间距 100mm，保护层厚 25mm，箍筋配置如图 5–18 所示，非螺旋箍，试计算箍筋体积配箍率及配箍特征值。

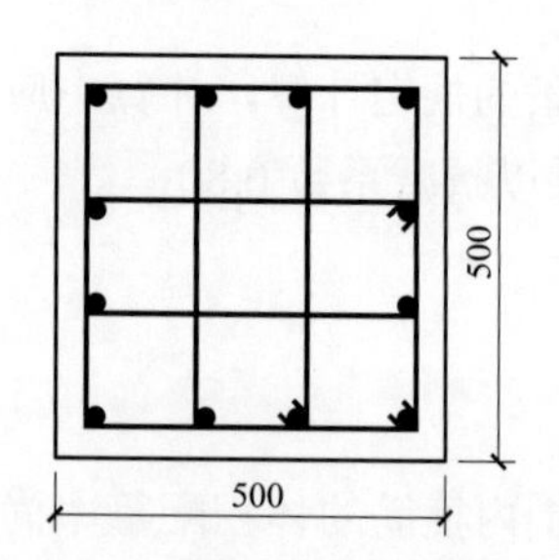

图 5–18 柱截面尺寸及配箍示意

解析：

箍筋肢长 $l = 500 - 2 \times 25 = 450\text{mm}.$

$$A_{cor} = [\,500 - 2\,(25 + 10)]^2 = 184\,900\text{mm}^2$$

$$\rho_v = nA_s l / A_{cor}s = 8 \times 78.5 \times 450/184\,900 \times 100 = 1.528\%$$

$$\lambda_v = \rho_V f_{yv}/f_c = 0.015\,28 \times 435/16.7 = 0.398$$

这个算例告诉大家，计算时特别注意以下几点。

（1）《高规》及《抗规》并没有给出计算配箍率 ρ_v 时，柱截面面积 A_{cor} 如何计算的问题，只有《砼规》给出，见《砼规》6.6.3 条。

（2）A_{cor} 为方格网式或间接钢筋内表面的混凝土核心截面面积（箍筋内侧核心面积）。

（3）由于新《规范》中保护层概念有变化，箍筋计算长度比原《规范》减小了，核心区面积 A_{cor} 也要比原《规范》小。如按原《规范》计算，则结果将如下：

计算箍筋长度 $l = 500-2\times25+10 = 460\text{mm}$；

核心区面积 $A_{cor} = [500-2\times25]^2 = 202\ 500\text{mm}^2$

$\rho_v = nA_s l/A_{cor}s = 8\times78.5\times460/202\ 500\times100 = 1.426\%$

$\lambda_v = \rho_v f_{yv}/f_c = 0.014\ 26\times360/16.7 = 0.307$

注：这里的 $f_{yv} = 360$ 是由于原《规范》限定当钢筋强度设计值超过 360MPa 时，应取 360MPa。

（4）计算箍筋抗拉强度设计值时，不在受 360MPa 的限制。

【算例 2】

这个算例是 2012 年一级注册结构工程师考题。

假设，某框架角柱截面尺寸及配筋形式如图 5–19 所示，混凝土强度等级为 C30，箍筋采用 HRB335 级钢筋，纵筋混凝土保护层厚度 c = 40mm。该柱地震作用的轴力设计值 N = 3603kN。试问，以下何项箍筋配置相对合理？

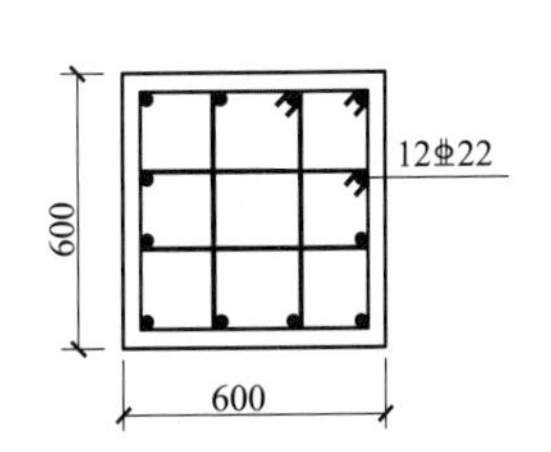

图 5–19　某框架角柱截面尺寸及配筋形式

提示：① 假定对应于抗震构造措施的框架抗震等级为二级；

② 按《混凝土结构设计规范》（GB 50010—2010）作答。

（A）8@100　（B）8@100/200　（C）10@100　（D）10@100/200

【解答】首先需要计算柱轴压比，依据《砼规》11.4.16 条：

柱轴压比 $u = 3603\times10^3/14.3\times600\times600 = 0.7$

查《砼规》表 11.4.17，得 $\lambda_v = 0.15$

体积配箍率 $\rho_v \geqslant \lambda_v f_c/f_{yv}$，

依据《砼规》第 11.4.17 说明，

f_c 应按 C35 取值即 $f_c = 16.7\text{kN/mm}^2$

（注意题目给出是 C30，这是题目考核点）。

$$\rho_v = \lambda_v f_c/f_{yv} = (0.15\times16.7/300)\times100\% = 0.84\%$$

当选用 8@100 时：实际体积配箍率依据《砼规》（6.6.3–2）式

$\rho_v = (600-2\times40+8)\times8\times50.3/520\times520\times100 = 0.79\%$

当选用 10@100 时：

$\rho_v = (600-2\times40+10)\times8\times78.5/520\times520\times100 = 1.23\%>0.84\%$

由于是框架角柱，抗震构造措施的框架抗震等级为二级，依据《砼规》11.4.14 条，一、二级抗震等级的角柱需要全高加密，所以正确答案应选（C）。

这道考题，想考查考生以下几个概念：

（1）计算柱体积配箍率时，当混凝土强度低于 C35 时，应取 C35 的抗压强度设计值。

（2）混凝土保护层概念的变化，但注意本题给出的保护层厚度是指纵向钢筋的保护层。

（3）框架角柱，一、二级抗震等级的角柱需要全高加密。

5.26 抗震设计时，新《规范》对框架结构底层柱设计有哪些规定？如何正确应用

抗震设计时，为了减小框架结构底层柱下端截面和框支柱顶层柱上端和底端截面出现塑性铰的可能性，防止底层柱过早出现塑性屈服影响整个结构的抗倒塌能力，各规范都对此部位柱的弯矩设计值采取直接乘以增强系数的方法，以增大其正截面受弯承载力，目的是推迟塑性铰的出现。但各规范对于所谓“底层柱”的界定说法有差异。

（1）《砼规》11.4.2 条：一、二、三、四级抗震等级的框架结构的“底层”，柱下端截面的组合弯矩设计值，应分别乘以增大系数 1.7，1.5，1.3，1.2，底层柱纵向钢筋应取柱上、下端的不利工况配置。

注：“底层”指无地下室的基础以上或地下室以上的首层。

（2）《抗规》6.2.3 条：一、二、三、四级抗震等级的框架结构的“底层”，柱下端截面的组合弯矩设计值，应分别乘以增大系数 1.7，1.5，1.3，1.2，底层柱纵向钢筋应取柱上、下端的不利工况配置。

注：“底层”是指嵌固端所在的楼层。

（3）《高规》6.2.2 条：抗震设计时，一、二、三级抗震等级的框架结构的“底层”，柱下端截面的组合弯矩设计值，应分别采用考虑地震作用组合的弯矩与增大系数 1.7、1.5、1.3 的乘积。底层柱纵向钢筋应取柱上、下端的不利工况配置。

注：《高规》没有明确这个“底层”是指哪里。

【知识点拓展】

（1）首先明确《规范》的这个规定都是为了防止框架结构柱下端过早出现塑性屈服，影响整个结构的抵抗地震倒塌能力。

（2）这个规定仅适用于框架结构体系，对于其他结构（如框架—剪力墙、框架—核心筒等）中的框架柱可不进行调整的，这主要是因为这些结构的主要抗侧力构件是剪力墙或核心筒。

（3）关于“底层”问题，作者比较认同《抗规》的说法，是指计算嵌固层处的柱下端，即被嵌固的柱下端。

（4）《高规》中没有包括四级抗震等级的框架结构，这是因为高层建筑框架结构最低的抗震等级是三级。

（5）这里的“抗震等级”均是指抗震措施的抗震等级。

（6）《上海抗规》：这里的“底层”指无地下室的基础以上，地下室基础以上或箱基地下室以上的首层。

（7）《广东高规》：也没有明确这个底层是指哪里。

5.27 《抗规》6.3.1 条规定框架梁的截面宽度不宜小于 200mm。对于抗震墙结构中的框架梁（或跨高比不小于 5 的连梁），是否必须满足此要求

抗震规范对框架梁的截面宽度作出下限规定，目的是为了保证框架梁对框架节点的约

束作用，防止因梁的截面过小，约束不足，导致框架节点在强震作用下过早地破坏失效。因此，对于抗震墙结构中少量的框架梁以及跨高比不小于 5 的连梁，不要求必须满足截面宽度不小于 200mm 的要求，在结构计算的各项控制指标满足的情况下，可采用与墙厚同宽的标准。

5.28 《抗规》6.3.4–2 条：抗震等级为一、二、三级框架梁内贯通中柱的每根纵向钢筋直径，对框架结构不应大于矩形截面柱在该方向截面尺寸的 1/20；这里的“纵向钢筋”是否包括底筋？依据是什么

这是考虑到强烈地震的往复作用，框架梁端部存在正弯矩（梁底受拉）的可能，《规范》要求框架梁的顶面和底面至少应配置 2 根贯通的钢筋。同时，考虑到弹塑性变形状态下，梁端钢筋屈服后，钢筋的屈服区段会向节点核心区延伸，使贯穿节点的梁钢筋黏结退化与滑移加剧，从而造成框架刚度的进一步退化，《规范》又对贯通钢筋的直径作出限制，对框架结构不应大于矩形截面柱在该方向截面尺寸的 1/20。因此，上述“纵向钢筋”包括梁顶面的全部纵向受力钢筋和梁底面需要贯通的纵向钢筋。

【知识点拓展】

（1）《抗规》这里区分框架结构与其他结构中的框架，对于框架结构用的是“不应”，对其他结构框架用的是“不宜”。

（2）《高规》不区分框架结构与其他结构中的框架，均采用“不宜”。

（3）《上海抗规》说法同《抗规》；《广东高规》说法同《高规》。

（4）本次《规范》均增加了对抗震等级为三级的要求。

（5）作者认为《抗规》的规定，对纯框架结构更加严格、更加合理。

5.29 抗震设计时，框架结构应合理考虑填充墙对结构的不利影响

对考虑填充墙不利影响的抗震设计，可根据填充墙布置的不同情况区别对待。

（1）对于填充墙布置上下不均匀，形成薄弱楼层时，应按底层框架—抗震墙砌体房屋的相关要求，验算上下楼层的刚度比值，设置必要的抗震墙（混凝土或砌体结构），同时加强构造措施。

（2）对于填充墙平面布置不均匀，导致结构扭转时，要调整墙体布置或结合其他专业需要将部分砖墙改为轻质隔墙，尽量使墙体均匀、对称分布；同时，按《抗规》第 5.2.3–1 款的要求，建筑的边榀构件的地震作用效应应乘以扭转效应增大系数。

（3）对于局部砌筑不到顶，形成短柱时，应考虑填充墙的约束作用，重新核算框架柱的剪跨比，按短柱或极短柱的相关要求进行设计，箍筋全高加密；若抗剪承载能力不足，尚应增加交叉斜向配筋。

（4）对于单侧布置填充墙的框架柱，上端可能冲剪破坏时，结构分析应考虑填充墙刚度对地震剪力分配的影响，合理确定柱的各部位所受的剪力和弯矩，并进行截面承载能力验算；考虑填充墙对框架柱产生的附加内力，具体计算方法，可参考《抗规》7.2.9–1 条关于底框柱附加内力的计算规定，框架柱上端除考虑上述附加内力进行设计外，尚应加密箍筋，增设 45

度方向抗冲切钢筋，一般而言，不宜少于 2ϕ20；而对于角柱，沿纵横两个方向均应配置斜向配筋。

5.30 几本新《规范》对剪力墙竖向和横向分布钢筋的直径规定有何异同，实际工程如何执行

（1）《抗规》6.4.4–3 条规定：竖向和横向分布钢筋，均不宜大于墙厚的 1 /10，不应小于 8mm；竖向钢筋直径不宜小于 10mm。

（2）《高规》7.2.18 条规定：竖筋和水平筋的直径不应小于 8mm（无不宜小于 10mm 的规定）。

（3）《砼规》11.7.15 条规定：剪力墙水平和竖向分布筋的直径不应小于 8mm；竖向分布筋直径不宜小于 10mm，提法与《抗规》一致。

（4）《广东高规》7.2.15 条：竖向分布钢筋直径不宜小于 10mm，水平分布筋直径不宜小于 8mm，竖向和水平分布筋直径不宜大于墙厚 1/10。

（5）《上海抗规》6.4.4–3 条：抗震墙竖向和横向分布钢筋的直径，均不宜大于墙厚 1/10 且不应小于 8mm，竖向钢筋直径不宜小于 10mm。

【知识点拓展】

（1）《抗规》《砼规》在 2010 版修订时，根据各地工程实践经验和相关施工单位的反馈意见，对抗震墙的竖向分布钢筋的最小直径作出“不宜小于 10mm”的规定，这主要还是依据工程经验和很多设计单位的建议，目的是为了保证施工时钢筋的稳定性。如果实际工程中，有可靠的措施保证钢筋网的稳定性，剪力墙竖向分布筋最小直径可以采用 8mm。

（2）自执行新《规范》后，有的地方严格执行《抗规》要求，竖筋均采用 10mm，有的地方则按《高规》执行，竖筋直径仍采用 8mm。

（3）《规范》都提到墙里的钢筋直径不宜大于墙厚的 1/10，这主要是考虑钢筋直径过大，容易产生墙面裂缝。

（4）作者认为不应按一个标准要求进行施工设计，应结合工程情况区别对待。多、高层住宅量大面广，开发商往往对设计院提出建筑含钢量的要求，前几年 200mm 厚的剪力墙在某高度以上水平筋及竖筋都配成ϕ8@200，满足配筋率要求，施工方基本是认可的，没有提出疑义，所以作者建议设计人员结合工程情况灵活把握。例如，当层高大于 3.5m 且业主对建筑含钢量没有提出要求时，可按《抗规》执行；当层高小于 3.5m，且业主对含钢量提出要求时，可按《高规》执行。

（5）当然会遇各地审图人员对《规范》的理解及把握尺度不一致，所以最好事先与审图单位沟通协调。

5.31 新《规范》关于剪力墙结构边缘构件的截面尺寸及配筋要求的若干问题

剪力墙设置边缘构件目的是为了增加墙体的延性，增大耗能能力，进一步降低其他结构构件的抗震需求。试验研究表明，在墙体竖向钢筋总用量不变的前提下，适当增加墙体端部

的钢筋用量，相应减少中部的分布筋，既可提高墙体的承载能力，又可提高墙体的延性。基于此，《规范》及相关的专业标准对抗震墙边缘构件的纵向钢筋最小用量提出了相应的要求。但各规范在以下几个方面有差异。

5.31.1　剪力墙构造边缘构件阴影区范围几本《规范》有差异，设计如何把控

（1）《抗规》对构造边缘构件尺寸要求如图 5–20 所示。

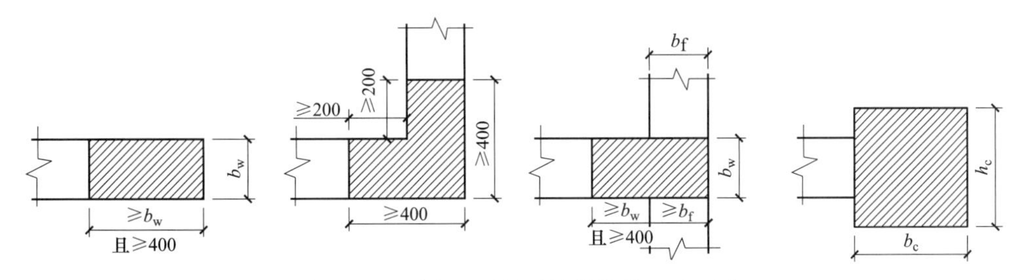

图 5–20　《抗规》对构造边缘构件尺寸要求

（2）《高规》对构造边缘构件尺寸要求如图 5–21 所示。

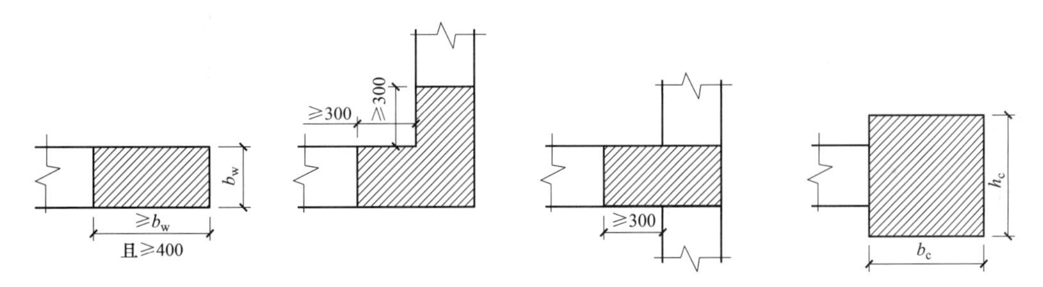

图 5–21　《高规》对构造边缘构件尺寸要求

（3）《砼规》对构造边缘构件尺寸要求如图 5–22 所示。

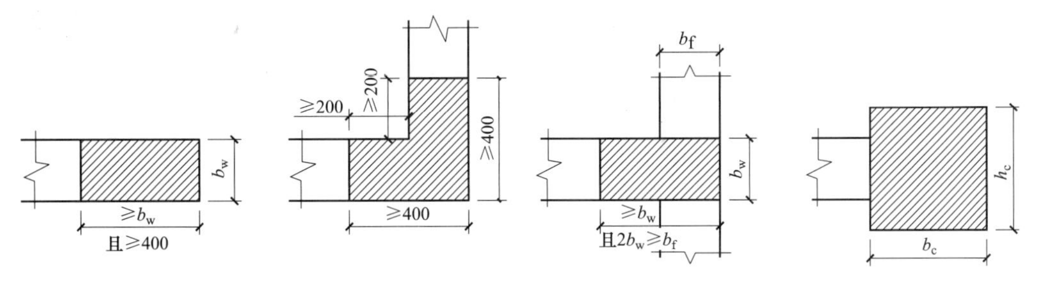

图 5–22　《砼规》对构造边缘构件尺寸要求

说明：

对于转角墙：《抗规》图 5–20 中转角墙阴影区每边 400mm，且出墙边 200mm；《砼规》图 5–22 同《抗规》；而《高规》图 5–21 的转角墙阴影部分无总宽规定，出墙边为 300mm，翼墙出墙 300mm。对于 T 形墙：《抗规》图 5–20 翼墙阴影部分有总宽要求≥b_w，且≥400mm，且无出墙边长要求；《砼规》图 5–22 中翼墙总宽≥400mm，且 2bw≥b_f的要求；《高规》仅标

出墙边≥300mm。三本规范标注均有所不同。

作者建议参照有关资料，把握上不同之处，高层建筑应按《高规》执行，多层建筑可按《抗规》执行。

5.31.2 几本《规范》对于约束边缘构件截面尺寸规定的差异

对于约束边缘构件截面尺寸，三本规范规定的基本一致，仅对于带端柱的规定稍有差异。《抗规》《高规》均要求延伸到墙里 300mm，而《砼规》要求延伸到墙里≥300mm，如图 5–23 所示。

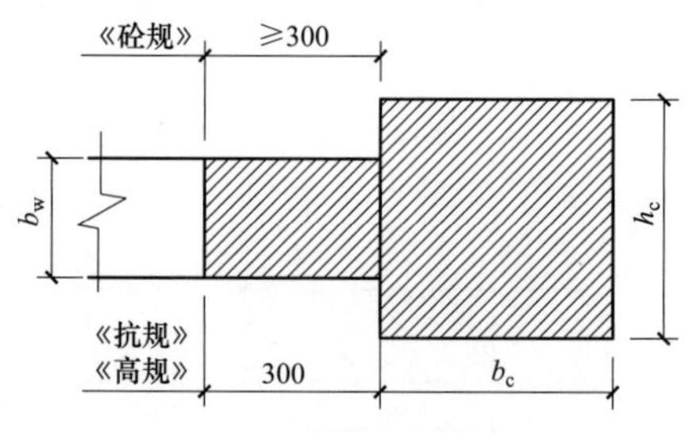

图 5–23 带端柱约束边缘构件

【知识点拓展】

（1）剪力墙的翼缘长度小于翼墙厚度的 3 倍或端柱截面边长小于 2 倍墙厚时，应按无翼墙、无端柱查表 l_c（约束边缘构件沿墙肢长度），如图 5–24 所示。

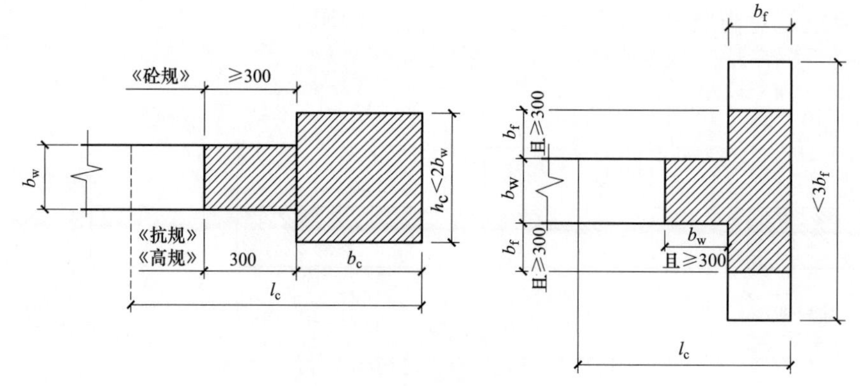

图 5–24 按无翼墙或无端柱确定 l_c 情况

（2）《技措》2009 版认为：对于有端柱的剪力墙，当 $b_c≥3b_w$ 且 $h_c≥3b_w$ 时，阴影部分不必要延伸至墙内，即延伸墙内的 300mm 可以取消，如图 5–25 所示。

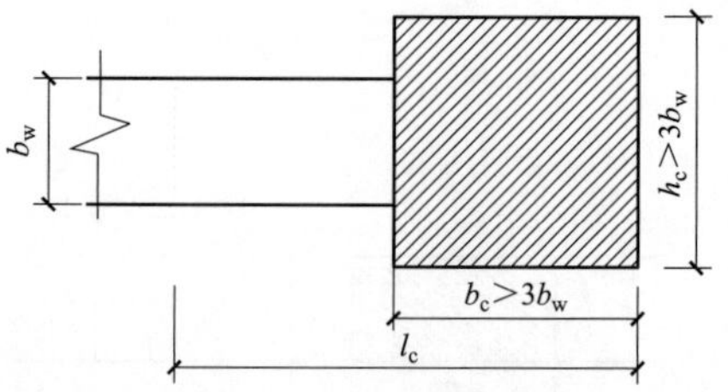

图 5–25 阴影部分不必延伸到墙中的情况

（3）在底部加强部位与上部一般部位的过渡区（可取加强部位以上与加强部位相同的高度），边缘构件的长度需要逐步过渡。

（4）本次修订将约束边缘构件的要求扩大至三级抗震墙。

（5）在开洞剪力墙中洞口边是否均要设置约束边缘构件，应视具体情况分析确定。当洞口较小（作者认定洞口宽度小于 600mm），连梁较高时（如整体小开口墙），墙端应力分布整体上接近直线，计算端部约束边缘构件的长度 l_c 时，h_w 宜按整个墙段长度计算，而内部洞口边缘处压应力不大，不一定要设置约束边缘构件，可仅设置构造边缘构件或采取洞口加强处理，如图 5–26 所示。

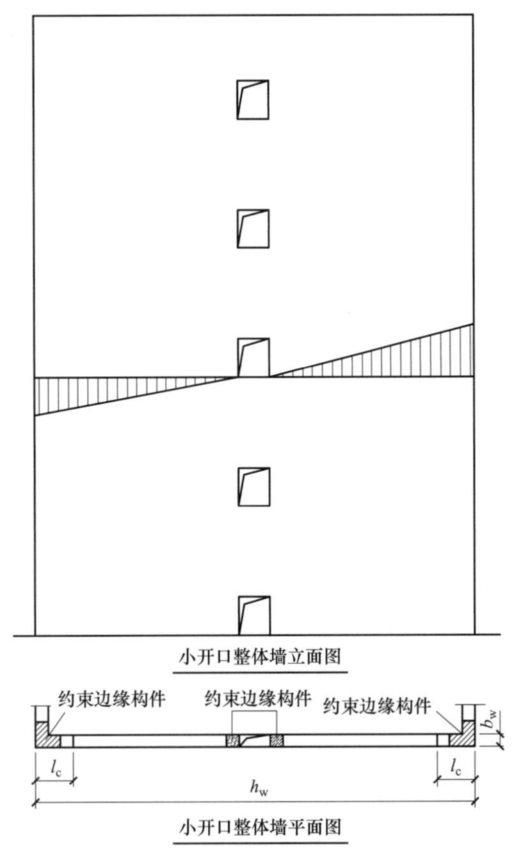

图 5–26　小开口整体墙示意图

5.31.3 《规范》对抗震墙边缘构件纵向钢筋的用量作出规定，要求按相应的截面配筋率和规定的钢筋数量中二者的较大值采用。实际工程中经常遇到哪些问题

目前实际工程应用中有如下两种情况：就拿抗震等级为二级的剪力墙构造边缘构件来说，《规范》规定最小纵向钢筋用量取 $0.08A_c$（A_c为边缘构件截面面积）和 $6\phi14$ 的面积较大值。

第一种情况认为：面积取 $0.08A_c$ 和 $6\phi14$ 的较大值，同时要求纵向钢筋直径不小于 $\phi14$；

第二种情况认为：面积取 $0.08A_c$ 和 $6\phi14$ 的较大值，要求纵向钢筋直径不小于墙体的竖向钢筋直径即可；作者认为这个理解方是《规范》本意（已经得到规范编制认可）。

【知识点拓展】

（1）目前没有一本规范对边缘构件纵向钢筋直径提出要求；均明确表示是纵向钢筋用量（目的是防止由于边缘构件截面过小时，纵向钢筋过少的问题）；但《技措》2009 版则明确表示是纵向钢筋的直径，而不是钢筋用量（作者认为是错误的解释）。

（2）由于《规范》并未给出纵向钢筋的间距要求，有的工程在满足《规范》的最小用量下，为了满足纵向钢筋直径（设计时的直径要求）采用如图 5–27 所示的配筋形式；实际上剪力墙的竖向钢筋间距为 200mm，而边缘构件的纵向钢筋间距为 300mm。这显然不够合理。

（3）根据延性抗震墙的设计概念，边缘构件应比墙体具有更高的强度和更好的延性。《规范》虽然未对边缘构件的竖向钢筋间距作出明确规定，但工程实施时还是应按延性抗震墙的设计概念进行设计。如上所述，在满足《规范》规定的最小纵向钢筋用量的前提下，应兼顾选择纵向钢筋的直径及间距（作者认为间距不应大于剪力墙竖向钢筋间距，直径不应小于剪力墙竖向钢筋直径）。所以如图 5–27 所示的配筋方式应在保持总用钢量基本相等的情况下，改为如图 5–28 所示的配筋形式。

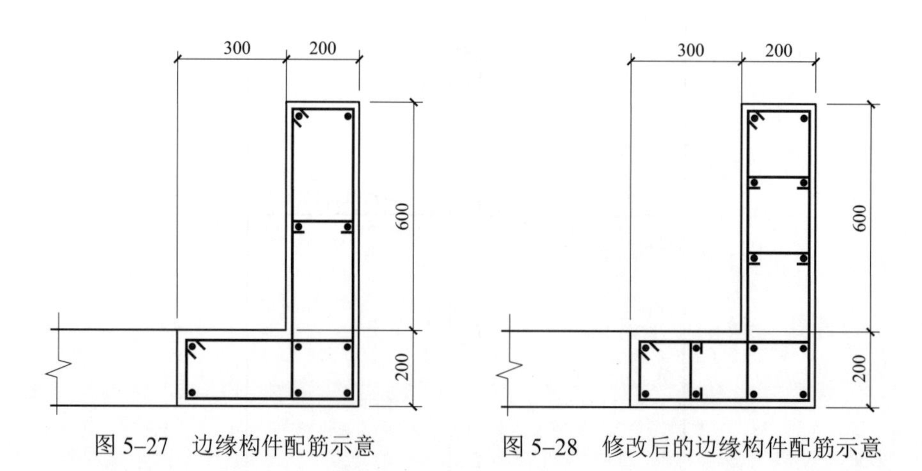

图 5–27 边缘构件配筋示意　　图 5–28 修改后的边缘构件配筋示意

（4）当然有的地方采取这样一种变通方式，即考虑到《规范》的纵向钢筋用量及根数、直径，同时兼顾经济合理的原则，将多出的钢筋选用较小直径的纵向钢筋代替，如图 5–28 所示，中间的 6 根钢筋可考虑此法。

例如：一级抗震等级约束边缘构件，在钢筋总量满足 $0.012A_c$ 的前提下，可考虑采用 8ϕ16（规范规定）+4ϕ10 的配筋方案。也即主要部位采用《规范》规定的直径钢筋，其他部位可以采用其他直径的钢筋，但注意钢筋均不应小于墙体竖向钢筋直径。

（5）以上做法仅仅是一种变通做法，不得已而为之，作者认为根本没有必要，纵筋配筋量只要满足计算及最小配筋量，钢筋间距不大于墙体竖向钢筋间距，钢筋直径不小于墙体竖向钢筋直径就可以。

（6）《技措》2009 年版明确说是最小直径，作者认为不妥，理由分析如下：

1）为了说明这个问题，先分析如图 5–29 所示的两种配筋方案，两个截面相同，且抗震等级均为二级的约束边缘构件。

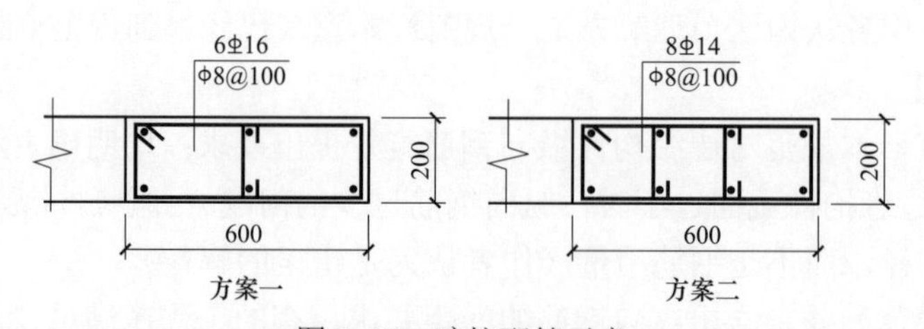

图 5–29 暗柱配筋示意

可计算出纵向钢筋配筋率及箍筋体积配筋率：

方案一：$\rho_s = 1.005\%$，$\rho_v = 0.951\%$；方案二：$\rho_s = 1.03\%$，$\rho_v = 1.047\%$。方案二采用了细而密的配筋方案，纵筋采用ϕ14 钢筋后，在满足配筋率的条件下，减小了纵筋间距，加密了箍筋肢距，提供了体积配筋率，延性将优于方案一，也符合“强剪弱弯”的延性设计概念。

2)《规范》提出的抗震等级为一、二、三级的约束边缘构件配筋量同时不小于 8ϕ16、6ϕ16 和 6ϕ14，主要是为了防止截面过小的约束边缘构件设定的，因为一般仅会在截面较小的约束边缘构件体现作用。例如抗震等级为二级，墙厚 200mm，$l_c = 400$mm 则边缘构件最小配筋量应取［$0.08A_c = 0.08 \times 200 \times 400 = 640\text{mm}^2$、$1206\text{mm}^2$（6$\phi$16）］的较大值。

3）从控制墙面裂缝的角度来说，由于墙厚一般较小，钢筋直径越大墙面越容易开裂，所以理应控制剪力墙纵筋的最大直径，如《高规》《抗规》《砼规》均要求：剪力墙的竖向及水平向钢筋直径不宜大于墙厚的 1/10，就是为了避免墙面裂缝。

（7）剪力墙边缘构件中的纵向钢筋按承载力计算和构造要求取二者较大值设置。边缘构件承受集中荷载的端柱还需要符合框架柱的配筋要求。

5.31.4　关于约束边缘构件的箍筋配置问题

1. 约束边缘构件的箍筋沿竖向间距问题

由于约束边缘构件内主筋与箍筋、拉筋均较多，甚至有时造成施工困难，为了减少约束边缘阴影部分配筋量，这次《抗规》及《高规》均允许在一定条件下墙体水平分布钢筋兼作约束边缘构件的箍筋使用，配套的国际图集（11G101–1），（11G329–1）也给出了相应的构造做法。图 5–30 所示即为图集（11G329–1）给出的利用墙的水平分布钢筋代替约束边缘构件的部分箍筋的一种做法。

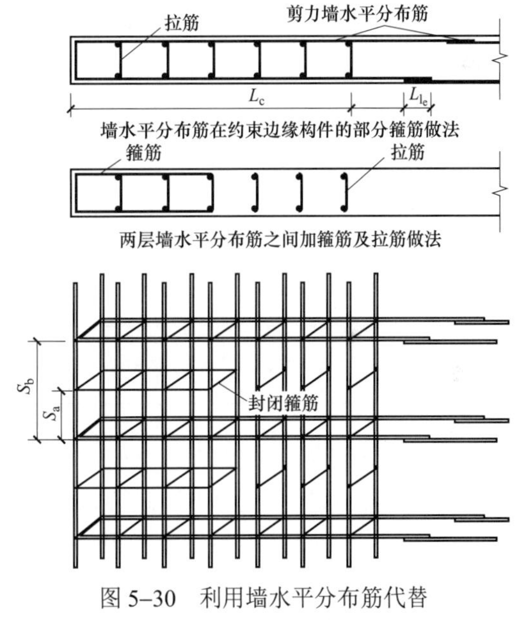

图 5–30　利用墙水平分布筋代替部分约束边缘构件箍筋做法

【知识点拓展】

（1）由于《规范》规定“约束边缘构件内箍筋、拉筋的竖向钢筋间距，抗震等级为一级时不宜大于 100mm，二、三级不宜大于 150mm”所以有审图“专家”认为即使墙体水平筋已兼作箍筋，也只能计入其体积配筋率，在考查“竖向间距”时，仍不能视其为箍筋，即图 5–30 中关于“箍筋或拉筋沿竖向间距”是指 S_b，而非 S_a。

作者认为这种观点存在矛盾的地方：首先，既然水平筋已经兼作箍筋使用，满足相应的构造要求后，它就已经具备箍筋的功能，在各项参数控制时就应视其为箍筋；其次，如果不能当做箍筋，又为何能计入其体积配筋率？所以，这种观点是值得商榷的。仔细理解规范思想，《抗规》6.4.5 条条文说明已经明确指出考虑到水平筋同时为抗剪受力钢筋，其竖向间距往往大于约束边缘构件的箍筋间距，需要另增一道封闭箍筋（见图 5–30）。由此可见，《规范》的原意是兼作箍筋的水平筋就可以当做箍筋，但需满足相关构造要求。在考察箍筋竖向间距时应按图 5–30 中的 S_a 计算，而非 S_b。

（2）墙体水平分布钢筋所占比例不大于 30%总体积配筋率要求的理解问题。

根据工程使用的材料强度等级及墙肢轴压比，可算出剪力墙约束边缘构件所需箍筋最小体积配筋率：

$$[\rho_v]=\lambda_v f_c/f_{yv} \tag{5-4}$$

式中 λ_v——墙肢轴压比决定的最小配筋特征值；

f_c——混凝土轴心抗压强度设计值，强度等级低于 C35 时按 C35 计算；

f_{yv}——箍筋或拉筋的抗拉强度设计值。

《抗规》6.4.5 条文说明及《高规》7.2.15 条均明确指出约束边缘构件的箍筋率可计入箍筋、拉筋及符合构造要求的水平分布钢筋，计入的水平分布钢筋的体积配箍率不应大于总体积的 30%。

工程应用中经常会遇到这样的问题：所说的总体积的配箍率是计算实配的总体积配箍率还是《规范》要求的最小体积的配箍率［ρ_v］？

为分析此问题，我们先来分析常见的如图 5–31 所示的节点，比较其配置两种不同水平筋的情况。

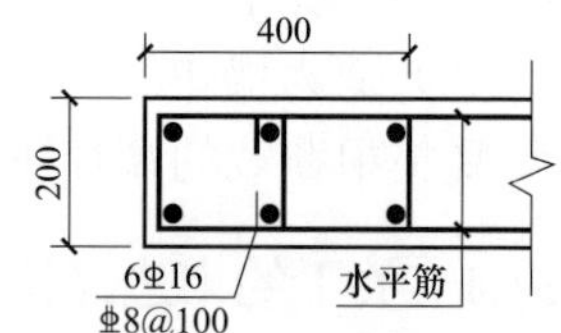

图 5–31 配置两种不同水平筋的约束边缘构件示意

基本条件为：抗震等级为二级，$\lambda_v=0.2$，混凝土强度等级为 C40，箍筋及水平分布筋均采用 HRB400 级钢筋，水平筋兼作箍筋使用，具体情况见表 5–14。

表 5–14 构件参数

水平分布筋	箍筋	实配ρ_v（%）	［ρ_v］（%）	箍筋ρ_v（%）（ρ_t/ρ_v，ρ_t/［ρ_v］）	水平筋ρ_{hv}（%）（ρ_{hv}/ρ_v，ρ_{hv}/［ρ_v］）
⏀8@200	⏀8@100	1.456	1.061	1.049（0.720，0.989）	0.407（0.280，0.384）
⏀10@200	⏀8@100	1.781	1.061	0.846（0.475，0.797）	0.935（0.525，0.881）

由表 5–14 可见，如按实配的总体积配筋率ρ_v计算，当水平筋直径增大后，由于相对含量的变化，同样的墙肢，反而不满足要求了，这显然是违背常理。其实由表 5–14 可见，在两种配筋方案中，另外加设的箍筋及拉筋的体积配箍率ρ_v均大于［ρ_v］的 70%，即同样情况的节点，当水平筋直径增大后，并没有减小箍筋的体积配箍率，仅增大了水平分布筋的含量，理应更安全才是。所以，作者认为计算水平筋体积配箍率时，应按《规范》要求的最小体积配箍率 30%为限。

（3）如果约束边缘构件考虑墙体水平钢筋的作用，则墙体水平筋在端部应“符合构造要求”。一般是指：水平分布筋伸入约束边缘构件，在墙端有 90° 弯折后延伸到另一非分布钢筋并勾住其竖向钢筋，内、外水平分布钢筋之间设置足够的拉筋，从而形成复合箍，可以起到有效约束混凝土的作用。此种构造要求作者建议可参考图集（11G329–1）中的做法。

（4）经常有设计人员问，既然约束边缘箍筋体积配箍率可以考虑墙体水平钢筋的贡献，那么构造边缘构件箍筋体积配箍率是否也可以考虑。作者的回答是，理论上应该可以，但考虑构造边缘构件的配箍已经很小了，就不宜再考虑水平钢筋的贡献了。

（5）《技措》2009 版 5.3.16–2 条：约束边缘构件的箍筋率可计入箍筋、拉筋及符合构造要求的水平分布钢筋，计入的水平分布钢筋的体积配箍率不应大于总体积的 50%。作者认为这个限值有点太大，当然一般情况下计入剪力墙的配筋均达不到 30%。

2. 约束边缘构件非阴影区的箍筋配置问题

同样以二级抗震墙为例，约束边缘构件计入非阴影区后，箍筋竖向间距是否还需满足不大于 150mm 的要求？约束边缘构件非阴影区计入的水平分布钢筋的体积配箍率是否还需满足不应大于总体积配筋率的 30%的要求？单就《抗规》中的表 6.4.5–3 来说，约束边缘构件非阴影区也应满足这些要求。但在实际工程设计时，常常难以满足。比如最常见的 200mm，如在非阴影区不另增设箍筋，则其间距不满足要求。对于非阴影区的箍筋做法，图集 11G101–1 未提及。估计考虑到这两方面的要求，图集 11G329–1 给出了两种做法。这种做法的不足之处是非阴影区中间附加的拉筋由于只是单向拉筋，施工中不易固定，较难操作，另外由于单向拉筋未形成封闭箍筋，其对混凝土的约束能力也会有所折减。考虑到水平筋和箍筋体积配箍率的要求，则必须在水平筋内另加拉筋，否则单层拉筋将因所占体积配箍率过低而不满足要求。但是从剪力墙的延性需求来看，墙肢端部变形大，延性要求高，离端部越远，延性要求会逐步降低。由此可知，对于约束边缘构件来说，非阴影区的延性要求可比阴影区的略作降低，因此，作者认为约束边缘构件的阴影区与非阴影区可区别对待。

3. 边缘构件箍筋的配筋方式问题

（1）约束边缘构件阴影区是否必须采用箍筋？

《抗规》及《砼规》均讲是箍筋或拉筋，《高规》讲是箍筋、拉筋。作者理解《规范》的意思是可以采用以下三种方案中的任何一种方案。

以“L 形”为例进行说明，如图 5–32 所示。

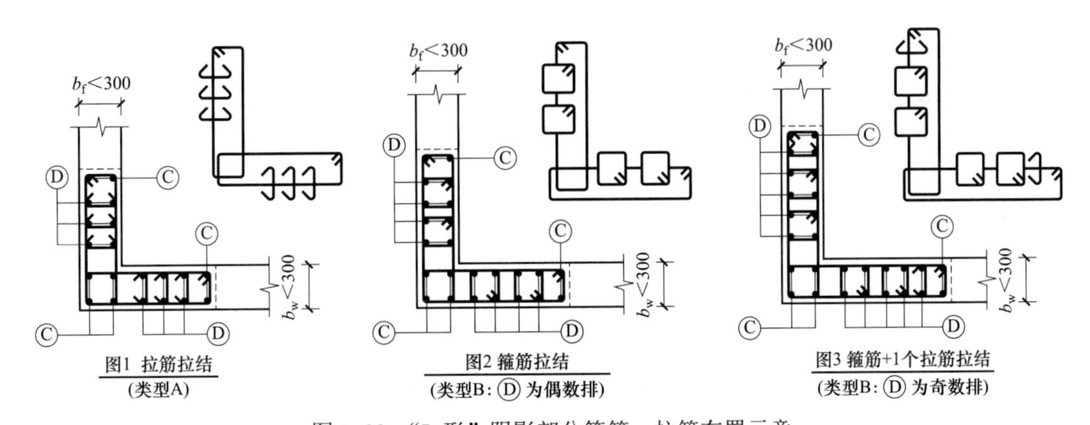

图 5–32 “L 形”阴影部分箍筋、拉筋布置示意

（2）构造边缘构件的配箍形式几本规范说法有差异。

《抗规》及《高规》均指出：底部加强部位采用箍筋，其他部位采用拉筋；《砼规》则指出：底部加强部位及其他部位均采用箍筋、拉筋组合配置。

注：《高规》在 7.2.16 条文说明中有“构造边缘构件可配置箍筋与拉筋相结合的方案”。

基于《抗规》《高规》的表述，有的地方就认为底部加强部位必须均采用箍筋（大箍套小箍的方案），非加强部位可均采用拉筋方案。作者认为这样的理解是不合适的（《规范》表述有问题），而《砼规》这里的表述是合适的。

【知识点拓展】

1）对于构造边缘构件，由于几本规范说法不一致，造成设计人员理解不一致。

新版《抗规》《高规》对于底部加强部位为“箍筋”、其他部位为“拉筋”；

《抗规》2001 版对于底部加强部位及其他部位为“箍筋或拉筋”；

《高规》1991 版对于底部加强部位及其他部位为“箍筋（拉筋）”；

《高规》2002 版对于底部加强部位及其他部位为“箍筋或拉筋”；

新旧《砼规》对于底部加强部位及其他部位为“箍筋、拉筋”。

作者认为《砼规》表述最合适。

2）作者认为对于底部加强部位和其他部位的构造边缘构件均可采用箍筋+拉筋的组合方案为宜。如图 5–33 所示为 L 形边缘构件。

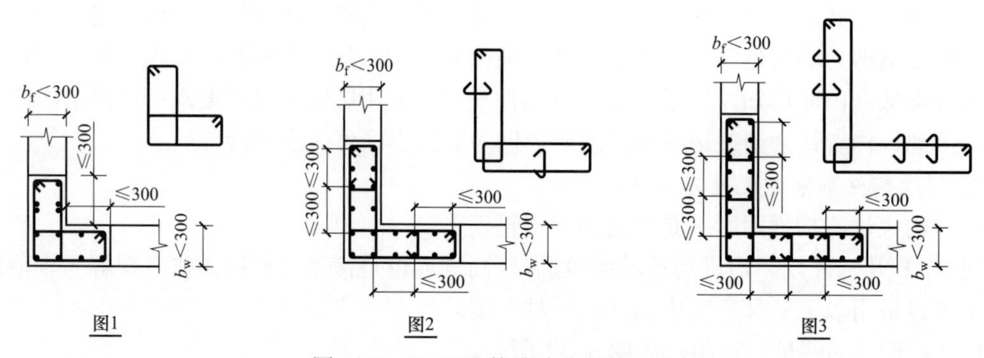

图 5–33 “L 形”构造边缘配筋示意

但注意无论采取哪种配箍形式，箍筋、拉筋肢距不宜大于 300mm 及不应大于竖向钢筋间距的 2 倍。

3）对于框架—核心筒构造，新版《高规》将旧版《高规》规定的“约束边缘构件范围内全部采用箍筋”更改为主要采用箍筋，即采用箍筋与拉筋结合的配箍方法。究其原因，是因为约束边缘构件通常需要一个沿周边的大箍，如中间再加上小箍，由于小箍无法勾住大箍，会造成大箍的长边无支长度过大，起不到应有的约束作用。因此，采用大箍加拉筋的配箍方式更能发挥大箍的约束作用。

5.31.5 《高规》条文说明：剪力墙约束边缘构件箍筋的配箍特征值可随剪力墙轴压比的大小有所不同。设计如何把控

剪力墙约束边缘构件的延性，除与混凝土强度和配筋特性（尤其是箍筋特征值和箍筋形式）有关外，还与边缘构件的形状有关。在相同的轴向压力（轴压比）作用下，带翼墙或端柱的剪力墙，其受压区高度会小于一字形截面剪力墙。因此《规范》规定，带翼墙或端柱的墙约束边缘构件沿墙长度、配箍率特征值均小于一字形截面剪力墙。

5.31.6 十字形剪力墙如何设置约束或构造边缘构件

对于十字形剪力墙，可按两片墙分别在端部依据要求设置约束或构造边缘构件，但在交叉部位只需按构造要求设置暗柱，满足相应抗震等级的暗柱构造边缘配筋即可，如图 5–34 所示。

5.31.7　剪力墙墙肢最大轴压比限制要求的新变化

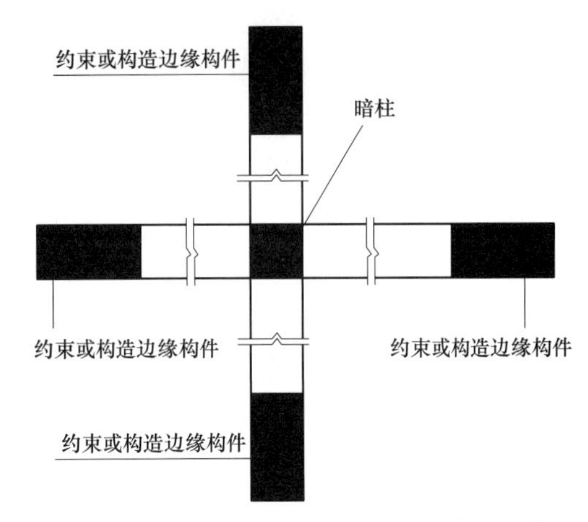

图 5–34　十字交叉墙边缘构件及暗柱示意

轴压比是影响剪力墙在地震作用下塑性变形能力的重要因素之一，国内外试验研究表明，相同条件下的剪力墙，轴压比低的，其延性就大，轴压比高的，其延性就小；通过设置约束边缘构件，可以提高高轴压比剪力墙的塑性变形能力，但轴压比大到一定值后，即使设置约束边缘构件，在强震作用下，剪力墙仍可能会因为混凝土被压碎而丧失承受重力荷载的能力。为此《规范》对剪力墙墙肢轴压比提出限值要求。

作者结合各规范规定，在重力荷载代表值作用下，抗震等级为一、二、三、四级剪力墙墙肢轴压比不宜超过表 5–15 的限值。

表 5–15　　剪 力 墙 轴 压 比 限 值

墙肢类型＼抗震等级		特一级、一级（9 度）	一级（6、7、8 度）	二、三级		四级
一般剪力墙		0.4	0.5	0.6		0.7
短肢剪力墙	有翼墙或有端柱	—	0.45	0.50	0.55	0.65
	一字形截面的墙	—	0.35	0.40	0.45	0.55

注：墙肢轴压比指墙的轴压力设计值与墙的全截面面积和混凝土轴心抗压强度设计值乘积之比。

【知识点拓展】

（1）《抗规》《砼规》的一级抗震仅指 7、8 度，不含 6 度一级，应该说是不合适的。在 6 度抗震设防区，对于抗震设防分类为甲或乙类的建筑，还是有可能出现抗震等级为一级的抗震墙的。

（2）本次《规范》均增加了对抗震等级为三级的剪力墙最大轴压比的限值要求。

（3）本次《规范》要求最大轴压比限值由原《规范》仅对底部加强区扩展到要求全高。这主要为防止高层建筑有可能会因为上部截面薄弱及混凝土强度标号降低等原因，致使轴压比依然会较大。

（4）对于短肢剪力墙抗震等级为一、二、三级时，轴压比分别不宜大于 0.45，0.50，0.55；对一字型短肢墙最大轴压比限值还应减少 0.1。

（5）《广东高规》这次给出抗震等级为四级的剪力墙轴压比不宜超过 0.7 的要求。

（6）多层剪力墙结构底部加强部位，墙肢截面在重力荷载作用下的轴压比一般均小于 0.3，对于抗震等级为二、三、四级多层剪力墙均能满足不设约束边缘构件轴压比的限值要求，可不设约束边缘构件。为此，为了减少钢筋用量，建议一般的多层建筑尽量调整剪力墙布置位置、厚度等使其在重力荷载作用下墙肢的轴压比均小于 0.3。

（7）剪力墙轴压比计算为何不考虑地震工况？如何计算？

《规范》考虑到计算剪力墙相对受压区的轴压比不易操作，所以《规范》方建议取重力荷载代表值作用下墙肢轴压比作为判别依据。《抗规》条文说明：计算墙肢压力设计值时，不计入地震作用组合，但应取分项系数 1.2。即：$\mu_n = (N_D+0.5N_L)\times 1.2/Axfc$。

注意：其他几本规范没有提及这个 1.2 的分项系数问题。

所以 2013 年全国一级注册工程师考试有这样一道题，很多考生没能解答出来。

【算例】

这个算例就是 2013 年一级注册工程师考试原题。

某 7 层住宅，层高均为 3.1m，房屋高度 22.3m，安全等级为二级。采用现浇钢筋混凝土剪力墙结构，混凝土强度等级 C35，抗震等级三级，结构平立面均规则。某矩形截面墙肢尺寸 $b_w\times h_w = 250\text{mm}\times 2300\text{mm}$，各层截面保持不变。

假定底层作用在该墙肢底面由永久荷载标准值产生的轴向压力 $N_{Gk} = 3150\text{kN}$，按等效均布荷载计算的活载标准值产生的轴向压力 $N_{Qk} = 750\text{kN}$，由水平地震作用标准值产生的轴向压力 $N_{Ek} = 900\text{kN}$。试问，按《建筑抗震设计规范》（GB 50010—2010）计算，底层该墙肢底截面的轴压比与下列何项数值最为接近？

（A）0.35　　（B）0.40　　（C）0.45　　（D）0.55

【解答】参看《砼规》表 4.1.4–1，查得 C35，$f_c = 16.7\text{N/mm}^2$。

据《抗规》5.1.3 条，重力荷载代表值：$G = 3150+750\times 0.5 = 3525\text{kN}$

6.4.2 条及条文说明 $\mu_N = (3525\times 10^3)\times 1.2/(250\times 2300\times 16.7)= 0.44$

答案：（C）

【点评】本题考核剪力墙轴压比的概念，剪力墙轴压比是指在重力荷载代表值作用下墙肢的轴压力设计值与墙肢的截面面积和混凝土轴心抗压强度设计值的比值。在此定义中考生要注意：① 重力荷载代表值，不考虑地震作用；② 轴压力设计值，是为了与 f_c 相对应；③ 在计算重力荷载代表值时活荷载需要乘以 0.5; ④ 要注意计算柱轴压比与计算墙轴压比的异同。

（8）SATWE（S–3）V2.1 版程序在计算墙的轴压比时，自动把连续的直线墙肢作为一个墙肢计算其轴压比，没有考虑 L、T、Z 和十字形等复杂连接情况，也没有考虑边框柱构件或内含型钢暗柱构件的有利因素。程序给出的轴压比仅是单肢墙的轴压比计算结果，并依据《规范》给的进行判断，如果不满足则在轴压比简图中以红色表示。显然这个结果多数情况下不符合工程实际情况，是不合适的。

仅判别单个墙肢的轴压比，没有考虑与其相连的墙肢、边框柱等构件的协同作用，此时需要按 SATWE（S–3）V2.1 程序提供的“组合轴压比”验算功能复核，当然也可人工校核。作者再次提醒大家，不要看到程序打出结果出现“红色”不满足，就不加分析地盲目加大构件截面或配筋。当然其他计算程序可能也有类似情况，提醒设计人员注意分析判断。

5.31.8 设置构造边缘构件的条件

对于开洞形成的联肢墙，在强震下合理的破坏过程应当是连梁先屈服，然后墙肢底部钢筋屈服、形成塑性铰。抗震墙的塑性变形能力和抵抗地震倒塌能力，除了与剪力墙截面形状、纵向钢筋配筋与墙两端的约束范围、约束范围内配箍特征值有关外，更主要地是与截面相对受压区高度内的压应力即相对受压区的轴压比有关。试验研究表明，当截面相对受压区高度或轴压比比较小时，即使不设约束边缘构件抗震墙仍然具有较好的延性和耗能能力；为此本次《规范》给出不设约束边缘构件最大轴压比的限值，当底部墙肢轴压比不超过表 5–16 限值时，可以仅设置构造边缘构件。

表 5–16 剪力墙设置构造边缘构件的最大轴压比限值

抗震等级	一级（9 度）	一级（6、7、8 度）	二、三级
轴压比限制	0.1	0.2	0.3

【知识点拓展】

（1）《抗规》《砼规》对一级抗震仅指（7、8 度），不含 6 度一级，应该说是不合适的。在 6 度抗震设防区，对于抗震设防分类为甲或乙类的建筑，还是有可能出现抗震等级为一级的抗震墙的。

（2）本次《规范》均增加了对抗震等级为三级的剪力墙最大轴压比的限值要求。

（3）但注意对于部分框支剪力墙结构，底部加强部位不管轴压比大小，依然需要在底部加强部位及相邻上一层设置约束边缘构件。

（4）对于抗震等级为四级的剪力墙结构无论轴压比大小，均可仅设构造边缘构件。

（5）上表是指底部加强部位可不设约束边缘构件的轴压比限值条件，对于底部加强部位以外的其他部位只要轴压比不大于表 5–15 的限值要求，也仅需要设置构造边缘构件。

（6）对于底部加强部位，如果有的边缘构件轴压比大于表 5–16 的限值要求，那么仅这些构件需要采用约束边缘构件，其他未超过的构件可设构造边缘构件。

（7）对于超限高层建筑，一般超限审查均要求约束边缘构件设置到轴压比小于 0.25 的部位，不区分抗震等级。

5.31.9 如何合理读取计算程序对剪力墙配筋及边缘构件配筋结果

每个计算程序都有自己的边界条件及读取数据的合理说明，提醒设计人员在使用程序进行计算前，需要仔细阅读用户手册和程序使用技术条件说明。

比如 SATWE（S–3）V2.1 版程序，对于剪力墙配筋结果的表示，程序提供两张图：一张是配筋简图，简图中是对于各个直线段剪力墙的配筋结果；另一张是边缘构件配筋结果。值得注意的是直线段墙的暗柱主筋给出的是计算值，如果计算值小于零则取零，并不考虑构造配筋要求；而边缘构件简图中的配筋结果则是同时考虑计算结果和构造配筋要求，即取二者较大值。

5.31.10 规范对剪力墙的截面配筋有哪些要求？计算软件是如何计算的

《砼规》9.4.3 条：在剪力墙承载力计算中，剪力墙的翼缘计算宽度可取剪力墙间距、门窗洞口翼缘墙的宽度、剪力墙厚度加两侧各 6 倍翼墙厚度、剪力墙墙肢总高的 1/10 四者中的最小值。

《抗规》6.2.13–3 条：抗震墙结构、部分框支剪力墙结构、框架—剪力墙结构、框架—核心筒、筒中筒结构、板柱—剪力墙结构计算内力和变形时，其抗震墙应计入端部翼墙的共同作用中。由条文说明中可以得到，剪力墙的配筋应考虑翼墙。本次没有给出具体规定限值，但作者建议可以参考 2001 版《抗规》规定。

每侧由墙面算起可取相邻抗震墙净间距的一半、至门窗洞口的墙长度及抗震墙总高度的1/15中三者的最小值。

目前一些软件计算时采用细分的壳单元模拟计算，墙与墙之间、墙与其他杆件之间变形协调，其内力、位移、地震力计算等都可以得到理想的计算结果。但是在剪力墙截面配筋设计环节，一般通用软件常无法按照T形、L形以及两端带翼墙的复杂截面进行配筋设计，这是因为虽然软件可以比较方便地计算各墙肢的内力，但是要得到组合截面的组合内力却很困难。所以一般软件只能把组合截面分解为单个墙肢，并对单个墙肢按照矩形截面分别配筋，对墙肢重叠处的边缘构件采用叠加各墙肢分别配筋的结果进行配筋。这种配筋方式当然与很多实际情况不吻合。特别是对于带边框柱的剪力墙，边缘构件的最终配筋量是分两部分单独计算的；一部分为与边框柱相连的剪力墙暗柱的计算配筋量；另一部分为框架柱的计算配筋量，然后叠加配筋结果，并与《规范》规定的最小配筋量比较取较大值，这种结果通常会使配筋量偏大。业界很多专家多年来一直强调，采用分段式配筋方式并不符合工程实际情况，认为这种方式既不安全、又不经济，建议相关软件进行改进。为此，一些软件给出了手动指定操作方式的剪力墙组合截面配筋功能，是由人工指定相连的墙肢组合成组合截面，再由软件对墙肢的内力进行组合并进行配筋。

以上说明意在提醒设计人员，在使用软件进行剪力墙结构设计计算时，注意了解软件的使用说明，对于不具备计算复杂截面（L、T及带端柱）配筋的，计算结果需要进行必要的分析判断，也可以参考《混凝土异形柱结构计算规程》进行人工校核，计算结果合理有效后方可用于工程设计。

【工程案例】

作者所在公司2014年设计的燕西华府项目工程为多层剪力墙结构，8度（0.20g）抗震设防，设计分别采用SATWE及YJK程序对L、T型暗柱进行分析计算，计算结果如下。

（1）在采用SATWE(V2.1)计算结果进行剪力墙边缘构件配筋时，应在整体计算完成后，在第四项分析结果图形和文本显示里的第17项，边缘构件信息修改中对配筋结果进行重新生成。SATWE界面如图5–35所示。

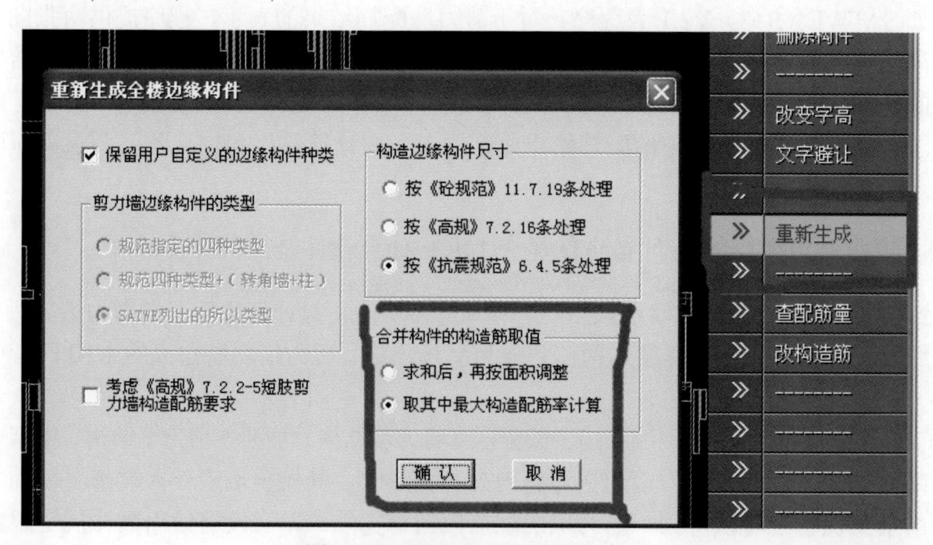

图5–35 SATWE重新生成界面

SATWE 提供的两种计算方法差异如下。

1）对于 T 形边缘构件，对比结果如图 5–36 所示。

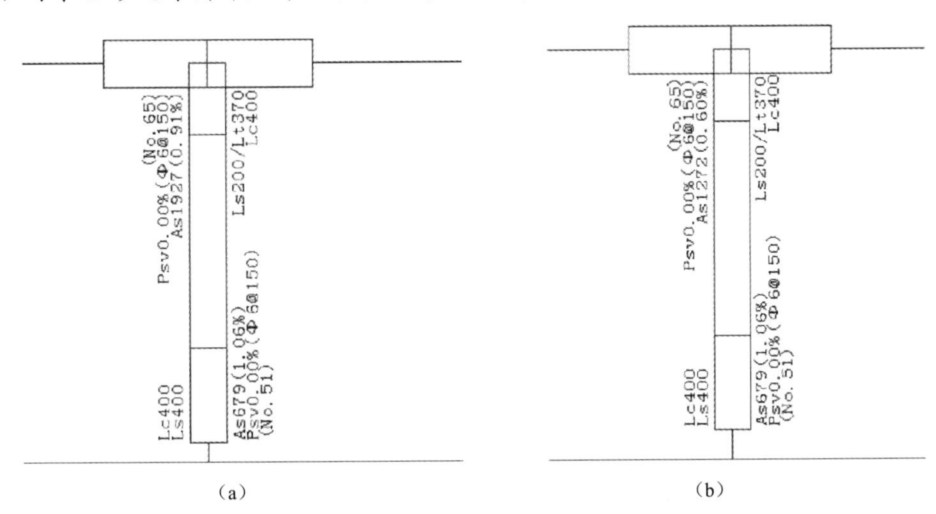

（a）　　　　（b）

图 5–36　SATWE 提供的两种计算方法结果

说明:(a)程序默认的是按“求和后，再按面积调整”计算出的配筋量 $A_s = 1927$(0.91%)。(b)点“取其中最大构造配筋率计算”后，配筋面积调整为 $A_s = 1272$（0.60%)。

2）对于 L 形边缘构件，对比结果如图 5–37 所示。

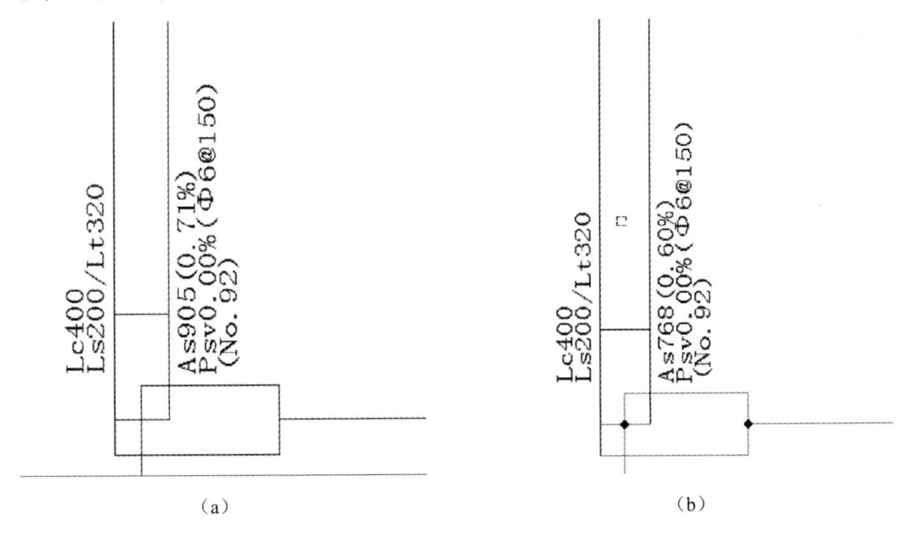

（a）　　　　（b）

图 5–37　SATWE 提供的两种计算方法结果

说明:(a)程序默认的是按“求和后，再按面积调整”计算出的配筋量 $A_s = 905$(0.71%)。(b)点“取其中最大构造配筋率计算”后，配筋面积调整为 $A_s = 768$（0.60%)。

(2)采用 YJK 程序默认计算结果如图 5–38 所示。

说明：对 T 形截面，YJK 计算直接得出边缘构件配筋值 $A_s = 1272$（0.60%)。

对 L 形截面，YJK 计算直接得出边缘构件配筋值 $A_s = 768$（0.60%)。

小结：SATWE 软件点“取其中最大构造配筋率计算”结构与 YJK 软件完全一致。

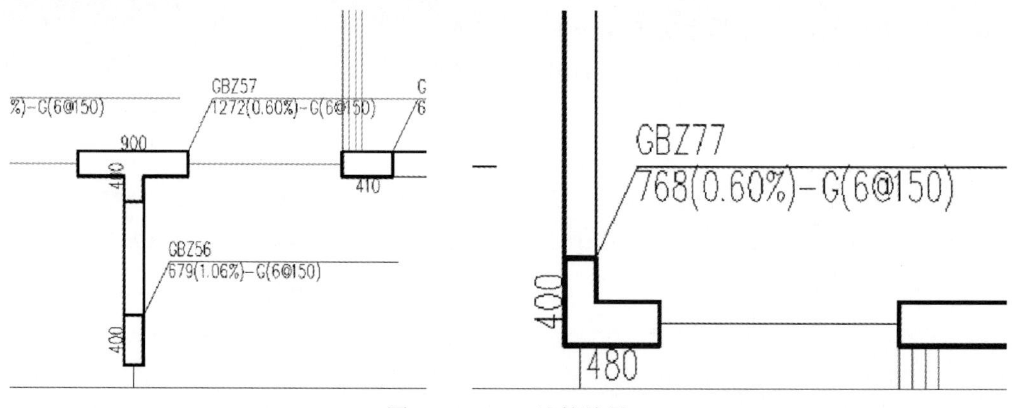

图 5–38　YJK 计算结果

5.32　本次《规范》修订对抗震墙的计算和组合弯矩有哪些调整

（1）计算地震力时，抗震墙连梁刚度可以折减；计算层间位移时，连梁刚度可不折减；但结构的地震作用应相当。抗震墙的连梁刚度折减后，如部分连梁尚不能满足剪压比限值要求，可以采用双或多连梁的布置，还可以按剪压比要求降低连梁剪力设计值及弯矩，并相应调整抗震墙的墙肢内力。

（2）抗震墙应计入腹板与翼墙共同工作。对于翼墙的有效长度，1989 版与 2001 版《抗规》有不同的规定，本次修订不再给出规定。2001 版《抗规》的规定为“每侧由墙面算起可取相邻抗震墙净间距的一半、至门窗洞口的墙长度及抗震墙总高度的 15%中三者的最小值”。这个取值仍可供参考。

（3）对于抗震墙调整截面的组合弯矩设计值，目的是通过配筋方式迫使塑性铰区位于墙肢的底部加强部位。1989 版《抗规》要求一级抗震墙底部加强部位的组合弯矩设计值均按墙底截面的设计值采用，以上一般部位的组合弯矩设计值按线性变化，这样对于较高房屋，可能会导致与加强部位相邻一般部位的弯矩取值过大［图 5–39（a）］。2001 版《抗规》做了适当修改：底部加强部位的弯矩设计值均取墙底部截面的组合弯矩设计值，底部加强部位以

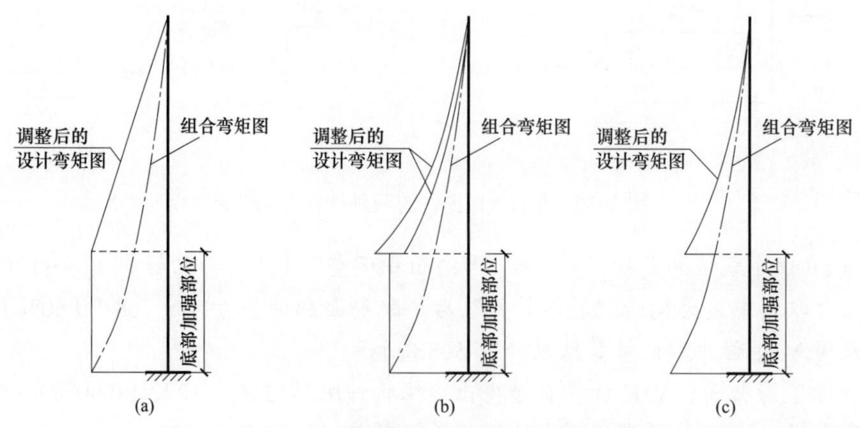

图 5–39　抗震墙截面组合弯矩的调整示意

（a）1989 规范；（b）2001 规范；（c）2010 规范

上，均采用各墙肢截面的组合弯矩设计值乘以增大系数，但增大后与加强部位紧邻一般部位的弯矩有可能小于相邻加强部位的组合弯矩［图 5–39（b）］。为此，本次 2010 版《规范》又进一步修正，改为仅加强部位以上乘以增大系数。这样主要有两个目的：其一是使墙肢的塑性铰在底部加强部位的范围内得到发展，不是将塑性铰集中在墙底，甚至集中在底截面以上不大的范围内，从而减轻墙肢底截面附近的破坏程度，使墙肢有较大的塑性变形能力；其二是避免底部加强部位紧邻的上层墙肢屈服而底部加强部位不屈服［图 5–39（c）］，但应注意一般部位弯矩增大后，其抗剪承载力也应相应增大。

5.33　对《抗规》6.7.1–2 条的合理理解问题

为了避免框架—核心筒结构的外框架刚度太弱，进而导致强震时内部筒体首先严重破坏，《抗规》在 2010 版修订时增加了框架部分按刚度分配地震剪力的要求，即除加强层及相邻上下层外，按框架—核心筒计算分析的框架部分各层地震剪力的最大值不宜小于结构底部总地震剪力的 10%，在此前提下，框架部分的地震剪力还应同时满足框架—抗震墙结构对框架部分的规定。当框架部分的计算剪力不符合上述要求时，说明外框架部分的刚度太弱，此时应采取以下技术措施同时加强核心筒及外框架：

（1）适当提高第一道防线的强度和延性，各层核心筒墙体的地震剪力，取 1.1 倍的计算值和楼层总地震剪力二者的较小值，墙体的抗震构造措施应按抗震等级提高一度后采用，已为特一级的可不再提高。

（2）特别加强第二道防线的强度，外框架承担的地震剪力，按不小于结构底部总地震剪力 15%调整。

注意：这个时候就不需要在按底部总地震剪力标准值的 20%和框架部分楼层地震剪力标准层中最大值的 1.5 倍二者的最小值再控制了。

【知识点拓展】

（1）《高规》9.1.11 条也有同样要求：补充要求调整框架柱的地震剪力后，框架柱端弯矩及与之相连的框架梁端弯矩、剪力应进行相应调整。

（2）《广东高规》规定：

1）当各层框架按侧向刚度分配的地震剪力标准值的最大值小于结构底部总剪力的 10%时，各层核心筒剪力墙应承担 100%的层地震剪力，墙体的抗震构造措施应按抗震等级提高一级考虑；框架部分应按底部总剪力的 15%和框架部分楼层地震剪力中最大值的 1.8 倍二者的较小值进行调整。

2）当各层框架部分按侧向刚度分配的地震剪力标准值小于结构底部总剪力标准值的 20%，但其最大值不小于结构总剪力的 10%时，框架部分按侧向刚度分配的楼层地震剪力应进行调整，调整后的剪力应不小于结构底部总剪力 20%和框架部分楼层地震剪力标准层中最大值的 1.5 倍二者的最小值。

注意：按 2）调整框架柱的地震剪力后，框架柱端弯矩也应进行调整，框架柱的轴力及与其相连接的框架梁端弯矩及剪力可不调整。

这个观点被很多知名业界专家认可，作者也认同这个观点。作者这样理解：“小震作用下的框架—剪力墙结构，对框架柱剪力进行适当调整是十分必要的，但不必要调整与其相连接框架梁端弯矩、剪力，以利用相对强化柱、而弱化框架梁，便于强柱弱梁更好的实现。框架柱的配筋一般由抗震构造控制，柱的剪力调整后其实际配筋一般未能得到调整增大，柱的承载力未能得到有效提高。而框架梁一般都是受弯计算，配筋较大，如果再调整就会更大，导致梁的承载力明显提高，使得结构向“强梁弱柱”发展，这是我们不想看到的结果。”

（3）当然也有的地方或专家认为应该这样处理：对框架柱采用结构底部总剪力标准值的 $0.20Q$ 和框架部分楼层地震剪力标准值中最大值的 1.5 倍二者的较大值进行调整；对框架梁则按结构底部总剪力标准值的 20%和框架部分楼层地震剪力标准值中最大值的 1.5 倍二者的较小值进行调整。例如作者 2011 年主持设计的宁夏万豪大厦超限工程，在超限审查时，超限专家就是这样要求的。

5.34 设计如何合理界定与把握个别框支剪力墙与部分框支剪力墙结构的差别？工程设计时应注意哪些问题

（1）由于原《规范》（2001 版）仅是概念定性，没有给出定量的标准，使得工程设计中界定混乱，当然采用最多的是只要有墙转换，不论转换墙的多少均按部分框支剪力墙对待。这显然不尽合理，为此有的工程就参考广东对原《高规》（2002 版）补充规定的界定，“当需要转换的剪力墙面积不大于剪力墙总面积的 8%时，可不按部分框支剪力墙对待，整体结构仍然按剪力墙结构设计，只是对转换构件采用加强抗震措施即可”。当然作者就是按这个标准进行工程界定的。

（2）本次新《抗规》（2010 版）在 6.1.1 条文说明中指出“仅有个别墙体不落地，例如不落地墙的面积不大于总墙截面面积的 10%，只要框支部分设计合理且不致加大扭转不规则，仍可视为抗震墙结构。这样工程设计中就可以依据这个界定标准区分“个别框支剪力墙与部分框支剪力墙结构了”。针对不同的界定结论采取相应的抗震措施，具体要求如下。

对于界定为个别框支剪力墙结构设计应注意区分以下两个方面问题。

1）由结构整体层面上看，其最大适用高度、抗震等级、加强区范围等均可按抗震墙结构的相关要求确定。

2）但由构件层面上看，其个别的框支框架及其上部的墙体应按部分框支抗震墙结构的相关要求对这些构件进行设计，即

① 上部墙体传递给框支梁和框支柱的内力按《抗规》3.4.3 条要求放大。

② 框支框架及其上部墙体的抗震等级按《抗规》6.1.2 条部分框支抗震墙结构确定。

③ 框支柱的内力按《抗规》6.2.10 条要求进行调整。

对于界定为部分框支结构，结构设计人员对于结构整体层面及构件层面均需要按《规范》给出的部分框支剪力墙结构设计规定执行。同时应注意落地墙不能太少，宜控制落地墙体的间距：1～2 层转换，不宜大于 24m；3 层及以上转换，不宜大于 20m。

【知识点拓展】

（1）《抗规》6.1.1 条注 3：部分框支抗震墙是指首层或底部两层为框支层的结构；不包括仅个别墙不落地的情况（转换墙面积小于总墙面积的 10%），也不包括地下结构转换。

作者观点：对于《抗规》提出的这个 10%的概念，绝不是绝对的指标，需要设计人员结合工程实际情况确定，特别是严重不规则结构应从严要求。

（2）《广东高规》（2013 版）给出：托柱转换时转换 20%以上柱时称为转换结构，否则仍然不属于转换结构。

（3）《高规》3.3.1 条：部分框支剪力墙指地面以上有部分框支剪力墙的剪力墙结构；仅有个别墙体不落地（没有给出具体量的界定标准），只要框支部分的设计安全合理，其适应的最大高度可按一般剪力墙结构确定。

（4）《高规》10.2.5 条：部分框支剪力墙结构在地面以上设置转换层的位置，8 度不宜超过 3 层；7 度不宜超过 5 层；6 度可适当提高（没有具体量化）。

（5）《广东高规》给出 6 度不宜超过 8 层，同时说明，托柱转换结构的转换层位置不受限制，但转换数量较多时，应进行必要的补充计算。

（6）不管是《抗规》的“框支层”还是《高规》的“框支框架”，均是指“从嵌固端到框支梁顶面范围内的各层框架梁柱”。

《高规》术语：转换层是指设置转换构件的楼层，包括水平结构构件及其以下的竖向结构构件。

（7）另外《高规》10.2.6 条同时规定：当转换层在 3 层或 3 层以上时，其框支柱、剪力墙底部加强部位的抗震等级还宜提高一级对待（是指抗震构造措施的抗震等级）。注意这里没有讲框支梁、框架梁提高问题。

（8）《广东高规》高位托柱转换层结构的转换梁及转换层以下二层的转换柱的抗震等级按相应上部结构提高一级采用。

（9）《广东高规》转换层设于地下室顶板或地下层时，该层楼板构造应满足一般转换层楼板的要求，但结构可按一般框架—剪力墙、剪力墙或筒体结构控制最大适用高度及采取相应的抗震措施。

（10）注意各规范讲的部分转换结构均是指地面以上的转换，《规范》并没有说明地下顶板是否能作为嵌固部位的问题。作者观点是无论地下顶板能否作为计算嵌固端，如果是地下转换可以不按转换结构对待，但转换构件仍然需要按《规范》对转换构件的要求进行设计。

5.35　对《抗规》6.1.1 条文说明的合理理解问题

所谓框架—核心筒结构，指的是由沿建筑周边设置的框架与在建筑中部设置的核心筒体组成的结构体系。框架—核心筒结构中，当部分楼层为无梁的平板楼盖时，确定其适用的最大高度时仍可按框架—核心筒结构查表得，实际实施时需注意把握以下两个问题。

（1）关于“部分”的界定，按不超过楼层柱数的 30%控制。

（2）关于“部分”的设计：平板楼盖，按板柱—抗震墙结构的相关要求设计，同时加强构造措施；外框架，应按板柱—抗震墙结构的板柱以及框架—核心筒的框架两种情况中的最不利情况进行包络设计，即此时外框架的抗剪承载能力应同时满足《抗规》6.2.13 条第 1 款、6.7.1 条第 2 款以及 6.6.1 条第 2 款的相关规定。

5.36　新《规范》对于框架—剪力墙结构中当有端柱时是否需要设置框架梁的问题有何变化，如何理解

框架—剪力墙中的剪力墙，是作为结构体系的第一道防线的主要的抗侧力构件，需要比

一般的抗震墙有所加强。通常其剪力墙布置有以下两种方式：一种是剪力墙与框架分开，剪力墙围合成筒，墙的两端不设柱，这种布置方式的剪力墙与剪力墙结构中的剪力墙、筒体结构中的剪力墙区别不大；另一种是剪力墙嵌入框架内，有端柱、有边框梁，成为带边框的剪力墙，这种布置的剪力墙，如果梁宽大于墙厚度，则每一楼层的剪力墙有可能成为高宽比小的矮墙，在强震作用下发生剪切破坏，同时，剪力墙给柱端施加很大的剪力，使柱端剪坏，这些对抵抗地震倒塌是非常不利的。基于以上理由，本次《抗规》对墙厚与层高之比的要求，由“应”改为“宜”；对于有端柱的情况，不要求一定设置边框梁。

《抗规》第6.5.1–2条规定，有端柱时，墙体在楼盖处宜设置暗梁，暗梁的截面高度不宜小于墙厚和400mm的较大值。《高规》第8.2.2–3条规定，与剪力墙重合的框架梁可保留，亦可做成宽度与墙厚相同的暗梁，暗梁截面高度可取墙厚的2倍或与该榀框架梁截面等高。

以上可看出两本规范对设暗梁的措辞上和截面大小是不一样的。因此作者建议：多层建筑以《抗规》为依据，高层建筑以《高规》为原则。

5.37 对于一些较短的墙到底是“按柱设计”还是“按墙设计”？有何异同

《高规》7.1.7条：当墙肢的截面高度与厚度之比不大于4时，宜按框架柱进行截面设计。这是《高规》新加条款。

《抗规》6.4.6条：抗震墙的墙肢长度不大于墙厚的3倍时，应按柱的有关要求进行设计；矩形墙肢的厚度不大于300mm时，尚宜设置全高加密箍筋。但注意在原《抗规》（2001版）问题解答中：抗震墙的墙肢长度不大于墙厚的3倍时，应按柱的有关要求进行设计；当墙肢长厚比在3～5时宜按柱设计。

【知识点拓展】

（1）剪力墙与柱都是压弯构件，其压弯状态及计算原理基本相同，但是截面配筋构造有很大不同，因此柱截面与墙截面的配筋方法也各不相同。以此设定按柱或按墙截面的分界点。

（2）《高规》与《抗规》分界点不同。作者认为《高规》分界似乎更合理。理由是当墙肢的长厚比在4～8时为短肢墙，当墙肢的长厚比大于8时就是一般剪力墙。

（3）《高规》用的是“宜”，而《抗规》用的是“应”。对于小墙肢应从严要求，作者认为《抗规》要求更加合理。

（4）《抗规》要求矩形墙肢的厚度不大于300mm时，尚宜设置全高加密箍筋。作者认为也是比较合理的。注意原《抗规》不区分墙厚均要求全高加密。

（5）对于T、L形墙，作者认为如果仅一个墙肢长度与厚度比小于4，可不按柱考虑；只有2个方向的墙肢的截面长度与厚度之比不大于4时，应按异形框架柱进行截面设计及采取抗震措施。

（6）对于200mm厚的剪力墙，如果肢长小于800mm的话，按柱设计成了一字形柱，作者曾问过《砼规》主编，他说没有研究过，200mm厚800mm长的柱怎么设计。《砼规》11.4.11–3条指出柱截面长边与短边之比不宜大于3；《砼规》11.4.11–1条指出柱的最小截面宽度不宜小于300mm。

（7）《技措》2009版：对于墙肢截面高度与厚度之比小于等于4的墙肢应按柱配筋构造；矩形墙肢的厚度不大于300mm时，尚宜设全高加密箍筋。

（8）高度与厚度之比不大于 4 的剪力墙小墙肢的设计应区分以下两种情况区别对待：

第一种情况：当剪力墙墙肢截面的厚度大于或等于 300mm，墙肢截面的高厚比不大于 4 时，宜按框架柱进行截面设计，建议设计人员计算宜考虑以下内容。

1）此框架柱应参与结构的整体计算。由于结构中此类柱很少，而剪力墙占绝大多数，抗震设计时，结构的地震作用绝大部分由剪力墙承担，工作性能接近纯剪力墙结构，应按剪力墙结构设计。因此，结构整体计算中不宜按框架—剪力墙结构对“框架部分”进行内力调整。因为即使加大框架柱的内力，框架部分也没有能力作为抗震的第二道防线。

2）由于此框架柱是由剪力墙开洞形成的小墙肢，故柱的抗震等级应按剪力墙结构确定。

3）抗震设计时，柱应考虑地震作用组合的弯矩、剪力设计值的调整。具体调整可按《高规》6.2.1 条（“强柱弱梁”）、6.2.3 条（“强剪弱弯”）、6.2.4 条（强角柱）进行。

4）柱的截面承载力计算可按框架—剪力墙结构中的框架柱进行设计。

5）柱的轴压比（考虑地震作用组合的轴向压力设计值与柱全截面面积和混凝土轴心抗压强度设计值乘积的比值），一、二、三、四级抗震等级分别不应大于 0.70、0.80、0.85、0.90。

6）柱全部纵向受力钢筋的配筋率，底部加强部位：一、二级不宜小于 1.2%，三、四级不宜小于 1.0%；其他部位：一、二级不宜小于 1.0%，三、四级不宜小于 0.8%。

7）柱的其他构造要求均同框架—剪力墙结构中的框架柱。

第二种情况：当剪力墙墙肢截面的厚度小于 300mm、墙肢截面的高厚比不大于 4 时，应按不参与结构抗侧力的偏心受压柱（可称之为一般柱）进行设计，建议设计人员计算宜考虑以下内容。

1） 建模时柱参与结构的整体计算，但建模时柱头应铰接，或柱不参与结构的整体计算（建模时不输入此柱的相关信息）。

2）柱的截面承载力计算可按偏心受压柱进行。设计轴力取重力荷载代表值下的从属面积计算出的设计值，设计弯矩取设计轴力与此柱所在楼层层间位移的乘积。此层间位移偏安全可取剪力墙结构层间位移限值与柱所在楼层层高的乘积。

3）柱全部纵向受力钢筋的配筋率，底部加强部位：抗震等级一、二级不宜小于 1.2%，三、四级不宜小于 1.0%；其他部位：一、二级不宜小于 1.0%，三、四级不宜小于 0.8%。

4）柱的其他构造要求均同一般偏心受压柱。

需要说明的是：无论这两种情况中的哪一种情况，剪力墙结构中有这样的“柱”，对结构受力、抗震都是不利的，应尽可能避免。特别是不应在结构的底层角部或底层布置此类“柱”。若无法避免且结构中这样的“柱”极少时，除框架柱应进行考虑地震作用组合的弯矩、剪力设计值的调整外，根据实际工程的具体情况，剪力墙的地震剪力标准值宜适当增大，抗震构造措施的抗震等级宜适当提高。

5.38 《抗规》6.6.4–3 条规定：板柱—抗震墙结构中沿两个主轴方向通过柱截面的板底连续钢筋的总截面面积应满足《抗规》6.6.4 式要求。《规范》作此规定的原因是什么？有柱帽的平板是否也应满足此要求

为了防止强震作用下楼板在柱边开裂后发生脱落，《规范》规定，穿过柱截面的板底两个方向钢筋的受拉承载力，应满足该层楼板重力荷载代表值作用下的柱轴压力设计值。应用时

应注意以下事项。

（1）《规范》的这一规定，仅针对于无柱帽的平板结构，对有柱帽的平板不要求。

（2）这里的重力荷载代表值，不包含消防车荷载。对于建筑抗震设计来说，消防车荷载属于另一种偶然荷载，计算建筑的重力荷载代表值时，可不予以考虑。实际工程设计时，等效均布的楼面消防车荷载可按楼面活荷载对待，参与结构设计计算，但不参与地震作用效应组合。

5.39 《抗规》与《高规》对框架梁端纵向受拉配筋率限值有何差异？这个要求如何正确理解

《抗规》6.3.4–1 条：梁端的纵向受拉钢筋配筋率不宜大于 2.5%（原规范的表述是不应强条，改为非强条）；《砼规》与《抗规》要求一致。《高规》6.3.3–1 条：抗震设计时，梁端的纵向受拉钢筋配筋率不宜大于 2.5%，不应大于 2.75%；当梁端受拉钢筋的配筋率大于 2.5%时，受压钢筋的配筋率不应小于受拉钢筋一半。作者认为《高规》规定更加合理。

【知识点拓展】

（1）限制框架梁端纵向受力钢筋最大配筋率是为了防止在地震作用效应 组合下，截面发生非延性的混凝土压区破坏（超筋破坏）。框架梁配筋率取决于梁的受压区高度，受弯构件与界限受压区高度相对应的配筋率称为截面最大配筋率，当截面相对受压区高度超过相对界限受压区高度时，梁配筋为超筋梁，工程设计是不允许采用超筋梁的。不同钢筋种类和不同混凝土强度等级的纵向受拉钢筋最大配筋率是不同的，经计算，HPB300 钢筋，混凝土强度为 C35～C50，其抗震等级一、二、三级时，梁的最大配筋率为 2.5%，其余钢筋种类及混凝土强度等级为 C35～C50，抗震等级一、二、三级时，梁的最大配筋率都小于 2.5%（超过最大配筋率时，电算会显示超筋），因此可以理解这个 2.5%最大配筋率是指特定钢筋种类，特定混凝土强度等级及特定抗震等级的。

（2）根据国内外试验资料显示，受弯构件的延性随其纵向配筋率的提高而降低。但当配置不少于受拉筋 50%的受压纵向钢筋时，其延性可以与低配筋率的构件相当。新西兰规范规定：当受弯构件的受压区钢筋大于受拉区的 50%时，受拉钢筋配筋率不大于 2.5%的规定可以适当放松。当受压钢筋不少于受拉钢筋的 75%时，其受拉钢筋配筋率可以提高 30%，也即配筋率可以放宽至 3.25%。因此，本次修订规定，当受压钢筋不少于受拉钢筋的 50%时，受拉钢筋的配筋率可以提高到 2.75%。

5.40 《规范》为何规定当梁端纵向受拉钢筋配筋率大于 2%时表中配筋直径应增大 2mm？该条文如何正确理解

试验与震害调查和理论分析表明，在地震作用下，梁柱端部剪力最大，该处极易产生剪切破坏。梁的箍筋作用是既要承受剪力满足梁斜截面承载力要求，又要约束纵向钢筋及混凝土使它们共同工作。抗震设计时，《规范》规定了梁端箍筋加密区的长度箍筋最小直径和间距，是提高梁延性的有效措施。梁的变形能力主要取决于梁端的塑性转动量，而该塑性转动量取决于梁截面混凝土受压区的相对高度，梁端纵向受拉钢筋配筋率达到 2%时，表明混凝土梁截面受压区高度较大，为约束混凝土与钢筋共同工作，箍筋直径比规定箍筋最小直径增大 2mm。

5.41　抗震设计时，为什么要规定框架梁端截面的底部和顶部纵筋面积的比值

梁端截面底部及顶部纵向受力钢筋的截面面积，除应按计算结果确定以外，还应考虑满足一定比值，这对梁的变形能力有较大影响。一方面是为了保证梁端处塑性铰区有足够延性；另一方面也考虑到地震作用可能引起应力方向的改变，梁底面钢筋可增加发生负弯矩时的塑性转动能力；还能防止在地震中梁底出现正弯矩时过早屈服或破坏过重，从而影响承载力和变形能力的正常发挥。

5.42　抗震设计的双肢墙，多遇地震作用下《规范》规定墙肢不宜出现小偏心受拉，那么是否允许出现大偏心受拉？出现拉力如何处理

《抗规》6.2.7–3 条：双肢抗震墙中，墙肢不宜出现小偏心受拉；当任一墙肢为偏心受拉时，另一墙肢的弯矩设计值、剪力设计值应乘以增大系数 1.25。

《高规》7.2.4 条：抗震设计的双肢剪力墙，其墙肢不宜出现小偏心受拉；当任一墙肢为偏心受拉时，另一墙肢的弯矩设计值及剪力设计值应乘以增大系数 1.25。

【知识点拓展】

（1）如果多遇地震墙肢出现小偏心受拉，该墙肢可能会出现水平通缝而严重削弱其抗剪能力，抗侧刚度也严重退化，由荷载产生的剪力将全部转移到另一墙肢而导致另一墙肢抗剪承载力不足而破坏。因此应尽可能避免出现墙肢小偏拉情况。

（2）这主要是为了防止设防烈度地震、大震下抗震能力可能大大丧失，而且即使在多遇地震下为偏压的墙肢但在设防烈度地震下会转为偏心受拉。

（3）即使在多遇地震下为偏压的墙肢但在设防地震下很可能转为受拉，则其抗震能力会有实质性变化，也需要采取相应的加强措施。

（4）《高规》7.2.4 条文：当墙肢出现大偏心受拉时，墙肢极易出现裂缝，使其刚度退化，剪力将在墙肢中重新分配，此时，可以将另一受压墙肢按弹性计算的“受剪承载力设计值”乘以 1.25 增大系数后计算水平钢筋，以提高其受剪承载力。注意，由于地震是反复荷载作用，所以两个墙肢都需要提高墙肢的抗剪承载力设计值。

（5）《抗规》统一培训教材：无论是小偏心受拉或大偏心受拉，另一墙肢的“剪力和弯矩设计值”均应承以增大系数 1.25。

注意：《高规》与《抗规》对出现大偏心受拉的墙肢规定是有差异的。《高规》仅要求提高抗剪设计承载力；《抗规》要求同时提高抗剪和受弯设计承载力。作者认为《高规》的做法更加合理。

（6）特别要注意：目前很多程序都没有执行这一条要求。建议大家对高宽比比较大的结构如高层住宅电梯、楼梯，位于建筑物边缘，其周边剪力墙形成筒体的部位进行人工校核。

（7）特别注意：一些高层住宅电梯、楼梯，位于建筑物边缘，其周边剪力墙形成筒体，在地震作用下，筒体周边的剪力墙可能会出现整片墙受拉情况，这些墙的分布筋已经不是构造钢筋，应按受拉钢筋配置。

5.43 建筑距发震断裂不到 10km，但场地的抗震设防烈度、覆盖层厚度等参数符合《抗规》4.1.7 条 1 款，地震动参数需不需要乘以放大系数 1.5（1.25）

本条适用于建筑结构的性能化设计，如《抗规》3.10.2 条所述，性能化设计通常用于有特殊需要的建筑结构（如超限高层建筑）、结构的关键部位、重要构件等。一般建筑的抗震设计，如果场地符合《抗规》4.1.7 条 1 款时，设计地震动参数不需要乘以放大系数。

5.44 如何理解《抗规》4.1.1 条和 4.1.6 条中对于半挖半填场地的地段评价和场地类别划分

对于半挖半填的工程场地，应按以下原则进行地段评价和场地类别划分，并取最不利情况进行工程设计。

（1）按工程场地的原状，即进行填（挖）作业之前的形态，进行地段评价和场地类别划分。

（2）按场地平整之后的状况进行地段评价和场地类别划分。

（3）由于波速测试数据和覆盖层厚度离散性较大，使场地处于不同类别的分界线附近时，可采取插值方法确定地震作用计算所用的特征周期。

（4）此类场地上建筑物的地基基础设计应符合《抗规》3.3.4 条的要求：同一结构单元的基础不宜设置在性质截然不同的地基上，即不宜部分采用天然地基部分采用桩基；当基础类型或埋深显著不同时，应考虑差异沉降，对基础和上部结构采取相应的构造措施。

5.45 某工程场地为三级阶梯状，地勘报告将其划分为“抗震一般地段”。此时是否需要按《抗规》4.1.8 条规定计算水平地震影响系数的增大系数

《抗规》4.1.8 条主要是针对不利地段提出要求。对于不利地段，除了要考虑地震作用下的土体稳定性外，尚应考虑局部地形的水平地震作用放大效应。水平地震作用的增大系数应根据不利地段的具体情况，在 1.1～1.6 范围内取值。如果地勘报告将该场地划分为“抗震一般地段”，则无需按上述要求执行。

5.46 《抗规》5.1.1–2 条及《高规》4.3.2–1 条：有斜交抗侧力构件的结构，当相交角度大于 15° 时，应分别计算各抗侧力构件方向的水平地震作用。如何理解

一般情况下，建筑结构平面有 x、y 两个主轴方向。抗震验算时，应首先对两个主轴方向输入地震作用（视建筑平面规则性要求单向或双向输入）。但是有时候，建筑结构平面的主轴与强弱轴方向并不完全一致，会存在一定夹角。正是由于夹角的存在，抗侧力构件的最不利

地震工况往往是沿弱轴方向输入地震作用的工况。所谓最不利地震作用方向，指的是将水平地震作用施于建筑结构平面的弱轴方向，与之正交的可能是建筑结构平面的强轴方向。因此，《抗规》5.1.1 条第 1、2 款规定，有斜交抗侧力构件的结构，当相交角度大于 15° 时，应分别计算各抗侧力构件方向的地震作用，各方向的地震作用应由该方向的抗侧力构件承担。可见，本条实际上已经规定了最不利地震作用方向，结构抗震验算时，往往需要进行沿建筑结构主轴和斜交方向的两次计算，取包络结果进行设计。

5.47　实际工程中的临街商住楼或带底层车库的砌体住宅楼，设计时如何依据《抗规》7.1.2 条进行界定与把控

由于工程使用的实际需要，带底层商铺或底层车库的多层砌体房屋在我国目前的工程建设中仍然大量采用。此类房屋一般均采用横墙承重方案，底部设置的商铺或车库基本不会影响房屋的竖向承重构件，也不会影响房屋的横向抗侧力体系。当采取可靠措施对房屋的纵向抗侧力构件（墙体）进行妥善处理，并适当加强房屋的整体性后，此类房屋的抗震性能与普通的多层砌体房屋基本相当，且明显好于底部框架—抗震墙砌体房屋。因此，从整体上分析认为，此类房屋可不按底部框架—抗震墙砌体房屋对待，而应界定为多层砌体房屋。设计对策：鉴于底层外纵墙大量开洞对房屋纵向抗震能力和整体性能的影响，此类砌体房屋应采取如下技术措施。

（1）商铺门（或车库门）所在的轴线应按底部框架—抗震墙砌体房屋的相关要求进行设计，即底层应设置钢筋混凝土框架以及适当数量的抗震墙，上部砌体墙体与下部框架梁对齐，并按《抗规》7.1.8 条严格控制该轴线首层与二层的侧向刚度比值等。

（2）底层车库门（或商铺门）所在轴线设置的混凝土抗震墙，应注意均匀对称布置。房屋单侧开设车库门（商铺门）时，尚应注意调整结构底部的侧向刚度布局，减轻结构的地震扭转效应。

（3）采取可靠措施加强外纵墙底层的混凝土构件（框架、抗震墙）与横向墙体的连接与构造，保证房屋的整体性。

5.48　砖混房屋半地下室的嵌固如何判定？当地下室为大面积钢筋混凝土框架结构的车库，上部为多层砖房时，车库顶板是否可作为上部砖房的嵌固端

（1）多层砌体房屋的半地下室，当满足下列情况之一时，可认为其属于嵌固条件较好的半地下室。

1）半地下室顶板（宜为现浇钢筋混凝土板）的标高在 1.5m 以下，地面以下开窗洞处均设有窗井墙，且窗井墙为内墙延伸，形成加大的半地下室底盘，有利于结构总体稳定，半地下室在土体中具有较好的嵌固作用。

2）半地下室的室内地面至室外地面的高度大于地下室净高的二分之一，无窗井，且地下室部分的纵横墙较密，具有较好的嵌固作用。

（2）一般来说，首先砌体房屋地下室的纵横墙较密集，上部抗震墙承担的地震剪力可通

过地下室的墙体直接传至基础，不需通过地下室顶板转换；其次，砌体房屋地下室的埋置深度与房屋总高度的比值，一般要大于高层的混凝土结构，砌体房屋地下室在土体中的嵌固作用要明显好于高层的混凝土结构；最后砌体房屋地下室外围一般会设置窗井，窗井墙会加大地下室的整体刚度，无窗井时，外墙同时用作挡土墙，墙厚较上部墙体要大。因此，对砌体房屋的嵌固条件判别，一般不考虑对侧向刚度比和顶板厚度进行控制。

（3）对于大底盘地下钢筋混凝土框架结构车库上承托多层砖房的这一类建筑，由于上部砌体抗震墙承担的地震剪力无法直接传递到基础，需要借助于地下室顶板才能传递至地基及周边土体，因此，目前对于这一类工程的要求是按底部框架—抗震墙砌体房屋的相关规定进行控制和设计，即应满足以下要求。

1）房屋的总层数和总高度从地下室室内地面算起，相应的限值按《抗规》中表 7.1.2 的底部框架—抗震墙砌体房屋采用。

2）按《抗规》7.1.8 条的规定，在上部砖房对应的区域范围内设置足够的框架梁柱和适量的混凝土抗震墙，并严格控制底部车库楼层与上部砌体楼层的侧向刚度比值。

3）车库楼层侧向刚度的计算范围，可按上部砖房的水平投影范围加周边斜向下 45° 方向外延区域计算，实际工程实践时亦可按上部砖房的水平投影范围加周边外延 1～2 跨确定。

4）当大底盘地下车库顶板上设置多个砌体砖房时，尚应注意多塔效应对车库顶板的影响，采取相应的加强措施。但注意此种情况不属于多塔结构。

5.49 《抗规》表 7.1.2 注 2 规定：室内外高差大于 0.6m 时，房屋总高度应允许比表中的数据适当增加，但增加量应少于 1.0m。这一规定设计应如何理解

这是依据《工程建设标准编写规定》（住房和城乡建设部，建标〔2008〕182 号）的要求。《抗规》中表 7.1.2 要求房屋总高度按有效数字取整数控制，小数点后数字四舍五入，因此，房屋的总高度限值代表的是一个值域区间。例如，18m 代表的有效区间为 17.5～18.4m。由于房屋总高是由室外地面算起，当砌体房屋室内外存在高差时，为保持房屋的实际层数与实际高度（由室内地面算起）与《抗规》中表 7.1.2 的规定相当，《规范》给出了补充规定。再以 18m 限值为例说明如下。

（1）当室内外高差不超过 0.6m 时，房屋总高度限值不增加，则房屋的实际最大高度可达 17.8～18.4m，仍属于 18m 的限值范畴，房屋的实际层数不变，总高度控制在 18.4m 以内。

（2）当室内外高差大于 0.6m 时，房屋的总高度可适当增加，但增加量应小于 1.0m，则房屋的实际高度可控制在 18+（1.0–0.6）＝18.4m 以内，属于 18m 的限值范畴，房屋的实际层数不变，总高度控制在 18.9m 以内。

注意：这里已将总高度值适当增加了，故此时不应再四舍五入使增加值多于 1m。

5.50 对于多层砌体房屋的建筑结构布置，需要注意哪些问题

（1）砌体抗震墙不得随意外挑或缩进。这类墙体应通过合理的传力途径将其地震力向下传递到基础，还要防止竖向刚度和承载力的突变。

（2）纵横向墙体的布置，不要导致两个方向的刚度有显著的差异。《抗规》3.5.3 条有相应的要求。

（3）窗间墙的局部尺寸不能过小。个别很小的不承担地震力的小墙垛，要采取措施使其损坏后不丧失对重力荷载的承载能力；墙体洞口的位置离开纵横墙交界处要有足够的尺寸，不应影响纵横墙的整体连接。

（4）不要随意将承载力不足的砌体墙改为钢筋混凝土墙。在一个结构单元采用不同材料的抗震墙体，由于材料弹性模量、变形能力等的不同，承担的水平地震作用不同，如设计不当，地震时容易被各个击破。这种结构布置超出现行抗震规范、规程的适用范围，应按《建筑工程勘察设计管理条例》第 29 条规定执行。当然，在《规范》规定的最大横墙间距范围内，可以设置少量的符合钢筋混凝土结构构件要求（从基础、截面尺寸、配筋和保护层厚度等方面均符合要求）的受力柱承担重力荷载，但整个结构在两个方向的地震剪力仍全部由砌体墙承担。

（5）对砌体结构而言属于严重不规则的建筑方案，改用混凝土结构则可能采取有效的抗震措施使之转化为非严重不规则。例如，较大错层的多层砌体房屋，其总层数比没有错层时多一倍，则房屋的总层数可能超过砌体房屋层数的强制性限值，不能采用砌体结构；改为混凝土结构，只对房屋总高度有最大适用高度的控制。

5.51 《抗规》表 7.1.6 对承重窗间墙最小宽度提出了限值要求。此处的“窗间墙”是指房屋所有的“洞口间的墙”吗

此处的窗间墙指的是承重墙的窗间墙，不包括自承重墙。

5.52 《抗规》7.1.7 条第 2 款第 2）项规定：砌体房屋的平面轮廓尺寸不应超过典型尺寸的 50%；当超过 25%时，转角处应采取加强措施。这里的“典型尺寸”设计如何正确理解

这里所谓的“典型尺寸”：指的是房屋各主轴方向的代表性尺寸，即平面投影面积占房屋总投影面积大多数的尺寸，如果要给出个具体数值的话，作者认为投影面积占比总投影面积大于 30%的尺寸。

5.53 《抗规》7.1.7 条第 2 款第 5）项规定：同一轴线上的窗间墙宽度宜均匀。墙面洞口的面积如何合理选取

教研及宏观震害和试验表明，窗间墙的地震剪力是依据其侧移刚度比来分配的，若同一轴线上各墙段间的抗侧力能力相差悬殊，必将导致地震时各个击破，加速墙段的破坏。因此，《规范》要求各墙段的宽度应尽量均匀。另外，依据近期各地大地震的震害经验，外纵墙的开洞面积对房屋纵向的抗震能力和房屋的整体性影响较大，应有所限制，为此，《抗规》明确规定了墙体的开洞面积比，以保证房屋纵向具有必要的抗震能力和整体性，因此，同一

轴线上各楼层的墙面开洞面积比均需要控制。这里的墙体的开洞面积比是指墙体立面的洞口面积与墙体面积的比值；而墙体的开洞率指的是洞口水平截面面积与墙体水平毛截面面积之比。一般而言，对于同一墙体，开洞面积比要稍小于开洞率。

5.54 《抗规》7.1.7 条第 2 款第 6）项规定：在房屋宽度方向的中部应设置内纵墙，其累计长度不宜小于房屋总长度的 60%。这是基于什么原因

地震震害调查及设计实践表明，对于层数较多的砌体房屋，若采用不设内纵墙的方案，则由于两侧的外纵墙开有较多的窗洞口，对其削弱过多，地震时外纵墙首先开裂、倒塌破坏，随着外墙开裂倒塌，继而，与之正交的横向承重墙体由于失去侧向支撑也会随之倒塌。因此，《抗规》在 2010 版修订时，专门增加了这一要求。目前，在我国很多地区的多层办公楼、教学楼中依然采用单面走廊式的结构布置结构。对于仅有两道纵墙、走廊采用外挑梁或挑板的结构布置，对结构抗震是十分不利的，在高烈度地区不宜采用。至于单面内走廊的学生宿舍和教学楼一类的建筑，由于采用封闭外廊或钢筋混凝土柱外廊，使纵向有三道墙和柱承担纵向地震作用。虽然走廊内侧的纵墙不在房屋宽度方向的 1/3 范围内，可能会造成刚度偏心从而引起扭转，但考虑到纵向墙体长度较长，纵向的扭转不致过大，一般不会由此造成破坏，而且还可以从墙柱布置、拉结构造上采取适当抗震构造措施加以弥补。因此，在房屋层数不太多（一般不超过 4 层）的情况下，并采取适当加强措施后，单面内走廊的学生宿舍和教学楼一类的建筑可以采用砌体结构进行设计，但作者建议在高烈度地区还是宜优先采用钢筋混凝土结构或钢结构体系。

5.55 设计人员怎样理解《抗规》中砌体房屋楼梯间不宜设置在房屋的尽端或转角处的规定

通常来说，砌体结构的楼梯间墙体由于缺少楼板等水平支撑，同时，顶层墙体的高度为一层半高，相对空旷而又缺少支撑，发生地震时容易破坏。另一方面，房屋尽端和转角处是应力比较集中和对扭转较为敏感的区域，地震时也较易被破坏。楼梯间布置在房屋的尽端或转角处，势必会加剧破坏程度，所以应尽量避免，实在无法避免时应采取必要的抗震构造措施给予加强。

5.56 《抗规》7.1.8 条第 1 款规定：上部的砌体墙体与底部的框架梁或抗震墙，除楼梯间附近的个别墙段外均应对齐。如何理解与把握这里的“个别墙段”与“均应对齐”

考虑近期大地震（包括汶川、玉树地震）中，底部框架砌体房屋的震害程度明显重于其他房屋的现象，《抗规》在 2010 版修订时，特意加强了这类房屋的结构布局要求，将上部砌体抗震墙与底部抗震墙或框架梁的关系由 2001 版《规范》的“对齐或基本对齐”修改为“除

楼梯间附近的个别墙段外均应对齐”。实际工程设计时应注意把握好以下几点。

（1）关于楼梯间附近个别墙段的认定：当底部楼梯间四角均设置框架柱时，个别墙段指的是楼梯间对面的分户横墙；当底部楼梯间仅设置二根框架柱于横向一侧时，个别墙段指的是楼梯间另一侧横墙。

（2）关于“均应对齐”的要求，是指除上述个别墙段外，上部砌体抗震墙均应由下部的框架主梁或抗震墙支承，而不应由次梁支托。

（3）2010 版《规范》作此规定，意味着对于底部为大空间商场、上部为普通住宅这样的底部框架—抗震墙砌体房屋，其结构布局只能选择下列情况之一。

1）底部采用较大的柱网尺寸（比如≥7.2m），上部住宅开间较小（例如 3.6m），落在底部次梁之上的墙体改为非抗震的轻质隔墙。但此种布局，可能会造成整个建筑属于横墙较少或各层横墙很少的砌体房屋，房屋的总层数和总高度应较《抗规》表 7.1.2 的限值降低 1～2 层或 3～6m。

2）底部采用相对较小的柱网尺寸（比如≤3.6m），以适应上部住宅的开间的需求，进而满足《规范》的上述规定。这种布置，房屋的层数与高度不需降低，但房屋底部的使用空间会受到一定限制。

3）采用钢筋混凝土框架结构体系，上部住宅的墙体全部改为框架结构的填充墙或隔墙。这种布置可满足使用功能的要求，也可不降低房屋的高度和层数，但需要注意隔墙或填充墙的竖向不均匀布置对框架结构的不利影响。

5.57 底框—抗震墙房屋山墙处是否必须设置钢筋混凝土抗震墙？底框结构中加入的混凝土墙除满足刚度要求外，有无其他要求

底框房屋抗震墙布置应满足《抗规》7.1.8 条规定：竖向对齐，即上部砌体墙与底部框架梁或抗震墙对齐；平面布置均匀对称，上部和下部侧向刚度比控制在规定范围内即可。具体抗震墙设置在什么位置，可根据工程实践，由设计人员自行掌握。

5.58 《抗规》7.1.8 条第 3、4 款对底部框架—抗震墙砌体房屋的上部砌体楼层与底部框架楼层的侧向刚度比值进行了严格的规定。这里的侧向刚度如何计算

地震震害经验表明，底部框架砌体房屋是一种抗震不利的“混合”结构体系，相对于上部砌体楼层，底部框架楼层的侧向刚度既不能太小，又不能太大。太小容易导致地震时底部整体垮塌，太大则会导致薄弱楼层转移至上部砌体楼层，进而造成上部砌体严重破坏，甚至倒塌。因此，《抗规》对底框房屋的上下刚度比值进行了严格的规定。实际工程设计时，底框房屋上下刚度比可按下式计算：

$$\lambda_k = \frac{K_2}{K_1} = \frac{\sum K_{\mathrm{W2}}}{\sum K_{\mathrm{f}} + \sum K_{\mathrm{w}} + \sum K_{\mathrm{bw}}} \tag{5-5}$$

式中 K_1、K_2——分别为房屋底层和二层的刚度；

K_{W2}——二层砌体墙的刚度；

$\sum K_f$——底层框架侧向刚度；

$\sum K_w$——底层混凝土抗震墙侧向刚度；

$\sum K_{bw}$——底层嵌砌的砌体抗震墙的侧向刚度。

（1）砌体抗震墙的刚度：高宽比小于 1 时，仅考虑剪切变形；高宽比不大于 4 且不小于 1 时，应同时考虑弯曲和剪切变形；高宽比大于 4 时，等效侧向刚度取 0。

（2）底层框架的刚度：按框架梁刚性假定计算，仅考虑框架柱的弯曲变形刚度。

（3）底层混凝土抗震墙的刚度：同时考虑弯曲变形和剪切变形计算。

（4）嵌砌的砌体抗震墙刚度：取框架的弹性侧移刚度和砌体墙的弹性侧移刚度之和。

5.59 《抗规》表 7.2.3 只适用于带构造柱的小开洞墙，对于没有设置构造柱的小开洞墙，设计应如何考虑

按普通开洞墙考虑，也就是根据墙段的高宽比计算刚度。墙段的高宽比指墙段的层高与墙长之比，门窗洞口边的小墙段考虑洞口净高与洞侧墙宽的比值。当墙段高宽比小于 1 时，可只计算剪切变形；高宽比不大于 4 且不小于 1 时，应同时计算弯曲和剪切变形；高宽比大于 4 时，等效侧向刚度可取为 0。

5.60 《抗规》表 7.3.1 注：各类多层砌体房屋应在部分纵横墙交接处及大洞口两侧部位设置构造柱，其中较大洞口，内墙指不小于 2.1m 的洞口。如何理解与应用

由于外纵墙开设门窗洞口，削弱刚度较多，为了保证房屋的纵向抗震能力，《抗规》7.3.2 条第 5 款规定，当房屋的高度和层数接近《抗规》表 7.1.2 的限值时，沿外纵墙房屋的开间尺寸不超过 3.9m 时，在纵横墙交界处设置构造柱，当房屋开间大于 3.9m 时，除纵横墙交界处设置构造柱外，还需另设加强措施。同时，《抗规》表 7.3.1 要求，大洞口两侧应设置构造柱。因此，当外纵墙洞口较大而窗间墙又为最小限值时，在一个不太大的墙段范围内可能需要连续设置 3 根构造柱［图 5–40（a）］，同时还要求构造柱与墙体之间留设马牙槎，这个要求施工时很难实现，即使实现也难以保证施工质量。基于此，2010 版《规范》修订时对此种情况进行适当放宽，规定墙段两端可不再设置构造柱，但是小墙段的墙体需要加强，实际工程中可采取拉结钢筋网片通长设置，间距加密等措施［图 5–40（b）］。实际工程中也有采取图 5–40（c）的做法，即在小墙肢两端设置构造柱，同时对墙体采取加强措施，实际震害经验表明，这种做法也是可行的。当然，当横墙较长时，此种做法对承重横墙的约束有限，此时，建议采取图 5–40（d）的做法，即仍然设置 3 根构造柱，但是中间的构造柱不设在内外墙交接处，而设在内外墙交接处的横墙上，这样既能保证施工的可操作性，又有很好的抗震性能。

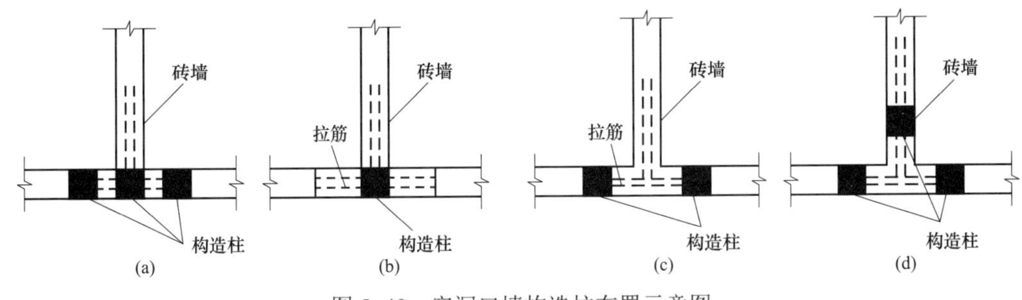

图 5–40　窄洞口墙构造柱布置示意图

5.61 《抗规》表 7.3.1 要求多层砌体房屋应在楼梯间四角、楼梯斜梯段上下端对应墙体处设置构造柱。设计如何把控

汶川、玉树、雅安、鲁甸地震震害普遍现象是楼梯间破坏比较严重，其主要原因是砌体结构中楼梯间整体性较差，地震中墙体破坏或倒塌造成楼梯段支座失效，进而导致整个楼梯间的破坏。实验数据告诉我们设置构造柱可提高砌体抗剪能力 10%～30%，这主要是由于构造柱对墙体形成约束，显著提高墙体变形能力，因此构造柱应设置在震害可能较重、连接构造薄弱和应力易于集中的部位。与原《抗规》（2001 版）相比，新版《抗规》（2010 版）要求在梯段上下端对应墙体处增加四根构造柱，这样，与 2001 版《规范》规定的楼梯间四角设置的构造柱合计共有 8 根构造柱，再与《抗规》7.3.8 条规定楼板半高处设置的钢筋混凝土带等形成了约束砌体，从而使楼梯间构成安全岛。需要设计注意的是，《规范》要求增设 4 根构造柱的目的是为了增加楼梯间墙体的约束，保证楼梯间的整体性，因此，构造柱需要从室外地面以下 500mm 至屋面（包括出屋面楼梯间的屋面）上下贯通，当梯段位置有变化时，新增 4 根构造柱位置可按标准层的梯段端部确定。

5.62 《抗规》7.3.1 条表 7.3.1 中规定内墙的局部较小墙垛处应设构造柱。这里较小墙垛是如何界定的

所谓墙垛，一般指宽度不大于 3 倍墙体厚度的短墙段。此处较小墙垛指的是宽度在 800mm 左右且高宽比不小于 4 的墙肢。由于内墙的小墙垛一般会承担较大的竖向荷载，一旦破坏可能会导致局部竖向承载能力的丧失，由局部破坏引起整体倒塌的可能。因此，为了防止地震时局部小墙垛过早破坏，《规范》要求在应力相对集中的内墙小墙垛处设置构造柱。

5.63 设计对带阁楼的多层砌体房屋的构造柱设置问题如何把控

结构计算时，不论阁楼是否住人，阁楼层均应作为一个质点考虑。由于实际工程中，阁楼的设置比较复杂，在进行砌体房屋的总高度、总层数控制以及构造柱设置时，均应根据阁楼层的相对有效使用面积、阁楼层的结构形式以及阁楼层高度等因素区别对待。

（1）当阁楼层高度不大、不住人，只是作为屋架内的一个空间，或仅用作储物用房、且无固定楼梯时，阁楼层可不作为一层考虑，可根据房屋实际层数按《抗规》表 7.3.1 的要求设

置构造柱并适当加强。

（2）当阁楼层高度较大，设计作为居室的一部分使用，阁楼层应算作一层，进行房屋的总层数控制。构造柱设置时应按房屋实际层数增加一层后的层数对待。

（3）当阁楼只占顶层屋面的一部分，即只有部分屋面设置阁楼用作居住或活动场所时，应根据阁楼的有效使用面积进行设计。当阁楼的有效使用面积不小于顶层面积的 30% 时，应按一层对待；当阁楼的有效使用面积小于顶层面积的 30% 时，可按《抗规》5.2.4 条规定的出屋面小建筑对待。这里的“有效使用面积”指的是房屋内净空不小于 2.2m 的水平投影面积。

需要注意的是，对于坡屋顶砌体房屋，不论阁楼是否作为一层，均需沿山尖墙顶设置卧梁（圈梁）、在屋盖处设置圈梁、在山脊处设置构造柱，同时，下部结构对应部位的构造柱应上延至墙顶卧梁，如图 5–41 所示。

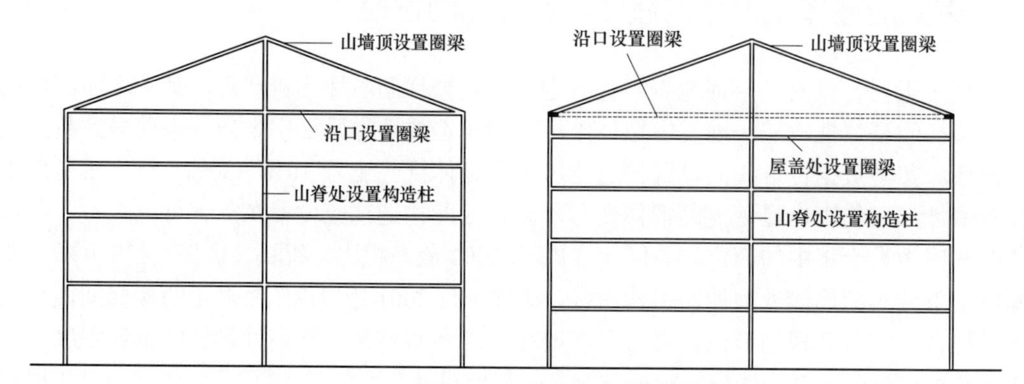

图 5–41　坡屋顶房屋构造柱、圈梁设置示意

5.64 《抗规》7.3.2 条第 1 款：多层砌体房屋中构造柱纵向钢筋和箍筋仅规定了直径和间距。其钢筋强度等级有无要求

《抗规》给出构造柱中的纵向钢筋和箍筋均属于构造配筋，只规定了最少根数和直径，钢筋的强度等级均应遵守《抗规》3.9.3 条的要求。纵筋宜选用 HRB400 级或 HRB335 级热轧钢筋，箍筋采用 HPB300 级。

5.65 《抗规》7.3.2 条第 4 款：构造柱可不设置单独基础，但应伸入室外地面以下 500mm，或与埋深小于 500mm 的基础圈梁相连。设计执行时应注意哪些问题

砌体结构的构造柱属于砌体的约束构件而不是受力构件。构造柱受力最大的部位是楼盖圈梁与构造柱的连接处，地表处的部位受力较小；不论有无基础都对墙体起到了约束作用，而并非竖向受力构件。《抗规》7.3.2 条第 4 款规定构造柱可不单独设置基础，但应伸入室外地面下 500mm，或锚入浅于 500mm 的基础圈梁内，满足其中的一条即可。但需注意此处的基础圈梁是指位于地面以下的，而不是位于 ±0.0 的墙体圈梁，如图 5–42 所示。构造柱的钢筋伸入基础圈梁内应满足锚固长度的要求。

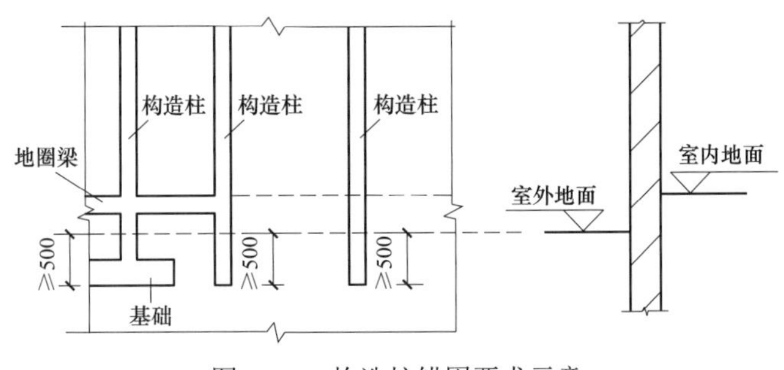

图 5–42　构造柱锚固要求示意

5.66 《抗规》7.3.3 条第 2 款规定：现浇或装配整体式钢筋混凝土楼、屋盖与墙体有可靠连接的房屋，应允许不另设圈梁，但需采取加强措施。请问可以采取哪些加强措施

根据历次大地震的震害经验，现浇钢筋混凝土楼、屋盖的砖房不需要设置圈梁。考虑到构造柱在楼盖标高处受力很大，为了使构造柱在楼盖标高处有牢固的支承点，《抗规》明确指出在楼板内沿墙体周边加强配筋并与构造柱钢筋可靠连接。当楼板较厚（大于等于 120mm）时，加强配筋可以采用暗圈梁的构造；一般可设置 2 个直径不小于 12mm 的钢筋，并用拉结筋将其相互拉结即可。

5.67 《抗规》7.3.6 条要求跨度大于等于 6m 的钢筋混凝土大梁的支承构件应采用组合砌体等加强措施，并满足承载力要求。实际工程中是否可通过梁下设置构造柱来处理

我们知道构造柱是不考虑承受竖向荷载的，如果梁下设置构造柱，不论墙垛大小，均不能按一般构造柱的构造要求对待。梁下构造柱承担梁传来的压力、弯矩、剪力作用，应考虑柱在压、弯、剪联合作用下的受力状态，因此应通过设计计算对墙垛和柱的配筋做出规定，而仅按一般构造柱设置配筋是不够的。

5.68 《抗规》7.3.13 条要求砌体结构房屋同一结构单元的基础底面宜埋置在同一标高，否则应增设基础圈梁并应按 1:2 的台阶逐步放坡。当采用桩基时若桩长度不同应如何调整

砌体结构的基础埋深不同，通常是因地下土质不均匀或部分设置地下室等使用功能要求。震害表明，同一结构单元处于性质不同的地基上，地震时地下的运动状况不同，容易产生不均匀沉降导致墙体开裂。有地下室部分和无地下室部分的结构的地震反应不同，在交接处同样会加重震害。采用天然地基时，基础应逐步放坡；若基础采用桩基，桩身长度不一致时应将承台及承台梁设置在同一标高，不宜将承台梁逐步放坡，即基础底面保持在

同一标高。

5.69 《抗规》7.3.14 条第 2 款要求内外墙上洞口位置不应影响内外纵墙与横墙的整体连接。对多层砌体房屋纵横墙交接部位有何构造要求

纵横墙交接处的连接对多层砌体结构房屋的整体性影响较大。震害经验表明，在水平地震作用下，当一侧的墙体倒塌时，与之正交的另一侧墙体会由于失去侧向支撑而随后坍塌。因此不仅要求墙体在强度方面满足抗震验算的要求，而且要求与其他墙体有可靠的构造连接。纵横墙的交接部位，如内外墙交接部位、外墙转角部位、内墙与内墙交接部位等都是墙段的尽端，在受力时容易开裂脱落；洞口边缘的墙体在剪切破坏后也容易脱落，都属于容易损坏的部位。为了加强纵横墙交接部位的连接，要求纵横墙咬茬砌筑，可以留坡茬，但不应留直茬。《抗规》7.3.7 条规定：纵横墙交接处，未设置构造柱的墙体之间、设防烈度 7 度时长度大于 7.2m 的大房间以及设防烈度 8、9 度时，均要沿墙高设置拉结钢筋。有构造柱的墙可通过先砌墙并留马牙茬，沿墙高设置拉接钢筋，最后通过后浇构造柱的混凝土的方法来达到拉结的要求。《抗规》6.1.8 条 4 款规定了框架—抗震墙结构中抗震墙上开洞的洞边距端柱不宜小于 300mm，而砖墙的抗震性能不如钢筋混凝土抗震墙，其要求应严于抗震墙，在纵横墙交接附近的墙体上开洞，洞口边缘距交接处墙边缘的最小距离应大于 300mm，以保证交接处的整体性。

5.70 《抗规》7.5.1 条规定底部框架—抗震墙砌体房屋的上部墙体应设置钢筋混凝土构造柱，并按《抗规》7.3.1 条设置。如何把控更加合理

《抗规》7.3.2 条第 5 款要求，当砌体房屋高度和层数接近《抗规》表 7.1.2 的限值时，纵、横墙内构造柱间距尚应符合下列要求。

（1）横墙内的构造柱间距不宜大于层高的 2 倍；下部 1/3 楼层的构造柱间距适当减小。

（2）当外纵墙开间大于 3.9m 时，应另设加强措施。内纵墙的构造柱间距不宜大于 4.2m。底框结构属于不规则的结构，《抗规》7.5.1 条的规定，体现了构造柱设置要求同多层砖房，而构造柱的截面和配筋要求则更严。因此，当底框结构的高度和层数接近《抗规》表 7.1.2 的限值时，纵、横墙内构造柱间距同样应遵守《抗规》7.3.2 条第 5 款的规定。

5.71 《规范》对多高层钢结构房屋的结构体系和最大适用高度是如何规定的

《抗规》（2010 版）与《抗规》（2001 版）中的规定基本一致，只是将框架支撑结构分为中心支撑和偏心支撑两类，且对抗震设防烈度进行了细化，这是为了适应我国高层建筑技术的发展。

新规范关于钢结构房屋的最大适用高度做了修改，见表 5–17。

表 5–17　　　　　　　　　　　钢结构房屋的最大适用高度/m

结构类型	6 度	7 度		8 度		9 度
	（0.05g）	（0.10g）	（0.15g）	（0.20g）	（0.30g）	（0.40g）
框架	110	110	90	90	70	50
框架—中心支撑	220	220	200	180	150	120
框架—偏心支撑（延性墙板）	240	240	220	200	180	160
筒体（框筒、筒中筒、桁架筒、束筒）和巨型框架	300	300	280	260	240	180

注：1. 房屋高度指室外地面到主要屋面板板顶的高度（不包括局部突出屋顶部分）。
2. 超过表内规定高度的房屋，应进行专门研究和论证，采取有效的加强措施。
3. 表内的筒体不包括混凝土筒。

【知识点拓展】

（1）鉴于美国 AISC341–1992 将震后需要恢复和有特殊功能要求的房屋按 0.15g 设计，表 5–17 中将 7 度的适用高度也按设计基本加速度 0.10g 和 0.15g 区分。对 8 度也按设计加速度 0.20g 和 0.30g 作了划分。关于 0.15g 和 0.30g 的规定，大致分别在 7、8 度和 8，9 度之间内插。

（2）依据以往工程经验，钢框架体系的经济高度是 30 层，很多文献中都有说明。若取高层建筑平均层高为 3.6m，则为 110m。考虑到框架体系抗震性能较差，对 6、7 度（0.1g）设防和非抗震设防的结构均规定不超过 110m；7 度（0.15g），8、9 度设防时高度限值适当减小。

（3）框架—支撑（钢板剪力墙）体系是高层钢结构的常用体系，剪力墙板有与偏心支撑类似的性能，在抗震要求高的建筑中，可采用偏心支撑、屈曲约束支撑、钢板抗震墙板、带竖缝钢墙板和内藏钢支撑混凝土墙板等。新规定区分中心支撑和偏心支撑（延性墙板）。

（4）当采用中心支撑结构方案时，6、7 度（0.10g）的适用高度保持不变，8，9 度略有降低；采用偏心支撑时结构延性较好，可比中心支撑增加 20m，有利于促进其推广应用。

（5）各类筒体在超高层建筑中应用较多，世界最高的建筑大多采用筒体体系，考虑到我国对超高层建筑经验不多，新规范未作改动。

（6）本表不适合上部为钢结构，下部为钢筋混凝土结构的混合型结构；也不适合钢筋混凝土核心筒—钢框架混合结构。

5.72　新《抗规》对钢结构房屋抗震等级是如何规定的

《抗规》8.1.3 条：钢结构房屋应根据设防分类、烈度和房屋高度采取不同的抗震等级，并应符合相应的计算和构造措施要求。丙类建筑的抗震等级应按表 5–18 确定。

表 5–18　　　　　　　　　　　钢结构房屋的抗震等级

房屋高度	设防烈度			
	6	7	8	9
≤50m		四	三	二
＞50m	四	三	二	一

注：1. 高度接近或等于高度分界线时，应允许结合房屋不规则程度和场地、地基条件确定抗震等级；
2. 一般情况，构件的抗震等级应与结构相同；当某个部位各构件的承载力均满足 2 倍地震作用组合下的内力要求时，7～9 度的构件抗震等级应允许按降低一级确定。

【知识点拓展】

（1）原《抗规》（2001 版）在 8.1.3 条中明确规定，钢结构建筑应根据设防烈度、结构类型和房屋高度采用不同的内力调整系数和构造措施。对不超过 12 层的结构适当放宽要求，在条文中采用了“12 层以上”和“超过 12 层”的用语。

（2）新《抗规》（2010 版）引入抗震等级这个概念，将反映钢结构房屋抗震措施要求的抗震等级分为四个等级，按房屋高度和烈度划分共有 8 种。各个烈度的高度分界均按 50m（大体类似原《规范》12 层的规定）划分，见表 5–18。其中，6 度设防高度 50m 以下的钢结构房屋，参照美国 AISC341–1992 对低烈度的规定，只要求执行非抗震设计的构造规定。

（3）新《规范》对不同设防类别、不同烈度、不同高度的抗震措施—内力调整和细部构造要求，包括不同结构类型的某些不同要求，均用抗震等级的不同来描述，使原《规范》8.1.3 条的规定更简洁明了，更具体化。

（4）抗震等级的引入，将有助于熟悉混凝土结构设计的设计人员进行钢结构的抗震设计，也有利于实现考虑不同延性要求的设计。

（5）当确定钢结构抗震等级并依据新《规范》对该抗震等级的一系列规定进行抗震设计时，可总体上保持原《规范》的各项抗震措施要求。以 8 度 12 层的钢框架房屋为例，按 2001《规范》8.1.3 条的强制性要求，设计者需逐项说明：强柱系数 1.05，箱形截面框架柱长细比 120，板件宽度比 36，工字形截面梁翼缘宽厚比 10 等重要的设计参数；按新《规范》，设计者只需说明所采用的抗震等级为三级，其对应的强柱系数 1.05，柱长细比 100，板件宽厚比 38，梁翼缘宽厚比 10 不需要专门列出。

（6）对于高度不超过 100m 的框架—中心支撑结构和框架—偏心支撑结构，其框架部分的构造措施，新《规范》沿用原《规范》的规定，明确在一定情况下可按抗震等级降低一级的要求采用，体现了不同结构类型抗震等级的不同。

（7）对甲、乙类设防的钢结构，按现行国家标准《建筑工程抗震设防分类标准》（GB 50223—2008）的规定，应提高一度查表确定抗震等级，并符合相关的一系列要求。

（8）新《规范》引入的抗震等级，还使钢结构能用不同的抗震等级体现不同的延性要求。按抗震设计等能量的概念，当构件的承载力明显提高，能满足烈度高一度的地震作用的要求时，延性要求可适当降低，故新《规范》明确规定允许降低其抗震等级。这意味着依据抗震性能化的设计方法，当按提高一度的地震内力进行构件抗震承载力（包括强度和稳定）的验算时，则可以按降低的抗震等级检查该构件的延性构造要求。这样便于借鉴国外相应的抗震规范，如欧洲 Eurocode8、美国 AISC、日本 BCJ 的高、中、低等延性要求的规定来改进我国钢结构的抗震设计。

5.73 新《规范》对钢结构房屋的阻尼做了如何调整？调整后地震作用有何变化

原《抗规》（2001 版）的阻尼比按 12 层划分：12 层以下为 0.035；12 层以上为 0.02。新《抗规》（2010 版）反映了随房屋高度增大阻尼比减小的规律，并考虑设计上的需要，对钢结构阻尼比进行了细分，其规定为：高度不大于 50m，且小于 200m 时，可取 0.04；高度大于 50m，且小于 200m 时可取 0.03；高度不小于 200m 时可取 0.02；同时注明，当偏心支撑框架部分承担的地震倾覆力矩大于结构总倾覆力矩的 50%时，其阻尼比可相应增加 0.005。至于采用约束屈曲支撑的钢结构，其阻尼比应按消能减震设计的要求处理。还要注意，按新《抗规》第 5 章的修订，阻尼比小于 0.05 的结构，其地震作用比原《抗规》（2001 版）有所减小，阻尼比为 0.02 时最大降低的幅度可达 18%。

5.74 钢框架或支撑框架怎样考虑重力二阶效应的影响

原《抗规》（2001 版）规定，钢框架或支撑框架，当在地震作用下的重力附加弯矩大于初始弯矩的 10%时，应计入重力二阶效应与节点位移产生的附加弯矩。新《抗规》（2010 版）进一步明确，此时应按《钢结构设计规范》（GB 20017）的规定，考虑节点处作用有假想水平力，按二阶分析方法计算结构的内力和位移。假想水平力考虑构件的几何缺陷和其他因素对结构内力的不利影响，当结构的高宽比以及柱的长细比较大时，此情况可能发生。

5.75 哪类钢结构构件需要考虑节点域剪切变形对结构侧移的影响？怎样考虑

新《抗规》（2010 版）8.2.3 条规定：钢结构在地震作用下的变形分析，对工字形截面柱，宜计入梁柱节点域剪切变形对结构侧移的影响；对箱形截面柱，节点域变形较小，其对框架位移的影响可略去不计；其他如中心支撑框架和不超过 50m 的钢结构，其层间位移角计算均可不计入梁柱节点域剪切变形的影响。

【知识点拓展】

（1）新《规范》基本上保持 2001 版《规范》的规定，在节点域屈服承载力验算时，见《抗规》公式（8.2.5.3）。仅考虑弯矩引起的剪力对节点域产生的变形角，忽略轴力和剪力对节点域变形的影响。

（2）日本新标准规定，当轴力影响较大时，节点域强度计算应考虑轴力影响，但保留了不考虑轴力影响的常用公式。认为这与强度计算公式中 4/3 系数偏大以及柱承载力通常由稳定控制有关。当竖向荷载很大，承载力接近由强度控制时，应考虑轴力影响。节点域变形角仅考虑弯矩作用是近似的，因变形计算不像强度计算那样对结构有重大影响，但给计算带来很大方便。

5.76 原《抗规》（2001 版）规范规定，人字和 V 形支撑设计内力应乘增大系数 1.5，单斜杆和交叉支撑的设计内力应乘增大系数 1.3，为什么新《规范》都取消了

人字支撑中的受压支撑失稳后，其承载力明显降低，将导致支撑连接点连同楼板一起下陷。V 形支撑时则为向上突起，对房屋使用均带来较大影响，乘增大系数 1.5 意在避免此情况发生。

但经过进一步研究表明，乘增大系数后也相应提高了受拉斜杆的承载力，楼板下陷是由受拉支撑的承载力和受压支撑屈服后承载力的竖向分量之差引起的，并不解决问题。再结合美国规定建议改用人字和 V 形支撑交替布置或增设“拉链柱”的方法解决，不再乘增大系数。

至于中心支撑和交叉支撑的内力增大系数，美国钢结构抗震规程早已取消，只是在我国有关标准中未及时跟进而已。

5.77 钢结构偏心支撑框架的构件内力调整系数为什么降低较多

美国《钢结构房屋抗震规程》(AISC 341—2005)对偏心支撑框架设计规定作了较大修改：耗能梁段计算考虑组合楼板的加强作用，将其内力增大系数由 1.5 降低至 1.25，而过去的规定不考虑组合楼板的影响；耗能梁段端部与同跨框架梁和支撑斜杆的连接均采用刚接，连接构造应相应修改，通常将耗能梁段设在跨中；框架柱的内力增大系数，由于所考虑楼层以上各层的耗能梁段同时屈服可能性不大，对高层建筑，可以放宽；但对多层房屋内力增大系数不放宽。新规定仅适用于采用组合楼板并与框架梁可靠连接的结构，未采用组合楼板时不适用。参照此规定，新规范作了相应修改。

5.78 新《抗规》对钢结构设计引入构件的连接系数，这是如何考虑的

钢结构构件连接应遵循“强连接弱构件”的原则，即连接的最大承载力大于构件的全截面屈服承载力，保证结构大震时不倒塌。根据原《抗规》(2001 版) 规范执行中遇到的问题，新《规范》作了如下改动：① 采用二次设计法，首先取构件的承载力设计值进行连接承载力的验算，然后按连接的极限承载力进行二次验算。② 分别给出梁与柱刚接、支撑与框架连接以及梁、柱、支撑各自拼接的极限承载力验算公式。与 2001 版《规范》最大不同是引入连接系数，其取值与钢材种类、钢材强度、连接方式有关，而不是 2001 版《规范》的定值，见表 5–19。

表 5–19 钢结构抗震设计的连接系数

母材牌号	梁柱连接时		支撑连接、构件拼接		柱脚	
	焊接	螺栓连接	焊接	螺栓连接		
Q235	1.40	1.45	1.25	1.30	埋入式	1.2
Q345	1.30	1.35	1.20	1.25	外包式	1.2
Q345GJ	1.25	1.30	1.15	1.20	外露式	1.1

注：1. 屈服强度高于 Q345 的钢材，按 Q345 的规定采用。
2. 屈服强度高于 Q345GJ 的 GJ 钢材，按 Q345GJ 的规定采用。
3. 外露式柱脚是指刚性柱脚，只适用于房屋高度 50m 以下。
4. 翼缘焊接腹板栓接时，连接系数分别按表中连接形式取用。

【知识点拓展】

(1) 国际上，早先将连接系数作为安全系数对待，大多数国家取 1.2。我国《高层民用建筑钢结构技术规程》(JGJ 99–1998) 和 2001 版《规范》也参照此理念取 1.2。但连接系数的影响因素很多，包括钢材类别、屈服强度、超强系数、应变硬化系数、连接类别（焊接、螺栓连接）、连接的部位，对塑性发展的要求等，连接系数定高了实施困难，定低了不安全。目前国外对连接系数的发展趋势是将规定细化，对不同条件分别采用不同数值，但在表达上又

尽量简化。日本在这方面最为明显，也最先进，见表 5–20。

表 5–20　　日本《钢结构连接设计指南》规定

<table>
<tr><th rowspan="2">母材牌号</th><th colspan="2">梁端连接时</th><th colspan="2">支撑连接、构件拼接</th><th colspan="2" rowspan="2">柱脚</th></tr>
<tr><th>焊接</th><th>螺栓连接</th><th>焊接</th><th>螺栓连接</th></tr>
<tr><td>SS400</td><td>1.40</td><td>1.45</td><td>1.25</td><td>1.30</td><td>埋入式</td><td>1.2</td></tr>
<tr><td>SM490</td><td>1.35</td><td>1.40</td><td>1.20</td><td>1.25</td><td>外包式</td><td>1.2</td></tr>
<tr><td>SN400</td><td>1.30</td><td>1.35</td><td>1.15</td><td>1.20</td><td rowspan="2">外露式</td><td rowspan="2">1.0</td></tr>
<tr><td>SN490</td><td>1.25</td><td>1.30</td><td>1.10</td><td></td></tr>
</table>

注：日本的连接系数包括了超强系数和应变硬化系数。SS 是碳素钢构，SM 是焊接钢构，SN 是抗震钢构，其性能等级是逐步提高的；连接系数随钢种的性能提高而递减，也随钢材的强度等级递增而递减，是以钢材超强系数统计数据为依据的；而应变硬化系数各国普遍取 1.1。

（2）借鉴上述日本《规范》规定，新《规范》将构件承载力抗震调整系数中的焊接连接和螺栓连接都取 0.75，连接系数在连接承载力计算表达式中统一考虑，有利于按不同情况区别对待，也有利于提高连接系数的直观性。我国过去对连接系数的概念，除偏于笼统外，还有对梁柱连接要求过高的问题。对于 Q345 钢材，连续系数 1.30，解决了 2001 版《规范》综合连接系数偏高、材料强度不能充分利用的问题。

（3）对于外露式柱脚，考虑到它在我国应用较多，适当提高抗震设计时的承载力是必要的，系数采用了 1.1。

（4）梁端连接的塑性变形要求最高，连接系数也最高，而支撑连接和构件拼接的塑性变形相对较小，故连接系数可取较低值。螺栓连接因螺栓的强屈比较低，采用了较高的连接系数。美国和欧共体规范中，连接系数都设有这样细致的划分和规定。

5.79　新《抗规》对钢结构的层间位移角限值，为什么从 1/300 改为 1/250

新《规范》将钢结构在弹性阶段的层间位移限值，由 2001 版《规范》的 1/300 改为 1/250。后者曾在《高层民用建筑钢结构技术规程》（JGJ 99–98）规程中采用，是参考了当时美国和日本有关规范的规定，为了不使柱截面过大，层间位移角限值采用了 1/250。从经济合理的设计要求考虑，目前仍改用层间位移角限值 1/250。

5.80　新《规范》对钢结构构件的承载力抗震调整系数是如何修订的

新《规范》配合钢结构构件连接系数的修订，在《抗规》第 5.4 节中，修改了钢结构构件截面抗震承载力验算的承载力抗震调整系数。2001 版《规范》的系数为：梁、柱取 0.75，支撑取 0.80，栓接取 0.85，焊接取 0.90。2010 版《规范》关于连接的调整系数大于构件的要求，本次修订在构件连接计算方法中，采用更合理的系数予以体现。于是，新《规范》的系数，不论梁、柱、支撑、栓接还是焊接，按强度验算时均取 0.75，按稳定验算时均取 0.80。这样修改，使用方便，较符合钢结构构件设计的习惯。验算的结果表明，用钢量有时减少。

5.81 复杂主楼与裙房整体结构建筑物沉降后浇带如何合理设置问题

当高层建筑与相连的裙房或地下车库之间不设置永久沉降缝时，通常结构设计人员都会在裙房或地下车库一侧设置用于控制沉降差的后浇带。那么沉降后浇带的位置如何设置更加合理？

《地规》8.4.20–2 条：当高层建筑与相连的裙房之间不设置沉降缝时，宜在裙房一侧设置用于控制沉降差的后浇带，当沉降实测值和计算确定的后期沉降差满足设计要求后，方可进行后浇带混凝土浇筑。当高层建筑基础面积满足地基承载力和变形要求时，后浇带宜设在与高层建筑相邻裙房的第一跨内。当需要满足高层建筑地基承载力、降低高层建筑沉降量，减小高层建筑与裙房间的沉降差而增大高层建筑基础面积时，后浇带可设在距主楼边柱的第二跨内，此时应满足以下条件：

（1）地基土质较均匀；

（2）裙房结构刚度较好且基础以上的地下室和裙房结构层数不少于两层；

（3）后浇带一侧与主楼连接的裙房基础底板厚度与高层建筑的基础底板厚度相同（图 5–43）。

【知识拓展】

（1）本次《规范》要求裙房沉降后浇带以内筏板与主楼筏板一致，主要是考虑高层建筑主楼荷载是通过主楼基础向外扩散到一定区域，因此与主楼紧邻的裙房基础下的反力依然很大，如果该区域裙房基础突然减小过多时，有可能出现基础板的截面因承载力不足而发生破坏或因变形过大出现裂缝。因此规定裙房紧邻主楼后浇带以内的筏板厚度同主楼，后浇带以外逐渐减薄。

（2）但需要提醒设计人员，这条规定仅适合主楼与裙房均采用天然地基（或复合）基础的情况，对于主楼桩基础、裙房采用天然地基基础时是不适合的。

（3）对于主楼采用桩基础，裙房采用天然地基基础时，沉降后浇带建议宜设置在主楼筏板边附近，如图 5–44 所示。

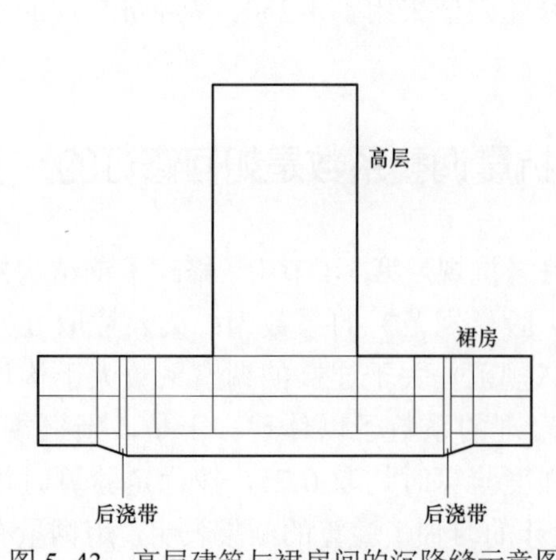

图 5–43　高层建筑与裙房间的沉降缝示意图

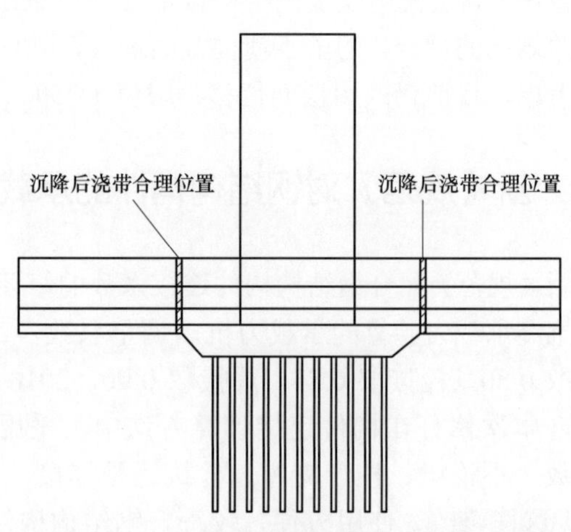

图 5–44　高层建筑与裙房间的沉降缝示意图

5.82　沉降后浇带是否必须待主体结构完成 2 个月后方可封闭

设计人员在工程施工中经常会接到施工单位、业主询问沉降后浇带何时能够封闭，一般设计师都会回答，等主体结构封顶 2 个月后，沉降稳定后方可封闭。这样回答是不全面的。严格来讲只要沉降稳定就可以封闭沉降后浇带。

（1）《技措》2009 版（地基基础）5.7.4 条：高层建筑与裙房之间不设置沉降缝，则应设置沉降后浇带。沉降后浇带一般设于高层与裙房交界处的裙房一侧。沉降后浇带的浇筑时间一般应在高层主体结构完工且沉降趋向稳定以后，但如有沉降观测，根据观测结果证明高层建筑的沉降在主体结构全部完工之前已趋向稳定，也可适当提前。

（2）《高层建筑筏形与箱形基础技术规范》（JGJ 6—2011）8.4.4 条：沉降稳定的控制标准宜按沉降期间最后 100d 的平均沉降速率不大于 0.01mm/d 采用。也就是说与主体结构是否封顶并没有多少关系。

【工程案例】

作者主持设计的宁夏万豪大厦工程，主楼地上 50 层，裙房地上 5 层，地下 3 层，主楼与裙房之间设置沉降后浇带，如图 5–45 所示。由于地下水非常丰富，业主及施工单位为了降低降水费用，希望设计院同意提前封闭沉降后浇带。设计单位依据沉降观测资料分析研究，主楼结构施工到第 47 层后，反推算最后 100d 的平均沉降速率为 0.01mm/d，于是同意可以提前封闭此沉降后浇带，为业主节约了大量降水费用及缩短了施工工期，受到业主表扬。

图 5–45　万豪大厦施工现场照片

（3）《高层建筑筏形与箱形基础技术规范》（JGJ 6—2011）8.4.5 条：沉降观测应从完成基础底板施工时开始，在施工和使用期间连续进行长期观测，直至沉降稳定终止。《建筑变形测量规范》（JGJ8）规定：当最后 100d 沉降量在 0.01～0.04mm/d 时可以认为沉降进入稳定阶段，但还没有达到稳定状态。

【知识点拓展】

经过大量工程沉降实测分析可以知道，一般多层建筑在施工期间完成的沉降量如下所述。

（1）对于碎石或砂土可以认为其已经完成最终沉降 80%以上。

（2）对于其他低压缩性土可认为已经完成最终沉降 50%～80%。

（3）对于中等压缩土可认为已经完成最终沉降 20%～50%。

（4）对于高等压缩土可认为已经完成最终沉降 5%～20%。

设计人员掌握以上这些经验数据可以帮助设计人员了解工程施工阶段的沉降规律。

5.83 新《规范》对钢筋混凝土结构温度伸缩后浇封闭时间做了哪些调整？实际工程如何合理应用

设计人员在工程施工中经常会接到施工单位、业主询问温度伸缩后浇带能否提前封闭的问题，一般设计师都会回答：等后浇带两侧混凝土浇灌 60d 后方可封闭。这个回答并没有错。但遇到一些特殊情况是否可以适当提前呢？作者认为一定是可以的。

请大家看《高规》1989 版、2001 版、2010 版及《技措》等对后浇带说法的变化。

（1）《高规》（JGJ 3—1989 版）2.2.9–4 条（针对地上结构）：每 30～40m 留出施工后浇带，带宽 800～1000mm，钢筋可采用搭接接头，后浇带混凝土宜在 60d 后浇灌，后浇带混凝土浇灌时温度宜低于主体混凝土浇灌时的温度。《高规》（JGJ 3—1989）6.4.13 条（针对地下结构）：当采用刚性防水方案时，同一建筑的箱形基础应避免设置变形缝。可沿基础长度每隔 20～40m 留一道贯通顶板、底板及墙板的施工后浇带，带宽不宜小于 800mm，此带宜在柱距三等分的中间范围内。在顶板、底板和墙体的钢筋可以贯通不断。施工后浇带可在顶板混凝土浇筑 14d 后，采用比设计强度等级提高一级的无收缩水泥配制的混凝土浇筑密实，并加强养护。

（2）《高规》（JGJ 3—2001）4.3.13–3 条（针对地上结构）：每 30～40m 间距留出施工后浇带，带宽 800～1000mm，钢筋采用搭接接头，后浇带混凝土宜在 60d 后浇灌。《高规》（JGJ 3—2001）12.1.10 条（针对地下结构）：当采用刚性防水方案时，同一建筑的基础应避免设置变形缝。可沿基础长度每隔 30～40m 留一道贯通顶板、底板及墙板的施工后浇缝，缝宽不宜小于 800mm，且宜设置在柱距三等分的中间范围内。后浇缝混凝土宜在其两侧混凝土浇灌完毕 60d 后再进行浇灌，其强度等级应提高一级，且宜采用早强、补偿收缩的混凝土。

（3）《高规》（JGJ 3—2010）3.4.13–3 条（针对地上结构）：每 30～40m 间距留出施工后浇带，带宽 800～1000mm，钢筋采用搭接接头，后浇带宜在 45d 后浇灌。《高规》（JGJ 3—2010）12.1.10 条：当采用刚性防水方案时，同一建筑的基础应避免设置变形缝。可沿基础长度每隔 30～40m 留一道贯通顶板、底板及墙板的施工后浇缝，缝宽不宜小于 800mm，且宜设置在柱距三等分的中间范围内。后浇缝处底板及外墙宜采用附加防水层；后浇缝混凝土宜在其两侧混凝土浇灌完毕 45d 后再进行浇灌，其强度等级应提高一级，且宜采用早强、补偿收缩的混凝土。

依据检查资料知：通常一般经过 45d 后混凝土的收缩大约完成 60%左右。

（4）《技措》2009 版 2.6.3–8 条：现浇结构每隔 30～40m 间距设置施工后浇带，宜 60d 并不应少于 45d 后再以高一级强度的混凝土浇灌后浇带。

（5）《混凝土结构施工规范》（GB 50666—2011）8.3.11–2 条：当留后浇带时，后浇带封闭时间不得少于 14d。

由以上规范、技措等不同阶段的说法可以看出，温度伸缩后浇带的封闭时间是可以有一定的灵活性的，当然如果提前就需要采取一些必要的补充措施，如适当延长后浇带的养护时间，后浇带中适当增加膨胀剂等。

【知识点拓展】

（1）施工后浇带的作用在于减少混凝土的收缩应力，并不直接减少使用阶段的温度应力，后浇带不能代替伸缩缝，但可以作为适当增大温度缝间距的条件之一。

（2）一般普通混凝土结构的养护时间不应小于 7d（冬季施工时养护不得小于 14d，其中带模养护不少于 7d）；抗渗混凝土、大体积混凝土、采用 C60 及以上强度的混凝土的养护时间不应小于 14d；后浇带混凝土的养护时间不应少于 28d；另外夏季应适当延长养护时间。

（3）混凝土的收缩与膨胀。混凝土在空气中结硬体积会收缩，在水中结硬体积要膨胀。但是，膨胀值要比收缩值小得多，由于膨胀对结构往往是有利的，所以一般不需要考虑。而收缩会使结构开裂，对结构是不利的，必须考虑混凝土收缩的影响。

收缩变形在开始阶段发展较快，2 周可以完成全部收缩量的 25%，1 个月约完成 50%，3 个月后收缩缓慢。

（4）影响混凝土收缩的因素主要有以下几方面。

1）水泥强度等级越高、用量越多、水胶比越大，收缩越大。

2）骨料的弹性模量越大，收缩越小。

3）养护条件越好，在硬结过程中和使用过程中周围环境湿度大，收缩越小。

4）混凝土振捣密实做得越好，收缩越小。

5）构件的体积与表面积之比越大，收缩越小。

6）混凝土在长期荷载作用下的变形——徐变。

在长期的荷载作用下，即使荷载维持不变，混凝土的变形仍会随时间而增长，这种现象称为徐变。徐变在开始发展很快，以后逐渐减慢，最后趋于稳定。通常在 6 个月可完成最终徐变量的 70%～80%，在一年内可完成 90%左右，其余 10%的徐变量在后续几年中完成。

（5）影响徐变的因素有以下几个方面。

1）水胶比越大，徐变越大。

2）水泥用量越多，徐变越大。

3）养护条件好，混凝土工作环境湿度越大，徐变越小。

4）水泥和骨料的质量好，级配越好，徐变越小。

5）加荷前混凝土强度越高，徐变越小。

6）加荷时混凝土的龄期越早，徐变越大。

7）构件尺寸越大，体表比越大，徐变越小。

（6）温度后浇带应从受力影响小的部分通过（如梁、板的 1/3 跨度处），不必在同一截面上（可以曲折布置），如图 5–46（a）、（b）所示。

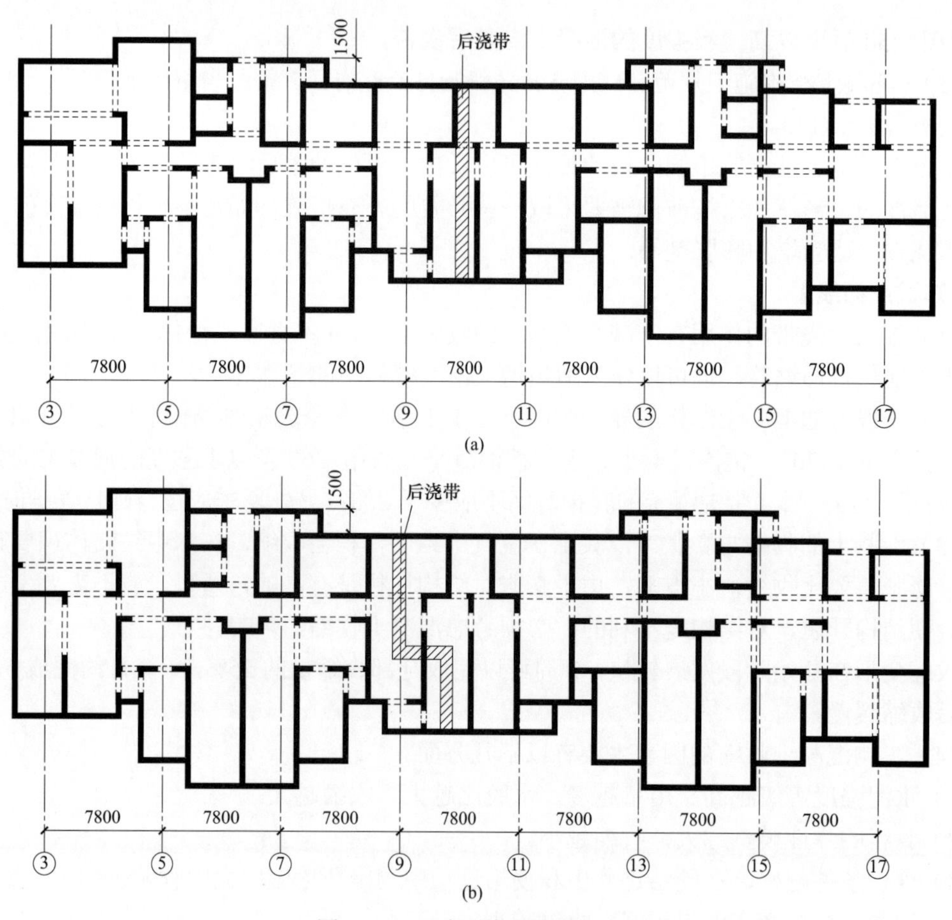

图 5–46 温度后浇带布置方案

（a）不合理的布置方案；（b）合理的布置方案

5.84 新《规范》对于钢筋混凝土结构钢筋锚固的诸多问题的合理应用理解

随着我国钢筋强度不断提高，结构形式的多样性也使锚固条件有了很大的变化，根据近年来系统试验研究及可靠度分析的结果并参考国外标准，《砼规》给出了以简单计算确定受拉钢筋锚固长度的方法。其中基本锚固长度 l_{ab} 取决于钢筋强度 f_y 及混凝土抗拉强度 f_t，并与锚固钢筋的外形有关。

《砼规》8.3.1 条：当计算中充分利用钢筋的抗拉强度时，受拉钢筋的锚固应符合下列要求：

（1）基本锚固长度应按下列公式计算：

普通钢筋

$$l_{ab}=\alpha\frac{f_y}{f_t}d \tag{5–6}$$

预应力筋

$$l_{ab}=\alpha\frac{f_{py}}{f_t}d \tag{5–7}$$

式中　l_{ab}——受拉钢筋的基本锚固长度；

f_y、f_{py}——普通钢筋、预应力筋的抗拉强度设计值；

f_t——混凝土轴心抗拉强度设计值，当混凝土强度等级高于 C60 时，按 C60 取值；

d——锚固钢筋的直径；

α——锚固钢筋的外形系数，按表 5–21 取用。

表 5–21　　锚固钢筋的外形系数 α

钢筋类型	光面钢筋	带肋钢筋	螺旋肋钢丝	三股钢绞线	七股钢绞线
α	0.16	0.14	0.13	0.16	0.17

注：光面钢筋末端应做 180° 弯钩，弯后平直段长度不应小于 $3d$，但作受压钢筋时可不做弯钩。

（2）受拉钢筋的锚固长度应根据具体锚固条件按下列公式计算，且不应小于 200mm：

$$l_a = \zeta_a l_{ab} \tag{5–8}$$

式中　l_a——受拉钢筋的锚固长度；

ζ_a——锚固长度修正系数，按本规范 8.3.2 条的规定取用，当多于一项时，可按连乘计算，但不应小于 0.6。

《砼规》8.3.2 条：纵向受拉普通钢筋的锚固长度修正系数 ζ_a 应根据钢筋的锚固条件按下列规定取用：

（1）当带肋钢筋的公称直径大于 25mm 时取 1.10；

（2）环氧树脂涂层带肋钢筋取 1.25；

（3）施工过程中易受扰动的钢筋取 1.10；

（4）当纵向受力钢筋的实际配筋面积大于其设计计算面积时，修正系数取设计计算面积与实际配筋面积的比值，但对有抗震设防要求及直接承受动力荷载的结构构件，不应考虑此项修正；

（5）锚固区保护层厚度为 $3d$ 时修正系数可取 0.80，保护层厚度为 $5d$ 时修正系数可取 0.70，中间按内插取值，此处 d 为纵向受力带肋钢筋的直径。

提醒设计人员要注意《砼规》8.3.1–3 条中的内容：当锚固钢筋保护层厚度不大于 $5d$ 时，锚固长度范围内应配置横向构造钢筋，其直径不应小于 $d/4$；对梁、柱等杆状构件间距不应大于 $5d$，对板、墙等平面构件间距不大于 $10d$，且均不应小于 100mm，此处 d 为锚固钢筋的直径。目前很多工程设计并没有注意这条，这样可能会给工程埋下隐患。

【知识点拓展】

（1）《砼规》8.3.1–3 条主要是为了防止保护层太薄，混凝土劈裂时钢筋突然失锚。由于锚固条件不同，对不同构件要求有所差异。但对大于 $5d$ 的较厚的保护层，可以不配构造钢筋。

（2）《砼规》8.3.1–3 这一条的要求就可以解释为何《高规》7.2.27–3 条指出顶层连梁纵向水平钢筋伸入墙肢的长度范围内应配置箍筋，箍筋间距不宜大于 150mm，直径应与该连梁的箍筋直径相同而中间楼层不需要的理由，如图 5–47 所示。

（3）提醒设计人员注意以下特殊情况。

1）对于结构顶层的框架梁边支座及悬挑梁跟部及悬挑板都有类似问题，但 11G101 图集给出如图 5–48 所示的做法，作者认为不妥，要设计人员补充说明。作者认为应在梁上部钢筋锚

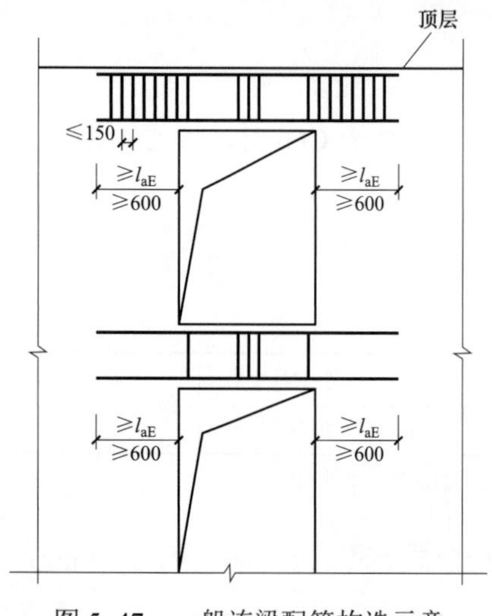

图 5–47　一般连梁配筋构造示意

注：非抗震时 l_{aE} 取 l_a

固区增加横向钢筋或箍筋，建议按图 5–49 修改为妥。

2）经常有设计人员提及主次梁连接时，次梁与主梁顶一般平齐，这个时候是否也需要在次梁上部纵筋的锚固区附加横向筋或箍筋？作者认为如果采取一些可靠措施是可以不需要的，如图 5–50 所示。

3）某图集给出如图 5–51 所示的主次梁钢筋连接节点构造。

作者认为，设计应优先采用图 5–51 中主次梁节点构造（二）。但遗憾的是图集标注“采用此节点需经设计确认后采用”，作者认为图集编制人是担心这样处理会由于负筋保护层加大，影响负筋的配筋量。作者认为这个担忧是多余的，由于工程设计中通常都假定次梁边支座与主梁铰接，负筋配筋是构造取跨中的 1/4 来配置。

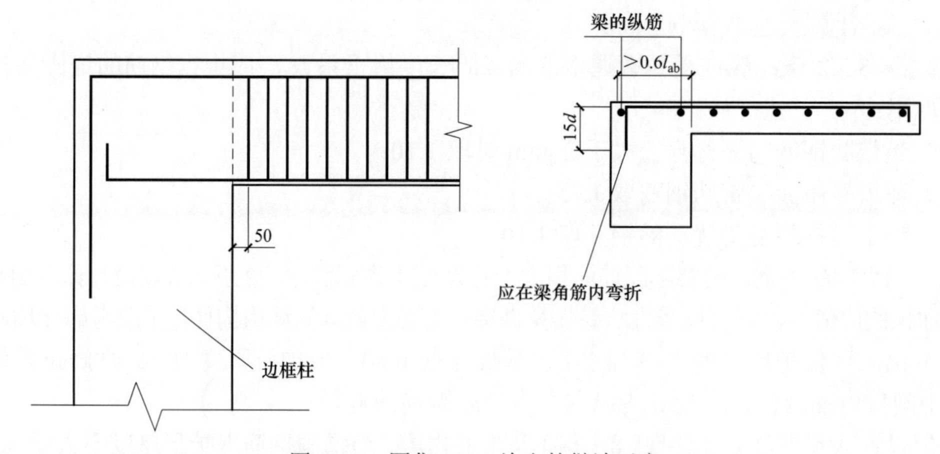

图 5–48　图集 G101 给出的做法示意

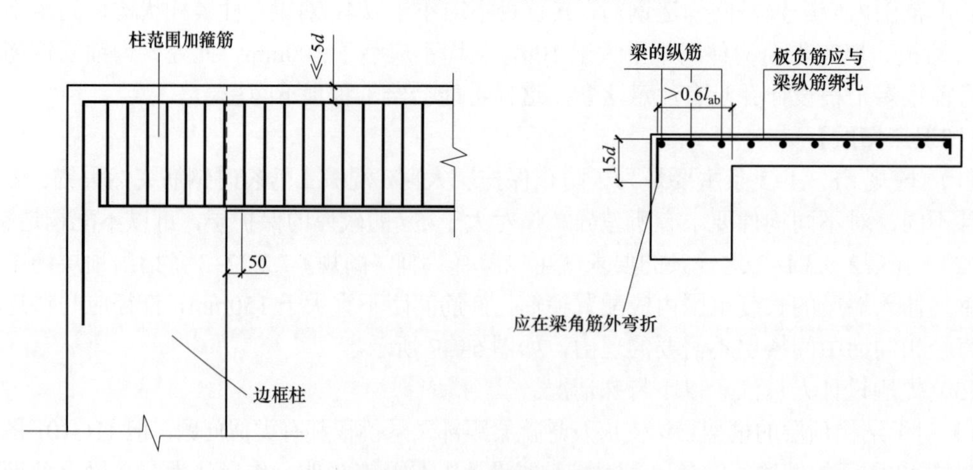

图 5–49　作者建议的做法

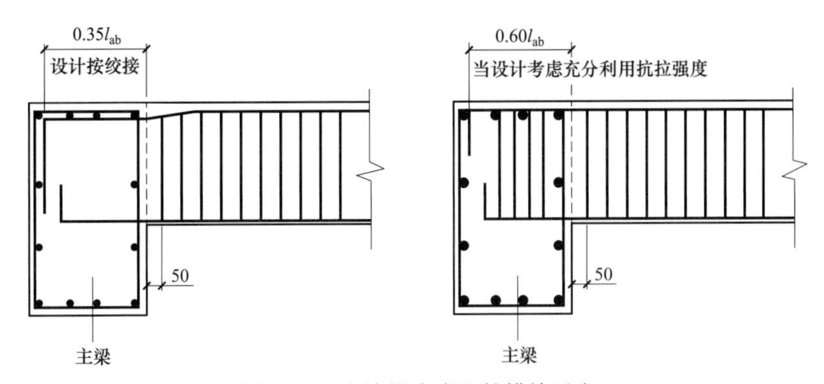

图 5–50　主次梁支座配筋措施示意

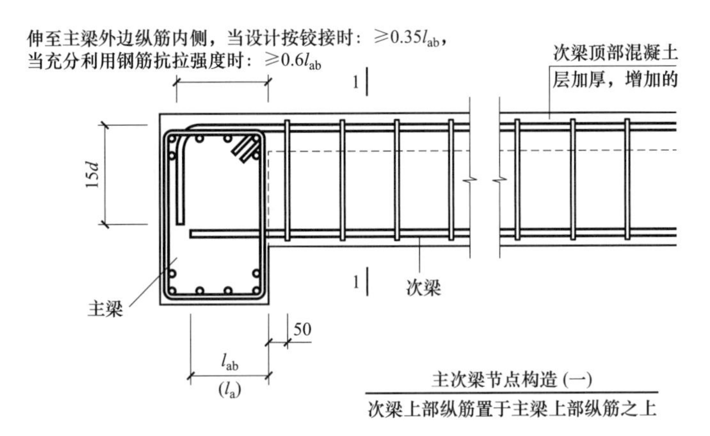

图 5–51　某图集给出的主次梁节点构造

4）《砼规》8.3.3 条：当纵向受拉普通钢筋末端采用钢筋弯钩或机械锚固措施时，包括弯钩或锚固端头在内的锚固长度（投影长度）可取为基本锚固长度 l_{ab} 的 0.6 倍。钢筋弯钩和机械锚固的形式和技术要求应符合表 5–22 及图 5–52 所示的规定。

表 5–22　　钢筋弯钩和机械锚固的形式和技术要求

锚固形式	技 术 要 求
90° 弯钩	末端 90° 弯钩，弯后直段长度 12d
135° 弯钩	末端 135°弯钩，弯后直段长度 5d

续表

锚固形式	技 术 要 求
一侧贴焊锚筋	末端一侧贴焊长 $5d$ 同直径钢筋，焊缝满足强度要求
两侧贴焊锚筋	末端两侧贴焊长 $3d$ 同直径钢筋，焊缝满足强度要求
焊端锚板	末端与厚度 d 的锚板穿孔塞焊，焊缝满足强度要求
螺栓锚头	末端旋入螺栓锚头，螺纹长度满足强度要求

注：1. 锚板或锚头的承压净面积应不小于锚固钢筋计算截面积的 4 倍。
2. 螺栓锚头产品的规格、尺寸应满足螺纹连接的要求，并应符合相关标准的要求。
3. 螺栓锚头和焊接锚板的间距不大于 $3d$ 时，宜考虑群锚效应对锚固的不利影响。

截面角部的弯钩和一侧贴焊锚筋的布筋方向宜向内偏置。

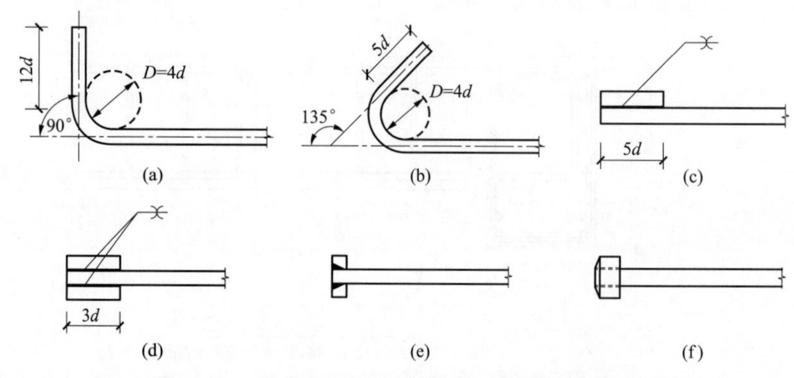

图 5–52 钢筋弯钩和机械锚固的形式和技术要求

（a）90° 弯钩；（b）135° 弯钩；（c）侧贴焊锚筋；（d）两侧贴焊锚筋；（e）穿孔塞焊锚板；（f）螺栓锚头

5）框架梁纵向钢筋在柱中的锚固并非必须伸到柱边再弯折，可以根据柱截面尺寸及梁钢筋直径综合确定，满足一定条件完全可以采用直锚。也可采用在端部附加螺栓的锚固方法，如图 5–53 和图 5–54 所示。

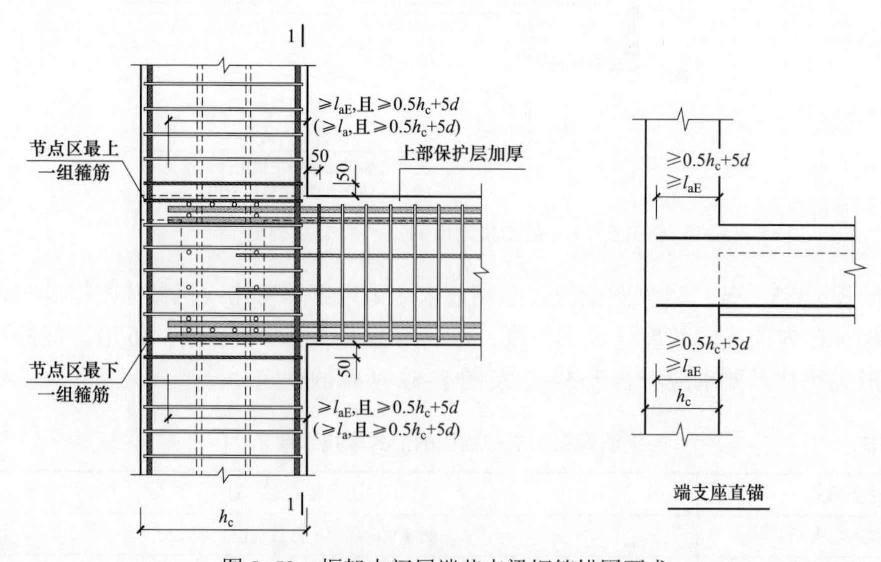

图 5–53 框架中间层端节点梁钢筋锚固要求

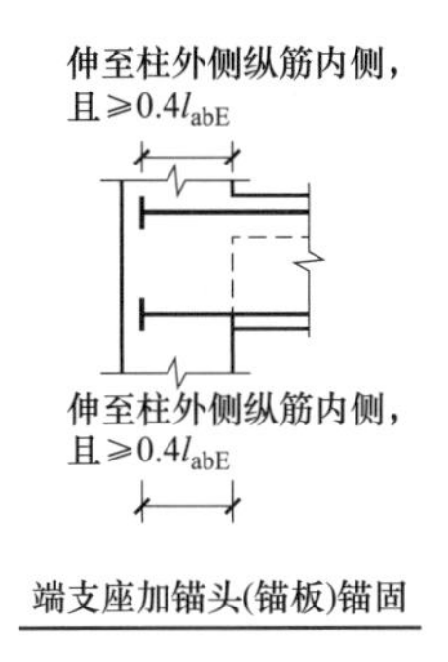

图 5–54 端支座加锚栓锚固

6）如何理解 11G101–1 图集中，给出梁底部纵筋部分不锚入支座问题？

如图 5–55 所示是图集给出的不伸入支座的梁下部钢筋断点位置示意图。

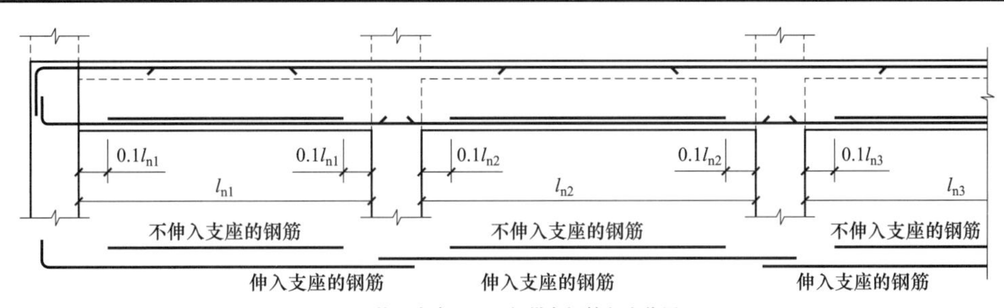

图 5–55 底部纵向钢筋断点位置示意图

图集并没有规定部分是多少，作者建议需要考虑以下几点后综合确定：

① 满足计算要求，即锚入支座的纵向钢筋必须满足计算需要的配筋量。

② 非抗震设计时，底部纵筋锚入支座的钢筋面积不少于底部总量的 1/4，同时不少于 2 根。

③ 抗震设计时，除满足计算需要外，同时还应满足：抗震等级一级时，不应少于上部纵筋的 50%；二、三级时不应少于上部纵筋的 30%；当框架梁端受拉钢筋的配筋率大于 2.5% 时，锚入支座底筋还不应少于顶部受拉筋的 50%。

有设计人员问：板中负筋在支座的锚固是否也可以参考这个方法部分不伸入支座？作者认为理论上完全可以，但《砼规》9.1.4 条规定：采用分离式配筋的多跨板，板底筋宜全部锚入支座，这就意味着采用分离式配筋时，是不可以将部分底部钢筋不伸入支座锚固的。

但有资料介绍，对于按塑性理论计算的双向板，跨中钢筋的一半可以不伸入支座。

7）关于梁端的水平锚固长度不满足≥$0.4l_{aE}$（$0.4l_a$）的问题。

① 在《砼规》第 10 章“结构构件的基本规定”第 4 节“梁柱节点”中，对框架梁上部纵向钢筋伸至节点对面弯折的情形作了如下规定：其包含弯弧段在内的水平投影长度不应小于 $0.4l_a$，包含弯弧段在内的竖直投影长度应取为 $15d$。

② 在《高规》6.5.4 条及 6.5.5 条中也有同样的规定，并用图形表示，抗震节点与非抗震节点在此条上的区别仅将非抗震中的 l_a 替代为 l_{aE}。

③ 在国标《G101–1》中，不仅对梁柱节点作了同样处理，并且对支承于主梁上的次梁

（非框架梁）也作了同样的规定。

④ 对于剪力墙结构、框剪结构等非纯框架结构中的框架梁，根据《规范》相应条文的规定，也应按照与框架结构相同的构造处理。

⑤ 然而，由于许多时候梁宽或剪力墙厚度较小，有时候是由于梁纵向钢筋直径较大，难以满足《规范》此条规定。

在原《砼规》1992 年局部修订内容中，曾允许当在 90° 弯弧内侧设置横向短钢筋时，可将水平投影长度减小 15%。但后经试验表明，该横向短钢筋在弯弧段钢筋未明显变形的一般受力情况下并不起作用，所以《砼规》2002 版时不再采用这种规定。

由于水平段投影长度不小于 $0.4l_a$，垂直段投影长度为 $15d$ 的规定是经国内外试验结果证实，能可靠保证梁筋的锚固强度和刚度的措施，设计中宜增加支承梁的梁宽以满足水平锚固要求。在不能加大主梁梁宽的情况下，可采用附加锚固措施，如图 5–34 所示。

总之，工程实际设计中应考虑梁端钢筋锚固的问题，并进行设计说明。若设计无说明，则就意味着施工单位会按照平法《G101–1》中任何一种方式施工。不满足水平段锚固≥$0.4l_a$（$0.4l_{aE}$）的规定，会出现锚固强度和刚度不足的情况。在审图中，至少要求锚固垂直段投影长度与水平段投影长度之和不小于 l_a 或 l_{aE}。垂直段仅为 $15d$ 往往不够。

5.85　新《规范》对于钢筋混凝土结构中钢筋连接问题的合理理解

《砼规》8.41 条：钢筋连接可采用绑扎搭接、机械连接或焊接。《高规》6.5.1–1 条：钢筋连接可采机械连接、搭接或焊接。《抗规》没有相关内容要求。

【知识点拓展】

（1）《高规》规定：对于关键部位钢筋连接宜采用机械连接，不宜采用焊接。主要是因为：

1）目前施工现场钢筋焊接，质量难保证。各种人工焊接，常不能采用有效的检验方法，仅凭肉眼观察，对于内部焊接质量问题，不能有效检验。

2）1995 年日本阪神地震中，观察到多处采用气压焊的柱纵筋在焊接处拉断的情况。

3）英国相关规范规定：如有可能，应避免在现场采用人工电弧焊。

4）美国钢铁协会提出：在现有的各种钢筋连接方式中，人工电弧焊可能是最不可靠的、最贵的方法。

（2）搭接连接。

1）如果选择正确的位置、有足够的搭接长度、搭接部位的箍筋加密、有足够的保护层厚度，也是一种较好的连接方法，质量更容易保证，即使在地震区也是可以应用的，这种连接方法不致出现焊接或机械连接的人工失误的可能，而且往往是最省工的方法。

2）搭接也有其不足之处。

① 在抗震构件内力的较大部位，当构件承受反复荷载时，有滑移的可能。

② 在构件钢筋较密集时，采用搭接连接会使混凝土浇灌困难。

③ 用钢量比其机械连接或焊接方式大。

（3）《砼规》8.4.2 条：轴心受拉及小偏心受拉杆件的纵向受力钢筋不得采用绑扎搭接；其他构件中的钢筋采用绑扎搭接时，受拉钢筋直径不宜大于 25mm（原《规范》28mm），受压钢筋直径不宜大于 28mm（原《规范》32mm）。

这一条设计人员特别要注意，因为只有设计人员清楚哪些构件属于轴心受拉及小偏心受拉，施工及监理等其他人员未必清楚。所以如遇这种情况，作者建议设计人员在原位注明“此构件纵向受力钢筋不得采用绑扎搭接”，以免发生施工错误。

5.86　《高规》12.2.5 条：其竖向和水平分布钢筋应双层双向布置，间距不宜大于 150mm，配筋率不宜小于 0.3%。应如何正确理解

《高规》12.2.5 条：高层建筑主体结构地下室外墙应满足水土压力及地面荷载侧压作用下承载力要求，其竖向和水平分布钢筋应双层双向布置，间距不宜大于 150mm，配筋率不宜小于 0.3%。

条文解释：根据工程经验，提出外墙竖向、水平分布钢筋的设计要求。请问这样的解释能让大家理解吗？

正因为《规范》含糊不清，工程界对于这几个问题有不同理解：

（1）是否仅高层建筑才需要满足？有一部分认为多层可以不考虑。

（2）计算仅满足水土压力及地面荷载侧压作用下承载力要求？那么上部荷载不考虑吗？

（3）外墙水平和竖向钢筋间距均不宜大于 150mm？有人认为竖向和水平均不宜大于 150mm。

（4）配筋率不宜小于 0.3%是单层还是双层？有人认为是双层的，也有人认为是单层的配筋率。

作者观点是：

（1）这条规范与多层、高层建筑实际没有直接关系，主要看它的作用是为什么。

（2）如果地下外墙有上部荷载，就应考虑按压弯构件计算。

（3）外墙由于施工阶段室内外温差变化较大，又有防水要求，所以这个要求主要是针对温度问题，基于这个理由应仅是水平钢筋间距为 150mm。这点在《广东高规》明确指出是水平钢筋间距不宜大于 150mm；请大家想想，多层建筑如果地下外墙较长时（超过混凝土温度缝要求），不需要考虑这点吗？

（4）配筋率不宜小于 0.3%，作者理解是双层钢筋。理由是：① 地下外墙与室外土接触，类似置卧与地基上的混凝土板；② 规范编制“潜规则”，凡是《规范》没有明确指出的最小配筋率均指双侧（如剪力墙水平及竖向最小配筋率）。

5.87　如何合理理解《地规》8.4.5 条：地下室墙的水平钢筋的直径不应小于 12mm，竖向钢筋直径不应小于 10mm

《地规》8.4.5 条：采用筏形基础的地下室，钢筋混凝土外墙厚度不应小于 250mm，内墙厚度不宜小于 200mm。墙的截面设计除满足承载力要求外，尚应考虑变形、抗裂及外墙防渗要求。墙体内应设置双面钢筋，钢筋不宜采用光圆钢筋，水平钢筋的直径不应小于 12mm，竖向钢筋不应小于 10mm（原《规范》12mm），间距不应大于 300mm。

《高层建筑筏形与箱形基础技术规范》（JGJ 6—2011）6.2.9 条也有同样的规定。

遗憾的是两本规范均没有解释，为何有这个规定。有专家解释是“考虑上部结构与筏板基础共同工作，中和轴上移，下部墙体可能会出现拉应力”。也有专家解释“主要是为了增强地下结构整体刚度”。作者认为这些解释都很难让人信服。作者的建议是：

（1）对高层建筑还是执行这个要求，当然如果和审图单位达成共识，也可不执行这条。

（2）对于多层建筑完全可以不执行这条。这个要求规范讲的很清楚是针对高层建筑筏基础上的墙体。

5.88 如何合理理解《地规》8.4.22 条：带裙房的高层建筑下的整体筏形基础、其主楼下筏板的整体挠度值不宜大于 0.05%，主楼与相邻的裙房柱的差异沉降不应大于其跨度的 0.1%

这一条是《规范》新加条文，其目的是：高层建筑基础不但应满足强度要求，而且应有足够的刚度，方可保证上部结构的安全。这里的基础挠曲度Δ/L 的定义：基础两端沉降的平均值和基础中间最大沉降的差值与基础两端之间距离的比值。主楼基础边缘的沉降与相邻裙房柱基础的沉降差与两者之间的距离之比应小于 0.1%，注意这个值要严于《地规》对其他结构差异沉降比的限值要求。

【知识点拓展】

本条提出的基础挠曲$\Delta/L = 0.05\%$的限值，是通过中国建筑科学研究院地基所的室内模型系列试验和大量工程实测分析得到的。试验结果表明，模型的整体性挠曲变形曲线呈盆形，当$\Delta/L = 0.07\%$时，筏板角部开始出现裂缝，随后底层边、角柱的根部内侧顺着基础整体挠曲方向出现裂缝。

第6章

一些复杂问题设计方法及设计注意事项

6.1 建筑设置转角窗时，结构设计应注意哪些问题

建筑物的四角是保证结构整体的重要部位。在地震作用下，建筑物发生平动、扭转和弯曲变形，位于建筑四角的结构构件受力较为复杂，其安全性又直接影响建筑物四角部甚至整体建筑的抗倒塌能力。近年来，在住宅建筑中越来越多地采用在剪力墙结构角部开设转角窗，虽然目前《规范》并没有对剪力墙设置转角窗作出具体规定，但《技措》2009版，结合一些地方规定，对设置转角窗的结构作了如下要求。

《措施》5.1.13条：抗震设防烈度为9度的剪力墙结构和B级高度的剪力墙结构不应在外墙开设角窗。抗震设防烈度为7度和8度时，高层剪力墙结构不宜在外墙角部开设角窗，必须设置时应加强其抗震措施，具体如下。

（1）抗震设计应考虑扭转耦联影响。

（2）角窗两侧墙厚不宜小于250mm。

（3）宜提高角窗两侧的墙肢的抗震等级，并按提高后的抗震等级满足轴压比的要求。

（4）角窗两侧的墙肢应沿全高设置约束边缘构件。

（5）转角窗房间的楼板宜适当加厚，配筋适当加强。

（6）转角窗两侧墙肢间的楼板宜设置暗梁。

（7）加强角窗窗台挑梁的配筋与构造；一般两端均按悬臂梁计算。

（8）转角剪力墙端部宜采用“L”等带有翼墙的截面形式。

注意：《抗规》7.1.7–5条明确规定，砌体结构不应在房屋转角设置转角窗。

6.2 新《规范》关于短肢剪力墙的设计都有哪些新变化

《高规》：抗震设计时，高层建筑结构不应全部采用短肢剪力墙；B级高度高层建筑以及抗震设防烈度为9度的A级高度高层建筑，不宜布置短肢剪力墙，不应采用具有较多短肢剪力墙的剪力墙结构；当采用具有较多短肢剪力墙时，应符合下列规定。

（1）在规定的水平地震作用下，短肢剪力墙承担的底部倾覆力矩不宜大于结构底部总地震倾覆力矩的50%。

（2）房屋适用高度应比本规程表3.3.1–1规定的剪力墙结构的最大适用高度适当降低，7度、8度（0.20g）和8度（0.30g）时分别不应大于100m、80m和60m。

注：1）短肢剪力墙是指截面厚度不大于 300mm、各肢截面高度与厚度之比的最大值大于 4 但不大于 8 的剪力墙（原规范是 5～8）。

2）具有较多短肢剪力墙的剪力墙结构，是指在规定的水平地震作用下，短肢剪力墙承担的底部倾覆力矩不小于结构底部总地震倾覆力矩的 30%的剪力墙结构。《高规》：抗震设计时，短肢剪力墙的设计应符合下列要求。

① 短肢剪力墙截面厚度除应符合本规程第 7.2.1 条的要求外，底部加墙部位尚不应小于 200mm，其他部位尚不应小于 180mm（原规范要求短肢剪力墙的墙厚均不小于 200mm）。

② 一、二、三级短肢剪力墙的轴压比，分别不宜大于 0.45、0.50、0.55（较原规范各减小 0.05），一字形截面短肢剪力墙的轴压比限值应相应减少 0.1（在 0.45、0.50、0.55 的基础上再减少）。

③ 短肢剪力墙的底部加强部位应按《高规》7.2.6 条调整剪力设计值，其他各层一、二、三级短肢剪力墙的剪力设计值应分别乘以增大系数 1.4、1.2 和 1.1（新增加了三级的放大要求）。

④ 短肢剪力墙边缘构件的设置应符合《高规》7.2.14 条的要求。

⑤ 短肢剪力墙的全部竖向钢筋的配筋率，底部加强部位一、二级不宜小于 1.2%，三级不宜小于 1.0%；其他部位一、二级不宜小于 1.0%，三级不宜小于 0.8%（新加了三级的要求）。

⑥ 不宜采用一字型短肢剪力墙，不宜在一字形短肢剪力墙布置平面外与之相交的单侧楼面梁。

【知识点拓展】

（1）对于 L、T、十字形剪力墙，两个方向的墙肢高度与厚度之比最大值 4＜墙长厚比≤8 时，才为短肢剪力墙。

（2）当截面高度与厚度之比大于 4 不大于 8 的墙肢两端均与较强的连梁（连梁净跨与连梁截面高度之比 $L_n/h_b \leq 2.5$，且连梁高度 $h_b \geq 400$mm）相连时，可以不作为“短肢剪力墙”，应属于延性和抗震性能较好的联肢墙范畴。

（3）具有较多短肢剪力墙结构的定义是：必须设置筒体或一般剪力墙。

（4）不再要求对短肢剪力墙结构提高一级抗震等级的要求。

6.3 新《规范》如何保证楼梯间的抗震安全性

历次震害中框架结构及砌体结构的楼梯间都破坏比较严重。特别是 2008 年“5·12”汶川大地震中，框架结构和砌体结构建筑中的楼梯间遭受严重破坏（图 6–1～图 6–5），被拉断的情况非常普遍。此现象立刻引起工程界的高度重视。

图 6–1 框架结构楼梯间破坏

图 6–2 砌体结构楼梯间严重破坏

图 6–3　建筑间楼梯破坏

图 6–4　外贴楼梯破坏

图 6–5　楼梯间休息平台形成的柱破坏

2009 年就立即对原 2001 版《抗规》进行局部修订，主要就是对框架结构及砌体结构楼梯间抗震设计进行内容补充与完善。

2010 版《抗规》在 2009 年局部修订的基础上，又对楼体间布置及抗震计算、抗震措施等提出新的规定，具体体现在以下几个方面。

（1）对于钢筋混凝土框架结构，楼梯间的布置不应导致结构平面特别不规则。

（2）结构整体计算分析时应考虑楼梯构件的影响。

（3）对于砌体结构的楼梯间要求在楼梯间四角和梯段上、下端对应的墙体处增设构造柱，共有 8 根构造柱；同时要求砌体结构楼梯间墙体在休息平台或半高处设置钢筋混凝土带或配筋砖带，并且采取其他加强措施，使楼梯间达到相当于约束砌体的构造措施。

（4）对于楼梯间的非承重墙体（填充墙），应采取与两侧柱加强连接，如采用钢丝网砂浆面层等。

（5）宜采用现浇钢筋混凝土楼梯。

（6）楼梯与主体结构整浇时，楼梯构件需要进行抗震验算。

（7）楼梯构件的组合内力设计值应包括与地震作用效应的组合，楼梯梁、柱的抗震等级应与整体框架的抗震等级相同。

（8）抗震等级为一、二、三级的楼梯，纵向受力钢筋应符合《抗规》3.9.2 条 2 款 2）条要求。

【知识点拓展】

为什么增加楼梯间抗震设计规定?

汶川地震中，既有因楼梯间坍塌造成人员伤亡的震害，也有楼梯间破坏但没有坍塌而使人员得以安全撤离的实例。为确保地震时楼梯间成为人员撤离的逃生通道，本次修订增加了楼梯间的抗震设计要求。对框架结构，楼梯构件与主体结构整浇时，梯板起到斜撑的作用，对结构刚度、承载力、规则性的影响比较大，应参与结构整体抗震计算；当采取措施，如梯板滑动支承于平台板，楼梯构件对结构刚度的影响较小时，可不参与整体抗震计算。

对有抗震墙的结构，如框架—抗震墙结构、抗震墙结构等，楼梯构件对结构刚度的影响较小，可不参与整体抗震计算。但《规范》没有明确是否需要采取同框架结构对楼梯的抗震措施。引起各地理解偏差。作者理解《规范》的意思是：这类结构的楼梯由于对整体结构刚度贡献不大，可以不参与结构整体计算，但依然需要进行抗震设计（包括构件抗震计算及采取相应的抗震措施）。

例如，2013 年一级注册结构工程师考试，就出了这样一道选择题：

某框架—剪力墙结构，框架的抗震等级为三级，剪力墙的抗震等级为二级。试问：该结构中下列何种部位的纵向受力普通钢筋必须采用符合抗震性能指标要求的钢筋？

① 框架梁；② 连梁；③ 楼梯的梯段；④ 剪力墙边缘构件。

（A）①+②；（B）①+③；（C）②+④；（D）③+④

解答：《抗规》（GB 50011）3.9.2 条 2 款 2）条，三级框架和斜撑构件。

正确答案为（B）。

这道题知识点是：考查考生是否理解《抗规》（GB 50011）3.9.2 条 2 款 2）条的含义，更重要的是让考生知道框架—剪力墙的楼梯间也需要符合这条要求。

通过分析研究，楼梯斜板处于非常复杂的受力状态：首先是具有明显的轴向受力，其次是竖向受剪，另外，受压时还存在不可忽略的面内弯矩和扭矩。

所以，《规范》规定：楼梯采用现钢筋混凝土楼梯，梯板配筋《高规》条文规定宜采用双排配筋，《抗规》没有说明，《高规》及《抗规》也没有说明最小配筋率。

《广东高规》规定：现浇楼梯的梯板应双层双向配筋，受力方向每层最小配筋率不应小于 0.25%，支承楼梯平台梯柱箍筋应全高加密。

同时，《广东高规》建议高层框架结构应在楼梯间周围布置力墙，做成少墙框架结构，这样可以避免短柱，保证楼梯间结构安全。

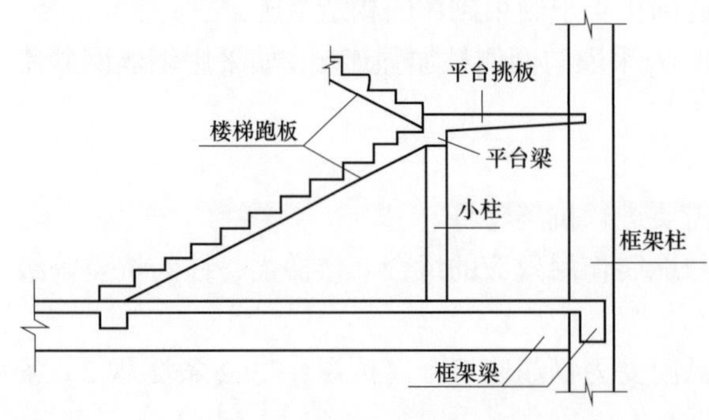

图 6–6 楼梯平台处理手法

作者建议，为了避免短柱，楼梯平台可以采用如图 6–6 所示的处理手法。

作者还建议如果框架结构由于楼梯参与整体计算，对结构的扭转影响较大，此时可考虑采用滑动支座，但需要满足以下要求。

（1）满足建筑功能要求。

（2）滑动端挑出长度应满足在罕遇地震作用下的位移要求，有防止坠落措施；

楼梯滑动支座构造如图 6–7 所示。

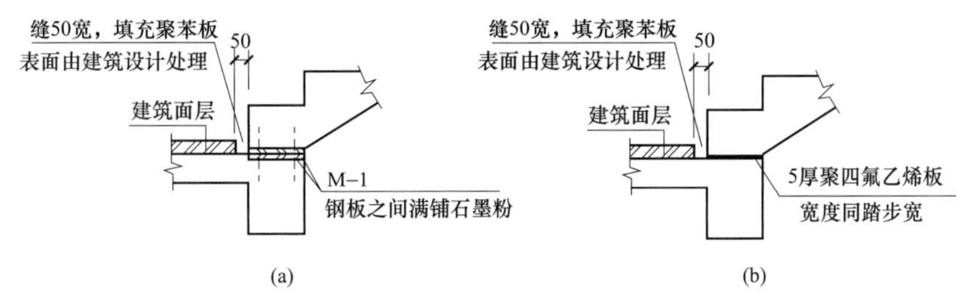

图 6–7　楼梯滑动支座构造

（a）预埋钢板；（b）设聚四氟乙烯垫板（梯段浇筑时应在垫板上铺塑料薄膜）

注意：有的工程在剪力墙结构中也采用滑动支座楼梯，剪力墙结构楼梯四周一般均为剪力墙，请问楼梯如何能够滑动？作者认为实在没有必要。楼梯滑动支座只有在框架结构中应用才有实际意义。

《上海市关于建筑工程钢筋混凝土结构楼梯间抗震设计的指导意见》（沪建建管〔2012〕16 号）对框架结构楼梯间还提出以下要求。

（1）楼梯间布置应当有利于人员疏散，尽量减少其造成的结构平面特别不规则，楼梯间与主体结构之间应当有足够可靠传递水平地震剪力的构件，四角宜设竖向抗侧力构件。

（2）对钢筋混凝土结构体系，宜在其楼梯间周边设置抗震墙，其中沿楼梯板方向的墙肢总长不宜小于楼梯相应边长的 50%。角部墙肢宜采用“L”形。

（3）设置抗震墙可能导致结构平面特别不规则的框架结构，楼梯间可根据国家相关技术规范要求，将梯板设计成为滑动支撑于平台梁（板）上，减小楼梯构件对结构刚度的影响。

（4）对符合上述（2）或（3）规定的钢筋混凝土结构，其整体内力分析的计算模型可不考虑楼梯构件的影响。

（5）对不符合上述（2）或（3）规定的钢筋混凝土结构，其整体内力分析的计算模型应考虑楼梯构件的影响，并宜与不计楼梯构件模型进行比较，按最不利内力进行配筋。

（6）楼梯间的框架梁、柱（包括楼梯梁、柱）的抗震等级应比其他部位同类构件提高一级（楼梯参与整体内力分析时，地震内力可不调整），并适当加大截面尺寸和配筋率。

（7）楼梯构件宜符合下列要求。

1）梯柱截面不宜小于 250mm×250mm 或 200mm×300mm；柱截面纵向钢筋：抗震等级一、二级时不宜小于 4ϕ16，三、四级时不宜小于 4ϕ14；箍筋应全高加密，间距不大于 100mm，箍筋直径不小于 10mm。

2）梯梁高度不宜小于 1/10 梁跨度；纵筋配置方式宜按双向受弯和受扭构件考虑，沿截面周边布置的间距不宜大于 200mm；箍筋应全长加密。

3）梯板厚度不宜小于 1/25 计算板跨，配筋宜双层双向，每层钢筋不宜小于ϕ10@150，并具有足够的抗震锚固长度。

（8）楼梯间采用砌体填充墙时，除应符合《抗规》13.3.4 条要求外，尚应设置间距不大于层高且不大于 4m 的钢筋混凝土构造柱。

该指导意见同时规定：其整体内力分析的计算模型应考虑楼梯构件的影响，并宜与不计楼梯构件影响的计算模型进行比较，按最不利内力进行配筋。甘肃省也有这个类似规定。

【工程案例】

某地震区多层框架结构，计算模型如图 6–8 所示，对比分析考虑楼梯参与整体计算与不参与整体计算的结果。

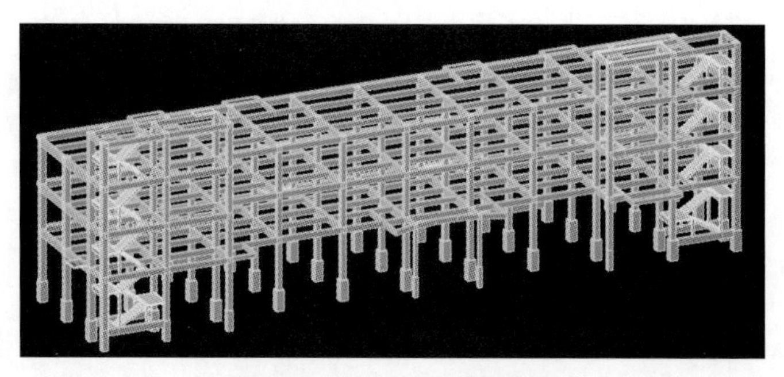

图 6–8　框架结构计算模型

两种模型主要计算结果对比如图 6–9 所示。

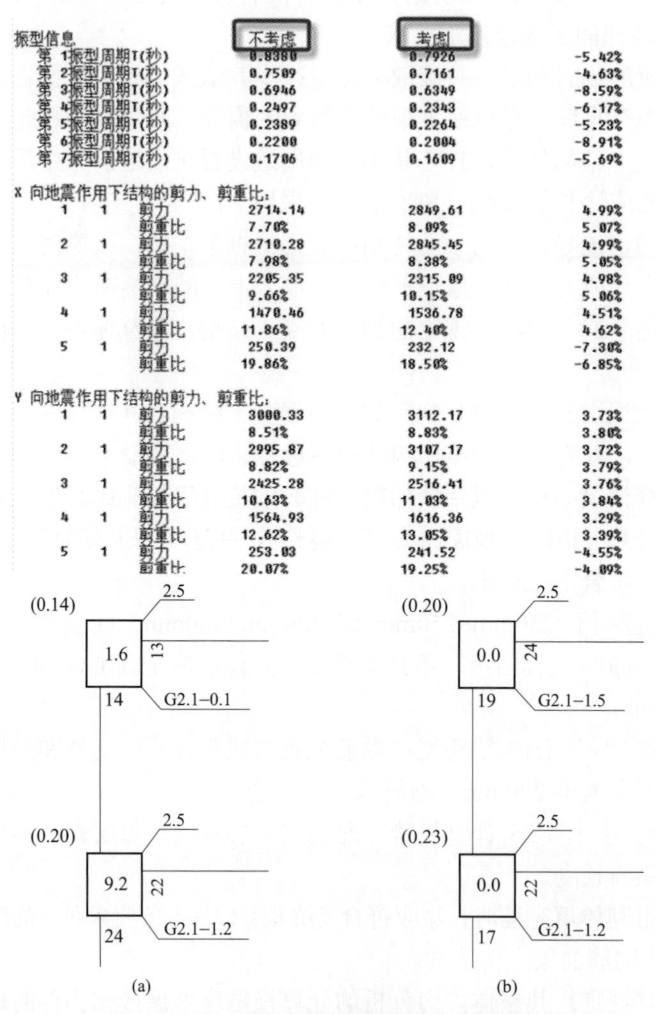

振型信息			不考虑	考虑	
第 1振型周期T(秒)			0.8380	0.7926	-5.42%
第 2振型周期T(秒)			0.7509	0.7161	-4.63%
第 3振型周期T(秒)			0.6946	0.6349	-8.59%
第 4振型周期T(秒)			0.2497	0.2343	-6.17%
第 5振型周期T(秒)			0.2389	0.2264	-5.23%
第 6振型周期T(秒)			0.2200	0.2004	-8.91%
第 7振型周期T(秒)			0.1706	0.1609	-5.69%
X 向地震作用下结构的剪力、剪重比：					
1	1	剪力	2714.14	2849.61	4.99%
		剪重比	7.70%	8.09%	5.07%
2	1	剪力	2710.28	2845.45	4.99%
		剪重比	7.98%	8.38%	5.05%
3	1	剪力	2205.35	2315.09	4.98%
		剪重比	9.66%	10.15%	5.06%
4	1	剪力	1470.46	1536.78	4.51%
		剪重比	11.86%	12.40%	4.62%
5	1	剪力	250.39	232.12	-7.30%
		剪重比	19.86%	18.50%	-6.85%
Y 向地震作用下结构的剪力、剪重比：					
1	1	剪力	3000.33	3112.17	3.73%
		剪重比	8.51%	8.83%	3.80%
2	1	剪力	2995.87	3107.17	3.72%
		剪重比	8.82%	9.15%	3.79%
3	1	剪力	2425.28	2516.41	3.76%
		剪重比	10.63%	11.03%	3.84%
4	1	剪力	1564.93	1616.36	3.29%
		剪重比	12.62%	13.05%	3.39%
5	1	剪力	253.03	241.52	-4.55%
		剪重比	20.07%	19.25%	-4.09%

图 6–9　同一部位两种模型配筋结果对比结果

（a）不考虑楼梯；（b）考虑楼梯

由图 6–9 计算结果来看，计算整体指标及不同部位构件的配筋影响是有比较大的差异的。所以对于框架结构采用两种模型分别计算，采用包络设计是很有必要的。

6.4　抗震设计的建筑遇有不可避免的短柱、极短柱时设计应注意哪些问题

6.4.1　为了提高框架柱的延性，抗震设计时应当注意哪些问题

柱是框架结构的竖向构件，地震时柱破坏和丧失承载能力比梁破坏和丧失承载能力更容易引起框架破坏。国内外历次地震灾害表明，影响钢筋混凝土框架延性和耗能能力的主要因素有：柱的剪跨比、轴压比、纵向受力钢筋的配筋率和塑性铰区箍筋的配置等。为了实现延性耗能框架柱，除了应符合“强柱弱梁、强剪弱弯”及《抗规》2010 版第 6 章有关条文、限制最大剪力设计值外，还应注意以下问题。

（1）尽可能采用大剪跨比的柱，避免采用小剪跨比的柱。剪跨比反映了柱端截面承受的弯矩和剪力的相对大小。柱的破坏形态与其剪跨比有关。剪跨比大于 2 的柱为长柱，其弯矩相对较大，一般易实现延性压弯破坏；剪跨比不大于 2，但大于 1.5 的柱为短柱，一般发生剪力破坏，若配置足够的箍筋，也可能实现延性较好的剪切受压破坏；剪跨比不大于 1.5 的柱为极短柱，一般会发生剪切斜拉破坏，工程中应尽量避免采用极短柱。在初步设计阶段，通常假定的反弯点在柱高度中间，用柱的净高和计算方向柱截面高度的比值来初判柱是长柱还是短柱：比值大于 4 的柱为长柱，比值在 3 与 4 之间的柱为短柱，比值不大于 3 的柱为极短柱。

（2）抗震设计的框架柱，柱端截面的剪力一般较大（特别是在 8、9 度高烈度地震区），因而剪跨比较小，容易形成短柱或极短柱，地震发生时，易产生斜裂缝导致脆性的剪比破坏。

（3）多、高层建筑的框架结构、框架—剪力墙结构和框架—核心筒结构等，往往因设置设备层，层高较低而柱截面尺寸又较大，常常难以避免短柱；楼面局部错层处、楼梯间处、雨篷梁处等，也容易形成短柱；框架柱间的砌体填充墙，当隔墙、窗间墙砌筑不到顶时，也会形成短柱。对于这种情况作者建议可以按图 6–10 所示进行处理，尽量避免短柱。

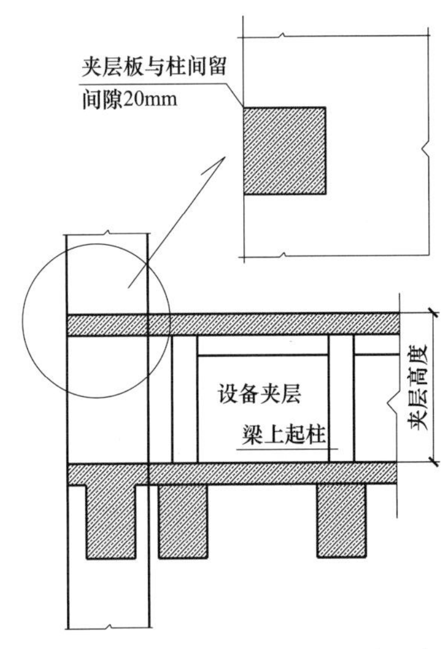

图 6–10　避免短柱的处理方法示意

（4）抗震设计时，如果同一楼层内均为短柱，只要各柱的抗侧刚度相差不大，按规范的规定进行内力分析和截面设计，并采取相应的加强措施，结构的安全性是可以得到保证的。

（5）抗震设计时，应避免同一楼层内同时存在长柱和少数短柱或多数短柱和少数长柱。因为这少数短柱的抗侧刚度远大于一般长柱的抗侧刚度，在水平地震作用下会产生较大的水平剪力，特别是纯框架结构中的少数短柱，在中震或大震下，很可能遭受严重破坏，导致同层其他柱的相继破坏，这对结构的安全是十分不利的。

（6）框架—剪力墙结构和框架—核心筒结构中出现

短柱，与纯框架结构中出现短柱，对结构安全的影响程度是不太一样的。因为前者的主要抗侧力构件是剪力墙或核心筒，框架柱是第二道抗侧力防线。所以工程设计时，可以根据不同情况采取不同的措施来加强短柱。

6.4.2 当短柱不可避免时，应采取哪些必要的技术措施加强

当多、高层建筑结构中存在少数短柱时，为了提高短柱的抗震性能，可采取以下一些措施。

（1）应限制短柱的轴压比，短柱的截面应根据轴压比和剪压比的要求确定。短柱轴压比限值应按表 6–1 确定。

表 6–1　　短柱轴压比限值

结构类型	抗震等级			
	一	二	三	四
框架结构	0.60	0.70	0.80	0.85
框架—剪力墙、板柱—剪力墙、框架—核心筒	0.70	0.80	0.85	0.90
部分框支剪力墙	0.55	0.65	—	—

注：1. 表仅适用于剪跨比小于 2 但大于 1.5 的柱。

2. 对于剪跨比小于 1.5 的极短柱，轴压比限值应专门研究并采取特殊构造措施。作者建议可以在表 6–1 基础上再降 0.05。

（2）应限制短柱的剪压比，即短柱截面的剪力设计值应符合下式要求：

$$v_c \leqslant 0.15\beta_c f_c b h_0 / \gamma_{RE} = 0.176\beta_c f_c b h_0$$

式中 β_c——混凝土的强度影响系数，当混凝土的强度等级不大于 C50 时取 1.0，当混凝土的强度等级为 C80 时取 0.8，当混凝土的强度等级在 C50 和 C80 之间时可按线性内插取值；

f_c——混凝土抗压强度设计值；

b——矩形截面的宽度，T 形截面、工字型截面腹板的宽度；

h_0——柱截面在计算方向的有效高度；

γ_{RE}——柱受剪承载力抗震调整系数，取为 0.85。

（3）应尽量提高短柱材料强度等级，混凝土强度等级，减少柱子的截面尺寸，从而加大柱子的剪跨比；有条件时可采用符合《抗规》要求的高强混凝土。短柱箍筋优先采用 HRB400 或 HRB500 级钢筋。

（4）加强对短柱混凝土的约束，可采用螺旋箍筋。螺旋箍筋可选用圆形或方形，其配箍率可取规范规定的各抗震等级螺旋箍配箍率之上限，如图 6–11 所示。

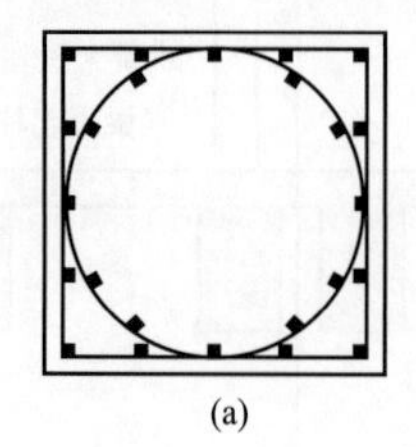

(a)

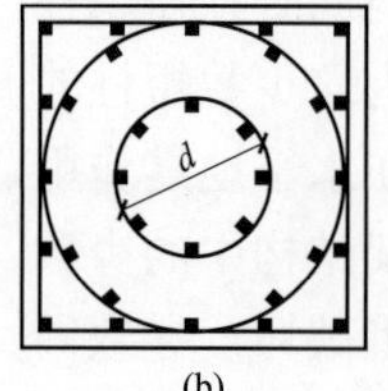

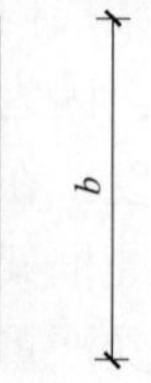

(b)

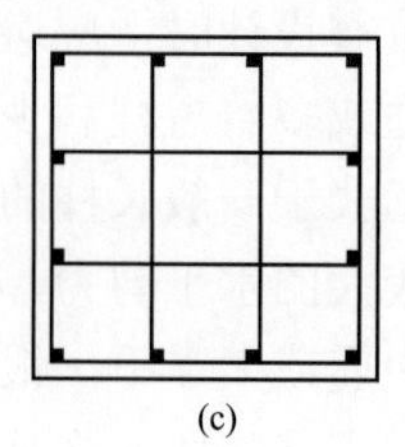

(c)

图 6–11　短柱螺旋箍配筋示意

（a）单螺旋箍；（b）双螺旋箍 d=b/2；（c）矩形连续螺旋箍

一般情况下，当剪跨比≤2 的短柱采用复合螺旋箍或井字形复合箍时，其体积配箍率不应小于 1.2%，设防烈度为 9 度时，不应小于 1.5%。对于剪跨比≤1.5 的超短柱，其体积配箍率还应提高一级。短柱的箍筋直径不宜小于 10mm，肢距不应大于 200mm，间距不应大于 100mm（一级抗震等级时，尚不应大于纵向钢筋直径的 6 倍），并应沿短柱全高加密箍。

（5）设置核心芯柱。《规范》及《技措》对框架柱的轴压比限值，采取了有条件放松的原则，特别是在柱中部增加芯柱（图 6–12），其纵向钢筋的总面积达到一定值时，就可以适当增加轴压比，说明增加芯柱是提高柱延性的比较有效的构造措施之一。

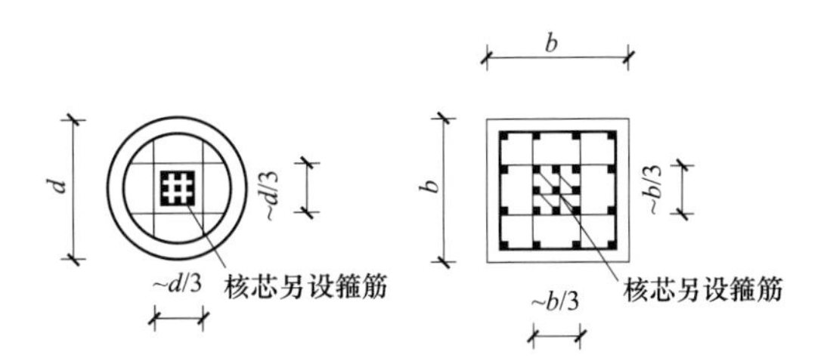

图 6–12　芯柱尺寸及配筋示意

（6）应限制短柱纵向钢筋的间距和配筋率。纵向钢筋的间距不应大于 200mm；一级抗震等级时，单侧纵向受拉钢筋的配筋率不宜大于 1.2%。

（7）当框架结构不可避免采用短柱时，应适当增设剪力墙，可以适当减小框架柱的抗侧能力。

（8）应尽量减小梁的高度，从而减小柱端处梁对短柱的约束，在满足结构侧向刚度条件下，必要时也可将部分梁做成铰接或半刚接。

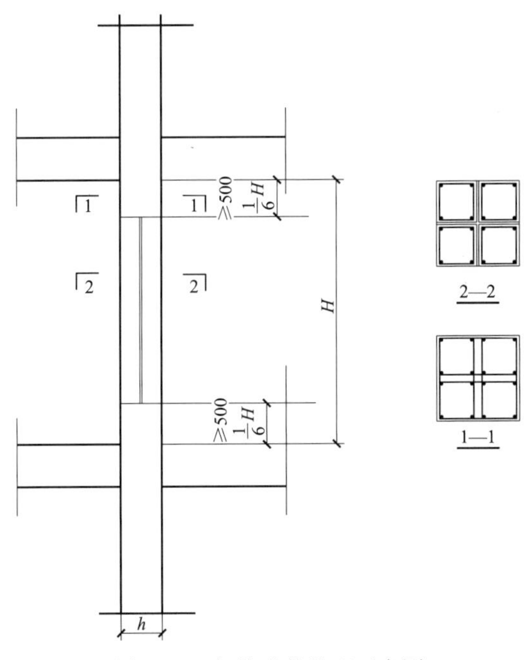

图 6–13　短柱分体处理示意图

（9）当工程不可避免采用极短柱时，可以采用必要的措施使其成为长柱，常见的措施之一是采用分体柱（图 6–13）。分体柱是用聚苯板将柱分为等截面的单元柱，一般分为 4 个单元柱，截面的内力设计值由各单元柱共同分担，按现行规范进行单元柱的承载力验算。在柱的上、下两端，留有整截面过渡区，过渡区内配置复合箍。分体柱各单元的剪跨比是整体柱的两倍，这样就可以避免极短柱的问题。

（10）对于框架结构的短柱剪跨比不大于 1.5 时，还应符合以下要求。对于剪跨比小于 1.5 的极短柱，轴压比应专门研究并采取特殊的构造措施，《抗规》并没有给出具体的处理办法。作者建议可参考以下方法处理。

1）箍筋应提高一级抗震等级配置，一级时应适当提高箍筋的要求。

2）剪跨比小于 1.5 的极短柱轴压比还应比一般短柱轴压比限值减少 0.05，即见表 6–2。

表 6–2　　剪跨比小于 1.5 的极短柱轴压比限值

结构类型	抗震等级			
	一	二	三	四
框架结构	0.55	0.65	0.75	0.80
框架—剪力墙、板柱—剪力墙、框架—核心筒	0.65	0.75	0.80	0.85
部分框支剪力墙	0.50	0.60	—	—

3）框架短柱每个方向应配置两对角斜筋（图 6–14），对角斜筋的直径，一、二级不应小于 20mm 和 18mm，三、四级不应小于 16mm；对角斜筋的锚固长度，不应小于 40 倍斜筋直径。

4）外包钢板箍设置型钢及设置芯柱等。

5）进行抗震性能化设计时，按中震弹性设计。

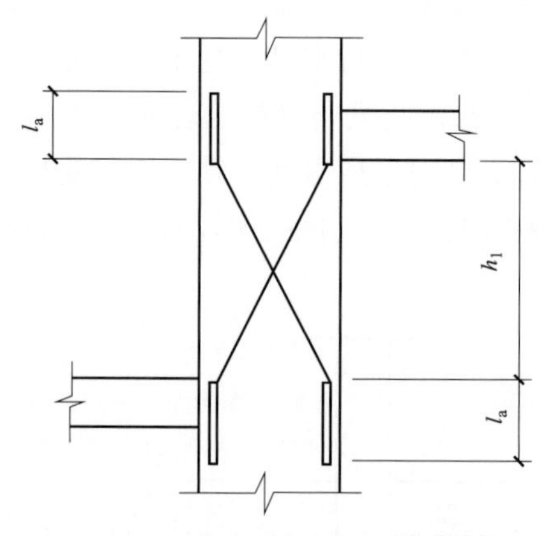

图 6–14　框架柱对角斜筋配置示意

6.5 条形基础梁或梁式筏板中的梁是否需要考虑抗震延性要求

条形基础梁、梁式筏板中的梁的箍筋是否需要按上部结构框架梁对待的问题，《抗规》《高规》《地规》均没有进行说明。但《北京地区建筑基地勘察设计规范》（DBJ 11—501—2009）及《技措》2009 版均说明："条形基础梁或梁式筏板中的梁配筋构造一般不需要考虑抗震延性要求"，即

（1）梁端箍筋不需要按抗震要求加密，但需要满足承载力的需要。箍筋在剪力大的端部间距可取 150mm，梁跨中部分可取 250mm。

（2）箍筋弯钩的角度可按 90°，无须 135°。

（3）梁的纵筋连接长度应按非抗震要求。

（4）纵筋的接头也一律按非抗震要求锚固。

【知识点拓展】

（1）基础梁的配筋构造一般不需要考虑抗震延性的原因在于：条形基础梁与筏板基础中的梁，其刚度在一般情况下皆远远大于其所支承的柱子。因此，在地震作用下，塑性铰均出现在柱跟部，基础梁内不会出现塑性铰。所以，基础梁无须按延性设计要求进行构造配筋。

（2）但应注意，对于单独柱之间的拉梁，依然需要考虑按延性设计要求构造配筋。理由是：拉梁的截面较小，在发生地震时，可能受柱根部弯矩的影响而在梁端出现塑性铰区。

（3）基础结构构件（包括筏板基础的梁与板，厚板基础的板；条形基础的梁）可不验算混凝土裂缝，理由是：长期以来，我国许多工程的基础受力钢筋实测拉应力都很小，一般为 20～50MPa。影响结构构件混凝土裂缝宽度的主要因素是钢筋实际拉应力，既然基础构件的钢筋拉应力在多年的各工程的实测中都较小，因此，除特殊情况外（如强腐蚀环境）可以不对其裂缝进行验算。

6.6　坡地建筑如何进行结构合理设计的相关问题

《规范》规定：抗震设计时，应避免在坡地建造高层建筑；必须建造时，应采取有效措施，形成局部平地，避免不利情况发生；局部平坦地应设置永久挡墙或其他支护措施。

地震区高层建筑或抗震设防类别为甲、乙类的多层建筑不应在未经局部整平处理后的场地上建造。抗震设防类别为丙、丁类的多层建筑不宜建造，如必须建造，则需要采取必要的技术措施。

坡地上的建筑与平坦地形建筑的最大差异是：受场地约束条件不同，一般不具有双向均匀对称的约束条件，在水平地震作用下，建筑物会产生较大的扭转效应，属于抗震扭转不规则结构。

目前，坡地多层建筑越来越普及，在结构设计中遇到了很多需要解决的问题，现结合作者的工程经验归纳如下。

（1）对于坡地建筑场地必须请地勘单位对边坡稳定性作出评价和防治方案建议。对建筑场地有潜在威胁或直接危害的滑坡、泥石流及崩塌地段，尽量不进行建造建筑工程，必须建造时，也不应采用建筑外墙兼做挡土墙的形式，如图 6–15 所示。必须采取切实可行的技术措施，防止滑坡、泥石流及崩塌等地质灾害对建筑造成的灾害。

图 6–15　山体滑坡引起建筑倒塌案例

（2）由于施工或其他因素的影响有可能形成滑坡的地段，必须采取可靠的预防措施；对于可以建造在斜坡上或边坡附近的建筑，除应验算其稳定性外，可考虑不利地段对设计地震动参数可能产生的放大作用，具体放大系数可以参考《抗规》4.1.8 条。

坡地建造房屋情况在 20 世纪 70 年代美国屡见不鲜（图 6–16）。

（3）坡地建筑并不是不可建造，主要是需要设计依据工程情况综合分析，选用合理的计算模型、设计参数，采取必要的技术措施后，依然可以保证建筑的安全可靠性。

近年来，各地都有很多工程建在山坡地段，也有的建筑尽管原场地平坦，但由于后期景观需要，建筑经常遇到三面有土、二面有土、一面有土的特殊情况，如图 6–17 所示。这些建筑中出现了地下室各侧填埋深度差异较大对抗震很不利的情况。

图 6–16 美国华盛顿 DC 坡地建筑

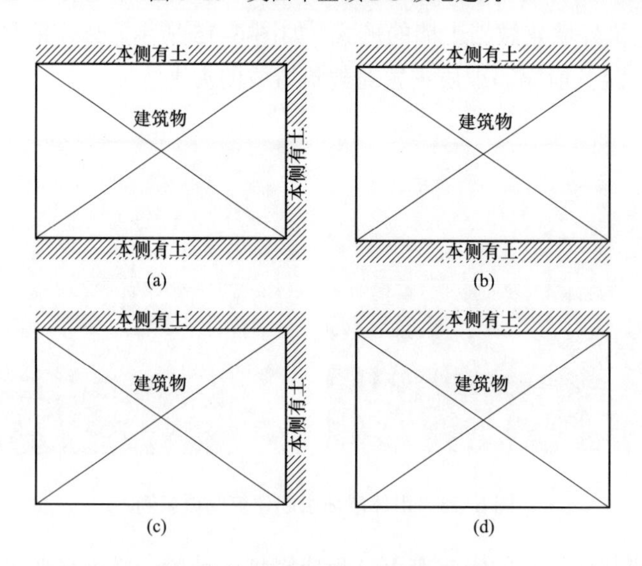

图 6–17 建筑周围土的情况示意

（a）三侧有土；（b）二对侧有土；（c）二临侧有土；（d）一侧有土

对于这样的建筑有其不同一般建筑的特殊性，其主要问题在于建筑物在地震作用或土的侧压力作用下引起的扭转，除建筑本身刚度不均匀引起扭转外，还会由于建筑四周约束情况差异引起扭转效应，同时抗滑移、抗倾覆也是这类建筑必须关注的问题。作者建议对于这样的建筑应区别情况采取技术措施。

（1）工程情况一：建筑基础在同一标高，但四周的埋深不一致。这样的建筑按图 6–18 设置永久性挡土进行处理。这样处理后的建筑设计和一般平地建筑设计类同。

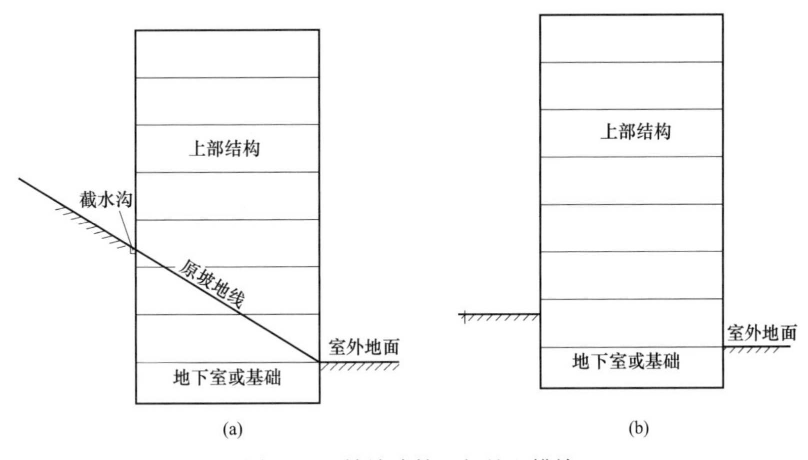

图 6–18　坡地建筑局部处理措施

【工程案例 1】

图 6–19 是美国某大学教学楼建筑，属于坡地建筑，具有很小的坡地，设有永久挡墙与建筑隔离。

图 6–19　美国某教学楼坡地建筑

（2）工程情况二：建筑基础在同一标高，但四周的埋深不一致，又无法设置永久性挡土墙时，如图 6–20 所示。这样的建筑设计就有别于一般建筑，设计时应注意以下问题。

1）由于建筑位于坡地，地下室的埋置深度各侧不同，建筑一侧位于地面以上，其余三侧全部或部分位于土中。此时上部结构的嵌固部位不可设在有土侧的最高位置，当然也不可设置成沿坡地斜面，可设在地下层顶板或基础顶面。此时注意无土侧也宜设置钢筋混凝土外墙，以免由于墙体布置不均匀产生过大的扭转效应。

2）对于图 6–20 的坡地建筑如果不能设置永久性挡土墙与结构脱离，则需要按以下方法将土压力、水压力及地面超载折算成土厚，人工加在整体模型中对整体楼层进行分析计算（由于目前程序还无法自动加剪力墙平面外荷载）。

荷载计算可以依据工程情况分别选择以下情况人工导荷。

第一种情况：挡墙上端铰接，下端刚接情况，如图 6–21 所示。

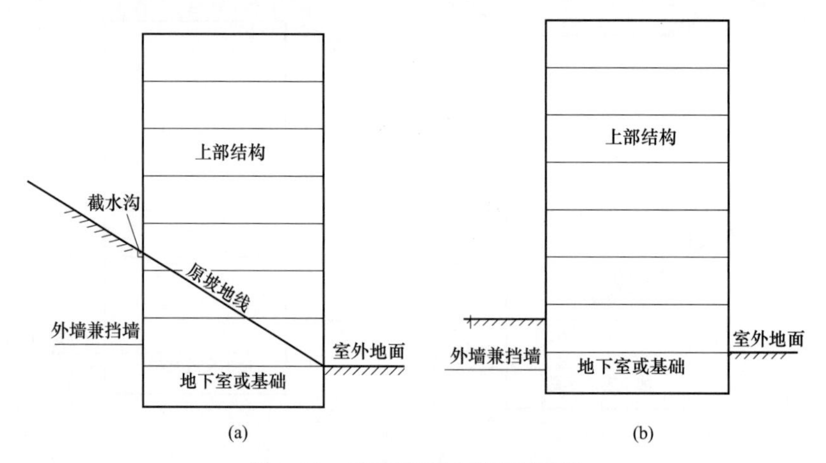

图 6–20 坡地建筑局部处理措施

在这种情况下，$R_A=\dfrac{3}{8}q_1h+\dfrac{1}{10}q_2h$，设计人需要将这个荷载人工加在楼层上，单位 kN/m。

第二种情况：挡墙上端铰接，下端铰接情况，如图 6–22 所示。

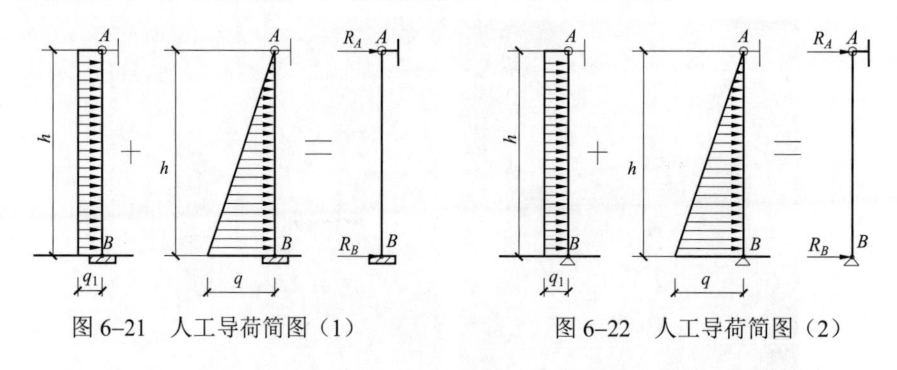

图 6–21 人工导荷简图（1） 图 6–22 人工导荷简图（2）

在这种情况下，$R_A=\dfrac{1}{2}q_1h+\dfrac{1}{6}q_2h$，设计人需要将这个荷载人工加在楼层上，单位 kN/m。

经过以上分析，就可以人工将这些荷载加到相应的楼层上去，如图 6–23 所示。

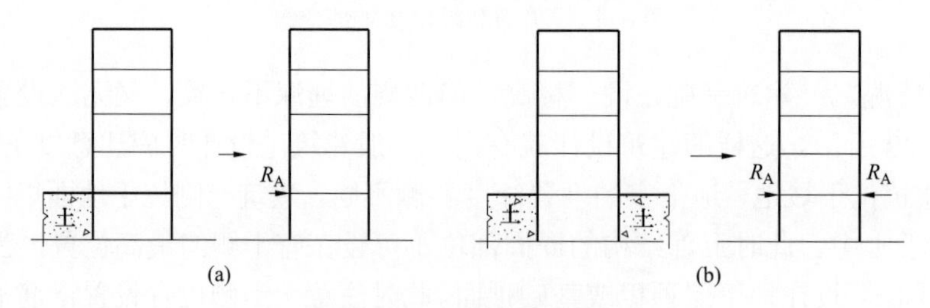

图 6–23 计算模型的简化

（a）仅一侧有土；（b）两侧有土

3）坡地建筑整体计算还需要考虑以下问题。

① 挡土的外墙也应参与结构整体计算，但注意此挡土外墙需要人工进行外墙构件的配筋计算。

② 计算时结构体系可以依据上部结构类型区别对待，如整个结构均为框架—剪力墙结构、

剪力墙结构；如果由于地下挡土墙参与整体计算，底部为框剪结构，上部为框架结构，则需要分别按框架剪力墙及框架结构进行计算，配筋采用包络设计。

【工程案例 2】

作者 2013 年主持设计的银川韩美林博物馆建筑就是依据以上原则进行的结构设计，如图 6–24 所示。

图 6–24　工程案例附图

（3）工程情况三：建筑物基础设置在不同标高的情况。由于建设场地存在多阶台地，建筑依地势而建，导致基础设置在不同标高，一般有以下 3 种处理方法，如图 6–25 所示。

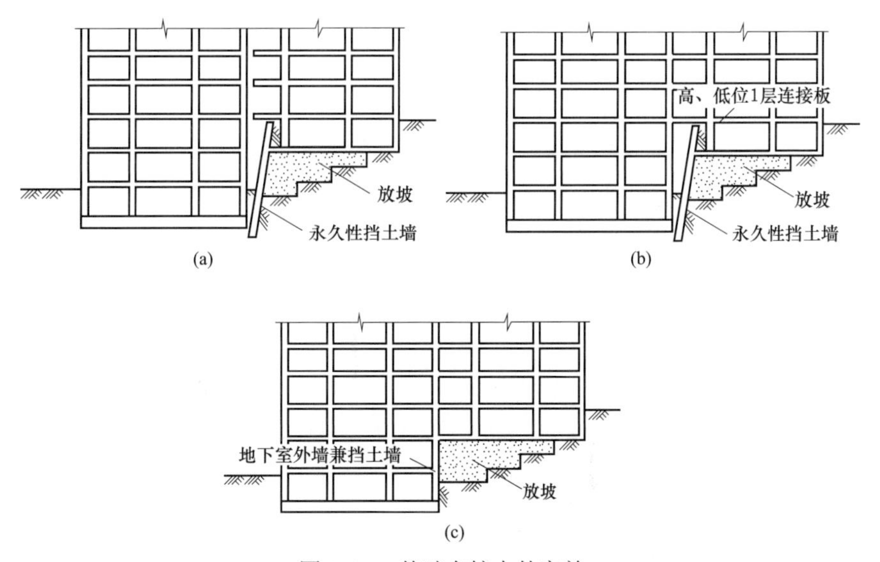

图 6–25　基础有较大的高差

1）如图 6–25（a）所示，台地高差为 2 层，相互之间设置永久性挡土墙和防震缝，形成两个独立的结构单元，相互之间没有影响。上部结构的嵌固部位，低位部分可设在地下室顶板，高位部分可设在地下室底板。永久性挡土墙除作用有水压力和土压力外，还应考虑水平地震作用，其设计尤为重要；同时还应考虑永久性挡土墙对低位部分地下室的影响。高位部分的基底应放坡，放坡台阶宽高比：对于土质边坡应不小于 2，对于岩质边坡应不小于 1。

2）如图 6–25（b）所示，由于建筑功能等原因，仅高、低位部分之间设永久性挡土墙，上部结构连为一体。由于基础埋置标高不同，导致两个方向的抗侧刚度分布有较大不同，相互之间需要协调一致。设计时应加以考虑：确定符合实际受力的计算模型，体现多层嵌固的情况，并用两个程序分析比较；加强低位部分底部几层的抗侧刚度，减小扭转效应；加强相连楼板的刚度，特别是与1层相连的楼板；永久性挡土墙的设计同第1）要求。

3）如图6–25（c）所示，高、低位部分从高位部分的地下室开始连为一体，与第2）条做法相比，受力得到了一定的改善；但低位部分的1层和2层失去了自然通风和采光的可能性，环境变差。高、低位部分交界处地下室外墙兼作挡土墙，除作用有水压力和土压力外，还应考虑水平地震作用及上部建筑传来的地基压力的影响；其他设计应注意的问题同第2）条要求。

（4）工程情况四：因山地地形需要，在坡地上底部构件约束部位不在同一水平面上且不能简化为同一水平面的结构形式，包括吊脚结构、掉层结构等形式，如图6–26和图6–27所示。

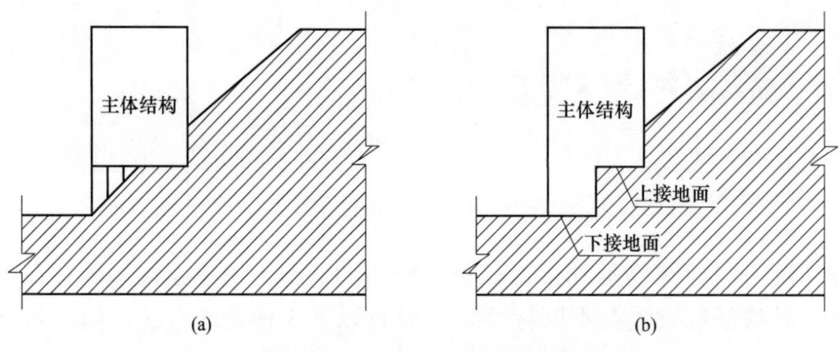

图6–26　吊脚、掉层结构示意

（a）吊脚结构；（b）掉层结构

图6–27　美国某吊脚楼照片

山地建筑结构楼层的侧向刚度，除满足现行相关国家标准的规定外，还应符合下列规定。

1）对吊脚建筑结构，应验算建筑底层以下吊脚部分的等效侧向刚度，其值与上部若干层结构的等效侧向刚度之比宜接近于1，非抗震设计时不应小于0.5，抗震设计时不应小于0.8。验算时，吊脚部分的高度可取为最大和最小吊脚高度的平均值，上部若干层结构的验算高度接近且不大于该平均值。

2）对掉层建筑结构，应验算上接地层及以下部分的等效侧向刚度，其值与上部若干层结构的等效侧向刚度之比宜接近于1，非抗震设计时不应小于0.5，抗震设计时不应小于0.8。

验算时，上接地层及以下部分的等效高度可按各竖向构件的抗侧刚度进行加权平均计算，上部若干层结构的验算高度接近且不大于该平均值。

说明：本条规定了山地结构楼层侧向刚度比的限值。控制上下部位等效刚度比将更符合山地结构的受力变形特点，等效刚度比的计算方法可参照《高规》JGJ3 附录 E。

当为吊脚结构时，吊脚部分层间受剪承载力不宜小于其上层相应部位竖向构件的承载力之和；当为掉层结构时，掉层层间受剪承载力不宜小于其上层相应部位竖向构件的承载力之和。

山地掉层结构与上接地柱相邻的掉层楼板厚度不小于 120mm，接地柱与掉层部分采用拉梁连接。

说明：有限元计算分析结果表明，山地掉层结构设置拉梁并加强掉层部分与上接地相连楼板厚度，可降低掉层部分的地震反应，但拉梁受力较大，可作为预设破坏构件，宜加强受拉钢筋的配筋率。

3）建在坡地上的建筑，当第一层楼板设于沿斜坡上部最短柱处，其余沿斜坡往下每个柱距柱长逐渐加长。

（5）工程情况五：坡地高层建筑裙房层数不同。建在坡地上的高层建筑，裙房层数不同。两侧地面标高不同（图 6–28），抗震设计时怎样考虑结构侧向刚度不均匀对结构的不利影响？

对这样的工程抗震设计应注意以下几点要求。

1）如果裙房不用防震缝分开，应按双塔计算。

2）左塔楼宜按带 3 层裙房考虑，且应满足嵌固条件。

3）如果左塔楼裙房侧向刚度足够大，可作为右塔楼裙房侧限。因此，右塔楼裙房可视为地下室，并可据此验算塔楼的嵌固条件。

提醒设计人员特别注意：不等高基础设计时应注意的问题。对于有些结构，由于各种原因，设计院经常采用不等高基础，如竖向构件之间基底标高相差很大，分别处于不同的持力层，此时应注意验算整体结构的倾斜，如图 6–29 所示。

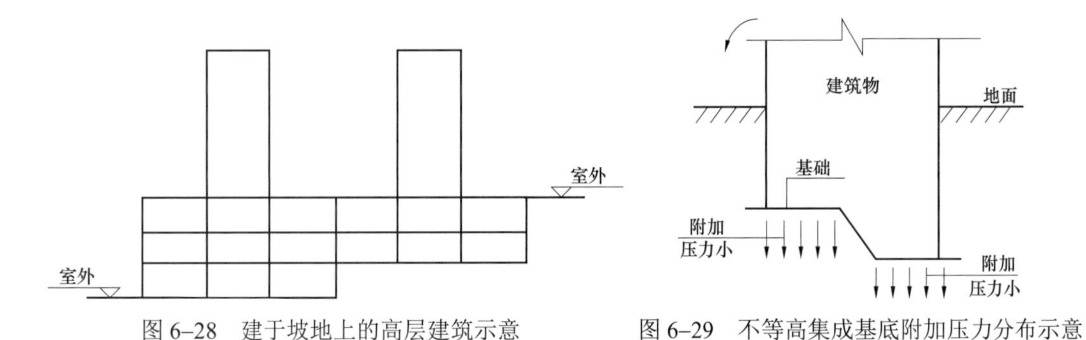

图 6–28　建于坡地上的高层建筑示意　　图 6–29　不等高集成基底附加压力分布示意

6.7　结构设计如何合理判断复杂情况下结构底部嵌固部位

6.7.1　嵌固端作用和意义

任何结构在进行结构计算分析之前，必须首先合理确定结构嵌固端所在的位置。嵌固部位的合理正确选择是结构设计安全与否的一个重要假定，它将直接关系到结构计算模型与结构实际受力状态的符合程度，影响到杆件内力及结构侧移等计算结果的准确性。

所谓“嵌固”部位，物理意义就是此处的水平位移及转角均为零，实际工程没有绝对的嵌固，只有相对的嵌固；从力学角度看嵌固端是一个面，从工程抗震概念看应是一个区域，也就是结构依据概念设计预期塑性铰出现的部位；确定嵌固端部位可以通过刚度和承载力调整迫使塑性铰在预期部位出现，如图 6–30 所示。

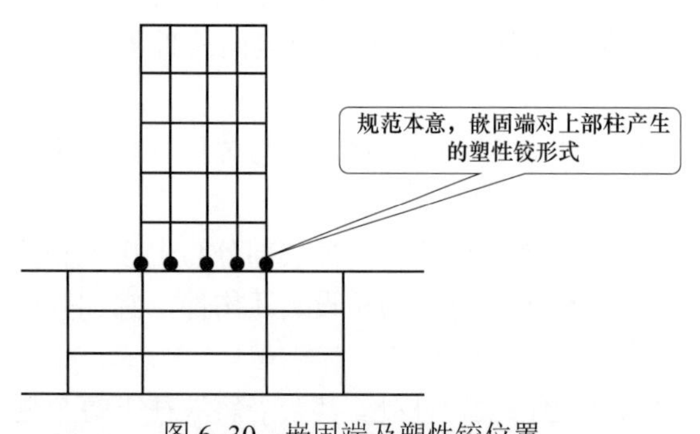

图 6–30　嵌固端及塑性铰位置

为了实际工程计算方便，避免地上与地下整体计算的复杂性，规范要求地下室顶板作为上部结构的嵌固部位的条件是：结构地上一层的侧向刚度，不宜大于地下一层“相关部位”楼层侧向刚度的 0.5 倍；地下室周边宜有与其顶板相连的抗震墙。

《高规》5.3.7 条：高层建筑结构整体计算中，当地下室顶板作为上部结构嵌固部位时，地下一层与首层侧向刚度比不宜小于 2。

《抗规》和《高规》都有明确的规定，其中一条是：结构地上一层的侧向刚度不宜大于地下一层相关范围侧向刚度的 0.5 倍。

地下室结构在大面积被动土压力和摩擦阻力的侧限约束下，与地基土形成整体，地震发生时基本与地层移动同步，建筑自身的摇摆使土层产生的变形比较有限，所以层间位移角很小。当地下室结构的刚度和受剪承载力相比上部楼层较大时，地下室顶板可视作为嵌固部位，在地震作用下的屈服部位将发生在地上楼层底部，同时将影响到地下一层。

随着地下室和地基基础形式的多样化，上部结构嵌固部位的选取显得极为复杂而重要。结构设计只有通过综合分析各种结构不同的情况，才能有针对性地正确选取上部结构的嵌固部位，采取正确的计算方法和抗震措施。作者针对不同的情况，分析了结构设有地下室时，上部结构嵌固部位的选取和处理方法。

6.7.2　嵌固端相关规范条文解读

关于嵌固层方面的规范条文主要有《抗规》6.1.3 条、6.1.10 条、6.1.14 条，《高规》3.5.2 条、3.9.5 条、5.3.7 条、7.1.4 条、12.2.1 条，《砼规》11.1.4 条、11.1.5 条，《地规》8.4.25 条，《高层建筑筏形与箱形基础技术规范》（JGJ 6—2011，以下简称《筏箱基础规范》）6.1.3 条、6.1.4 条，《上海抗规》5.5.1 条、6.1.4 条，《广东高规》3.5.2 条、3.9.5 条、5.3.7 条、13.2.1 条等，都对于结构嵌固层的判定方法与设计构造，以及与嵌固层相关的其他设计提出了明确要求。

以上各本规范从各自领域及角度提出了结构嵌固层的控制要求，大部分内容基本一致，但也有一些差异。有必要对这些条文进行梳理，以便合理应用。

1. 嵌固端、嵌固层、嵌固部位的概念

对于没有地下结构的普通建筑结构结构嵌固层的位置比较明确，而对于带有地下结构的建筑，在设计时通常都希望地下室顶板作为嵌固部位的设计假定，各规范对此给出了控制条件要求，但这些要求有差异。作者建议除地方规范有规定外，以《抗规》《高规》作为设计依据，其他规范可作为参考。

规范及计算软件中牵涉到嵌固层的名词主要有三个，分别是嵌固端、嵌固层、嵌固部位，先分析一下三者之间的关系。

为了说明问题，以图6–31为三者的对应关系示意图，从图中可以看出嵌固端位于嵌固部位上部，嵌固层是嵌固端所在的楼层，是被约束的楼层，而不是指本身嵌固不动的楼层（这点很重要，很多设计人员理解有误），否则与底部嵌固层的表述不统一。

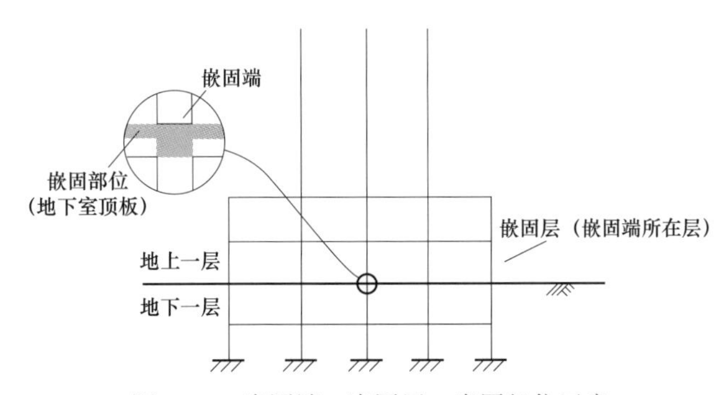

图6–31 嵌固端、嵌固层、嵌固部位示意

2. 设计嵌固端与力学嵌固端的关系

规范中对于设计嵌固端的判定是为了方便上下部结构分别计算而提出的，即在满足规范提出的一系列要求以后，就允许设计人员将结构从嵌固端处切开，切开后的上部结构底部嵌固端即按力学嵌固端进行计算。

但由于目前计算软件中完全可以实现地下与地上结构的整体计算，因此在整体计算时将这个嵌固端概念转换为设计概念（设计嵌固端），实际与力学嵌固端无关，在软件中引入设计意义的嵌固端，可以在进行整体计算的同时，对于符合规范要求的嵌固端部位通过相关调整实现概念设计。

3. 嵌固层刚度比的控制要求

《抗规》《高规》对于嵌固层刚度比控制要求是相同的，只是《高规》明确采用剪切刚度，而《抗规》没有太明确。而《地规》《筏箱基础规范》《上海抗规》由表面看有所放松，其实并非如此，因为各自取的相关范围不一致。

4. 如何理解《高规》3.5.2–2条？

《高规》在进行薄弱层判断时，结构竖向刚度比要求，提到“对结构底部嵌固层，该比值不宜小于1.5”，这里的刚度取楼层剪力与层间位移角之比。对于这个比值，《高规》的本意是仅指“没有地下室的结构，要求首层与其相邻上一层的比值，并没有要求有地下结构时，首层与其相邻上一层的比值”。《高规》编制人员解释“主要考虑嵌固层不在基础的嵌固端不可能达到完全力学的前固端要求”。如果设计人员需要对这类结构的嵌固层按底部嵌固层进行薄弱层控制，建议直接取嵌固层以上模型计算。

但《广东高规》3.5.2条明确：抗震设计时，当地下室顶板作为计算嵌固端时，首层侧向刚度不宜小于相邻上一层的1.5倍（这里的刚度取楼层剪力与层间位移角之比）。

作者比较认同《广东高规》的说法，即使计算嵌固端不完全达到力学嵌固端要求，适当控制其刚度比对结构抗震也是有利的。

5. 地上一层（首层）是否需要强制执行嵌固端所在楼层？

一般含地下室建筑经过合理布置，首层通常均可以满足嵌固层设计要求。当某些建筑由于开设地下中庭、开大洞、半地下等原因，首层不能满足嵌固层要求时，此时嵌固层所在层可能下移。地上一层作为非嵌固层，此时是否需要进行设计控制是工程界一个争论的话题。

作者观点："不管地下一顶板是否达到嵌固要求，首层必然存在一个或强或弱的被嵌固效果。"地震灾害分析也表明绝大多数工程的首层都属于结构的最薄弱部位，极少见到地下结构发生严重的地震破坏。基于此，从工程安全角度考虑，无论首层是否满足嵌固层刚度比要求，均按嵌固层进行设计控制，即要求地下一层至嵌固层的框架柱配筋均需要满足首层柱的1.10倍。

6.《上海抗规》6.1.17条条文说明

如果上部结构在地下一顶板处转换，虽然地下一与首层的刚度比满足嵌固要求，但此时地下室顶板不宜作为嵌固端。

6.7.3 多、高层建筑带有地下室时常遇复杂情况嵌固端合理确定问题

（1）上部结构布置在地下室大底盘的中部。如图6–32所示，上部结构位于地下室大底盘的中部，周边远离地下室外墙。当地上为多个塔楼时，上部结构的嵌固部位宜设在地下室顶板处。但有时结构地上1层的侧向刚度不小于地下1层相关范围侧向刚度的0.5倍，地下室顶板不满足作为上部结构嵌固部位的条件，此时应在上部结构或地下室相关范围内补设剪力墙，以满足嵌固条件。

（2）建筑上部结构相对于地下室大底盘比较偏置的情况。如图6–33所示，上部结构位于地下室大底盘的一个角部位，其中两个侧面距离地下室外墙较近。由于地下室钢筋混凝土外墙侧向刚度较大，地下室顶板可满足作为上部结构嵌固部位的条件；但地下室结构在上部结构周围的刚度中心与质量中心偏离较大，会引起较大的扭转效应，对结构不利。建议在上部结构或地下室相关范围内补设剪力墙，以减小扭转效应。

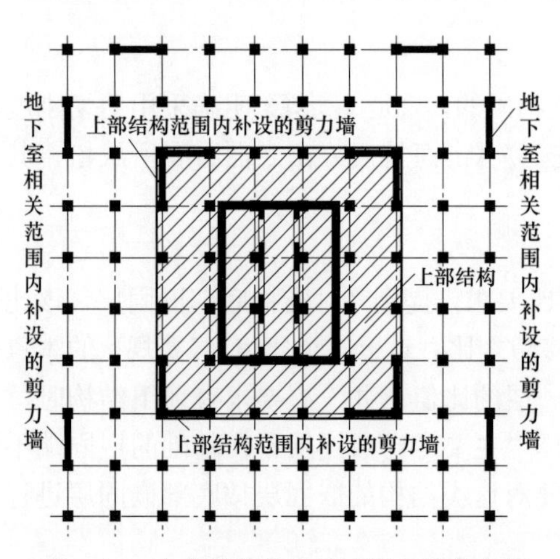

图6–32 上部结构位于地下室大地盘中部

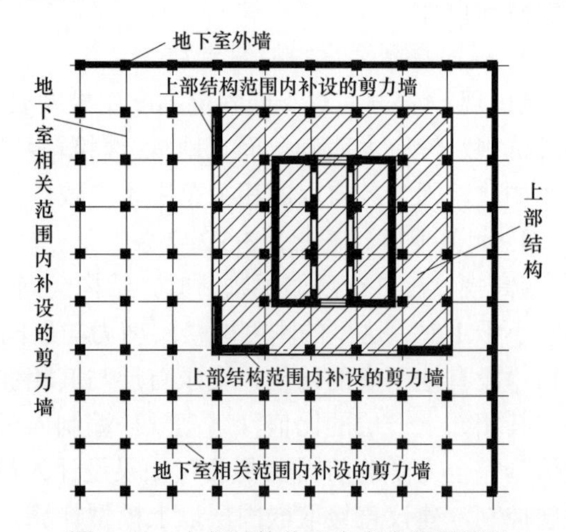

图6–33 上部结构位于大底盘偏置情况

（3）有多层地下室，地下一层的范围同上部结构。如图6–34所示，共有三层地下室，地下一层的范围同上部结构，周边设钢筋混凝土外墙，地下二层、三层为扩大的地下室。由于地下一层周边的钢筋混凝土外墙侧向刚度较大，地下一层顶板可满足作为上部结构嵌固部位的条件。

此时应要求地下一层周边的外墙部分下伸至基础；地下二层相关范围内侧向刚度与地下一层侧向刚度的比值不宜小于 1.0，不应小于 0.7；不满足时，宜在地下二层、三层相关范围内增设剪力墙。

（4）地下室在上部结构范围内的顶板与周边顶板有高差时。如图 6–35 所示，由于场地绿化覆土的要求，地下室顶板在室内外有高差。如果地下室顶板作为上部结构的嵌固部位，当板面高差Δh_1大于楼面梁高时，应在垂直于挡土墙的方向采取加腋或其他处理措施，如图 6–36 所示。此时在计算结构地上一层与地下一层刚度比值时，可计入地下室相关范围的侧向刚度。

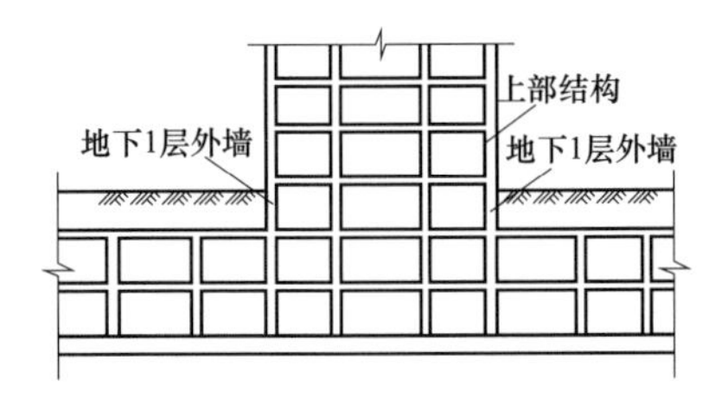

图 6–34　地下一层的范围同地上部结构示意

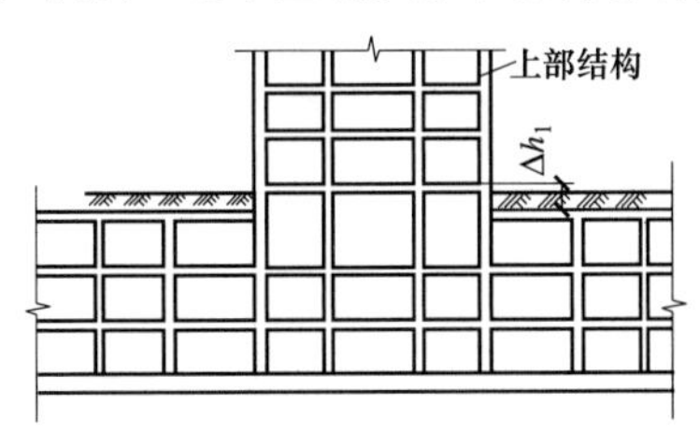

图 6–35　地下室顶板有高差

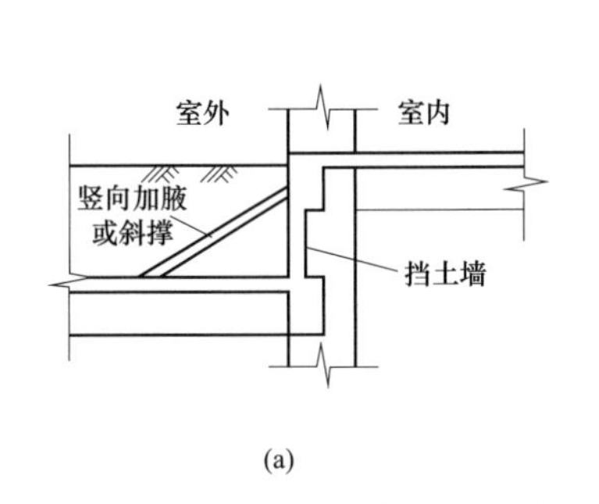

(a)

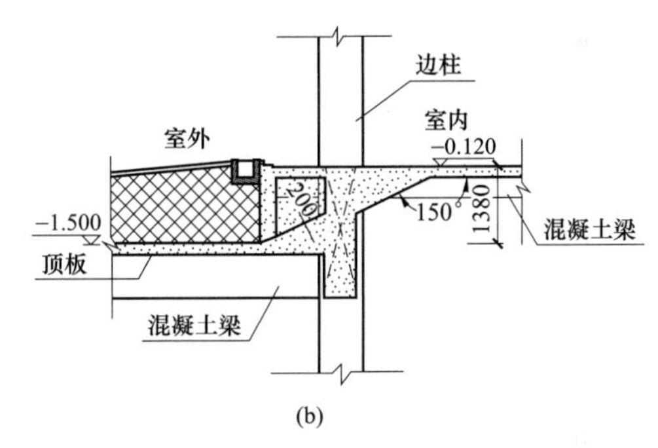

(b)

图 6–36　地下室顶板有高差时参考处理图

对于上述情况，有的工程按图 6–37 方法进行变通处理，即将地下车库顶板在主楼范围内拉通，然后在其上填回填土垫平，这时嵌固端就可以取在车库顶板处（满足嵌固条件）。

【工程案例】

作者 2012 年主持设计的天津某工程，主体结构地上 22 层，地下一层层高 6.1m，大底盘地下一层，层高 4.6m，车库顶有覆土 1.5m，工程局部剖面如图 6–38 所示。

设计时也有设计人主张按图 6–37 的方法进行处理，但这样势必会增加主楼地下一及基础的设计荷载（需要填土 1.6m）。作者建议设计采用图 6–38 的计算模型，计算嵌固端时可以考虑主楼地下一与车库相关范围的侧向刚度大于主楼地上一的 2 倍。但考虑主楼与车库在此处有错层存在，尽管这个错层在四周有土，但为了更好地将主楼的水平地震力传递给地下车库及土体，经过与《抗规》主编及施工图审查单位沟通，建议在主楼四周车库顶板间隔设置扶壁墙（图 6–39），这样也可以解决错层处的墙受扭的问题。

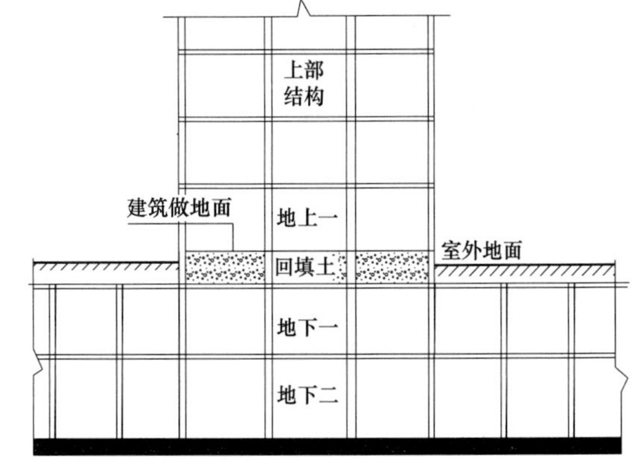

图 6–37　地下室顶板有高差处理示意

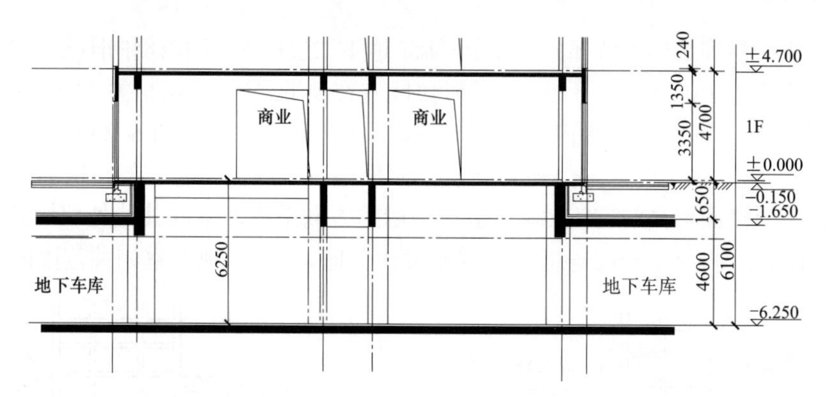

图 6–38　工程局部剖面

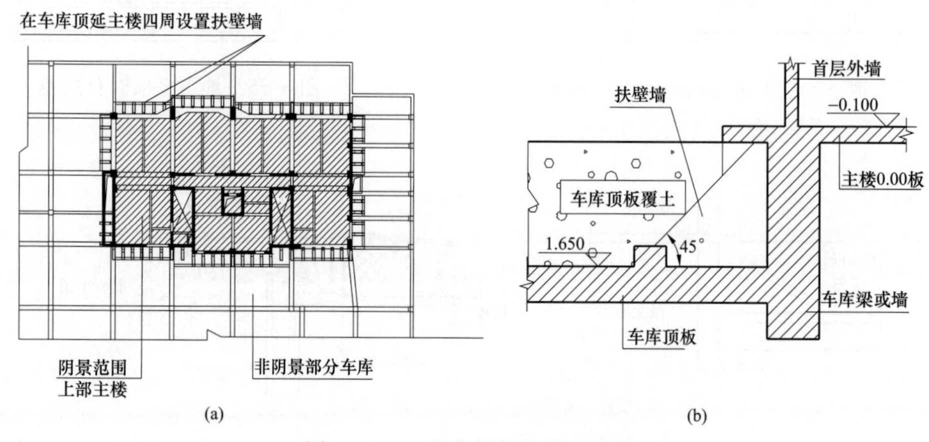

图 6–39　工程实例扶壁墙示意图

（a）扶壁墙平面示意图；（b）扶壁墙大样图

另外，《广东院的技术措施》规定：地下室顶板外区域因覆土或市政管线要求降低标高，当室内外高层不大于地下一层高 1/3 时，且高低跨位置设置的梁采取加宽截面、箍筋直径加大、间距加密等加强措施时，可以认为楼板连续，楼层侧向刚度比满足要求时可作为上部结构嵌固部位，这种情况下地下室顶板可不作为错层处理（图 6–40）。

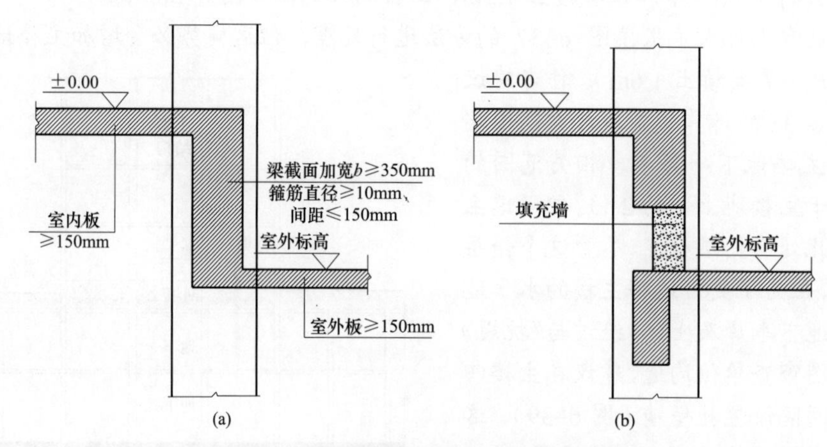

图 6–40　地下室顶板室内外高差构造措施

（a）采用；（b）不应采用

（5）首层板面与室外地坪高差较大时。如图 6–41 所示，当首层板面与室外地坪高差Δh_2大于地下一层层高的 1/3 时，即使地下一层与首层的侧向刚度比满足嵌固的条件，上部结构的嵌固部位也不应取地下室顶板，而应下延至地下二层顶板，避免对上部结构的计算高度考虑不足。此时，地下二层与地下一层的侧向刚度比不应小于 1.0。

（6）地下一层为层高较矮的设备夹层时。如图 6–42 所示，对于这种情况，可以根据设备夹层具体情况区别对待。

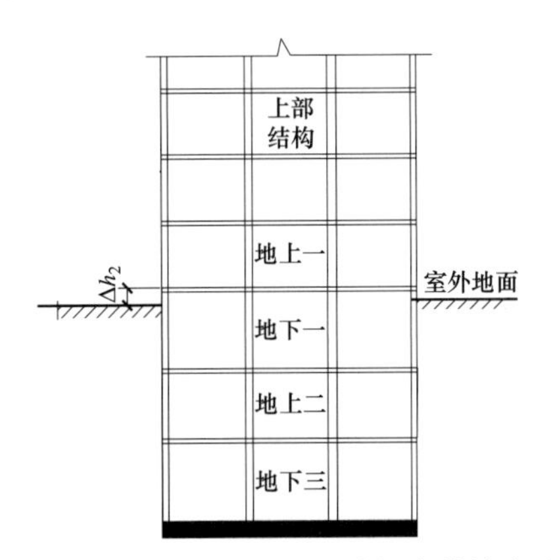

图 6–41　首层板面与室外地坪高差较大时

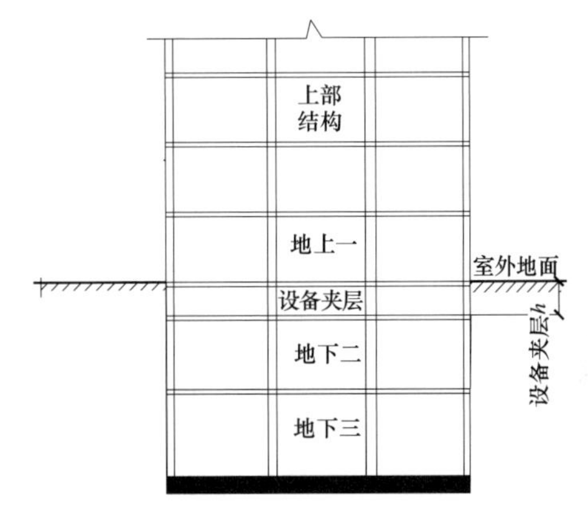

图 6–42　地下一层为设备夹层情况

1）当设备夹层高度大于 2.5m 或设备夹层层高与框架柱截面之比不小于 4 时，就可以认为是一个标准楼层，此时就可以以设备夹层的抗侧刚度与地上一层验算。如果满足嵌固条件，就可以以设备夹层顶作为嵌固端，此时注意校核地下二层与设备夹层的侧向刚度之比不宜小于 0.7。

2）当设备夹层不满足 1）的条件时，可以将设备夹层与地下二看作一层与地上一层进行侧向刚度比，满足嵌固条件也可将设备夹层作为计算嵌固端。如果不满足，也可将设备夹层与地上一层看作一层与地下二抗侧刚度进行比较，如果满足嵌固条件，也可将嵌固端取在地下二层顶板处；当然也可取两种情况对结构进行内力包络设计。

3）有的工程按照处理短柱的处理手法。如图 6–43 所示，将设备夹层与主体结构脱离（即在地下二层设置小柱将设备夹层支承，夹层梁不与主体柱连接）方法。这样就可将设备夹层与地上一层作为一层与地下二层进行验算，如果满足嵌固条件，就可以将地下二顶作为计算嵌固端。

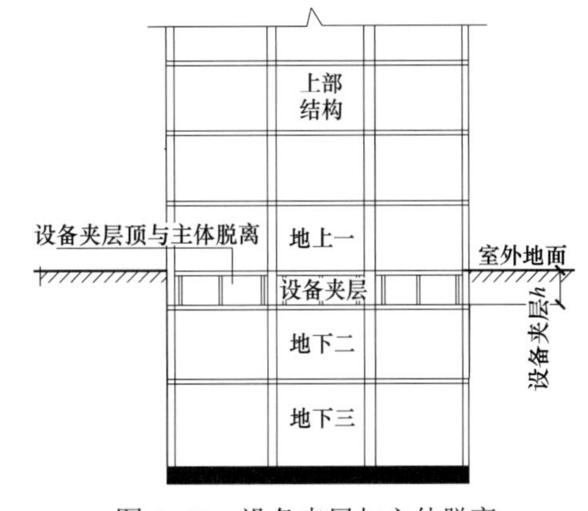

图 6–43　设备夹层与主体脱离

6.7.4　多层建筑不带有地下室时几种常遇情况嵌固端合理确定问题

1. 基础埋置深度较浅时

当地基土质较好或经过地基处理后的软弱地基，基础埋置深度均不深，此时可以取基础

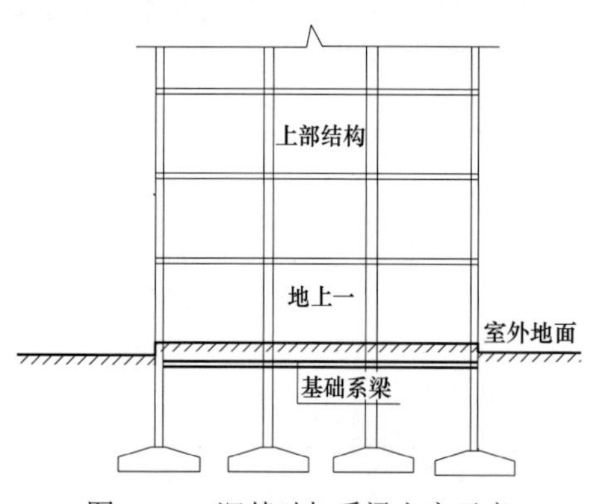

图 6–44　深基础加系梁方案示意

顶面作为上部结构的计算嵌固端。

2. 基础埋置较深时

当地基天然地基持力层较深（没有达到需要采用桩基础时），又没有对上部软弱地基进行地基处理时，就需要将结构基础加深处理，通常有以下两种工程处理方法。

（1）直接将一层结构柱或墙延伸到基础顶面，在 0.00 平面以下附近做基础系梁拉结，如图 6–44 所示。

情况一：如果将系梁作为一层参与结构整体计算，系梁以下的结构抗侧刚度与系梁以上楼层的抗侧刚度比计算满足嵌固条件，可以取系梁顶作为嵌固端，此时系梁及系梁以下的柱均需要满足嵌固层的设计要求。即

① 嵌固端部位以下的框架结构体系侧向刚度，不应小于相邻上部结构侧向刚度的 2 倍。侧向刚度按主体结构计算，以楼层剪力与该楼层之间位移的比值控制。

② 嵌固端部位以下的框架柱的截面应等于或大于对应相邻上部结构的柱截面。每侧实际纵向配筋面积，除应满足计算要求外，还不应小于嵌固端部位上部相邻柱每侧实配纵向钢筋面积的 1.1 倍。

③ 嵌固端部位处框架梁及其以下框架柱，基础系梁的箍筋全跨全高加密，间距不应大于 100mm。

情况二：如果整体计算时未考虑系梁参与整体计算，系梁仅按拉梁设置，则此时结构整体计算的嵌固端就应取在基础顶。但考虑地下土对柱及构造系梁对柱的约束作用，一层柱的计算长度可以适当减小。

情况三：整体计算不考虑地下短柱及系梁参与整体计算，但当拉梁以下短柱或挖孔墩与拉梁上柱刚度比满足下式：

$$E_{下}J_{下}/E_{上}J_{上}\geqslant 10 \tag{6–1}$$

式中　$E_{上}$、$E_{下}$——拉梁上、下柱弹性模量（kPa）；

　　　$J_{上}$、$J_{下}$——拉梁上、下柱截面惯性矩（m^3）。

当基础（短柱）高度大于 5m 时，还需要满足下式要求：

$$\Delta_2/\Delta_1\leqslant 1.1 \tag{6–2}$$

式中　Δ_1——单位水平力作用下在以短柱顶（拉梁顶）为固定端的柱顶时，柱顶的水平位移（m）；

　　　Δ_2——单位水平力作用下在以短柱底（基础顶）为固定端的柱顶时，柱顶的水平位移（m）。

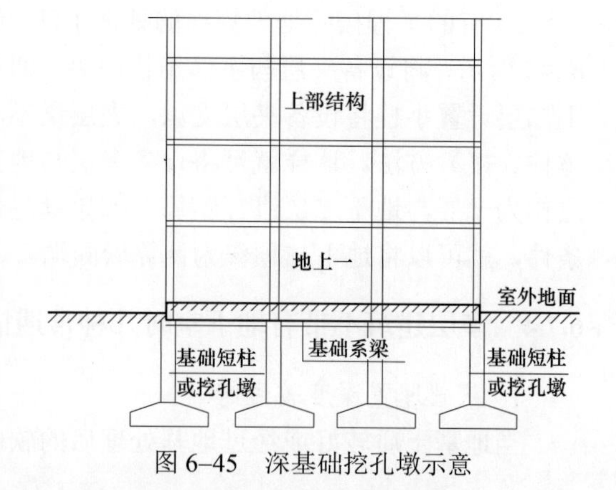

图 6–45　深基础挖孔墩示意

（2）对于图 6–45 情况，当整体计算时将系梁及短柱或挖孔墩作为一层建入模型整体计算，

当其侧向刚度不小于首层侧向刚度的 2 倍时，上部结构的嵌固部位可设在上部联系梁顶面。此时系梁及系梁以下的柱均需要满足嵌固层的设计要求。即

1）嵌固端部位以下的框架结构体系侧向刚度，不应小于相邻上部结构侧向刚度的 2 倍。侧向刚度按主体结构计算，以楼层剪力与该楼层之间位移的比值控制。

2）嵌固端部位以下的框架柱的截面应等于或大于对应相邻上部结构的柱截面。每侧实际纵向配筋面积，除应满足计算要求外，还不应小于嵌固端部位上部相邻柱每侧实配纵向钢筋面积的 1.1 倍。

3）嵌固端部位处框架梁及其以下框架柱，基础系梁的箍筋全跨全高加密，间距不应大于 100mm。

6.7.5　作为上部结构嵌固端顶板时，嵌固端以下梁、柱、剪力墙抗震设计有哪些特殊要求

（1）规范规定："当地下室顶板作为上部结构的嵌固部位时，地下一层的抗震等级应与上部结构相同。"根据这一规定，地下一层结构构件的抗震措施应与地上一层相同。

（2）对于框架梁、柱，为保证对柱的嵌固作用，地上一层柱脚应为"弱柱"，节点左右梁端和地下一层柱的上端不应首先屈服。为实现地上一层柱脚首先屈服的设计概念，规范提供两种设计方法：第一种方法是，地下一层柱的纵向钢筋不应小于地上对应柱纵向钢筋的 1.1 倍（注意此处应是实配钢筋，而不是计算值），且地下一层柱上端和节点左右梁端实配的抗震受弯承载力之和应大于地上一层柱下端实配的抗震受弯承载力的 1.3 倍。第二种方法是，地下一层梁刚度较大时，地下一层柱的纵向钢筋不应小于地上对应柱纵向钢筋的 1.1 倍（注意此处应是实配钢筋，而不是计算值），同时梁端顶面和底面的纵向钢筋面积均应比计算面积增大 10%以上。

（3）对于抗震墙，规定地下一层抗震墙的纵向钢筋及边缘构件纵向钢筋应不少于地上一层纵向钢筋。

（4）嵌固层楼板应避免开大洞（作者理解开洞面积不宜大于 30%）；嵌固端板及相关范围板应采用现浇梁板结构，楼板厚度不宜小于 180mm，混凝土强度等级不宜小于 C30，应采用双层双向配筋，且配筋率每个方向每层不宜小于 0.25%。

【知识点拓展】

（1）这里的框架梁、柱是指各种结构体系中的梁、柱，并非只有框架结构的梁柱。这里的墙也是指各种体系中的抗震墙。

（2）对于地下柱增加的 10%钢筋，作者认为应采取增加根数的办法，且钢筋的锚固应参考图 6–46 所示，而不应采用增大直径的办法。

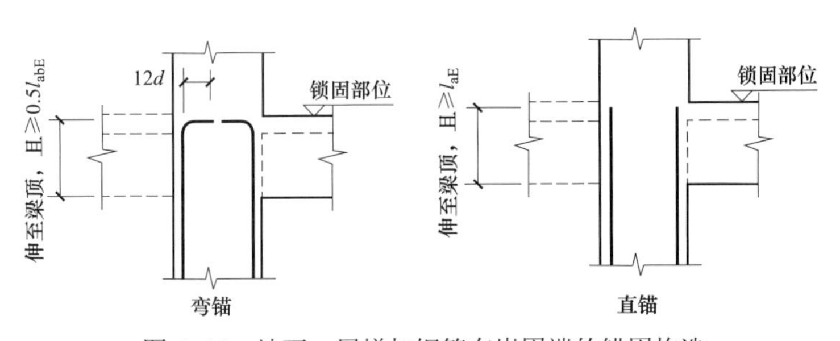

图 6–46　地下一层增加钢筋在嵌固端的锚固构造

（3）规范对于嵌固端下一层抗震墙，并没有要求边缘箍筋也下沿一层，作者建议箍筋按一般构造边缘配置即可。

（4）嵌固层部位的选择还涉及地震能量的大小，假如地下室有15m深，那么嵌固在地面与嵌固在基础底板上，实际地震波是完全不一样的，嵌固在基础底板上地震波峰值比较小，因为地震波是一个逐渐放大的过程，并且这两种情况下建筑场地土层的特征周期也不一致，嵌固在基础底板时，看起来好像地震波或者反应谱作用得比较大，但是可能与建筑场地特征根本对不上号了。实际上很多较高的高层建筑的底部嵌固情况都是介于地面和基础之间的，因此作者建议对于有些重要的高层或超高层项目，可以取不同的嵌固层计算进行包络和偏保守设计更为合理。

（5）地下结构建筑外防水保护层材料选择应注意：对于有抗震设防要求的建筑物，地下室外墙的防水保护墙不应采用聚苯板，其原因是聚苯板强度低变形大，减弱了土体对建筑物的约束作用，目前工程中通常都采用建筑图集，图集常用做法是用100mm厚的聚苯板作建筑防水层保护，应注意纠正此问题，可以采用砖墙或6mm左右的聚乙烯泡沫片材等。

（6）《上海抗规》对嵌固端的认定。

1）地下室为一层或两层时，地下一层结构的楼层侧向刚度不宜小于相邻上部楼层侧向刚度的1.5倍。

2）当地下室超过两层时，地下一层结构的楼层侧向刚度不宜小于相邻上部楼层侧向刚度的2倍；地下室周边宜有与其顶板相连的抗震墙。

如遇到较大面积的地下室而上部塔楼面积较小的情况，在计算地下室结构的侧向刚度时，只能考虑塔楼及其周围的抗侧力构件的贡献。塔楼周围的范围可以在两个方向分别取地下室层高的2倍左右。此时还应使地下室该范围内的刚心与质心的偏差尽可能小，保证塔楼的全截面嵌固。

（7）各规范基本明确，计算时取“剪切刚度”计算结构对比，不考虑地下土侧向刚度影响，但嵌固端必须四周有土。计算地下室侧向刚度时，仅考虑“相关范围”的刚度。“相关范围”一般指地上结构外扩不超过三跨的地下室范围，“相关范围”取值应注意以下特殊情况（图6–47）：计算塔②的嵌固端时，相关范围应按图6–47（b）所示选用，不应选用图6–47（c）的相关范围，也就是说相关范围不能重复选用。进一步说明，如果两个塔楼之间的相关范围少于6跨，就只好由中间切开，各带一半进行验算。

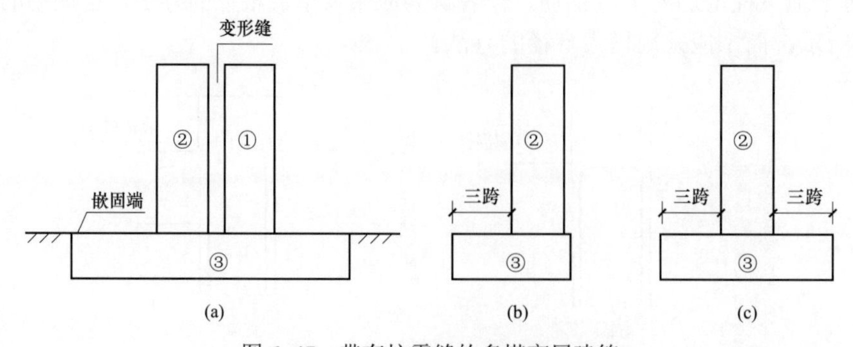

图6–47　带有抗震缝的多塔高层建筑

6.8　复杂情况地基基础埋深相关问题的理解

6.8.1　地基基础为何需要有一定的埋置深度

地震作用下结构的动力效应受基础的埋置深度的影响比较大，软弱土层影响更为明显，因此，当建筑地处高烈度区、场地条件差时，对高层建筑宜采用较大的基础埋深，以满足抗倾覆、抗滑移稳定要求。我国规范依据理论研究与多年工程经验分别提出了天然地基和桩基的埋置深度分别不宜小于房屋高度的 1/15 和 1/18 的要求。同时也提出，在满足承载力、变形、稳定以及上部结构抗倾覆、抗滑移要求的前提下，埋置深度的限值可适当放松。

【知识点拓展】

（1）《技措》2009 版：高层建筑宜设置地下室。高层建筑基础的埋置深度（由室外地面算起到主要屋面高度）如下。

1）一般天然地基或复合地基，可取 1/18，且不宜小于 3m。

2）岩石地基不受 1）条限制。

3）桩基（由室外地坪至承台底），可取 1/20。

如因各种合理因素，使埋深确有困难时，还可将上述规定的埋置深度适当减小。

作者的观点是，埋深多少分之一数值并不重要，重要的是必须满足承载力、变形、稳定以及上部结构抗倾覆、抗滑移要求。

（2）建筑物的基础如果有一定的埋置深度，对抵抗地震、减小震害确有好处，这是公认的事实。但是提高高层建筑的抗震性能，有各种途径和方法，不仅仅限于增加建筑的埋置深度，而且，世界各国抗震规范中，都没有规定建筑的埋置深度必须是多少，更没有规定与建筑物的总高度相关联。我国的《抗规》从来也没有提及这个规定，这绝不是疏忽遗漏。

6.8.2　如何合理确定复杂情况地基基础埋置深度

合理确定基础的埋置深度绝不是为了核实基础的埋置深度是否满足结构高度的多少分之一，更重要的是合理地确定基础埋置深度对地基承载力的影响。

（1）《地规》5.2.4 条：当基础宽度大于 3m 或埋置深度大于 0.5m 时，从载荷试验或其他原位测试、经验值等方法确定的地基承载力特征值，尚应按下式修正：

$$f_a=f_{ak}+\eta_b\gamma(b-3)+\eta_d\gamma_m(d-0.5)$$

式中　f_a——修正后的地基承载力特征值（kPa）；

f_{ak}——地基承载力特征值（kPa），按本规范第 5.2.3 条的原则确定；

η_b、η_d——基础宽度和埋深的地基承载力修正系数，按基底下土的类别查表 5.2.4 取值；

γ——基础底面以下土的重度（kN/m^3），地下水位以下取浮重度；

b——基础底面宽度（m），当基础底面宽度小于 3m 时按 3m 取值，大于 6m 时按 6m 取值；

γ_m——基础底面以上土的加权平均重度（kN/m^3），位于地下水位以下的土层取有效重度；

d——基础埋置深度（m），宜自室外地面标高算起。在填方整平地区，可自填土地面标高算起，但填土在上部结构施工后完成时，应从天然地面标高算起。对于地下室，如采用箱形基础或筏基时，基础埋置深度自室外地面标高算起；当采用独立基础或条形基础时，应从室内地面标高算起。

（2）实际工程中，经常会遇到以下几个规范不明确的问题。

1）大面积压实填土，多大面积算大面积？

2）在填方整平地区，可自填土地面标高算起，这填土有没有时间要求？换句话讲，新填土算不算？

3）对于地下室，当采用独立基础、条形基础加抗水板时，地下外墙基础埋深如何确定的问题？

4）如果大面积填土或裙楼的超载宽度不大于主楼基础宽度 2 倍时该如何处理？

5）对于主楼为筏板基础，但裙楼不同基础形式时如何确定主楼基础埋深的问题？

（3）作者认为要正确理解（2）中几个问题，首先需要理解地基承载力特征值为何要进行修正？

1）地基承载力特征值为什么要修正？工程实验表面，地基承载力不仅与土的性质有关，还与基础的大小、形状、埋深以及荷载的情况有关。这些因素对承载力的影响程度又随土质的不同而不同，在采用载荷实验或原位实验的经验统计关系等确定地基承载力特征值时，考虑的是对应于标准条件或基本条件下的值。而在进行地基基础设计和计算时，考虑的是承载力极限状态下的标准组合，即采用荷载设计值，所以对某个实体基础而言，就应该计入它的埋深和宽度给地基承载力特征值带来的影响，进行深度和宽度修正。

2）承载力宽度修正的实质是什么？根据大量的载荷资料表明：对于$\varphi_k>0$的地基土，其承载力的增大随φ_k的提高而逐渐显著。若地基底部的宽度增大，地基承载力将提高，所以地基承载力特征值应予以宽度修正。当$b>6$m 时，修正公式必将给出过大的承载力值，出于对基础沉降方面的考虑，此时宜按 6m 考虑。另外，当$b<3$m 时，根据砂土地基的静载荷资料表明，按实际值计算的结果偏小许多，所以《地基规范》又规定，当基底宽度小于 3m 时按 3m 考虑。

3）承载力深度修正的实质和要点有哪些？载荷实验同时表明：地基承载力随埋深d显线形增加趋势，即深度修正系数将增大。实际上，如果埋深d越大，那么基础以上的土可做边载考虑，基底处土体所受到的上覆压力越大，使基础产生失稳和破坏的荷载也越大，也就是说，埋深越大，地基承载力越大。值得注意的是，深度修正系数是根据同样宽度但埋深不同的载荷板实验，得出随埋深增大而承载力增长的规律确定的。但由于载荷板实验的埋深有限，所以得出的规律也只能在有限的范围内运用。有些研究根据直径为 200～300mm 的小载荷板所做的实验结果表明：同样存在着一个约$4d$的临界深度，超过此值时，承载力的增长规律不明显。所以在有些地区确定大直径桩的承载力时，由于静载荷实验的困难，就套用天然地基承载力再加上深度修正的办法得出桩的端承力，对此必须慎重对待，务必不超过当地的经验值。

对于地基承载力的深度修正问题，一些设计人员在认识上存在一定的偏差，下面结合地基破坏形式看地基承载力深度修正的实质。

在竖向荷载作用下，建筑物地基的破坏通常是由于承载力不足而发生的剪切破坏，地基剪切破坏可分为整体剪切破坏、局部剪切破坏、冲剪破坏三种，如图 6–48 所示。

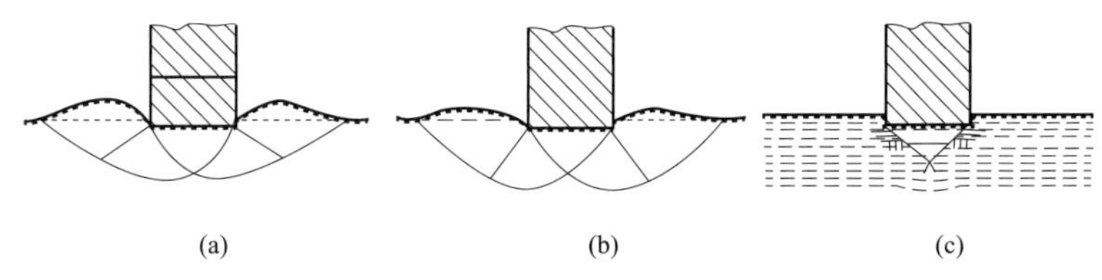

图 6–48　地基的破坏形式示意

（a）整体剪切破坏；（b）局部剪切破坏；（c）冲剪破坏

一般来说，密实砂土和坚硬黏土将出现整体剪切破坏；而压缩性比较大的松砂和软黏土，将可能出现局部剪切或冲剪破坏。当基础埋深较浅、荷载为缓慢施工的恒载时，将趋向发生整体剪切破坏；若基础埋深较深，荷载为快速施加的冲击荷载，则可能形成局部剪切或冲剪破坏。实际工程中，浅基础（包括独立基础、条形基础、筏基、箱形基础等）的地基一般为较好的土层，荷载也是根据施工缓慢施加的，所以工程中的地基破坏一般均为整体剪切破坏。

实际上，地基承载力深度修正，就是为了考虑基础四周基底标高以上的超载对基础四周滑动的抵抗作用，这个超载可以直观理解为作用在滑动土体表面的压重，如图 6–49 所示。

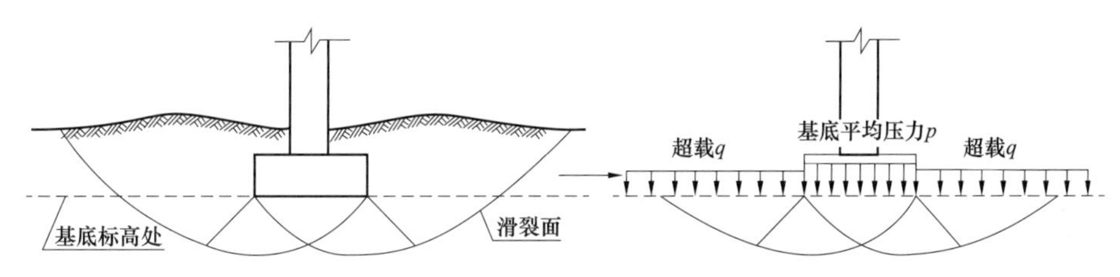

图 6–49　基础四周基底标高以上的超载示意

因此，结合地基破坏机理，以及计算公式建立的前提，可以总结出地基承载力深度修正的主要要素分别如下。

① 地基承载力的深度修正，实际上都是超载的压重作用，无论是天然埋深，还是将裙房等其他连续均匀压重折算为土厚进行地基承载力深度修正，其实质都是基础四周超载对抗滑动土体向上运动的限制。

② 对超载连续、均匀性和满足一定分布宽度的要求。地基承载力计算公式的建立是以超载为连续均匀荷载，并作用在整个滑动体表面为前提的。根据有关资料文献记载，超载的分布宽度（2～4）B（B 为基础宽度）的要求即可进行地基承载力的深度修正。当然如果天然土层形成的超载，这个荷载可以认为是均匀的。但对于裙房或地下车库等压重不一定能形成连续均匀的超载。

③ 取最小值的要求。地基的破坏一般都是发生在最薄弱部位，当然哪侧压重越小就自然会延哪侧首先破坏，因此应取基础四周的埋深（或折算埋深）的最小值进行深度修正，如图 6–50 所示。

（4）基础埋置深度如何合理选择？理解了地基承载力宽度、深度修正的实质，就可以把地基承载力深度修正的问题转换为考虑基础四周超载大于 2 倍基础宽度范围内（图 6–51）超载大小与分布问题，在结合 3）中所述基础深度修正的实质要素，基本就可以根据工程情况解决一般复杂工程的基础深度问题。

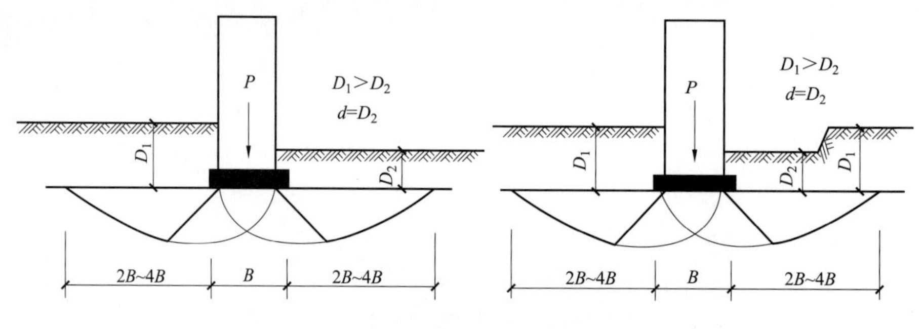

图 6–50 基础两侧埋深不一致

1）对于具有条形基础或独立基础的地下室，基础埋置深度应按图 6–52 所示分别按下式取值：

外墙基础埋置深度取值 $$d_{\text{ext}}=\frac{d_1+d_2}{2}$$

室内墙、柱基础埋置深度 d_{int}：

一般第四纪沉积土 $$d_{\text{int}}=\frac{3d_1+d_2}{4}$$

新近沉积土及人工填土 $$d_{\text{int}}=d_1$$

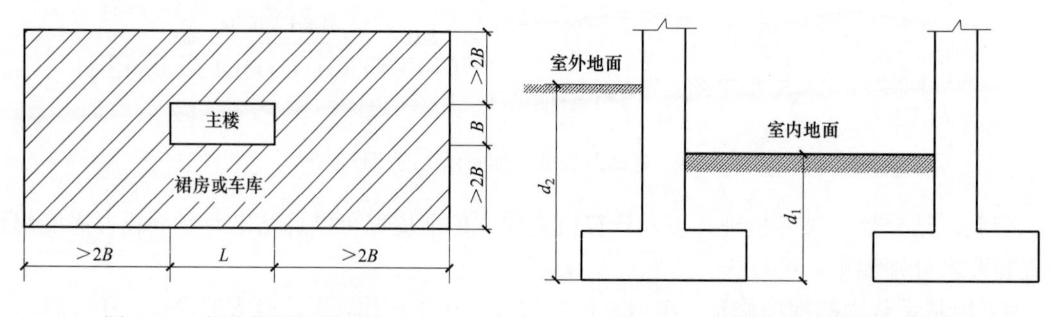

图 6–51 超载作用平面示意　　图 6–52 条基或独立基础埋深示意

注意：上面计算同样适合独立基础+防水板时内外墙或柱基础埋深计算。

2）对于不带裙房或地下车库的箱基或筏基础，如图 6–53 所示，则基础埋深应取 d（即应由室外地面计算）。

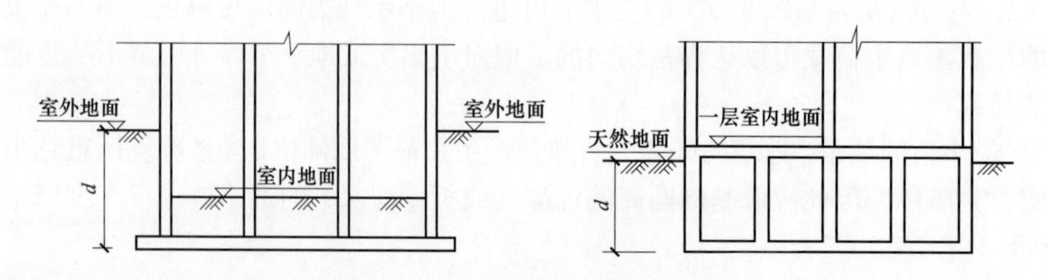

图 6–53 箱基或筏基埋深示意

注意：如果基础四周的室外地面标高不同时，应偏于安全的取埋深较小值计算。

3）主楼带有大底盘裙房（或地下建筑）时，需要结合裙房基础深度、基础形式区别对待。

情况一：主楼与裙房一起，均为筏板基础，如图 6–54 所示，且裙房（或地下车库）四周超载宽度大于 $2B$（B 为主楼宽度）时，主楼及裙房埋置深度均可取裙房（地下车库）的折算成土层厚度的数值；此时的折算埋深有可能大于主楼的实际埋深（自然地面到主楼基础底）。

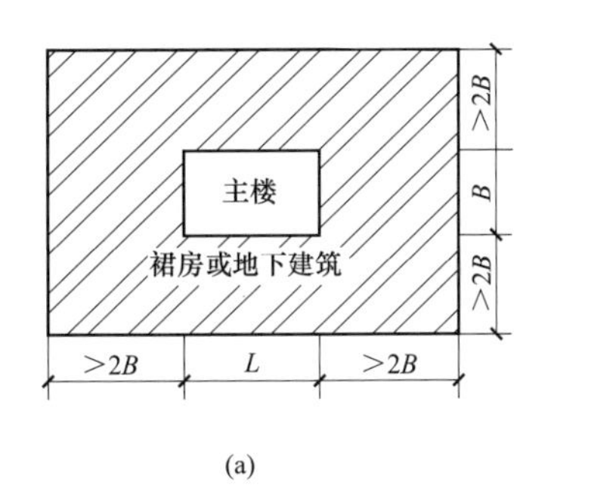

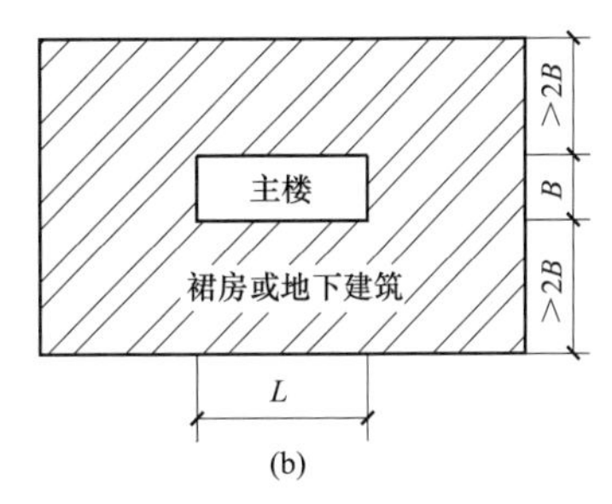

图 6–54　主楼与裙房一起

（a）L/B；（b）$L/B\geqslant 2$

注意：① 对于图 6–54（a）当四周裙房的超载折算土层厚度不一致时，应偏于安全取较小的折算厚度值；但对于图 6–54（b）可以不考虑主楼短边方向折算土厚度，仅取长边方向折算厚度的较小值。

② 当主楼四周有一边或多边超载宽度小于主楼宽度 $2B$ 时，宜按四周超载折算土厚较小厚度取值，但不应大于主楼的设计埋深（即自然地面到主楼基础底的深度）。

③ 注意主楼及裙房均采用整体筏板基础时，此时筏板应满足《地规》8.4.22 条的要求。

情况二：主楼与裙房一起，主楼为筏板基础，但裙房为独立柱基或墙下条基，平面如图 6–54 所示，剖面如图 6–55 所示。用于主楼承载力深度修正的埋深宜取裙房室内地面到主楼基础底标高处 d（即此种情况不宜考虑裙房超载作用）。

情况三：主楼与裙房一起，主楼为筏板基础，但裙房为独立柱基+防水板，平面如图 6–54 所示，剖面如图 6–56 所示，这种情况是介于情况一、二之间的一种情况。用于主楼承载力深度修正的埋深取值，简便、安全的方法同情况二取值；但当裙房柱距不大，防水板又较厚，土质较好时，理论上可以考虑防水板作用，但由于目前缺少这方面的研究、实测资料，待有了研究、实测资料再进行考虑。

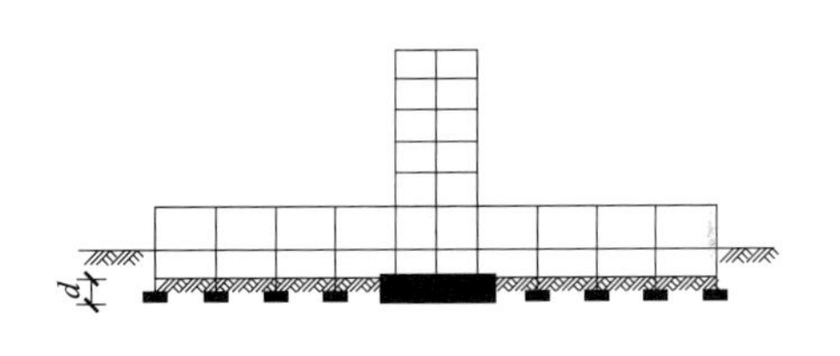

图 6–55　裙房为独立基础或条基

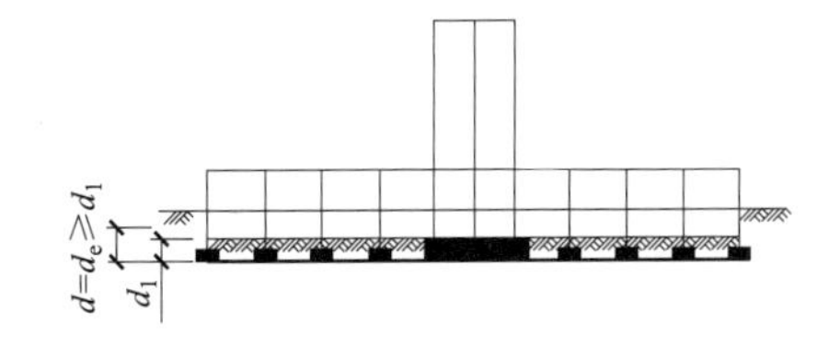

图 6–56　裙房为独立基础+防水板

情况四：主楼和裙房都采用筏板基础，但主楼基础比裙房基础深，如图 6–57 所示。当四周超载宽度大于主楼宽度 $2B$ 时，主楼承载力深度修正埋深宜取 d_1+d_3。此种情况主楼基础承载力修正的基础埋置深度 d_1+d_3 有可能大于 d_1+d_2。

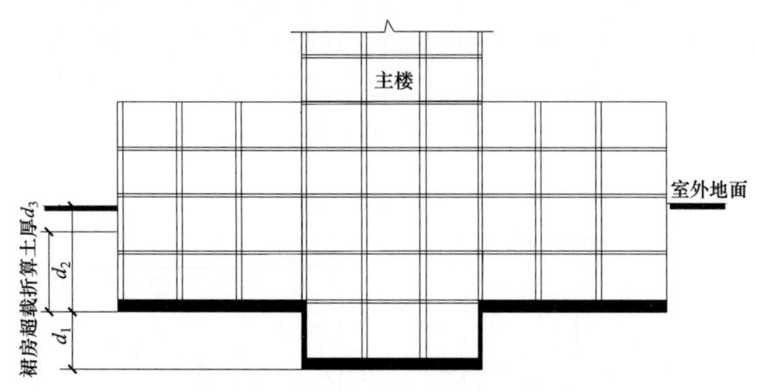

图 6–57 主楼与裙房基础底有高差

注意：在计算裙房折算土厚时，可取裙房基础底面以上所有竖向荷载（不应计入活荷载）的标准值，当仅有地下室时应计入包括顶板以上填土及地面建筑面层重）$\sum G$（kN/m²）与土的重度 γ（(kN/m³）之比，即 $d^1=\sum G/\gamma$（m）。γ 一般可取 18（kN/m³），但需要注意：当地下水位埋深浅于基础埋深时，在计算裙房或地下室的平均荷载折算土体荷载还应扣除水浮力（这是北京规范的规定）；作者建议对于地下水位埋深浅于基础埋深时，宜按以下两种方法分别计算地基承载力，然后取其最小值作为工程承载力。

承载力均按国标《地规》方法 $f_a=f_{ak}+\eta_b\gamma(b-3)+\eta_d\gamma_m(d-0.5)$ 公式计算，但式中计算参数取值可以分为以下两种情况。

一是计算裙房折算土层厚度时，土的容重取 18（kN/m³），不扣除水浮力，此时公式中的 γ 取基础底土浮重度（一般取 11kN/m³），γ_m 取基础底面以上土加权平均重度，位于地下水位以下土层取有效重度（kN/m³）。

二是计算裙房折算土层厚度时，先扣除水浮力，此时公式中的 γ 取基础底土浮重度（kN/m³），γ_m 取基础底面以上土加权平均重度（kN/m³）。

【算例】某工程主楼 28 层，裙房地上三层，主楼及裙房地下均 2 层，基础底在自然地面以下 7.5m，地下稳定水位在地下 5.5m 处，主楼及裙房均采用筏板整体基础，如图 6–58 所示，基础持力层及以上均为砂质粉土层，承载力特征值为 200kPa，重度为 22kN/m³，基础以上土层加权重度为 20kN/m³；裙房地上每层恒载为 14.5kN/m²、裙房地下每层 16.5kN/m²、筏板及基础面层恒载 15.5kN/m²。

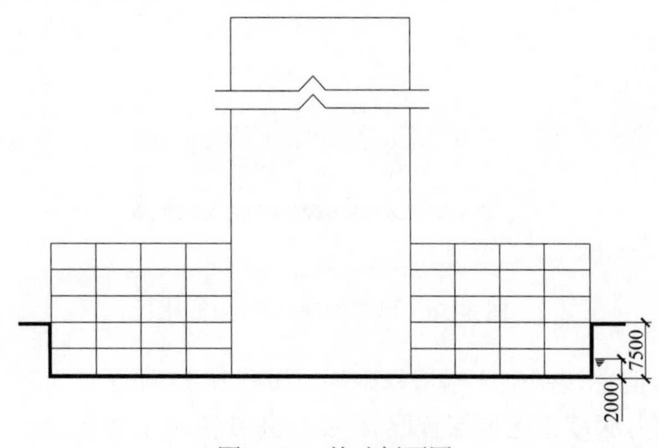

图 6–58 基础剖面图

第一步：计算裙房折算土厚，14.5×3＋16.5×2＋15.5＝92（kN/m²）。

第二步：分别按上述两种方法计算承载力特征值 f_a。

方法一：不考虑扣除水浮力，则折算土厚 $d=92/18=5.11$（m）

$$f_a=f_{ak}+\eta_b\gamma(b-3)+\eta_d\gamma_m(d-0.5)$$
$$=200+12\times2\times(6-3)+3\times19.33\times(5.11-0.5)$$
$$=539.3\text{（kPa）}$$

注：$\gamma_m=(5.5\times22+2\times12)/7.5=19.33$

（kN/m³），$\gamma = 22 - 10 = 12$（kN/m³）

方法二：考虑扣除水浮力，则折算土层厚 $d = (92-20)/18 = 4$（m）

$f_a = f_{ak} + \eta_b\gamma(b-3) + \eta_d\gamma_m(d-0.5) = 200 + 12\times2\times(6-3) + 3\times22\times(4-0.5) = 503$（kPa）

因此建议：设计可以取 $f_a = 503$kPa。

（5）当四周裙房的超载折算土层厚度不一致时，应偏于安全取较小的折算厚度值。当然作者认为对于长方形建筑基础，如果仅是基础短向折算厚都较小时，也可以取建筑四周的加权平均值，此处的加权平均值则按高层建筑各边的裙房、室外地面下填土（或地下室）基础底面以上标准值（不计活荷载）总重量折成埋深值，乘以相应边长，然后各边的乘积相加除以高层建筑基础周长，但计算埋深应小于高层建筑长边的实际折算埋深。

（6）当主楼四周有一边或多边超载宽度小于主楼基础宽度 $2B$ 时，宜按四周超载折算土厚较小厚度取值，但不应大于主楼的设计埋深（即 $d_1 + d_2$）。

注意：国标《地基规范》对于超载宽度小于主楼基础宽度 $2B$ 时，没有说法。实际工程中，主楼外围裙楼超载宽度小于等于基础底面宽度两倍的情况会更普遍。在这种条件下，考虑超载条件、验算主体建筑地基承载力，通常都是依据经验折算土层厚度后进行承载力修正计算，这种情况往往带有人为不确定因素。

《北京地规》经过研究给出以下建议。

1）当主楼外围裙房、地下室的侧限超载宽度＞0.5 倍的主楼基础宽度时，应将地下室或裙房部分基底以上荷载折算为土层厚度进行承载力验算分析。

2）当主楼外围裙房、地下室的侧限超载宽度≤0.5 倍的主楼基础宽度时，应根据工程复杂程度、地基持力层特点和地基差异沉降和主楼总沉降的控制要求，综合研究确定承载力验算的侧限基础埋深，也可在自然埋深和＞0.5 倍的主楼基础宽度的修正值范围内采用线性插入方法确定。

3）作者建议上述 1）、2）情况计算的折算埋深均不应大于基础实际埋深。

（7）国标《地规》在计算承载力时，对于填土在上部结构施工后完成时，应从天然地面标高算起。这个观点作者认为是不合理的。规范并没有规定是自重下固结完成后的填土，再说施工前和施工后回填可能仅差很短的时间，结合前面讲述的深度修正的本质就是作为边载考虑，所以作者认为无论回填土是施工完成前或后，均可以考虑深度修正，但要注意这两种情况对沉降计算的不同影响。

6.9　当建筑物基础或地下室埋深较深时，地震作用是否可以适当折减？抗震计算时，是否可以从基础底板输入

建筑场地和地基在尺度和概念上有很大差别，地震作用也是在一个相当大的尺度范围内定义的。我国《抗规》的设计反应谱（地震影响系数），是在对大量自由地面上的强震加速度记录统计平均的基础上提出的。为了避免地上建筑内部、包括地下室的强震仪记录，采用规范反应谱和时程分析法进行建筑结构抗震验算时，以自由地面或符合嵌固条件的地下室底板为地震输入点（结构时程分析所用的强震加速度记录一般也采用自由地面的强震仪的记录），不要求从基础底板输入，地震作用也宜折减。考虑基础埋深对结构抗震有利时，可应用新《抗规》5.2.7 条，计入地基与上部结构共同作用影响，对上部结构地震反应加以折减。

6.10 同一结构单元的基础如果遇到性质截然不同地基如何处理

《抗规》3.3.4–1 条：同一结构单元的基础不宜设置在性质截然不同的地基上。这主要是由于不同类别的土壤，具有不同的动力特性，地震反应也随之出现差异。一幢建筑物不宜跨在两类不同土层上（见图 6–59），否则可能危及该建筑物的安全。无法避开时，除考虑不同土层差异运动的影响外，还应采用局部深基础，使整个建筑物的基础落在同一土层上。作者建议采用以下三种方法之一。

处理方法一：将软弱部分挖除，采用级配砂石分层夯实垫至基础底标高，但此时注意原硬土，特别是基岩时，需要在硬土层侧适当做褥垫层，调节不均匀沉降，如图 6–60 所示。

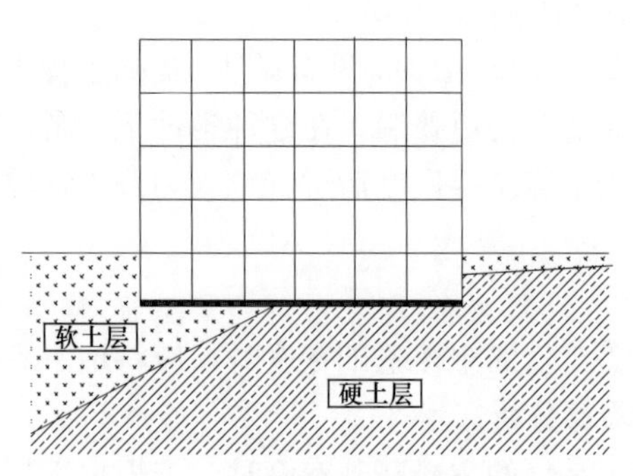

图 6–59 横跨两类土层的建筑物图

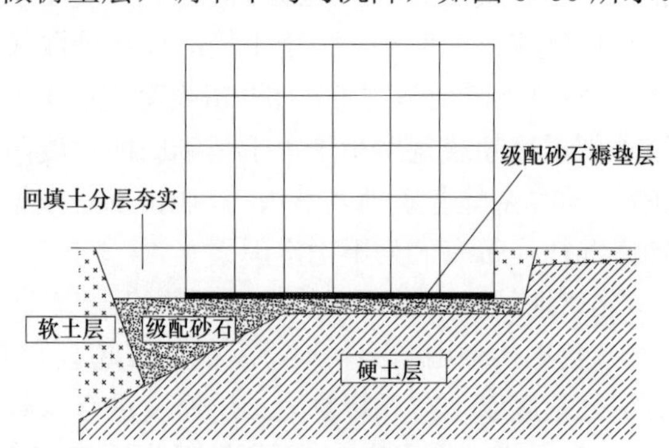

图 6–60 处理方法之一

处理方法之二：将软弱土挖除，直接采用毛石混凝土（或素混凝土）垫至基础底标高，这种方法就不需要在硬土层侧做褥垫层，如图 6–61 所示。

处理方法之三：可在软土层侧做桩或挖孔墩，依然按深基础进行计算，不宜按桩计算，如图 6–62 所示。

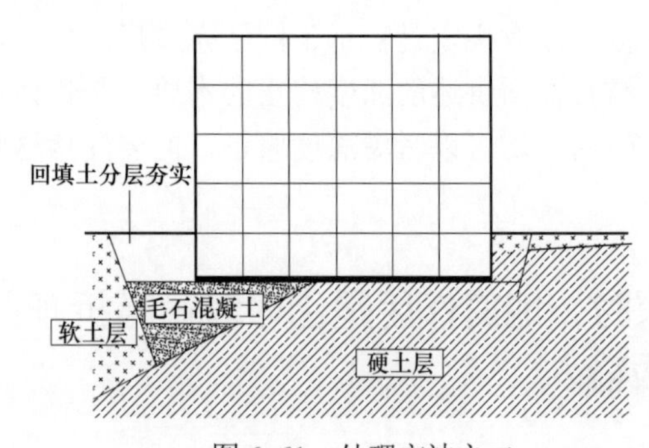

图 6–61 处理方法之二

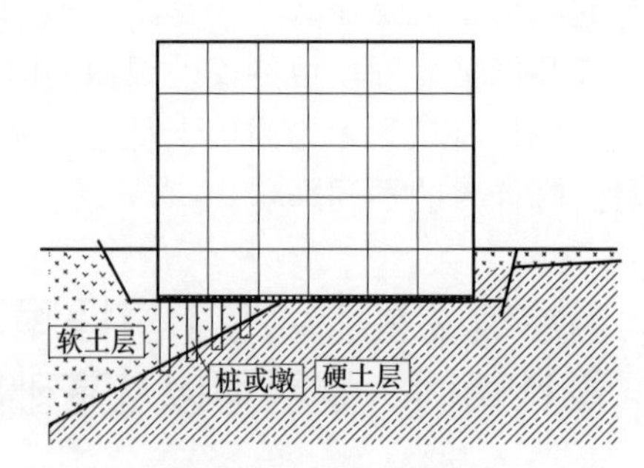

图 6–62 处理方法之三

《抗规》3.3.4–2 条：同一结构单元不宜部分采用天然地基，部分采用桩基。当采用不同基础类型或基础埋深不同时，应根据地震时两部分地基基础的沉降差异，在基础、上部结构的相关部位采取相应措施。

【工程案例】

某网友问：某框架结构，8 度（0.20g），持力层为斜坡岩石层，f_{ak}=300kPa，浅处 1m 左右，深处 13m 左右。采取的基础形式：深处为人工挖空灌注桩（一柱一桩），浅处为独立基础（见图 6–63）。这种处理是否可行？

作者认为完全可以，但需要注意以下问题：本工程位于 8 度区，地基基岩面倾斜度很大，桩长相差较大，而且部分采用天然地基，因此，宜对桩基进行抗剪承载力验算，并加强构造措施。灌注桩嵌入基岩深度至少一倍桩径，以防止滑移。

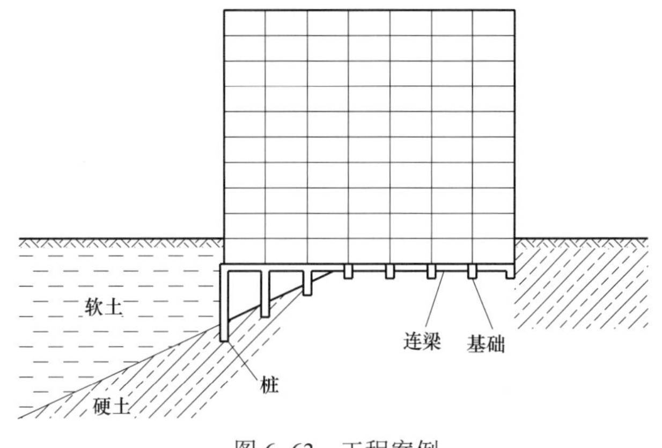

图 6–63　工程案例

6.11　结构抗震设计时，哪些情况可以考虑地基与结构相互作用的影响问题

（1）《抗规》5.2.7 条：结构抗震计算，一般情况下可以不计入地基与结构相互作用的影响；8 度、9 度时建造于Ⅲ、Ⅳ类场地，采用箱基、刚性较好的筏基和桩箱联合基础的钢筋混凝土高层建筑，当结构基本自振周期处于特征周期的 1.2 倍至 5 倍范围时，若计入地基与结构动力相互作用影响，对刚性假定计算的水平地震剪力可以按下列规定折减，其层间变形可按折减后的楼层剪力计算。

1）高宽比小于 3 的结构，各楼层水平地震剪力的折减系数，可按下式计算：

$$\psi = \left(\frac{T_1}{T_1 + \Delta T} \right)^{0.9} \tag{6–3}$$

式中　ψ——计入地基与结构动力相互作用后的地震剪力折减系数；

T_1——按刚性地基假定确定的结构基本自振周期（s）；

ΔT——计入地基与结构动力相互作用的附加周期（s），可按表 6–3 采用。

表 6–3　　附 加 周 期（s）

烈　度	场　地　类　别	
	Ⅲ类	Ⅳ类
8	0.08	0.20
9	0.10	0.25

2）高宽比不小于 3 的结构，底部的地震剪力按 1）规定折减，顶部不折减，中间各层按线性插入值折减。

3）折减后各楼层的水平地震剪力，应符合《抗规》5.2.5 条的规定。

（2）《地规》8.4.3 条：对四周与土层紧密接触带地下室外墙的整体筏基和箱基，当地基持力层为非密实的土和岩石，场地类别为Ⅲ、Ⅳ类，抗震设防烈度为 8 度、9 度，结构基本自振周期处于特征周期的 1.2～5 倍范围时，按刚性假定计算的水平地震剪力、倾覆力矩可按设防烈度分别乘以 0.9 和 0.85 的折减系数。

【知识点拓展】

（1）国内建筑物脉动实测试验结果表明，当地基为非密实土和岩石持力层时，由于地基的柔性改变了上部结构的动力特性，延长了上部结构的基本周期以及增大了结构体系的阻尼，同时土与结构的相互作用也改变了地基运动的特性。结构按刚性地基假定分析的水平地震作用比实际承受的地震作用大，因此可以根据场地情况、基础埋深、基础和上部结构的刚度等因素确定是否对水平地震作用进行适当折减。

（2）实测地震记录及理论分析表明，土中的水平地震加速度一般随深度而渐减，较大的基础埋深，可以减少来自地底的地震输入，同时较大的埋深，可以增加基础侧面的摩擦阻力和土的被动土压力，进而增强土对基础的嵌固作用。这就是为何规范建议高层建筑宜有一定的埋深要求的缘由。

例如，日本取地表下 20m 深处的地震系数为地表的 0.5 倍；法国规定筏基或带地下室的建筑的地震荷载比一般的建筑少 20%；美国 FEMA386 及 IBC 规范采用加长结构自振周期作为考虑地基土的柔性影响，同时采用增加结构有效阻尼来考虑地震过程中结构的能量耗散，并规定了结构的基底剪力最大可降低 30%。

又如，作者 2011 年主持设计的银川万豪大厦工程，地震安评实测的地下 17.5m 处的地震影响系数仅为地表的 0.56 倍，见表 6–4。

表 6–4　　宁夏万豪大厦工程场地设计地震影响系数（阻尼比 4%）

谱类型	超越概率	PGA / g	a_{max}	T_t / s
50 年水平向地面	63%	0.088	0.19	0.40
	10%	0.25	0.60	0.60
	2%	0.43	10	0.80
50 年水平向地下 17.5m	63%	0.039	0.93	0.65
	10%	0.14	0.34	0.80
	2%	0.28	0.67	0.90

（3）研究表明，水平地震作用的折减系数主要与场地条件、结构自振周期、上部结构和地基的阻尼特性等因素有关，柔性地基上的建筑结构的折减系数随结构周期的增大而减小，结构越刚，水平地震作用的折减量越大。89 规范在统计分析基础上建议，框架结构折减 10%，抗震墙结构折减 15%～20%。研究还表明，折减量与上部结构的刚度有关，同样高度的框架结构，其刚度明显小于抗震墙结构，水平地震作用的折减量也减小，当地震作用很小时不宜再考虑水平地震作用的折减。据此规定了可考虑地基与结构动力相互作用的结构自振周期的范围和折减量。研究也表明，对于高宽比较大的高层建筑，考虑地基与结构动力相互作用后水平地震作用的折减系数并非各楼层均为同一常数，由于高振型的影响，结构上部几层的水平地震作用一般不宜折减。大量计算分析表明，折减系数沿楼层高度的变化较符合抛物线型

分布，2001 规范提供了建筑顶部和底部的折减系数的计算公式。对于中间楼层，为了简化，采用按高度线性插值方法计算折减系数。本次修订保留了这一规定。

（4）由于地基和结构动力相互作用的影响，按刚性地基分析的水平地震作用在一定范围内有明显的折减。但特别注意，考虑到我国的地震作用取值与国外相比还较小，故仅在必要时才利用这一折减。因此建议大家还是谨慎对待这个折减系数。

6.12 《抗规》中承载力抗震调整系数，其中未包括如独立基础，筏板等项，是否说明此类基础构件不用考虑抗震截面验算

《抗规》中结构构件的截面抗震验算，应采用下列公式：

$$S \leqslant R/\gamma_{RE} \qquad (6-4)$$

式中　γ_{RE}——承载力抗震调整系数，除另有规定外，应按表 6–5 采用；

R——结构构件承载力设计值。

表 6–5　　承载力抗震调整系数

材料	结　构　构　件	受力状态	γ_{RE}
钢	柱，梁，支撑，节点板件，螺栓，焊缝	强度	0.75
	柱，支撑	稳定	0.80
砌体	两端均有构造柱、芯柱的抗震墙	受剪	0.9
	其他抗震墙	受剪	1.0
混凝土	梁	受弯	0.75
	轴压比小于 0.15 的柱	偏压	0.75
	轴压比不小于 0.15 的柱	偏压	0.80
	抗震墙	偏压	0.85
	各类构件	受剪、偏拉	0.85

【知识点拓展】

（1）结构在设防烈度下的抗震验算本质上应该是弹塑性变形验算，但为减少验算工作量并符合设计习惯，对大部分结构，将变形验算转换为众值烈度地震作用下构件承载力验算的形式来表现。按照《统一标准》的原则，89 规范与 78 规范在众值烈度下有基本相同的可靠指标，研究发现，78 规范钢结构构件的可靠指标比混凝土结构构件明显偏低，故 89 规范予以适当提高，使之与砌体、混凝土构件有相近的可靠指标；而且随着非抗震设计材料指标的提高，2001 规范各类材料结构的抗震可靠性也略有提高。基于此前提，在确定地震作用分项系数取 1.3 的同时，则可得到与抗力标准值 R_k 相应的最优抗力分项系数，并进一步转换为抗震的抗力函数（即抗震承载力设计值 R_{dE}），使抗力分项系数取 1.0 或不出现。本规范砌体结构的截面抗震验算，就是这样处理的。

（2）现阶段大部分结构构件截面抗震验算时，采用了各有关规范的承载力设计值 R_d，因

此，抗震设计的抗力分项系数，就相应地变为非抗震设计的构件承载力设计值的抗震调整系数γ_{RE}，即$\gamma_{RE}=R_d/R_{dE}$或$R_{dE}=R_d/\gamma_{RE}$。还需注意，地震作用下结构的弹塑性变形直接依赖于结构实际的屈服强度（承载力），《抗规》5.4 节的承载力是设计值，不可误作为标准值来进行《抗规》5.5 节要求的弹塑性变形验算。

本次修订，配合钢结构构件、连接的内力调整系数的变化，调整了其承载力抗震调整系数的取值。

（3）《砼规》11.1.6 条：考虑地震组合验算混凝土结构构件的承载力时，均应按承载力抗震调整系数γ_{RE}进行调整，承载力抗震调整系数γ_{RE}应按表 6–6 采用。

正截面抗震承载力应按本规范 6.2 节的规定计算，但应在相关计算公式右端除以相应的承载力抗震调整系数γ_{RE}。

当仅考虑竖向地震组合时，各类结构构件均应取γ_{RE}为 1.0。

表 6–6　　承载力抗震调整系数

结构构件类别	正截面承载力计算					斜截面承载力计算	受冲切承载力计算	局部受压承载力计算
	受弯构件	偏心受压柱		偏心受拉构件	剪力墙	各类构件及框架节点		
		轴压比小于0.15	轴压比不小于0.15					
γ_{RE}	0.75	0.75	0.8	0.85	0.85	0.85	0.85	1.0

注：预埋件锚筋截面计算的承载力抗震调整系数应取γ_{RE}为 1.0。

说明：表 6–6 中各类构件的承载力抗震调整系数γ_{RE}是根据现行《抗规》（GB 50011）的规定给出的。该系数是在该规范采用的多遇地震作用取值和地震作用分项系数取值的前提下，为了使多遇地震作用组合下的各类构件承载力具有适宜的安全性水准而采取的对抗力项的必要调整措施。此次修订，根据需要，补充了受冲切承载力计算的承载力抗震调整系数γ_{RE}。

本次修订把 2002 版《砼规》分别写在框架梁、框架柱及框支柱以及剪力墙各节中的抗震正截面承载力计算规定统一汇集在本条内集中表示，即所有这些构件的正截面设计均可按非抗震情况下正截面设计的同样方法完成，只需在承载力计算公式右边除以相应的承载力抗震调整系数γ_{RE}。这样做的理由是，大量各类构件的试验研究结果表明，构件多次反复受力条件下滞回曲线的骨架线与一次单调加载的受力曲线具有足够程度的一致性。故对这些构件的抗震正截面计算方法不需要像对抗震斜截面受剪承载力计算方法那样在静力设计方法的基础上进行调整。

（4）《抗规》4.2.2 条（强条）：天然地基基础抗震验算时，应采用地震作用效应标准组合，且地基抗震承载力应取地基承载力特征值乘以地基抗震承载力调整系数计算。

《抗规》4.2.3 条：地基抗震承载力应按下式计算：

$$f_{aE}=\xi_a f_a \tag{6–5}$$

式中　f_{aE}——调整后的地基抗震承载力；

ξ_a——地基抗震承载力调整系数，应按表 6–7 采用；

f_a——深宽修正后的地基承载力特征值，应按现行国家标准《地规》(GB 50007)采用。

表 6-7　　地基抗震承载力调整系数

岩土名称和性状	ξ_a
岩石，密实的碎石土，密实的砾、粗、中砂，f_{ak}≥300 的黏性土和粉土	1.5
中密、稍密的碎石土，中密和稍密的砾、粗、中砂，密实和中密的细、粉砂，150kPa≤f_{ak}<300kPa 的黏性土和粉土，坚硬黄土	1.3
稍密的细、粉砂，100kPa≤f_{ak}<150kPa 的黏性土和粉土，可塑黄土	1.1
淤泥，淤泥质土，松散的砂，杂填土，新近堆积黄土及流塑黄土	1.0

说明：在天然地基抗震验算中，对地基土承载力特征值调整系数的规定，主要参考国内外资料和相关规范的规定，考虑了地基土在有限次循环动力作用下强度一般较静强度提高和在地震作用下结构可靠度容许有一定程度降低这两个因素。

（5）《地规》8.4.7 条：平板式筏基柱下冲切验算应符合下列规定。

1）平板式筏基柱下冲切验算时应考虑作用在冲切临界面重心上的不平衡弯矩产生的附加剪力。对基础的边柱和角柱进行冲切验算时，其冲切力应分别乘以 1.1 和 1.2 的增大系数。距柱边 $h_0/2$ 处冲切临界截面的最大剪应力 τ_{max} 应按式(6-5)～式(6-7)计算(图 6-64)。板的最小厚度不应小于 500mm。

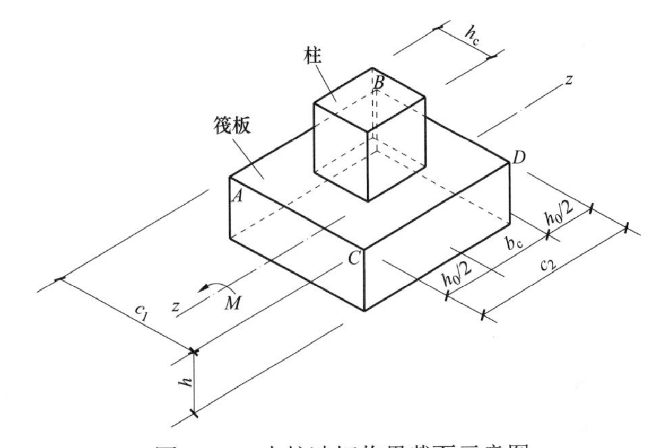

图 6-64　内柱冲切临界截面示意图

$$\tau_{max}=\frac{F_l}{u_m h_0}+\alpha_s\frac{M_{unb}c_{AB}}{I_s} \tag{6-6}$$

$$\tau_{max}\leqslant 0.7(0.4+1.2/\beta_s)\beta_{hp}f_t \tag{6-7}$$

$$\alpha_s=1-\frac{1}{1+\frac{2}{3}\sqrt{\left(c_1/c_2\right)}} \tag{6-8}$$

式中　F_l——相应于荷载效应基本组合时的冲切力，对内柱取轴力设计值减去筏板冲切破坏锥体内的地基反力设计值，对边柱和角柱，取轴力设计值减去筏板冲切临界截面范围内的基底反力设计值，计算地基反力值时应扣除底板及其上填土的自重；

u_m——距柱边缘不小于 $h_0/2$ 处冲切临界截面的最小周长，按本规范附录 P 计算；

h_0——筏板的有效高度；

M_{unb}——作用在冲切临界截面重心上的不平衡弯矩设计值；

c_{AB}——沿弯矩作用方向，冲切临界截面重心至冲切临界截面最大剪应力点的距离，按附录 P 计算；

I_s——冲切临界截面对其重心的极惯性矩，按本规范附录 P 计算；

β_s——柱截面长边与短边的比值，当 $\beta_s<2$ 时，β_s 取 2，当 $\beta_s>4$ 时，β_s 取 4；

β_{hp}——受冲切承载力截面高度影响系数：当 $h\leqslant 800$mm 时，取 $\beta_{hp}=1.0$；当 $h\geqslant 2000$mm 时，取 $\beta_{hp}=0.9$，其间按线性内插法取值；

f_t——混凝土轴心抗拉强度设计值；

c_1——与弯矩作用方向一致的冲切临界截面的边长，按本规范附录 P 计算；

c_2——垂直于 c_1 的冲切临界截面的边长，按本规范附录 P 计算；

α_s——不平衡弯矩通过冲切临界截面上的偏心剪力来传递的分配系数。

2）当柱荷载较大，等厚度筏板的受冲切承载力不能满足要求时，可在筏板上面增设柱墩或在筏板下局部增加板厚或采用抗冲切钢筋等措施满足受冲切承载力要求。

特别注意：以上平板筏板基础冲切计算，仅是指非地震工况，对有抗震设防要求的平板式筏基，还应验算地震作用组合的临界截面的最大剪应力 τ_{Emax}，此时式（6–5）、式（6–6）应改写为

$$\tau_{Emax}=V_{sE}/A_s+\alpha_s(M_E/I_s)c_{AB}$$

$$\tau_{Emax}\leqslant\frac{0.7}{\gamma_{RE}}(0.4+1.2/\beta_s)\beta_{hp}f_t$$

式中 V_{sE}——作用的地震组合的集中反力设计值（kN）；

M_E——作用的地震组合的冲切临界截面重心上的不平衡弯矩设计值（kN・m）；

A_s——距柱边 $h_0/2$ 处的冲切临界截面的筏板有效面积（m^2）。

（6）《北京地规》8.1.14 条：柱下条形基础和筏板基础可不考虑抗震构造。理由是：柱下条形基础和筏板基础构件的截面较大，其刚度常远远大于其所支承的竖向构件，大震时塑性铰产生于柱子根部。因此，柱下条形基础和筏板基础不需要考虑抗震构造措施要求。其钢筋的搭接、锚固和箍筋弯钩等，皆可按非抗震做法。

1）地基土在有限次循环动力作用下的动强度，一般比静强度略高，同时地震作用下的结构可靠度容许比静载下有所降低，因此，在地基抗震验算时，除了按《地规》（GB 50007）的规定进行作用效应组合外，对其承载力也应有所调整。

2）地基抗震验算时，包括天然地基和桩基，其地震作用效应组合应采用标准组合，即重力荷载代表值和地震作用效应的分项系数均取 1.0。

3）地基的抗震承载力，按《地规》采用承载力特征值表示，应对静力设计的承载力特征值加以修正，乘以天然地基和桩基的抗震承载力特征值调整系数。《抗规》4.2.3 条给出天然地基抗震承载力特征值的调整系数，静力设计的特征值越大，调整系数越大，但不超过 1.5；4.4.2 条给出非液化土中桩基的抗震承载力特征值的调整：竖向和横向均提高 25%；4.4.3 条给出液化土中桩周摩阻力和水平抗力的折减，依据实际标准贯入锤击数与液化临界标准贯入锤击数的比值，取 1/3～2/3 的折减系数。

4）抗震承载力是在静力设计的承载力特征值基础上进行调整，而静力设计的承载力特征值应按《地规》做基础深度和宽度的修正。因此，不可先做抗震调整后再进行深度和宽度

修正。

5）地基基础的抗震验算一般采用“拟静力法”，即将施加于基础上的地震作用当作静力，然后验算这种条件下的承载力和稳定性。天然地基抗震验算公式与《地规》（GB）相同，平均压力和最大压力的计算均应取标准组合。

6）基础构件的验算，包括天然地基的基础高度、桩基承台、桩身等，仍采用地震作用效应基本组合按《抗规》5.4.2 条规定进行构件的抗震截面验算，基础构件的承载力抗震调整系数 R_{E} 应根据受力状态的不同参考规范给出的上部结构确定。

6.13　抗震设计时，框架角柱的计算应注意哪些问题

《抗规》6.2.6 条：一、二、三、四级框架的角柱，经过本规范 6.2.2，6.2.3，6.2.5，6.2.6 条调整后的组合弯矩设计值，剪力设计值还应乘以不小于 1.10 的增大系数。

《高规》6.2.4 条：抗震设计时，框架角柱应按双向偏心受力构件进行正截面承载力设计，一、二、三、四级框架角柱经本规程 6.2.1～6.2.3 条调整后的弯矩、剪力设计值应乘以不小于 1.10 的增大系数。

【知识点拓展】

（1）抗震设计的框架，考虑到角柱承受双向地震作用，扭转效应对内力影响较大，且角柱受力复杂，在设计中应予以适当加强。原规范中仅要求对框架结构中的角柱进行调整，本次规范扩大到所有框架角柱。

（2）以上规范均指的是框架角柱，并非只有框架结构的角柱才需要调整，其他结构形式的角柱均需要按此原则调整。

（3）那么如何认定这些角柱？

作者建议可以这样认定：首先位于建筑的角部，且与柱正角的两个方向各只有一根框架梁与之相连接的柱，因此位于建筑平面凸角处的框架柱一般均为角柱，而位于建筑平面凹角处的框架柱，若柱的四边有不少于三根梁与之相连，则可不认定为角柱，如图 6–65 所示。

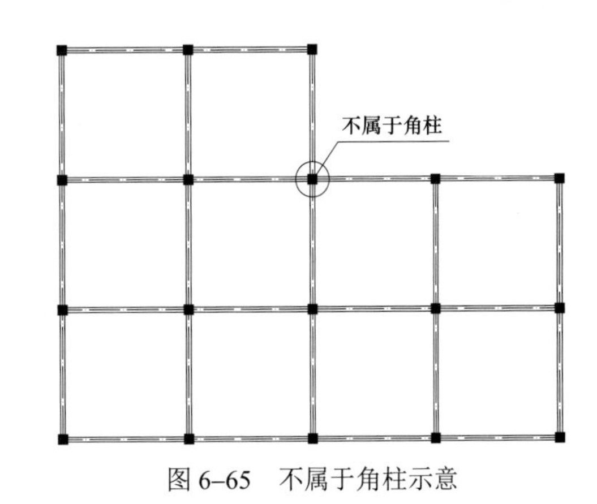

图 6–65　不属于角柱示意

（4）柱单偏压计算与柱双偏压计算该如何合理选择？

1）单偏压计算方法。柱按单偏压计算是传统的柱配筋计算方法，在某一组荷载作用下，计算 X 向配筋面积时只考虑 X 向的弯矩值，而 Y 向的弯矩对其影响不考虑。同理，计算 Y 向配筋面积与计算 X 向配筋面积的方法相同。当在多种组合荷载工况作用下，计算某一方向的配筋面积时均取该方向上的最不利荷载组合。由于两个方向上的最不利荷载组合同时出现的可能性较小，所以这种方法所得到的计算结果通常具有一定的安全储备。一般均可通过双偏压验算。

目前，SATWE 软件单偏压计算时框架柱的角筋由以下原则确定：

A 按柱截面尺寸 h 确定角筋面积（A_{sc}）具体如下：

$h \leqslant 410$mm 时	$A_{sc}=153\text{mm}^2$（直径 14mm）
410mm$<h\leqslant$560mm 时	$A_{sc}=201\text{mm}^2$（直径 16mm）
560mm$<h\leqslant$710mm 时	$A_{sc}=254\text{mm}^2$（直径 18mm）
710mm$<h\leqslant$860mm 时	$A_{sc}=314\text{mm}^2$（直径 20mm）
860mm$<h\leqslant$1010mm 时	$A_{sc}=380\text{mm}^2$（直径 22mm）
$h>1010$mm 时	$A_{sc}=490\text{mm}^2$（直径 25mm）

根据以上截面尺寸确定的角筋面积还应满足 $A_{sc}\leqslant 0.1\%bh$。

2）双偏压计算方法。与单偏压计算方法不同，当采用双偏压计算时，在某一种组合荷载作用下，计算某一方向的配筋面积时同时考虑另一方向的内力值。因此，这种方法应该说比较符合工程实际情况，因为从理论上讲，所有柱的受力状态都是双偏压，单偏压计算仅是双偏压计算的一个特例。

由于双偏压计算考虑同一内力组合中双向弯矩和轴力共同作用和截面全部钢筋对承载力的贡献，因此，在一般情况下，理论上讲双偏压计算结果不仅安全可靠，而且经济性更加合理。但是由于按照双偏压计算构件配筋时，钢筋是事先按照某种特定方式布置，没有考虑钢筋的优化布置问题，使钢筋量减少，也就是说双偏压计算的结果不是唯一解，而是多解。

3）目前的 SATWE 软件提供 2 种方式计算双偏压计算。

方法一：直接在“设计信息里”选择按双偏压计算，如图 6–66 所示。

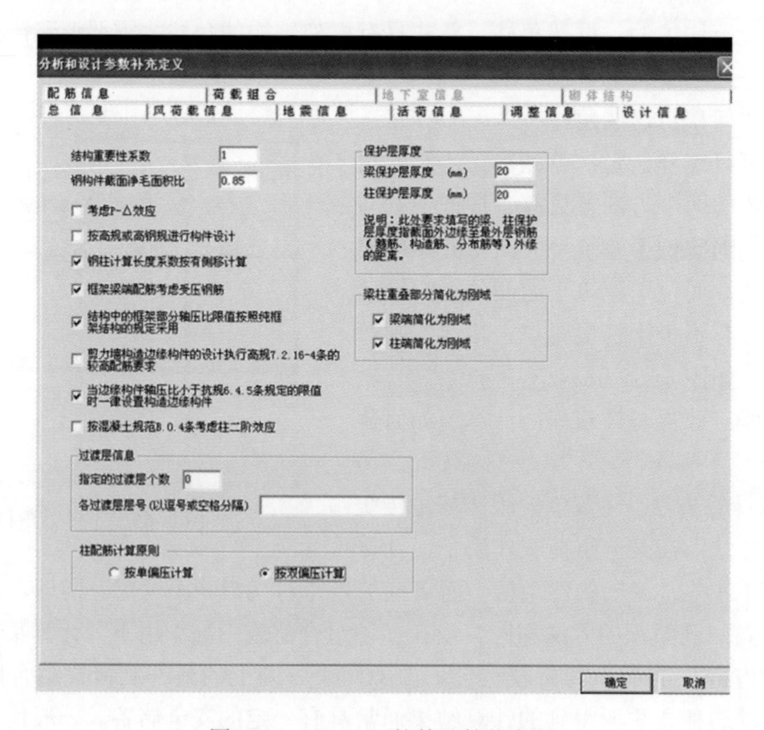

图 6–66 SATWE 软件计算信息图

这样定义之后，程序就对所有柱按双偏压进行配筋计算。

方法一是这样计算的：先按单偏压柱角筋确定方式指定初始角筋直径；根据截面尺寸和柱纵筋最大间距布置侧面钢筋，然后针对柱所有组合内力进行承载力验算，若某一工况不满足承载力要求，就分别增加角筋和非角筋的面积直到单根钢筋面积达到最大直径（此时钢筋根数并未发生变化），这样直到验算完所有的工况。如果某一工况仍不满足（角筋面积已达最大直径），则分别调整两侧非角筋的直径和根数，重新验算直到满足承载力要求。

由上述过程及双偏压计算方法和计算结果的多解性的特点可知，此过程在某些情况下的角筋直径较大。同时，由于种种原因在施工图中可能会限制钢筋的最大直径，需要采用并筋才能满足角筋的面积。

方法二：如果选择柱整体按单偏压计算，但在“特殊构件定义”里对角柱的定义，则实际配筋时程序对非角柱均按单偏压计算，而对角柱强制按双偏压计算。

4）无论采用方法一还是方法二，对于某些情况下，双向计算的角筋或总的钢筋异常大时，可按以下方法进行进一步校核。

首先，按单偏压计算所有的柱子，并在“特殊构件定义”里定义角柱（目的是为了执行《规范》6.2.6，规范对角柱的组合弯矩、剪力设计值再乘 1.10 的增大系数）

然后，在 SATWE 的主菜单中进入“墙柱施工图绘制”选择“柱平法施工图”按双偏压验算所有柱的配筋结果，当然也可仅验算角柱，若满足就可以按此结果进行柱配筋；若不满足，则需要手动调整实际配筋并再次按双偏压计算方法验算调整后的配筋结果，如图 6–67 所示。

图 6–67　SATWE 墙梁柱施工图信息

【工程案例】

2014 年作者公司设计的某 8 度区框架结构的角柱（500mm×700mm），平面配置如图 6–68 所示，图 6–69 为全楼按双偏压计算），并对此柱定义为角柱（强制按双偏压设计）的配筋结果文件。可见角筋面积较大，需Φ32 的角筋，而两侧非角筋实际并不大。

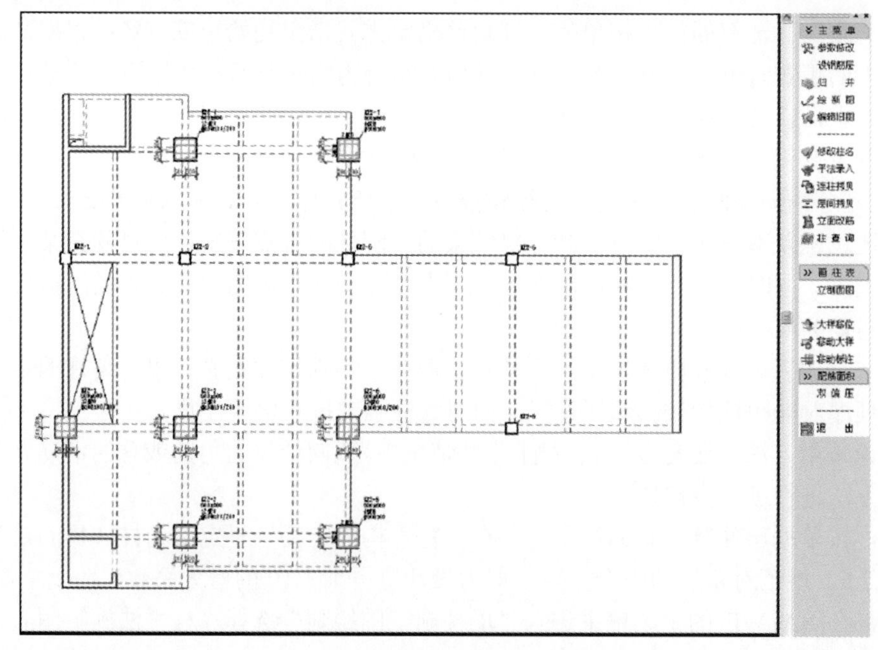

图 6–68　标准层柱配筋示意图

如果全楼按单偏压计算，但在特殊构件定义中定义角柱，而在墙柱平法施工图里，按双偏压验算此配筋结果。图 6–69 角柱配筋结果显示如图 6–70 所示，满足要求，则角筋只需Φ25即可。

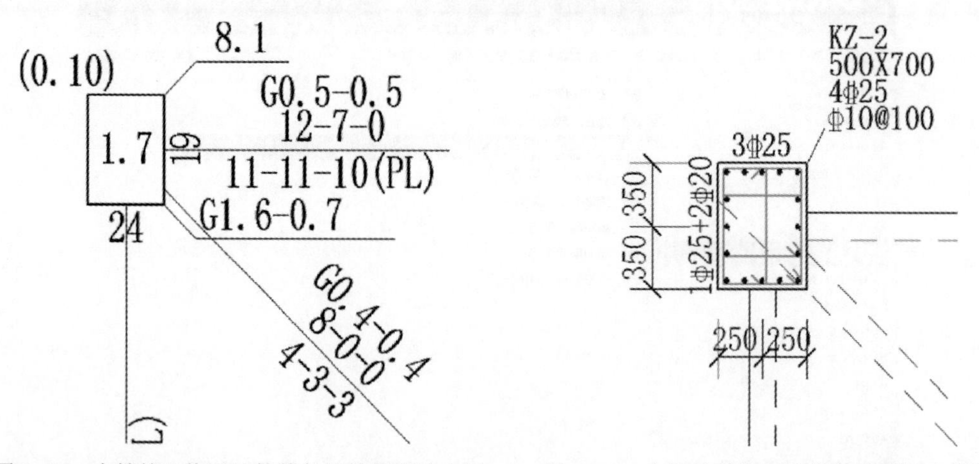

图 6–69　全楼按双偏压计算某角柱的配筋放大图　　　图 6–70　全楼按单偏压计算角柱配筋大样图

以下是验算结果文件：

柱名：KZ–2，SATWE 序号：23　PM 序号：2　坐标（–30 160.8，–4345.0）

截面数据：矩形，501.0×700.0

实配钢筋：角筋：4Φ25，短边：3Φ25，长边：1Φ25+2Φ20

全截面实配筋面积：7147mm^2

双偏压验算通过！

小结：通过以上工程案例，意在提醒设计人员，当框架柱按双偏压计算时，如果配筋总面积或角筋面积异常，需要进行分析确认，切莫不理不睬，按计算结构配置不合理的纵筋。

6.14　抗震设计时，如果剪力墙或框架柱出现拉力如何处理的问题

《抗规》6.2.7 –2 条：部分框支抗震墙结构的落地抗震墙，墙肢不应出现小偏心受拉。

《抗规》6.2.11–2 条及《上海抗规》6.2.14–3 条：部分框支抗震墙结构的落地抗震墙，墙肢出现大偏心受拉时，宜在墙肢的底部截面处另设计交叉防滑斜筋，防滑斜筋承担的地震剪力可按墙肢底截面处剪力设计值的 30%采用。

《高规》10.2.18 条及《上海抗规》6.2.13 条：部分框支抗震墙结构的落地抗震墙肢不宜出现偏心受拉（注意没有区分大、小偏拉）。

《抗规》6.2.7 –3 条及《高规》7.2.4 条：双肢抗震墙中，墙肢不宜出现小偏心受拉；当任一墙肢为偏心受拉时，另一墙肢的剪力设计值、弯矩设计值应乘以增大系数 1.25。

《抗规》6.3.8–4 条及《高规》6.4.4–条 5：边柱、角柱及抗震墙端柱考虑地震组合产生小偏心受拉时，柱内纵向钢筋总截面面积应比计算增加 25%。

【知识点拓展】

（1）规范为何要限制柱、墙出现小偏心受拉？

1）当抗震墙的墙肢在多遇地震下出现小偏心受拉时，在设防烈度、罕遇地震下的抗震能力可能大大丧失；而且，即使多遇地震下为偏压的墙肢而设防地震下转为偏拉，则其抗震能力有实质性的改变，也需要采取相应的加强措施。

2）对于双肢墙的某个墙肢为偏心受拉时，一旦出现全截面受拉开裂，则其刚度退化严重，大部分地震作用将转移到受压墙肢，因此，受压墙肢需要适当增大弯矩和剪力设计值以提高承载能力。考虑地震是往复作用，实际上双肢墙的两个肢，都要按增大后的内力配筋。无论双肢墙出现小偏心受拉还是大偏心受拉，另一墙肢均需要对其弯矩和剪力设计值乘以 1.25 放大系数。

3）当框架柱在地震作用组合下处于小偏心受拉状态时，为了避免柱的受拉纵筋屈服后再受压，由于“包兴格效应”导致纵筋压屈，所以需要对其进行加强处理。

（2）对于部分框支抗震墙《抗规》与《高规》规定不一致，《高规》要求比《抗规》松。《广东高规》没有这个要求。

（3）《规范》对于柱、墙均没有要求限制大偏心受拉问题，这是为什么？

作者的理解是：由于小偏拉可能是全截面受拉，结构的刚度退化严重；而大偏拉受拉不是全截面受拉，依然有部分受压区存在，结构构件刚度退化比较轻，如图 6–71 所示。

（4）对于多遇地震作用下出现拉力的柱、墙，作者建议需要采用以下技术措施。

1）应控制构件截面出现的拉应力小于混凝土抗拉强度的设计值。

2）对于柱、剪力墙端柱可以出现大偏心受拉情况，而且无须对柱配筋进行增大，直接按偏心受拉计算即可。

3）对于柱、剪力墙端柱当出现小偏心受拉情况时，柱、剪力墙端柱纵筋总面积应比计算面积增加 25%，且满足最小配筋率要求。

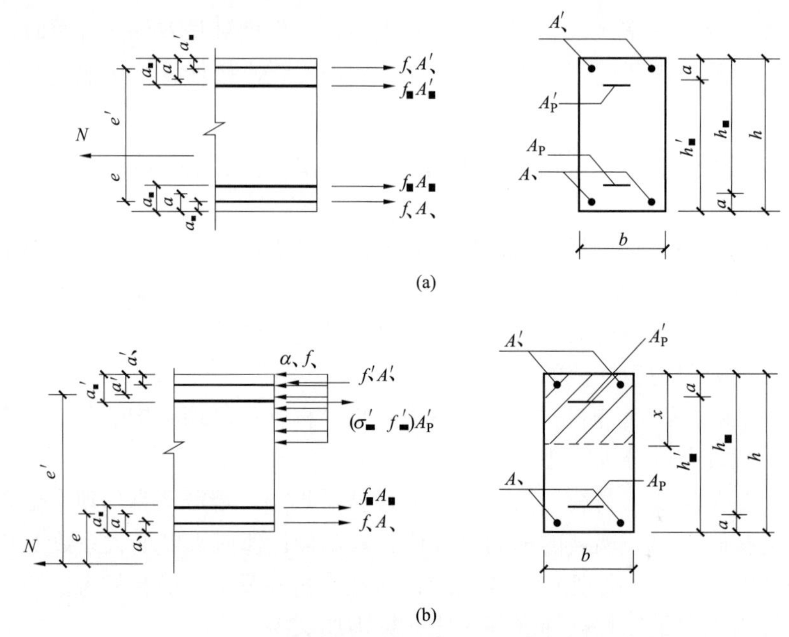

图 6–71 矩形截面偏心受拉构件正截面受拉承载力计算

（a）小偏心受拉构件；（b）大偏心受拉构件

4）对于双肢剪力墙，无论出现大、小偏拉均应将墙肢的剪力设计值、弯矩设计值乘以增大系数 1.25 进行设计。

5）对于部分框支抗震墙结构的落地抗震墙肢，无论出现大、小偏心受拉均应将墙肢的剪力、弯矩设计值乘以增大系数 1.25 进行配筋设计，而且宜在墙肢的底部截面处另设计交叉防滑斜筋，防滑斜筋承担的地震剪力可按墙肢底截面处剪力设计值的 30%采用。

6）对于其他墙肢按偏心受拉构件直接计算即可。

7）请注意 SATWE（2010V2.2）版已经能够在计算图形文件中标识出柱、梁、墙出现拉力的工况（此前的所有版本均无法识别）。SATWE 解释如下：

SATWE 图形文件里出现 PL 标识就是表示这个构件（墙、柱、梁）出现偏拉。对柱，《高规》6.4.4–5 款，对边柱、角柱及剪力墙端柱考虑地震组合产生小偏心受拉时，柱内纵筋总截面面积比计算值增加 25%，这点（2010V2.1，2.2）程序自动执行。对于梁，程序自动按拉弯构件进行计算；对于墙，程序把所有剪力墙默认为单肢墙，而《高规》7.2.4 条规定，抗震设计的双肢剪力墙中，墙肢不宜出现小偏心受拉；当任一墙肢出现大偏心受拉时，另一墙的弯矩设计值和剪力设计值应乘以增大系数 1.25（V2.1 时没有执行），V2.2 版已经执行这一规定，但由于软件无法做到对双肢墙的自动识别，因此需要设计对双肢墙在“设计模型补充定义”中补充指定双肢墙。

6.15 关于多塔或单塔结构综合质心如何合理确定问题

《高规》10.6.3–1 条：各塔楼的层数、平面和刚度宜接近；塔楼对底盘宜对称布置；上部塔楼结构的综合质心与底盘结构质心的距离不宜大于底盘相应边长的 20%。

提醒大家特别注意:“这条尽管不是强条,但对于高层建筑超过这一条就必须进行超限审查。”

本次规范修订明确了上部塔楼结构的综合质心，但并没有明确底盘的质心是指哪里。所以工程界有各种不同的理解，主要有以下几种理解。

理解方法一：有人认为不管地上裙房多少层、各层如何布置就看 0.00 层的质心。

理解方法二：有人认为不管地上裙房多少层、各层如何布置就看塔楼与裙房顶层质心。

理解方法三：也是作者的理解方法，认为应该是与地上裙房各层的综合质心之比；本观点曾在某工程的全国超限审查时，得到超限专家们一致认可。

【工程案例 1】

作者 2010 年主持设计的天津某工程，主楼地上 11 层，4 层以上为办公用房，裙房地上三层，主楼地上三层及裙房组成底商，布置如图 6–72 所示。

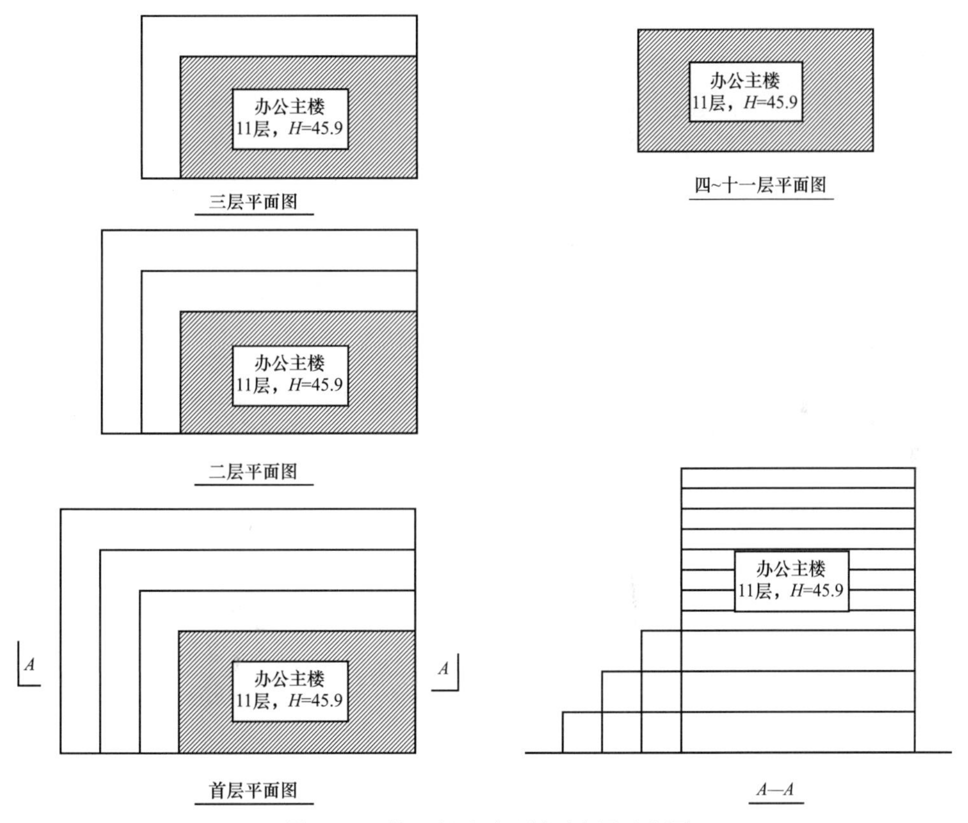

图 6–72　某工程平面及剖面布置示意图

当时设计师就是按方法二界定的上部塔楼质心与裙房顶（地上三层）质心之比来判定质心偏心距，判定结果没有超过相应边长的 20%，不属于超限工程。但在施工图审查时，审图单位认为应按方法一界定，判定结果超过相应边长的 20%，属于超限高层建筑，要求进行超限审查。

为此，设计院提出两种处理方案供业主选择：方案一，主楼与裙房之间设置抗震缝；方案二，委托超限审查；经过业主、设计综合考虑，决定采用方案一处理。

【工程案例 2】

作者 2011 年主持设计的宁夏万豪大厦工程，地上 50 层，地下 3 层，地上裙房 4 层，但地上裙房是逐渐收进体型，如图 6–73 所示。本工程为超限高层建筑，经过全国超限审查的工程。表 6–8 即为超限审查时，按照超限审查意见进行的主楼与大底盘质心计算过程及结论。

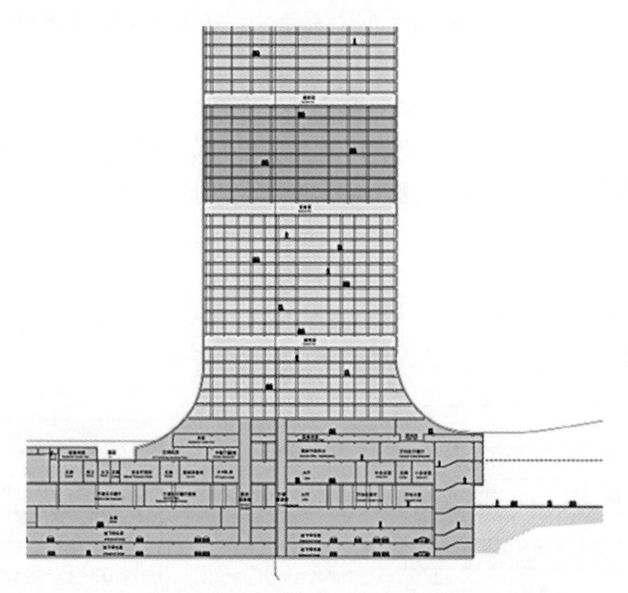

图 6–73 工程剖面示意图

表 6–8 单塔大底盘质心偏心距计算（SATWE 程序）

楼层号（计算模型号）	质心坐标/m		层质量	楼层等效宽度/m		上层与下层质心偏心距	
	X_m	Y_m		X 向	Y 向	X 向	Y 向
地上 1 层（1）	119.020	42.934	11 468	92.65	68.6		
地上 2 层（2）	121.009	49.254	15 170	92.65	68.6	1.9%	6.6%
地上 3 层（3）	125.699	46.738	12 830	85.61	68.31	4.8%	3.5%
地上 4 层（4）	123.032	41.716	10 043	89.69	52.03	2.8%	6.8%
裙房综合质心	122.030	45.08	49 511	90.15（平均）	64.38（平均）	1%	6.9%
主楼质心	125.29	28.11				3.6%	26.3%
	上部塔楼结构综合质心偏心与底盘结构质心的距离之比大于《高规》（JGJ 3—2010）第 10.6.3–1 限值要求：不宜大于底盘相应边长的 20%。属超限建筑						

6.16 对于部分采用异形柱，部分采用普通框架柱的框架结构，其适用高度、抗震等级如何选取

异形柱的抗震性能较矩形柱差，当采用部分矩形柱部异形柱作为承重框架结构体系时，不妨认为：在地震作用下，框架矩形柱与异形柱地震效应和剪力墙与短肢剪力墙性质相同，因此，如结构体系中异形柱的截面面积占柱的总面积 50%以下时，结构体系的抗震等级按框架结构体系决定抗震等级，其适用高度按框架结构体系决定，异形柱的抗震措施提高一度构造设防。若异形柱截面面积占总柱子面积 50%以上（含 50%），则结构体系适用高度及抗震等级按《钢筋混凝土异形柱设计规程》（JGJ 149—2006）规定采用。

6.17 关于单跨框架结构如何合理界定？设计时应注意哪些问题

6.17.1 抗震设计中对不宜采用单跨框架结构如何理解

因为单跨框架由两根柱一根梁组成结构承重体系，整体结构没有赘余的空间体系，抗震设防起不到多道设防作用，设防单一，在地震力作用下，有一根柱子破坏，则整体建筑就容易倒塌，尤其在超设防烈度的地震情况下，震害也证实了单跨框架破坏情况；另外，在高层建筑中，其侧向刚度较小，在水平力作用下，为了满足位移要求，常以加大构件截面以满足侧向刚度需求，这样安全性不好，经济性更差。

6.17.2 《规范》对单跨框架是如何规定的

《抗规》6.1.5 条：甲、乙类建筑及高度大于 24m 的丙类建筑，不应采用单跨框架结构；高度不大于 24m 的丙类建筑不宜采用单跨框架结构。

《高规》6.1.2 条：抗震设计的框架不应采用单跨结构。

《广东高规》规定：抗震设计的框架不宜采用单跨框架。

6.17.3 如何合理界定单跨框架结构

规范条文作这样界定：单跨框架是指整栋楼建筑全部或绝大部分采用单跨框架的结构，不包括仅局部为框架结构；框架—剪力墙可以采用局部框架；框架结构中某个主轴方向均为单跨，也属于单跨框架结构；《抗规》培训教材：顶层采用单跨框架时需要加强；一、二层的连廊采用单跨框架时，需要注意加强。

如果按照规范条文，很难界定“整个结构中绝大部分采用单跨框架结构”。为此，2009 版《技术措施》2.4.3 条：对于仅一个主轴方向的局部为单跨框架结构，当多跨部分承担 50%的总剪力或倾覆力矩，也可不作为单跨框架对待，《广东高规》也有同样的规定。

6.17.4 单跨框架结构不可避免时如何采取合理的加强措施

（1）对于一、二层的连廊采用单跨框架结构时，应首先合理确定抗震设防类别，然后再依据不同的设防类别采取不同的抗震措施加强处理。

【工程案例 1】

曾经有位审图单位的网友问过作者这样一个工程：某中学学校工程，地处 8 度设防区，其中有二栋教学楼之间设置了 3 层单跨连廊，连廊与两侧主楼设置有抗震缝。图 6–74 为平面布置图，其中两主楼均有各只独立的安全疏散通道，此连廊仅仅是为了日常使用方便的通道。

设计单位是这样设计的：二栋教学楼的抗震设防类别为乙类；连廊的抗震设防类别为丙类。所以连廊采用了单跨框架结构设计，没有采取必要的加强措施。

审图单位认为，此连廊的抗震等级应按乙类考虑，不应采用单跨框架结构，建议设计单位修改方案。设计单位认为没有必要。

于是，审图单位审图人员打电话咨询作者，想听听作者的意见，经过作者分析本工程情况，建筑布置已经非常明确，两栋教学楼都具有各自独立的消费疏散通道，且与连廊之间又

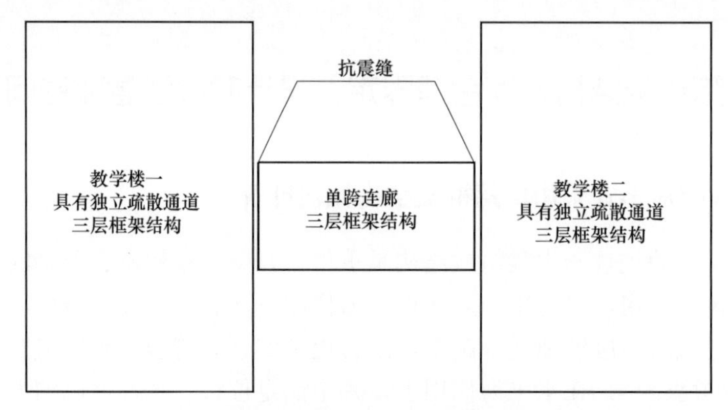

图 6–74 教学楼平面布置示意

设置抗震缝。作者的建议是："此连廊的抗震设防类别定为丙类是合适，但丙类建筑采用单跨框架也需要适当加强。"后经过审图与设计协商，决定将此连廊的抗震等级提高一级。

【工程案例 2】

作者公司 2013 年设计的北京大兴某中学，同样有 2 栋教学楼之间有一 3 层单跨连廊连接，平面布置如图 6–75 所示，设计师问作者是否可以按照【工程案例 1】的方法进行处理？即教学楼设防类别为乙类，连廊设防类别为丙类。作者请设计师去问建筑师"此连廊是否兼有教学楼的安全疏散通道用"。经过与建筑师交流，建筑师明确表示，此通道兼有教学楼安全疏散功能。这样，整个连廊的抗震设防类别就应该按乙类考虑。设计师问作者：《抗规》规定抗震设防类别为甲、乙类建筑，不应采用单跨框架结构，如何处理？作者建议设计师首先结合建筑配置，看是否可以改变结构配置，避免单跨框架结构，经过与建筑师交流，无法避免单跨连廊这个事实。于是作者建议采取以下加强措施后可以采用单跨连廊。具体加强措施如下。

1）单跨连廊按中震（设防烈度）进行设计，控制框架梁、柱抗剪弹性、抗弯中震不屈服设计。

2）小震（多遇地震）弹性设计，抗震构造措施的抗震等级提高一级（按特一级）考虑。

3）同时要求在楼板梁的布置上采取尽量减小单品框架承担竖向荷载的布置方式，如图 6–76 所示。

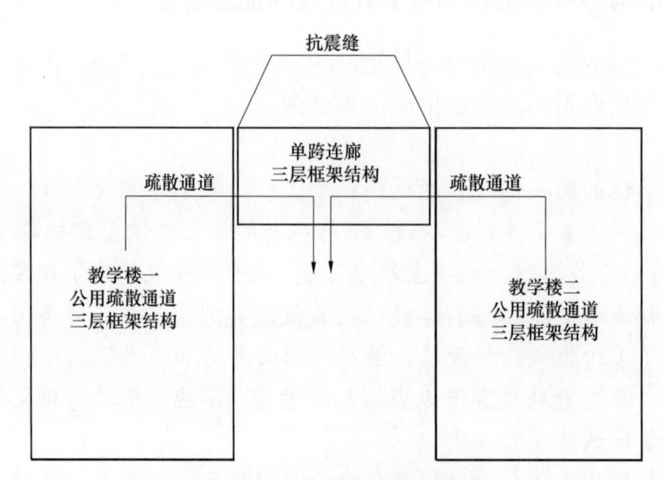

图 6–75 教学楼平面示意图

采取以上加强措施之后，结构的安全性能够得到保证，施工图审查顺利通过，目前工程已经投入使用。

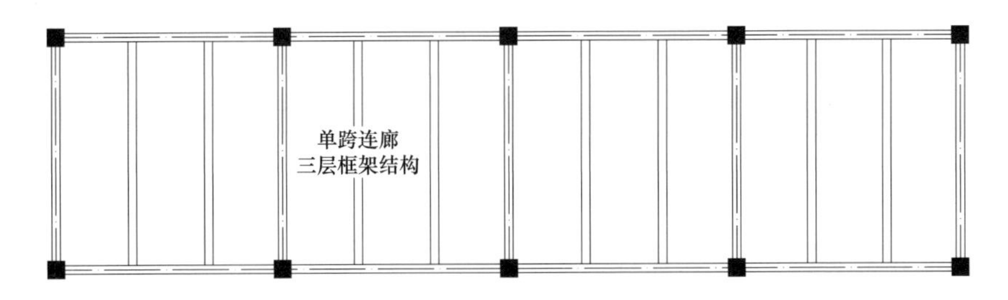

图 6–76　单跨框架连廊次梁布置方案

通过以上两个工程案例，提醒大家遇到类似情况，首先需要分析工程情况，合理确定抗震设防类别，然后针对不同工程情况采取有针对性的加强措施，保证结构的安全性。

作者建议如下：教学楼之间的连廊，不超过 2 层采用单跨框架结构时，应采取加强措施（例如，框架柱按中震弹性或中震不屈服进行设计）；超过 3 层时，原则上不允许采用单跨框架结构。如使用功能确有需要，必须设置 3 层以上的连廊时，可采取以下方法之一进行处理：方法一，当连廊长度不大时，可将连廊与其中的一个教学楼连为整体，含连廊的教学楼按平面复杂建筑的相关要求进行设计，连廊另一端应注意加强（截面加大，配筋加强，设置局部剪力墙、交叉斜撑等），连廊与教学楼的连接部位受力复杂，应加强配筋与构造；方法二，连廊两端的四根角柱外侧各设置一定数量的墙体，将单跨框架结构体系变为框架少墙体系；方法三，如条件限制，只能采用单跨框架结构时，可通过性能设计方法，依据抗震设防烈度大小尽可能地提高设计目标，确保结构在大震状态下的安全性，如作为竖向构件的框架柱按大震弹性或更高的性能目标设计，框架梁按中震弹性或更高的性能目标设计等。

（2）《抗规》培训教材：顶层采用单跨框架时需要加强。例如，框架结构顶层，由于建筑功能要求，采取单跨框架以获得较大的空间，这种情况不属于单跨框架结构。但与单跨框架相关的柱和屋面梁需采取加强措施。如图 6–77 所示，此种情况可以适当加强顶层梁、柱及其相邻下一层柱的抗震措施或抗震构造措施，对重要结构也可采用性能化设计。

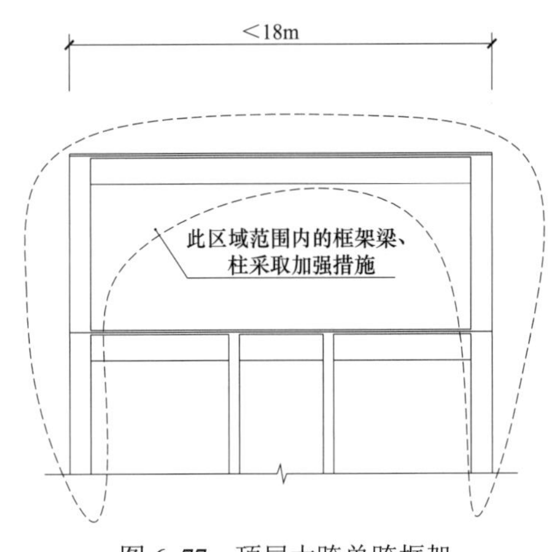

图 6–77　顶层大跨单跨框架

（3）经常有网友问：在工业建筑中，会经常遇到一些乙类和高度大于 24m 的丙类建筑。由于工艺原因不能增加柱子，单跨框架较多，有的地方还采用大跨预应力空心楼盖、预应力大跨双 T 板楼盖等。而规范规定又比较严格。请问工程设计时如何把握？

作者是这样理解的：工业建筑，由于工艺要求，往往很难避免单跨框架结构，而且层高很大，严格按规范条款要求不易实现，也是不现实的，此时可按《抗规》1.0.3 条规定的有特

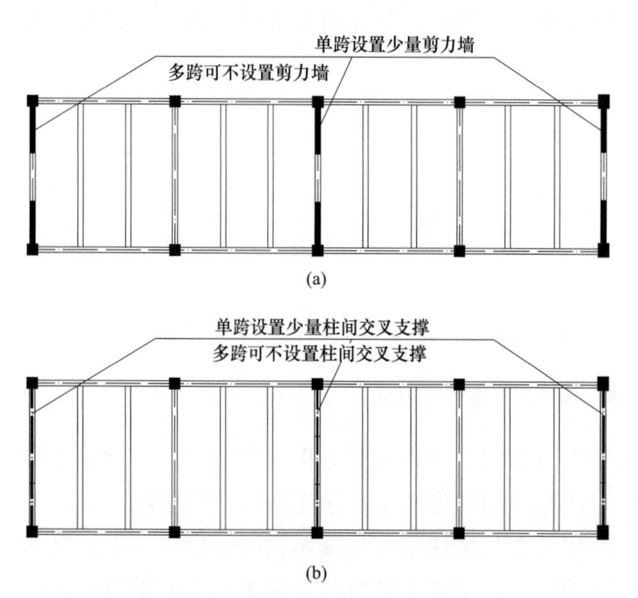

图 6–78 单跨框架处理技术措施

（a）单跨方向局部加少量剪力墙；

（b）单跨方向局部加柱间交叉斜撑

殊要求的工业建筑另行处理。即依据工程具体情况适当采取必要的抗震措施或抗震构造措施，加强预制构件与现浇结构的连接等技术措施。但作者建议如下：在高烈度区还是应优先采用现浇钢筋混凝土楼盖，在低烈度或非地震区可采用预制楼盖但注意加强连接。

（4） 对于单跨框架结构，均可采取以下加强措施进行加强处理。

1）在单跨方向设置少量的剪力墙、交叉柱间斜撑等，如图 6–78 所示。

2）在楼面梁布置方式上，尽可能使重力荷载向多榀框架方向传递，如图 6–78 所示。

3）进行抗震性能化设计。达到设防地震作用下性能水准 2 的要求。

【知识点拓展】

（1）注意构件与体系的区别，规范要求的对象是单跨框架结构，属于体系范畴。当框架结构中某个主轴方向均为单跨框架（构件）时，即属于单跨框架结构体系。当某个主轴方向存在局部单跨框架（构件）时，可不作为单跨框架结构（体系）对待，但应对单跨框架（构件 ）的数量有所限制，一般可按单跨框架的榀数不超过总框架榀数的 30%进行控制。

（2）框架—抗震墙结构中的框架可以是单跨的，但范围较大的单跨框架且相邻两侧抗震墙间距较大时，对抗震不利，也应注意加强。

（3）框架结构顶层由于建筑功能要求，采取单跨框架以获得较大的空间，这种情况，该结构不属于单跨框架结构。但与单跨框架相关的柱和屋面梁需采取加强措施。

6.18 在地下室顶板或裙房顶板上，局部单独设有两层及两层以上框架房屋，其框架柱支承在地下室顶板或裙房顶板的梁上。那么，这些梁是否设计为转换梁

根据《高规》主编对若干问题讨论，习惯上，框支梁一般指部分框支剪力墙结构中支承上部不落地剪力墙的梁，是有了“框支剪力墙结构”，才有了框支梁。《高规》10.2.1 条所说的转换构件中，包括转换梁，转换梁具有更确切的含义，包含了上部托柱和托墙的梁，因此，传统意义上的框支梁仅是转换梁中的一种。

《高规》10.2.9 条中提到的“梁上托柱”的技术规定，只是关于托柱梁的两个个别规定，“梁上托柱”的梁和传统的“框支梁”有不同要求。实际上，从《高规》第 10.2 节的全部内容看，已经明显区分了这两种梁所构成的转换层结构的不同要求，如 10.2.2 条关于转换层设置

位置的要求、10.2.5 条关于提高抗震等级的要求、10.2.8 条第 2 款关于纵向钢筋和腰筋的要求、10.2.9 条第 2 款和第 4 款的要求等。

托柱的梁一般受力比较大，有时受力上成为空腹桁架的下弦，设计中应特别注意。因此，采用框支梁的某些构造要求是必要的，这在《高规》第 10.2 节已有反映。针对本条问题，应视具体情况（跨度、荷载、位置）区别对待。如高层结构，底部转换，要承载的构件较多、承载较大，当竖向构件大部分或全部不连续时（即大部分或全部框架柱均支承在下部梁上），此时应按框支转换梁设计；当大部分柱可直接连续，仅局部转换（局部较少的柱支撑在下部梁上），且上部层数较少，单柱荷载较小时，可按普通梁设计。

【知识点拓展】

无论哪种情况，对于托柱转换均需要按图 6–79 采取加强措施。

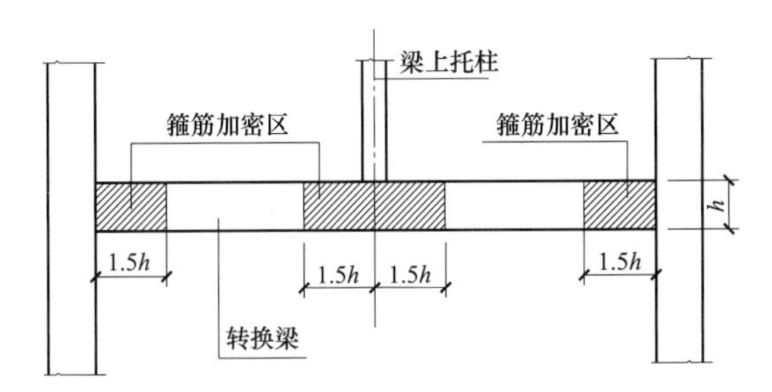

图 6–79 托柱转换、转换梁箍筋加密区示意

6.19 转换次梁不可避免时如何加强

（1）结构转换层的设计不宜采用转换主、次梁方案。但实际工程中很难避免这种情况，必须采用时，应按《高规》10.2.9 条进行应力分析，《高规》10.2.7 条为强制性条文，它本身未区分主、次梁，故次梁转换也应执行这条。

（2）对于转换次梁支座面筋过大而对转换主梁造成影响问题：转换次梁按《高规》10.2.7 条的最小配筋率配置面筋。转换主梁若不能承受此扭矩时，可采取在其平面外增设次梁以平衡平面外弯矩等措施。

（3）转换次梁除了满足一般转换梁的构造要求外，还要特别注意两端支承主梁的挠度差异引起的附加内力。这个问题作者建议在转换梁建模时，均应按主梁建模。

（4）对于不落地构件通过次梁转换的问题，应慎重对待。少量的次梁转换，设计时对不落地构件（混凝土墙、柱等）的地震作用如何通过次梁传递到主梁又传递到落地竖向构件要有明确的计算，并采取相应的加强措施，方可视为有明确的计算简图和合理的传递途径。

6.20 复杂连体结构空中连廊结构形式及其连接方式如何把握

空中连廊的出现和发展，主要是基于使用功能上的需要，如连接各楼或作为空中观光、休闲；其次是建筑形体的需要。下面对空中连廊的结构形式及其连接方式进行分析说明。

（1）连廊自成结构单元。当连廊所处位置不高（一般不超过 24m），场地条件允许自身设立柱子等竖向支承结构时，可自成一个单元结构，两端设缝与主体结构脱开。此种处理最简单，对主体结构也没有影响，是常见的一种方式。

（2）连廊与主体结构相连。当连廊所处位置较高或场地条件不允许自身设立柱子等竖向支承构件，连廊结构将与主体结构发生关系。根据被连接的两侧主体结构的特性、连廊的跨度及所处的高度位置，可采用不同的结构形式和连接方式，归纳为以下几种。

1）与主体悬挑式连接。悬挑式根据出挑长度可分为单侧悬挑和双侧悬挑（图 6–80）。出挑结构根据出挑长度可为梁、直腹杆或斜腹杆桁架。

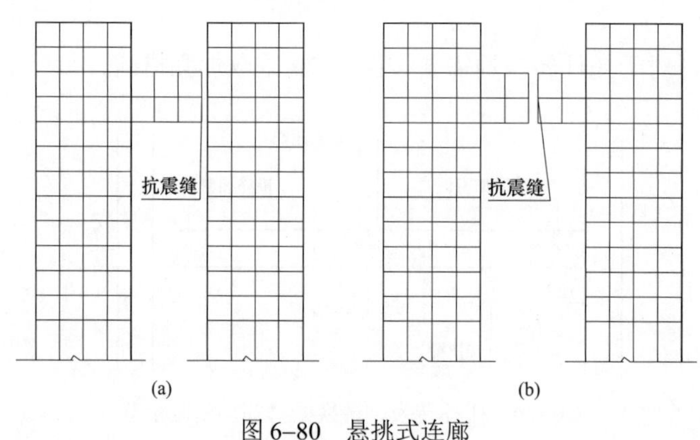

图 6–80　悬挑式连廊

（a）单侧悬挑；（b）双侧悬挑

此种方式，两个主体结构之间不存在相互影响，可以独立进行分析。悬挑端与主体结构（单侧悬挑）或两个悬挑端（双侧悬挑）之间的缝宽应该满足在罕遇地震作用下的位移要求；悬挑部分应考虑竖向地震的影响，悬挑部分与主体结构的连接宜参照《高规》中的连体结构连接体的规定进行设计。

2）连廊与主体两端刚性连接。当被连接的两侧主体结构有相同或相近的体型、平面和刚度，相互之间是对称布置（图 6–81）且连廊部分楼板有一定宽度能协调两侧主体结构的变形时，可采用两端刚性连接的方式，其设计应按照《高规》对连体结构的规定进行设计。

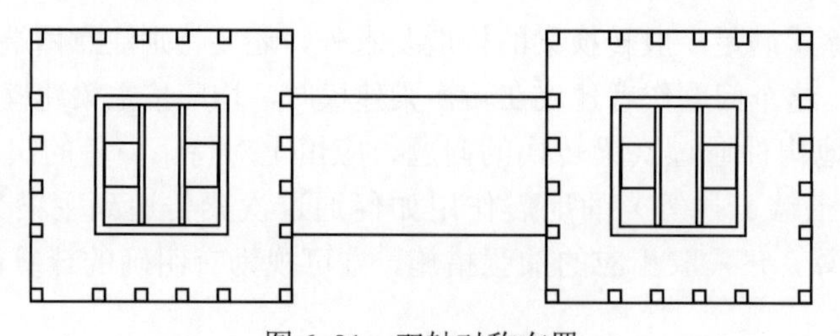

图 6–81　双轴对称布置

【工程案例 1】

如图 6–82 所示，作者公司 2004 年设计的北京 UHN 国际村，大跨高位连体结构。

当被连接的两侧主体结构虽有相同或相近的体型、平面和刚度，但相互之间不是双轴对称布置（图 6–83），如两端采用刚性连接方式，将引起较大的扭转效应，对主体结构及连廊均不利，此时宜采用弱连接的方式。

图 6–82　刚性连接体示意

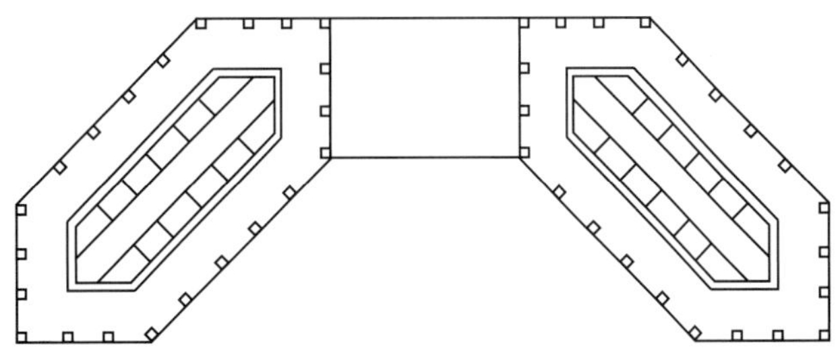

图 6–83　非双轴对称布置

【工程案例 2】

如图 6–84 所示，北京某工程，两侧结构完全一样，但由于相互之间不是双轴对称结果，结构设计时连接体就采用弱连接设计。

图 6–84　弱连接工程示意

当然实际工程中经常也会遇到，尽管两侧建筑振动特性差异很大，结构平面也非双轴对称，但由于种种原因，必须采用刚性连接的方案的工程也不少见。

如作者 2012 年主持设计的青岛胶南世茂国际中心，就是采用高位大跨弧形刚性连接体设计方案（图 6–85 和图 6–86）。

图 6–85　立面效果图

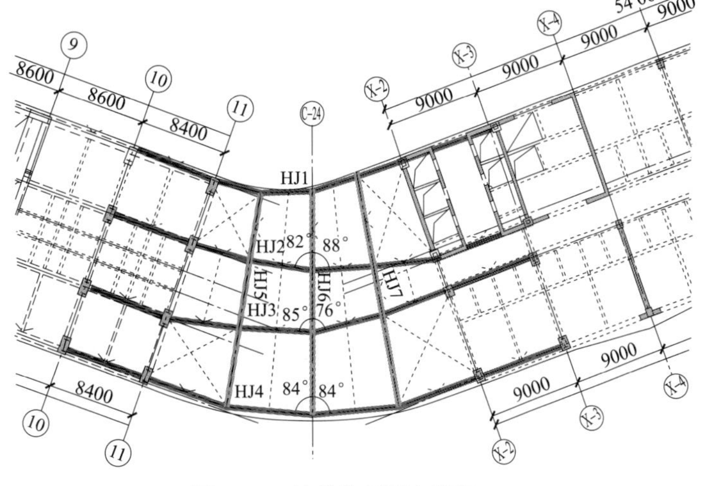

图 6–86　连接体平面布置图

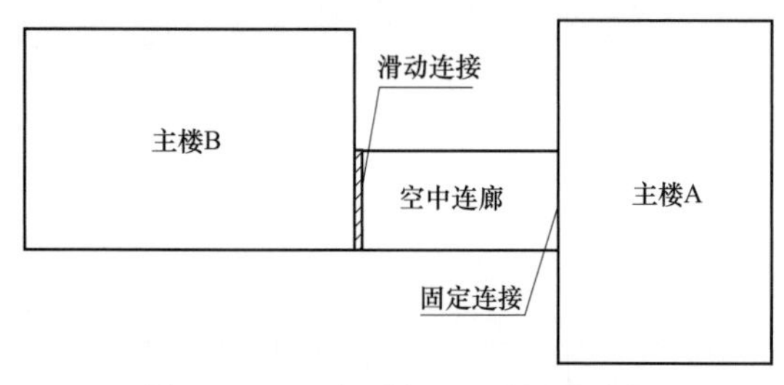

图 6–87 一端刚接、一端滑动连接

3）与主体一端刚接，一端滑动连接。当被连接的两侧主体在体型、平面和刚度相差较大(图 6–87)，或虽有相同或相近的体型、平面和刚度，但相互之间不是对称轴布置，且连廊跨度不大、位置处于低位时，可采用一端固定、一端滑动的连接方式。

【工程案例 3】

某工程如图 6–88 所示，尽管采用这种一端刚接、一端滑动的连接方式，但由于预留的滑动量不足，依然引起连廊破坏。

图 6–88 一端刚接、一端滑动连接

此种连接方式，两侧主体结构相互影响较小，可独立建模分析。滑动端一侧的主体结构，仅承受连廊部分的竖向荷载；而刚接端一侧的主体结构，除承受连廊竖向荷载外，还能承受连廊的全部水平地震作用和风荷载。所以刚接端一般宜设在抗扭刚度较大的一侧。在水平地震作用和风荷载作用下，连廊楼层盖是一根悬臂空间桁架的模型，刚接端与主体结构的连接宜按高规中的连体结构连接的规定进行设计。滑动端的支座滑移量应满足两个方向相反振动，在罕遇地震作用下的位移要求，由于仅有一侧滑动，支座滑移量相对较大。作者建议这种情况的连接还需要考虑防连续倒塌设计。

4）与主体结构两端均为滑动连接。当连廊跨度较大时，采用一端刚接、一端滑动连接方式，连廊平面外受力较大，且对刚接端一侧主体结构有一个较大的扭矩，不尽合理，此时也可采用两端均为滑动连接。

图 6–89 两端均滑动连接

此种连接方式，与一端刚接、一端滑动连接方式一样，两侧主体结构之间相互影响较小，可独立建模分析。一般希望在风荷载作用下，连廊与主体结构间不产生滑动，此时可采用拴钉等初始限位，当限位力超过风荷载作用时，限位被克服，即可自由滑动；在地震作用下，两侧主体结构间发生碰撞造成破坏，应在连廊与两侧主体结构间设置可靠的限位装置和采取减轻碰撞的措施。

【工程案例 4】

阿联酋·迪拜阿联酋金融大厦：由两座高 27 层的椭圆形大楼组成，包括两幢超 A 级写字楼、豪华公寓、DIFC Mall 购物中心，就是一个非常典型的两端均采用滑动支座的连廊设计，如图 6–89 所示。

5）与主体结构两端滑动加阻尼器连接。如果连廊跨度较大，所处位置较高，仅采用两端均为滑动连接时位移量较大，不容易控制，此时可考虑采用滑动支座加阻尼器的连接方式。

此种连接方式需考虑连廊、滑动支座、阻尼器及两侧主体结构的共同作用，按连体模型进行分析。分析软件应能考虑阻尼器的非线性行为；此时，应合理选取滑动支座的摩擦系数或侧向刚度，配合阻尼器参数合理选取，以期达到在风荷载作用下连廊与两侧主体结构间不发生滑移，在小震作用下限制位移量，在大震作用下减小位移量。

6）两端滑动加单向约束连接，此种连接方式，是在两端滑动连接的基础上增加限制连廊在横向与两侧主体结构间发生位移的装置，连廊在纵向可滑移，但有限位，同时在两侧主体结构间可转动。此种连接方式两侧主体结构相互影响较小，可独立建模分析。两侧主体结构共同承担连廊竖向荷载、横向风荷载和地震作用。

7）两端滑动，一端加单向约束、另一端加固定铰约束，此种连接方式，与两端滑动加单向约束连接不同的是，连廊在纵向仅在单向约束一侧可滑移，但有限位，连廊沿两个主体结构间的水平地震作用由固定铰约束装置承受。

8）两端滑动，一端加单向约束、另一端加单向约束和阻尼器，此种连接方式，在两端滑动加单向约束的基础上，在一端增设了阻尼器，与两端滑动加单向约束连接不同的是，利用阻尼器承受连廊沿主体结构间的水平地震作用，以减小滑移量。阻尼器与连廊及主体牛腿均采用万向转动铰连接。

（3）连体结构设计还应满足以下要求。

1）连体结构各独立部分宜有相同或相近的体型、平面布置和刚度，宜采用双轴对称的平面形式。

2）7 度、8 度抗震设计时，层数和刚度相差悬殊的建筑不宜采用刚性连接的连体结构。

3）7 度（0.15g）和 8 度抗震设计时，连体结构的连接体应考虑竖向地震的影响。

4）6 度和 7 度（0.10g）抗震设计时，高位连体结构的连接体宜考虑竖向地震的影响。

5）连接体结构与主体结构宜采用刚性连接。刚性连接时，连接体结构的主要结构构件应至少伸入主体结构一跨并可靠连接。

6）连接体楼板应按弹性楼板进行抗剪承载力验算，刚性连接的连接体楼板较薄弱时，宜补充分塔楼模型进行计算分析。

7）当连接体结构与主体结构采用滑动连接时，支座滑移量应能满足两个方向在罕遇地震作用下的位移要求，并应采取防坠落、撞击措施。计算罕遇地震作用下的位移时，应采用弹塑性时程分析方法进行复核计算，同时宜采用简化方法或按弹性楼板模型验算连接体楼板的平面内承载力。

8）连接体结构可设置钢梁、钢桁架、型钢混凝土梁。连接体结构的边梁截面宜加大；楼板厚度不宜小于 150mm，宜采用双层双向配筋，每层每方向的配筋率不宜小于 0.25%。

9）当连接体结构包含多个楼层时，宜考虑施工流程对连体结构内力的影响，应特别加强其下面一个楼层及顶层的构造设计。

10）抗震设计时，连接体及与连接体相连的结构构件应符合下列要求。

① 连接体及与连接体相连的结构构件在连接体高度范围内及其上、下层，抗震等级应提高一级采用。

② 与连接体相连的框架柱在连接体高度范围及其上、下层，箍筋应全柱段加密配置，轴压比限值应按其他楼层框架柱的数值减小 0.05 采用。

③ 与连接体相连的剪力墙在连接体高度范围及其上、下层应设置约束边缘构件。

6.21 大底盘多塔结构设计相关问题设计如何把控

6.21.1 如何合理界定大地盘多塔结构

（1）“多塔结构”是指裙房或大底盘上有两个或两个以上塔楼的结构，是体型收进结构的一种常见例子。

（2）一般情况下，在地下室连为整体的多塔结构可不认为是多塔结构。但注意此时，地下室顶板设计宜符合《高规》10.6 节多塔楼结构设计的有关规定。

需要注意的是：这个地方并没有讲 0.00 能否作为“嵌固端”。

6.21.2 大底盘多塔结构分析计算需要注意哪些问题

（1）大底盘多塔结构，应分别采用多塔整体和分塔楼模型进行结构计算，并采用包络设计进行配筋。

（2）分塔计算时，应考虑至少带 2 跨裙房进行计算分析；但注意如果两塔之间裙房少于 4 跨时，则宜各带一半进行计算。

（3）主楼结构的周期比、位移角、扭转位移比、剪重比、层刚度比、层抗剪承载力等均可以取分塔模型结果。

（4）裙楼及地下结构应按整体计算控制以上指标。

6.21.3 抗震设计时，多塔楼高层建筑结构应符合哪些要求

（1）各塔楼质量及侧向刚度宜接近；相对底盘宜对称布置。塔楼结构质心与底盘结构质心的距离不宜大于底盘相应边长的 20%。为增强大底盘的抗扭刚度，可利用裙楼的卫生间、楼电梯间等布置剪力墙或支撑，剪力墙或支撑宜沿大底盘周边布置。

（2）转换层不宜设置在底盘屋面的上层塔楼内（图 6–90）；不能避免时，应有必要的加强措施。

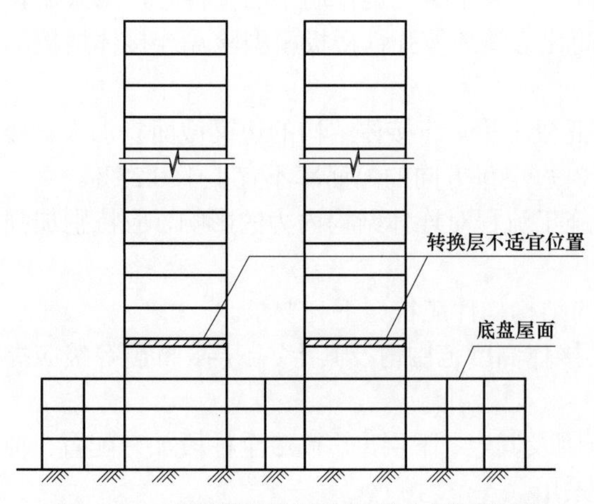

图 6–90 多塔楼结构转换层不适宜位置示意

（3）塔楼中与裙房相连的外围柱、剪力墙，从固定端至裙房屋面上一层的高度范围内，柱纵向钢筋的小配筋率宜适当提高，柱箍筋宜在裙楼屋面上、下层的范围内全高加密；剪力墙宜设置约束边缘构件（图 6–91）。

【知识点拓展】

（1）大底盘多塔楼结构宜按实际情况建模，必要时可作适当简化后进行整体计算以考虑大底盘与塔楼的相互影响；同时各塔楼宜分开再进行单独计算，并与整体计算的结果进行比较分析，确认合理的

计算结果作为设计的依据。

（2）多塔楼建筑结构计算分析的重点是大底盘的整体性以及大底盘协调上部多塔楼的变形能力。一般情况下，大底盘的楼板在计算模型中应按弹性楼板处理（一般情况下宜采用壳单元），每个塔楼的楼层可以考虑为一个刚性楼板（规则平面时），计算时整个计算体系的振型数不应小于 18 个，且不应小于塔楼楼层数的 9 倍。当只有一层大底盘、大底盘的等效剪切刚度大于上部塔楼等效剪切刚度的 2 倍以上且大底盘屋面板的厚度不小于 200mm 时，大底盘的屋盖板可以取为刚性楼板以简化计算。当大底盘楼板削弱较多（如逐层开大洞形成中庭等），以至于不能协调多塔楼共同工作时，在罕遇地震作用下可以按单个塔楼进行简化计算，计算模型中大底盘的平面尺寸可以按塔楼的数量进行平均分配或根据建筑结构布置进行分割，大底盘的层数要计算到整个计算模型中去。

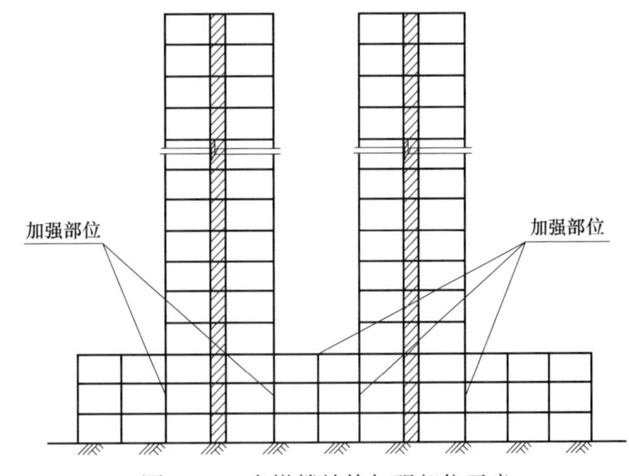

图 6–91　多塔楼结构加强部位示意

（3）对大底盘多塔楼结构的周期比及位移比计算，对于上部无刚性连接的大底盘多塔楼结构，验算周期比及位移比时，宜将各个单塔楼单独取出，然后按照各个单塔楼，分别计算其固有振动特性，验算其周期比及位移比等指标。对于大底盘部分，宜将底盘结构单独取出，嵌固位置保持在结构底部不变，上部塔楼的刚度忽略掉，只考虑其质量，质量附加在底盘顶板的相应位置，对这样一个模型进行固有振动特性分析，验算裙房部分的周期比及位移比等指标。

（4）对于上部有刚性连接的大底盘多塔楼结构，应采用整体计算模型，并将其看作一个大的单塔楼结构，验算其整体扭转与整体平动的周期比。

（5）多塔结构的配筋计算均需要按整体模型与分塔模型进行计算，计算结果取二者包络设计。

6.22　如何设计少墙框架结构的框架和抗震墙

6.22.1　框架结构设置少量抗震墙的目的是什么

框架结构中设置少量抗震墙目的之一是：增大框架结构的刚度，满足层间位移角限值的要求，但仍然属于框架结构范畴。此时竖向荷载应由框架承担，抗震墙应设计成高宽比较大、延性较好的抗震墙。

框架结构设置少量抗震墙目的之二是：提高框架结构的抗地震倒塌能力。对于设置抗震墙的结构，大震作用下，抗震墙应先于框架屈服、破坏。框架—抗震墙（核心筒）结构通过提高框架部分的地震剪力（实质是提高框架的承载能力），使抗震墙（核心筒）先于框架屈服、破坏；由于少墙框架结构不必调整框架部分各层的地震剪力，因此，应通过降低抗震墙部分各层的地震剪力（实质是降低抗震墙的承载力），使抗震墙先于框架屈服、破坏。

6.22.2 少墙框架结构如何计算分析

（1）按框架—剪力墙结构进行设计。

（2）最大适用高度宜按框架结构采用。

（3）框架部分的抗震等级和轴压比应按框架结构的规定采用。

（4）小震作用下的层间位移角限值，可按底层框架承担倾覆力矩的大小，在框架结构和框—剪结构两者间进行偏于安全的内插，见表6–9。

表6–9　　少墙框架层间位移角

M_c/M_0	0.85	0.90	0.95
$\Delta u/h$	1/700	1/650	1/600

注：M_c——框架部分承担的地震倾覆力矩；
M_0——结构总地震倾覆力矩。

6.22.3 "少墙框架"布置应注意哪些问题

（1）墙宜对称布置，避免因墙位置较偏产生较大的刚度偏心而增大结构的扭转效应。

（2）剪力墙的截面不宜过长，总高与截面长度之比不应小于3，不满足时可开竖缝、结构洞等措施，用宽高比较大的连梁形成联肢墙，使长墙变为独立墙肢。

（3）抗震墙可根据剪压比限值配置水平钢筋，然后根据强剪弱弯原则配置竖向钢筋。

（4）避免剪力墙直接承受楼面的重力荷载，减少剪力墙破坏后对结构竖向承载力的影响。

（5）抗震墙应设计成短墙或开竖缝墙，避免承受过大的水平剪力；当为联肢墙时，采用大跨高比的连梁，使各墙成为独立墙肢。

【知识点拓展】

（1）少墙框架结构就是指当框架部分承担的倾覆弯矩大于80%时。

（2）设置少量抗震墙的框架结构，其框架部分的地震剪力值，宜采用框架结构模型和框架—抗震墙结构模型二者计算结果的较大值。如何理解与把握这一规定，其原因是什么？规范作此规定的原因是，当少墙框架结构按框架—抗震墙结构计算时，与墙体相连或相邻框架的地震剪力较纯框架偏大，其余部位框架的地震剪力较纯框架偏小。考虑到实际地震时，少量墙体在大震下会损伤，刚度退化或退出工作，整个结构体系会变为纯框架结构，为保证工程的安全性，规定取两种模型的较大值进行包络设计。

（3）从力学特性来说，少墙框架结构仍属于框架结构范畴，因此，相关的设计要求（适用高度、抗震等级等）仍按框架结构的标准执行。至于少量墙体的布局，规范并不要求两个方向均要设置。实际工程中，墙体的布局可视工程的具体情况和实际需要而定，尽可能使结构构件的刚度和强度在平面上均衡布置。

（4）新修订的规范规定，少墙框架结构的抗震墙，其抗震构造措施可按抗震墙结构的规定执行。《高规》6.1.7条对抗震设计的框架结构布置少量抗震墙时的结构分析和抗震墙设计也有规定。为了使少墙框架结构的抗震墙起到“保险丝”的作用，用于设计的抗震墙的地震剪力标准值应小于框架—抗震墙模型的计算结果。

（5）当框架部分承受的倾覆力矩大于结构总倾覆力矩的 80%时，意味着结构中剪力墙的数量极少，此时框架部分的抗震等级和轴压比应按框架结构的规定执行，剪力墙部分的抗震等级和轴压比按框架—剪力墙结构的规定采用；其最大适用高度宜按框架结构采用。对于这种少墙框架—剪力墙结构，由于其抗震性能较差，不主张采用，以避免剪力墙受力过大、过早破坏。不可避免时，宜采取将此种剪力墙减薄、开竖缝、开结构洞、配置少量单排钢筋等措施，减小剪力墙的作用。

6.23　结构时程分析方法在抗震设计中起什么作用？应用中应注意哪些问题

结构抗震验算的基本方法是振型分解反应谱法，时程分析法作为补充计算方法，只对特别不规则、特别重要的和较高的高层建筑结构采用。采用时程分析的高度范围见表 6–10。

表 6–10　　需要采用时程分析的高层建筑

烈度、场地类别	房屋高度范围
8 度Ⅰ、Ⅱ类场地和 7 度	＞100m
8 度Ⅲ、Ⅳ类场地	＞80m
9 度	＞60m

时程分析法又称为直接动力分析法，可分为弹性时程分析法和弹塑性时程分析法，时程分析法主要用于结构变形验算，判断结构的薄弱层和薄弱部位。采用弹塑性时程分析法还能找到结构的塑性铰位置及其发生的时刻。

图 6–92 是某超限高层建筑的弹性时程分析法与反应谱法计算结果的比较。可以看出，由于高振型的影响，高层建筑顶部的地震反应（剪力及位移）大于建筑下部的地震反应，只有通过弹性时程分析法才能看出这种效果。

结构时程分析法即结构直接动力分析法与振型分解反应谱法一样，结构时程分析法是经典的结构动力学方法之一。

（1）时程分析法的适用范围。新规范仍将时程分析法作为振型分解反应谱法的补充计算手段，小震作用下弹性时程分析的适用范围与原规范相同。按照《高层建筑工程超限抗震设防审查技术要点》要求，大震作用下弹塑性时程分析的适用范围扩大到高度超过 200m 的各类建筑结构。

（2）输入地震波的选择原则。结构时程分析法中，输入地震波的确定是时程分析结果能否既反映结构最大可能遭受的地震作用，又能满足工程抗震设计基于安全和功能要求的基础。在这里不提真实地反映地震作用，也不提计算结果的精确性，是由于预估地震作用的极大的不确定性和计算中结构建模的近似性。在工程实际应用中经常出现对同一个建筑结构采用时程分析时，由于输入地震波的差异造成计算结果的数倍乃至数十倍之大，使工程设计无所适

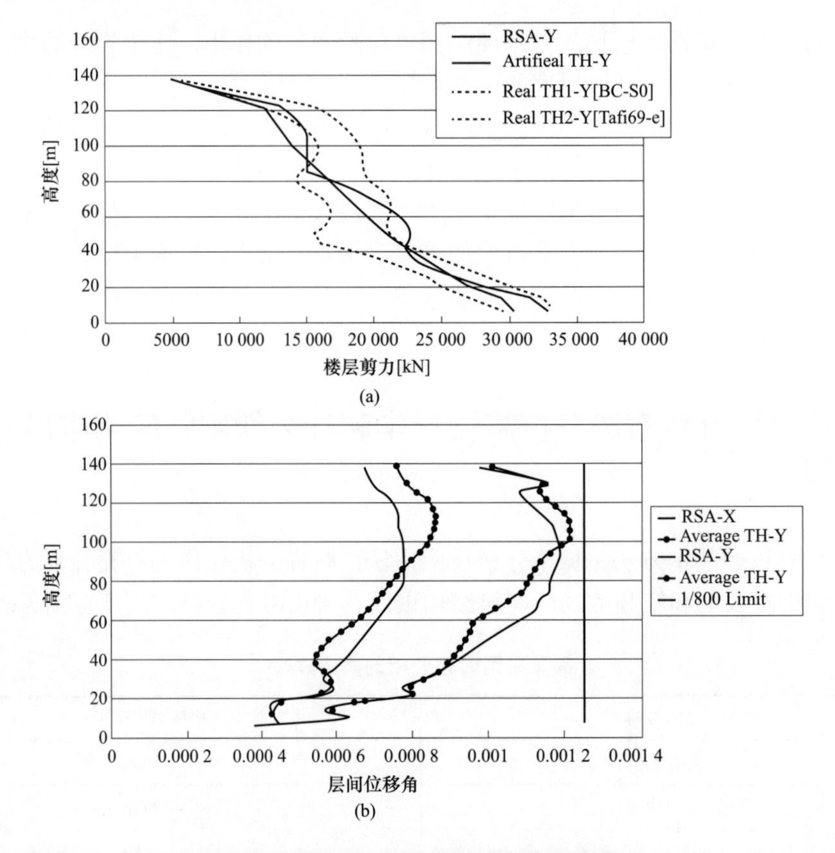

图 6–92　时程分析与反应谱法计算结果的对比

（a）楼层剪力值对比；（b）层间位移角对比

从。为此，新规范作了比较明确的规定，以方便工程设计应用。

1）数量需求。对于高度不是太高（即没有超限的高层建筑）、体型比较规则的高层建筑，一般取 2+1，即选用不少于 2 条天然地震波和 1 条拟合目标谱的人工地震波，出于结构安全考虑，计算结果取包络值。对于高度超限的高层、大跨超限、体型复杂的建筑结构，需要取更多地震波输入进行时程分析，规范规定是 5+2，即不少于 7 组，其中，天然地震波不少于 5 条（即 2/3），拟合人工目标的地震波 2 条，计算结果取平均值。

【工程案例】

图 6–93 为一组 3 分量天然地震波，其中编号 US2569 为竖向分量，US2570 和 US2571 为水平两向分量。通常取峰值较大者为主向，主向与次向按 1.00:0.85 比例调整。从波形和反应谱可以看出，竖向分量的短周期成分比较显著，水平分量在短周期部分的波动明显。而且各向分量的反应谱曲线相差十分明显。图 6–94 为另一组 3 分量天然地震波，其中编号 US186 为竖向分量，US184 和 US185 为水平两向分量。可以看出，竖向分量的短周期成分也比较显著，水平分量在短周期部分的波动明显。但是，两个水平分量的反应谱曲线比较一致。两图反映了天然地震波特征的不确定性，用于结构时程分析时，很难做到两向水平输入的地震波均能满足规范要求，一般只要求结构主方向的底部剪力满足规范即可。

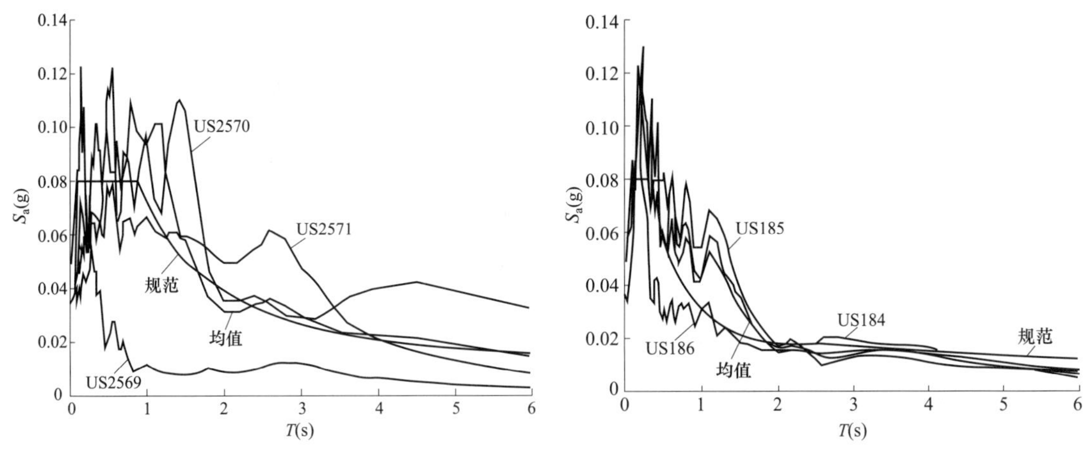

图 6–93　天然地震波的反应谱（1）　　图 6–94　天然地震波的反应谱（2）

2）持续时间要求。为了充分地激励建筑结构，一般要求输入的地震动有效持续时间为结构基本周期的 5 倍左右，且不小于 15s。时间太短不能使建筑结构充分振动起来，时间太长则会增加计算时间。对于结构动力时程分析，只有加速度记录的强震部分的长度，即有效持续时间才有意义。

那么什么是加速度记录的有效持续时间？最常用的有效持续时间定义是：取记录最大峰值的 10%～15%作为起始峰值和结束峰值，在此之间的时间段就是有效持续时间。图 6–95 表示上述地震加速度中编号为 US185 的波形，用于 7 度多遇地震下结构时程分析，最大加速度峰值是 35gal，取首、尾两个峰值为 3.5gal 之间的时间长度为有效持续时间，大约为 30s，可以用于基本周期小于 6s 的建筑结构。

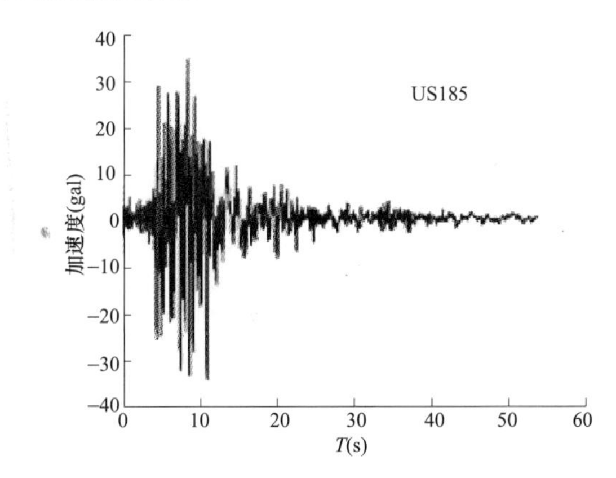

图 6–95　加速度记录有效持续时间的定义

例如作者 2011 年主持的宁夏亘元万豪大厦 50 层超限高层，安评提供的适合本场地的 3 条天然地震波，如图 6–96 所示。

3）选波的原则。选用的地震波的特征应与设计反应谱在统计意义上一致。对选波结果的评估标准是，以时程分析所得到的结构基底总剪力和振型分解反应谱法的计算结果对比。用一组（单向或两向水平）地震波输入进行时程分析，结构主方向基底总剪力为同方向反应谱计算结果的 65%～130%。多组地震波输入的计算结果平均值为反应谱计算结果的 80%～120%。

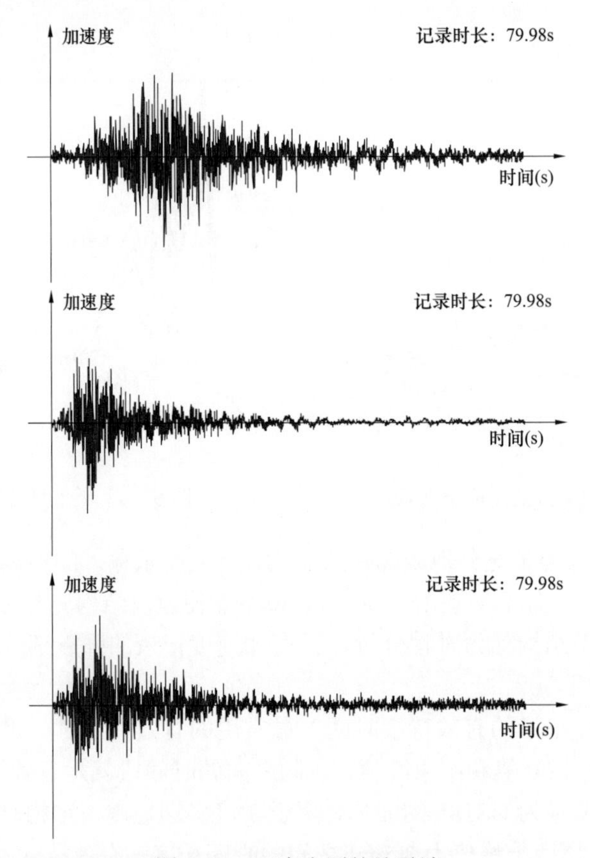

图 6–96　万豪大厦的地震波

不要求结构主、次两个方向的基底剪力同时满足这个要求。一组地震波的两个水平方向记录数据无法区分主、次方向，通常可取加速度峰值较大者为主方向。

例如作者 2011 年主持的宁夏亘元万豪大厦 50 层超限高层，安评提供的适合本场地的 3 条地震波谱与规范小震谱对比如图 6–97 及表 6–11 所示。

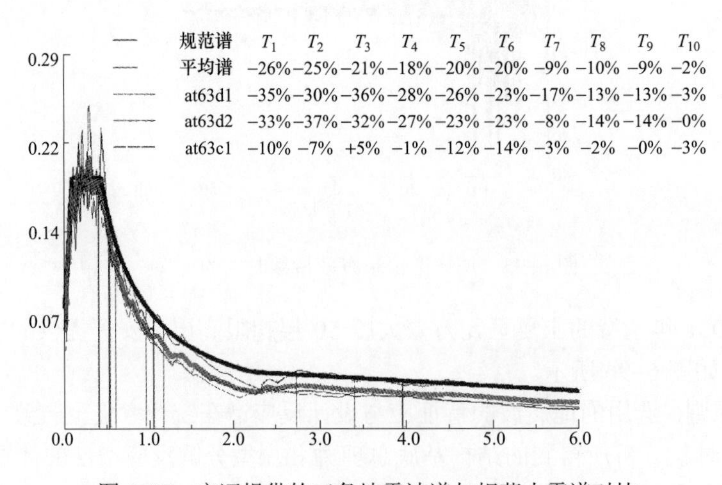

图 6–97　安评提供的三条地震波谱与规范小震谱对比

表 6–11 基底剪力对比结果

	软件名称	At63d1	At63d2	At63c1	规范反应谱
X 向首层基底剪力	SATWE	70 449.3	64 964.1	62 387.5	63 276×0.65=41 129 63 276×0.8=50 621
		满足	满足	满足	
		65 933（平均）满足			
Y 向首层基底剪力	SATWE	61 814.3	52 277.4	65 783.6	62 307×0.65=40 499 62 307×0.8=49 846
		满足	满足	满足	
		59 958（平均）满足			

（3）结构时程分析结果的应用。小震下结构弹性时程分析结果主要有：楼层水平地震剪力和层间位移分布。对于高层建筑，通常可由此判断结构是否存在高振型响应和发现是否有薄弱楼层，以及是否满足规范关于弹性位移角限值要求等。如果存在高振型响应，应对结构上部相关楼层地震剪力加以调整放大。

图 6–98 为某栋高层建筑结构弹性时程分析得到的楼层剪力分布，图 6–99 为楼层位移角分布。由图 6–98 可以看出：输入 3 组地震波进行时程分析，结构底部总剪力与反应谱结果相比，符合规范的要求，地震波选用合适；结构高振型响应明显，上部楼层剪力和位移均放大了，应对反应谱法结果进行调整，并进行包络设计。

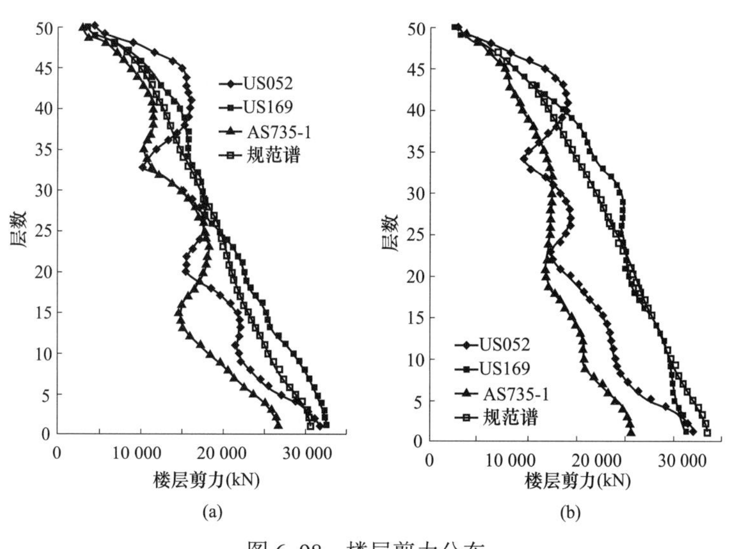

图 6–98 楼层剪力分布

（a）*X* 向；（b）*Y* 向

【知识点拓展】

（1）传统的弹性计算不能考虑结构进入弹塑性阶段以后构件刚度退化、内力重新分布，部分构件受损退出工作，阻尼增加，地震作用力相应减小等一系列的变化。结构的弹塑性分析是了解大震作用下结构响应的必要手段。当前常用的有动力弹塑性时程分析和静力弹塑性分析两种方法。这两种方法各有其优缺点，可根据工程的具体情况选用，如结构较规则，高度不大于 300m，基本振型的质量参与系数不小于 50%的结构可采用静力弹塑性方法，否则宜

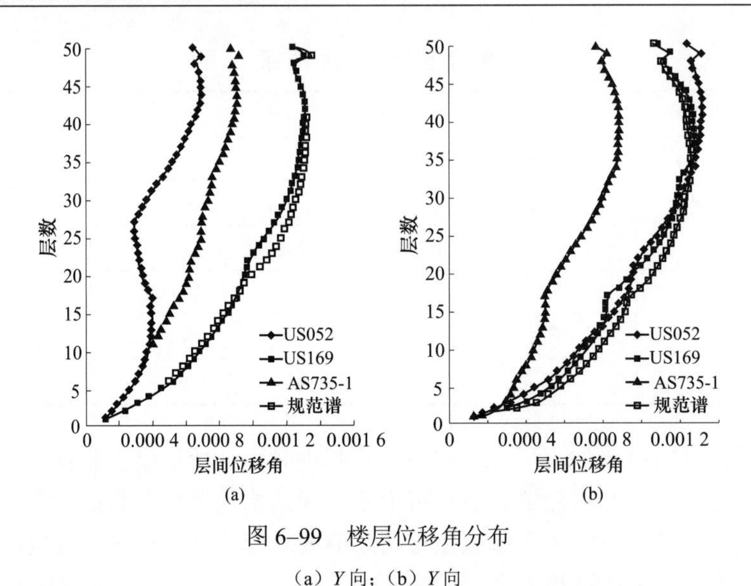

图 6–99 楼层位移角分布

（a）Y 向；（b）Y 向

采用动力弹塑性时程方法。

（2）地震影响加速度时程曲线，要满足地震动三要素的要求。

1）频率谱特性：根据所处的场地类别和设计地震分组确定的地震影响系数曲线确定。

2）有效峰值：按表 6–12 采用。

表 6–12　时程分析时输入地震加速度的最大值（cm/s²）

设防烈度	6 度	7 度（0.10g）	7 度（0.15g）	8 度（0.2g）	8 度（0.30g）	9 度
多遇地震	18	35	55	70	110	140
设防地震	50	100	150	200	300	400
罕遇地震	120	220	310	400	510	620

3）地震加速度曲线的有效持续时间：输入地震加速度时程曲线的有效持续时间，一般从首次达到该时程曲线最大峰值的 10%那一点起，到最后一点达到最大峰值的 10%为止，约为结构基本周期的 5～10 倍。

6.24 大跨屋盖建筑抗震设计的地震作用应如何取值？抗震验算有何特殊要求

1. 地震作用问题

新规范定义大跨度钢屋盖包括拱、平面桁架、立体桁架、网架、网壳、张弦梁和弦支穹顶等 7 类基本形式。支承条件有周边支承、两对边支承、长悬臂支承等。跨度大于 120m、结构单元长度大于 300m 或悬挑长度大于 40m 的屋盖结构，以及除上述 7 类以外新的屋盖结构形式，抗震设计应作专门研究。

一般情况下，大跨度空间结构应考虑竖向地震作用，可取水平地震作用的 65%。

2. 抗震验算问题

抗震验算要考虑多向地震效应组合，特别增加以竖向地震效应为主的组合，即取水平地震作用分项系数为 0.5 和竖向地震作用分项系数为 1.3 抗震验算时，应根据屋盖尺度大小和支承条件，采用单点一致，多向单点、单向多点、多向多点等地震输入方式，必要时，应考虑地震行波效应和局部场地效应。在 6、7 度Ⅰ、Ⅱ类场地时，可采用简化计算方法，对建筑结构短边的抗侧构件的内力乘以放大系数 1.15～1.30。

6.25　地下建筑抗震设计的地震作用应如何合理取值？抗震验算有哪些特殊要求

新规范定义的地下建筑仅局限于单建式建筑，不包括地下铁道和城市公路隧道。单建式地下建筑可用于服务于人流、车流或物资储藏，抗震设防应有不同的要求。地下建筑结构的地震作用方向与地面建筑有所区别。

1. 水平地震作用问题

对于长条形的地下结构，与其纵轴方向斜交的水平地震作用，可分解为沿横断面和纵轴方向的水平地震作用，一般不能单独起控制作用。因此，在按平面应变问题分析时，一般可仅考虑沿结构横向的水平地震作用。对于地下空间综合体建筑等体型复杂的地下建筑结构，宜同时计算结构横向和纵向的水平地震作用。

2. 竖向地震作用问题

对于体型复杂的地下空间结构或地质条件复杂的长条形地下结构，都容易发生不均匀沉降并导致结构破坏，因此在 7 度及以上地域，也有必要考虑竖向地震作用效应的组合。

3. 抗震验算问题

地下建筑结构应进行多遇地震作用下构件截面承载力和结构变形验算。考虑地下建筑修复难度较大，对于不规则的地下建筑以及地下变电站和地下空间综合体等，还应进行罕遇地震作用下的抗震变形验算，计算可采用新《抗规》5.5 条的简化方法。混凝土结构弹塑性层间位移角限值宜取 1/250。在存在液化危害性的地基中建造地下建筑结构时，应验算其抗浮稳定性，必要时应该采取抗液化措施。

6.26　哪些情况需要进行“包络设计”

1. 什么是“包络设计”？

包络设计方法就是针对工程中可能出现的情况分别计算，取不利值进行设计。“可能出现”不是任意夸大，要有必要的分析和判断。包络设计方法可以是对构件、局部区域的包络设计，也可以是对整个结构的包络设计等。

2. 为什么要进行包络设计？

工程设计中往往会遇到以下情况：计算模型难以确定；复杂高层两种软件计算结果差异较大，究竟取哪个软件的计算结果；性能化的设计需要等。

3. 包络设计涉及的规范条文有哪些？

（1）《高规》3.11 条中将结构的抗震性能分为 4 个性能目标和 5 个性能水准，并对 5 个性能水准进行详细的阐述。进行结构抗震性能设计时，需按照中震（或大震）弹性设计或中震（或大震）不屈服设计计算，配筋结果需要取包络值。

虽然中震不屈服计算取高值的地震影响系数，但荷载分项系数取 1.0；与抗震等级有关的增大系数取 1.0；不考虑承载力抗震调整系数；钢筋和混凝土材料强度采用标准值，因此配筋结果不一定最不利。

（2）《高规》3.11.4–1 条：高度不超过 150m 的高层建筑可以采用静力弹塑性分析方法；高度超过 200m 时，应采用弹塑性时程分析方法；高度在 150～200m，可视结构自振特性和不规则程度选择静力弹塑性方法或弹塑性时程分析方法。高度超过 300m 的结构，应有两个独立的计算，分别进行校核。

（3）《高规》4.3.12 条：多遇地震水平地震作用计算时，结构各楼层对应于地震作用的标准值的剪力应符合最小剪力系数的要求。

（4）《高规》5.1.8 条：高层建筑结构内力计算中，当楼面活荷载大于 4kN/m^2 时，应考虑楼面活荷载不利布置引起的结构内力的增大；当整体计算中未考虑楼面活荷载不利布置时，应适当增大楼面梁的计算弯矩。

（5）《高规》5.1.12 条：体型复杂、结构布置复杂以及 B 级高度高层建筑结构，应采用至少两个不同力学模型的结构分析软件进行整体计算。

（6）《抗规》3.6.6–3 条：复杂结构在多遇地震作用下的内力与变形分析时，应采用不少于两个合适的不同力学模型，并对其计算结果进行分析比较。

（7）《高规》5.1.14 条：对多塔楼结构，宜按照整体模型和多塔分开的模型分别计算，并采用较不利的结果进行结构设计。当塔楼周边的裙房超过两跨时，分塔楼模型宜至少附带两跨的裙房结构。

（8）《抗规》附录 G 钢支撑—混凝土框架结构 G.1.4–3 混凝土框架承担的地震作用，应按框架结构和支撑框架结构两种模型计算，并宜取两者的较大值。

（9）《抗规》6.2.13–4 条：设置少量抗震墙的框架结构，其框架部分的地震剪力值，宜采用框架结构模型和框架—抗震墙模型两者计算结果的较大值。

（10）框架结构加楼梯计算：其整体内力分析的计算模型应考虑楼梯构件的影响，并宜与不计楼梯构件影响的计算模型进行比较，按最不利内力进行配筋。

（11）当计算嵌固端难以确定时，也应分别选取几个部位嵌固计算，配筋采用不同部位嵌固包络设计。

第7章

新规范对隔震与消能减震设计的新要求及其应用注意事项

7.1 减震隔震设计相关问题

7.1.1 减震隔震综合概述

近年来地震频发的国家，如美、日、意、中等国都投入了大量资源进行隔震技术的理论和应用研究工作。隔震建筑，在日本叫作“免震结构”，它的原理是利用隔震器拉长建筑物振动周期，以降低地震对建筑物的冲击。简单来说，就是用隔震器将地震时建筑物的摆动转换为建筑物对地面的横向位移，地震能量由隔震器来吸收，由此隔震建筑物就大大降低扭曲及弯曲，也会明显降低摇摆程度，因而降低构造及设备的破坏。2013年4月20日，四川雅安发生7.0级地震以后，采用隔震技术修建的芦山县人民医院外观完整且受损较小引起人们关注。

在工程结构的上部结构与下部结构之间设置隔震层以阻隔地震能量的传递，是减少工程结构地震反应、减轻地震破坏的一种新技术。隔震结构，当遭受低于本地区设防烈度的多遇地震时应不损坏，且不影响使用功能；当遭受本地区设防烈度的地震时，应是产生非结构性损坏或轻微的结构损坏，一般不需修理仍可继续使用；当遭受高于本地区设防烈度的预估的罕遇地震时，应不致发生危及生命的破坏和丧失使用功能。

隔震结构的采用，应根据工程结构抗震设防类别、设防烈度、场地条件、建筑结构类型和使用要求，对隔震与非隔震的结构方案进行技术、经济综合对比分析后确定。

《住房城乡建设部关于房屋建筑工程推广应用减隔震技术的若干意见（暂行）》（建质〔2014〕25号）：为有序推进房屋建筑工程应用减隔震技术，确保工程质量，提出以下意见。

（1）各级住房城乡建设主管部门要充分认识减隔震技术对提升工程抗震水平、推动建筑业技术进步的重要意义，高度重视减隔震技术研究和实践成果，有计划，有部署，积极稳妥推广应用。

（2）位于抗震设防烈度8度（含8度）以上地震高烈度区、地震重点监视防御区或地震灾后重建阶段的新建3层（含3层）以上学校、幼儿园、医院等人员密集公共建筑，应优先采用减隔震技术进行设计。

（3）鼓励重点设防类、特殊设防类建筑和位于抗震设防烈度8度（含8度）以上地震高烈度区的建筑采用减隔震技术。对抗震安全性或使用功能有较高需求的标准设防类建筑提倡采用减隔震技术。

对从事减隔震设计、审查人员有哪些要求？

（1）承担减隔震工程设计任务的单位，应具备甲级建筑工程设计资质；应认真比选设计方案，编制减隔震设计专篇，确保结构体系合理，并对减隔震装置的技术性能、施工安装和使用维护提出明确要求；要认真做好设计交底和现场服务；应配合编制减隔震工程使用说明书。

（2）从事减隔震工程设计的技术人员，应积极参加相关技术培训活动，严格执行国家有关工程建设强制性标准。项目结构专业设计负责人应具备一级注册结构工程师执业资格。

（3）对于采用减隔震技术的超限高层建筑工程，各地住房城乡建设主管部门在组织抗震设防专项审查时，应将减隔震技术应用的合理性作为重要审查内容。

（4）承担减隔震工程施工图设计文件审查的机构，应为省级住房城乡建设主管部门确定的具备超限高层建筑工程审查能力的一类建筑工程审查机构。

（5）施工图设计文件审查应重点对结构体系、减隔震设计专篇、计算书和减隔震产品技术参数进行审查。对于超限高层建筑工程采用减隔震技术的，应将抗震设防专项审查意见实施情况作为重要审查内容。审查人员应积极参加相关减隔震技术培训。

7.1.2 隔震建筑结构设计原理

隔震技术又称阻尼隔震技术。被美国地震专家称为“40 年来世界地震工程最重要的成果之一”。基础隔震技术是在建筑上部结构与地基之间设置足够安全的隔震系统，由于隔震层的“隔震”“吸震”作用，地震时上部结构做近似平动，结构反应力仅相当于不隔震情况下的 1/8～1/4（强震观测结果可达 1/16～1/2），从而“隔离”了地震，通俗地说：使用隔震技术的房屋经历 8 级地震的震动仅相当于 5.5 级地震，不仅达到了减轻地震对上部结构造成损坏的目的，而且建筑装修及室内设备也得到有效保护。在诸多隔震系统中，隔震橡胶支座是世界研究和应用的主流，在美国、日本等多震国家广泛应用，近年在我国云南、新疆、河北、四川等高烈度区部分高层建筑推广应用。图 7–1 为隔震建筑原理图，隔震系统一般由隔震器、阻尼器等构成。建筑隔震橡胶支座隔震的基本原理是通过增设橡胶隔震支座，将上部建筑结构与下部地基结构隔离，通过柔性隔震层吸收和耗散地震能量，阻止并减轻地震能量向上部结构的传递，使整个建筑的自振周期得以延长，以减轻上部结构的地震反应。

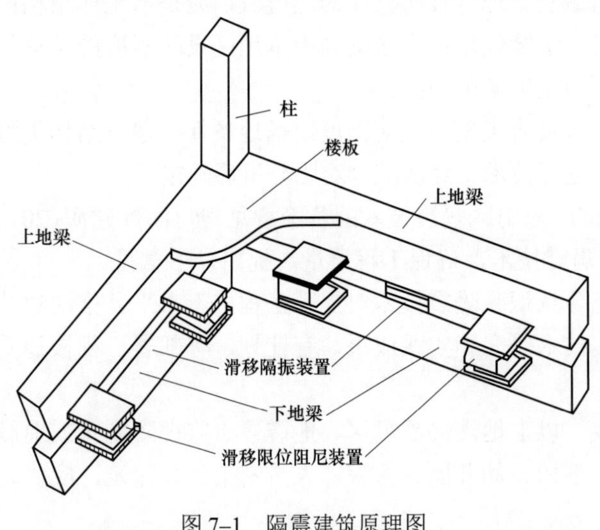

图 7–1 隔震建筑原理图

7.1.3　新《规范》中隔震技术使用范围有何变化

隔震设计在 2001 版规范中首次纳入，鉴于此前国内对隔震的研究和工程应用有限，因此“主要用于高烈度设防”。随着近年来隔震技术的快速发展与大量应用，本次《抗规》10 版对隔震技术使用范围作了较大调整。《抗规》3.8.1 条提倡在“抗震安全性和使用功能有较高要求或专门要求的建筑”中使用。对安全性能要求较高的建筑主要指一些重要建筑，如首脑机关、指挥中心、学校、文物馆等。使用功能不能中断的建筑，主要是一些生命线工程，如医院、银行、电力、通信、消防等。对于一般的工业与民用建筑，如投资方有意愿提高建筑物抗震性能，也可采用。

新规范仍限于橡胶隔震技术。规范所指隔振器是指天然橡胶隔震支座与铅芯橡胶隔震支座，当隔震设计中采用滑板隔震支座、高阻尼橡胶隔震支座等其他类型隔震器时，应作专门研究。

7.1.4　隔震设计方案是如何合理确定的

本次修订后《抗规》12.1.2 条不再作为强制性条文。建筑结构隔震设计确定设计方案时，除应符合《抗规》3.5.1 条的规定外，无须特别的论证，只需与抗震设计方案进行对比，对建筑的抗震设防分类、抗震设防烈度、场地条件、使用功能及建筑、结构方案，从安全和经济两方面进行综合分析对比。

7.1.5　新《规范》中隔震层位置有何变化

2001 版规范隔震层位置限于“建筑物基础与上部结构之间”。随着近年来隔震技术的快速发展，国内外已有大量隔震建筑层设置在结构下部，如结构首层，一层柱顶或多塔楼的底盘等，大大简化了隔震结构的隔震措施。新规范中隔震层位置修改为“建筑基础、底部或下部与上部结构之间”，即从基础隔震有条件放开到层间隔震。当采用层间隔震时，需满足新《抗规》12.2.9 条有关嵌固的刚度比及对隔震层下部结构的有关要求。考虑到对结构中、上部的层间隔震研究及应用实例还较少，本次修订未将隔震层位置放宽到结构中、上部，此时应进行专门详细的研究。新版《抗规》允许的隔震位置，如图 7–2 和图 7–3 所示。

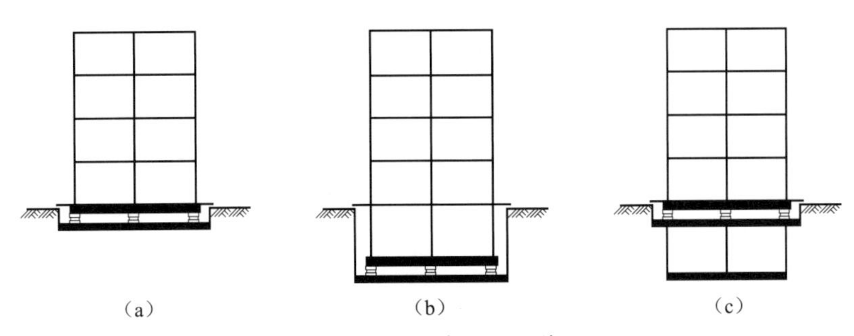

图 7–2　隔震层下沉型

（a）基础隔震；（b）基础隔震；（c）首层底隔震

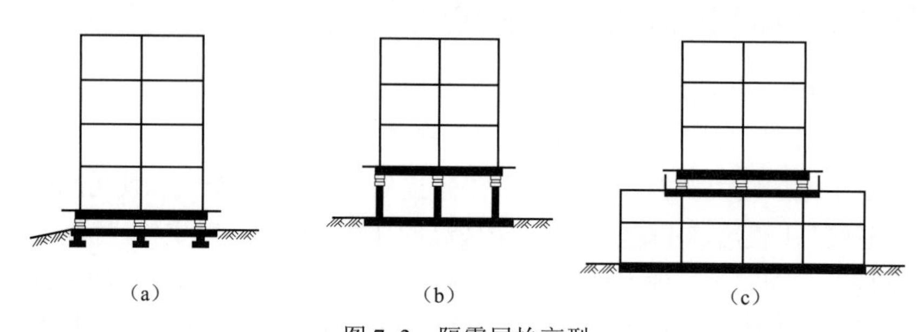

图 7–3 隔震层抬高型

(a) 基础隔震；(b) 首层顶隔震；(c) 层间隔震

7.1.6 新《规范》对隔震技术设防目标是如何规定的

隔震建筑的设防目标一般应高于非隔震建筑。通过合理的隔震设计，建筑的设防目标可以达到“小震不坏、中震不坏或轻微破坏、大震不丧失使用功能或可修”，有时甚至超过此目标，实现基于性能的设计思想。新《抗规》增第 12.1.6 条明确提出可采用隔震技术进行结构的抗震设计，即在低烈度地区推荐采用隔震技术以满足投资方提高结构抗震安全性和使用功能的需求。隔震后结构小震、中震、大震的性能化设计可参考《抗规》附录 M 的有关规定。

7.1.7 隔震结构适用要求是如何规定的？有哪些变化

新规范对隔震结构的适用要求也作了较大修正。本次修订后对隔震设计的结构类型不再设限。鉴于国内外隔震建筑的最大高度和层数都在不断被刷新，新规范明确取消了 2001 版规范要求结构周期小于 1s 的限制，该规定对隔震技术的应用限制过严，目前已不合时宜。本次修订新增了对结构宽度小于 4 的要求，这有利于隔震技术在高层建筑中推广使用。当结构宽高比大于 4 时应作专门分析，验算结构的抗倾覆能力，防止橡胶隔震支座出现拉应力超过 1.0MPa 或压屈。新规范规定隔震支座拉应力为 1.0MPa，这一方面基于广州大学工程抗震研究中心对橡胶支座抗拉试验的结果，其表明的极限抗拉强度为 2.0～2.5MPa；另一方面参考国外如美国 UBC 规范中橡胶支座的容许抗拉强度为 1.5MPa，在此基础上考虑一定的安全系数，将我国橡胶隔震支座的最大允许拉应力设定为 1.0MPa。

7.1.8 水平向减震系数概念作了怎样调整

2001 版规范中水平向减震系数跟隔震与非隔震两种情况下结构的最大层剪力比值范围有一个对应关系，最大层剪力比值共分为四档，对应水平向减震系数为 0.75、0.5、0.38 和 0.25。所考虑的安全系数为 1.4。新规范继续沿用 2001 版规范中“水平向减震系数”的名称，但对其概念作了较大调整，直接定义为隔震结构域非隔震结构最大水平剪力或倾覆力矩的比值，并取两者的较大值，这也是新规范最显著的变化之一。本次修订新增倾覆力矩的计算主要是针对高层隔震。

对结构隔震和非隔震时各层最大层剪力或最大倾覆力矩的计算一般要求采用时程分析法，新规范要求按设计基本地震加速度（中震）输入进行计算。当取三组时程曲线时，计算结果宜取时程法的包络值；当取七组或七组以上的时程曲线时，计算结果可取时程法的平均值。等效线性化分析时隔震层刚度由 2001 版规范对应橡胶支座 50%的水平剪切应变的等效刚度改为对应于 100%变形状态的刚度。即可近似认为对应“小震”的变形状态放宽到“中震”的变形状态，支座的等效刚度比 2001 版规范减少而等效阻尼增大，计算的隔震效果将更明显。

7.1.9　新《规范》对上部结构水平地震作用的计算是如何修订的

隔震层上部结构的水平地震作用基于水平向减震系数来确定，同时本次修订还引入了调整系数以考虑隔震支座或阻尼器性能的变异性。隔震后结构的总水平地震作用不得低于非隔震时 6 度设防的总水平地震作用，并应进行抗震验算。同时各楼层的水平地震剪力还应符合《抗规》5.2.5 条对原结构设防烈度的最小地震剪力系数的规定。考虑到国家经济实力的增强，新规范不再提倡隔震后上部结构水平地震作用降低两度。表 7–1 为新规范隔震后水平地震作用计算的烈度与水平向减震系数的对应关系。由于橡胶隔震支座产品的性能近些年提高明显，表 7–1 中确定隔震后水平地震作用时所考虑的安全系数要比 2001 版规范稍小一些。从宏观角度，可将隔震后结构的水平地震作用大致归纳为比非隔震时降低半度、一度和一度半三个档次。这比 2001 版规范最多可降低两度要求更严格。表 7–1 中在 7 度和 6 度之间没有“半度”的规定。

此外，本次修订还将隔震结构的水平地震作用沿高度矩形分布改为按重力荷载代表值分布，这样更能反映隔震结构所受地震作用的实际情况。

表 7–1　　水平向减震系数与隔震后结构水平地震作用所对应烈度的分档

本地区设防烈度（设计基本地震加速度）	水平向减震系数β		
	$0.40<\beta\leq0.53$	$0.27<\beta\leq0.40$	$\beta\leq0.27$
9 度（0.40*g*）	8 度（0.30*g*）	8 度（0.20*g*）	7 度（0.15*g*）
8 度（0.30*g*）	8 度（0.20*g*）	7 度（0.15*g*）	7 度（0.10*g*）
8 度（0.20*g*）	7 度（0.15*g*）	7 度（0.10*g*）	7 度（0.10*g*）
7 度（0.150*g*）	7 度（0.10*g*）	7 度（0.10*g*）	6 度（0.05*g*）
7 度（0.10*g*）	7 度（0.10*g*）	6 度（0.05*g*）	6 度（0.05*g*）

7.1.10　上部结构竖向地震作用计算有何调整

结构所受的地震作用，既有水平分量也有竖向分量。现有橡胶隔震支座主要是隔离结构的水平地震作用，尚不能有效隔离结构的竖向地震作用，导致隔震后结构的竖向地震作用可能会大于水平地震作用，因此竖向地震的影响不可忽略。2001 版规范对 8 度设防考虑竖向地震的要求是：根据水平向减震系数分为两档，只有水平向减震系数为 0.25 即层剪力最大比值为 0.18 时才应进行竖向地震作用的计算。新规范对竖向地震作用的要求更加严格，当结构层剪力或层倾覆力矩最大比值不大于 0.3 时就应进行竖向地震作用的计算。

7.1.11 新《规范》对上部结构抗震措施是如何规定的

新规范的显著变化是按水平向减震系数 0.40（设置阻尼装置时为 0.38）作为降低隔震层上部结构抗震措施的分界，并明确降低不得超过 1 度，对于不同的设防烈度见表 7–2。

表 7–2 水平向减震系数与隔震后上部结构抗震措施所对应烈度的分档

本地区设防烈度（设计基本地震加速度）	水平向减震系数 β	
	$\beta \geq 0.40$	$\beta < 0.40$
9 度（0.40g）	8 度（0.30g）	8 度（0.20g）
8 度（0.30g）	8 度（0.20g）	7 度（0.15g）
8 度（0.20g）	7 度（0.15g）	7 度（0.10g）
7 度（0.15g）	7 度（0.10g）	7 度（0.10g）
7 度（0.10g）	7 度（0.10g）	6 度（0.05g）

由于规范抗震措施没有对应于 7 度（0.15g）和 8 度（0.30g）的具体规定，需分别参考 7 度和 8 度时的规定。本次修订当结构按 7 度（0.15g）设防时，隔震后的抗震措施不降低；当结构按 8 度（0.30g）设防时如 0.40g 时抗震措施也不降低。

考虑到现有橡胶隔震支座主要是隔离水平地震而不是竖向地震作用，隔震层以上结构域抵抗竖向地震作用有关的抗震措施不应降低。

另外，本次修订还明确了上部结构周边竖向隔离缝缝宽不得小于罕遇地震下最大水平位移值的 1.2 倍且不小于 200mm，上、下部结构之间的水平隔震缝缝高可取 20mm。隔震技术应用发展的一个趋势是从单栋隔震往群体隔震发展，新规范新增了对两相邻隔震结构缝宽的规定，其缝宽取最大水平位移值之和，且不小于 400mm。

7.1.12 隔震层与上下部结构的连接是怎样规定的

隔震层与上、下部结构的连接应确保能传递罕遇地震下支座的最大水平剪力和弯矩。为了保证隔震层能够整体协调工作，隔震层顶部的梁板体系应确保具有足够的平面内刚度。与 2001 版规范第 12.2.8 条相比，新规范强调隔震支座的相关部位应采用现浇混凝土梁板结构，且现浇板最小厚度从 140mm 改为 160mm。为增大隔震层顶部梁板的平面内刚度，需加大梁的截面尺寸和配筋。考虑到隔震支座附近的梁、柱受力状态复杂，地震时还会受到冲切、效应等影响，应加密箍筋，必要时配置网状钢筋。

7.1.13 新《规范》对隔震层设计的规定有哪些调整

（1）隔震设计需解决的主要问题包括隔震层位置的确定，隔震装置的数量、规格和布置、隔震层在罕遇地震作用下的承载力和变形控制以及连接构造等。隔震层设计原则是“大震不坏”。隔震支座应满足罕遇地震作用下的最大拉、压应力和最大水平位移要求，保证隔震层在罕遇地震时强度及稳定性。隔震层位置宜设置在结构底部或下部，其平面布置应力求具有良好对称性，控制偏心率在 3%以下，应控制隔震结构的节点构造，保证隔震层在地震时发挥作用。

（2）本次修订取消了 2001 版规范中对“隔震墙下隔震支座的间距不宜大于 2.0m”的规定。按原规定来进行隔震设计会导致隔震层刚度过大，隔震结构的周期不合理，影响隔震技术发挥效用，而且所选用的隔震支座尺寸太小，与提高稳定性要求不符。从国内外隔震设计的趋势来看，也是尽量选用直径大于 600mm 的隔震支座。修订后高层建筑的隔震设计更为合理。新规范中外径小于 300mm 的支座用于丙类建筑时，考虑到其直径小、稳定性差，将其设计承载力由 12MPa 降低到 10MPa。

（3）隔震层的布置应符合下列要求。

1）隔震层可由隔震支座、阻尼装置和抗风装置组成。阻尼装置和抗风装置可与隔震支座合为一体，也可单独设置。必要时可设置限位装置。

2）隔震层刚度中心宜与上部结构的质量中心重合。

3）隔震支座的平面布置宜与上部结构和下部结构中竖向受力构件的平面位置相对应。隔震支座底面宜布置在相同标高位置上，必要时也可布置在不同的标高位置上。

4）同一房屋选用多种规格的隔震支座时，应注意充分发挥每个隔震支座的承载力和水平变形能力。

5）同一支承处选用多个隔震支座时，隔震支座之间的净距应大于安装和更换时所需的空间尺寸。

6）设置在隔震层的抗风装置宜对称、分散地布置在建筑物的周边。

7）抗震墙下隔震支座的间距不宜大于 2.0m。

（4）隔震层的构造应符合下列要求。

1）隔震支座与上部结构、下部结构应有可靠的连接。

2）与隔震支座连接的梁、柱、墩等应考虑水平受剪和竖向局部承压，并采取可靠的构造措施，如加密箍筋或配置网状钢筋。

3）利用构件钢筋作避雷线时，应采用柔性导线连通上部与下部结构的钢筋。

4）穿过隔震层的竖向管线应符合下列要求。

① 直径较小的柔性管线在隔震层处应预留伸展长度，其值不应小于隔震层在罕遇地震作用下大水平位移的 1.2 倍。

② 直径较大的管道在隔震层处宜采用柔性材料或柔性接头。

③ 重要管道、可能泄漏有害介质或燃介质的管道，在隔震层处应采用柔性接头。

5）隔震层设置在有耐火要求的使用空间中时，隔震支座和其他部件应根据使用空间的耐火等级采取相应的防火措施。

6）隔震层所形成的缝隙可根据使用功能要求，采用柔性材料封堵、填塞。

7）隔震层宜留有便于观测和更换隔震支座的空间。

8）上部结构及隔震层部件应与周围固定物脱开。与水平方向固定物的脱开距离不宜少于隔震层在罕遇地震作用下大位移的 1.2 倍，且不小于 200mm；与竖直方向固定物的脱开距离宜取所采用的隔震支座中橡胶层总厚度大者的 1/25 加上 10mm，且不小于 15mm。

7.1.14 新《规范》对隔震层下部结构设计是如何规定的

对隔震层下部结构设计的主要要求是：保证隔震设计能在罕遇地震下发挥隔震效果。因此，需进行与设防烈度地震、罕遇地震有关的验算，并适当提高抗液化措施，注意新《抗规》12.2.9条为强制性条文，比2001版规范要求更严格且更具体。新规范细化了隔震层下部结构设计要求，增加了隔震层位于结构下部或大底盘顶部时对隔震层下部结构的规定，进一步明确了按隔震后而不是隔震前的受力和变形状态进行抗震承载力和变形验算的要求。具体如下。

（1）隔震层支墩、支柱及相连构件，应采用隔震结构罕遇地震下隔震支座底部的竖向力、水平力和力矩进行承载力验算。

（2）隔震层以下的结构（包括地下室和隔震塔楼的底盘）中直接支承隔震层以上结构的相关构件，应满足嵌固的刚度比和隔震后设防地震的抗震承载力要求，并按罕遇地震下进行抗剪承载力验算。

本次规范修订进一步明确了隔震层以下地面以上的结构在罕遇地震下的层间位移角限值，较非隔震结构提高了一倍。规范中不同下部结构类型所对应的层间弹塑性位移角限值见表7–3。

表7–3　隔震层以下、地面以上结构在罕遇地震作用下层间弹塑性位移角限值

下部结构类型	$[\theta_p]$
钢筋混凝土框架结构和钢结构	1/100
钢筋混凝土框—剪结构	1/200
钢筋混凝土剪力墙结构	1/250

7.1.15　橡胶隔震支座应如何检测

为了确保隔震设计的效果，应对隔震支座的性能参数进行严格的检验。根据国家产品标准《建筑隔震橡胶支座》（GB/T 20688.3）要求，检验分为型式检验和出厂检验两类，应由第三方完成。其中，对于厂家提供的新产品（新种类、新规格、新型号）或已有支座产品的规格、型号、结构、材料、工艺方法等有较大改变时，应进行型式检验，并提供型式检验报告。出厂检验科采用随机抽样的方式确定检测试件：对一般建筑，每种规格的产品抽样数量应不少于总数的20%；若有不合格，应重新抽取总数的50%，若仍有不合格，则应100%检测。每项工程抽样总数不少于20件，每种规格的产品抽样数量不少于4件。

【知识点拓展】

（1）传统结构抗震与减震隔震对比见表7–4，变形图对比如图7–4所示。

表7–4　传统结构抗震与减震隔震对比

	传统抗震	减震、隔震
地震中现象	激烈晃动	缓慢平动
概念	加强构件	调整结构动力参数（柔软层、变形集中）
房屋加速度	加速度放大100%～250%	加速度减小40%～100%
途径	硬抗地震	隔离能量传递（以柔克刚）
目标	可坏、不倒	不坏、处于弹性
设计方法	强度刚度	强度及反应控制

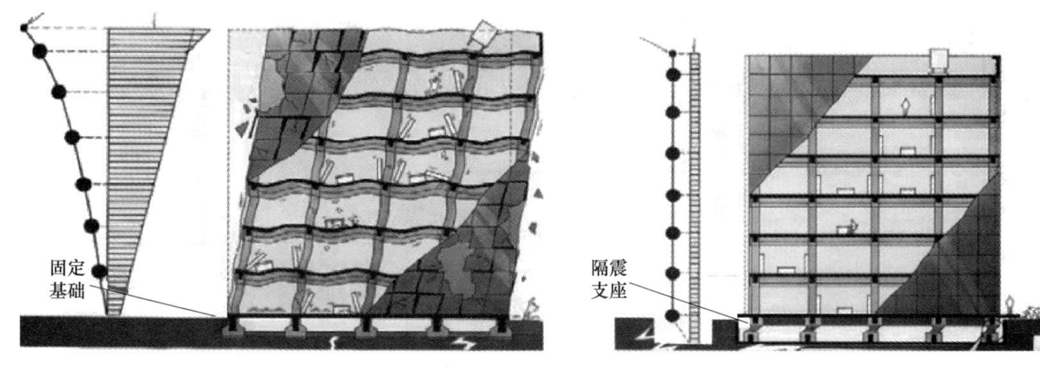

图 7–4　房屋不设置隔震与设置隔震的变形示意

（2）新旧规范减震隔震主要变化见表 7–5。

表 7–5　隔震设计要求的主要改进

	2001 年规范	2010 年规范
适用范围	高烈度，T_1＜1.0 砌体、RC 框架	各种烈度 H/B＜4 的各类结构
隔震层	基础或地下室顶	增加：大底盘顶等
隔震垫压力拉力	竖向平均压应力 大震不宜出现拉力	竖向压应力 $H+V$ 大震拉应力＜1.0MPa
减震系数β	取层剪力最大比值的 1.4 取剪应变 50%的参数	取层剪力、力矩最大比值 可取剪应变 100%的参数
隔震后结构剪力	$\alpha_{1\max}=\beta\alpha_{\max}$，沿高度矩形分布	$\alpha_{1\max}=\beta\alpha_{\max}/\psi$，$\psi=0.75\sim0.85$ 沿高度按 G_{Ei} 分布
隔震措施	$\beta\leqslant0.5$ 降低一度	$\beta\leqslant0.4$（0.38）降低一度
隔震层	现浇板厚不宜≤140mm	现浇板厚不应≤160mm
下部结构	按隔震后的大震验算支墩承载力	增加：中震下相关部分承载力、层间变形验算

（3）中、美、日三国隔震工程应用情况见表 7–6。日本具有代表性的三个隔震高层建筑如图 7–5 所示。

表 7–6　中、美、日三国隔震工程应用情况

应用情况	中国	美国	日本
最高建筑	19 层	29 层	50 层
已建建筑数量	700 多栋	100 多栋	3000 多栋
开始使用年代	1991 年	1950 年	1950 年

（4）叠层橡胶支座（以下简称隔震支座）隔震技术，经过国内外 20 多年的试验研究、工程应用和实际地震考验（如 1994 年台湾海峡地震，1994 年美国加州北岭地震和 1995 年日本阪神地震等），事实表明：通过设置水平柔性隔震层可大大延长结构的水平基本周期，结构体系因“柔化”而隔离了地面的强烈震动，从而可大大减少结构的水平地震作用。与相应的非隔震结构对比，其水平地震，速度可减至非隔震结构的 1/2～1/12。它还使结构水平变形集中于隔震层，而结构从激烈的摆动变为缓慢的“平动”，使上部结构的层间位移大大减少，

图 7–5 日本具有代表性的三个隔震高层建筑

基本上处于弹性工作状态。这种技术不仅能在强地震中有效保护结构本身的安全，而且能保护结构的装修以及内部的仪器设备免遭损坏。这种技术不仅适用于一般建筑结构，而且更适用于重要建筑、重要结构、生命线工程以及重要仪器设备等的地震防护。

橡胶隔震支座是一种由多层橡胶和多层钢板交替叠置结合，共同硫化而成的隔震装置，如图 7–6 所示，具有承载力高且水平减震效果明显、使用寿命长、安装检修方便等优点。国内外的研究结果表明，橡胶支座的使用寿命可达 80 年以上。隔震建筑在日本阪神地震中、中国雅安地震中得到了良好检验。

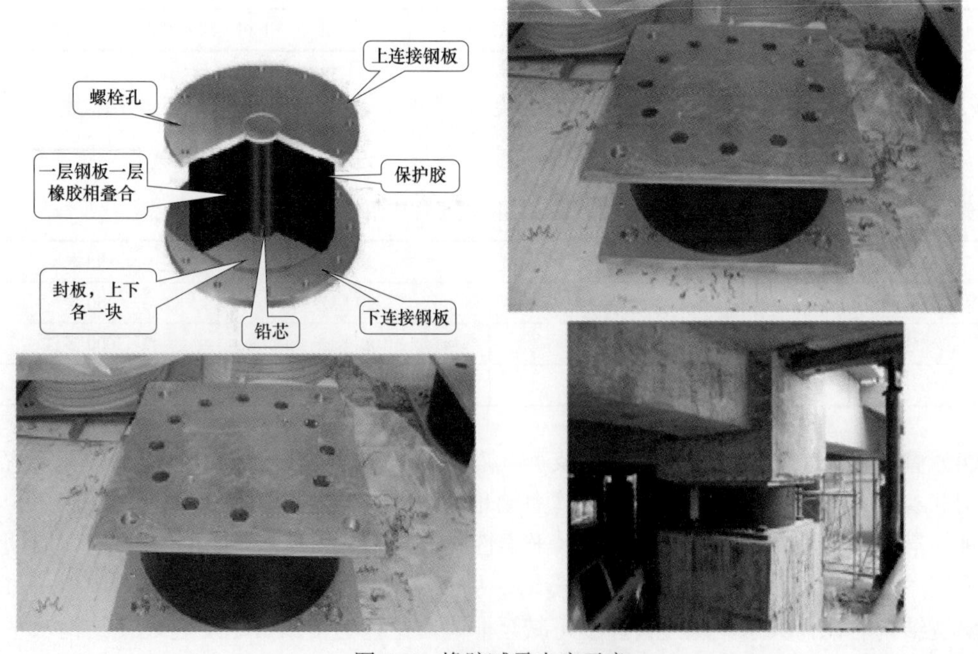

图 7–6 橡胶减震支座示意

7.1.16　目前世界上一些新型隔震技术简介

1. 新型隔震技术“局部浮力”的抗震系统

近日，日本开发了一种名为“局部浮力”的抗震系统，即在传统抗震构造基础上借助于水的浮力支撑整个建筑物。据日本媒体报道，普通抗震结构把建筑物的上层结构与地基分离开，以中间加入橡胶夹层和阻尼器的方式支撑建筑物。相比之下，“局部浮力”系统在上层结构与地基之间设置储水槽，建筑物受到水的浮力支撑。水的浮力承担建筑物大约一半重量，既减轻了地基的承重负荷，又可以把隔震橡胶小型化，降低支撑构造部分的刚性，从而提高与地基间的绝缘性。地震发生时，由于浮力作用延长了固有振动周期，即晃动一次所需时间，建筑物晃动的加速度得以降低。6～8 层建筑物的固有周期最大可以达到 5s 以上。因此，在城市海湾沿岸等地层柔软地带也可以获得较好抗震效果。此外，储水槽内储存的水在发生火灾时可用于灭火，地震发生后可作为临时生活用水。这一系统成本并不算高。以 8 层楼医院为例，成本比普通抗震系统高出大约 2%。

2. 弹性建筑

日本在东京建造了 12 座弹性建筑，经里氏 6.6 级地震的考验，减灾效果显著。这种弹性建筑物建在隔离体上，隔离体由分层橡胶、硬钢板组和阻尼器组成，建筑结构不直接与地面接触。阻尼器由螺旋钢板组成，可减缓上下的颠簸。

3. 滚珠大楼

美国硅谷兴建了一座电子工厂大厦，采用一种抗震新法，即在建筑物每根柱子或墙体下安装不锈钢滚珠，由滚珠支撑整个建筑，纵横交错的钢梁把建筑物同地基紧紧地固定起来。发生地震时，富有弹性的钢梁会自动伸缩，于是大楼在滚珠上轻微地前后滑动可以大大减弱地震的破坏力。

4. 弹簧大楼

日本鹿岛建筑部门发明了一种新的防震大楼营造法：由弹簧把连着地基的基础部分和建筑物主体分开，让建筑物主体处在一种能吸收地震和其他振动冲击的中介物上。无论地基怎样摇晃，振动能量传到这种建筑物时也将减到原来的 1/10。

目前，许多国家在高层建筑的抗震设计方案中，已经出现了新的结构，如美国纽约的 42 层高层建筑物，建在与基础分离的 98 个橡胶弹簧上，日本的建在弧型钢条上防地震建筑物，前苏联的建在与基础分离的沙垫层上的建筑物，以及在中国已经获得了美国、中国和英国发明专利权的，刚柔性隔震、减震、消震建筑结构与抗震低层楼房加层结构，都十分成功地应用于工程实践中，都明显地在建筑结构体型上，改变了传统的插入式刚箍捆住内力（吸收地震能量）的结构体系。总之，这些国家都在建筑设计的结构方面设法摆脱在发生地震灾害时，严重威胁着人们的生命安全的插入式刚箍捆住内力的结构体系。其实质都反映了对“视地球为相当好的惯性参考系”为指导理论，所制定的现行抗震硬抗、死抗地震打击设计规范的动摇，本质上也是改变了建筑结构受力体系，而不在视地球为绝对静止不动的惯性参考系了。

7.2 消能减震设计相关概念和基本规定

7.2.1 消能减震设计的概念

在建筑物的抗侧力体系中设置消能部件（由阻尼器、连接支撑或其他连接构件等组成），通过阻尼器的相对速度提供附加阻尼，通过变形吸收和消耗地震能量，减小结构的地震响应，提高结构抗震能力，减小风荷载作用下结构的摇摆问题，这种技术措施称为“消能减震技术”。

对附加消能减震器的结构和消能器进行抗震、抗风设计称为“消能减震设计”。

采用消能减震设计时，输入到建筑物的地震能量一部分被消能器吸收，其余部分则转换为结构的动能和变形能。这样，可以实现降低结构地震反应的目的。

建筑结构的消能设计包括阻尼器类型、阻尼器安装位置、安装数量、阻尼器最大阻尼力、阻尼器的其他特征参数、建筑物的抗震设计等。

消能减震的主要目的是增加结构阻尼，减小地震及风荷载作用效应，最主要的是解决在风荷载作用下，结果舒适度问题。

消能减震设计可用于钢、钢筋混凝土、钢—混凝土混合等结构类型的房屋。消能部件应能对应不同的工作状态提供足够的附加阻尼。摩擦消能器在10年一遇标准风荷载作用下不应进入工作状态，金属消能器和防屈曲支撑不应产生屈服。

7.2.2 消能减震技术的特点

消能减震通过附加阻尼或阻尼器的非线性滞变耗能减小结构的地震反应，从而保护主体建筑结构不发生损伤或仅发生小的地震损伤。耗能部件不承受结构重力荷载，因此地震后即使消能部件发生塑性变形，也不会影响结构的承重，相当于采用非结构构件来保护主体结构；地震后消能减震部件易于更换。采用消能减震方案可以有效减少结构在风荷载作用下的位移，并且加速度响应得到工程验证，大量实验研究和数值模拟分析计算结果表明消能减震技术对减小结构水平地震反应也是十分有效的。

7.2.3 消能减震技术的适用范围

消能减震技术可以应用于多种结构类型，一般不受结构类型、结构动力特性、结构高度等的限制，可以在新建和抗震加固建筑中应用。

由于一般消能部件发挥耗能作用需要一定变形，因此实际消能减震技术应尽量应用于延性结构（如钢结构、钢筋混凝土结构、钢—混凝土组合结构等），其应用于脆性变形较小结构时，耗能减震作用不能得到有效发挥。

7.2.4 消能减震设计的一般规定

1. 设计方案分析

建筑结构消能减震设计确定设计方案时，除应符合规范相关规定外，还需要与仅采用抗震设计的方案进行对比分析，通过结构抗震性能、经济性和施工性能等综合比较、确定合理的性价比设计方案。

消能部件可根据需要沿结构的两个主轴分别设置；若结构地震反应明显存在扭转效应，则消能部件的布置宜尽量减小结构质量中心和刚度中心的不重合程度，同时在减小结构两个主轴方向的水平地震作用的同时，还需要兼顾扭转效应的控制问题。

消能部件宜设置在变形较大的部位，其数量和分布应通过综合分析合理确定，并有利于提高整个结构的消能减震能力，形成均匀合理的受力体系。

2. 设防目标合理确定

建筑结构的消能减震设计，应符合相关专门标准的规定，也可按抗震性能目标的要求进行性能化设计。

消能减震结构的层间弹塑性位移角限值，应符合预期的变形控制要求，宜比非消能减震结构适当减小，以体现消能减震结构具有更好的抗震性能。本次规范不具体规定层间弹塑性位移角的控制标准数值。

3. 消能减震部件的检修盒维护

消能减震部件的性能参数需要通过相应的试验确定；消能减震部件的安装位置应尽可能不影响建筑的使用功能，尽可能减少结构工程造价，应便于检修、维护和更换。

设计文件上应注明消能减震部件的性能要求，安装前应按规范或相关国家标准进行检测，检测的性能及误差应在国家规范规定的范围之内。

7.2.5　常用消能减震部件类型

消能减震设计时，应根据多遇地震下的预期减震要求和罕遇地震下的预期结构位移控制要求，选择适合的消能部件。

消能部件可由消能器及斜撑、墙体、梁等支承构件组成。本规范中，消能减震用阻尼器指的是被动阻尼器，分为速度相关型阻尼器和位移相关型阻尼器两大类。速度相关型阻尼器主要包含黏弹性阻尼器和线性及非线性黏滞阻尼器，位移相关型阻尼器主要包含各类金属阻尼器和摩擦阻尼器。部分阻尼器如图 7–7 所示。

图 7–7　部分阻尼器示意

7.2.6 消能减震工程案例

【工程案例 1】

北京银泰大楼 63 层 $H=265$m，是我国首座采用了 73 个液体黏滞阻尼器的超高层建筑，目的是要求建筑的脉动风加速度在 100 年一遇大风下能满足规范舒适度的要求。工程图片如图 7–8 所示。

【工程案例 2】

北京盘古大观 45 层 $H=191$m，超高层钢结构建筑，安装了 100 个液体黏滞阻尼器，解决了工程抗震及抗风设计。工程照片如图 7–9 所示。

图 7–8　北京银泰大厦

图 7–9　北京盘古大观

【工程案例 3】

台北 101 大楼 2003 年建成，地下 5 层，地上 101 层，总高 508m，结构形式：巨型框架—核心筒结构；抗震设计：按抗震设防烈度 8 度，设计基本地震加速度值为 0.30g；抗风设计：基本风压为 0.85kN/m^2（$n=100$），为了满足在风作用下舒适度的要求，在顶部设置了一个钟摆式调频质量阻尼器 660t；采取“以动制动”方法。工程图片如图 7–10 所示，工程钟摆式调频质量阻尼器如图 7–11 所示。

图 7–10　台北 101 工程图片

图 7–11　钟摆式调频质量阻尼器

【工程案例 4】

上海环球中心 101 层 H=492m，主体承重结构由型钢混凝土巨型柱、钢筋混凝土核心筒、巨型斜撑、外伸桁架、带状桁架等组成，在国内的高层建筑中首次采用了 TMD 主动控制技术（调频质量阻尼器）800t，上海中心也在顶部采用 TMD 主动控制技术（调频质量阻尼器）1200t，大大缓解了强风和地震作用带来的楼层振动。TMD 阻尼器的阻尼比仅仅 0.5%，远小于混凝土和钢结构的阻尼比。工程图片如图 7–12 所示。

图 7–12　上海环球中心和上海中心

【工程案例 5】

北京 246.8m 的奥运瞭望塔，采用风振控制设计，为了减小顶部观光厅风振加速度的影响，在主塔上部结合水箱设置了 TMD 装置，并采用折返吊挂方式解决水箱间空间高度不足、质量块自振周期较短的问题。实测结果表明，利用水箱制作的 TMD 对于减小风振加速度具有明显效果。工程图如图 7–13 所示。

【工程案例 6】

人民日报社办公楼地上 2B/F32 层，主屋面 H = 150m（最高处 180）；钢框架—屈曲约束支撑体体系结构，共用 890 根屈曲约束支撑。是国内第一幢全面采用屈曲约束支撑为主要抗侧力构件的高层钢结构建筑。这种屈曲约束支撑不仅可以增加结构抗侧刚度，同时还可以增加结构的阻尼。工程相关图片如图 7–14 所示。

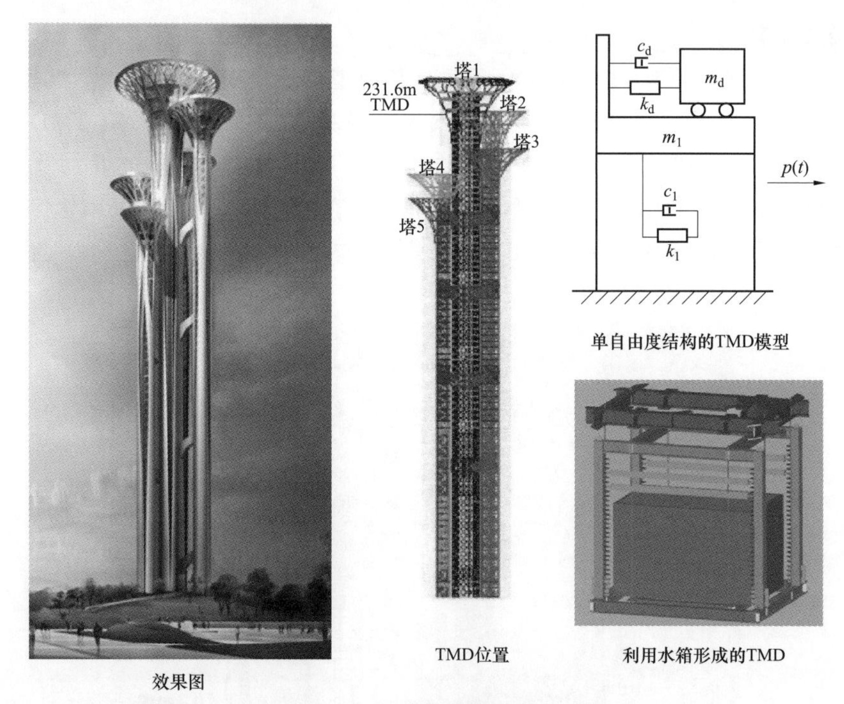

图 7–13　北京奥运瞭望塔图

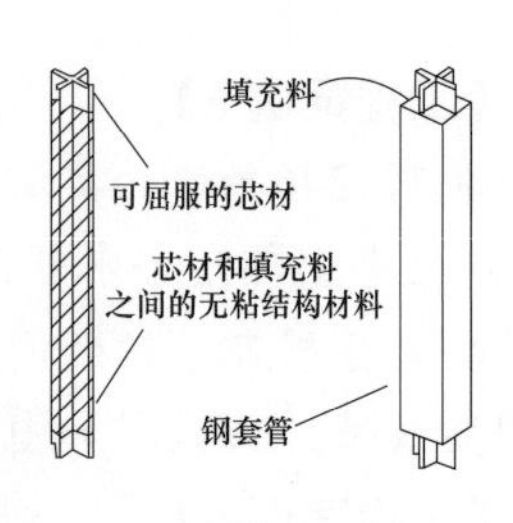

图 7–14　工程相关图片

第8章

复杂结构抗震性能化设计

抗震性能化设计是这次规范新增的内容，结合当前技术和经济条件，慎重发展性能化目标设计方法，明确规定需要进行可行性论证。一般需综合考虑使用功能、设防烈度、结构的不规则程度和类型、结构发挥延性变形的能力、造价、震后的各种损失及修复难度等因素，不同的抗震设防类别，其性能设计选用不同的抗震性能目标要求。

性能化设计更加具有针对性和灵活性：建筑的抗震性能化设计，立足于承载力和变形能力的综合考虑，具有很强的针对性和灵活性。针对具体工程的需要和可能，可以对整体结构、也可以对某些部位或关键构件，灵活运用各种措施达到预期的性能目标——着重提高抗震安全性或满足使用功能的专门要求。

例如，可以根据楼梯间作为“抗震安全岛”的要求，提出确保大震下楼梯间具有安全避难通道的具体目标和性能要求；可以针对特别不规则、复杂建筑结构的具体情况，对抗侧力结构的水平构件和竖向构件分别提出相应的性能目标，提高其整体或关键部位的抗震安全性；也可以针对水平转换构件、为确保大震下自身及相关构件的安全而提出大震下的性能目标；对于地震时需要连续工作的机电设施、其相关部位的层间位移需要满足设备正常运行所需要的层间位移要求。

8.1 采用抗震性能化设计的目的和意义

采用性能设计方法将有利于判断高层建筑结构的抗震性能，有针对性、目的性地加强结构的关键部位和薄弱部位，为发展安全、适用、经济的结构方案提供创造性的空间。

近几年，结构抗震性能设计已在我国“超限高层建筑结构”抗震设计中比较广泛地采用，积累了不少工程经验。国际上，日本从1981年起已将基于性能的抗震设计原理用于高度超过60m的高层建筑。美国从20世纪90年代陆续提出了一些有关抗震性能设计的文件(如ATC40、FEMA356、ASCE41等)，近几年由洛杉矶市和旧金山市的重要机构发布了新建高层建筑（高度超过160英尺，约49m）采用抗震性能设计的指导性文件。2008年，美国国际高层建筑及都市环境委员会（CTBUH）发表了有关高层建筑（高度超过50m）抗震性能设计的建议。高层建筑采用抗震性能化设计已成为一种发展趋势。.

8.2 基于性能抗震设计的主要优点

抗震性能化设计强调建筑结构性能目标的“个性化”；业主、设计师有更大的自主权；克服现有规范的局限性；有利于新材料、新方法的推广应用；不仅强调保证生命安全，同时强调避免财产损失。实际上抗震性能化设计就是一种不断进行结构优化的过程，一般需要按图 8-1 所示的步骤反复循环反复进行，直到找到比较合适的结构安全、业主认可的性价比方案。

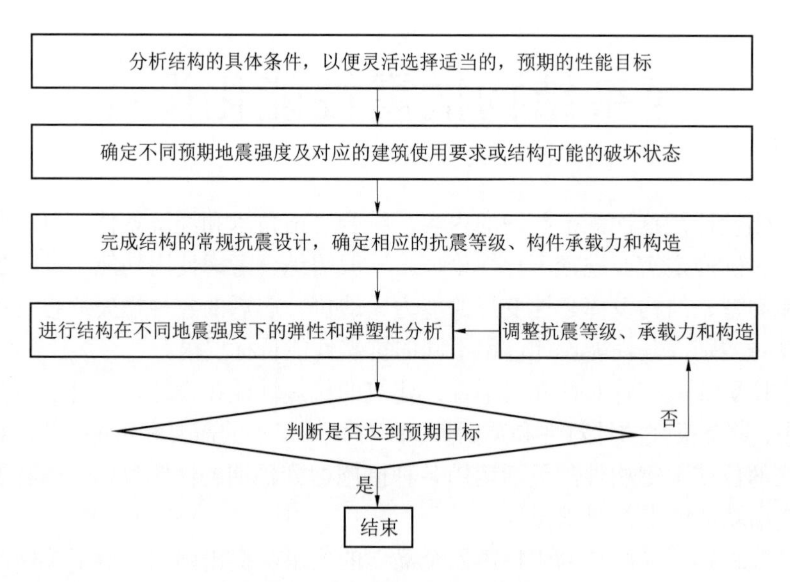

图 8-1　基于性能抗震设计框图

8.3　结构抗震性能设计的主要工作

（1）需要分析结构方案在房屋高度、规则性、结构类型、场地条件或抗震设防标准等方面的特殊要求，以确定结构设计是否需要采用抗震性能化设计方法并以此特殊性作为选用性能目标的主要依据。

（2）选用抗震性能目标。性能目标选用时，一般需征求业主和有关专家的意见。

（3）结构抗震性能分析论证的重点是进行深入的计算分析和工程判断，找出结构有可能出现的薄弱部位，提出有针对性的抗震加强措施，必要的试验验证，分析论证结构可达到预期的抗震性能目标。

8.4　抗震性能分析论证一般需要进行哪些工作

（1）分析确定结构超过本规程适用范围及不规则性的情况和程度。

（2）认定场地条件、抗震设防类别和地震动参数。

（3）进行深入的弹性和弹塑性计算分析（静力分析及时程分析）并判断计算结果的合理性。

（4）找出结构有可能出现的薄弱部位以及需要加强的关键部位、关键构件，提出有针对性的抗震加强措施。

（5）必要时还需进行构件、节点或整体模型的抗震试验，补充提供论证依据，如对本规程未列入的新型结构方案又无震害和试验依据或对计算分析难以判断、抗震概念难以接受的复杂结构方案。

（6）论证结构能满足所选用的抗震性能目标的要求。

【知识点拓展】

本条所说的“关键构件”可由结构工程师根据工程实际情况分析确定。

例如，水平转换构件及其支承的竖向构件、大跨连体结构的连接体及其支承的竖向构件、大悬挑结构的主要悬挑构件、加强层伸臂和周边环带结构的竖向支撑构件、承托上部多个楼层框架柱的腰桁架、长短柱在同一楼层且数量相当时该层各个长短柱、扭转变形很大部位的竖向（斜向）构件、重要的斜撑构件等。

8.5　哪些建筑结构需要考虑抗震性能化设计

考虑抗震性能化设计的建筑结构现阶段主要是指房屋高度、规则性、结构类型、场地条件或抗震设防标准等有特殊要求的高层建筑混凝土结构，包括以下几种。

（1）超限高层建筑结构。

（2）有些工程虽不属于“超限高层建筑结构”，但由于其结构类型或有些部位结构布置的复杂性，难以直接按本规程的常规方法进行设计。

（3）还有一些位于高烈度区（8 度、9 度）的甲、乙类设防标准的工程或处于抗震不利地段的工程，出现难以确定抗震等级或难以直接按本规程常规方法进行设计的情况。为适应上述工程抗震设计的需要，有必要规定可采用抗震性能设计方法进行分析和论证。

8.6　结构抗震性能目标和性能水准预期状况

（1）结构抗震性能目标应综合考虑抗震设防类别、设防烈度、场地条件、结构的特殊性、建造费用、震后损失和修复难易程度等各项因素选定。结构抗震性能目标分为 A、B、C、D 四个等级，结构抗震性能分为 1、2、3、4、5 五个水准（见表 8–1），每个性能目标均与一组在指定地震地面运动下的结构抗震性能水准相对应。各性能水准结构预期的震后性能状况见表 8–2。

表 8–1　　结构抗震性能目标

性能目标 / 性能水准 / 地震水准	A	B	C	D
多遇地震	1	1	1	1
设防烈度地震	1	2	3	4
预估的罕遇地震	2	3	4	5

表 8–2 各性能水准结构预期的震后性能状况

结构抗震性能水准	宏观损坏程度	损坏部位			继续使用的可能性
		关键构件	普通竖向构件	耗能构件	
第 1 水准	完好 无损坏	无损坏	无损坏	无损坏	一般不需修理即可继续使用
第 2 水准	基本完好 轻微损坏	无损坏	无损坏	轻微损坏	稍加修理即可继续使用
第 3 水准	轻度损坏	轻微损坏	轻微损坏	轻度损坏、 部分中度损坏	一般修理后才可继续使用
第 4 水准	中度损坏	轻度损坏	部分构件 中度损坏	中度损坏、部分比较严重损坏	修复或加固后才可继续使用
第 5 水准	比较严重损坏	中度损坏	部分构件严重损坏	比较严重损坏	需排除大修

注：“关键构件”是指该构件的失败可能引起结构的连续破坏或危及生命安全的严重破坏；“普通竖向构件”是指“关键构件”之外的竖向构件；“耗能构件”包括框架梁、剪力墙连梁及耗能支撑等。

（2）各性能目标结构的层间弹塑性极限位移角限值见表 8–3。

表 8–3 各性能目标结构的层间弹塑性极限位移角限值

结构体系 \ 层间弹塑性极限位移角 \ 性能目标	A	B	C	D
框架结构	1/100	1/75	1/63	1/50
框架—剪力墙结构、框架—筒体结构、板—柱—剪力墙结构	1/175	1/150	1/125	1/100
剪力墙结构、筒中筒结构	1/210	1/180	1/150	1/120

注：结构的层间弹塑性极限位移角取结构各层质心处的弹塑性位移计算值。

（3）各类结构完整程度与位移角的对应关系见表 8–4。

表 8–4 各类结构完整程度与位移角的对应关系

结构类型	完好	轻微损坏	中等破坏	不严重破坏
钢筋混凝土框架	1/550	1/250	1/120	1/60 （1/50）
钢筋混凝土剪力墙、筒中筒	1/1000	1/500	1/250	1/135 （1/120）
钢筋混凝土框剪、 板柱-剪力墙、框筒	1/800	1/400	1/200	1/110 （1/100）
钢筋混凝土框支层	1/1000	1/500	1/250	1/135 （1/120）
多、高层钢结构	1/250	1/200	1/100	1/55 （1/50）
钢框架—核心筒、型钢混凝土框架—混凝土核心筒	1/800	1/400	1/200	1/110 （1/50）

（4）构件损坏程度也可按力与变形图宏观控制，如图 8–2 所示。

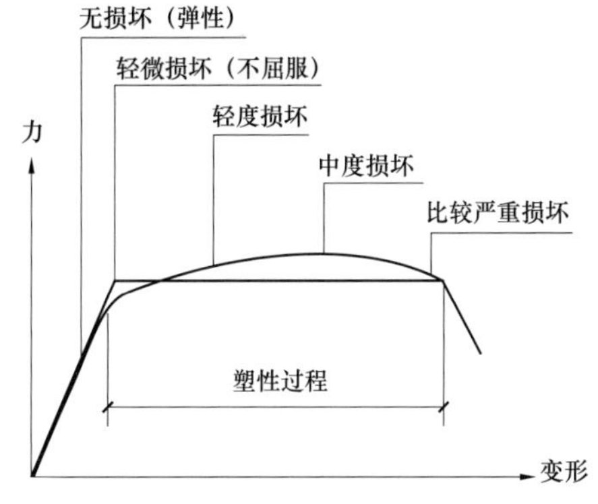

图 8–2　构件损坏程度图形示意

【知识点拓展】

（1）《抗规》和《高规》均规定了抗震性能设计方法，明确了抗震性能水准、抗震性能目标和具体计算方法。《高规》3.11.1 条将结构抗震性能目标分为 A、B、C、D 四个等级，将结构抗震性能水准分为 1，2，3，4，5 五个水准，各抗震性能目标均与一组在指定地震作用下的结构抗震性能水准相对应。《抗规》与《高规》的规定基本一致。但作者认为《高规》在工程中应用更加清晰明确，所以建议应用时以《高规》作为依据。

（2）结构抗震性能水准是预期的震后结构性状的宏观表现。为了方便设计人直观地把握设防烈度（中震）结构构件的安全度，以构件承载力利用系数ξ的大小表征各性能水准结构构件的承载力安全储备（承载力利用程度）和损伤程度。第 1、2 性能水准的结构以弹性分析对构件进行中、大震作用下的承载力校核；计算时阻尼比不增加，连梁刚度折减系数不宜小于 0.5；受当前技术发展水平的限制，第 3、4 性能水准的结构以弹性分析对构件进行中震作用下的承载力校核，考虑到结构的部分构件实际上已进入弹塑性阶段，计算时阻尼比可增加 0.005～0.01，连梁刚度折减系数不宜小于 0.3；第 3、4、5 性能水准的结构宜以大震弹性地震力控制竖向构件的受剪截面，以保证不发生剪切破坏，并以弹塑性分析控制大震作用下整体结构的弹塑性位移角。当地震作用以竖向为主时，相关计算公式的地震作用效应组合为（$0.4S^{*}_{\mathrm{Ehk}}+S^{*}_{\mathrm{Evk}}$）。

（3）对关键构件允许单独进行性能设计。对于某些致命的关键构件，不必与整个结构的性能目标一致，可单独进行性能设计。例如，某高层建筑，建筑要求在角部仅用一根柱子支承上部几十层建筑，而该柱又有 5 层楼高，如果将整个结构采用性能目标 C 进行设计，关键构件在罕遇地震时性能状况应为轻度损坏，但实际设计时在罕遇地震下该柱宜处于弹性状态以确保安全，因此该柱可单独进行性能设计，而不受整个结构性能目标的限制。反之，次要构件，也允许采用比整个结构性能目标略低的性能目标进行设计。总之，采用性能目标设计时应更加灵活地应用，随不同构件设计的需要而采用相应的性能水准。

（4）各类结构的抗震性能目标中的量词：“个别”为小于 10%，“部分”为 20%左右，“较多”为 30%左右，“大部分”为 50%左右，“普遍”为 75%左右。

（5）结构中如有下列构件：大跨连体结构的连接体及与其相连的竖向支承构件、大悬挑结构的主要悬挑构件、扭转变形很大部位的竖向（斜向）构件、重要的斜撑构件、错层柱墙等，视其实际受力状况确定是否定义为结构中的关键构件。

（6）地震作用下，结构楼盖系统主要起着协调周围各连接竖向构件抗侧力的作用。一般建筑平面规则且楼板面无大的缺失、开孔或凹凸变化的情况，在地震作用下楼板面内仅产生较小的应力，此时的楼板可定义为普通构件，其抗震性能目标可相应定得较低，但有时楼板在地震作用下起着关键构件的作用，如常见的弱连接楼盖，此时如果楼盖严重破坏导致与其连接的竖向构件丧失承载能力，因此合理确定其抗震性能目标十分重要，表 8–5 为作者建议的楼盖抗震性能目标。

表 8–5 楼盖抗震性能水准

结构楼盖	多遇地震（水准 1*）	设防烈度地震（水准 3）	罕遇地震（水准 4）	罕遇地震（水准 5）
一般楼盖	弹性*	不屈服 抗剪弹性	部分屈服 抗剪不屈服	较多屈服满足 截面抗剪
弱连接楼盖	弹性*	弹性	抗剪弹性	不屈服
板端抗弯	弹性*	不屈服	允许屈服	允许屈服
楼盖梁	弹性*	不屈服	允许屈服	允许屈服

（7）目前工程中对于一些重要构件用得比较多的所谓“中震弹性”设计和“中震不屈服”设计是什么意思？所谓中震：实际上就是指在设防烈度下（50 年一遇超越概率在 10%时的地震加速度）；中震比小震的地震作用提高 2.82～3.00 倍。所谓“中震弹性”设计中，构件处于弹性状态；所谓“中震不屈服”设计中，构件处于弹性状态且已经达到弹性状态的极限状态，即将进入屈服阶段。

中震弹性与中震不屈设计参数差异见表 8–6。

表 8–6 中震弹性与中震不屈设计参数差异

设计参数	中震弹性	中震不屈
水平地震影响系数	基本烈度地震影响系数 （50 年一遇超越概率 10%）	基本烈度地震影响系数 （50 年一遇超越概率 10%）
时程分析地震加速度曲线最大值	基本烈度地震加速度 （50 年一遇超越概率 10%）	基本烈度地震加速度 （50 年一遇超越概率 10%）
内力调整系数	1.0（四级抗震等级）	1.0（四级抗震等级）
荷载分项系数	按规范要求取	1.0
承载力抗震调整系数	按规范要求取	1.0
材料强度指标	设计强度	材料标准值

对钢筋混凝土多层框架结构和高层框架—剪力墙结构的丙类建筑，分别按多遇地震弹性设计和按“中震不屈服”和“中震弹性”性能目标进行设计，通过对结构特性和效益比较，得出以下初步结论。

1）按中震性能目标设计时结构的楼层位移约为按小震设计时的 2～3 倍，相当于中震和小震地震作用之比 2.82～3。

2）对框架结构，当抗震设防烈度为 6 度、7 度时，各性能目标下的工程量相差不大，混凝土和钢筋的增加量都在 10%以内；但是当设防烈度为 8 度时，提高性能目标后工程量增加很多，尤其是按“中震弹性”设计，混凝土量增加超过 40%，用钢量增加 65.5%。

3）对框架—剪力墙结构：通常不对整体结构进行性能设计，而是仅对底部加强部位的剪力墙按照性能目标进行设计。在 6 度区，按丙类建筑设计，按“中震不屈服”和“中震弹性”性能目标设计时，剪力墙底部加强部位用钢量分别只增加 4%和 5%。在 7 度按“中震不屈服”和“中震弹性”性能目标设计时，剪力墙底部加强部位用钢量分别增加 23%和 78%。

4）对剪力墙结构，7 度时如果全楼按“中震不屈”和“中震弹性”设计，剪力墙混凝土量增加48%和72%；剪力墙钢筋分别增加101%和159%。如果整个结构按“中震不屈服”或“中震弹性”设计剪力墙，混凝土用量及钢筋用量都很大，实用性和经济性均较差。所以目前还不建议对整个结构进行形态设计。

5）《高规》中，对不同设防水准下的不同结构类型所规定的抗震措施（包括构造措施）具有重要意义。在低烈度区（6、7度），单纯依靠提高抗震性能目标进行设计，并不能达到提高结构抗震安全的目的；在高烈度（8度及以上）地震区，确定“中震弹性”甚至大震的性能目标时也应谨慎，否则可能使设计无法实现。除非建筑的重要性要求提高抗震设防类别，一般情况下，仅限于对结构的关键部位和关键构件采用性能设计，可以使有限的资金用在最需要的地方。

（8）以下是几个工程案例。

【工程案例1】

作者公司2004年设计的北京UHN国际村，大跨高位连体结构，8度设防的钢筋混凝土剪力墙双塔结构，高81m，在61m以上用钢结构连接体与双塔错层连接，双塔的结构基本相同，底部有个别墙体转换，连接体的跨度31m，工程特点：高位大跨度错层连接。图8–3为工程照片。

图8–3 北京OHN国际村工程照片

性能设计要求：连接体本身考虑竖向地震且承载力按“中震弹性'设计；连接体下五层范围内墙体的承载力按“中震不屈服”设计。

性能目标：达到D。即要求

小震下满足：结构完好、无损伤，一般不需要修理即可继续使用，人们不会因为结构损伤造成伤害，可以安全出入和使用；

中震下满足：结构的薄弱部位和重要部位的构件发生轻微损坏，出现轻微的裂缝，其他部位有部分选定的具有延性的构件发生中等损坏，出现明显的裂缝，进入屈服阶段，需要修理并需要采取安全措施才可以继续使用。

大震下满足：震后结构发生中等的损坏，多数构件发生轻微损坏，部分构件发生中等损坏，进入屈服，有明显裂缝，需要采取安全措施，人们不能安全出入，经过修理，适当加固后才可继续使用。

【工程案例2】

作者2011年主持设计的宁夏万豪大厦超限高层建筑，抗震设防烈度8度，设计地震分组两组。高50层，$H=216$m。

性能设计目标“C”；

小震下满足：结构完好、无损伤，一般不需要修理即可继续使用，人们不会因为结构损伤造成伤害，可以安全出入和使用；

中震下满足：结构发生中等程度的破坏，多数构件轻微损坏，部分构件中等损坏，进入屈服，有明显的裂缝，需要采取安全措施，人们不能安全出入和使用，经过修理、适当加固后可以继续使用。

大震下满足：震后结构发生明显损坏，多数构件发生中等损坏，进入屈服，有明显裂缝，部分构件严重破坏，但整个结构倒塌，也不发生局部倒塌，人员会受到伤害，但不危及生命安全。

具体构件及关键部位设计要求为：转换斜柱、拉梁、裙房越层柱按中震弹性设计；底部加强部位核心筒墙按中震不屈服设计。工程效果图及“转换斜柱”应力分析模型如图 8–4 和图 8–5 所示。

图 8–4 宁夏万豪大厦工程效果图

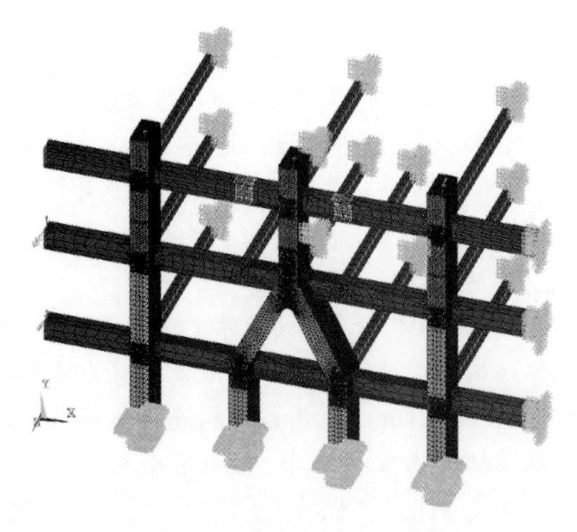

图 8–5 转换斜柱分析模型

【工程案例 3】

作者 2014 年主持设计的首开万科中心超限高层结构抗震设计，抗震设防烈度 8 度，框架—核心筒结构，H=116.8m，如图 8–6 所示。

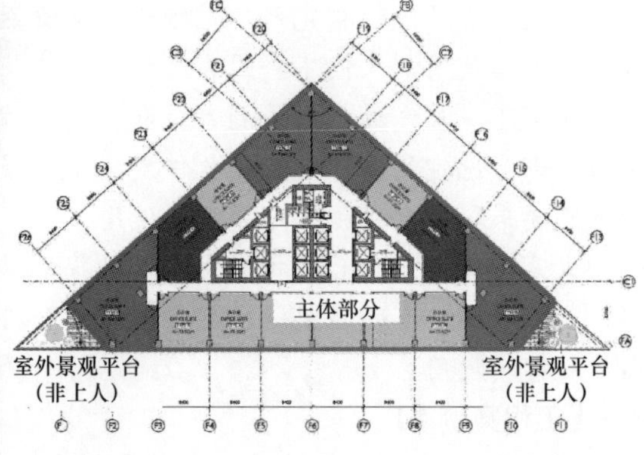

图 8–6 首开万科中心工程效果图和框架—核心筒结构

工程抗震性能设计目标见表 8–7。

表 8–7 工程抗震性能设计目标

多遇地震	设防地震	罕遇地震
安评谱与规范谱较大值	加强区墙肢受弯中震不屈服	加强区大震下主要墙肢（t≥400mm），抗剪截面： $V/f_{ck}A<0.15$ 悬挂结构按大震不屈服复核
按 0 度、41 度分别计算包络设计	加强区墙肢受剪中震弹性	
穿层柱要按照非穿层柱的剪力考虑计算长度复核柱端弯矩	中震不屈服下墙肢拉应力不大于 $2f_{tk}$	

续表

多遇地震	设防地震	罕遇地震
弹性时程分析，层剪力取时程分析结果与谱分析结果的包络	中震不屈服下墙肢拉应力大于 f_{tk} 的楼层数不超过总楼层数的 25%	加强区大震下主要墙肢（$t \geqslant 400$mm）抗剪截面：$V/f_{ck}A < 0.15$ 悬挂结构按大震不屈服复核
	墙肢拉应力大于 f_{tk} 时，拉应力全部由内置型钢承担	
框架部分承担的地震剪力标准值占比大于 0.16 时，框架部分的剪力按 $0.25Q_0$ 及 $1.5V_{max}$ 的较小值调整	悬挑锚固段水平及竖向构件按中震弹性设计	

【工程案例 4】

北京蓝花大厦，8 度设防的框架—剪力墙结构，总高 93m，底部五层的楼板偏置一侧，无楼板一侧采用穿层型钢混凝土斜柱支承以上楼层，如图 8–7、图 8–8 所示。应属复杂结构，其中这些斜柱应该属关键构件中的关键，必须进行抗震性能设计，确保结构安全。

图 8–7　北京蓝花大厦工程图片

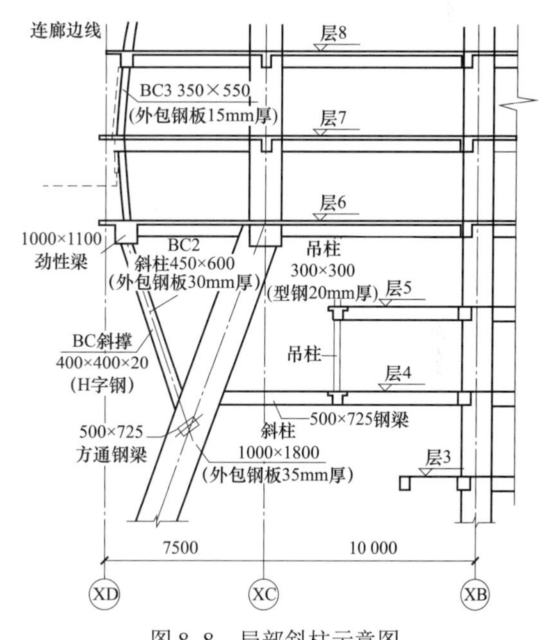

图 8–8　局部斜柱示意图

性能目标：达到 E 级。即要求满足（说明现规范已经取消 E 级）

小震下满足：结构完好、无损伤，一般不需要修理即可继续使用，人们不会因为结构损伤造成伤害，可以安全出入和使用；

中震下满足：结构发生中等程度的破坏，多数构件轻微损坏，部分构件中等损坏，进入屈服，有明显的裂缝，需要采取安全措施，人们不能安全出入和使用，经过修理、适当加固后可以继续使用；

大震下满足：震后结构发生明显损坏，多数构件发生中等损坏，进入屈服，有明显裂缝，部分构件严重破坏，但整个结构倒塌，也不发生局部倒塌，人员会受到伤害，但不危及生命安全。

关键构件性能设计要求：斜柱保证“中震弹性”设计。

【工程案例 5】

北京国贸三期，目前（2014 年）是北京已建最高建筑，总高 330m，81 层。外形规则，采用了高含钢率的型钢混凝土柱和型钢混凝土内筒。在外筒设置两层高的腰桁架与内外筒之间的伸臂桁架形成加强层。国贸三期主塔楼主体结构为“筒中筒”结构，外部是一层框架筒体，内部为支撑核心筒体，都是采用型钢混凝土结构，两者经过复杂的结构连接内筒高宽比为 15.5。

图 8–9　北京国贸三期

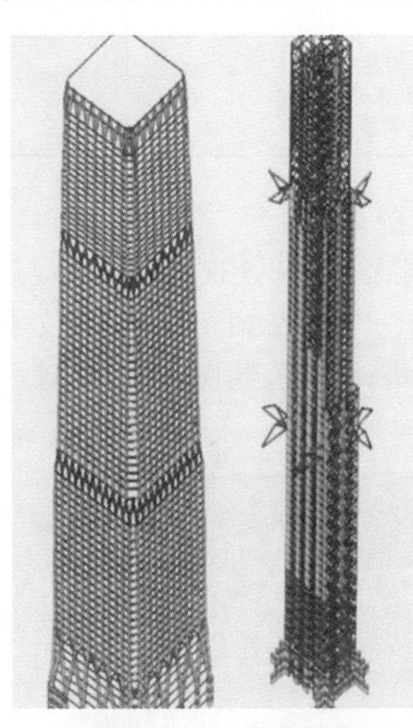

图 8–10　计算模型

性能设计：北京国贸三期

性能目标：达到 D。

小震下满足：结构完好、无损伤，一般不需要修理即可继续使用，人们不会因为结构损伤造成伤害，可以安全出入和使用；

中震下满足：结构的薄弱部位和重要部位的构件发生轻微损坏，出现轻微的裂缝，其他部位有部分选定的具有延性的构件发生中等损坏，出现明显的裂缝，进入屈服阶段，需要修理并需要采取安全措施才可以继续使用；

大震下满足：震后结构发生中等的损坏，多数构件发生轻微损坏，部分构件发生中等损坏，进入屈服，有明显裂缝，需要采取安全措施，人们不能安全出入，经过修理，适当加固后才可继续使用。

关键部位性能设计目标：外框筒与内筒承载力均满足中震不屈服。为此，在内筒下部 1/4 楼层设置了钢板组合剪力墙。上部采用钢支撑。腰桁架的承载力全部由钢结构构件承担，且按中震弹性设计。

【工程案例 6】

南宁帝王大厦，6 度设防的钢筋混凝土内筒—外框结构，外形为正方形，基本规则，58 层，总高 201m，停机坪高度 218m，高度接近高规 B 级的最大高度，顶部有局部抽柱转换。并有高 40m 的偏置观光电梯小塔。属超限建筑，高度超过高规 A 级限高 45%，也超过高规 B 级限高 4%。工程图片如图 8–11 所示。

图 8–11　南宁帝王大厦

性能目标：达到 C 级。

小震下满足：结构完好、无损伤，一般不需要修理即可继续使用，人们不会因为结构损伤造成伤害，可以安全出入和使用；

中震下满足：结构基本完好，仅有个别构件轻微裂缝，一般不需要修理或稍加修理即可继续使用，人们不会因为结构损伤造成伤害，可以安全出入和使用；

大震下满足：震后结构的薄弱部位和重要的构件完好、无损伤，其他部位有部分选定的具有延性的构件出现明显的裂缝，修理后可继续使用。

关键部位性能设计要求：增大外框架承担的地震力，且底部的外框柱设置型钢芯柱加强，除少数外框梁外，竖向构件（墙、柱）按“中震弹性”设计，大震下底部加强部位基本不屈服。顶部小塔按“中震不屈服”设计。

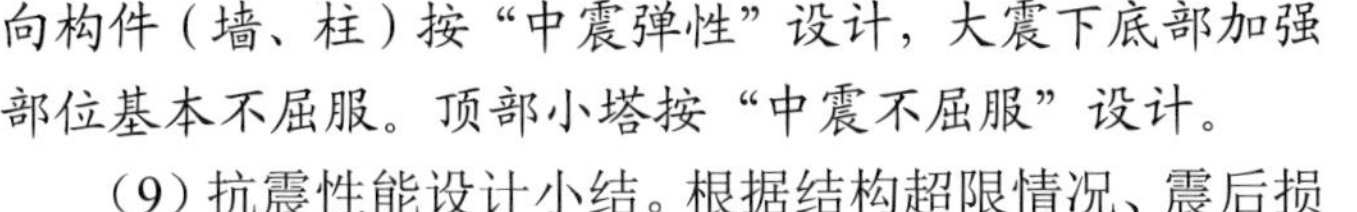

（9）抗震性能设计小结。根据结构超限情况、震后损失、修复难易程度和大震不倒等确定抗震性能目标，即在预期水准（如中震、大震或某些重现期的地震）的地震作用下结构、部位或结构构件的承载力、变形、损坏程度及延性的要求。

1）由以上工程案例可以看出，目前抗震性能设计，主要应用在超限高层建筑、复杂部位、关键构件中，一般不对整体结构进行抗震性能设计。

2）选择预期水准的地震作用设计参数时，中震和大震可仍按规范的设计参数采用。

3）类似工程地处高烈度区时，抗震性能目标要低于低烈度区，性能设计范围要小于低烈度区。

4）作者建议对于一般建筑中的转换构件、大跨结构、单跨框架结构、大悬臂构件、错层部位等可以采用抗震性能设计方法对其进行设计。

5）结构提高抗震承载力目标举例：水平转换构件在大震下受弯、受剪极限承载力复核；竖向构件和关键部位构件在中震下偏压、偏拉、受剪屈服承载力复核，同时受剪截面满足大震下的截面控制条件；竖向构件和关键部位构件中震下偏压、偏拉、受剪承载力设计值复核。

第9章

超限高层建筑抗震设计注意事项

9.1 我国超高层建筑的发展概况及趋势

随着我国经济的不断发展和城市化进程的加速，超高层建筑因可集约利用土地、推进区域经济发展、提升城市形象、促进商业繁荣而备受瞩目，越来越多的高层、超高层建筑出现在大、中型城市，各地地标性建筑和少数特大城市的区域性、标志性建筑高度逐年在刷新，超高层创新技术已成为推动我国建筑业发展的重要环节，超高层建筑的设计、建造与运营管理，也将成为大型房地产开发商、设计、施工和物业管理企业研究的新课题，作为现代城市中的地标，超高层建筑已表现出非凡的作用，成为国家、民族以及城市经济崛起的象征。回顾我国的超高层建筑发展始于1990年，可以说1990～2007年是超限高层建筑的起步阶段。2008～2012年是我国超限高层快速发展期，2013～2018年可谓是超限高层建筑的繁荣期。仅以高度为依据，截至2012年，我国共建成150m以上超高层200多栋，250m以上超高层建筑94栋，其中高度分布比例为：250～300m的有55栋，约占超高层建筑的59%之多；300～400m的有28栋；400～500m的有10栋；500m以上仅1栋；其中，港澳台地区超限高层共计18栋，约占总超限高层的20%。这一阶段最具有代表性的是台湾101大楼（508m）、上海环球金融中心（492m）等。这些超过250m以上超高层建筑分布情况见表9–1，主要集中在我国经济比较发达的珠三角和长三角地区，抗震设防较低的地区。主要城市有上海、香港、广州和深圳。

表9–1　　截至2012年已建250m以上超高层建筑数量统计

城市或地区	北京	上海	广州	深圳	重庆	香港	台湾	天津	南京	温州	武汉	苏州	沈阳
抗震设防烈度	8	7	7	6	6	7	8	7	7	6	6	6	7
超高层建筑数量	2	16	10	9	7	15	1	2	4	3	4	2	2

注：以上这些数量可能不完全，仅是主要的一些建筑。

2013～2018年，我国已经立项150m以上计划的超限高层建筑共计600多栋，其中250～300m的有70栋；300～400m的有71栋；400～500m的有13栋；500m以上的有11栋。预计到2018年，我国摩天大楼将是美国摩天大楼的近4倍。表9–2汇总各城市2013～2018年超限高层统计数量。可以看出超高层分布区域明显扩大，其中环渤海地区将成为新的崛起的超限高层建筑集中地，由一线城市向二、三线城市发展。

表 9–2　　2013～2018 年各城市超限高层数量统计（超过 250m）

城　市	北京	上海	天津	深圳	无锡	广州	重庆	大连	贵阳	昆明	沈阳	武汉
抗震设防烈度	8	7	7	6	6	7	6	7	6	8	7	6
数　量	1	7	20	15	9	8	6	8	7	6	7	7

注：以上这些是正在建设及未来可能的建筑，还会有所变化。

以上这些仅是指 250m 以上的超限高层建筑的不完全统计数量。可以想象，100～250m 的超限高层建筑及高层建筑由于规则性等需要进行超限高层抗震审查的会更多，这些建筑分布区域可以遍布我国各个区域，这些工程的设计工作也绝不会仅集中在国外知名设计公司及国内大型设计院，更多的设计工作可能遍布我国各设计单位。为此，作者提醒各位设计师，应该对超限高层抗震审查有所了解。

9.2　我国超高层建筑结构体系的发展

由于超高层建筑结构的特殊性，建筑内部的梁柱将会不可避免地存在，在结构设计中要考虑异形柱的使用，特别是在超高层住宅户型设计中，充分且全面考虑梁柱的影响、规避及利用是设计的难点。

对于结构设计来说，按照建筑使用功能的要求、建筑高度的不同以及拟建场地的抗震设防烈度的设计原则，选择相应的结构体系，一般分为六大类：框架结构体系、剪力墙结构体系、框架—剪力墙结构体系、框—筒结构体系、筒中筒结构体系、束筒结构体系。

20 世纪 90 年代以来，除上述结构体系得到广泛应用外，多筒体结构、带加强层的框架—筒体结构、连体结构、巨型结构、悬挑结构、错层结构等也逐渐在工程中采用。

进入 20 世纪 90 年代后，由于我国钢材产量的增加，钢结构、钢—混凝土混合结构逐渐采用，如上海金茂大厦、深圳地王大厦都是钢—混凝土混合结构。此外，型钢混凝土结构和钢管混凝土结构在高层建筑中也得到广泛应用。高层建筑结构采用的混凝土强度等级不断提高，从 C30 逐步向 C80 及更高的等级发展。预应力混凝土结构在高层建筑的梁、板结构中广泛应用。钢材的强度等级也不断提高。

传统的超高层建筑体系主要包括：钢筋混凝土框架—核心筒结构、钢筋混凝土框架—剪力墙结构、钢框架—钢筋混凝土核心筒结构、钢框架—支撑结构、混合结构、巨型结构等，这些体系主要应用在 300m 以下的超高层建筑中。随着超高层建筑高度不断提高，再加上投资方、建筑师越来越重视建筑个性化体现，近几年各种新型复杂体型及复杂结构体系大量出现。表 9–3 为目前国内部分超高层建筑结构体系（含已建成或正在建设的工程）。

表 9–3　　国内部分超高层建筑结构体系

工程案例	建筑高度	抗震设防烈度	结构体系
中国尊（北京）	528m	8（0.20g）	巨柱斜撑—核心筒
台北 101 大楼	508m	8（0.30g）	巨型框架—核心筒（支撑筒）
上海中心	632m	7（0.10g）	巨型框架—核心筒
深圳平安金融中心	648m	7（0.10g）	巨型支撑框架—核心筒

续表

工程案例	建筑高度	抗震设防烈度	结构体系
天津 117 大厦	597m	7（0.15*g*）	巨型支撑框架—核心筒
上海环球金融中心	492m	7（0.10*g*）	巨型支撑框架—核心筒
广州西塔	432m	7（0.10*g*）	支撑筒—核心筒
武汉中心	438m	6（0.05*g*）	巨柱框架—核心筒
长沙国金中心	452m	6（0.05*g*）	框架—核心筒
天津津塔	336.9	7（0.15*g*）	钢管筒柱—核心筒
北京国贸三期	330	8（0.20*g*）	密柱外筒—支撑内筒
西安新长安二期	303m	8（0.20*g*）	框架—核心筒
兰州鸿运金茂综合体	285m	8（0.20*g*）	框架—核心筒
郑州绿地中央广场	283m	7（0.15*g*）	框架—核心筒
宁夏万豪中心	226m	8（0.20*g*）	框架—核心筒

由表 9–3 可以看出，高度超过 400m 以上的超高层建筑一般均采用：巨型框架—核心筒、巨型支持框架—核心筒结构体系；200～300m 的超高层建筑一般均采用框架—核心筒结构体系；300～400m 的超高层建筑可以综合考虑安全及经济合理性采用框架—核心筒或钢管筒柱—核心筒结构体系。

当然，框架—核心筒结构体系是目前高层及超高层结构中应用最为广泛的结构体系之一。这种体系由于有核心筒存在，《高规》将其也归纳为筒体结构。核心筒除了四周的剪力墙外，内部还有楼、电梯间的分隔剪力墙，使得核心筒的抗侧刚度和承载力都较大，成为抗侧力的主体，外框柱承受的水平剪力较少。为了使周边框架柱参与抗倾覆、增大结构抗倾覆的能力，往往需要在核心筒和外框柱之间设置伸臂构件。伸臂构件使一侧框架柱受压、另一侧柱受拉，对核心筒形成反弯，减小结构的侧移和伸臂构件所在楼层以下核心筒各截面的弯矩。框架—核心筒结构是最有代表性的双重抗侧力体系，在水平力作用下，内外协同工作，其侧移曲线类似于框架—剪力墙结构，呈现弯剪型。外框筒的平面尺寸大，有利于抵抗水平力产生的倾覆力矩和扭矩；核心筒采用钢筋混凝土墙或支撑框架，具有比较大的抵抗水平剪力的能力。

巨型结构的概念产生于 20 世纪 60 年代末，由梁式转换层结构发展演变而成。巨型结构体系是由巨型构件组成的简单而巨型的桁架或框架等结构，作为超高层建筑的主体结构，是与其他次结构共同协同工作的，从而获得更大的灵活性和更高的效能。

巨型框架—核心筒结构适用于超高层建筑。其受力特点为：加强层伸臂桁架及其连接的巨柱、核心筒弯曲刚度很大，基本满足平截面假定，侧向荷载产生的转角引起巨柱的拉伸和压缩，由于巨柱间力臂较大，从而提供了巨大的抗倾覆力矩，大大减小核心筒承担的倾覆力矩。与此同时，由于巨型框架的侧向刚度大致与伸臂加强层间的间距的三次方呈反比例关系，故其侧向刚度很小，核心筒几乎承担全部的水平剪力。此外，建筑物的全部重量集中于核心筒及少数几根巨柱，巨柱的竖向荷载较大，在大风及强震作用下一般不出现拉力，从而提高了结构的整体抗倾覆稳定性。

巨型框架—核心筒—巨型支撑结构由巨型钢框架、巨型支撑、钢筋混凝土核心筒和伸臂桁架组成，具有多道抗震防线。设置巨型支撑直接提高结构抗侧刚度且缓解刚度突变；水平地震作用下，巨型支撑直接提高外框架刚度，使框架底部剪力和弯矩都明显增大，满足“第二道防线”的需求。

巨型框架—核心筒结构是指由加强层水平伸臂桁架或周边带状桁架（环桁架）连接截面较大、数量较少的外框架落地柱与核心筒组成的结构。

下列情况可采用巨型框架—核心筒结构：

（1）建筑使用功能要求外框架大柱距且建筑高度较大。

（2）在风或小震作用下，核心筒翼缘墙受拉。

（3）加强层一般采用连接核心筒与巨柱的水平伸臂桁架和连接周边巨柱的环桁架，也可采用其他弯曲刚度大的结构构件。

（4）加强层宜结合建筑使用功能的要求，设于避难层或设备层。

（5）巨柱宜采用钢管混凝土柱或型钢混凝土柱，水平伸臂桁架及环桁架宜采用钢结构。

（6）支承于环桁架上的柱与边梁、楼面梁宜刚接。当主要承受竖向荷载时，可设计为重力柱（摇摆柱）或吊杆，与楼面梁的连接可采用铰接。

巨型框架—核心筒结构的设计应符合下列规定。

（1）抗震设计时核心筒应承担全部的地震剪力；巨型框架柱承担的地震剪力标准值宜取不小于框架按侧向刚度分配的地震剪力标准值的 3 倍，柱端弯矩应进行相应调整，框架柱轴力及与之相连的构件内力可不调整。

（2）加强层环桁架上下弦所在楼层楼盖应具有必要的承载力和可靠的连接构造来承担环桁架上下弦向核心筒传递的剪力，必要时可设置楼盖平面内桁架。加强层环桁架上下弦所在楼层的楼板厚度可由计算确定，且不应小于 180mm，双层双向配筋，每层每方向配筋率不宜小于 0.3%；加强层相邻上下层的楼板厚度不宜小于 150mm，双层双向配筋，每层每方向配筋率不宜小于 0.25%。

（3）水平伸臂桁架上下弦应贯通核心筒；剪力墙的厚度宜比上下弦杆宽度大 300mm，剪力墙竖向及水平分布筋的配筋率不宜小于 0.6%。

（4）水平伸臂桁架上下弦之间的核心筒剪力墙可采取加大剪力墙厚度、提高剪力墙的混凝土等级、提高配筋率、采用钢管混凝土剪力墙、钢板剪力墙或设置斜腹杆等加强措施。

（5）巨型柱的计算长度由稳定分析确定。采用特征值法确定巨型柱的计算长度时，宜考虑施工顺序的结构计算结果为初始状态，各巨型柱同时逐级施加轴向力。

（6）计算加强层结构构件及楼盖内力时，应采用弹性楼板假定；根据楼板的受力情况，必要时考虑楼板面内刚度的折减。

（7）环桁架转角处上下弦与核心筒间宜有楼面梁拉结。

（8）当核心筒承担的倾覆力矩不大于总倾覆力矩的 60%时，其轴压比限值可按表 9–4 采用。

表 9–4　核心筒或内筒墙体的轴压比限值

抗震等级或烈度	一级		二级
	6 度、7 度（0.10g）	7 度（0.15g）、8 度	
轴压比	0.60	0.55	0.65

9.3 确定超高层结构体系的基本原则

（1）选择合理的结构体系、构件形式和布置；竖向构件宜连续贯通；各部分的质量和刚度宜均匀、连续。

（2）结构传递竖向荷载和地震作用途径简洁明确；重要构件和关键传力部位应增加冗余约束或有多条传力途径。

（3）结构的竖向和水平构件应具有必要的承载能力、刚度和延性；具有良好的变形能力和消耗地震能量的能力。

（4）抗震设计宜具有多道防线。

（5）满足建筑外立面及功能需求。

（6）应符合节省材料、方便施工、降低能耗与保护环境等要求。

9.4 我国超高层建筑经济性

超高层建筑由于楼层层数多（一般在 50 层或以上），建筑面积超大，施工周期长，需要巨大投资，且资金回报期长。据有关资料统计表明，土建造价占建安成本的 25%～30%之多，对于高度超过 500m 的超高层建筑土建造价占建安成本高达 35%～40%之多，其比例与建造地域、建筑功能及建筑的平面、立面形状等有关，尤其与房屋建筑高度、抗震设防烈度关系密不可分。表 9–5 为 8 座超高层建筑建安成本与结构造价的统计数据。

表 9–5　　超高建筑实际工程建安造价与土建造价

建筑名称	抗震设防烈度	高度/m	建安造价/（元/m²）	土建造价/（元/m²）	土建造价占建安造价比
武汉绿地	6（0.05g）	636	20 579	9713	30%
上海中心	7（0.10g）	632	16 859	6074	36%
兰州鸿运	8（0.20g）	285	8375	3343	40%
郑州绿地	7（0.15g）	283	10 950	3600	33%
上海会德丰	7（0.10g）	280	8027	2442	30%
上海恒隆	7（0.10g）	280	9096	2926	32%
上海嘉里	7（0.10g）	260	9174	2855	31%
上海国金	7（0.10g）	250	9986	3130	31%

由表 9–5 可以看出：超高层建筑造价随高度增加造价也随之增加；地震烈度越高，工程造价也越高；钢结构造价高于混合结构，混合结构高于钢筋混凝土结构；对于高度 250m 以下的超高层建筑土建工程造价占建安造价 25%～30%，对于 250～350m 的超高层建筑土建造价占建安造价 30%～35%，高度超过 500m 时，土建造价约占建安造价 35%～40%之多；另外，超高层建筑底下结构土建造价与地上结构造价之比约 4:6。

目前，有的业主对超高层建筑也提出限额设计，作者认为缺乏一定的科学依据，尽管有一些统计数据，但还不足以说明问题，更主要的是超高层建筑本身都是个性化的创造，有其地域性和某种政治意义，其结构造价指标根本没有统一的标准，也不可能有统一的标准。但作为结构设计师，在满足结构安全的基础上，追求结构经济合理性是必须考虑的问题，那么对于超高层建筑结构创新、精心、优化结构方案是降低超高层建筑造价的必然途径。

9.5　哪些高层建筑需要进行超限抗震审查

依据《行政许可法》和《超限高层建筑工程抗震设防管理规定》（建设部令第 111 号）及《超限高层建筑工程抗震设防专项审查技术要点》（建质〔2010〕109 号），归纳如下。

下列工程属于超限高层建筑工程。

（1）房屋高度超过规定，包括超过《抗规》第 6 章钢筋混凝土结构和第 8 章钢结构最大适用高度、超过《高规》第 7 章中有较多短肢墙的剪力墙结构、第 10 章中错层结构和第 11 章混合结构最大适用高度的高层建筑工程，见表 9–6。

表 9–6　房屋高度（m）超过下列规定的高层建筑工程

结构类型		6 度	7 度（含 0.15g）	8 度（0.20g）	8 度（0.30g）	9 度
混凝土结构	框架	60	50	40	35	24
	框架—抗震墙	130	120	100	80	50
	抗震墙	140	120	100	80	60
	部分框支抗震墙	120	100	80	50	不应采用
	框架—核心筒	150	130	100	90	70
	筒中筒	180	150	120	100	80
	板柱—抗震墙	80	70	55	40	不应采用
	较多短肢墙		100	60	60	不应采用
	错层的抗震墙和框架—抗震墙		80	60	60	不应采用
混合结构	钢外框—钢筋混凝土筒	200	160	120	120	70
	型钢混凝土外框—钢筋混凝土筒	220	190	150	150	70
钢结构	框架	110	110	90	70	50
	框架—支撑（抗震墙板）	220	220	200	180	140
	各类筒体和巨型结构	300	300	260	240	180

注：当平面和竖向均不规则（部分框支结构指框支层以上的楼层不规则）时，其高度应比表内数值降低至少 10%。

（2）房屋高度不超过规定，但建筑结构布置属于《抗规》《高规》规定的特别不规则的高层建筑工程，见表 9–7 和表 9–8。

表 9–7 同时具有下列三项及以上不规则的高层建筑工程（不论高度是否大于表 9–4）

序号	不规则类型	简 要 含 义	备 注
1a	扭转不规则	考虑偶然偏心的扭转位移比大于 1.2	参见 GB 50011
1b	偏心布置	偏心率大于 0.15 或相邻层质心相差大于相应边长 15%	参见 JGJ 99
2a	凹凸不规则	平面凹凸尺寸大于相应边长 30%等	参见 GB 50011
2b	组合平面	细腰形或角部重叠形	参见 JGJ 3
3	楼板不连续	有效宽度小于 50%，开洞面积大于 30%，错层大于梁高	参见 GB 50011
4a	刚度突变	相邻层刚度变化大于 70%或连续三层变化大于 80%	参见 GB 50011
4b	尺寸突变	竖向构件位置缩进大于 25%，或外挑大于 10%和 4m	参见 JGJ 3
5	构件间断	上下墙、柱、支撑不连续，含加强层、连体类	参见 GB 50011
6	承载力突变	相邻层受剪承载力变化大于 80%	参见 GB 50011
7	其他不规则	如局部的穿层柱、斜柱、夹层、个别构件错层或转换	已计入 1～6 项者除外

注：1. 深凹进平面在凹口设置连梁，其两侧的变形不同时仍视为凹凸不规则，不按楼板不连续中的开洞对待。
2. 序号 a、b 不重复计算不规则项。
3. 局部的不规则，视其位置、数量等对整个结构影响的大小判断是否计入不规则的一项。

表 9–8 具有下列某一项不规则的高层建筑工程（不论高度是否大于表 9–6）

序号	不规则类型	简 要 含 义
1	扭转偏大	裙房以上的较多楼层，考虑偶然偏心的扭转位移比大于 1.4
2	抗扭刚度弱	扭转周期比大于 0.9，混合结构扭转周期比大于 0.85
3	层刚度偏小	本层侧向刚度小于相邻上层的 50%
4	高位转换	框支墙体的转换构件位置：7 度超过 5 层，8 度超过 3 层
5	厚板转换	7～9 度设防的厚板转换结构
6	塔楼偏置	单塔或多塔与大底盘的质心偏心距大于底盘相应边长 20%
7	复杂连接	各部分层数、刚度、布置不同的错层 连体两端塔楼高度、体型或者沿大底盘某个主轴方向的振动周期显著不同的结构
8	多重复杂	结构同时具有转换层、加强层、错层、连体和多塔等复杂类型的 3 种

注：仅前后错层或左右错层属于表 9–7 中的一项不规则，多数楼层同时前后、左右错层属于本表的复杂连接。

（3）房屋高度大于 24m 且屋盖结构超出《网架结构设计与施工规程》和《网壳结构技术规程》规定的常用形式的大型公共建筑工程（暂不含轻型的膜结构），见表 9–9。

表 9–9 其 他 高 层 建 筑

序号	简称	简 要 含 义
1	特殊类型高层建筑	抗震规范、高层混凝土结构规程和高层钢结构规程暂未列入的其他高层建筑结构，特殊形式的大型公共建筑及超长悬挑结构，特大跨度的连体结构等

续表

序号	简称	简 要 含 义
2	超限大跨空间结构	屋盖的跨度大于 120m 或悬挑长度大于 40m 或单向长度大于 300m，屋盖结构形式超出常用空间结构形式的大型列车客运候车室、一级汽车客运候车楼、一级港口客运站、大型航站楼、大型体育场馆、大型影剧院、大型商场、大型博物馆、大型展览馆、大型会展中心，以及特大型机库等

注：表中大型建筑工程的范围，参见《建筑工程抗震设防分类标准》（GB 50223）。

特别说明：

（1）当规范、规程修订后，最大适用高度等数据相应调整。

（2）具体工程的界定遇到问题时，可从严考虑或向全国、工程所在地省级超限高层建筑工程抗震设防专项审查委员会咨询。

（3）在本技术要点第二条规定的超限高层建筑工程中，属于下列情况的，建议委托全国超限高层建筑工程抗震设防审查专家委员会进行抗震设防专项审查。

1）高度超过《高规》B 级高度的混凝土结构，高度超过《高规》第 11 章最大适用高度的混合结构。

2）高度超过规定的错层结构，塔体显著不同或跨度大于 24m 的连体结构，同时具有转换层、加强层、错层、连体四种类型中三种的复杂结构，高度超过《抗规》规定且转换层位置超过《高规》规定层数的混凝土结构，高度超过《抗规》规定且水平和竖向均特别不规则的建筑结构。

3）超过《抗规》第 8 章适用范围的钢结构。

4）各地认为审查难度较大的其他超限高层建筑工程。

（4）对主体结构总高度超过 350m 的超限高层建筑工程的抗震设防专项审查，应满足以下要求。

1）从严把握抗震设防的各项技术性指标。

2）全国超限高层建筑工程抗震设防审查专家委员会进行的抗震设防专项审查，应会同工程所在地省级超限高层建筑工程抗震设防审查专家委员会共同开展，或在当地超限高层建筑工程抗震设防审查专家委员会工作的基础上开展。

3）审查后及时将审查信息录入全国重要超限高层建筑数据库。

【知识点拓展】对于表 9–8 一项就超限经过近几年实施业界普遍认为过于严厉，目前正在进行调整，准备将其调整为以下超过两个标准（见表 9–10 和表 9–11）。

表 9–10　具有下列某二项不规则的高层建筑工程（不论高度是否大于表 9–6）

序号	不规则类型	简 要 含 义
1	扭转偏大	裙房以上的较多楼层，考虑偶然偏心的扭转位移比大于 1.4
2	抗扭刚度弱	扭转周期比大于 0.9，混合结构扭转周期比大于 0.85
3	层刚度偏小	本层侧向刚度小于相邻上层的 50%
4	塔楼偏置	单塔或多塔与大底盘的质心偏心距大于底盘相应边长 20%

表 9–11　具有下列某一项不规则的高层建筑工程（不论高度是否大于表 9–6）

序号	不规则类型	简 要 含 义
1	高位转换	框支墙体的转换构件位置：7 度超过 5 层，8 度超过 3 层
2	厚板转换	7～9 度设防的厚板转换结构
3	复杂连接	各部分层数、刚度、布置不同的错层； 连体两端塔楼高度、体型或者沿大底盘某个主轴方向的振动周期显著不同的结构
4	多重复杂	结构同时具有转换层、加强层、错层、连体和多塔等复杂类型的 3 种

注：表中 1 项裙房以上较多楼层，国家标准没有给出量化指标，但一些地方标准细化时给出具体量化指标：如《内蒙古》超过 30%楼层，当最大层间位移角不大于规范限值的 0.4 倍时，扭转位移比不大于 1.6；如《广东》超过 30%楼层考虑偶然偏心扭转位移比大于 1.5，另外广东取消第 2 项“扭转周期比大于 0.9，混合结构扭转周期比大于 0.85”的要求。

9.6 非高层建筑物是否需要进行抗震超限审查

9.6.1 结构高度如何合理界定

工程设计中经常会遇到，某个建筑到底属于高层还是可按多层建筑进行抗震设计的问题，特别是遇到不规则的建筑时，这个问题更加突出，往往需要设计人员在初步设计阶段就需要合理界定。然而由于规范在这方面交代比较含糊，所以全国各地经常为此在纠结。下面就作者看到的一些资料及工程案例给予说明。

房屋高度是指室外地面至主要屋面顶板的高度，不包括“局部突出屋面的电梯机房、水箱、构架等”高度。

对于这个突出屋面“局部”的定量条件下列几本规范、标准定义有差异。

（1）《民用建筑设计通则》（GB 50352—2005）4.3.2 条，建筑高度的计算规定为：平屋面应按建筑物室外地面至其屋面面层或女儿墙顶点的高度计算，坡屋面应按建筑物室外地面至屋檐和屋脊的平均高度计算，不计算建筑高度的局部突出屋面的楼电梯间、水箱间等用房占屋顶平面面积比例不超过 1/4。

（2）《全国技措》（2003 版）建筑规划、建筑部分：建筑高度，平屋面按室外地坪至建筑女儿墙高度计算。坡屋面按室外地坪至建筑屋檐和屋脊的平均高度计算。屋顶上的附属物如电梯间、楼梯间、水箱、烟囱等，其总面积不超过屋顶面积的 25%、高度不超过 4m 的不计入高度之内。

（3）《抗规》5.2.4 条条文说明：突出屋顶的小建筑，一般按其重力荷载小于标准层 1/3 控制；《抗规》7.1.2 条说明：突出屋顶的小建筑，通常按实际有效使用面积或重力荷载小于标准层 1/3 控制。

（4）《江苏省房屋建筑工程抗震设防审查细则》（编写组 2007 年）：住宅的坡屋面如不利用，檐口标高处不设水平楼板时，总高度可以算至檐口。当檐口标高附近有水平楼板，且坡屋顶不是轻型装饰屋面时，上面三角形部分为阁楼。计算时此阁楼应作为一个质点考虑，高度可取至山尖墙的一半处。当阁楼层高度不高，不住人，不设置固定楼梯，只是作为屋架内的一个空间，在房屋高度和层数控制时，此阁楼层可不作为一层考虑。当阁楼层空间较高，设计作为居室的一部分，或作为储藏室，这样的阁楼层应作为一层考虑，高度算到山尖墙的一半。当阁楼层在顶层屋面上，只占一部分面积，即只有部分阁楼作为居住或活动场所，此时阁楼层只有占总的顶层面积的 30%以上时，阁楼才作为一层考虑。

【工程案例】

作者应建设单位及设计、审查单位邀请，2014 年 10 月 14 日在石家庄召开唐山勒泰中心项目的结构技术咨询会（其中邀请了工程界资深专家 5 名）。主要议题就是如何合理界定本工程的高度问题？项目设计单位是中国电子工程设计院。

唐山勒泰中心项目建筑面积 66 万 m^2，由 5 栋塔楼、1 栋住宅及大型商业裙房组成，6 栋高层建筑与商业裙房在地下由 2 层地下室连在一起，地上建筑均设置抗震缝分离，成为各自独立的结构单元。裙房 3 层，存在局部突出大屋面的辅助用房，裙房大屋面高度 22.02m，局部突出辅助用房屋面高度＞24m，但突出屋面最大结构单元占大屋面面积 29%。另外，结构存在局部开大洞、跃层柱、竖向刚度不连续，扭转位移比超 1.2 等不规则项，如图 9–1 所示。

图 9–1　唐山勒泰中心效果图

经过专家委员会讨论意见如下：本工程商业裙房由于突出大屋面的辅助用房面积为 29%，所以可以在结构高度计算时不考虑此部分。所以可按多层建筑进行抗震设计，但鉴于本工程结构布置、结构体系及采取的材料比较复杂，应采取比现行规范抗震设计要求更高的设计标准和抗震措施。

9.6.2　多层建筑超限是否需要抗震超限审查

（1）以上超限建筑抗震专项审查均是指高层建筑。对于多层建筑是不适应的，很多地方审图人员依据《抗规》3.4.1 条说明，认为《抗规》是针对所有建筑工程的抗震要求，就理解为多层建筑如果有超限项也要求进行超限审查，这是不正确的理解。这个问题作者咨询过《抗规》主编，他们的说法是依据《国家超限审查要点》认定即可。

（2）另外，作者也参加过几个多层建筑由于具有三项一般超限或一项严重超限的工程，审图单位要求进行专家论证，注意这里的专家论证并非超限审查论证。

【工程案例】

作者 2014 年 8 月受邀参加“兴安盟图书馆、兴安盟科技馆”项目的评审，该项目是由建设部设计院设计的一个工程。工程概况如下：

项目位于兴安盟乌兰浩特市新区，是集图书馆、科技馆、城市展览馆、科技书店等多项功能于一体的综合文化展览建筑。总建筑面积为 18 530m^2，其中地上 16 644m^2，地下 1886m^2。该建筑综合体有局部地下一层，地上部分分为 5 个单体（A、B、C、D、E，如图 9–2 所示），两层大底盘将各塔连在一起，两层以上各塔独立。各单体建筑地上二到四层，建筑最高点 23.7m，地上四层，地下一层，局部地下室。建筑东西总长度约 120m，南北总长度约 82m。建筑地上结构采用带有密柱的纯框架结构体系，结构局部因建筑功能需求开大洞。结构整体在如图 9–2 所示虚线圈出部位断开，分为左右两部分，左侧包含 A、B、C 塔，右侧包含 D、E 塔。一般框架梁与框架柱抗震等级均为四级，关键框架梁及框架柱抗震等级为三级。

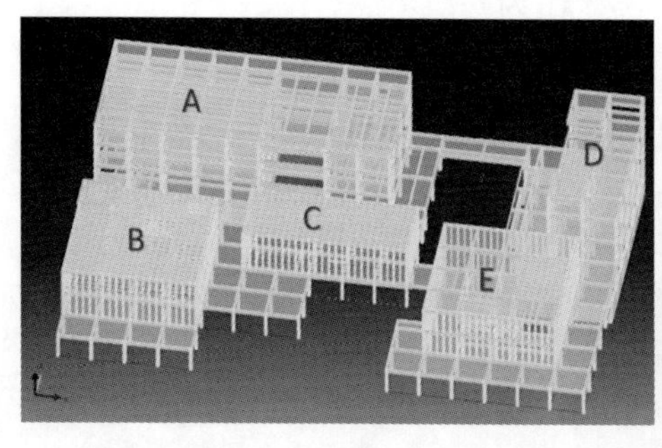

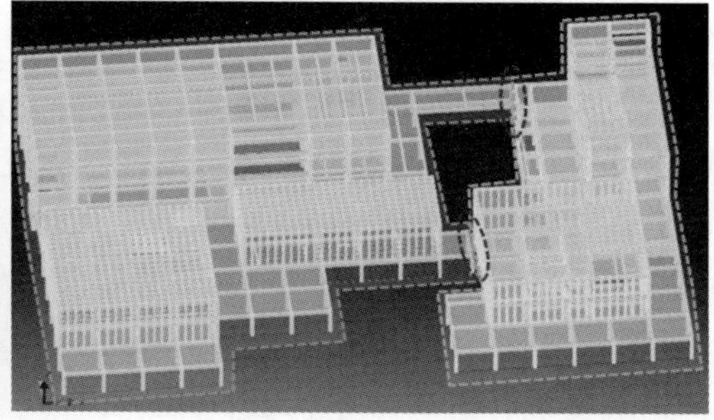

图 9–2　工程模型及分块示意

由于工程存在：平面开大洞、扭转不规则、多塔、局部转换等超限项，当地审图单位提出请设计单位在北京找几位资深专家，开一个论证会，针对设计超限问题进行分析论证，提出合理的意见及建议。

专家委员会咨询主要意见是：本工程不属高层建筑，可以不进行高层超限抗震审查，但考虑到本工程比较复杂，建议可以参考高层超限审查的性能要求进行设计。

9.6.3　构筑物及工业建筑是否需要进行抗震超限审查

作者认为这样的建筑不属于高层建筑超限审查的范围，构筑物超限也不需要进行抗震超限审查，但建议可进行专家委员会咨询

【工程案例】

作者 2012 年 2 月 27 日受邀主持过“廊坊华升富士达电梯试验塔”项目，图 9–3 为工程效果图。

本工程由中外建工程设计与顾问有限公司设计，结构体系为剪力墙结构，高度 150m，高宽比达 13.5，8 度（0.20g）抗震设防，高度超过《高规》规定的 A 级高度 50%，属于超限高层建筑。所以审图单位建议“设计单位在北京组织业内资深专家对本工程进行抗震设计咨询会”。

经过专家讨论，意见如下。

（1）本工程属于构筑物和建筑物之间的特殊建筑。

（2）同意底部加强区按特一级，上部按一级采取抗震措施。

（3）小震下的位移角宜不大于 1/800，风荷载作用下的位移角不大于 1/1000。

（4）底部加强区承载力按中震不屈服控制，控制中震下墙肢的拉应力。

（5）补充大震静力弹塑性分析。

（6）满足中震作用下抗倾覆要求，群桩中心与荷载重心宜重合。

图 9–3　廊坊华升富士达电梯试验塔工程效果图

通过以上两个案例可以说明，尽管多层建筑和构筑物超限不属于抗震审查范围，但专家们的意见是统一的，还是按照高层建筑抗震超限审查格式要求进行必要的验算及采取适当加强措施，进行必要的专家咨询会论证，确保结构的安全。

9.7　如何理解超高超限工程的规范条文及设计建议

近年来，随着我国经济的快速发展，超高建筑如雨后春笋般蓬勃而出，超高超限工程大量涌现，其专业性、复杂性、特殊性引起人们的关注。作者结合自己主持过的几个超限工程的报审情况，对结构设计的相应环节进行归纳、整理，对超限高层不同于普通高层的专业特点进行解读并提供解决方案、规范疑问等，以供类似工程设计工作的参考使用。

1. 超限工程审查时间节点

超限工程的审查会通常应在项目初步设计阶段完成，施工图设计开始前必须完成，结构专业应当按照《超限高层建筑工程抗震设防专项审查技术要点》（建质〔2010〕109 号）要求，提供完整的超限工程审查报告。

提醒各位设计师，超限审查是需要时间的，根据作者几个超限工程经验，一般需要 2～3 个月，提醒业主合理安排时间节点。

2. 与规范、规程几个相关条文解读

《抗规》《高规》中有一些条目是一般高层建筑工程不太关注的，但对超限高层建筑工程的设计是必须考虑的，见表 9–12。

表 9–12　《抗规》《高规》相关条文

规范	条目	关　注　点
《抗规》	5.1.4～5.1.5	地震影响系数合理选取
	4.1.2～4.1.6	场地特征周期合理取值（T_g）
	5.1.2–3	地震波合理选取
	5.2.5	楼层最小剪力系数
	6.2.13–1	$0.2Q_0/1.5V_{max}$ 控制
	6.7.1–2	框架剪力的分担率
	6.7.1–3	加强层设置
《高规》	3.5.2	侧向刚度控制
	3.5.3	受剪承载力要求
	3.7.3–3	层间位移插值
	3.7.4，3.7.5	弹塑性问题
	3.7.6	舒适度控制
	3.11.1	性能化设计
	4.3.5	时程分析要求
	9.1.11	框架部分地震剪力标准值

3. 对于超限高层建筑需要重点关注的参数

（1）地震影响系数的合理取值问题。超限高层建筑通常都需要业主委托“安评”单位对工程进行地震安全性评价工作，对于“安评”单位提供的场地地震动参数，需要进行分析确认，合理有效后方可用于工程设计，作者前面已经叙述过很多这方面的案例，在此不再赘述。

超高超限结构周期通常临近或超过 6s，目前《抗规》给出的地震影响系数曲线（反应谱曲线）仅至 6s，对于大于 6s 的长周期结构如何评定是未来规范应当解决的问题。目前，大多数工程做法是：当结构基本周期大于 6s 时，地震影响系数曲线第二下降段按照阻尼比 0.05 的原有斜率延长至 10s，应用于具体工程。注：《上海抗规》已经这样处理。

（2）场地特征周期 T_g 取值问题。对于超限高层建筑，一般都需要根据勘察报告提供的场地覆盖层厚度、各土层剪切波速合理确定场地特征周期。这方面内容作者前面章节也作了详细说明，在此不赘述。

（3）最小剪力系数控制问题。《抗规》中的最小剪力系数是由基本周期决定的，在超限高层中，剪力系数更值得关注：一方面，剪力系数应在各个主轴方向分别取值；另一方面，当“安评”地震动参数起控制作用时，剪力系数还应当根据“安评”给出的地震参数予以修正。

（4）$0.20Q_0/1.5V_{max}$ 取值控制问题。对于一般高层建筑比较容易达到，对于超限高层建筑结构中、上部通常也不会有问题，但下部，特别是靠近嵌固层的一～三层，框架部分承担的剪力满足调整后，框架梁承载力不能满足要求，而且会差很多，要将框架梁截面加比较多，而框架柱适当调整即可满足要求，此时提醒设计人员，这种情况下，应调整框架柱满足此要求，框架梁可不做调整。也可对框架柱按 $0.20Q_0/1.5V_{max}$ 的较大值调整，而框架梁取 $0.20Q_0/1.5V_{max}$ 较小值调整。

（5）框架剪力的分担率控制问题。超限高层建筑的框架部分为保证有一定的刚度、强度，其承担剪力时受两个条件的限制：$0.20Q_0/1.5V_{max}$ 的较小值，且任意一楼层框架部分承担的地震剪力不应小于结构底部总剪力的 $15\%V_{底}$，《抗规》6.7.1–2 条不太被大家关注，但很重要，这是由于当超限高层高度超过 250m 后，条文中的 10%不容易满足，需要特别关注。

4. 超限高层建筑值得关注的问题

（1）“安评”参数正确使用问题。超高超限结构，一般需要有建设场地的地震安全性评价报告作为设计依据，且地震安全性评价报告应当由有相应的证书级别及资质的单位提供。结构设计需要对“安评”提供的动参数进行分析确认，发现异常时，可以与超限审查专家共同研究取值的合理性。待“安评”动参数确认后，需要结构设计对地震安全性评价报告中的地震动参数与《抗规》给出的动参数进行多遇地震分析计算，取二者基底剪力较大者进行多遇地震作用计算。通常中、大震仍以《规范》给出的地震动参数进行结构设计分析，但对处于地震烈度较低的地域（6 度、7 度）的工程，当“安评”要求比《规范》的中、大震大得不多（≤30%）时，可以取“安评”提供的动参数进行中、大震分析；但当“安评”提供的中、大震提供的动参数比规范动参数大得多时，不宜直接采用“安评”的动参数，应与超限专家共同协商中、大震动参数的合理取值问题。

（2）“安评”主要内容。通常在业主委托地震安评之前，设计单位结构专业应当提供相应的地震安全性评价技术要求，其中应包含以下内容。

1）地震动参数：应当分别提供 3 种概率水准（63%多遇地震、10%设防烈度地震和 2%～3%罕遇地震）设计地震动参数，包括地震动峰值、特征周期、形状参数。

2）取得合适的地震波：应当包括提供地震波的要求，数量上建议：不少于3（或7）条实际强震记录的加速度时程曲线（与建设场地同场地类型）；不多于1（或2）条人工模拟记录的加速度时程曲线（为建设场地的人工模拟记录）。加速度时程曲线格式上，注意应请安全性评价承担单位提供便于结构分析程序读入的格式文件。

3）地震波的分配：X，Y，Z 三个方向地震波的分配应按照水平方向:水平次向:竖向 = 1.0:0.85:0.65 进行结构计算。

5. 关于风洞试验

一般超限高层建筑也需要进行风洞试验，特别是对于体型不规则的结构，国内能够进行风洞试验的单位主要有建设科技股份有限公司（中国建筑科学研究院）、北京大学、同济大学、湖南大学、汕头大学等一些科研院校，国外在加拿大、英国等均有能够进行风洞试验的单位，但费用相对较高，通常为国内的3～4倍。风洞缩尺模型分为刚性、柔性两种，没有特殊结构的要求，一般采用刚性模型，价格较低。在业主进行风洞试验招标之前，设计单位结构专业宜提供相应的风洞技术要求，以便于后期设计工作的衔接。当然需要说明的是，对于体型规整的工程，不一定做风洞试验，按照规范执行。

6. 超限高层建筑弹塑性分析

弹塑性分析是超限高层的重要设计内容，是超限审查关注的重要方面，是体现三水准设计原则的重要组成部分。国内各科研院校，设计单位开发了一些供工程设计的弹塑性分析程序，见表9–13。比较而言，能为人们接受并兼有工程实例的程序并不多。

表9–13　　弹塑性分析程序

程序名称	优　点	不　足
PKPM–EPDA	可接SAEWE/PMSAP软件运行，前处理简单、后处理一般	计算速度慢、比较“傻瓜”的程序，结果有争议，较难查证
ABAQUS	前后处理较好，可以采用显示计算，计算速度快，不存在不收敛问题	显示计算误差不可控，计算精度无法保证
SAP2000	可直接利用SATWE/PMSAP/YJK的设计结果进行计算，建模较简单	计算速度慢，收敛性差

梁柱等杆系单元的弹塑性模拟分析是一个相对简单的问题，无论是塑性铰模型还是纤维模型，都能给出一个比较合理的计算结果；而剪力墙的弹塑性模型是超高层结构弹塑性分析的核心问题，一方面剪力墙模型通常要耗费较多的计算资源和较长的计算时间；另一方面剪力墙模型在计算收敛性方面对算法有更高的要求，目前采用分层壳单元来模拟剪力墙是比较公认的做法。

7. 连梁的超限处理方法

超高层结构的连梁往往承受较大的剪力而导致截面验算不满足要求，这个问题可以从以下两个方面进行解决。

（1）减小连梁承担的剪力：可对连梁的刚度进行折减（《高规》5.2.1条、《抗规》6.2.13条），或者设置高水平缝形成连梁、多连梁（《抗规》6.4.7条）；如果连梁的破坏对承担竖向荷载没有明显的影响，可以为连梁完全破坏，按照独立墙肢进行结构计算和墙肢配筋（《高规》7.2.26条）。

（2）增大连梁的抗剪能力：当连梁的抗剪能力不足时，可在连梁中设置型钢或钢板，依靠钢材承担剪力。这种做法会增加钢材用量，但可在不降低结构刚度的情况下，从根本上解决混凝土抗剪能力有限的问题。此外，交叉斜筋的设置可很好地提高连梁的抗剪能力，与之配置的箍筋可减量设置，不必满足 100mm 间距要求，数量达到能构造定位斜纵筋即可，使施工成为可能。

8. 超限高层建筑应特别关注的问题

（1）弹性/不屈服的要求。中震弹性/中震不屈服，乃至大震弹性/大震不屈服是超限高层经常对重要构件的性能目标要求，如何理解和应用，是容易困惑和混淆的问题，以中震弹性、中震不屈服为例，具体构件设计时应注意的问题见表 9–14。

表 9–14　　具体构件设计时应注意的问题

设 计 参 数	设计标准	
	中（大）震弹性	中（大）震不屈
荷载分项系数	同小震弹性	不考虑均取 1.0
材料强度标准	设计值	标准值
构件内力调整系数	可不考虑	不考虑
承载力抗震调整系数 γ_{RE}	考虑	取 1.0
构件受弯、偏拉、偏压承载力	弹性	不屈服
构件受剪承载力	弹性	弹性

（2）超限高层建筑体型选择。建筑结构的体型往往是由建筑方案确定的，但是在前期的方案阶段，结构工程师应主动给予配合。建筑师如果能够接受合理的选型建议，会大大减少后期结构设计的困难和超限审查耗费的时间，对业主投资有极大益处。一般来说，超高层建筑的结构平面布置宜使各个方向的结构刚度和动力特性接近，避免出现明显的弱轴，像正方形、圆形、多边形、切角三角形都是较为推荐的，常用的截面形式如图 9–4 所示。

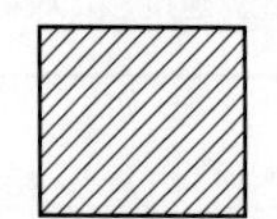
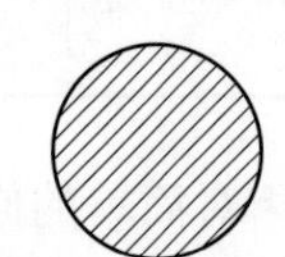
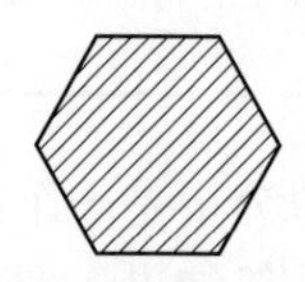

图 9–4　超高层常用的截面形式

（3）风荷载取值。对承载力设计时，对于风荷载敏感的结构，取基本风压的 1.1 倍（《高规》4.2.2 条）；对整体变形层位移计算时，可为基本风压（50 年一遇）（《高规》4.2.2 条）；风振舒适度计算时，业主无特别要求时，取 10 年一遇的风荷载标准（《高规》3.7.6 条）；风荷载作用需要考虑不同的风向角问题，并考虑正反两个方向的最大值（《高规》5、1、10 条）。

（4）局部地震作用的考虑。如果有转换构件，转换构件需考虑竖向地震作用（《高规》10.2.4）；有斜交抗侧力的结构，斜交角大于 15° 时应分别计算各抗侧力构件方向的水平地震作用。

（5）加强层设计。加强层是否设置，在何处设置、设置几道，应当通过敏感性分析确定。通常情况下，在 2/3*H* 及以上高度设置的加强层，会有更高的效率。对由地震作用控制的结构，设置加强层可能导致楼层刚度突变，对抗震不利，因此加强层不能设计得过刚，以确保在满足整体刚度的情况下，不会出现薄弱层。

（6）关于转换结构。如果有转换结构，转换层上下的侧向刚度比符合《高规》附录 E，框支层侧向刚度不应小于相邻非框支层的 50%（《抗规》6.1.9 条），框支框架承担的地震倾覆力矩不应大于总地震倾覆力矩的 50%（《抗规》6.1.9 条）。转换构件考虑竖向地震作用（《高规》10.2.4 条）。

（7）施工过程模拟分析。《高规》3.11.4、5.1.9、11.3.3 条都提出了施工过程模拟分析的要求。如果是混合结构，施工过程可模拟反映混凝土核心筒和钢结构（钢骨或钢管）的竖向变形差异；如果是有加强层的结构，施工过程模拟可反映伸臂桁架对周边结构的影响，并可为伸臂桁架的合拢时机提供依据。ETABS，MIDAS/Gen 等软件都可以进行施工过程模拟分析。施工模拟计算，特别对竖向构件的轴力分布会有较大影响，具体工程的不同，轴力变化预计在 10%左右。

（8）竖向构件在水平荷载下的受拉。超高层建筑的底部承受较大的弯矩，外围柱子和角部的墙体有可能出现受拉的情况，另外加强层上下的竖向构件也可能出现受拉的情况。对于超高层结构的竖向构件，一方面应关注其水平荷载下的受力状态，必要时验算其受拉承载力，另一方面也要关注底层受拉构件对于基础的影响，采取一定的加强措施。

对于中震不屈服及以上性能目标的墙肢构件，为避免全截面受拉，控制混凝土的全截面受拉应力小于混凝土抗拉强度标准值，当必须全截面受拉时，应尽量减少发生全截面受拉的楼层数量；全截面受拉墙肢所对应的拉力，只能依靠内置钢骨去抵抗，不应考虑钢筋受拉，混凝土受拉的贡献。

9. 超限高层结构审查重点

超限委在审查时，会着重关注的问题详见表 9–15。总结超限高层结构设计中参数输入和结构控制的各项要求，以及需要进行的各类计算，大多条款在前文中已有详细说明，汇总如下。

表 9–15　　超限委审查时会着重关注的问题

重要方面	重点关注点			
结构体系	结构选型	传力途径	连续性	性能目标
	总体刚度	控变形特征	楼层最小剪力系数	
	多道防线	外框架封闭性	外框柱剪力	
工程判断	振型与实际的符合程度	时程波	剪力系数	薄弱层
	结构措施	关键部位	轴压比	主要墙肢受拉
	薄弱部位目标	外框架承担剪力	基底抗倾覆	大震截面控制

（1）计算模型设置及参数输入：水平荷载（风荷载、地震作用）的取值、方向；周期折减系数；刚性隔板设置（有伸臂桁架和楼面大开洞的楼层不能设刚性隔板）；连梁刚度折减系数；楼面梁刚度增大系数；刚域的设置；是否考虑二阶效应；阻尼比；嵌固层的设置；取足够的振型数量。

（2）计算结果的控制内容：“剪重比”（各主轴方向分别控制，并依据安评调整剪力系数）、“扭转位移比”“周期比”（扭转周期比和平动周期比）“侧向刚度比”“受剪承载力比”“楼层质量比”“弹性层间位移角”“风振舒适”楼盖舒适度、整体稳定性（刚重比）、框架部分的剪力（包括设计采用的剪力设计值和计算直接得到的剪力）、墙柱轴压、转换层上下的侧向刚度比、框支层与相邻层的侧向刚度比（如果有转换）。

（3）必要的程序计算结果：两个不同软件的弹性整体计算；弹性时程分析；弹塑性时程分析；施工时程模拟分析；中震、大震下的结构抗震性能水准计算。

注：一般最好至少采用国外一个通用软件（如 ETABS、SPA2000、MIDAS 等），一个国内常用计算软件（如 SATWE、PMSPA、YJK 等）；对于一般超限高层建筑，也可仅采用国内的 2 个不同力学模型的计算软件（如 SATWE 和 PMSPA、PMSPA 和 YJK 等）。

（4）一般审查建议参考。对转换桁架弦杆大震弹性；顶部悬挑构件大震不屈服；底部及加强层的墙肢中震弹性；腰桁架承载力中震弹性；框支梁柱中震不屈服；伸臂桁架和其余墙肢中震不屈服；约束边缘构件延至轴压比 0.25 处；构件构造的抗震等级提高一级；连廊大震不塌落；外框柱按 25%底部总剪力调整和计算最大楼层地震剪力 1.8 倍调整；外框柱的承载力应考虑二阶效应并按大震弹性设计。

审查建议参考应结合具体项目、具体情况由超限委判定，目的仅在于超限审查的建议，供具体项目进行评测。超限委审查结论有三种：通过、修改和复审。

（5）确定所需的延性构造等级。中震时出现小偏心受拉的混凝土构件应采用《高规》中规定的特一级构造，拉应力超过混凝土抗拉强度标准值时宜设置型钢。

（6）目前超限报审的流程。具体实施是这样的，在初步设计阶段，先委托超限审查机构组织超限专家，在设计的初始阶段进行专门的咨询，即与超限专家沟通，明确各设计参数合理选取、抗震性能目标确定、复杂问题的处理方法等。待工程整体设计、关键部位、关键构件的设计能够保证结构安全的基础上，可以提请正式进行专家会议，由于前期多次沟通咨询，一般都可一次上会正式通过。

（7）超限咨询、审查等费用由谁来承担？依据《全国超限高层建筑工程抗震设防专家委员会抗震设防审查工作实施细则》第十五条：抗震设防审查会议费用、项目专家组成员的差旅费和技术咨询服务费，由建设单位支付。

9.8 超限高层建筑抗震设计可行性论证报告的参考格式及要点

9.8.1 基本格式要求

一、封面（工程名称、建设单位、设计单位、合作单位或咨询单位）

二、效果图（彩色：可采用 A3 的篇幅，也可缩小列于工程简况中）

三、设计名册（设计单位负责人和建筑、结构主要设计人员名单，单位和注册人员盖章）

四、目录

1. 工程简况

2. 设计依据（批文、标准和资料）

3. 设计条件和参数

3.1 设防标准（含使用年限和抗震设防参数等）

3.2　荷载（含特殊组合）
3.3　主要勘察成果
3.4　结构材料和主要构件尺寸
4. 地基基础设计
5. 结构超限类别及程度
5.1　高度超限分析
5.2　不规则情况分析
5.3　超限情况小结
6.　超限设计的计算及分析论证（以下论证的项目应根据超限情况自行调整）
6.1　计算软件和计算模型
6.2　结构质量分布和单位面积重力分析（用于裙房连接、多塔、连体等质量明显变化）
6.3　动力特性分析（用于多塔、连体、错层等振型复杂结构）
6.4　位移和扭转位移比分析（用于扭转位移比大于 1.3 和分块刚性楼盖、错层等）
6.5　地震剪力系数分析（用于需要调整才可满足最小值要求）
6.6　刚度比分析（用于转换、连体、错层、加强层等刚度明显变化）
6.7　轴压比分析（底层和典型楼层的墙、柱轴压比控制）
6.8　多道防线分析（用于框—剪、内筒外框、巨柱—内筒、短肢墙结构）
6.9　弹性时程分析补充计算结果分析
6.10　特殊构件和部位的专门分析（针对超限情况具体化）
6.11　超限大跨空间结构的专门分析
7. 超限设计的加强措施及对策
7.1　针对性抗震加强措施
7.2　特殊的内力调整系数
7.3　关键部位的性能目标
8. 结论和建议
五、论证报告正文（其内容不要与专项审查报表、计算书简单重复，要求见后述）
六、初步设计建筑图、结构模板图、计算书（可另列，也可作为附件）
七、报告及图纸的规格 A3（大地盘结构的底盘宜分两张出图），计算书也可采用 A4.

9.8.2　正文论证报告的要求

一、工程概况

地点、周围环境、建筑用途和功能描述，房屋地上和地下的高度、层数、建筑面积、结构类型和特点，主楼与裙房布置及防震缝布置等；必要时提供小比例例图示意图。

二、设计依据

项目批件、委托书、列出有关规范、规程、标准、勘察报告等必要的依据资料。

三、设计条件和参数

3.1　设防标准、安全等级、设计使用年限、抗震设防类别、设防烈度、设计地震分组、场地类别和设计特征周期、（不同部位的）抗震等级；有地震安全性评价报告时，对“安评”设计参数与规范参数所计算的地震作用进行比较。

3.2 荷载。包括恒载、装修荷载、活载、风荷载及雪荷载，超出规范的特殊组合（如竖向荷载为主、温度荷载）。

3.3 主要勘察成果。摘录地表至压缩层范围各层岩土的分布及描述、地基承载力、地下水位，抗浮水位、基础类型建议，剪切波速，覆盖层厚度，场地类别和液化评价数据；必要时，提供场地类别在分界线附近时的设计特征周期分析、边坡稳定评价、断裂影响和地形影响等。

3.4 结构材料和主要构件尺寸。包括钢筋、钢材、混凝土强度等级，其中混凝土强度和构件尺寸按楼层自下而上分段列出，见表 9–16。

表 9–16　　混凝土强度和构件尺寸

范　围	构件类别	混凝土强度	典型构件及转换构件截面尺寸
地下（）层 地上（）层	墙、柱 梁、板	CXX	Xxxx

四、地基基础设计

基础设计的特点和选型、埋置深度、地基承载力、桩的类型、桩径、桩长、桩距和桩基承载力、筏板厚度、箱基高度、基础底板和顶板厚度；必要时提供抗倾覆验算、地基变形验算、侧限和裂缝控制措施、地基处理措施、地质灾害防治措施等。

五、结构超限类别及程度

5.1 高度超限分析，按结构类型及所属的高度级别，转换层形式和位置、多塔、连体、错层、加强层等复杂结构，超限大跨空间结构。

5.2 不规则情况分析，对照规范和规程要求的平面和竖向不规则项目以及其他方面（如穿层柱、短柱范围等）的不规则，逐项列表分析，并说明不规则的范围和程度。

5.3 小结，汇总超限的项目和超限的程度。

六、超限抗震设计的计算及分析论证

应通过不同软件的比较，针对超限情况选择下列有关的项目进行技术可行性论证。

6.1 计算软件和计算模型，计算所用各个软件的名称和版本，计算模型的基本假定，包括楼面大梁与抗侧力构件连接假定，必要时提出整体计算模型示意图。

6.2 质量分布分析，对主楼与裙房相连、多塔、连体、错层、加强层等质量沿高度变化明显的结构，不同软件的质量沿高度分布图（A5 大小）及比较，分析平均单位面积重力。

6.3 动力特性分析，不同软件的主要周期及其对应的主振型动方向（x、y、T）的比较分析（列表）；扭转周期比分析；特别是多塔、连体、错层等振型复杂的结构，每个塔楼或连体的分塔至少三个振型，说明振型的特点或局部振型，必要时提出振型图。

6.4 位移和扭转位移比分析，最大扭转位移比大于 1.3 时，提供不同软件层间位移和考虑偶然偏心的扭转位移沿高度分布图（A5 大小）并标注规定限值，对弹性楼板、分块刚性楼板和错层的层间位移，扭转位移比，应查出楼板四角在两个方向的电算数据再用手算复核，必要时用楼板平面示意图标出扭转大的位置及其层间位移，论证其可行性。

6.5 地震剪力系数分析，提供不同软件结构底部、分塔底部、连体下一层或关键层地震剪力系数比较分析（列表），不满足最小值要求时，应详细列出楼层及整体结构的调整方法，不应只调整不满足的楼层。

6.6　刚度比分析，刚度不均匀时，提供不同软件刚度比沿高度分布图（A5 大小）及比较，对高位转换层刚度比、错层按实际情况复核的刚度比、连体分塔顶标高处的总侧向刚度（分析单塔在连接体底标高处施加单位水平计算），地下室顶板嵌固条件分析。

6.7　轴压比分析，底层、底部加强部位相邻上一楼层和典型楼层的墙、柱轴压比的平均分布图及对应的混凝土构件所需约束措施分析。

6.8　多道防线分析，不同软件、不同方向框架部分（或短肢墙）所承担剪力和倾覆力矩沿高度分布图（A5 大小）及变化情况（基底、分塔底和各框支层、转换层上下层、最大比例楼层、最大值楼层和突变位置）分析。

6.9　弹性时程补充分析，给出波形名称和图形、峰值加速度值；不同波形及反应谱法的底部剪力、分塔底部剪力和最大层间位移比较（列表）；楼层剪力、层间位移沿高度分布图（A5 大小，各波形应利用线型或彩色线条予以区分）及比较分析，明确最不利设计工况。

6.10　专门分析，如整体稳定分析；钢结构构件应力比统计分析；转换构件、框支柱、穿层柱，墙体底部加强部位，加强层伸臂、连体（或高位大跨长悬挑结构）及其支座竖向地震的分析；出屋面构架分析等。

性能设计需给出主要构件偏压（偏拉）和受剪承载力中震弹性、中震不屈服、或大震截面剪应力控制等计算参数、分项系数、材料强度取值和配筋率、配箍率、含钢率分析等。

弹塑性分析应按实际配筋计算，并给出弹塑性参数，等效简化模型的周期、总地震作用、最大层间位移等与弹性模型小震（或假想弹性大震）计算结果的对比和分析（列表）。

对风荷载控制的结构，列出风荷载底部剪力和底部倾覆力矩、最大层间位移以及舒适度等。

七、超限设计的措施及对策

7.1　针对性措施，应按照超限项目逐一列出规范的措施和具体超限工程高于规范要求的加强措施，若提高抗震等级，可明确同时提高内力和构造，或仅提高构造。

7.2　特殊的内力调整系数，可提出不同于规范规定的调整系数，包括框架部分承担地震剪力、穿层柱和短柱内力的特殊调整等。

7.3　性能设计目标，为实现规定的设防目标，关键部位、关键构件或整个结构构件在小震、中震、大震的预期性能目标论证。

八、结论和建议

对所采用的加强措施做全面小结，明确实现预期性能目标的技术、经济可行性。对需要在施工图阶段进一步解决的问题，包括模型试验等提出建议。

9.8.3　超限审查需要提供的图纸和计算书的要求

一、建筑图纸

建筑图纸至少包括总平面布置、地下一层、首层、标准层、错层平面、大洞口楼层平面、转换层上下层平面、加强层平面，必要的典型立面和剖面图。

二、结构图纸

基础（含桩位）平面布置，楼层结构平面布置图、尚应标出梁柱截面尺寸和墙体厚度、转换层平面，应给出竖向构件上下转换的位置；加强层、连体给出支撑布置的立面图；型钢混凝土柱给出截面形式，混合结构中给出典型梁—柱、梁—墙和支撑节点。

三、结构设计计算书

1. 反应谱法计算软件

每个反应谱法计算软件均应包括(下列要求不适用于大跨空间结构)：电算的原始参数(楼盖刚性、地震作用方向、扭转偏心、周期折减系数、地震作用修正系数、内力调整、抗震等级、阻尼比等)；结构计算的全部自振周期、必要的振型(复杂振型给出各个振型归一化数据)、位移、扭转位移比、总重力和地震剪力分布；楼层刚度比；框架（短肢墙）和墙体（或筒体）承担的地震剪力和倾覆力矩分布等整体计算结果。

主要楼层墙、柱的轴压比和主要楼层钢构件应力比统计，必要的连体和悬挑构件竖向地震计算结果与静载下计算结果的比较。

不需要提供一般楼层的构件和荷载简图，相邻层承载力比。

2. 弹性时程分析

包括输入地震波、峰值加速度值和调整系数，同时作用的地震波方向（单、双、三向），各条波作用方向的楼层位移、剪力反应和多条波的平均值。

竖向时程分析，应给出整个结构底部、水平构件的跨中和支座等位置的位移，加速度和内力反应。

3. 弹塑性分析

给出原始计算参数，恢复力模型和关键部位梁、柱、墙肢、支撑等构件的恢复力参数，构件实际配筋、计算结果列出周期变化、总地震作用，弹塑性顶点位移和层间变形，塑性铰位置和分布，以及弹塑性计算与弹性计算结果对比。

参 考 文 献

[1] 徐培福，傅学怡，等. 复杂高层建筑结构设计［M］. 北京：中国建筑工业出版社，2005.

[2] 傅学怡. 实用高层建筑结构设计. 2 版. 北京：中国建筑工业出版社，2010.

[3] 李守巨，等. 建筑抗震构造手册［M］. 北京：中国建筑工业出版社，2013.

[4] 金新阳，等. 建筑结构荷载规范理解与应用［M］. 北京：中国建筑工业出版社，2013.

[5] 徐有邻，等. 混凝土结构设计规范理解与应用［M］. 北京：中国建筑工业出版社，2013.

[6] 腾延京，等. 建筑地基处理技术规范理解与应用［M］. 北京：中国建筑工业出版社，2013.

[7] 王亚勇，等. 建筑抗震设计规范（GB 50011—2010）统一培训教材［M］. 北京：地震出版社，2010.

[8] 王依群. 混凝土结构设计计算算例［M］. 北京：中国建筑工业出版社，2013.

[9] 黄世敏，等. 建筑震害与设计对策［M］. 北京：中国计划出版社，2009.

[10] 龚思礼. 建筑抗震设计手册［M］. 2 版. 北京：中国建筑工业出版社，2002.

[11] 刘大海，等. 高层建筑抗震设计［M］. 北京：中国建筑工业出版社，1993.

[12] 王亚勇，戴国莹. 建筑抗震设计规范疑问解答［M］. 北京：中国建筑工业出版社，2006.

[13] 胡庆昌，等. 建筑结构抗震减震与连续倒塌控制［M］. 北京：中国建筑工业出版社，2007.

[14] 魏利金. 建筑结构设计常遇问题及对策［M］. 北京：中国电力出版社，2009.

[15] 魏利金. 建筑结构施工图设计与审查常遇问题及对策［M］. 北京：中国电力出版社，2011.

[16] 段尔焕，魏利金，等. 现代建筑结构技术新进展［M］. 昆明：原子能出版社，2004.

[17] 魏利金. 纵论建筑结构设计新规范与 SATWE 软件的合理应用［J］. PKPM 新天地，2005（4）：4～12.

[18] 魏利金. 试论北京某三叠（三错层）高层超限住宅结构设计. 第十九届全国高层建筑结构学术交流会论文集，2006（8）：444～451.

[19] 魏利金. 天津海河大道国际公寓结构设计. 第十九届全国高层建筑结构学术交流会论文集，2006（8）：479～487.

[20] 魏利金. 现浇空心板在双向板中布管方式的论述. 全国现浇混凝土空心楼盖结构技术交流会，2005（7）：258～261.

[21] 魏利金. 多层住宅钢筋混凝土剪力墙结构设计问题的探讨［J］. 工程建设与设计，2006（1）：24～26.

[22] 魏利金. 试论结构设计新规范与 PKPM 软件的合理应用问题［J］. 工业建筑，2006（5）：50～55.

[23] 魏利金. 三管钢烟囱设计［J］. 钢结构，2002（6）：59～62.

[24] 魏利金. 高层钢结构在工业厂房中的应用［J］. 2000（3）：17～20.

[25] 魏利金. 钢筋混凝土折线型梁强度和变形设计探讨［J］. 建筑结构，2000（9）：47～49.

[26] 魏利金. 大型工业厂房斜腹杆双肢柱设计中几个问题的探讨［J］. 工业建筑，2001（7）：15～17.

[27] 魏利金. 试论现浇钢筋混凝空心板在高层建筑中的设计［J］. 工程建设与设计，2005（3）：32～34.

[28] 魏利金. 多层钢筋混凝土剪力墙结构设计中若干问题的探讨［J］. 工程建设与设计，2006（1）：18～22.

[29] 李峰，魏利金. 试论中美风荷载转换关系［J］. 工业建筑，2009（9）：114～116.

[30] 魏利金. 高烈度区某超限复杂高层建筑结构设计与研究［J］. 建筑结构，2012（42）.

[31] 魏利金. 宁夏万豪酒店超限高层动力弹塑性时程分析［J］. 建筑结构，2012（42）.

[32] 魏利金. 复杂超限高位大跨连体结构设计 [J]. 建筑结构，2013（1）：12～16.

[33] 魏利金，等. 宁夏万豪大厦复杂超限高层建筑结构设计与研究 [J]. 建筑结构，2013，43（增）：6～14.

[34] 魏利金. 天津海河大道国际公寓 5 号楼超限高层住宅结构设计 [J]. 第七届中日建筑结构技术交流会论文集：368～374.

[35] 魏利金. 套筒式多管烟囱结构设计 [J]. 工程建设与设计，2007（8）：22～26.

[36] 魏利金. 试论三管钢烟囱加固设计 [J]. 建筑结构，2007，37（增 2）：104～106.

[37] 魏利金. 试论中关村大河庄苑办公楼结构设计[J]. 第十八届全国高层建筑结构学术交流会议论文集，2004（10）：542～547.

[38] 魏利金. 对台湾九二一集集大地震建筑震害分析[J]. 地震研究与工程抗震论文集. 昆明：2003，102～104.